现行黄金标准精选

全国黄金标准化技术委员会秘书处
长春黄金研究院　编

北　京
冶 金 工 业 出 版 社
2017

内 容 提 要

本书收录了2007年迄今的有效黄金国家标准和行业标准共70项，涉及矿产及加工制造、安全生产、节能与综合利用、工程建设4个领域，为广大从事黄金行业的读者提供了非常有价值的参考资料。

本书可供黄金等相关行业科技、工程技术、质量监督检验、采购、管理、国际贸易、对外交流人员使用。

图书在版编目(CIP)数据

现行黄金标准精选/全国黄金标准化技术委员会秘书处，长春黄金研究院编．—北京:冶金工业出版社，2017.7

ISBN 978-7-5024-7548-2

Ⅰ.①现…　Ⅱ.①全…　②长…　Ⅲ.①金—标准—汇编—中国　Ⅳ.①TG146.3-65

中国版本图书馆CIP数据核字(2017)第122267号

出 版 人　谭学余

地　　址　北京市东城区嵩祝院北巷39号　邮编　100009　电话　(010)64027926

网　　址　www.cnmip.com.cn　电子信箱　yjcbs@cnmip.com.cn

责任编辑　徐银河　美术编辑　吕欣童　版式设计　孙跃红

责任校对　王永欣　责任印制　牛晓波

ISBN 978-7-5024-7548-2

冶金工业出版社出版发行；各地新华书店经销；虎彩印艺股份有限公司印刷

2017年7月第1版，2017年7月第1次印刷

210mm×297mm；39.5印张；1220千字；624页

298.00元

冶金工业出版社　投稿电话　(010)64027932　投稿信箱　tougao@cnmip.com.cn

冶金工业出版社营销中心　电话　(010)64044283　传真　(010)64027893

冶金书店　地址　北京市东四西大街46号(100010)　电话　(010)65289081(兼传真)

冶金工业出版社天猫旗舰店　yjgycbs.tmall.com

（本书如有印装质量问题，本社营销中心负责退换）

前　言

黄金行业标准化工作引导了先进技术的推广和应用，促进了黄金产业结构调整和转型升级。全国黄金标准化技术委员会自2008年成立以来，积极开展黄金矿产及加工制造、安全生产、节能与综合利用、工程建设等领域的标准制定工作，满足市场亟需，建立和完善标准体系，促进黄金行业持续健康发展。

全国黄金标准化技术委员会秘书处和长春黄金研究院组织编写了《现行黄金标准精选》，本书共收录了现行黄金国家标准、行业标准共70项，其中矿产及加工制造领域54项、安全生产领域10项、节能与综合利用领域5项、工程建设领域1项。

本书可供黄金等相关行业科技、工程技术、质量监督检验、采购、管理、国际贸易、对外交流人员使用。

编　者

2017年6月

目　　录

第一篇　矿产及加工制造

第二篇　安 全 生 产

第三篇　节能与综合利用

第四篇　工 程 建 设

第一篇　矿产及加工制造

KUANGCHAN JI JIAGONG ZHIZAO

ICS 77.120.99
H 68

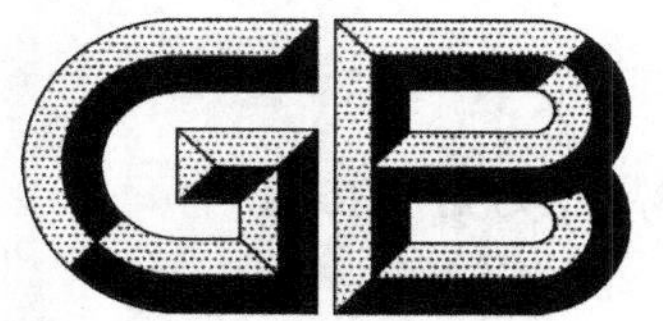

中华人民共和国国家标准

GB/T 25933—2010

高 纯 金

High-purity gold

2010-12-23 发布 2011-09-01 实施

中华人民共和国国家质量监督检验检疫总局
中国国家标准化管理委员会 发布

前 言

本标准由全国黄金标准化技术委员会(SAC/TC 379)提出并归口。

本标准由长春黄金研究院负责起草。

本标准由北京达博有色金属焊料有限责任公司、上海黄金交易所、河南中原冶炼厂有限责任公司、长城金银精炼厂、江西铜业股份公司、沈阳造币厂参加起草。

本标准起草人:黄蕊、薛丽贤、陈彪、杜连民、宁联会、张玉明、刘成祥、陈杰、张波、黄绍勇、田晓红、赖茂明、王德雨。

高 纯 金

1 范围

本标准规定了高纯金的要求、试验方法、检验规则、标志、包装、运输、贮存、质量证明书及订货单内容。

本标准适用于经精炼工艺所制得的杂质元素总含量小于 10×10^{-6}的金。

2 规范性引用文件

下列文件对于本文件的应用是必不可少的。凡是注日期的引用文件，仅注日期的版本适用于本文件。凡是不注日期的引用文件，其最新版本(包括所有的修改单)适用于本文件。

GB/T 25934(所有部分) 高纯金化学分析方法

3 要求

3.1 化学成分

3.1.1 高纯金的金质量分数应不小于 99.999×10^{-2}，杂质元素质量分数总和应不大于 10×10^{-6}，高纯金化学成分应符合表1的要求。

表1 高纯金化学成分

牌号	Au，不小于	杂质元素质量分数/10^{-6}，不大于																					杂质总量，不大于
		Ag	Cu	Fe	Pb	Bi	Sb	Si	Pd	Mg	As	Sn	Cr	Ni	Mn	Cd	Al	Pt	Rh	Ir	Ti	Zn	
Au99.999	99.999×10^{-2}	2	1	2	1	1	1	2	1	1	1	1	1	1	1	1	1	1	1	1	2	1	10×10^{-6}

3.1.2 高纯金中金的质量分数应为100减去表1中杂质元素实测质量分数总和的差值。当杂质元素实测质量分数小于 0.2×10^{-6}时，可不参与差减。

3.1.3 符合3.1.1要求的高纯金其产品牌号为Au99.999。

3.1.4 需方对高纯金杂质的化学成分有特殊要求时，可由供需双方协商确定。

3.2 产品分类

产品按形状分类：锭状高纯金为高纯金锭；粒状高纯金为高纯金粒。

3.3 物理规格

3.3.1 高纯金锭应为长方形，其锭的厚度不宜大于8 mm。

3.3.2 每块(件)高纯金重：1 kg、3 kg或其他规格。

3.3.3 高纯金粒应呈近似圆形，粒径大小均匀。

3.4 外观质量

3.4.1 高纯金锭表面应平整、洁净；边、角完整，不准许有毛刺。

3.4.2 高纯金锭不准许有空洞、夹层、裂纹、过度收缩和夹杂物。

3.4.3 高纯金粒应表面光整、洁净；不准许有夹杂物。

4 试验方法

4.1 高纯金化学成分的仲裁方法应按GB/T 25934的规定进行。

4.2 称量高纯金的天平分度值应满足 $d\leqslant10$ mg。高纯金重应以单锭(件)表示至0.1 g。

4.3 高纯金的外观质量可采用目视检查方法。

5 检验规则

5.1 出厂检验和验收

5.1.1 每批高纯金应由供方质量监督部门按本标准规定进行出厂检验，填写质量证明书。

5.1.2 需方应对收到的高纯金按本标准规定进行验收。如检验结果与本标准(或订货单)不符合时，应在收到高纯金之日起30天内向供方提出，由供需双方协商解决。如需仲裁，仲裁样品应在需方由供需双方共同取样。

5.2 检验项目

5.2.1 化学成分应按批提交检验。

5.2.2 高纯金重应逐块(件)检验。

5.2.3 高纯金的外观质量应逐块(件)检验。

5.3 取样和制样方法

高纯金检验应按批取样，每炉为一批。可用铸片(棒)、水淬、真空取样、钻取或辗片后剪取等方法制取样品。

5.4 仲裁取样和制样方法

5.4.1 高纯金应按批次取样，每批至少取2块(件)。

5.4.2 在抽取的高纯金锭或辗片后的样品表面上作对角线，对角线的中心点及中心点至顶角距离的二分之一处为取样点，共取五个点，用钻取剪取的方法在取样点制取等量样品。

5.4.3 将抽取的高纯金粒倒在清洁的平面上铺成长方形，在平面上作对角线，对角线的中心点及中心点至顶角距离的二分之一处为取样点，共取五个点，用洁净的工具在取样点抽取等量试样。

5.4.4 样品量应不少于100 g，将试样混匀后，分成三个试样。

5.5 检验结果的判定

5.5.1 化学成分检验结果不符合本标准3.1时，判该批为不合格。

5.5.2 物理规格检验结果不符合本标准3.3时，判该块(件)为不合格。

5.5.3 外观质量检验结果不符合本标准3.4时，判该块(件)为不合格。

6 标志、包装、运输、贮存、质量证明书

6.1 标志

6.1.1 每条块高纯金锭表面应浇铸或打印如下标志：批号、商标、牌号等。

6.1.2 高纯金粒每个包装上应贴有标签，注明：产品名称、牌号、批号、净重、商标、供方名称及生产日期。

6.2 包装

6.2.1 每块高纯金锭应用干净的纸或塑料膜包裹，高纯金粒应用塑料容器密封包装后装入木箱或塑料箱。经供需双方协议可采用其他包装方式。

6.2.2 除非每块(件)高纯金均有质量证明书，每箱包装中应为同批次的产品。

6.3 运输、贮存

运输和贮存时，不准许损坏包装、污染产品。

6.4 质量证明书

每批(块、件)高纯金应附有质量证明书，注明：

a) 产品名称(锭/粒)、执行标准名称及编号；

b) 牌号、批号；

c) 净重、件数；

d) 分析检验结果及质量监督部门印记；

e) 生产企业名称、地址、电话、传真；

f) 生产日期或包装日期。

7 订货单内容

高纯金订货单应包括下列内容：

a) 产品名称(锭/粒)、牌号；

b) 产品规格；

c) 产品数量；

d) 杂质含量的特殊要求；

e) 包装要求；

f) 其他。

ICS 77.040.30
H 15

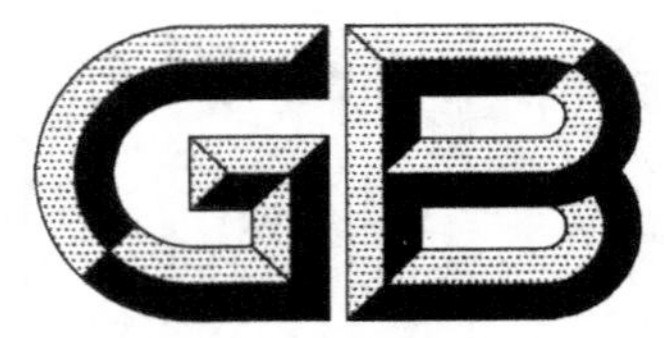

中华人民共和国国家标准

GB/T 25934.1—2010

高纯金化学分析方法 第1部分:乙酸乙酯萃取分离-ICP-AES法测定杂质元素的含量

Methods for chemical analysis of high purity gold—Part 1:Ethyl acetate extraction separation-inductively coupled plasma-atomic emission spectrometry—Determination of impurity elements contents

2010-12-23 发布　　2011-09-01 实施

中华人民共和国国家质量监督检验检疫总局
中国国家标准化管理委员会　发布

前　言

GB/T 25934《高纯金化学分析方法》分为3个部分：

——第1部分：乙酸乙酯萃取分离-ICP-AES法　测定杂质元素的含量；

——第2部分：ICP-MS-标准加入校正-内标法　测定杂质元素的含量；

——第3部分：乙醚萃取分离-ICP-AES法　测定杂质元素的含量。

本部分为第1部分。

本部分由全国黄金标准化技术委员会(SAC/TC 379)提出并归口。

本部分由长春黄金研究院负责起草。

本部分由长春黄金研究院、沈阳造币厂、北京有色金属研究总院、北京矿冶研究总院、长城金银精炼厂、江西铜业股份有限公司、江苏天瑞仪器股份有限责任公司起草。

本部分主要起草人：陈菲菲、黄蕊、陈永红、张雨 王德雨、龙淑杰、刘红、李爱嫦、李万春、于力、陈杰、张波、梁亚群、郭惠、李鹤。

高纯金化学分析方法 第1部分:乙酸乙酯萃取分离-ICP-AES法测定杂质元素的含量

1 范围

GB/T 25934 的本部分规定了高纯金中杂质元素的测定方法。

本部分适用于99.999%高纯金中杂质元素的测定,测定元素及测定的含量范围见表1。

表1

元素	含量范围/%	元素	含量范围/%	元素	含量范围/%	元素	含量范围/%
Ag	0.00002～0.00100	Al	0.00002～0.00100	As	0.00002～0.00098	Bi	0.00002～0.00100
Cd	0.00002～0.00100	Cr	0.00002～0.00099	Cu	0.00002～0.00100	Fe	0.00010～0.00100
Ir	0.00002～0.00100	Mg	0.00010～0.00100	Mn	0.00002～0.00100	Ni	0.00002～0.00099
Pb	0.00002～0.00100	Pd	0.00002～0.00100	Pt	0.00002～0.00099	Rh	0.00002～0.00100
Sb	0.00002～0.00100	Se	0.00002～0.00100	Te	0.00002～0.00100	Ti	0.00002～0.00099
Zn	0.00010～0.00100						

2 方法原理

试料用混合酸溶解,在1 mol/L的盐酸介质中,用乙酸乙酯萃取分离金,水相浓缩后制成一定酸度的待测试液,用电感耦合等离子体原子发射光谱仪测定各元素的谱线强度。

3 试剂

除非另有说明,在分析中仅使用确认为优级纯的试剂和二次蒸馏水或相当纯度(电阻率≥18.2 MΩ/cm)的水。

3.1 盐酸(ρ1.19 g/mL),优级纯。

3.2 硝酸(ρ1.42 g/mL),优级纯。

3.3 硫酸(ρ1.84 g/mL),优级纯。

3.4 氢氟酸(ρ1.15 g/mL),优级纯。

3.5 盐酸(1+1)。

3.6 硝酸(1+1)。

3.7 盐酸(1+9)。

3.8 盐酸(1+11)。

3.9 混合酸:以1体积硝酸(3.2)、3体积盐酸(3.1)和3体积水混合均匀。

3.10 乙酸乙酯:用盐酸溶液(3.8)洗涤2～3次后备用。

3.11 标准贮存溶液。

3.11.1 银标准贮存溶液:称取0.1000 g金属银(质量分数≥99.99%)于100 mL烧杯中,加入10 mL硝酸溶液(3.6),低温加热溶解,挥发氮的氧化物,冷却至室温,移入100 mL容量瓶中,加入25 mL盐酸(3.1),用水稀释至刻度,混匀。此溶液1 mL含1 mg银。

3.11.2 铝标准贮存溶液：称取0.1000 g金属铝(质量分数≥99.99%)于100 mL烧杯中，加入20 mL盐酸溶液(3.5)，低温加热溶解，冷却至室温，用盐酸溶液(3.7)移入100 mL容量瓶中并稀释至刻度，混匀。此溶液1 mL含1 mg铝。

3.11.3 砷标准贮存溶液：称取0.1320 g三氧化二砷(基准试剂，于100 ℃～105 ℃烘1 h)，置于100 mL烧杯中，加入5 mL氢氧化钠溶液(200 g/L)，低温加热至完全溶解，加入50 mL水、1滴酚酞乙醇溶液(1 g/L)，用硫酸溶液(1＋4)中和至红色刚消失再过量2 mL，冷却至室温，移入100 mL容量瓶中，用水稀释至刻度，混匀。此溶液1 mL含1 mg砷。

3.11.4 铋标准贮存溶液：称取0.1000 g金属铋(质量分数≥99.99%)于100 mL烧杯中，加入20 mL硝酸溶液(3.6)，低温加热溶解，挥发氮的氧化物，冷却至室温，移入100 mL容量瓶中，用水稀释至刻度，混匀。此溶液1 mL含1 mg铋。

3.11.5 镉标准贮存溶液：称取0.1000 g金属镉(质量分数≥99.99%)于100 mL烧杯中，加入20 mL硝酸溶液(3.6)，低温加热溶解，挥发氮的氧化物，冷却至室温，移入100 mL容量瓶中，用水稀释至刻度，混匀。此溶液1 mL含1 mg镉。

3.11.6 铬标准贮存溶液：称取0.2829重铬酸钾(基准试剂，于100 ℃～105 ℃烘1 h)，置于100 mL烧杯中，加入20 mL盐酸溶液(3.5)，低温加热至完全溶解，冷却至室温，移入100 mL容量瓶中，用水稀释至刻度，混匀。此溶液1 mL含1 mg铬。

3.11.7 铜标准贮存溶液：称取0.1000 g金属铜(质量分数≥99.99%)于100 mL烧杯中，加入20 mL硝酸溶液(3.6)，低温加热溶解，挥发氮的氧化物，冷却至室温，移入100 mL容量瓶中，用水稀释至刻度，混匀。此溶液1 mL含1 mg铜。

3.11.8 铁标准贮存溶液：称取0.1000 g金属铁(质量分数≥99.99%)于100 mL烧杯中，加入20 mL硝酸溶液(3.6)，低温加热溶解，挥发氮的氧化物，冷却至室温，移入100 mL容量瓶中，用水稀释至刻度，混匀。此溶液1 mL含1 mg铁。

3.11.9 铱标准贮存溶液：称取0.2294 g氯铱酸铵(光谱纯)于100 mL烧杯中，加入20 mL盐酸溶液(3.7)，低温加热溶解，冷却至室温，移入100 mL容量瓶中，用盐酸溶液(3.7)稀释至刻度，混匀。此溶液1 mL含1 mg铱。

3.11.10 镁标准贮存溶液：称取0.1658 g预先经780 ℃灼烧1 h的氧化镁(氧化镁的质量分数≥99.99%)，置于100 mL烧杯中，加入20 mL盐酸溶液(3.5)，低温加热溶解，冷却至室温。将溶液移入100 mL容量瓶中，用水稀释至刻度，混匀。此溶液1 mL含1 mg镁。

3.11.11 锰标准贮存溶液：称取0.1000 g金属锰(质量分数≥99.99%)于100 mL烧杯中，加入20 mL硝酸溶液(3.6)，低温加热溶解，挥发氮的氧化物，冷却至室温，移入100 mL容量瓶中，用水稀释至刻度，混匀。此溶液1 mL含1 mg锰。

3.11.12 镍标准贮存溶液：称取0.1000 g金属镍(质量分数≥99.99%)于100 mL烧杯中，加入20 mL硝酸溶液(3.6)，低温加热溶解，挥发氮的氧化物，冷却至室温，移入100 mL容量瓶中，用水稀释至刻度，混匀。此溶液1 mL含1 mg镍。

3.11.13 铅标准贮存溶液：称取0.1000 g金属铅(质量分数≥99.99%)于100 mL烧杯中，加入20 mL硝酸溶液(3.6)，低温加热溶解，挥发氮的氧化物，冷却至室温，移入100 mL容量瓶中，用水稀释至刻度，混匀。此溶液1 mL含1 mg铅。

3.11.14 钯标准贮存溶液：称取0.1000 g金属钯(质量分数≥99.99%)于100 mL烧杯中，加入20 mL混合酸(3.9)，低温加热溶解，挥发氮的氧化物，冷却至室温，移入100 mL容量瓶中，用水稀释至刻度，混匀。此溶液1 mL含1 mg钯。

3.11.15 铂标准贮存溶液：称取0.1000 g金属铂(质量分数≥99.99%)于100 mL烧杯中，加入20 mL混合酸(3.9)，低温加热溶解，挥发氮的氧化物，冷却至室温，移入100 mL容量瓶中，用水稀释至刻度，混匀。此溶液 1 mL 含 1 mg 铂。

3.11.16 铑标准贮存溶液：称取 0.3593 g 氯铑酸铵[光谱纯，分子式：$(NH_4)_3RhCl_6$]，加入 20 mL 盐酸溶液(3.7)，低温加热溶解，冷却至室温，移入 100 mL 容量瓶中，用盐酸溶液(3.7)稀释至刻度，混匀。此溶液 1 mL 含 1 mg 铑。

3.11.17 锑标准贮存溶液：称取 0.1000 g 金属锑(质量分数≥99.99%)于 100 mL 烧杯中，加入 20 mL 混合酸(3.9)，低温加热溶解，挥发氮的氧化物，冷却至室温，移入 100 mL 容量瓶中，用水稀释至刻度，混匀。此溶液 1 mL 含 1 mg 锑。

3.11.18 硒标准贮存溶液：称取 0.1000 g 金属硒(质量分数≥99.99%)于 100 mL 烧杯中，加入 20 mL 盐酸溶液(3.5)，低温加热溶解，冷却至室温，移入 100 mL 容量瓶中，用水稀释至刻度，混匀。此溶液 1 mL 含 1 mg 硒。

3.11.19 碲标准贮存溶液：称取 0.1000 g 金属碲(质量分数≥99.99%)于 100 mL 烧杯中，加入 20 mL 硝酸溶液(3.6)，低温加热溶解，挥发氮的氧化物，冷却至室温，移入 100 mL 容量瓶中，用水稀释至刻度，混匀。此溶液 1 mL 含 1 mg 碲。

3.11.20 钛标准贮存溶液：称取 0.1000 g 金属钛(质量分数≥99.99%)于铂皿中，加入 1 mL 氢氟酸(3.4)、5 mL 硫酸(3.3)，加热溶解并蒸发至冒三氧化硫白烟使氟除尽，冷却，加入 20 mL 水和 2 mL 硫酸(3.3)，加热溶解盐类，冷却至室温，移入 100 mL 容量瓶中，用水稀释至刻度，混匀。此溶液 1 mL 含 1 mg 钛。

3.11.21 锌标准贮存溶液：称取 0.1000 g 金属锌(质量分数≥99.99%)于 100 mL 烧杯中，加入 20 mL 硝酸溶液(3.6)，低温加热溶解，挥发氮的氧化物，冷却至室温，移入 100 mL 容量瓶中，用水稀释至刻度，混匀。此溶液 1 mL 含 1 mg 锌。

3.12 混合标准溶液：分别移取 1 mL 标准贮存溶液(3.11.1～3.11.21)于 100 mL 容量瓶中，加入20 mL 混合酸(3.9)，用水稀释至刻度，混匀。此溶液 1 mL 含 10 μg 银、铝、砷、铋、镉、铬、铜、铁、铱、镁、锰、镍、铅、钯、铂、铑、锑、硒、碲、钛和锌。

4 仪器

电感耦合等离子体原子发射光谱仪。

银、铝、砷、铋、镉、铬、铜、铁、铱、镁、锰、镍、铅、钯、铂、铑、锑、硒、碲、钛和锌的分析谱线参见附录 A。

5 试样

将试样碾成 1 mm 厚的薄片，用不锈钢剪刀剪成小碎片，放入烧杯中，加入 20 mL 乙醇溶液(1+1)，于电热板上加热煮沸 5 min 取下，将乙醇溶液倾去，用水反复洗涤金片 3 次，继续加入 20 mL 盐酸溶液(3.5)，加热煮沸 5 min，倾去盐酸溶液，用水反复洗涤金片 3 次，将金片用无尘纸包裹起来放入烘箱在 105 ℃烘干，取出备用。

6 分析步骤

6.1 试料

称取 5.0 g 高纯金试样(5)，精确至 0.0001 g。独立进行两次测定，取其平均值。

6.2 空白试验

随同试料做空白试验。

6.3 测定

6.3.1 将试料(6.1)分别置于 250 mL 烧杯中，加入 30 mL 混合酸溶液(3.9)，盖上表皿，低温加热使试料完全溶解，继续蒸发至试液颜色呈棕褐色(冷却后不应析出单体金)取下，打开表皿挥发氮的氧化物，冷却至室温。

6.3.2 用盐酸溶液(3.8)洗涤表皿并将试液转移至125 mL分液漏斗中定容至40 mL，加入25 mL乙酸乙酯(3.10)，振荡20 s，静置分层。有机相放入另一分液漏斗中，加入2 mL盐酸溶液(3.8)轻轻振荡数次，洗涤有机相和漏斗，静置分层，水相合并(有机相保留回收金)。

6.3.3 水相中加入20 mL乙酸乙酯(3.10)，振荡20 s，静置分层，水相放入另一分液漏斗中。有机相加入2 mL盐酸溶液(3.8)轻轻振荡数次，静置分层，水相合并(有机相保留回收金)。

6.3.4 合并后的水相按6.3.3重复操作一次，静置分层后水相均放入原烧杯中。

6.3.5 将试液(6.3.4)低温蒸发至2 mL～3 mL(切勿蒸干)，取下冷却至室温，用盐酸溶液(3.7)按表2转移至相应的容量瓶中，稀释至刻度，混匀。

表2

元　素	质量分数/%	试液体积/mL
Ag、Al、As、Bi、Cd、Cr、Cu、Ir、Mn、Ni、Pb、Pd、Pt、Rh、Sb、Se、Te、Ti	0.00002～0.00010	10
Fe、Mg、Zn	0.00010～0.00020	
Ag、Al、As、Bi、Cd、Cr、Cu、Ir、Mn、Ni、Pb、Pd、Pt、Rh、Sb、Se、Te、Ti	>0.00010～0.00100	25
Fe、Mg、Zn	>0.00020～0.00100	

6.3.6 在电感耦合等离子体原子发射光谱仪上，测量被测元素的谱线强度，扣除空白值，自工作曲线上查出相应被测元素的质量浓度。

6.4 工作曲线的绘制

6.4.1 分别移取0.00 mL、1.00 mL、5.00 mL、10.00 mL含有银、铝、砷、铋、镉、铬、铜、铁、铱、镁、锰、镍、铅、钯、铂、铑、锑、硒、碲、钛和锌的混合标准溶液(3.12)，置于一组50 mL容量瓶中，用盐酸溶液(3.7)定容至刻度，混匀。

6.4.2 在与试料溶液测定相同的条件下，测量标准溶液中各元素的谱线强度，以各被测元素的质量浓度为横坐标，谱线强度为纵坐标绘制工作曲线。

7 分析结果的计算

按式(1)计算被测杂质元素的质量分数$w(X)$，数值以%表示：

$$w(X)=\frac{(\rho_X \cdot V_X-\rho_0 \cdot V_0)\times 10^{-6}}{m}\times 100 \qquad (1)$$

式中：

ρ_X——试料溶液中被测元素的质量浓度，单位为微克每毫升(μg/mL)；

V_X——试料溶液的体积，单位为毫升(mL)；

ρ_0——空白溶液中被测元素的质量浓度，单位为微克每毫升(μg/mL)；

V_0——空白溶液的体积，单位为毫升(mL)；

m——试料质量，单位为克(g)。

分析结果保留至小数点后第五位。

8 精密度

8.1 重复性

在重复性条件下获得的两次独立测试结果的测定值，在以下给出的平均值范围内，这两个测试结果的绝对差值不超过重复性限(r)，超过重复性限(r)的情况不超过5%，重复性限(r)按表3数据采用线性内插法求得。

表 3

银的质量分数/%	0.00002	0.00010	0.00100
r/%	0.00001	0.00002	0.00015
铝的质量分数/%	0.00002	0.00010	0.00105
r/%	0.00001	0.00002	0.00018
砷的质量分数/%	0.00002	0.00010	0.00098
r/%	0.00001	0.00002	0.00015
铋的质量分数/%	0.00002	0.00010	0.00100
r/%	0.00001	0.00002	0.00010
镉的质量分数/%	0.00002	0.00010	0.00101
r/%	0.00001	0.00002	0.00010
铬的质量分数/%	0.00002	0.00010	0.00099
r/%	0.00001	0.00002	0.00015
铜的质量分数/%	0.00002	0.00010	0.00101
r/%	0.00001	0.00002	0.00010
铁的质量分数/%	0.00010	0.00021	0.00101
r/%	0.00003	0.00005	0.00015
铱的质量分数/%	0.00002	0.00010	0.00100
r/%	0.00001	0.00002	0.00015
镁的质量分数/%	0.00010	0.00020	0.00101
r/%	0.00003	0.00005	0.00015
锰的质量分数/%	0.00002	0.00010	0.00101
r/%	0.00001	0.00002	0.00010
镍的质量分数/%	0.00002	0.00010	0.00099
r/%	0.00001	0.00002	0.00015
铅的质量分数/%	0.00002	0.00010	0.00101
r/%	0.00001	0.00002	0.00015
钯的质量分数/%	0.00002	0.00010	0.00100
r/%	0.00001	0.00002	0.00015
铂的质量分数/%	0.00002	0.00010	0.00099
r/%	0.00001	0.00002	0.00010
铑的质量分数/%	0.00002	0.00010	0.00100
r/%	0.00001	0.00002	0.00015
锑的质量分数/%	0.00002	0.00010	0.00100
r/%	0.00001	0.00002	0.00015
硒的质量分数/%	0.00002	0.00010	0.00102
r/%	0.00001	0.00002	0.00015

表 3(续)

碲的质量分数/%	0.00002	0.00010	0.00102
r/%	0.00001	0.00002	0.00010
钛的质量分数/%	0.00002	0.00010	0.00099
r/%	0.00001	0.00003	0.00015
锌的质量分数/%	0.00010	0.00020	0.00101
r/%	0.00004	0.00006	0.00018

8.2 再现性

在再现性条件下获得的两次独立测试结果的测定值，在以下给出的平均值范围内，这两个测试结果的绝对差值不超过再现性限(R)，超过再现性限(R)的情况不超过5%，再现性限(R)按表4数据采用线性内插法求得。

表 4

银的质量分数/%	0.00002	0.00010	0.00100
R/%	0.00001	0.00002	0.00015
铝的质量分数/%	0.00002	0.00010	0.00105
R/%	0.00001	0.00002	0.00021
砷的质量分数/%	0.00002	0.00010	0.00098
R/%	0.00001	0.00002	0.00020
铋的质量分数/%	0.00002	0.00010	0.00100
R/%	0.00001	0.00002	0.00010
镉的质量分数/%	0.00002	0.00010	0.00101
R/%	0.00001	0.00002	0.00010
铬的质量分数/%	0.00002	0.00010	0.00099
R/%	0.00001	0.00002	0.00015
铜的质量分数/%	0.00002	0.00010	0.00101
R/%	0.00001	0.00002	0.00015
铁的质量分数/%	0.00010	0.00021	0.00101
R/%	0.00006	0.00010	0.00020
铱的质量分数/%	0.00002	0.00010	0.00100
R/%	0.00001	0.00002	0.00015
镁的质量分数/%	0.00010	0.00020	0.00101
R/%	0.00005	0.00008	0.00015
锰的质量分数/%	0.00002	0.00010	0.00101
R/%	0.00001	0.00002	0.00010
镍的质量分数/%	0.00002	0.00010	0.00099
R/%	0.00001	0.00002	0.00015

表 4(续)

铅的质量分数/%	0.00002	0.00010	0.00101
R/%	0.00001	0.00002	0.00018
钯的质量分数/%	0.00002	0.00010	0.00100
R/%	0.00001	0.00002	0.00015
铂的质量分数/%	0.00002	0.00010	0.00099
R/%	0.00001	0.00002	0.00015
铑的质量分数/%	0.00002	0.00010	0.00100
R/%	0.00001	0.00002	0.00015
锑的质量分数/%	0.00002	0.00010	0.00100
R/%	0.00001	0.00003	0.00015
硒的质量分数/%	0.00002	0.00010	0.00102
R/%	0.00001	0.00002	0.00018
碲的质量分数/%	0.00002	0.00010	0.00102
R/%	0.00001	0.00002	0.00015
钛的质量分数/%	0.00002	0.00010	0.00099
R/%	0.00001	0.00003	0.00015
锌的质量分数/%	0.00010	0.00020	0.00101
R/%	0.00005	0.00008	0.00020

9 质量控制和保证

应用国家级或行业级标准样品(当两者没有时,也可用自制的控制样品代替),每周或两周验证一次本标准的有效性。当过程失控时,应找出原因,纠正错误后,重新进行校核,并采取相应的预防措施。

附 录 A
(资料性附录)
仪器工作参数

使用美国 Themo 公司的 IRIS Intrepid Ⅱ XSP 型电感耦合等离子体原子发射光谱仪[1)]，其测定银、铝、砷、铋、镉、铬、铜、铁、铱、镁、锰、镍、铅、钯、铂、铑、锑、硒、碲、钛和锌的谱线如表 A.1。

表 A.1

元素	波长/nm	元素	波长/nm	元素	波长/nm	元素	波长/nm
Ag	328.068	Al	308.215	As	189.042	Bi	223.061
Cd	228.802	Cr	283.563	Cu	324.754	Fe	259.940
Ir	224.268	Mg	279.553	Mn	257.610	Ni	221.647
Pb	220.353	Pd	324.270	Pt	214.423	Rh	343.489
Sb	206.833	Se	196.090	Te	214.281	Ti	334.941
Zn	213.856						

注：上述各元素的分析谱线针对美国 Themo 公司的 IRIS Intrepid Ⅱ XSP 型电感耦合等离子体原子发射光谱仪，供使用单位选择分析谱线时参考。

1) 给出这一信息是为了方便本标准的使用者，并不表示对该产品的认可。如果其他等效产品具有相同的效果，则可使用这些等效产品。

ICS 77.040.30
H 15

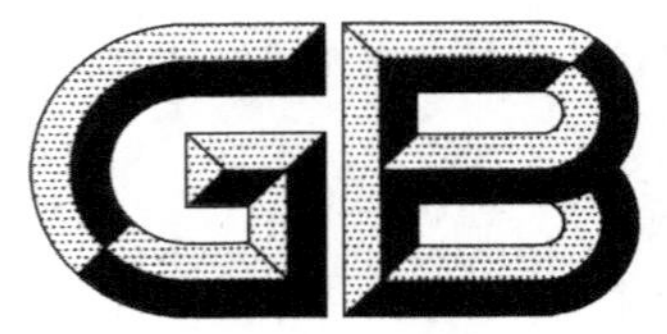

中华人民共和国国家标准

GB/T 25934.2—2010

高纯金化学分析方法 第2部分:ICP-MS-标准加入校正-内标法测定杂质元素的含量

Methods for chemical analysis of high purity gold—Part 2:Inductively coupled plasma mass spectrometry-standard enter emendation-inner standard method—Determination of impurity elements contents

2010-12-23 发布　　2011-09-01 实施

中华人民共和国国家质量监督检验检疫总局
中国国家标准化管理委员会　发布

前 言

GB/T 25934《高纯金化学分析方法》分为3个部分：

——第1部分：乙酸乙酯萃取分离-ICP-AES法 测定杂质元素的含量；

——第2部分：ICP-MS-标准加入校正-内标法 测定杂质元素的含量；

——第3部分：乙醚萃取分离-ICP-AES法 测定杂质元素的含量。

本部分为第2部分。

本部分由全国黄金标准化技术委员会(SAC/TC 379)提出并归口。

本部分由长春黄金研究院负责起草。

本部分由长春黄金研究院、国家金银及制品质量及监督检验中心(长春)、北京有色金属研究总院、沈阳造币厂、北京矿冶研究总院、江西铜业股份有限公司、江苏天瑞仪器股份有限责任公司起草。

本部分主要起草人：陈菲菲、黄蕊、陈永红、张雨、刘红、李爱嫦、王德雨、龙淑杰、李万春、冯先进、杨宇东、杨红生、郑建明。

高纯金化学分析方法
第2部分：ICP-MS-标准
加入校正-内标法
测定杂质元素的含量

1 范围

GB/T 25934的本部分规定了高纯金中杂质元素的测定方法。

本部分适用于99.999%高纯金中杂质元素的测定，测定元素及测定的含量范围见表1。

表1

元素	含量范围/%	元素	含量范围/%	元素	含量范围/%	元素	含量范围/%
Ag	0.00002～0.00100	Al	0.00006～0.00100	As	0.00005～0.00100	Bi	0.00002～0.00100
Cd	0.00002～0.00100	Cr	0.00011～0.00100	Cu	0.00002～0.00100	Fe	0.00015～0.00100
Ir	0.00002～0.00100	Mg	0.00005～0.00100	Mn	0.00002～0.00100	Na	0.00006～0.00100
Ni	0.00002～0.00100	Pb	0.00002～0.00100	Pd	0.00002～0.00100	Pt	0.00002～0.00100
Rh	0.00002～0.00100	Sb	0.00002～0.00100	Se	0.00006～0.00100	Sn	0.00012～0.00100
Te	0.00002～0.00100	Ti	0.00002～0.00099	Zn	0.00005～0.00100		

2 方法原理

样品经混合酸溶解，通过加入内标元素和采用标准加入校正的方式，用电感耦合等离子体质谱仪测定各元素的谱线强度，并计算各元素的质量分数。

3 试剂

除非另有说明，在分析中仅使用确认为优级纯或更高纯度的试剂和二次蒸馏水（电阻率≥18.2 MΩ/cm）或相当纯度的水。

3.1 盐酸（ρ1.19 g/mL），MOS级。

3.2 硝酸（ρ1.42 g/mL），MOS级。

3.3 硫酸（ρ1.84 g/mL），MOS级。

3.4 氢氟酸（ρ1.15 g/mL），MOS级。

3.5 盐酸（1+1）。

3.6 硝酸（1+1）。

3.7 盐酸（1+9）。

3.8 混合酸：以1体积硝酸（3.2）、3体积盐酸（3.1）和4体积水混合均匀。

3.9 标准贮存溶液

3.9.1 银标准贮存溶液：称取0.1000 g金属银（质量分数≥99.99%）于100 mL烧杯中，加入10 mL硝酸溶液（3.6），低温加热溶解，挥发氮的氧化物，冷却至室温，移入100 mL容量瓶中，加入25 mL盐酸（3.1），用水稀释至刻度，混匀。此溶液1 mL含1 mg银。

3.9.2 铝标准贮存溶液：称取0.1000 g金属铝（质量分数≥99.99%）于100 mL烧杯中，加入20 mL盐酸溶液(3.5),低温加热溶解,冷却至室温,用盐酸溶液(3.7)移入100 mL容量瓶中并稀释至刻度,混匀。此溶液1 mL含1 mg铝。

3.9.3 砷标准贮存溶液:称取0.1320 g三氧化二砷(基准试剂,于100 ℃~105 ℃烘1 h),置于100 mL烧杯中,加入20 mL盐酸溶液(3.5),低温加热至完全溶解,冷却至室温,移入100 mL容量瓶中,用水稀释至刻度,混匀。此溶液1 mL含1 mg砷。

3.9.4 铋标准贮存溶液:称取0.1000 g金属铋(质量分数≥99.99%)于100 mL烧杯中,加入20 mL硝酸溶液(3.6),低温加热溶解,挥发氮的氧化物,冷却至室温,移入100 mL容量瓶中,用水稀释至刻度,混匀。此溶液1 mL含1 mg铋。

3.9.5 镉标准贮存溶液:称取0.1000 g金属镉(质量分数≥99.99%)于100 mL烧杯中,加入20 mL硝酸溶液(3.6),低温加热溶解,挥发氮的氧化物,冷却至室温,移入100 mL容量瓶中,用水稀释至刻度,混匀。此溶液1 mL含1 mg镉。

3.9.6 铬标准贮存溶液:称取0.2829 g重铬酸钾(基准试剂,于100 ℃~105 ℃烘1 h),置于100 mL烧杯中,加入20 mL盐酸溶液(3.5),低温加热至完全溶解,冷却至室温,移入100 mL容量瓶中,用水稀释至刻度,混匀。此溶液1 mL含1 mg铬。

3.9.7 铜标准贮存溶液:称取0.1000 g金属铜(质量分数≥99.99%)于100 mL烧杯中,加入20 mL硝酸溶液(3.6),低温加热溶解,挥发氮的氧化物,冷却至室温,移入100 mL容量瓶中,用水稀释至刻度,混匀。此溶液1 mL含1 mg铜。

3.9.8 铁标准贮存溶液:称取0.1000 g金属铁(质量分数≥99.99%)于100 mL烧杯中,加入20 mL硝酸溶液(3.6),低温加热溶解,挥发氮的氧化物,冷却至室温,移入100 mL容量瓶中,用水稀释至刻度,混匀。此溶液1 mL含1 mg铁。

3.9.9 铱标准贮存溶液:称取0.2294 g氯铱酸铵(光谱纯)于100 mL烧杯中,加入20 mL盐酸溶液(3.7),低温加热溶解,冷却至室温,移入100 mL容量瓶中,用盐酸溶液(3.7)稀释至刻度,混匀。此溶液1 mL含1 mg铱。

3.9.10 镁标准贮存溶液:称取0.1658 g预先经780 ℃灼烧1 h的氧化镁(氧化镁的质量分数≥99.99%),置于100 mL烧杯中,加入20 mL盐酸溶液(3.5),低温加热溶解,冷却至室温。将溶液移入100 mL容量瓶中,用水稀释至刻度,混匀。此溶液1 mL含1 mg镁。

3.9.11 锰标准贮存溶液:称取0.1000 g金属锰(质量分数≥99.99%)于100 mL烧杯中,加入20 mL硝酸溶液(3.6),低温加热溶解,挥发氮的氧化物,冷却至室温,移入100 mL容量瓶中,用水稀释至刻度,混匀。此溶液1 mL含1 mg锰。

3.9.12 钠标准贮存溶液:称取0.1886 g氯化钠(光谱纯,于100 ℃~105 ℃烘1 h),置于100 mL烧杯中,加入50 mL水,低温加热溶解,冷却至室温,移入100 mL聚乙烯容量瓶中,用水稀释至刻度,混匀。此溶液1 mL含1 mg钠。

3.9.13 镍标准贮存溶液:称取0.1000 g金属镍(质量分数≥99.99%)于100 mL烧杯中,加入20 mL硝酸溶液(3.6),低温加热溶解,挥发氮的氧化物,冷却至室温,移入100 mL容量瓶中,用水稀释至刻度,混匀。此溶液1 mL含1 mg镍。

3.9.14 铅标准贮存溶液:称取0.1000 g金属铅(质量分数≥99.99%)于100 mL烧杯中,加入20 mL硝酸溶液(3.6),低温加热溶解,挥发氮的氧化物,冷却至室温,移入100 mL容量瓶中,用水稀释至刻度,混匀。此溶液1 mL含1 mg铅。

3.9.15 钯标准贮存溶液:称取0.1000 g金属钯(质量分数≥99.99%)于100 mL烧杯中,加入20 mL混合酸(3.8),低温加热溶解,挥发氮的氧化物,冷却至室温,移入100 mL容量瓶中,用水稀释至刻度,混匀。此溶液1 mL含1 mg钯。

3.9.16 铂标准贮存溶液:称取0.1000 g金属铂(质量分数≥99.99%)于100 mL烧杯中,加入20 mL混合酸(3.8),低温加热溶解,挥发氮的氧化物,冷却至室温,移入 100 mL 容量瓶中,用水稀释至刻度,混匀。此溶液 1 mL 含 1 mg 铂。

3.9.17 铑标准贮存溶液:称取 0.3593 g 氯铑酸铵[光谱纯,分子式:$(NH_4)_3RhCl_6$],加入 20 mL 盐酸溶液(3.7),低温加热溶解,冷却至室温,移入 100 mL 容量瓶中,用盐酸溶液(3.7)稀释至刻度,混匀。此溶液 1 mL 含 1 mg 铑。

3.9.18 锑标准贮存溶液:称取 0.1000 g 金属锑(质量分数≥99.99%)于 100 mL 烧杯中,加入 20 mL 混合酸(3.8),低温加热溶解,挥发氮的氧化物,冷却至室温,移入 100 mL 容量瓶中,用水稀释至刻度,混匀。此溶液 1 mL 含 1 mg 锑。

3.9.19 硒标准贮存溶液:称取 0.1000 g 金属硒(质量分数≥99.99%)于 100 mL 烧杯中,加入 20 mL 盐酸溶液(3.5),低温加热溶解,冷却至室温,移入 100 mL 容量瓶中,用水稀释至刻度,混匀。此溶液 1 mL 含 1 mg 硒。

3.9.20 锡标准贮存溶液:称取 0.1000 g 金属锡(质量分数≥99.99%)于 100 mL 烧杯中,加入 20 mL 盐酸溶液(3.5),低温加热溶解,冷却至室温,移入 100 mL 容量瓶中,用水稀释至刻度,混匀。此溶液 1 mL 含 1 mg 锡。

3.9.21 碲标准贮存溶液:称取 0.1000 g 金属碲(质量分数≥99.99%)于 100 mL 烧杯中,加入 20 mL 硝酸溶液(3.6),低温加热溶解,挥发氮的氧化物,冷却至室温,移入 100 mL 容量瓶中,用水稀释至刻度,混匀。此溶液 1 mL 含 1 mg 碲。

3.9.22 钛标准贮存溶液:称取 0.1000 g 金属钛(质量分数≥99.99%)于铂皿中,加入 1 mL 氢氟酸(3.4)、5 mL 硫酸(3.3),加热溶解并蒸发至冒三氧化硫白烟使氟除尽,冷却,加入 20 mL 水和 2 mL 硫酸(3.3),加热溶解盐类,冷却至室温,移入 100 mL 容量瓶中,用水稀释至刻度,混匀。此溶液 1 mL 含 1 mg 钛。

3.9.23 锌标准贮存溶液:称取 0.1000 g 金属锌(质量分数≥99.99%)于 100 mL 烧杯中,加入 20 mL 硝酸溶液(3.6),低温加热溶解,挥发氮的氧化物,冷却至室温,移入 100 mL 容量瓶中,用水稀释至刻度,混匀。此溶液 1 mL 含 1 mg 锌。

3.9.24 钪标准贮存溶液:称取 0.1534 g 三氧化二钪(光谱纯)于 100 mL 烧杯中,加入 10 mL 盐酸(3.5),低温加热溶解,取下冷却至室温,移入 100 mL 容量瓶中,用水稀释至刻度,混匀。此溶液 1 mL 含 1 mg 钪。

3.9.25 铯标准贮存溶液:称取 0.1361 g 硫酸铯(优级纯,于 100 ℃～105 ℃烘 1 h)于 100 mL 烧杯中,加入 20 mL 水,低温加热溶解,冷却至室温,移入 100 mL 容量瓶中,用水稀释至刻度,混匀。此溶液 1 mL 含 1 mg 铯。

3.9.26 铼标准贮存溶液:称取 0.1000 g 金属铼(质量分数≥99.99%)于 100 mL 烧杯中,加入 20 mL 硝酸溶液(3.6),低温加热溶解,挥发氮的氧化物,冷却至室温,移入 100 mL 容量瓶中,用水稀释至刻度,混匀。此溶液 1 mL 含 1 mg 铼。

3.10 混合标准溶液

3.10.1 分别移取 1 mL 标准贮存溶液(3.9.1～3.9.23)于 100 mL 容量瓶中,加入 20 mL 混合酸(3.8),用水稀释至刻度,混匀。此溶液 1 mL 含 10 μg 银、铝、砷、铋、镉、铬、铜、铁、铱、镁、锰、钠、镍、铅、钯、铂、铑、锑、硒、锡、碲、钛和锌。

3.10.2 移取 1 mL 混合标准溶液(3.10.1)于 100 mL 容量瓶中,加入 20 mL 混合酸(3.8),用水稀释至刻度,混匀。此溶液 1 mL 含 0.1 μg 银、铝、砷、铋、镉、铬、铜、铁、铱、镁、锰、钠、镍、铅、钯、铂、铑、锑、硒、锡、碲、钛和锌。

3.11 混合内标溶液

3.11.1 分别移取 1 mL 标准贮存溶液(3.9.24～3.9.26)于 100 mL 容量瓶中,加入 20 mL 混合酸

(3.8),用水稀释至刻度,混匀。此溶液 1 mL 含 10 μg 钪、铯和铼。

3.11.2 移取 1 mL 混合标准溶液(3.11.1)于 100 mL 容量瓶中,加入 20 mL 混合酸(3.8),用水稀释至刻度,混匀。此溶液 1 mL 含 0.1 μg 钪、铯和铼。

3.12 金标准贮备液(20 mg/mL):称取高纯金(含金 99.999%以上)10 g(精确至 0.01 g)放入 250 mL 聚四氟乙烯烧杯中,加入混合酸溶液(3.8)50 mL,于可控温电热板上低温(100 ℃左右)加热溶解,用水转入 500 mL 的容量瓶中,补加浓王水 100 mL,用水稀释至刻度,摇匀后立即转入干净的塑料瓶中备用。此溶液含金 20 mg/mL。

4 仪器

电感耦合等离子体质谱仪。

银、铝、砷、铋、镉、铬、铜、铁、铱、镁、锰、钠、镍、铅、钯、铂、铑、锑、硒、锡、碲、钛和锌的质量数参见附录 A 表 A.1。

5 试样

将试样碾成 1 mm 厚的薄片,用不锈钢剪刀剪成小碎片,放入烧杯中,加入 20 mL 的乙醇溶液(1+1),于电热板上加热煮沸 5 min 取下,将乙醇液倾去,用高纯水反复洗涤金片 3 次,继续加入 20 mL 盐酸溶液(3.5),加热煮沸 5 min,倾去盐酸溶液,用高纯水反复洗涤金片 3 次,将金片用无尘纸包裹起来放入烘箱在 105 ℃烘干,取出备用。

6 干扰校正

由于测定元素多,某些元素间存在着一定的谱线干扰,应采取数学方法对其进行校正。需校正的元素有 As75 和 Se82,被校正元素的强度与干扰元素的强度关系式如下:

As75:−3.128819×Se77+2.734582×Se82−2.756001×Kr83

Se82:−1.007833×Kr83

7 分析步骤

7.1 试料

称取 0.10 g 高纯金试样(5),精确至 0.0001 g。

独立进行两次测定,取其平均值。

7.2 空白

随同试料进行空白试验。

7.3 测定

7.3.1 将试料(7.1)置于 50 mL 聚四氟乙烯烧杯中,加入混合酸溶液(3.8)2.50 mL,在可控温电热板上低温加热溶解,冷却后用水转入 50 mL 塑料容量瓶中,加入混合内标溶液(3.11.2)2.50 mL,用水定容至刻度,摇匀待测。

7.3.2 将试料溶液和空白溶液分别用 ICP-MS 进行测定,通过得到的被测元素与内标元素的强度比值在各自的校准曲线上查找到相应的浓度值,计算出各元素的质量分数。

7.4 校准

7.4.1 空白校准曲线

于 5 个 50 mL 容量瓶中各分别加入 2.50 mL 混合酸溶液(3.8)和混合内标溶液(3.11.2)2.50 mL,再分别向其中加入 0.00 mL、0.50 mL、2.50 mL、5.00 mL、10.00 mL 混合标准溶液(3.10.2),用水稀释至刻度,摇匀后用 ICP-MS 采用标准加入的方式依次进行测定,将测定得到的被测元素与内标元素的强度比值作为纵坐标，被测元素的质量浓度为横坐标绘制空白校准曲线。

7.4.2 样品校准曲线

于5个50 mL容量瓶中各分别加入金标准贮备液5.00 mL(3.12)和混合内标溶液(3.11.2)2.50 mL，再分别向其中加入0.00 mL、0.50 mL、2.50 mL、5.00 mL、10.00 mL混合标准溶液(3.10.2)，用水稀释至刻度，摇匀后用ICP-MS采用标准加入的方式依次进行测定，将测定得到的被测元素与内标元素的强度比值作为纵坐标，被测元素的质量浓度为横坐标绘制样品校准曲线。

8 分析结果的计算

按式(1)计算被测杂质元素的质量分数 $w(X)$，数值以%表示：

$$w(X)=\frac{(\rho_X \cdot V_X-\rho_0 \cdot V_0)\times 10^{-6}}{m}\times 100 \quad \cdots\cdots (1)$$

式中：

ρ_X——试料溶液中被测元素的质量浓度，单位为微克每毫升(μg/mL)；

V_X——试料溶液的体积，单位为毫升(mL)；

ρ_0——空白溶液中被测元素的质量浓度，单位为微克每毫升(μg/mL)；

V_0——空白溶液的体积，单位为毫升(mL)；

m——试料质量，单位为克(g)。

分析结果保留至小数点后第五位。

9 精密度

9.1 重复性

在重复性条件下获得的两次独立测试结果的测定值，在以下给出的平均值范围内，这两个测试结果的绝对差值不超过重复性限(r)，超过重复性限(r)的情况不超过5%，重复性限(r)按表2数据采用线性内插法求得。

表2

银的质量分数/%	0.00002	0.00021	0.00102
r/%	0.00001	0.00003	0.00012
铝的质量分数/%	0.00006	0.00023	0.00110
r/%	0.00003	0.00005	0.00012
砷的质量分数/%	0.00005	0.00021	0.00107
r/%	0.00002	0.00003	0.00014
铋的质量分数/%	0.00002	0.00020	0.00101
r/%	0.00001	0.00002	0.00010
镉的质量分数/%	0.00002	0.00020	0.00102
r/%	0.00001	0.00002	0.00010
铬的质量分数/%	0.00011	0.00021	0.00101
r/%	0.00002	0.00003	0.00010
铜的质量分数/%	0.00002	0.00021	0.00100
r/%	0.00001	0.00003	0.00011

表 2(续)

铁的质量分数/%	0.00015	0.00057	0.00111
r/%	0.00005	0.00010	0.00016
铱的质量分数/%	0.00002	0.00020	0.00100
r/%	0.00001	0.00002	0.00010
镁的质量分数/%	0.00006	0.00022	0.00112
r/%	0.00002	0.00006	0.00014
锰的质量分数/%	0.00002	0.00020	0.00100
r/%	0.00001	0.00002	0.00010
钠的质量分数/%	0.00006	0.00023	0.00111
r/%	0.00002	0.00003	0.00018
镍的质量分数/%	0.00002	0.00020	0.00100
r/%	0.00001	0.00003	0.00010
铅的质量分数/%	0.00002	0.00021	0.00103
r/%	0.00001	0.00002	0.00010
钯的质量分数/%	0.00002	0.00020	0.00100
r/%	0.00001	0.00002	0.00013
铂的质量分数/%	0.00002	0.00020	0.00102
r/%	0.00001	0.00002	0.00010
铑的质量分数/%	0.00002	0.00050	0.00102
r/%	0.00001	0.00004	0.00010
锑的质量分数/%	0.00002	0.00020	0.00101
r/%	0.00001	0.00002	0.00010
硒的质量分数/%	0.00006	0.00021	0.00102
r/%	0.00002	0.00004	0.00010
锡的质量分数/%	0.00012	0.00053	0.00104
r/%	0.00003	0.00006	0.00010
碲的质量分数/%	0.00002	0.00020	0.00102
r/%	0.00001	0.00003	0.00013
钛的质量分数/%	0.00002	0.00020	0.00099
r/%	0.00001	0.00003	0.00015
锌的质量分数/%	0.00005	0.00020	0.00100
r/%	0.00002	0.00004	0.00015

9.2 再现性

在再现性条件下获得的两次独立测试结果的测定值，在以下给出的平均值范围内，这两个测试结果的绝对差值不超过再现性限(R)，超过再现性限(R)的情况不超过5%，再现性限(R)按表3数据采用线性内插法求得。

表 3

银的质量分数/%	0.00002	0.00021	0.00102
R/%	0.00002	0.00003	0.00012
铝的质量分数/%	0.00006	0.00023	0.00110
R/%	0.00005	0.00006	0.00018
砷的质量分数/%	0.00005	0.00021	0.00107
R/%	0.00003	0.00005	0.00033
铋的质量分数/%	0.00002	0.00020	0.00101
R/%	0.00001	0.00003	0.00012
镉的质量分数/%	0.00002	0.00020	0.00102
R/%	0.00001	0.00003	0.00012
铬的质量分数/%	0.00011	0.00021	0.00101
R/%	0.00005	0.00007	0.00015
铜的质量分数/%	0.00002	0.00021	0.00100
R/%	0.00001	0.00004	0.00018
铁的质量分数/%	0.00015	0.00057	0.00111
R/%	0.00005	0.00013	0.00022
铱的质量分数/%	0.00002	0.00020	0.00100
R/%	0.00001	0.00003	0.00012
镁的质量分数/%	0.00006	0.00022	0.00112
R/%	0.00003	0.00007	0.00025
锰的质量分数/%	0.00002	0.00020	0.00100
R/%	0.00001	0.00003	0.00014
钠的质量分数/%	0.00006	0.00023	0.00111
R/%	0.00002	0.00004	0.00020
镍的质量分数/%	0.00002	0.00020	0.00100
R/%	0.00001	0.00004	0.00013
铅的质量分数/%	0.00002	0.00021	0.00103
R/%	0.00001	0.00003	0.00016
钯的质量分数/%	0.00002	0.00020	0.00100
R/%	0.00001	0.00003	0.00013
铂的质量分数/%	0.00002	0.00020	0.00102
R/%	0.00001	0.00003	0.00012
铑的质量分数/%	0.00002	0.00020	0.00102
R/%	0.00001	0.00003	0.00015
锑的质量分数/%	0.00002	0.00020	0.00101
R/%	0.00001	0.00003	0.00023

表 3(续)

硒的质量分数/%	0.00006	0.00021	0.00102
R/%	0.00003	0.00004	0.00013
锡的质量分数/%	0.00012	0.00053	0.00104
R/%	0.00007	0.00012	0.00020
碲的质量分数/%	0.00002	0.00020	0.00102
R/%	0.00001	0.00004	0.00015
钛的质量分数/%	0.00002	0.00020	0.00099
R/%	0.00001	0.00003	0.00015
锌的质量分数/%	0.00005	0.00020	0.00100
R/%	0.00002	0.00005	0.00020

10 质量控制和保证

应用国家级或行业级标准样品(当两者没有时,也可用自制的控制样品代替),每周或两周验证一次本标准的有效性。当过程失控时,应找出原因,纠正错误后,重新进行校核,并采取相应的预防措施。

附 录 A
(资料性附录)
仪器参数和内标组划分

A.1 仪器工作参数

使用美国 PerkinElmer 公司的 Elan 9000 型电感耦合等离子体质谱仪[1)]，其测定银、铝、砷、铋、镉、铬、铜、铁、铱、镁、锰、钠、镍、铅、钯、铂、铑、锑、硒、锡、碲、钛和锌的质量数如表 A.1。

表 A.1

元素	质量数	元素	质量数	元素	质量数	元素	质量数
Ag	107	Al	27	As	75	Bi	209
Cd	111	Cr	52	Cu	63	Fe	57
Ir	193	Mg	24	Mn	55	Na	23
Ni	60	Pb	208	Pd	105	Pt	195
Rh	103	Sb	121	Se	82	Sn	118
Te	130	Ti	47	Zn	66		

注：上述各元素的分析谱线针对美国 PerkinElmer 公司的 Elan 9000 型电感耦合等离子体质谱仪，供使用单位选择各元素的质量数时参考。

A.2 仪器优化参数

仪器经优化后，其灵敏度、双电荷离子、氧化物及背景精密度应满足测定需要。以下为 10 ng/mL 标准溶液的测定参考值，供仪器优化时参考：

灵敏度：Mg24≥100000 cps；

In115≥400000 cps；

U238≥300000 cps；

双电荷离子：$Ba^{2+}(69)/Ba^{+}(138)\leqslant 3\%$；

氧化物：$CeO^{+}(156)/Ce^{+}(140)\leqslant 3\%$；

背景 220：RSD≤5%。

A.3 内标组划分

采用^{45}Sc、^{133}Cs 及^{187}Re 3 种元素作为内标元素，它们分别校正的元素为：

Sc 内标：Na、Mg、Al、Ti、Cr、Mn、Fe、Ni、Cu、Zn、Se；

Cs 内标：As、Rh、Pd、Ag、Cd、Sn、Sb、Te；

Re 内标：Ir、Pt、Pb、Bi。

1) 给出这一信息是为了方便本标准的使用者，并不表示对该产品的认可。如果其他等效产品具有相同的效果，则可使用这些等效产品。

ICS 77.040.30
H 15

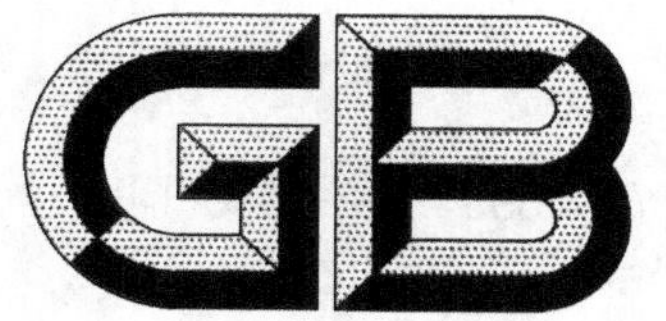

中华人民共和国国家标准

GB/T 25934.3—2010

高纯金化学分析方法 第3部分:乙醚萃取分离-ICP-AES法测定杂质元素的含量

Methods for chemical analysis of high purity gold—Part 3:Ethylether extraction separation-inductively coupled plasma-atomic emission spectrometry—Determination of impurity elements contents

2010-12-23 发布　　2011-09-01 实施

中华人民共和国国家质量监督检验检疫总局
中国国家标准化管理委员会　发布

前　　言

GB/T 25934《高纯金化学分析方法》分为 3 个部分：

——第 1 部分：乙酸乙酯萃取分离-ICP-AES 法　测定杂质元素的含量；

——第 2 部分：ICP-MS-标准加入校正-内标法　测定杂质元素的含量；

——第 3 部分：乙醚萃取分离-ICP-AES 法　测定杂质元素的含量。

本部分为第 3 部分。

本部分由全国黄金标准化技术委员会(SAC/TC 379)提出并归口。

本部分由河南中原黄金冶炼厂有限责任公司负责起草。

本部分由河南中原黄金冶炼厂有限责任公司、长城金银精炼厂、长春黄金研究院、沈阳造币厂、北京矿冶研究总院、江苏天瑞仪器股份有限责任公司起草。

本部分主要起草人：刘成祥、张波、张玉明、陈杰、黄蕊、陈菲菲、陈永红、赖茂明、王德雨、李华昌、李万春、于力、郑建明。

高纯金化学分析方法
第3部分:乙醚萃取分离-ICP-AES法测定杂质元素的含量

1 范围

GB/T 25934的本部分规定了高纯金中银、铜、铁、铅、锑、铋、钯、镁、锡、铬、镍、锰、铝、铂、铑、铱、锌、钛、镉、硅和砷量的测定方法。

本部分适用于高纯金中银、铜、铁、铅、锑、铋、钯、镁、锡、铬、镍、锰、铝、铂、铑、铱、锌、钛、镉、硅和砷量的测定。测定范围见表1。

表1

元素	质量分数/%	元素	质量分数/%	元素	质量分数/%	元素	质量分数/%
Ag	0.00002～0.00047	Ni	0.00002～0.00047	Pt	0.00002～0.00048	Zn	0.00002～0.00044
Cu	0.00002～0.00047	Pd	0.00002～0.00049	Sn	0.00003～0.00032	Cd	0.00002～0.00048
Pb	0.00005～0.00048	Al	0.00005～0.00045	Ti	0.00002～0.00049	Ir	0.00006～0.00052
Fe	0.00002～0.00048	Mn	0.00002～0.00047	Cr	0.00002～0.00048	Si	0.00003～0.00027
Sb	0.00004～0.00043	Mg	0.00002～0.00046	Rh	0.00002～0.00050	As	0.00005～0.00046
Bi	0.00002～0.00043						

2 方法提要

试料用混合酸分解,在1 mol/L盐酸介质中,用乙醚萃取分离金,水相浓缩后制成盐酸介质待测溶液,使用电感耦合等离子体原子发射光谱仪测定银、铜、铁、铅、锑、铋、钯、镁、锡、铬、镍、锰、铝、铂、铑、铱、锌、钛、镉、硅和砷的量。

3 试剂

除非另有说明,在分析中仅使用确认为优级纯的试剂和二次蒸馏水或相当纯度(电阻率≥18.2 MΩ/cm)的水。

3.1 盐酸(ρ1.19 g/mL)。

3.2 硝酸(ρ1.42 g/mL)。

3.3 硫酸(ρ1.84 g/mL)。

3.4 氢氟酸(ρ1.15 g/mL)。

3.5 盐酸(1+1)。

3.6 硝酸(1+1)。

3.7 硝酸(1+2)。

3.8 盐酸(1+9)。

3.9 盐酸(1+11)。

3.10 盐酸(1+29)。

3.11 混合酸:以1体积硝酸(3.2)、3体积盐酸(3.1)和1体积水混合均匀。

3.12　乙醚：用盐酸溶液(3.9)洗涤2～3次后备用。

警告：使用本标准的人员应有正规实验室工作的经验。本标准并未指出所有可能的安全问题。使用者有责任采取适当的安全和健康措施，并保证符合国家有关法规规定的条件。

3.13　标准贮存溶液

3.13.1　银标准贮存溶液：称取0.1000 g金属银(质量分数≥99.99%)于100 mL烧杯中，加入10 mL硝酸溶液(3.6)，低温加热溶解，冷却至室温，移入100 mL容量瓶中，加入25 mL盐酸(3.1)，用水稀释至刻度，混匀。此溶液1 mL含1 mg银。

3.13.2　铝标准贮存溶液：称取0.1000 g金属铝(质量分数≥99.99%)于100 mL烧杯中，加入20 mL盐酸溶液(3.5)，低温加热溶解，冷却至室温，用盐酸溶液(3.8)移入100 mL容量瓶中并稀释至刻度，混匀。此溶液1 mL含1 mg铝。

3.13.3　砷标准贮存溶液：称取0.1320 g三氧化二砷(基准试剂，于100 ℃～105 ℃烘1 h)，置于100 mL烧杯中，加入5 mL氢氧化钠溶液(200 g/L)，低温加热至完全溶解，加入50 mL水、1滴酚酞乙醇溶液(1 g/L)，用硫酸溶液(1+4)中和至红色刚消失再过量2 mL，冷却至室温，移入100 mL容量瓶中，用水稀释至刻度，混匀。此溶液1 mL含1 mg砷。

3.13.4　铋标准贮存溶液：称取0.1000 g金属铋(质量分数≥99.99%)于100 mL烧杯中，加入20 mL硝酸溶液(3.6)，低温加热溶解，冷却至室温，移入100 mL容量瓶中，用水稀释至刻度，混匀。此溶液1 mL含1 mg铋。

3.13.5　镉标准贮存溶液：称取0.1000 g金属镉(质量分数≥99.99%)于100 mL烧杯中，加入20 mL硝酸溶液(3.6)，低温加热溶解，冷却至室温，移入100 mL容量瓶中，用水稀释至刻度，混匀。此溶液1 mL含1 mg镉。

3.13.6　铬标准贮存溶液：称取0.2829 g重铬酸钾(基准试剂，于100 ℃～105 ℃烘1 h)，置于100 mL烧杯中，加入20 mL盐酸溶液(3.5)，低温加热至完全溶解，冷却至室温，移入100 mL容量瓶中，用水稀释至刻度，混匀。此溶液1 mL含1 mg铬。

3.13.7　铜标准贮存溶液：称取0.1000 g金属铜(质量分数≥99.99%)于100 mL烧杯中，加入20 mL硝酸溶液(3.6)，低温加热溶解，冷却至室温，移入100 mL容量瓶中，用水稀释至刻度，混匀。此溶液1 mL含1 mg铜。

3.13.8　铁标准贮存溶液：称取0.1000 g金属铁(质量分数≥99.99%)于100 mL烧杯中，加入20 mL混合酸(3.11)，低温加热溶解，冷却至室温，移入100 mL容量瓶中，用水稀释至刻度，混匀。此溶液1 mL含1 mg铁。

3.13.9　铅标准贮存溶液：称取0.1000 g金属铅(质量分数≥99.99%)于100 mL烧杯中，加入20 mL硝酸(3.7)，低温加热溶解，冷却至室温，移入100 mL容量瓶中，用水稀释至刻度，混匀。此溶液1 mL含1 mg铅。

3.13.10　镁标准贮存溶液：称取0.1658 g预先经780 ℃灼烧1 h的氧化镁(氧化镁的质量分数≥99.99%)，置于100 mL烧杯中，加入20 mL盐酸溶液(3.5)，低温加热溶解，冷却至室温。将溶液移入100 mL容量瓶中，用水稀释至刻度，混匀。此溶液1 mL含1 mg镁。

3.13.11　锰标准贮存溶液：称取0.1000 g金属锰(质量分数≥99.99%)于100 mL烧杯中，加入20 mL硝酸溶液(3.6)，低温加热溶解，冷却至室温，移入100 mL容量瓶中，用水稀释至刻度，混匀。此溶液1 mL含1 mg锰。

3.13.12　镍标准贮存溶液：称取0.1000 g金属镍(质量分数≥99.99%)于100 mL烧杯中，加入20 mL硝酸溶液(3.6)，低温加热溶解，冷却至室温，移入100 mL容量瓶中，用水稀释至刻度，混匀。此溶液1 mL含1 mg镍。

3.13.13　锌标准贮存溶液：称取0.1000 g金属锌(质量分数≥99.99%)于100 mL烧杯中，加入10 mL

水再缓慢加入 20 mL 盐酸溶液(3.5),低温加热溶解,冷却至室温,移入 100 mL 容量瓶中,用水稀释至刻度,混匀。此溶液 1 mL 含 1 mg 锌。

3.13.14 钯标准贮存溶液:称取 0.1000 g 金属钯(质量分数≥99.99%)于 100 mL 烧杯中,加入 20 mL 混合酸(3.11),低温加热溶解,冷却至室温,移入 100 mL 容量瓶中,用水稀释至刻度,混匀。此溶液 1 mL 含 1 mg 钯。

3.13.15 铂标准贮存溶液:称取 0.1000 g 金属铂(质量分数≥99.99%)于 100 mL 烧杯中,加入 20 mL 混合酸(3.11),低温加热溶解,冷却至室温,移入 100 mL 容量瓶中,用水稀释至刻度,混匀。此溶液 1 mL 含 1 mg 铂。

3.13.16 铑标准贮存溶液:称取 0.3593 g 六氯合铑(Ⅲ)酸铵(光谱纯)于 100 mL 烧杯中,加入 20 mL 盐酸溶液(3.8),低温加热溶解,冷却至室温,移入 100 mL 容量瓶中,用盐酸溶液(3.8)稀释至刻度,混匀。此溶液 1 mL 含 1 mg 铑。

3.13.17 锑标准贮存溶液:称取 0.1000 g 金属锑(质量分数≥99.99%)于 100 mL 烧杯中,加入 20 mL 混合酸(3.11),低温加热溶解,冷却至室温,移入 100 mL 容量瓶中,用盐酸溶液(3.5)稀释至刻度,混匀。此溶液 1 mL 含 1 mg 锑。

3.13.18 铱标准贮存溶液:称取 0.2294 g 六氯合铱(Ⅳ)酸铵(光谱纯)于 100 mL 烧杯中,加入 20 mL 盐酸溶液(3.8),低温加热溶解,冷却至室温,移入 100 mL 容量瓶中,用盐酸溶液(3.8)稀释至刻度,混匀。此溶液 1 mL 含 1 mg 铱。

3.13.19 锡标准贮存溶液:称取 0.1000 g 金属锡(质量分数≥99.99%)于 100 mL 烧杯中,加入 20 mL 盐酸溶液(3.5),低温加热溶解,冷却至室温,移入 100 mL 容量瓶中,用盐酸溶液(3.5)稀释至刻度,混匀。此溶液 1 mL 含 1 mg 锡。

3.13.20 钛标准贮存溶液:称取 0.1000 g 金属钛(质量分数≥99.99%)于铂皿中,加入 1 mL 氢氟酸(3.4)、5 mL 硫酸(3.3),加热溶解并蒸发至冒三氧化硫白烟使氟除尽,冷却,加入 20 mL 水和 2 mL 硫酸(3.3),加热溶解盐类,冷却至室温,移入 100 mL 容量瓶中,用水稀释至刻度,混匀。此溶液 1 mL 含 1 mg 钛。

3.13.21 硅标准贮存溶液:称取 0.2139 g 二氧化硅(质量分数≥99.99%)于预先加入 3 g 无水碳酸钠的铂坩埚中,覆盖 1~2 g 无水碳酸钠,先于低温处加热,再于 950 ℃熔融至透明,并继续熔融 3 分钟取出冷却,用水浸出聚四氟乙烯烧杯中,移入 100 mL 聚丙烯容量瓶中,用水稀释至刻度,混匀。此溶液 1 mL 含 1 mg 硅。

3.14 标准溶液

3.14.1 标准溶液 A:分别移取 1.000 mL 标准贮存溶液(3.13.1~3.13.13)于 100 mL 容量瓶中,加入 20 mL 混合酸(3.11),用水稀释至刻度,混匀。此溶液 1 mL 含 10 μg 银、铝、砷、铋、镉、铬、铜、铁、镁、锰、镍、铅和锌。

3.14.2 标准溶液 B:分别移取 1.000 mL 标准贮存溶液(3.13.14~3.13.19)于 100 mL 容量瓶中,加入 20 mL 混合酸(3.11),用水稀释至刻度,混匀。此溶液 1 mL 含 10 μg 铱、钯、铂、铑、锡和锑。

3.14.3 标准溶液 C:移取 1.000 mL 标准贮存溶液(3.13.20)于 100 mL 容量瓶中,加入 10 mL 混合酸(3.11),用水稀释至刻度,混匀。此溶液 1 mL 含 10 μg 钛。

3.14.4 标准溶液 D:移取 1.000 mL 标准贮存溶液(3.13.21)于 100 mL 聚丙烯容量瓶中,加入 10 mL 混合酸(3.11),用水稀释至刻度,混匀。此溶液 1 mL 含 10 μg 硅。

4 仪器

电感耦合等离子体原子发射光谱仪。

银、铜、铁、铅、锑、铋、钯、镁、锡、铬、镍、锰、铝、铂、铑、铱、锌、钛、镉、硅和砷的分析谱线参见附录 A。

5 试样

将试样制成细碎薄片，放入聚四氟乙烯烧杯中，加入 20 mL 盐酸溶液(3.5)，加热煮沸 5 min，倾去盐酸溶液，用水反复洗涤金片 3 次，烘干备用。

6 分析步骤

6.1 试料

称取 5.0 g 高纯金试样(5)，精确至 0.0001 g。

独立进行两次测定，取其平均值。

6.2 空白试验

随同试料做空白试验。

6.3 测定

6.3.1 将试料(6.1)置于 100 mL 石英烧杯中，加入 30 mL 混合酸溶液(3.11)，盖上表皿，低温加热使试料完全溶解，继续蒸发至试液颜色呈棕褐色(冷却后不应析出单体金)取下，打开表皿挥发氮的氧化物，加入 5 mL 盐酸(3.5)加热至试液颜色成棕褐色冷却至室温。

6.3.2 用盐酸溶液(3.9)洗涤表皿并将试液转移至 125 mL 分液漏斗中，定容至 20 mL，加入 50 mL 乙醚(3.12)，振荡 20 s，静置分层。水相移入另一分液漏斗中。

6.3.3 有机相用 5 mL 盐酸(3.9)洗涤，合并两次水相，加入 20 mL 乙醚(3.12)重复操作一次，将水相放入原烧杯中，此有机相再用 5 mL 盐酸(3.9)洗涤一次，水相并入原烧杯中。

6.3.4 以 5 mL 盐酸(3.10)顺序洗涤两个有机相，水相并入原烧杯中(有机相保留回收金)。

6.3.5 加入 2 mL 混合酸(3.11)，低温将烧杯中的水相浓缩至 5 mL，取下冷却至室温，用盐酸(3.9)移入 25 mL 容量瓶中并稀释至刻度，混匀待测。

6.3.6 在电感耦合等离子体原子发射光谱仪上，测量被测元素的谱线强度，扣除空白值，自工作曲线上查出被测元素的质量浓度。

6.4 工作曲线的绘制

6.4.1 移取 0.00 mL、0.50 mL、1.00 mL、5.00 mL 含有银、铝、砷、铋、镉、铬、铜、铁、镁、锰、镍、铅和锌的混合标准溶液(3.14.1)，置于一组 50 mL 容量瓶中，用盐酸溶液(3.9)定容至刻度，混匀。

6.4.2 移取 0.00 mL、0.50 mL、1.00 mL、5.00 mL 含有铱、钯、铂、铑、锡、锑的混合标准溶液(3.14.2)，置于一组 50 mL 容量瓶中，用盐酸溶液(3.9)定容至刻度，混匀。

6.4.3 移取 0.00 mL、0.50 mL、1.00 mL、5.00 mL 含有钛的标准溶液(3.14.3)，置于一组 50 mL 容量瓶中，用盐酸溶液(3.9)定容至刻度，混匀。

6.4.4 移取 0.00 mL、0.50 mL、1.00 mL、5.00 mL 含有硅的标准溶液(3.14.4)，置于一组 50 mL 聚丙烯容量瓶中，用盐酸溶液(3.9)定容至刻度，混匀。

6.4.5 在与试料溶液测定相同条件下，测量标准溶液中各元素的谱线强度。以各被测元素的质量浓度为横坐标，谱线强度为纵坐标绘制工作曲线。

7 分析结果的计算

按式(1)计算被测元素的量，即质量分数 $w(X)$，数值以%表示：

$$w(X)=\frac{(\rho_X \cdot V_X-\rho_0 \cdot V_0)\times 10^{-6}}{m}\times 100 \qquad (1)$$

式中：

ρ_X——试液中被测元素的质量浓度，单位为微克每毫升(μg/mL)；

V_X——试液的体积，单位为毫升(mL)；

ρ_0——空白溶液中被测元素的质量浓度，单位为微克每毫升(μg/mL)；

V_0——空白溶液的体积，单位为毫升(mL)；

m——试料质量，单位为克(g)。

分析结果保留至小数点后第五位。

8 精密度

8.1 重复性

在重复性条件下获得的两次独立测试结果的测定值，在以下给出的平均值范围内，这两个测试结果的绝对差值不超过重复性限(r)，以大于重复性限(r)的情况不超过5%为前提，重复性限(r)按表2数据采用线性内插法求得。

表2

银的质量分数/%	0.00002	0.00010	0.00047
r/%	0.00001	0.00002	0.00005
铝的质量分数/%	0.00005	0.00018	0.00045
r/%	0.00001	0.00003	0.00005
砷的质量分数/%	0.00005	0.00019	0.00046
r/%	0.00001	0.00003	0.00005
铋的质量分数/%	0.00002	0.00009	0.00043
r/%	0.00001	0.00002	0.00005
镉的质量分数/%	0.00002	0.00010	0.00048
r/%	0.00001	0.00002	0.00005
铬的质量分数/%	0.00002	0.00010	0.00048
r/%	0.00001	0.00002	0.00005
铜的质量分数/%	0.00002	0.00010	0.00047
r/%	0.00001	0.00002	0.00005
铁的质量分数/%	0.00002	0.00010	0.00048
r/%	0.00001	0.00002	0.00005
铱的质量分数/%	0.00006	0.00022	0.00052
r/%	0.00002	0.00003	0.00005
镁的质量分数/%	0.00002	0.00010	0.00046
r/%	0.00001	0.00002	0.00005
锰的质量分数/%	0.00002	0.00010	0.00047
r/%	0.00001	0.00002	0.00003
镍的质量分数/%	0.00002	0.00010	0.00047
r/%	0.00001	0.00002	0.00005
铅的质量分数/%	0.00005	0.00020	0.00048
r/%	0.00001	0.00003	0.00005

表 2(续)

钯的质量分数/%	0.00002	0.00010	0.00049
r/%	0.00001	0.00002	0.00005
铂的质量分数/%	0.00002	0.00010	0.00048
r/%	0.00001	0.00002	0.00005
铑的质量分数/%	0.00002	0.00010	0.00050
r/%	0.00001	0.00002	0.00005
锑的质量分数/%	0.00004	0.00018	0.00043
r/%	0.00001	0.00003	0.00005
锌的质量分数/%	0.00002	0.00009	0.00044
r/%	0.00001	0.00002	0.00006
锡的质量分数/%	0.00003	0.00013	0.00032
r/%	0.00002	0.00004	0.00006
钛的质量分数/%	0.00002	0.00010	0.00049
r/%	0.00001	0.00002	0.00003
硅的质量分数/%	0.00003	0.00012	0.00027
r/%	0.00001	0.00004	0.00007

8.2 再现性

在再现性条件下获得的两次独立测试结果的测定值，在以下给出的平均值范围内，这两个测试结果的绝对差值不超过再现性限(R)，以不大于再现性限(R)的情况不超过5%为前提，再现性限(R)按表3数据采用线性内插法求得。

表 3

银的质量分数/%	0.00002	0.00010	0.00047
R/%	0.00001	0.00002	0.00005
铝的质量分数/%	0.00005	0.00018	0.00045
R/%	0.00002	0.00004	0.00008
砷的质量分数/%	0.00005	0.00019	0.00046
R/%	0.00001	0.00003	0.00005
铋的质量分数/%	0.00002	0.00009	0.00043
R/%	0.00001	0.00003	0.00010
镉的质量分数/%	0.00002	0.00010	0.00048
R/%	0.00001	0.00003	0.00006
铬的质量分数/%	0.00002	0.00010	0.00048
R/%	0.00001	0.00003	0.00005
铜的质量分数/%	0.00002	0.00010	0.00047
R/%	0.00001	0.00002	0.00005

表 3(续)

铁的质量分数/%	0.00002	0.00010	0.00048
R/%	0.00001	0.00003	0.00005
铱的质量分数/%	0.00006	0.00022	0.00052
R/%	0.00002	0.00004	0.00013
镁的质量分数/%	0.00002	0.00010	0.00046
R/%	0.00001	0.00003	0.00005
锰的质量分数/%	0.00002	0.00010	0.00047
R/%	0.00001	0.00002	0.00005
镍的质量分数/%	0.00002	0.00010	0.00047
R/%	0.00001	0.00002	0.00005
铅的质量分数/%	0.00005	0.00020	0.00048
R/%	0.00001	0.00003	0.00006
钯的质量分数/%	0.00002	0.00010	0.00049
R/%	0.00001	0.00002	0.00005
铂的质量分数/%	0.00002	0.00010	0.00048
R/%	0.00001	0.00002	0.00005
铑的质量分数/%	0.00002	0.00010	0.00050
R/%	0.00001	0.00002	0.00005
锑的质量分数/%	0.00004	0.00018	0.00043
R/%	0.00002	0.00005	0.00011
锌的质量分数/%	0.00002	0.00009	0.00044
R/%	0.00002	0.00005	0.00012
锡的质量分数/%	0.00003	0.00013	0.00032
R/%	0.00002	0.00004	0.00010
钛的质量分数/%	0.00002	0.00010	0.00049
R/%	0.00001	0.00002	0.00003
硅的质量分数/%	0.00003	0.00012	0.00027
R/%	0.00002	0.00005	0.00010

9 质量控制和保证

应用国家级或行业级标准样品(当两者没有时,也可用控制样品代替),每周或两周校核一次本分析方法标准的有效性。当过程失控时,应找出原因,纠正错误后,重新进行校核,并采取相应的预防措施。

附 录 A
(资料性附录)
仪器工作参数

使用美国 PerkinElmer 公司的 4300DV 型电感耦合等离子体原子发射光谱仪[1)](轴向观测),其测定银、铝、砷、铋、镉、铬、铜、铁、铱、镁、锰、镍、铅、钯、铂、铑、锑、硅、锡、钛和锌的谱线如表 A.1。

表 A.1

元素	分析谱线/nm	元素	分析谱线/nm	元素	分析谱线/nm	元素	分析谱线/nm
Ag	328.068	Ni	231.604	Pt	265.945	Zn	206.2
Cu	213.597	Pd	340.458	Sn	235.485	Cd	228.802
Pb	283.306	Al	396.153	Ti	334.94	Ir	224.268
Fe	234.349	Mn	257.61	Cr	267.716	Si	251.611
Sb	206.836	Mg	285.213	Rh	343.489	As	193.696
Bi	223.061						

注: 上述各元素的分析谱线针对美国 PerkinElmer 公司的 4300DV 型电感耦合等离子体原子发射光谱仪,供使用单位选择分析谱线时参考。

---

1) 给出这一信息是为了方便本标准的使用者,并不表示对该产品的认可。如果其他等效产品具有相同的效果,则可使用这些等效产品。

ICS 77.120.99
D 46

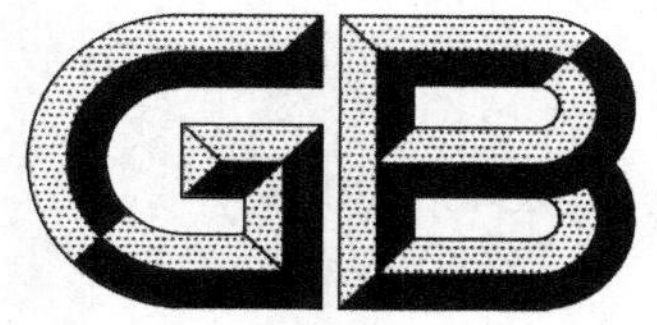

中华人民共和国国家标准

GB/T 32840—2016

金　矿　石

Gold ores

2016-08-29 发布　　2017-07-01 实施

中华人民共和国国家质量监督检验检疫总局
中 国 国 家 标 准 化 管 理 委 员 会　发布

前　　言

本标准按照 GB/T 1.1—2009 给出的规则起草。

本标准由全国黄金标准化技术委员会(SAC/TC 379)提出并归口。

本标准起草单位：长春黄金研究院、湖南黄金集团有限责任公司、紫金矿业集团股份有限公司、灵宝黄金股份有限公司、山东恒邦冶炼股份有限公司、山东黄金矿业(莱州)有限公司精炼厂、灵宝金源控股有限公司。

本标准主要起草人：王艳荣、张清波、岳辉、王军强、刘勇、梁春来、王青丽、曲胜利、宋耀远、张俊峰、陈光辉、俸富诚、胡站峰、晋建平、黄发波、王蕾蕾。

金 矿 石

1 范围

本标准规定了金矿石产品的分类、要求、试验方法、检验规则及标志、包装、运输、贮存、质量证明书和订货单(或合同)。

本标准适用于露天、井下开采的岩金矿石。

本标准不适用于砂金矿石。

2 规范性引用文件

下列文件对于本文件的应用是必不可少的。凡是注日期的引用文件,仅注日期的版本适用于本文件。凡是不注日期的引用文件,其最新版本(包括所有的修改单)适用于本文件。

GB/T 2007.6 散装矿产品取样制样通则 水分测定方法 热干燥法

GB/T 20899(所有部分) 金矿石化学分析方法

GB/T 32841 金矿石取样制样方法

3 术语和定义

下列术语和定义适用于本文件。

3.1 金矿石 gold ores

商业上能生产出金的任何天然或经加工的岩石、矿物或矿石聚集料。

3.2 矿石最大粒度 maximum particle size of ores

矿石经过筛分,筛余量约5%时的筛孔尺寸。单位为毫米(mm)。

3.3 难处理金矿石 refractory gold ores

符合下列条件之一的金矿石:

a) 金与黄铁矿化、硅化关系密切;

b) 金矿物颗粒微细呈包裹状态;

c) 矿石含有机炭类“劫金”物质;

d) 矿石含耗氧、耗氰化物类物质;

e) 金矿物表面钝化或金以难溶化合物形式存在。

3.4 预处理 pretreatment

在回收金之前,改变或消除难处理金矿石特性的作业过程。

3.5 有害元素 harmful element

对人体有明显毒性,对环境有明显污染的元素。如:Pb、Hg、Cd、Cr、As等。

3.6 杂质元素 impurity element

对金氰化浸出有主要影响的元素。如:有害元素、有机炭及Sb、Bi、S、Se、Te等。

4 要求

4.1 产品分类

4.1.1 金矿石按产地分成国产金矿石和国外进口金矿石。

4.1.2 金矿石按回收金的工艺分成堆浸型、易处理氰化型、难处理氰化型、浮选易处理氰化型、浮选难处理氰化型、浮选冶炼型六大类型。每种类型金矿石按化学成分划分品级。

4.1.3 金矿石难处理程度按直接氰化金浸出率确定：

a) 轻度难处理金矿石：直接氰化金浸出率低于80%；

b) 中度难处理金矿石：直接氰化金浸出率低于50%；

c) 重度难处理金矿石：直接氰化金浸出率低于30%。

4.2 化学成分

化学成分应符合表1、表2规定。

表1 国产金矿石分类、牌号、品级

矿石类型	牌号、品级	Au质量分数/10^{-6}，不小于
堆浸型	DJ-××	0.40
易处理氰化型	YQ-××	0.80
难处理氰化型	NQ-××	2.30
浮选易处理氰化型	FYQ-××	0.70
浮选难处理氰化型	FNQ-××	1.20
浮选冶炼型	FYL-××	0.10
注：××——品级，即该类型金矿石名义金品位。		

表2 国外进口金矿石金质量分数及有害元素含量

Au质量分数/10^{-6}，不小于	有害元素含量/10^{-2}		
	Hg质量分数，不大于	As质量分数，不大于	
		无加工资质企业	有加工资质企业[a]
5.00	0.003	0.30	0.80
注1：金矿石中Hg、As以外有害元素、杂质元素要求由供需双方在合同中约定。 注2：有加工资质企业包括：(1)具有省级以上主管部门颁发的砷产品《安全生产许可证》企业；(2)具有省级以上主管部门批复建设的含砷物料采用微生物氧化预处理工艺的企业。			

4.3 粒度

国内自产的金矿石，最大粒度应≤350 mm；国外进口的金矿石，最大粒度应≤20 mm。

4.4 水分

金矿石水分应≤14%。

4.5 外观质量

金矿石中不应混入杂物、废物(废料)。

4.6 其他要求

需方对金矿石有特殊要求时，由供需双方协商，并在订货单(或合同)中注明。

5 试验方法

5.1 国产金矿石的产品分类应根据金矿石可选性试验研究结果确定。国外进口的金矿石其矿石性质应符合金矿石定义。

5.2 金矿石的品级应根据化学分析结果确定。金矿石化学分析方法按GB/T 20899的规定进行或按供需双方协商的其他方法进行。金的仲裁分析按GB/T 20899.1的规定进行。

5.3 金矿石的水分测定按 GB/T 2007.6 规定的方法进行。

5.4 金矿石的粒度测定方法可采用目测法、直接测量法或筛分法，由供需双方协商确定，并在订货单(或合同)中注明。

5.5 金矿石外观质量依据目视检查。

6 检验规则

6.1 检查和验收

6.1.1 金矿石应由供方技术(质量)监督部门进行检验，保证产品质量符合本标准的规定并填写质量证明书。

6.1.2 需方应对收到的产品按本标准的规定进行验收。如检验结果与本标准(或订货单)的规定不符时，应在收到产品之日起 10 日内向供方提出，由供需双方协商解决。如需仲裁，仲裁分析应在供需双方共同认定的检验机构进行。

6.2 组批

金矿石应成批提交检验，每批应由同一牌号、同一品级且所含其他有价元素品位基本一致的金矿石组成。

6.3 检验项目

每组批国产金矿石应进行可选性试验、化学成分分析、水分测定、外观质量检验等；每组批进口金矿石应进行化学成分分析、水分测定、外观质量检验等，需方需要检测矿石粒度时，应在订货单(或合同)中注明。

6.4 取样和制样

金矿石可选性试验样品、化学成分分析样品、水分测定样品的取样和制样按 GB/T 32841 的规定进行。当矿石中自然金颗粒大于 0.1 mm 时，由供需双方协商取样、制样方法。

6.5 检验结果的判定

6.5.1 金矿石的类型按金矿石可选性试验研究结果进行判定，金矿石的品级按金矿石化学成分分析结果判定，化学成分分析结果的允差按 GB/T 20899 的规定进行判定。当判定该批结果不合格时，可按仲裁分析结果重新判定该产品的分类或牌号。

6.5.2 金矿石的粒度按 4.3 的要求进行判定。

6.5.3 金矿石的水分测定结果按 4.4 的要求进行判定。

6.5.4 金矿石外观质量依据目视检查结果判定。

7 标志、包装、运输、贮存

7.1 标志

每批产品应插标志牌，标明：

a) 供方名称、地址、电话；

b) 产品名称；

c) 牌号、品级；

d) 批号；

e) 重量、件数；

f) 发货日期。

7.2 包装、运输

各种类型的金矿石可散装于轮船、车皮或车厢中，每轮船、车皮或车厢中应装运同一类型、同一牌号、同一品级产品，不同类型、不同牌号、不同品级产品不应混装。

运输过程中货物上应覆盖防雨苫布。

7.3 贮存

产品存放场地应清洁干净，远离有毒、有害物质污染源，具备防风、防雨功能。

8 质量证明书

每批产品应附有质量证明书，其上注明：

a） 供方名称、地址、邮编、电话；

b） 产品名称；

c） 牌号、品级；

d） 批号；

e） 化学成分分析结果及供方技术（质量）监督部门印记；

f） 毛重、净重、件数；

g） 发货日期；

h） 本标准编号。

9 订货单（或合同）内容

本标准所列金矿石的订货单（或合同）应包括下列内容：

a） 产品名称；

b） 牌号、品级；

c） 有害元素或杂质元素含量的特殊要求；

d） 重量；

e） 本标准编号；

f） 其他。

ICS 73.060.99
D 46

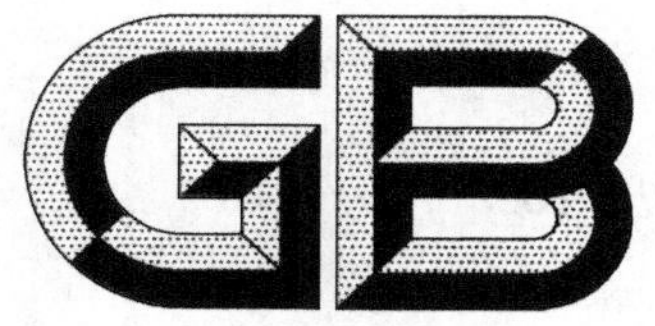

中华人民共和国国家标准

GB/T 20899.1—2007

金矿石化学分析方法 第1部分:金量的测定

Methods for chemical analysis of gold ores—Part 1:Determination of gold contents

2007-04-27 发布 2007-11-01 实施

中华人民共和国国家质量监督检验检疫总局
中国国家标准化管理委员会 发布

前　　言

GB/T 20899《金矿石化学分析方法》分为11个部分：

——第1部分：金量的测定；

——第2部分：银量的测定；

——第3部分：砷量的测定；

——第4部分：铜量的测定；

——第5部分：铅量的测定；

——第6部分：锌量的测定；

——第7部分：铁量的测定；

——第8部分：硫量的测定；

——第9部分：碳量的测定；

——第10部分：锑量的测定；

——第11部分：砷量和铋量的测定。

本部分为GB/T 20899的第1部分。

本部分由中华人民共和国国家发展和改革委员会提出。

本部分由长春黄金研究院归口。

本部分由国家金银及制品质量监督检验中心（长春）负责起草，河南中原黄金冶炼厂、灵宝黄金股份有限公司参加起草。

本部分主要起草人：陈菲菲、黄蕊、张玉明、刘鹏飞、徐存生、腾飞、刘冰、魏成磊。

金矿石化学分析方法
第1部分:金量的测定

1 范围

本部分规定了金矿石中金量的测定方法。

本部分适用于金矿石中金量的测定。

2 火试金重量法测定金量(测定范围:金量0.20 g/t～150.0 g/t)

2.1 方法提要

试料经配料、熔融。获得适当质量的含有贵金属的铅扣与易碎性的熔渣。为了回收渣中残留金,对熔渣进行再次试金。通过灰吹使金、银与铅扣分离,得到金、银合粒,合粒经硝酸分金后,用重量法测定金量。

2.2 试剂

2.2.1 碳酸钠:工业纯,粉状。

2.2.2 氧化铅:工业纯,粉状。金量小于0.02 g/t。

2.2.3 硼砂:工业纯,粉状。

2.2.4 玻璃粉,粒度小于0.18 mm。

2.2.5 硝酸钾:工业纯,粉状。

2.2.6 硝酸银溶液(10 g/L):称取5.000 g银(Ag的质量分数≥99.99%),置于300 mL烧杯中,加入20 mL硝酸(2.2.8),低温加热溶解至完全,冷却至室温,移入500 mL容量瓶中,用硝酸溶液(2.2.10)洗涤烧杯,洗液合并入容量瓶中,以水稀释至刻度,混匀。此溶液1 mL含10 mg银。

2.2.7 覆盖剂(2+1):二份碳酸钠与一份硼砂混合。

2.2.8 硝酸(ρ1.42 g/mL)优级纯。

2.2.9 硝酸(1+7):不含氯离子。

2.2.10 硝酸(1+2):不含氯离子。

2.2.11 面粉。

2.3 仪器和设备

2.3.1 试金坩埚:材质为耐火粘土。高130 mm,顶部外径90 mm,底部外径50 mm,容积约为300 mL。

2.3.2 镁砂灰皿:顶部内径约35 mm,底部外径约40 mm,高30 mm,深约17 mm。

制法:水泥(标号425)、镁砂(180 μm)与水按质量比(15∶85∶10)搅和均匀,在灰皿机上压制成型,阴干三个月后备用。

2.3.3 分金试管:25 mL比色管。

2.3.4 天平:感量0.1 g和0.01 g。

2.3.5 试金天平:感量0.01 mg。

2.3.6 熔融电炉:使用温度在1200 ℃。

2.3.7 灰吹电炉:使用温度在950 ℃。

2.3.8 粉碎机:密封式制样粉碎机。

2.4 试样

2.4.1 试样粒度不大于0.074 mm。

2.4.2 试样应在 100 ℃～105 ℃烘干 1 h 后，置于干燥器中冷却至室温。

2.5 分析步骤

2.5.1 试料

根据各种类型金矿石的组成和还原力，计算试料称取量和试剂的加入量。称样量一般为20 g～50 g。精确至 0.01 g。

独立地进行两次测定，取其平均值。

2.5.2 试剂中金空白值的测定

每批氧化铅都要测定其中金量。每次称取三份氧化铅进行平行测定，取其平均值。

方法：称取 200 g 氧化铅(2.2.2)、40 g 碳酸钠(2.2.1)、35 g 玻璃粉(2.2.4)、3 g 面粉(2.2.11)，以下按 2.5.4.2，2.5.4.4，2.5.4.5 进行，测定金量。

2.5.3 试样还原力的测定

2.5.3.1 测定法：

a) 称取 5 g 试料，10 g 碳酸钠(2.2.1)、80 g 氧化铅(2.2.2)、10 g 玻璃粉(2.2.4)、2 g 面粉(2.2.11)，以下按 2.5.4.2 操作。称量所得铅扣量 m_1。

b) 不含试料，称取 10 g 碳酸钠(2.2.1)、80 g 氧化铅(2.2.2)、10 g 玻璃粉(2.2.4)、2 g 面粉(2.2.11)，以下按 2.5.4.2 操作。称量所得铅扣量 m_2，按式(1)计算试样的还原力。

$$F = \frac{m_1 - m_2}{m_0} \qquad (1)$$

式中：

F——试样的还原力；

m_1——称取试料所得铅扣量，单位为克(g)；

m_2——未加试料所得铅扣量，单位为克(g)；

m_0——试料量，单位为克(g)。

2.5.3.2 计算法：

按式(2)计算试样的还原力：

$$F = w(\mathrm{S}) \times 20 \qquad (2)$$

式中：

F——试样的还原力；

$w(\mathrm{S})$——试样中硫的质量分数，用%表示；

20——1 g 硫可还原出约 20 g 铅扣的经验值。

2.5.4 测定

2.5.4.1 配料：根据试样的化学组成、还原力及称取试料质量，按下列方法计算试剂加入量。

碳酸钠(2.2.1)加入量：为试样量(2.5.1)的 1.5 倍～2.0 倍。

氧化铅(2.2.2)加入量按式(3)计算：

$$m_3 = m_0 F \times 1.1 + 30 \qquad (3)$$

式中：

m_3——氧化铅加入量，单位为克(g)；

m_0——试料的质量，单位为克(g)；

F——试样的还原力。

玻璃粉(2.2.4)加入量：为在熔融过程中生成的金属氧化物，以及加入的碱性溶剂，在 1.5～2.0 硅酸度时，所需的二氧化硅总量中，减去称取试样中含有的二氧化硅量。此二氧化硅量的三分之一用硼砂代替，三分之二按 0.4 g 二氧化硅相当于 1 g 玻璃粉计算出玻璃粉(2.2.4)加入量。

硼砂(2.2.3)加入量:按所需补加二氧化硅量的三分之一,除以 0.39 计算。但至少不能少于 5 g。

硝酸钾(2.2.5)和面粉(2.2.11)的加入量:按式(4)、式(5)计算

当 $m_0F > 30$ 时,
$$m_4 = \frac{m_0F - 30}{4} \quad \cdots\cdots (4)$$

当 $m_0F < 30$ 时,
$$m_5 = \frac{30 - m_0F}{12} \quad \cdots\cdots (5)$$

式中:

m_4——硝酸钾加入量,单位为克(g);

m_5——面粉加入量,单位为克(g);

m_0——试料的质量,单位为克(g);

F——试样的还原力。

将试料(2.5.1)及上述配料置于粘土坩埚中,搅拌均匀后,加入 0.5 mL~3.0 mL 硝酸银溶液(2.2.6),覆盖约 10 mm 厚的覆盖剂(2.2.7)。

2.5.4.2 熔融:将坩埚置于炉温为 800 ℃的熔融电炉内,关闭炉门,升温至 900 ℃,保温 15 min,再升温至 1100 ℃~1200 ℃,保温 10 min 后出炉。将坩埚平稳地旋动数次,并在铁板上轻轻敲击 2 下~3 下,使附着在坩埚壁上的铅珠下沉,然后将熔融物小心地全部倒入预热的铸铁模中。冷却后,把铅扣与熔渣分离,将铅扣锤成立方体并称量(应为 25 g~40 g)。收集熔渣保留铅扣。

2.5.4.3 二次试金:将熔渣粉碎后(180 μm),按面粉法配料,进行二次试金。

方法:将熔渣(全量)、20 g 碳酸钠(2.2.1)、10 g 玻璃粉(2.2.4)、30 g 氧化铅(2.2.2)、5 g 硼砂(2.2.3)、3 g 面粉(2.2.11)置于原坩埚中,搅拌均匀后,覆盖约 10 mm 厚的覆盖剂(2.2.7),以下按 2.5.4.2 进行,弃去熔渣,保留铅扣。

2.5.4.4 灰吹:将二次试金铅扣放入已在 950 ℃高温炉中预热 20 min 后的镁砂灰皿中,关闭炉门 1 min~2 min,待熔铅脱膜后,半开炉门,并控制炉温在 850 ℃灰吹至铅扣剩 2 g 左右,取出灰皿冷却后,将剩余铅扣与一次试金铅扣同时放入已预热过的新灰皿中。按上述操作再次进行灰吹。至接近灰吹终点时,升温至 880 ℃,使铅全部吹尽,将灰皿移至炉门口放置 1 min,取出冷却。

用小镊子将合粒从灰皿中取出,刷去粘附杂质,将合粒在小钢砧上锤成 0.2 mm~0.3 mm 薄片。

2.5.4.5 分金:将合金薄片放入分金试管中,并加入 10 mL 微沸的硝酸(2.2.9),把分金试管置入沸水中加热。待合粒与酸反应停止后,取出分金试管,倾出酸液。再加入 10 mL 微沸的硝酸(2.2.10),再于沸水中加热 20 min。取出分金试管,倾出酸液,用蒸馏水洗净金粒后,移入坩埚中,在 600 ℃高温炉中灼烧 2 min~3 min,冷却后,将金粒放在试金天平上称量。

2.6 结果计算

按式(6)计算金的质量分数:

$$w(\mathrm{Au}) = \frac{m_6 - m_7}{m_0} \times 1000 \quad \cdots\cdots (6)$$

式中:

$w(\mathrm{Au})$——金的质量分数,单位为克每吨(g/t);

m_0——试料的质量,单位为克(g);

m_6——金粒质量,单位为毫克(mg);

m_7——分析时所用氧化铅总量中含金的质量,单位为毫克(mg)。

分析结果小于 10.0 g/t 的表示至两位小数,大于 10.0 g/t 的表示至一位小数。

2.7 允许差

实验室之间分析结果的差值应不大于表 1 所列允许差。

表 1

单位为克每吨(g/t)

金质量分数	允 许 差
0.20～1.00	0.30
>1.00～2.00	0.40
>2.00～3.00	0.50
>3.00～5.00	0.60
>5.00～7.00	0.75
>7.00～10.0	1.00
>10.0～15.0	1.40
>15.0～20.0	1.80
>20.0～30.0	2.0
>30.0～40.0	2.4
>40.0～60.0	2.7
>60.0～80.0	3.0
>80.0～100.0	3.5
>100.0～150.0	4.0

3 火试金富集-原子吸收光谱法测定金量(测定范围:金量 0.10 g/t～100.0 g/t)

3.1 方法提要

试料经配料、熔融。获得适当质量的含有贵金属的铅扣与易碎性的熔渣。为了回收渣中残留金,对熔渣进行再次试金。通过灰吹使金、银与铅扣分离,得到金、银合粒。合粒经硝酸和王水溶解,用原子吸收光谱法测定金量。

3.2 试剂

3.2.1 碳酸钠:工业纯,粉状。

3.2.2 氧化铅:工业纯,粉状。金量小于 0.02 g/t。

3.2.3 硼砂:工业纯,粉状。

3.2.4 玻璃粉粒度小于 0.18 mm。

3.2.5 硝酸钾:工业纯,粉状。

3.2.6 金标样(Au 的质量分数≥99.99%)。

3.2.7 硝酸银溶液(10 g/L):称取 5.000 g 银(Ag 的质量分数≥99.99%),置于 300 mL 烧杯中,加入 20 mL 硝酸(3.2.9),低温加热溶解至完全,冷却至室温,移入 500 mL 容量瓶中,用硝酸溶液(3.2.11)洗涤烧杯,洗液合并入容量瓶中,以水稀释至刻度,混匀。此溶液 1 mL 含 10 mg 银。

3.2.8 覆盖剂(2+1):二份碳酸钠与一份硼砂混合。

3.2.9 硝酸(ρ1.42 g/mL)。

3.2.10 盐酸(ρ1.19 g/mL)。

3.2.11 硝酸(1+2)。

3.2.12 王水:三份体积盐酸、一份体积硝酸混合,现用现配。

3.2.13 面粉。

3.2.14 金标准贮存溶液：称取 0.5000 g 金标样(3.2.6)，置于 100 mL 烧杯中，加入 20 mL 王水(3.2.12)，低温加热至完全溶解，取下冷却至室温，移入 500 mL 容量瓶中，以 20 mL 王水(3.2.12)洗涤烧杯，再用水洗烧杯，合并于容量瓶中，用水稀释至刻度，混匀。此溶液 1 mL 含 1.00 mg 金。

3.2.15 金标准溶液：移取 50.00 mL 金标准贮存溶液(3.2.14)，于 500 mL 容量瓶中，加入 10 mL 王水(3.2.12)，用水稀释至刻度，混匀。此溶液 1 mL 含 100 μg 金。

3.3 仪器和设备

3.3.1 试金坩埚：材质为耐火粘土。高 130 mm，顶部外径 90 mm，底部外径 50 mm，容积约为 300 mL。

3.3.2 镁砂灰皿：顶部内径约 35 mm，底部外径约 40 mm，高 30 mm，深约 17 mm。

制法：水泥(标号 425)、镁砂(180 μm)与水按质量比 (15 : 85 : 10) 搅和均匀，在灰皿机上压制成型，阴干三个月后备用。

3.3.3 天平：感量 0.1 g 和 0.01 g。

3.3.4 熔融电炉：使用温度在 1200 ℃。

3.3.5 灰吹电炉：使用温度在 950 ℃。

3.3.6 粉碎机：密封式制样粉碎机。

3.3.7 原子吸收光谱仪，附金空心阴极灯。

在原子吸收光谱仪最佳工作条件下，凡能达到下列指标者均可使用。

灵敏度：在与测量试料溶液的基体相一致的溶液中，金的特征浓度应不大于 0.23 μg/mL。

精密度：用最高浓度的标准溶液测量 11 次，其标准偏差应不超过平均吸光度的 1.5%；用最低浓度的标准溶液(不是"零"标准溶液)测量 11 次，其标准偏差应不超过最高浓度标准溶液的平均吸光度的 0.5%。

工作曲线线性：将工作曲线按浓度等分成五段，最高段的吸光度差值与最低段的吸光度差值之比，应不小于 0.7。

3.4 试样

3.4.1 试样粒度不大于 0.074 mm。

3.4.2 试样应在 100 ℃～105 ℃烘干 1 h 后，置于干燥器中冷却至室温。

3.5 分析步骤

3.5.1 试料

根据金矿石的组成和还原力，计算试料称取量和试剂的加入量。称样量一般为 20 g～50 g。精确至 0.01 g。

独立地进行两次测定，取其平均值。

3.5.2 试剂中金空白值的测定

每批氧化铅都要测定其中金量。每次称取三份氧化铅进行平行测定，取其平均值。

方法：称取 200 g 氧化铅(3.2.2)、40 g 碳酸钠(3.2.1)、35 g 玻璃粉(3.2.4)、3 g 面粉(3.2.13)，以下按 3.5.4.2，3.5.4.4，3.5.4.5 进行，测定金量。

3.5.3 试样还原力的测定

3.5.3.1 测定法：

a) 称取 5 g 试料，10 g 碳酸钠(3.2.1)、80 g 氧化铅(3.2.2)、10 g 玻璃粉(3.2.4)、2 g 面粉(3.2.11)，以下按 6.4.2 款操作。称量所得铅扣量 m_1。

b) 不含试料，称取 10 g 碳酸钠(3.2.1)、80 g 氧化铅(3.2.2)、10 g 玻璃粉(3.2.4)、2 g 面粉(3.2.11)，以下按 3.5.4.2 操作。称量所得铅扣量 m_2，按式(7)计算试样的还原力。

$$F = \frac{m_1 - m_2}{m_0} \quad \cdots\cdots (7)$$

式中：

F——试样的还原力；

m_1——称取试料所得铅扣量，单位为克(g)；

m_2——未加试料所得铅扣量，单位为克(g)；

m_0——试料量，单位为克(g)。

3.5.3.2　计算法：

按式(8)计算试样的还原力：

$$F = w(\mathrm{S}) \times 20 \quad \cdots\cdots (8)$$

式中：

F——试样的还原力；

$w(\mathrm{S})$——试样中硫的质量分数，用(%)表示；

20——1 g硫可还原出约20 g铅扣的经验值。

3.5.4　火试金富集

3.5.4.1　配料：根据试样的化学组成，按下列方法计算试剂加入量。

碳酸钠(3.2.1)加入量：为试样量(3.5.1)的1.5倍～2.0倍。

氧化铅(3.2.2)加入量按式(9)计算：

$$m_3 = m_0 F \times 1.1 + 30 \quad \cdots\cdots (9)$$

式中：

m_3——氧化铅加入量，单位为克(g)；

m_0——试料的质量，单位为克(g)；

F——试样的还原力。

玻璃粉(3.2.4)加入量：为在熔融过程中生成的金属氧化物，以及加入的碱性溶剂，在1.5～2.0硅酸度时，所需的二氧化硅总量中，减去称取试样中含有的二氧化硅量。此二氧化硅量的三分之一用硼砂代替，三分之二按0.4 g二氧化硅相当于1 g玻璃粉计算出玻璃粉(3.2.4)加入量。

硼砂(3.2.3)加入量：按所需补加二氧化硅量的三分之一，除以0.39计算。但至少不能少于5 g。

硝酸钾(3.2.5)和面粉(3.2.13)的加入量，按式(10)、式(11)计算：

当 $m_0 F > 30$ 时，

$$m_4 = \frac{m_0 F - 30}{4} \quad \cdots\cdots (10)$$

当 $m_0 F < 30$ 时，

$$m_5 = \frac{30 - m_0 F}{12} \quad \cdots\cdots (11)$$

式中：

m_4——硝酸钾加入量，单位为克(g)；

m_5——面粉加入量，单位为克(g)；

m_0——试料的质量，单位为克(g)；

F——试样的还原力。

将试料(3.5.1)及上述配料置于粘土坩埚中，搅拌均匀后，加入0.5 mL～3.0 mL硝酸银溶液(3.2.7)覆盖约10 mm厚的覆盖剂(3.2.8)。

3.5.4.2　熔融：将坩埚置于炉温为800 ℃的熔融电炉内，关闭炉门，升温至900 ℃、保温15 min，再升温至1100 ℃～1200 ℃，保温10 min后出炉。将坩埚平稳地旋动数次，并在铁板上轻轻敲击2下～3下，使附着在坩埚壁上的铅珠下沉，然后将熔融物小心地全部倒入预热的铸铁模中。冷却后，把铅扣与熔渣分离，将铅扣锤成立方体并称量(应为25 g～40 g)。收集熔渣保留铅扣。

3.5.4.3　二次试金：将熔渣粉碎后(180 μm)，按面粉法配料，进行二次试金。

方法：将熔渣（全量）、20 g 碳酸钠（3.2.1）、10 g 玻璃粉（3.2.4）、30 g 氧化铅（3.2.2）、5 g 硼砂（3.2.3）、3 g 面粉（3.2.13）置于原坩埚中，搅拌均匀后，覆盖约 10 mm 厚的覆盖剂（3.2.8），以下按 3.5.4.2 进行，弃去熔渣，保留铅扣。

3.5.4.4 灰吹：将二次试金铅扣放入已在 950 ℃炉中预热 20 min 后的镁砂灰皿中，关闭炉门1 min～2 min，待熔铅脱膜后，半开炉门，并控制炉温在 850 ℃灰吹至铅扣剩 2 g 左右，取出灰皿冷却后，将剩余铅扣与一次试金铅扣同时放入已预热过的新灰皿中。按上述操作再次进行灰吹。至接近灰吹终点时，升温至 880 ℃，使铅全部吹尽，将灰皿移至炉门口放置 1 min，取出冷却。

3.5.4.5 用小镊子将合粒从灰皿中取出，刷去粘附杂质，将合粒在小钢砧上锤成薄片。

3.5.5 原子吸收光谱测定

3.5.5.1 将金银合粒薄片置于 100 mL 烧杯中，加入 5 mL 硝酸（3.2.11），低温加热溶解银，小心倾去溶液，加入 2 mL 王水（3.2.12），低温加热至完全溶解，蒸至近干，加入 1 mL 盐酸（3.2.10）加热溶解盐类，取下冷至室温。按表 2 移入容量瓶中，用盐酸溶液（1+19）稀释至刻度，混匀。

表 2

金质量分数/(g/t)	容量瓶体积/mL	分取试液体积/mL	稀释容量瓶体积/mL
0.10～1.00	10	—	—
>1.00～5.00	50	—	—
>5.00～10.0	100	—	—
>10.0～50.0	100	20	100
>50.0～100.0	100	10	100

3.5.5.2 将试液（3.5.5.1）于原子吸收光谱仪波长 242.8 nm 处，使用空气-乙炔火焰，测量金的吸光度，自工作曲线上查出相应的金浓度。

3.5.6 工作曲线的绘制

移取 0 mL，0.50 mL，1.00 mL，2.00 mL，3.00 mL，4.00 mL，5.00 mL 金标准溶液（3.2.15），分别置于一组 100 mL 容量瓶中，加入 5 mL 盐酸（3.2.10），以水稀释至刻度，混匀。与试液相同条件下测量标准溶液的吸光度（减去“零”浓度的吸光度），以金浓度为横坐标，吸光度为纵坐标，绘制工作曲线。

3.6 结果计算

按式（12）计算金的质量分数：

$$w(\mathrm{Au}) = \frac{(c_1 - c_0)V}{m_0} \qquad (12)$$

式中：

$w(\mathrm{Au})$——金的质量分数，单位为克每吨（g/t）；

c_1——自工作曲线上查得试液的金浓度，单位为微克每毫升（μg/mL）；

c_0——自工作曲线上查得空白试液的金浓度，单位为微克每毫升（μg/mL）；

V——试液的总体积，单位为毫升（mL）；

m_0——试料的质量，单位为克（g）。

分析结果小于 10.0 g/t 的表示至两位小数，大于 10.0 g/t 的表示至一位小数。

3.7 允许差

实验室之间分析结果的差值应不大于表 3 所列允许差。

表 3

单位为克每吨(g/t)

金质量分数	允 许 差
0.10～0.20	0.10
>0.20～0.50	0.20
>0.50～1.00	0.30
>1.00～2.00	0.40
>2.00～3.00	0.50
>3.00～5.00	0.60
>5.00～7.00	0.75
>7.00～10.0	1.0
>10.0～15.0	1.4
>15.0～20.0	1.8
>20.0～30.0	2.0
>30.0～40.0	2.4
>40.0～60.0	2.7
>60.0～80.0	3.0
>80.0～100.0	3.5

ICS 73.060.99
D 46

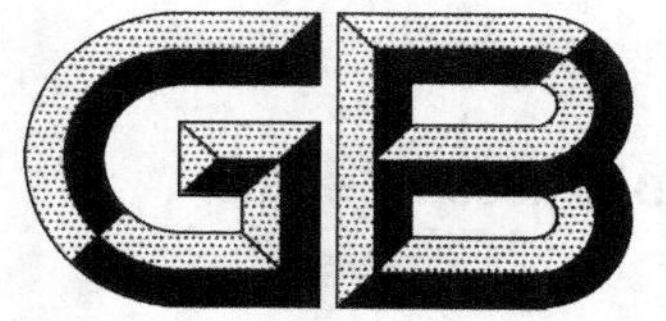

中华人民共和国国家标准

GB/T 20899.2—2007

金矿石化学分析方法
第2部分:银量的测定

**Methods for chemical analysis of gold ores—
Part 2: Determination of silver contents**

2007-04-27 发布 2007-11-01 实施

中华人民共和国国家质量监督检验检疫总局
中国国家标准化管理委员会 发布

前　言

GB/T 20899《金矿石化学分析方法》分为11个部分：

——第1部分：金量的测定；
——第2部分：银量的测定；
——第3部分：砷量的测定；
——第4部分：铜量的测定；
——第5部分：铅量的测定；
——第6部分：锌量的测定；
——第7部分：铁量的测定；
——第8部分：硫量的测定；
——第9部分：碳量的测定；
——第10部分：锑量的测定；
——第11部分：砷量和铋量的测定。

本部分为GB/T 20899的第2部分。

本部分由中华人民共和国国家发展和改革委员会提出。

本部分由长春黄金研究院归口。

本部分由国家金银及制品质量监督检验中心(长春)负责起草。

本部分主要起草人：陈菲菲、黄蕊、鲍姝玲、刘冰、苏凯。

金矿石化学分析方法
第2部分:银量的测定

1 范围

本部分规定了金矿石中银量的测定方法。

本部分适用于金矿石中银量的测定。测定范围:2.00 g/t～1000.0 g/t。

2 方法提要

试料用盐酸、硝酸、氢氟酸和高氯酸分解,在稀盐酸介质中,于原子吸收光谱仪波长328.1 nm处,使用空气-乙炔火焰,测量银的吸光度,按标准曲线法计算银量。

3 试剂

3.1 盐酸(ρ1.19 g/mL)。

3.2 硝酸(ρ1.42 g/mL)。

3.3 高氯酸(ρ1.67 g/mL)。

3.4 氢氟酸(ρ1.13 g/mL)。

3.5 盐酸溶液(3+17)。

3.6 银标准贮存溶液:称取0.5000 g纯银(Ag的质量分数≥99.99%),置于100 mL烧杯中,加入20 mL硝酸(3.2),加热至完全溶解,煮沸驱除氮的氧化物,取下冷却,用不含氯离子的水移入1000 mL棕色容量瓶中,加入30 mL硝酸(3.2),用不含氯离子的水稀释至刻度,混匀。此溶液1 mL含0.500 mg银。

3.7 银标准溶液:移取50.00 mL银标准贮存溶液(3.6),于500 mL棕色容量瓶中,加入10 mL硝酸(3.2),用不含氯离子的水稀释至刻度,混匀。此溶液1 mL含50 μg银。

4 仪器

原子吸收光谱仪,附银空心阴极灯。

在仪器最佳条件下,凡能达到下列指标的原子吸收光谱仪均可使用。

灵敏度:在与测量溶液的基体相一致的溶液中,银的特征浓度应不大于0.034 μg/mL。

精密度:用最高浓度的标准溶液测量11次吸光度,其标准偏差应不超过平均吸光度的1.0%;用最低浓度的标准溶液(不是“零”标准溶液)测量11次吸光度,其标准偏差应不超过最高浓度标准溶液平均吸光度的0.5%。

工作曲线线性:将工作曲线按浓度等分成五段,最高段的吸光度差值与最低段的吸光度差值之比应不小于0.8。

5 试样

5.1 试样粒度不大于0.074 mm。

5.2 试样应在100 ℃～105 ℃烘1 h后,置于干燥器中冷却至室温。

6 分析步骤

6.1 试料

按表1称取0.20 g～1.00 g试样。精确至0.0001 g。

独立地进行两次测定，取其平均值。

6.2 空白试验

随同试料做空白试验。

6.3 测定

6.3.1 将试料(6.1)置于250 mL烧杯中，加少量水润湿，加入10 mL盐酸(3.1)，加热2 min～3 min，加入8 mL硝酸(3.2)，加热3 min～5 min，加入5 mL高氯酸(3.3)(试样含硅高时，加入5 mL氢氟酸(3.4)，用聚四氟乙烯塑料烧杯溶解试料)，继续加热至冒浓白烟，蒸至湿盐状，取下冷却。加入少量盐酸(3.1)和水，加热使可溶性盐类溶解，冷却至室温。

6.3.2 按表1将试液移入到容量瓶中，用盐酸溶液(3.5)稀释至刻度，混匀。静置澄清。

表1

银质量分数/(g/t)	试料量/g	容量瓶体积/mL
2.00～5.00	1.0000	25
>50.0～100	1.0000	50
>100～500	0.5000	100
>500～1000	0.2000	100

6.3.3 在原子吸收分光光度计波长328.1 nm处，使用空气-乙炔火焰，以随同试料的空白调零，测量吸光度，扣除背景吸收，自工作曲线上查出相应的银浓度。

6.4 工作曲线的绘制

移取0 mL、0.50 mL、1.00 mL、2.00 mL、3.00 mL、4.00 mL、5.00 mL银标准溶液(3.7)，分别置于一组100 mL容量瓶中，用盐酸溶液(3.5)稀释至刻度，混匀。以试剂空白调零，测量吸光度。以银浓度为横坐标，吸光度为纵坐标，绘制工作曲线。

7 结果计算

按式(1)计算银的质量分数：

$$w(\mathrm{Ag}) = \frac{c \cdot V}{m} \qquad (1)$$

式中：

$w(\mathrm{Ag})$——银的质量分数，单位为克每吨(g/t)；

c——以试料溶液的吸光度自工作曲线查得的银浓度，单位为微克每毫升(μg/mL)；

V——试料溶液的体积，单位为毫升(mL)；

m——试料的质量，单位为克(g)。

分析结果表示至小数点后第一位。

8 允许差

实验室之间分析结果的差值应不大于表2所列允许差。

表2 单位为克每吨(g/t)

银质量分数	允 许 差
2.0～5.0	1.0
>5.0～10.0	2.0
>10.0～20.0	3.0

表 2(续)

单位为克每吨(g/t)

银质量分数	允 许 差
>20.0～40.0	4.0
>40.0～60.0	6.0
>60.0～80.0	8.0
>80.0～100.0	10.0
>100.0～200.0	15.0
>200.0～300.0	20.0
>300.0～400.0	30.0
>400.0～500.0	40.0
>500.0～1000.0	50.0

ICS 73.060.99
D 46

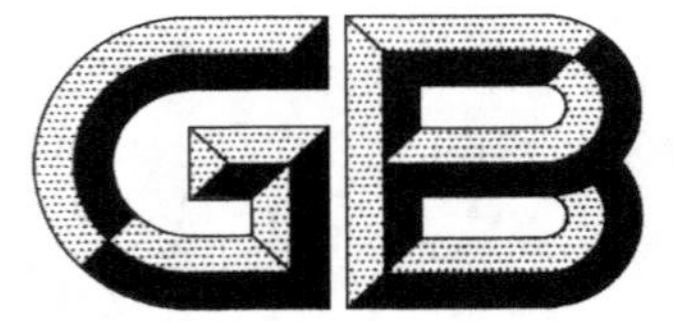

中华人民共和国国家标准

GB/T 20899.3—2007

金矿石化学分析方法
第3部分:砷量的测定

Methods for chemical analysis of gold ores—Part 3:Determination of arsenic contents

2007-04-27 发布　　2007-11-01 实施

中华人民共和国国家质量监督检验检疫总局
中国国家标准化管理委员会　发布

前　言

GB/T 20899《金矿石化学分析方法》分为11个部分：

——第1部分：金量的测定；

——第2部分：银量的测定；

——第3部分：砷量的测定；

——第4部分：铜量的测定；

——第5部分：铅量的测定；

——第6部分：锌量的测定；

——第7部分：铁量的测定；

——第8部分：硫量的测定；

——第9部分：碳量的测定；

——第10部分：锑量的测定；

——第11部分：砷量和铋量的测定。

本部分为GB/T 20899的第3部分。

本部分由中华人民共和国国家发展和改革委员会提出。

本部分由长春黄金研究院归口。

本部分由国家金银及制品质量监督检验中心(长春)负责起草。

本部分主要起草人：陈菲菲、黄蕊、刘正红、张琦、刘冰、魏成磊。

金矿石化学分析方法
第3部分:砷量的测定

1 范围

本部分规定了金矿石中砷量的测定方法。

本部分适用于金矿石中砷量的测定。

2 二乙基二硫代氨基甲酸银分光光度法测定砷量(测定范围:0.010%~0.350%)

2.1 方法提要

试样经酸分解,于1 mol/L~1.5 mol/L硫酸介质中砷被锌粒还原,生成砷化氢气体,用二乙基二硫代氨基甲酸银(以下简称铜试剂银盐)三氯甲烷溶液吸收。铜试剂银盐中的银离子被砷化氢还原成单质胶态银而呈红色。于分光光度计波长530 nm处测量其吸光度。

2.2 试剂

2.2.1 硝酸(ρ1.42 g/mL)。

2.2.2 硫酸(1+1)。

2.2.3 无砷锌粒。

2.2.4 酒石酸溶液(400 g/L)。

2.2.5 碘化钾溶液(300 g/L)。

2.2.6 二氯化锡溶液(400 g/L),以盐酸(1+1)配制。

2.2.7 三乙醇胺(或三乙胺)三氯甲烷溶液(3+97)。

2.2.8 三氯甲烷。

2.2.9 硫酸铜溶液:称取3.93 g硫酸铜($CuSO_4 \cdot 5H_2O$),溶于20 mL水中,混匀。此溶液含铜5 mg/mL。

2.2.10 铜试剂银盐三氯甲烷溶液(2 g/L):称取1 g铜试剂银盐于1000 mL试剂瓶中,加入500 mL三乙醇胺三氯甲烷溶液(2.2.7),搅拌使其溶解,静止过夜,过滤后使用。贮存于棕色试剂瓶中。

2.2.11 砷标准贮存溶液:称取0.1320 g三氧化二砷(预先在100 ℃~105 ℃烘1 h,置于干燥器中,冷至室温)于100 mL烧杯中,加入10 mL氢氧化钠溶液(100 g/L),加热溶解后,取下,冷至室温。加入20 mL盐酸,移入1000 mL容量瓶中,以水稀释至刻度,混匀。此溶液含砷0.100 mg/mL。

2.2.12 砷标准溶液:移取10.00 mL砷标准贮存溶液(2.2.11)于200 mL容量瓶中,用水稀释至刻度,混匀。此溶液含砷5 μg/mL。

2.2.13 乙酸铅脱脂棉:将脱脂棉浸于100 mL乙酸铅溶液中(100 g/L,内含1 mL冰乙酸),取出,干燥后使用。

2.3 仪器

2.3.1 分光光度计。

2.3.2 砷化氢气体发生器及吸收装置(见图1)。

单位为毫米

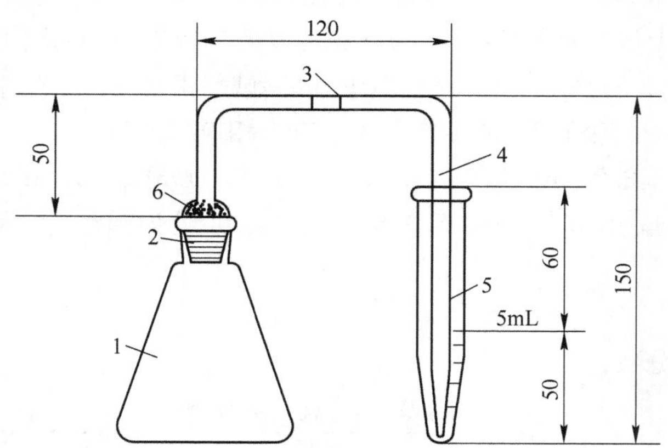

1——砷化氢发生器(100 mL 14 号标准口锥形瓶);
2——半球形空心 14 号标准口瓶塞;
3——医用胶皮管;
4——导管(内径 0.5 mm～1 mm,外径 6 mm～7 mm);
5——砷化氢吸收管(外径 16 mm);
6——乙酸铅脱脂棉(2.2.13)。

图1　砷化氢发生器及吸收装置图

2.4 试样

2.4.1 试样粒度不大于 0.074 mm。

2.4.2 试样应在 100 ℃～105 ℃烘 1 h 后,置于干燥器中冷却至室温。

2.5 分析步骤

2.5.1 试料

称取 0.20 g 试样。精确至 0.0001 g。

独立地进行两次测定,取其平均值。

2.5.2 空白试验

随同试料做空白试验。

2.5.3 测定

2.5.3.1 将试料(2.5.1)置于 100 mL 烧杯中,加入少量水润湿后,加入 10 mL 硝酸(2.2.1)、5 mL 硫酸(2.2.2),加热溶解,蒸至冒白烟,取下冷却。

2.5.3.2 用 10 mL 水冲洗杯壁,加入 10 mL 酒石酸溶液(2.2.4),加热煮沸,使可溶性盐溶解,取下,冷至室温,移入 100 mL 容量瓶中,用水稀释至刻度,混匀。按表 1 分取溶液于 125 mL 砷化氢气体发生器中。

表 1

砷质量分数/%	分取试料溶液体积/mL
0.050～0.10	10.00
0.10～0.20	5.00
0.20～0.35	2.00

2.5.3.3 加入 7 mL 硫酸(2.2.2)、5 mL 酒石酸(2.2.4),加水使体积约为 40 mL,加入 5 mL 碘化钾溶液(2.2.5)、2.5 mL 二氯化锡溶液(2.2.6)、1 mL 硫酸铜溶液(2.2.9),每加一种试剂混匀后再加另一种试剂,以水稀释至体积为 60 mL。

2.5.3.4 移取 10.00 mL 铜试剂银盐三氯甲烷溶液(2.2.10)于有刻度的吸管中,连接导管。向砷化氢气体发生器中加入 5 g 无砷锌粒(2.2.3),立即塞紧橡皮塞,40 min 后,取下吸收管。

2.5.3.5 向吸收管中加入少量三氯甲烷(2.2.8)补充挥发的三氯甲烷,使体积为 10.00 mL,混匀。

2.5.3.6 将部分溶液(2.5.3.5)移入 1 cm 比色皿中,以铜试剂银盐三氯甲烷溶液(2.2.10)为参比液,于分光光度计波长 530 nm 处测量吸光度,从工作曲线上查出相应的砷量。

2.5.4 移取 0 mL、1.00 mL、2.00 mL、3.00 mL、4.00 mL、5.00 mL、6.00 mL 砷标准溶液(2.2.12)分别置于砷化氢发生器中,以下按 2.5.3.3～2.5.3.6 进行。以砷量为横坐标,吸光度为纵坐标绘制工作曲线。

2.6 结果计算

按式(1)计算砷的质量分数:

$$w(\mathrm{As}) = \frac{(m_1 - m_2)V_0 \times 10^{-6}}{m_0 V_1} \times 100 \qquad (1)$$

式中:

$w(\mathrm{As})$——砷的质量分数,用%表示;

m_1——自工作曲线上查得的砷量,单位为微克(μg);

m_2——自工作曲线查得的随同试料空白的砷量,单位为微克(μg);

m_0——试样量,单位为克(g);

V_0——溶液的总体积,单位为毫升(mL);

V_1——测定时分取溶液的体积,单位为毫升(mL)。

分析结果表示至小数点后第二位,若质量分数小于 0.10%时,表示至三位小数。

2.7 允许差

实验室之间分析结果的差值应不大于表 2 所列允许差。

表 2 单位为%

砷质量分数	允　许　差
0.050～0.15	0.02
>0.15～0.25	0.03
>0.25～0.35	0.04

3 卑磷酸盐滴定法测定砷量(测定范围:0.15%～5.00%)

3.1 方法提要

试料以酸分解,在 6 mol/L 盐酸介质中,用卑磷酸盐将砷还原为单体状态析出,过滤,用碘标准溶液溶解,以亚砷酸钠标准溶液回滴过量的碘溶液。

3.2 试剂

3.2.1 盐酸(ρ1.19 g/mL)。

3.2.2 硝酸(ρ1.42 g/mL)。

3.2.3 硫酸(1+3)。

3.2.4 硫酸(1+1)。

3.2.5 卑磷酸钠。

3.2.6 碳酸氢钠溶液(30 g/L):向 100 mL(30 g/L)碳酸氢钠溶液中加入 5 mL 淀粉溶液(3.2.7),滴入 0.01 mol/L 的 1/2 I_2 溶液至呈微蓝色。

3.2.7 淀粉溶液(5 g/L):称取 0.5 g 可溶性淀粉,用少许水调成糊状,加入 100 mL 沸水,搅匀,并煮沸片刻,冷却。

3.2.8　卑磷酸钠溶液(20 g/L):以盐酸溶液(1+3)配制。

3.2.9　氯化铵溶液(50 g/L)。

3.2.10　亚砷酸钠标准溶液[$c(1/2Na_3AsO_3)$=0.01 mol/L(或0.05 mol/L)]:

称取0.4946 g(或2.4728 g)优级纯亚砷酸酐(As_2O_3),置于200 mL烧杯中,加入10 mL~20 mL 200 g/L氢氧化钠溶液,微热溶解后移入1000 mL容量瓶中,用水稀释至200 mL~300 mL,加入2~3滴酚酞指示剂(3 g/L),用硫酸(3.2.3)中和至红色刚好消失。加入5 g碳酸氢钠,冷至室温,以水稀释至刻度,摇匀。

3.2.11　碘标准溶液[$c(1/2\ I_2)$=0.01 mol/L(或0.05 mol/L)]:

3.2.11.1　配制:称取1.27 g(或6.35 g)碘,置于预先盛有碘化钾溶液(40 g碘化钾溶于20 mL~25 mL水中)的锥形瓶中,摇动使碘完全溶解,移入1000 mL棕色容量瓶中,以水稀释至刻度,摇匀。

3.2.11.2　标定:用滴定管准确加入20 mL亚砷酸钠标准溶液(3.2.10)于300 mL锥形瓶中,加入20 mL碳酸氢钠溶液(3.2.6),5 mL淀粉溶液(3.2.7),用水吹洗瓶壁,稀释至体积约80 mL,用碘标准溶液(3.2.11)滴定至浅蓝色为终点。

按式(2)计算碘标准溶液的实际浓度:

$$c_1 = \frac{c_2 \cdot V_2}{V_1} \qquad \cdots\cdots (2)$$

式中:

c_1——碘标准溶液的实际浓度,单位为摩尔每升(mol/L);

c_2——亚砷酸钠标准溶液的浓度,单位为摩尔每升(mol/L);

V_1——滴定时消耗碘标准溶液的体积,单位为毫升(mL);

V_2——加入亚砷酸钠标准溶液的体积,单位为毫升(mL)。

3.3　试样

3.3.1　试样粒度不大于0.074 mm。

3.3.2　试样应在100 ℃~105 ℃烘1 h后,置于干燥器中冷却至室温。

3.4　分析步骤

3.4.1　试料

称取0.50 g试样。精确至0.0001 g。

独立地进行两次测定,取其平均值。

3.4.2　空白试验

随同试料做空白试验。

3.4.3　测定

3.4.3.1　将试料(3.4.1)置于500 mL锥形瓶中,用少量水润湿,加入15 mL~20 mL硝酸(3.2.2),待剧烈反应停止后,移至电热板上加热蒸发至小体积(试样中含硫高时,加入少许氯酸钾,使析出的硫氧化)。

3.4.3.2　加入10 mL~15 mL硫酸(3.2.4),用少量水吹洗瓶壁,加热蒸发至冒三氧化硫浓烟,取下冷却,用水吹洗瓶壁,继续加热蒸发至冒三氧化硫浓烟,并保持5 min。取下冷却,加入35 mL水,加热使可溶性盐类溶解,取下稍冷,加入35 mL盐酸(3.2.1),加入0.1 g硫酸铜,不断搅拌,分次加入卑磷酸钠(3.2.5)至溶液黄绿色褪去后,再过量1 g~2 g。

3.4.3.3　在锥形瓶上用橡皮塞连接一个约70 cm~80 cm的玻璃管,煮沸20 min~30 min,使沉淀凝聚。冷却后,用脱脂棉加纸浆过滤,用卑磷酸钠溶液(3.2.8)洗涤沉淀及锥形瓶3次~4次,再用氯化铵溶液(3.2.9)洗涤6次~7次,弃去滤液。

3.4.3.4　将沉淀、脱脂棉及纸浆全部移入原锥形瓶中,用小片滤纸擦净漏斗,放入原锥形瓶中,加入100 mL碳酸氢钠溶液(3.2.6),在摇动下,用滴定管加入碘标准溶液(3.2.11)至元素砷完全溶解,并过量数毫升。用水吹洗瓶壁，加入 5 mL 淀粉溶液(3.2.7)，立即用亚砷酸钠标准溶液(3.2.10)滴定至蓝色消褪，并过量 2 mL～3 mL，再继续用碘标准溶液(3.2.11)滴定至浅蓝色为终点。

3.5 结果计算

按式(3)计算砷的质量分数：

$$w(\mathrm{As}) = \frac{(V_3 c_1 - V_4 c_2) \times 0.01498}{m} \times 100 \quad \cdots\cdots (3)$$

式中：

$w(\mathrm{As})$——砷的质量分数，用(%)表示；

c_1——碘标准溶液的实际浓度，单位为摩尔每升(mol/L)；

c_2——亚砷酸钠标准溶液的浓度，单位为摩尔每升(mol/L)；

V_3——滴定时消耗碘标准溶液的体积，单位为毫升(mL)；

V_4——加入亚砷酸钠标准溶液的体积，单位为毫升(mL)；

m——试料的质量，单位为克(g)；

0.01498——砷的摩尔质量，单位为克每摩尔(g/mol)。

分析结果表示至小数点后第二位。

3.6 允许差

实验室之间分析结果的差值应不大于表 3 所列允许差。

表 3　　单位为%

砷质量分数	允　许　差
0.15～0.30	0.03
0.30～0.50	0.05
>0.50～1.00	0.08
>1.00～2.00	0.15
>2.00～3.00	0.25
>3.00～5.00	0.35

ICS 73.060.99
D 46

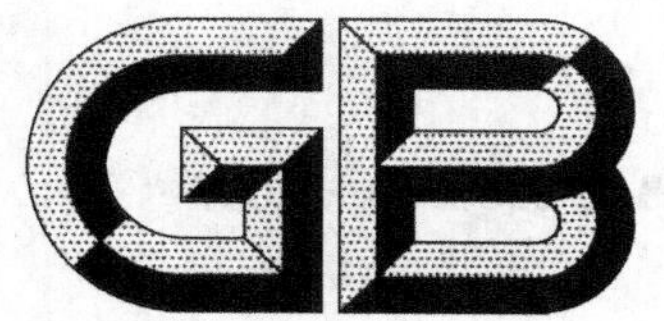

中华人民共和国国家标准

GB/T 20899.4—2007

金矿石化学分析方法 第4部分：铜量的测定

Methods for chemical analysis of gold ores—
Part 4: Determination of copper contents

2007-04-27 发布　　2007-11-01 实施

中华人民共和国国家质量监督检验检疫总局
中国国家标准化管理委员会　发布

前　　言

GB/T 20899《金矿石化学分析方法》分为11个部分：

——第1部分：金量的测定；

——第2部分：银量的测定；

——第3部分：砷量的测定；

——第4部分：铜量的测定；

——第5部分：铅量的测定；

——第6部分：锌量的测定；

——第7部分：铁量的测定；

——第8部分：硫量的测定；

——第9部分：碳量的测定；

——第10部分：锑量的测定；

——第11部分：砷量和铋量的测定。

本部分为GB/T 20899的第4部分。

本部分由中华人民共和国国家发展和改革委员会提出。

本部分由长春黄金研究院归口。

本部分由国家金银及制品质量监督检验中心(长春)负责起草，河南中原黄金冶炼厂、灵宝黄金股份有限公司参加起草。

本部分主要起草人：陈菲菲、黄蕊、张玉明、刘鹏飞、鲍姝玲、魏成磊、刘正红。

金矿石化学分析方法
第 4 部分：铜量的测定

1 范围

本部分规定了金矿石中铜含量的测定方法。

本部分适用于金矿石中铜含量的测定。

2 火焰原子吸收光谱法测定铜量(测定范围：0.010%～2.00%)

2.1 方法提要

试料经盐酸、硝酸、高氯酸和氢氟酸溶解。在稀盐酸介质中，于原子吸收光谱仪波长 324.7 nm 处，以空气-乙炔火焰测量铜的吸光度。按标准曲线法计算铜的含量。

2.2 试剂

2.2.1 盐酸(ρ1.19 g/mL)。

2.2.2 硝酸(ρ1.42 g/mL)。

2.2.3 高氯酸(ρ1.67 g/mL)。

2.2.4 氢氟酸(ρ1.13 g/mL)。

2.2.5 硝酸(1+1)。

2.2.6 铜标准贮存溶液：称取 1.0000 g 金属铜(Cu 的质量分数≥99.99%)置于 250 mL 烧杯中，加入 25 mL 硝酸(2.2.5)，盖上表面皿，于电热板上低温加热至完全溶解，煮沸驱赶氮的氧化物。取下冷至室温，移入 1000 mL 容量瓶中，加入 40 mL 硝酸(2.2.5)，用水稀释至刻度，混匀。此溶液 1 mL 含 1 mg 铜。

2.2.7 铜标准溶液：移取 25.00 mL 铜标准贮存溶液(2.2.6)于 250 mL 容量瓶中，加入 25 mL 硝酸(2.2.5)，用水稀释至刻度，混匀。此溶液 1 mL 含 100 μg 铜。

2.3 仪器

原子吸收光谱仪，附铜空心阴极灯。

在仪器最佳条件下，凡能达到下列指标的原子吸收光谱仪均可使用。

灵敏度：在与测量溶液的基体相一致的溶液中，铜的特征浓度应不大于 0.034 μg/mL。

精密度：用最高浓度的标准溶液测量 11 次吸光度，其标准偏差应不超过平均吸光度的 1.0%；用最低浓度的标准溶液(不是“零”标准溶液)测量 11 次吸光度，其标准偏差应不超过最高浓度标准溶液平均吸光度的 0.5%。

工作曲线线性：将工作曲线按浓度等分成五段，最高段的吸光度差值与最低段的吸光度差值之比应不小于 0.8。

2.4 试样

2.4.1 试样粒度不大于 0.074 mm。

2.4.2 试样在 100 ℃～105 ℃烘箱中烘 1 h 后，置于干燥器中冷却至室温。

2.5 分析步骤

2.5.1 试料

称取 0.20 g 试样，精确至 0.0001 g。

独立地进行两次测定，取其平均值。

2.5.2 空白试验

随同试料做空白试验。

2.5.3 测定

2.5.3.1 将试料(2.5.1)置于200 mL烧杯中,用少量水润湿,加入15 mL盐酸(2.2.1),盖上表面皿,于电热板上低温加热溶解5 min,加5 mL硝酸(2.2.2)、5 mL高氯酸(2.2.3)(试样含硅高时,加入5 mL氢氟酸(2.2.4),用聚四氟乙烯塑料烧杯溶解试料),继续加热,待试料完全溶解后,蒸至近干,取下。加入5 mL盐酸(2.2.1),用水吹洗表面皿及杯壁,加热使盐类完全溶解,取下冷至室温。

2.5.3.2 将试液按表1移入相应的容量瓶中,用水稀释至刻度,混匀。

表1

铜质量分数/%	试液体积/mL	分取体积/mL	稀释体积/mL	补加盐酸(2.2.1)/mL
0.010~0.050	50			
>0.050~0.10	100			
>0.10~0.50	100	10.00	50	2.0
>0.50~2.00	100	10.00	100	4.5

2.5.3.3 于原子吸收光谱仪波长324.7 nm处,使用空气-乙炔火焰,以水调零,测量试液的吸光度,减去随同试料的空白试验溶液的吸光度,从工作曲线上查出相应的铜浓度。

2.5.4 工作曲线的绘制

准确移取0 mL,1.00 mL,2.00 mL,3.00 mL,4.00 mL,5.00 mL铜标准溶液(2.2.7),分别置于一组100 mL容量瓶中,加入5 mL盐酸(2.2.1),用水稀释至刻度,混匀。在与测量试液相同条件下,测量系列标准溶液的吸光度,减去零浓度溶液的吸光度,以铜的浓度为横坐标,吸光度为纵坐标绘制工作曲线。

2.6 结果计算

按式(1)计算铜的质量分数:

$$w(\mathrm{Cu})=\frac{c \cdot V_0 \cdot V_2 \times 10^{-6}}{m_0 \cdot V_1}\times 100 \qquad (1)$$

式中:

$w(\mathrm{Cu})$——铜的质量分数,用%表示;

c——自工作曲线上查得的铜浓度,单位为微克每毫升(μg/mL);

V_0——试液的总体积,单位为毫升(mL);

V_1——分取试液的体积,单位为毫升(mL);

V_2——分取试液稀释后的体积,单位为毫升(mL);

m_0——试料的质量,单位为克(g)。

所得结果表示至两位小数,若质量分数小于0.10%时,表示至三位小数。

2.7 允许差

实验室之间分析结果的差值应不大于表2所列允许差。

表2

单位为%

铜质量分数	允许差
0.010~0.050	0.01
>0.050~0.20	0.03
>0.20~0.50	0.05
>0.50~1.00	0.08
>1.00~2.00	0.12

3 硫代硫酸钠碘量法测定铜量(测定范围:2.00%～10.00%)

3.1 方法提要

试料经盐酸、硝酸和硫酸分解,用乙酸铵溶液调节溶液的pH值为3.0～4.0,用氟化氢铵掩蔽铁,加入碘化钾与二价铜离子作用,析出的碘以淀粉为指示剂,用硫代硫酸钠标准滴定溶液进行滴定。根据消耗硫代硫酸钠标准滴定溶液的体积计算铜的含量。

3.2 试剂

3.2.1 碘化钾。

3.2.2 金属铜(Cu的质量分数≥99.99%)。

将金属铜放入冰乙酸(3.2.9)中,微沸1 min,取出后依次用水和无水乙醇(3.2.11)分别冲洗两次以上,在100 ℃烘箱中烘4 min,冷却,置于磨口试剂瓶中备用。

3.2.3 氟化氢铵。

3.2.4 盐酸(ρ1.19 g/mL)。

3.2.5 硝酸(ρ1.42 g/mL)。

3.2.6 高氯酸(ρ1.67 g/mL)。

3.2.7 硝酸(1+1)。

3.2.8 冰乙酸(ρ1.05 g/mL)。

3.2.9 冰乙酸(1+3)。

3.2.10 溴。

3.2.11 无水乙醇。

3.2.12 氟化氢铵饱和溶液:贮存于聚乙烯瓶中。

3.2.13 乙酸铵溶液(300 g/L):称取90 g乙酸铵,置于400 mL烧杯中,加150 mL水和100 mL冰乙酸(3.2.8),溶解后,用水稀释至300 mL,混匀,此溶液pH值约为5。

3.2.14 三氯化铁溶液(100 g/L)。

3.2.15 硫氰酸钾溶液(100 g/L):称取10 g硫氰酸钾于400 mL烧杯中,加入约100 mL水溶解后,加入2 g碘化钾(3.2.1),待溶解后,加入2 mL淀粉溶液(3.2.16),滴加碘溶液(0.04 mol/L)至刚呈蓝色,再用硫代硫酸钠标准滴定溶液滴定至蓝色刚消失。

3.2.16 淀粉溶液(5 g/L)。

3.2.17 铜标准溶液:称取金属铜(3.2.2)0.5000 g置于500 mL锥形烧杯中,缓慢加入20 mL硝酸(3.2.7),盖上表面皿,置于电热板上低温处,加热使其完全溶解,取下,用水吹洗表面皿及杯壁,冷至室温。将溶液移入500 mL容量瓶中,以水稀释至刻度,混匀。此溶液1 mL含1 mg铜。

3.2.18 硫代硫酸钠标准滴定溶液[$c(Na_2S_2O_3 \cdot 5H_2O)=0.02$ mol/L]:

3.2.18.1 配制

称取50 g硫代硫酸钠($Na_2S_2O_3 \cdot 5H_2O$)置于500 mL烧杯中,加入2 g无水碳酸钠溶于约300 mL煮沸并冷却的蒸馏水中,移入10 L棕色试剂瓶中。用煮沸并冷却的蒸馏水稀释至约10 L,加入1 mL三氯甲烷,静置两周,使用时过滤,补加1 mL三氯甲烷,混匀,静置2 h。

3.2.18.2 标定

移取25.00 mL铜标准溶液(3.2.17)于锥形烧杯中,加入5 mL硝酸(3.2.5),加入1 mL三氯化铁溶液(3.2.14),置于电热板低温处蒸至溶液体积约为1 mL。取下冷却,用约30 mL水吹洗杯壁,煮沸,取下冷至室温。按照试料分析步骤(3.4.3.2)进行标定。记下硫代硫酸钠标准滴定溶液在滴定中消耗的体积V_2。随同标定做空白试验。

按式(2)计算硫代硫酸钠标准滴定溶液的实际浓度:

$$c=\frac{c_0 \cdot V_1}{(V_2-V_0)\times 0.06355} \quad \cdots\cdots (2)$$

式中：

c——硫代硫酸钠标准滴定溶液的实际浓度，单位为摩尔每升(mol/L)；

c_0——铜标准溶液的质量浓度，单位为克每毫升(g/mL)；

V_1——移取铜标准溶液的体积，单位为毫升(mL)；

V_2——滴定铜标准溶液所消耗硫代硫酸钠标准滴定溶液的体积，单位为毫升(mL)；

V_0——标定时空白溶液所消耗的硫代硫酸钠标准滴定溶液的体积，单位为毫升(mL)；

0.06355——铜的摩尔质量，单位为克每摩尔(g/mol)。

平行标定三份，测定值保留四位有效数字，其极差值不大于 8×10^{-5} mol/L 时，取其平均值，否则重新标定。此溶液每隔一周后必须重新标定一次。

3.3 试样

3.3.1 试样粒度不大于 0.074 mm。

3.3.2 试样在 100 ℃～105 ℃烘箱中烘 1 h 后，置于干燥器中冷至室温。

3.4 分析步骤

3.4.1 试料

称取 0.50 g 试样，精确至 0.0001 g。

独立地进行两次测定，取其平均值。

3.4.2 空白试验

随同试料做空白试验。

3.4.3 测定

3.4.3.1 将试料(3.4.1)置于 500 mL 锥形烧杯中。用少量水润湿，加入 10 mL 盐酸(3.2.4)，置于电热板上低温加热 3 min～5 min，取下稍冷，加入 5 mL 硝酸(3.2.5)和 0.5 mL 溴(3.2.10)，盖上表面皿，混匀，低温加热，待试料完全溶解后，取下稍冷，用少量水洗涤表面皿，继续加热蒸干，取下稍冷，用少量水洗涤表皿，继续加热蒸至近干，取下冷却。

注 1：若试料中硅含量较高时，需加入 0.5 g 氟化氢铵(3.2.3)。

注 2：若试料中碳含量较高时，需加入 2 mL～5 mL 高氯酸(3.2.6)，加热溶解至无黑色残渣，并蒸干。

注 3：若试料中含硅、碳均高时，加 0.5 g 氟化氢铵(3.2.3)和 5 mL～10 mL 高氯酸(3.2.6)。

3.4.3.2 用 30 mL 水洗涤表面皿及杯壁，盖上表面皿，置于电热板上煮沸，使可溶性盐类完全溶解，取下冷至室温。滴加乙酸胺溶液(3.2.13)至红色不再加深并过量 4 mL，然后加入 4 mL 氟化氢铵饱和溶液(3.2.12)，混匀。加入 3 g 碘化钾(3.2.1)摇动溶解，立即用硫代硫酸钠标准滴定溶液(3.2.18)滴定至浅黄色，加入 2 mL 淀粉溶液(3.2.16)，继续滴定至浅蓝色，加入 5 mL 硫氰酸钾溶液(3.2.15)，激烈摇振至蓝色加深，再滴定至蓝色刚好消失为终点，记录消耗硫代硫酸钠标准滴定溶液的体积 V_3。

注 4：若试料铁含量极少时，滴加乙酸铵溶液前补加 1 mL 三氯化铁溶液(3.2.14)。

注 5：若试料铅、铋含量高时，需提前加 2 mL 淀粉溶液(3.2.16)。

3.5 结果计算

按式(3)计算铜的质量分数：

$$w(\mathrm{Cu})=\frac{c(V_3-V_4)\times 0.06355}{m_0}\times 100 \quad \cdots\cdots (3)$$

式中：

$w(\mathrm{Cu})$——铜的质量分数，用%表示；

c——硫代硫酸钠标准滴定溶液的实际浓度，单位为摩尔每升(mol/L)；

V_3——试料溶液消耗硫代硫酸钠标准滴定溶液的体积，单位为毫升(mL)；

V_4——空白溶液消耗硫代硫酸钠标准滴定溶液的体积，单位为毫升(mL)；

m_0——试料的质量，单位为克(g)；

0.06355——铜的摩尔质量，单位为克每摩尔(g/mol)。

所得结果表示至两位小数。

3.6 允许差

实验室之间分析结果的差值应不大于表3所列允许差。

表3

单位为%

铜质量分数	允许差
2.00～6.00	0.14
>6.00～10.00	0.16

ICS 73.060.99
D 46

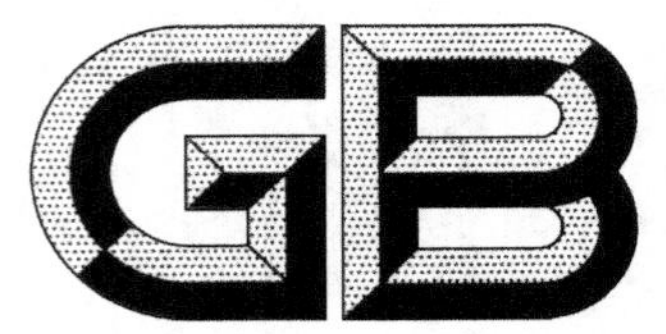

中华人民共和国国家标准

GB/T 20899.5—2007

金矿石化学分析方法
第5部分:铅量的测定

Methods for chemical analysis of gold ores—
Part 5: Determination of lead contents

2007-04-27 发布　　　　2007-11-01 实施

中华人民共和国国家质量监督检验检疫总局
中国国家标准化管理委员会　发布

前　言

GB/T 20899《金矿石化学分析方法》分为 11 个部分：

——第 1 部分：金量的测定；

——第 2 部分：银量的测定；

——第 3 部分：砷量的测定；

——第 4 部分：铜量的测定；

——第 5 部分：铅量的测定；

——第 6 部分：锌量的测定；

——第 7 部分：铁量的测定；

——第 8 部分：硫量的测定；

——第 9 部分：碳量的测定；

——第 10 部分：锑量的测定；

——第 11 部分：砷量和铋量的测定。

本部分为 GB/T 20899 的第 5 部分。

本部分由中华人民共和国国家发展和改革委员会提出。

本部分由长春黄金研究院归口。

本部分由国家金银及制品质量监督检验中心(长春)负责起草。

本部分主要起草人：陈菲菲、黄蕊、刘冰、张琦、刘正红。

金矿石化学分析方法
第5部分:铅量的测定

1 范围

本部分规定了金矿石中铅含量的测定方法。

本部分适用于金矿石中铅含量的测定。

2 原子吸收光谱法测定铅量(测定范围:0.10%~5.00%)

2.1 方法提要

试料用盐酸、硝酸、高氯酸、氢氟酸溶解。在稀盐酸介质中,于原子吸收光谱仪波长283.3 nm处,以空气-乙炔火焰,测量铅的吸光度。

2.2 试剂

2.2.1 盐酸(ρ1.19 g/mL)。

2.2.2 硝酸(ρ1.42 g/mL)。

2.2.3 高氯酸(ρ1.67 g/mL)。

2.2.4 氢氟酸(ρ1.13 g/mL)。

2.2.5 盐酸溶液(1+1)。

2.2.6 铅标准贮存溶液:称取1.0000 g金属铅(Pb的质量分数≥99.99%)于250 mL烧杯中,加20 mL硝酸(2.2.2),盖上表面皿,加热至完全溶解,煮沸除去氮的氧化物,冷至室温。移入1000 mL容量瓶中,用水稀释至刻度,混匀。此溶液1 mL含1 mg铅。

2.2.7 铅标准溶液:移取25 mL铅标准贮存溶液(2.2.6)于250 mL容量瓶中,加入5 mL硝酸,用水稀释至刻度,混匀。此溶液1 mL含100 μg铅。

2.3 仪器

原子吸收光谱仪,附铅空心阴极灯。

在仪器最佳条件下,凡能达到下列指标的原子吸收光谱仪均可使用。

灵敏度:在与测量溶液的基体相一致的溶液中,铅的特征浓度应不大于0.077 μg/mL。

精密度:用最高浓度的标准溶液测量11次吸光度,其标准偏差应不超过平均吸光度的1.0%;用最低浓度的标准溶液(不是“零”标准溶液)测量11次吸光度,其标准偏差应不超过最高浓度标准溶液平均吸光度的0.5%。

工作曲线线性:将工作曲线按浓度等分成五段,最高段的吸光度差值与最低段的吸光度差值之比不小于0.8。

2.4 试样

2.4.1 样品粒度应不大于0.074 mm。

2.4.2 样品在100 ℃~105 ℃烘箱中烘1 h后,置于干燥器中冷却至室温。

2.5 分析步骤

2.5.1 试料

按表1称取试样,精确至0.0001 g。

独立进行两次测定,取其平均值。

表 1

铅质量分数/%	试料量/g
0.10～1.00	0.5000
>1.00～5.00	0.2000

2.5.2　空白试验

随同试料做空白试验。

2.5.3　测定

2.5.3.1　将试料(2.5.1)置于 200 mL 烧杯中,用少量水润湿,加入 15 mL 盐酸(2.2.1),置于电热板上加热数分钟,取下稍冷。加入 5 mL 硝酸(2.2.2)、2 mL～3 mL 高氯酸(2.2.3)(试样含硅高时,加入 5 mL 氢氟酸(2.2.4),用聚四氟乙烯塑料烧杯溶解试料),蒸至近干,取下冷却,加入 10 mL 盐酸(2.2.5),煮沸溶解盐类,取下冷至室温。将溶液移入 100 mL 容量瓶中,以水稀释至刻度,混匀,静置。

2.5.3.2　按表 2 分取试液(2.5.3.1)并补加盐酸(2.2.5)于容量瓶中,用水稀释至刻度,混匀。

表 2

铅质量分数/%	试液分取量/mL	补加盐酸(2.2.5)量/mL	容量瓶体积/mL
0.50～2.00	20.00	8.0	100
>2.00～4.00	10.00	9.0	100
>4.00～5.00	5.00	9.5	100

2.5.3.3　于原子吸收光谱仪波长 283.3 nm 处,使用空气-乙炔火焰,以水调零,测量铅的吸光度,减去随同试料的空白溶液吸光度,从工作曲线上查出相应的铅浓度。

2.5.4　工作曲线的绘制

2.5.4.1　移取 0 mL、1.00 mL、2.00 mL、4.00 mL、6.00 mL、8.00 mL、10.00 mL 铅标准溶液(2.2.7)分别于一组 100 mL 容量瓶中,加入 10 mL 盐酸(2.2.5),用水稀释至刻度,混匀。

2.5.4.2　在与试料测定相同条件下测量标准溶液吸光度。以铅浓度为横坐标,吸光度(减去“零”浓度溶液吸光度)为纵坐标,绘制工作曲线。

2.6　结果计算

按式(1)计算铅的质量分数:

$$w(\mathrm{Pb}) = \frac{c \cdot V_0 \cdot V_2 \times 10^{-6}}{m_0 \cdot V_1} \times 100 \quad \cdots\cdots (1)$$

式中:

$w(\mathrm{Pb})$——铅的质量分数,用%表示;

c——自工作曲线上查得的铅浓度,单位为微克每毫升(μg/mL);

V_0——试液的总体积,单位为毫升(mL);

V_1——分取试液的体积,单位为毫升(mL);

V_2——分取试液稀释后的体积,单位为毫升(mL);

m_0——试料的质量,单位为克(g)。

所得结果表示至两位小数。

2.7　允许差

实验室间分析结果的差值应不大于表 3 所列允许差。

表3

单位为%

铅质量分数	允 许 差
0.10～0.50	0.05
>0.50～1.00	0.09
>1.00～2.00	0.12
>2.00～3.00	0.15
>3.00～4.00	0.18
>4.00～5.00	0.20

3 EDTA容量法测定铅量(测定范围:5.00%～15.00%)

3.1 方法提要

试料用硝酸-氯酸钾溶液溶解,在硫酸介质中铅形成硫酸铅沉淀,过滤,与共存元素分离。硫酸铅以乙酸-乙酸钠缓冲溶液溶解,在pH值为5.0～6.0时,以二甲酚橙溶液为指示剂,用Na_2 EDTA标准滴定溶液滴定。根据消耗Na_2 EDTA标准滴定溶液的体积计算铅的含量。

3.2 试剂

3.2.1 抗坏血酸。

3.2.2 无水乙醇。

3.2.3 氟化铵。

3.2.4 硫酸(2+98)。

3.2.5 硝酸(ρ1.42 g/mL)。

3.2.6 硫酸(ρ1.84 g/mL)。

3.2.7 高氯酸(ρ1.67 g/mL)。

3.2.8 硝酸(1+1)。

3.2.9 氨水(1+1)。

3.2.10 缓冲溶液:375 g无水乙酸钠溶于水中,加50 mL冰乙酸,用水稀释至2500 mL,混匀。

3.2.11 硝酸-氯酸钾溶液:氯酸钾溶于硝酸至饱和状态。

3.2.12 混合洗液:100 mL硫酸(3.2.4)中含2 mL过氧化氢。

3.2.13 巯基乙酸溶液(1+99)。

3.2.14 二甲酚橙溶液(1 g/L)。

3.2.15 硫氰酸钾溶液(50 g/L)。

3.2.16 铅标准溶液:称取1.000 g金属铅(Pb的质量分数≥99.99%)于250 mL烧杯中,加入20 mL硝酸(3.2.5),盖上表面皿,置于电热板上,低温加热溶解,待完全溶解后,煮沸驱除氮的氧化物,取下,冷至室温。移入500 mL容量瓶中,补加10 mL硝酸(3.2.8),用水稀释至刻度,混匀。此溶液1 mL含铅2 mg。

3.2.17 乙二胺四乙酸二钠(Na_2 EDTA)标准滴定溶液:

3.2.17.1 配制:称取4.5 g乙二胺四乙酸二钠(Na_2 EDTA)置于400 mL烧杯中,加水微热溶解,冷至室温,移入1000 mL容量瓶中,用水稀释至刻度,混匀。放置三天后标定。

3.2.17.2 标定:移取三份25.00 mL铅标准溶液(3.2.16),分别置于400 mL烧杯中,加50 mL水、2滴二甲酚橙溶液(3.2.14),用氨水(3.2.9)中和至微红色,加30 mL缓冲溶液(3.2.10),用Na_2 EDTA标准滴定溶液(3.2.17)滴定至溶液由橘红色变为亮黄色即为终点。随同标定做空白试验。

按式(2)计算 Na_2 EDTA 标准滴定溶液的实际浓度：

$$c=\frac{c_0 \cdot V_1}{(V_2-V_0)\times 0.2072} \quad \cdots\cdots (2)$$

式中：

c——Na_2 EDTA 标准滴定溶液的实际浓度，单位为摩尔每升(mol/L)；

c_0——铅标准溶液的质量浓度，单位为克每毫升(g/mL)；

V_0——空白溶液消耗的 Na_2 EDTA 标准滴定溶液的体积，单位为毫升(mL)；

V_1——移取铅标准溶液的体积，单位为毫升(mL)；

V_2——滴定时消耗 Na_2 EDTA 标准滴定溶液的体积，单位为毫升(mL)；

0.2072——铅的摩尔质量，单位为克每摩尔(g/mol)。

测定值保留四位有效数字，其极差值应不大于 4×10^{-5} mol/L 时，取其平均值。否则重新标定。

3.3 试样

3.3.1 试样的粒度应不大于 0.074 mm。

3.3.2 试样在 100 ℃～105 ℃烘 1 h 后，置于干燥器中冷至室温。

3.4 分析步骤

3.4.1 试料

称取 0.50 g 试样，精确至 0.0001 g。

独立地进行两次测定，取其平均值。

3.4.2 空白试验

随同试料做空白试验。

3.4.3 测定

3.4.3.1 将试料(3.4.1)置于 400 mL 烧杯中，用少量水润湿，加 0.5 g 氟化铵(3.2.3)，加入 15 mL～20 mL 硝酸-氯酸钾溶液(3.2.11)，盖上表面皿，加热溶解，待试料溶解完全后，取下冷却。

3.4.3.2 加 10 mL 硫酸(3.2.6)继续加热至冒浓烟约 2 min，取下冷却(若试料中含碳高，加 5 mL 高氯酸(3.2.7)继续加热冒烟至尽)。

3.4.3.3 用水吹洗表面皿及杯壁，加水至 50 mL，煮沸保温 10 min，取下，冷却至室温，加入 5 mL 无水乙醇(3.2.2)，放置 1 h。

3.4.3.4 用慢速定量滤纸过滤，用混合洗液(3.2.12)洗涤烧杯 2 次、沉淀数次，直接用硫氰酸钾溶液(3.2.15)检查滤液无红色出现为止，最后用水洗涤烧杯 1 次、沉淀 2 次，弃去滤液。

3.4.3.5 将滤纸展开，连同沉淀一起移入原烧杯中，加入 50 mL 缓冲溶液(3.2.10)、30 mL 水，盖上表面皿，加热微沸 10 min，搅拌使沉淀溶解，取下冷却，加水至 100 mL。

3.4.3.6 加入 0.1 g 抗坏血酸(3.2.1)、3 滴～4 滴二甲酚橙溶液(3.2.14)(含铋高时，加入 3 mL～4 mL 巯基乙酸(3.2.13))，用 Na_2 EDTA 标准滴定溶液(3.2.17)滴定至溶液由橘红色变成亮黄色为终点。

3.5 结果计算

按式(3)计算铅的质量分数：

$$w(\mathrm{Pb})=\frac{c(V_3-V_4)\times 0.2072}{m_0}\times 100 \quad \cdots\cdots (3)$$

式中：

$w(\mathrm{Pb})$——铅的质量分数，用%表示；

c——Na_2 EDTA 标准滴定溶液的实际浓度，单位为摩尔每升(mol/L)；

V_3——试料溶液消耗 Na_2 EDTA 标准滴定溶液的体积，单位为毫升(mL)；

V_4——空白溶液消耗 Na_2 EDTA 标准滴定溶液的体积，单位为毫升(mL)；

m_0——试料的质量，单位为克(g)；

0.2072——铅的摩尔质量,单位为克每摩尔(g/mol)。

所得结果表示至两位小数。

3.6 允许差

实验室之间分析结果的差值应不大于表4所列允许差。

表 4

单位为%

铅质量分数	允许差
5.00～10.00	0.20
>10.00～15.00	0.25

ICS 73.060.99
D 46

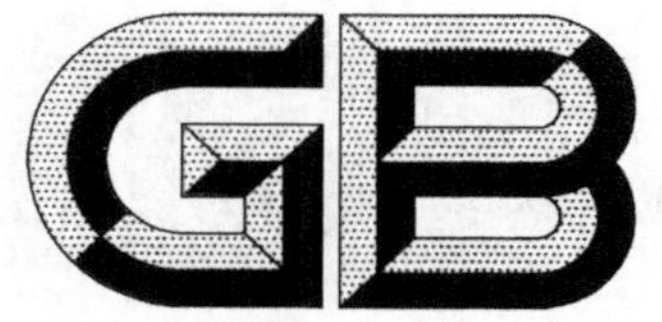

中华人民共和国国家标准

GB/T 20899.6—2007

金矿石化学分析方法 第6部分:锌量的测定

Methods for chemical analysis of gold ores—
Part 6: Determination of zinc contents

2007-04-27 发布 2007-11-01 实施

中华人民共和国国家质量监督检验检疫总局
中国国家标准化管理委员会 发布

前　言

GB/T 20899《金矿石化学分析方法》分为11个部分：

——第1部分：金量的测定；

——第2部分：银量的测定；

——第3部分：砷量的测定；

——第4部分：铜量的测定；

——第5部分：铅量的测定；

——第6部分：锌量的测定；

——第7部分：铁量的测定；

——第8部分：硫量的测定；

——第9部分：碳量的测定；

——第10部分：锑量的测定；

——第11部分：砷量和铋量的测定。

本部分为GB/T 20899的第6部分。

本部分由中华人民共和国国家发展和改革委员会提出。

本部分由长春黄金研究院归口。

本部分由国家金银及制品质量监督检验中心(长春)负责起草。

本部分主要起草人：陈菲菲、黄蕊、鲍姝玲、刘冰、张琦。

金矿石化学分析方法
第6部分:锌量的测定

1 范围

本部分规定了金矿石中锌含量的测定方法。

本部分适用于金矿石中锌含量的测定。测量范围:0.01%～1.00%。

2 方法提要

试料用盐酸、硝酸、高氯酸和氢氟酸溶解。在稀盐酸介质中,于原子吸收光谱仪波长213.9 nm处,以空气-乙炔火焰,测量锌的吸光度。

3 试剂

3.1 盐酸(ρ1.19 g/mL)。

3.2 硝酸(ρ1.42 g/mL)。

3.3 高氯酸(ρ1.67 g/mL)。

3.4 氢氟酸(ρ1.42 g/mL)。

3.5 盐酸(1+1)。

3.6 锌标准贮存溶液:称取0.5000 g金属锌(Zn的质量分数≥99.99%)于250 mL烧杯中,加20 mL硝酸,盖上表面皿,加热至完全溶解,煮沸除去氮的氧化物,冷至室温。移入1000 mL容量瓶中,用水稀释至刻度,混匀。此溶液1 mL含0.5 mg锌。

3.7 锌标准溶液:移取10 mL锌标准贮存溶液(3.6)于250 mL容量瓶中,加入5 mL硝酸,用水稀释至刻度,混匀。此溶液1 mL含20 μg锌。

4 仪器

原子吸收光谱仪,附锌空心阴极灯。

在仪器最佳条件下,凡能达到下列指标的原子吸收光谱仪均可使用。

灵敏度:在与测量溶液的基体相一致的溶液中,锌的特征浓度应不大于0.0077 μg/mL。

精密度:用最高浓度的标准溶液测量11次吸光度,其标准偏差应不超过平均吸光度的1.0%;用最低浓度的标准溶液(不是“零”标准溶液)测量11次吸光度,其标准偏差应不超过最高浓度标准溶液平均吸光度的0.5%。

工作曲线线性:将工作曲线按浓度等分成五段,最高段的吸光度差值与最低段的吸光度差值之比应不小于0.8。

5 试样

5.1 样品粒度应不大于0.074 mm。

5.2 样品在100 ℃～105 ℃烘箱中烘1 h后,置于干燥器中冷却至室温。

6 分析步骤

6.1 试料

称取 0.20 g 试样，精确至 0.0001 g。

独立进行两次测定，取其平均值。

6.2 空白试验

随同试料做空白试验。

6.3 测定

6.3.1 将试料(6.1)置于 200 mL 烧杯中，用少量水润湿，加入 15 mL 盐酸(3.1)，置于电热板上加热数分钟，取下稍冷。加入 5 mL 硝酸(3.2)、2 mL～3 mL 高氯酸(3.3)(试样含硅高时，加入 5 mL 氢氟酸(3.4)，用聚四氟乙烯塑料烧杯溶解试料)，蒸至近干，取下冷却，加入 10 mL 盐酸(3.5)，煮沸溶解盐类，取下冷至室温。将溶液移入 100 mL 容量瓶中，以水稀释至刻度，混匀，静置。

6.3.2 按表 1 分取试液(6.3.1)并补加盐酸(3.5)于容量瓶中，用水稀释至刻度，混匀。

表 1

锌质量分数/%	试液分取量/mL	补加盐酸(3.5)量/mL	容量瓶体积/mL
0.010～0.050	—	—	—
>0.05～0.20	25.00	7.5	100
>0.20～0.50	10.00	9.0	100
>0.50～1.00	5.00	9.5	100

6.3.3 于原子吸收光谱仪波长 213.9 nm 处，使用空气-乙炔火焰，以水调零，测量锌的吸光度，减去随同试料的空白溶液吸光度，从工作曲线上查出相应的锌浓度。

6.4 工作曲线的绘制

6.4.1 移取 0 mL、1.00 mL、2.00 mL、3.00 mL、4.00 mL、5.00 mL 锌标准溶液(3.7)分别于一组 100 mL 容量瓶中，加入 10 mL 盐酸(3.5)，用水稀释至刻度，混匀。

6.4.2 在与试料测定相同条件下测量标准溶液吸光度。以锌浓度为横坐标，吸光度(减去“零”浓度溶液吸光度)为纵坐标，绘制工作曲线。

7 结果计算

按式(1)计算锌的质量分数：

$$w(\mathrm{Zn})=\frac{c\cdot V_0\cdot V_2\times 10^{-6}}{m_0\cdot V_1}\times 100 \quad\cdots\cdots(1)$$

式中：

$w(\mathrm{Zn})$——锌的质量分数，用%表示；

c——自工作曲线上查得的锌浓度，单位为微克每毫升(μg/mL)；

V_0——试液的总体积，单位为毫升(mL)；

V_1——分取试液的体积，单位为毫升(mL)；

V_2——分取试液稀释后的体积，单位为毫升(mL)；

m_0——试料的质量，单位为克(g)。

所得结果表示至两位小数，若质量分数小于 0.10%时，表示至三位小数。

8 允许差

实验室间分析结果的差值应不大于表 2 所列允许差。

表 2

单位为%

锌质量分数	允 许 差
0.010～0.050	0.01
>0.050～0.10	0.03
>0.10～0.20	0.05
>0.20～0.50	0.06
>0.50～1.00	0.08

ICS 73.060.99
D 46

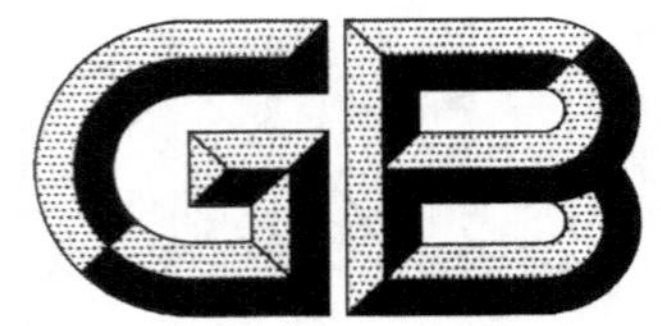

中华人民共和国国家标准

GB/T 20899.7—2007

金矿石化学分析方法
第7部分:铁量的测定

Methods for chemical analysis of gold ores—
Part 7: Determination of iron contents

2007-04-27 发布　　　　2007-11-01 实施

中华人民共和国国家质量监督检验检疫总局
中国国家标准化管理委员会　　发布

前　言

GB/T 20899《金矿石化学分析方法》分为11个部分：

——第1部分：金量的测定；

——第2部分：银量的测定；

——第3部分：砷量的测定；

——第4部分：铜量的测定；

——第5部分：铅量的测定；

——第6部分：锌量的测定；

——第7部分：铁量的测定；

——第8部分：硫量的测定；

——第9部分：碳量的测定；

——第10部分：锑量的测定；

——第11部分：砷量和铋量的测定。

本部分为GB/T 20899的第7部分。

本部分由中华人民共和国国家发展和改革委员会提出。

本部分由长春黄金研究院归口。

本部分由国家金银及制品质量监督检验中心(长春)负责起草。

本部分主要起草人：陈菲菲、黄蕊、陈培军、刘正红、张琦。

金矿石化学分析方法
第 7 部分:铁量的测定

1 范围

本部分规定了金矿石中铁含量的测定方法。

本部分适用于金矿石中铁含量的测定。测定范围:1.00%～10.00%。

2 方法提要

试料经盐酸、硝酸和硫酸溶解,用氨水沉淀分离干扰元素,在盐酸介质中,用二氯化锡还原三价铁离子为二价,过量的二氯化锡用氯化高汞氧化,在硫酸-磷酸存在下,以二苯胺磺酸钠为指示剂,用重铬酸钾标准溶液滴定。

3 试剂

3.1 盐酸(ρ1.19 g/mL)。

3.2 硝酸(ρ1.42 g/mL)。

3.3 硫酸(ρ1.84 g/mL)。

3.4 磷酸(ρ1.70 g/mL)。

3.5 氨水(ρ0.90 g/mL)。

3.6 盐酸(1+1)。

3.7 硫酸(1+1)。

3.8 氯化铵。

3.9 洗液:25 g 氯化铵(3.8)以 500 mL 水溶解,加入 20 mL 氨水(3.5),混匀。

3.10 二氯化锡溶液(50 g/L):称取 5 g 二氯化锡溶于 20 mL 热盐酸(3.1)中,用水稀释至 100 mL,混匀。

3.11 二氯化汞(饱和溶液)。

3.12 硫酸-磷酸混合溶液:在搅拌下将 200 mL 硫酸(3.3)缓慢加入到 500 mL 水中,冷却后加入 300 mL 磷酸(3.4),混匀。

3.13 二苯胺磺酸钠指示剂(5 g/L):称取 0.5 g 二苯胺磺酸钠,溶于 100 mL 水中,加入二滴硫酸(3.7)混匀,存放于棕色试剂瓶中。

3.14 铁标准溶液:称取 1.4297 g 三氧化二铁(优级纯)于 250 mL 锥形瓶中,加入 50 mL 盐酸(3.1),盖上表面皿,低温加热溶解完全,冷却,移入 1000 mL 容量瓶中,用水稀释至刻度,混匀。此溶液含铁 1.00 mg/mL。

3.15 重铬酸钾标准滴定溶液[$c(1/6K_2Cr_2O_7)=0.04000$ mol/L]:

3.15.1 配制:称取 1.9612 g 重铬酸钾于 250 mL 烧杯中,以少量水溶解,移入 1000 mL 容量瓶中,用水稀释至刻度,混匀。

3.15.2 标定:移取三份 20 mL 铁标准溶液(3.14)于 250 mL 锥形瓶中,加热至近沸,趁热滴加二氯化锡溶液(3.10)至铁的黄色完全消失并过量 1 滴～2 滴,流水冷却至室温,加入 10 mL 二氯化汞溶液(3.11),放置 2 min～3 min,加入 100 mL 水,20 mL 硫酸-磷酸混合溶液(3.12),加 4 滴二苯胺磺酸钠指示剂(3.13),用重铬酸钾标准滴定溶液滴定至紫色,即为终点。随同标定做空白试验。

按式(1)计算重铬酸钾标准滴定溶液的实际浓度：

$$c=\frac{c_0 \cdot V_1}{V_2 \times 0.05585} \qquad \cdots\cdots (1)$$

式中：

c——重铬酸钾标准滴定溶液的实际浓度，单位为摩尔每升(mol/L)；

c_0——铁标准溶液的质量浓度，单位为克每毫升(g/mL)；

V_1——移取铁标准溶液的体积，单位为毫升(mL)；

V_2——滴定铁标准溶液消耗重铬酸钾标准滴定溶液的体积，单位为毫升(mL)；

0.05585——铁的摩尔质量，单位为克每摩尔(g/mol)。

测定值保留四位有效数字，其极差值不大于 3×10^{-5} mol/L 时，取其平均值。否则重新标定。

4 试样

4.1 试样粒度应不大于 0.074 mm。

4.2 试样在 100 ℃～105 ℃烘 1 h 后，置于干燥器中冷至室温。

5 分析步骤

5.1 试料

称取 0.20 g～0.50 g 试样，精确至 0.0001 g。

独立地进行两次测定，取其平均值。

5.2 空白试验

随同试料做空白试验。

5.3 测定

5.3.1 将试料(5.1)置于 400 mL 烧杯中，用少量水润湿，加入 10 mL 盐酸(3.1)，盖上表面皿，置于电热板上低温加热数分钟，取下稍冷。加入 5 mL 硝酸(3.2)，加热使试料溶解完全，冷却，加 4 mL 硫酸(3.7)，继续加热蒸发至冒浓三氧化硫白烟，稍冷。

5.3.2 加入 10 mL 盐酸(3.6)加热使可溶性盐溶解，加入 3 g～4 g 氯化铵(3.8)，搅拌，加入 20 mL 氨水(3.5)，加入 100 mL 水，加热煮沸，用快速滤纸过滤，用热洗液(3.9)洗涤烧杯和沉淀各四次，再用水各洗一次。

5.3.3 用热盐酸(3.6)溶解沉淀于原烧杯中，然后用热水和盐酸(3.6)交替洗涤滤纸至无黄色，加热至近沸，趁热滴加二氯化锡溶液(3.10)至黄色消失并过量 1 滴～2 滴，流水冷却至室温，加入 10 mL 二氯化汞溶液(3.11)，放置 2 min～3 min，加入 100 mL 水，20 mL 硫酸-磷酸混合溶液(3.12)，加四滴二苯胺磺酸钠指示剂(3.13)，用重铬酸钾标准滴定溶液(3.15)滴定至紫色，即为终点。

6 结果计算

按式(2)计算铁的质量分数：

$$w(\mathrm{Fe})=\frac{c(V_1-V_0)\times 0.05585}{m_0}\times 100 \qquad \cdots\cdots (2)$$

式中：

$w(\mathrm{Fe})$——铁的质量分数，用%表示；

c——重铬酸钾标准滴定溶液的实际浓度，单位为摩尔每升(mol/L)；

V_1——滴定试料溶液消耗重铬酸钾标准滴定溶液的体积，单位为毫升(mL)；

V_0——滴定空白溶液消耗重铬酸钾标准滴定溶液的体积，单位为毫升(mL)；

m_0——试料的质量，单位为克(g)；

0.05585——铁的摩尔质量，单位为克每摩尔(g/mol)。

所得结果表示至两位小数。

7 允许差

实验室之间分析结果的差值应不大于表1所列允许差。

表1

单位为%

铁质量分数	允许差
1.00～2.00	0.10
＞2.00～5.00	0.15
＞5.00～10.00	0.20

ICS 73.060.99
D 46

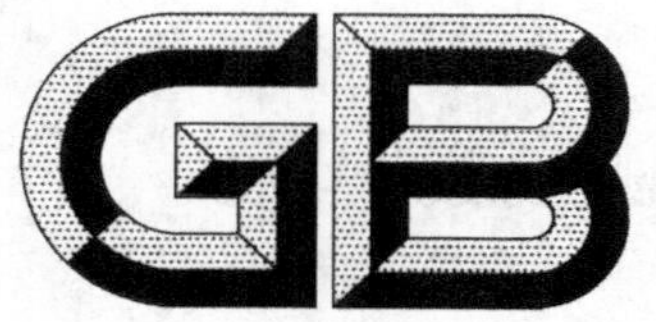

中华人民共和国国家标准

GB/T 20899.8—2007

金矿石化学分析方法 第8部分：硫量的测定

Methods for chemical analysis of gold ores—
Part 8: Determination of sulfur contents

2007-04-27 发布 2007-11-01 实施

中华人民共和国国家质量监督检验检疫总局
中国国家标准化管理委员会 发布

前　言

GB/T 20899《金矿石化学分析方法》分为11个部分：

——第1部分：金量的测定；

——第2部分：银量的测定；

——第3部分：砷量的测定；

——第4部分：铜量的测定；

——第5部分：铅量的测定；

——第6部分：锌量的测定；

——第7部分：铁量的测定；

——第8部分：硫量的测定；

——第9部分：碳量的测定；

——第10部分：锑量的测定；

——第11部分：砷量和铋量的测定。

本部分为GB/T 20899的第8部分。

本部分由中华人民共和国国家发展和改革委员会提出。

本部分由长春黄金研究院归口。

本部分由国家金银及制品质量监督检验中心(长春)负责起草。

本部分主要起草人：陈菲菲、黄蕊、陈培军、刘正红、张琦。

金矿石化学分析方法
第8部分:硫量的测定

1 范围

本部分规定了金矿石中硫含量的测定方法。

本部分适用于金矿石中硫含量的测定。

2 硫酸钡重量法测定硫量(测定范围:1.00%～15.00%)

2.1 方法提要

试料在800 ℃经碳酸钠、氧化锌、高锰酸钾混合熔剂熔融后,用水溶解可溶物,并用氯化钡沉淀溶液中的硫酸根,沉淀经过滤、灼烧后称重,按硫酸钡的质量计算试样中硫的含量。

2.2 试剂

2.2.1 混合熔剂:将无水碳酸钠、氧化锌、高锰酸钾按质量比为1∶1∶0.1相混合,研细,混匀。

2.2.2 过氧化氢(3+7)。

2.2.3 盐酸(ρ1.19 g/mL)。

2.2.4 无水碳酸钠溶液(20 g/L)。

2.2.5 氯化钡溶液(100 g/L):过滤后使用。

2.2.6 硝酸银溶液(10 g/L):每100 mL硝酸银溶液中加入3滴～4滴硝酸(ρ1.42 g/mL)。

2.2.7 甲基橙指示剂(1 g/L)。

2.3 试样

2.3.1 试样粒度应不大于0.074 mm。

2.3.2 试样在100 ℃～105 ℃烘1 h后,置于干燥器中冷至室温。

2.4 分析步骤

2.4.1 试料

按表1称取试样,精确至0.0001 g。

独立地进行两次测定,取其平均值。

表1

硫质量分数/%	试料量/g
1.00～5.00	1.00
>5.00～15.00	0.50

2.4.2 空白试验

随同试料做空白试验。

2.4.3 测定

2.4.3.1 在25 mL瓷坩埚中铺1 g～2 g混合熔剂(2.2.1),于另一瓷坩埚中,加入4 g～6 g混合熔剂(2.2.1),加入试料(2.4.1),搅拌均匀,移入铺有混合熔剂的瓷坩埚中,上面再覆盖一层1 g～2 g混合熔剂(2.2.1)。

2.4.3.2 将坩埚放入高温炉中,稍开炉门,从室温逐渐升温至800 ℃,保温20 min,取出冷却。

2.4.3.3 将坩埚中半熔物移入盛有100 mL热水的250 mL烧杯中,以热水洗净坩埚,并稀释至150 mL,

加入 2 mL 过氧化氢(2.2.2),煮沸数分钟,以倾泻法用慢速定量滤纸过滤于 500 mL 烧杯中,以无水碳酸钠溶液(2.2.4)洗烧杯 4 次,洗沉淀 8 次～10 次。

2.4.3.4 向滤液中加入 1 滴～2 滴甲基橙指示剂(2.2.7),用盐酸(2.2.3)中和至溶液变红,再过量 3 mL。

2.4.3.5 将滤液用水稀释至体积为 300 mL,煮沸,趁热在不断搅拌下缓慢加入 20 mL 氯化钡溶液(2.2.5),煮沸,于室温下静置 3 h。

2.4.3.6 用慢速定量滤纸过滤,用热水洗沉淀至无氯离子(用硝酸银溶液(2.2.6)检验)。

2.4.3.7 将沉淀连同滤纸放入 25 mL 瓷坩埚中,置于低温电炉上,烘干灰化,于 780 ℃±10 ℃马弗炉中灼烧 0.5 h,取出瓷坩埚置于干燥器中,冷至室温后称重,并重复灼烧至恒量。

2.5 结果计算

按式(1)计算硫的质量分数:

$$w(\mathrm{S})=\frac{[(m_1-m_2)-(m_3-m_4)]\times 0.1374}{m_0}\times 100 \quad (1)$$

式中:

$w(\mathrm{S})$——硫的质量分数,用%表示;

m_1——试料沉淀与瓷坩埚的质量,单位为克(g);

m_2——瓷坩埚的质量,单位为克(g);

m_3——空白沉淀与瓷坩埚的质量,单位为克(g);

m_4——空白瓷坩埚的质量,单位为克(g);

m_0——试料的质量,单位为克(g);

0.1374——硫酸钡换算为硫的换算因数。

所得结果表示至两位小数。

2.6 允许差

实验室之间分析结果的差值应不大于表 2 所列允许差。

表 2

单位为%

硫质量分数	允 许 差
1.00～5.00	0.15
>5.00～10.00	0.20
>10.00～15.00	0.30

3 燃烧-酸碱滴定法测定硫量(测定范围:0.10%～15.00%)

3.1 方法提要

试料在 1250 ℃～1300 ℃高温氧气流中燃烧,使硫转化成二氧化硫,用过氧化氢溶液吸收并氧化成硫酸。以甲基红-次甲基蓝为混合指示剂,用氢氧化钠标准滴定溶液滴定至溶液由紫红色变为亮绿色即为终点。

3.2 试剂

3.2.1 氢氧化钠。

3.2.2 变色硅胶。

3.2.3 氧化铜,粉状。

3.2.4 铅粉(Pb 的质量分数≥99.99%)。

3.2.5 硫酸(ρ1.84 g/mL)。

3.2.6 硫酸(1+1)。

3.2.7 硝酸(1+3)。

3.2.8 高锰酸钾-氢氧化钠溶液:称取 3.0 g 高锰酸钾溶于 100 mL 水中,加入 10 g 氢氧化钠(3.2.1),溶解后装入洗气瓶中。

3.2.9 甲基红-次甲基蓝混合指示剂:称取 0.12 g 甲基红和 0.08 g 次甲基蓝(两者均需研细),溶于 100 mL 无水乙醇中。

3.2.10 过氧化氢吸收液:移取 100 mL 过氧化氢(30%),加水稀释至 2000 mL,加 1 mL 混合指示剂(3.2.9)。限一周内使用。

3.2.11 硫酸铅基准试剂的制备:

称取 20 g 铅粉(3.2.4)于 500 mL 的烧杯中,加入 30 mL 硝酸(3.2.7)溶解,待反应完全后过滤除去悬浮物,加入 20 mL 硫酸(3.2.6),沉降 2 h 后用中速定量滤纸过滤,用蒸馏水洗至中性,在烘箱内烘干,放到瓷坩埚中,于高温炉 780 ℃灼烧 1 h,取出稍冷放入干燥器中。待室温后取出放入研钵中研磨,再放入高温炉 780 ℃灼烧 1 h 后取出,放入干燥器中作为基准物。

3.2.12 氢氧化钠标准滴定溶液[c(NaOH)=0.10 mol/L]:

3.2.12.1 配制:将氢氧化钠配制成饱和溶液,并在塑料瓶内放置至溶液澄清。吸取 50 mL 上清液,用不含二氧化碳的水稀释至 10L,混匀。

3.2.12.2 标定:准确称取 0.4000 g 硫酸铅基准试剂(3.2.11)于瓷舟中,覆盖 0.5 g 氧化铜(3.2.3),按 3.5.3.4、3.5.3.5 同时进行标定,记录消耗氢氧化钠标准滴定溶液的体积。

按式(2)计算氢氧化钠标准滴定溶液对硫的滴定系数:

$$F=\frac{m\times 0.1057}{V_1-V_0} \qquad (2)$$

式中:

F——氢氧化钠标准滴定溶液对硫的滴定系数,单位为克每毫升(g/mL);

m——称取硫酸铅的质量,单位为克(g);

V_0——标定时,滴定空白溶液所消耗氢氧化钠标准滴定溶液的体积,单位为毫升(mL);

V_1——标定时,消耗氢氧化钠标准滴定溶液的体积,单位为毫升(mL);

0.1057——硫酸铅转化为硫的系数。

平行标定三份,测定值保留四位有效数字,其极差值不大于 1×10^{-5} g/mL 时,取其平均值,否则重新标定。

3.3 装置

3.3.1 高温管式电炉:最高温度 1350 ℃,常用温度 1300 ℃。

3.3.2 温度自动控制器(0 ℃~1600 ℃)。

3.3.3 转子流量计(0 L/min~2 L/min)。

3.3.4 锥形燃烧管:内径 18 mm,外径 22 mm,总长 600 mm。

3.3.5 瓷舟:长 88 mm,使用前应在 1000 ℃预先灼烧 1 h。

3.3.6 硫的测定装置(见图 1)。

3.4 试样

3.4.1 试样粒度应不大于 0.074 mm。

3.4.2 试样在 100 ℃~105 ℃烘 1 h 后,置于干燥器中冷至室温。

3.5 分析步骤

3.5.1 试料

称取 0.20 g 试样,精确至 0.0001 g。

独立地进行两次测定,取其平均值。

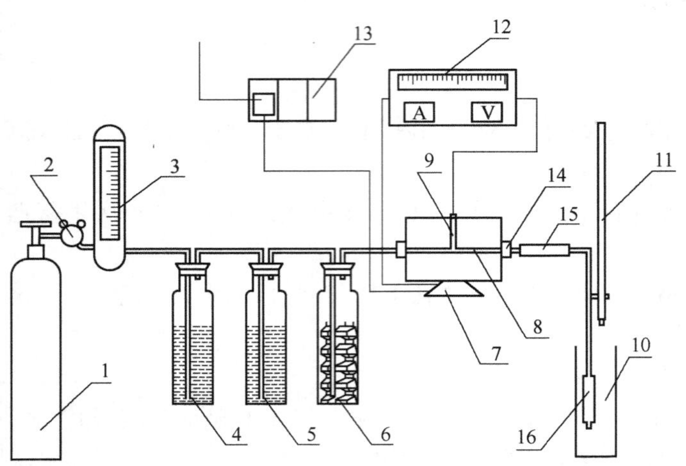

1——氧气瓶；
2——减压阀；
3——转子流量计；
4——洗气瓶[内装高锰酸钾-氢氧化钠溶液(3.2.8),液面高约 1/3 瓶高]；
5——洗气瓶[内装硫酸(3.2.5),液面高约 1/3 瓶高]；
6——干燥塔[内装变色硅胶(3.2.2)]；
7——高温管式电炉；
8——锥形瓷管；
9——瓷舟；
10——150 mL 气体吸收瓶；
11——滴定管；
12——温度控制器；
13——电源；
14——橡胶塞；
15——乳胶管；
16——多孔气体扩散管。

图 1　燃烧-酸碱滴定法定硫装置图

3.5.2　空白试验

随同试料做空白试验。

3.5.3　测定

3.5.3.1　将试料(3.5.1)均匀地置于瓷舟中,覆盖 0.5 g 氧化铜(3.2.3),放于干燥器中。

3.5.3.2　接通高温管式电炉电源,分 2 次～3 次逐渐加大电压,使炉温升至 1250 ℃。

3.5.3.3　在 150 mL 的吸收瓶中加入 80 mL 过氧化氢吸收液(3.2.10),使吸收液的液面距离气体扩散管下端 50 mm。

3.5.3.4　按图 1 连接好全部装置。在通气的条件下检查装置的气密性。调节氧气流量为 0.15 L/min～0.20 L/min,滴加氢氧化钠标准滴定溶液(3.2.12)至吸收液为亮绿色,不记读数。

3.5.3.5　用镍铬丝将盛有试料的瓷舟迅速推入燃烧管温度最高处,立即塞紧橡胶塞通入氧气,调整氧气流量在 0.15 L/min～0.20 L/min 之间,吸收 1 min 后,调整氧气的流量在 0.40 L/min～0.50 L/min 之间开始滴定,以氢氧化钠标准滴定溶液(3.2.12)滴定至由紫红色转变成亮绿色为终点。

注:不论新旧燃烧管,开始测定前,均应在 1200 ℃～1250 ℃充分燃烧,并预烧 1 个～2 个实验样品后,方可进行正式试样的测定。

3.6 结果计算

按式(3)计算硫的质量分数：

$$w(S)=\frac{c(V_2-V_0)\times 0.01603}{m_0}\times 100 \qquad (3)$$

式中：

$w(S)$——硫的质量分数，用%表示；

c——氢氧化钠标准滴定溶液的实际浓度，单位为摩尔每升(mol/L)；

V_2——测定时滴定试料溶液消耗氢氧化钠标准滴定溶液的体积，单位为毫升(mL)；

V_0——测定时滴定空白试验溶液消耗氢氧化钠标准滴定溶液的体积，单位为毫升(mL)；

m_0——试料的质量，单位为克(g)；

0.01603——硫的摩尔质量，单位为克每摩尔(g/mol)。

所得结果表示至两位小数。

3.7 允许差

实验室之间分析结果的差值应不大于表3所列允许差。

表 3

单位为%

硫质量分数	允 许 差
0.10～1.00	0.10
>1.00～5.00	0.15
>5.00～10.00	0.20
>10.00～15.00	0.30

ICS 73.060.99
D 46

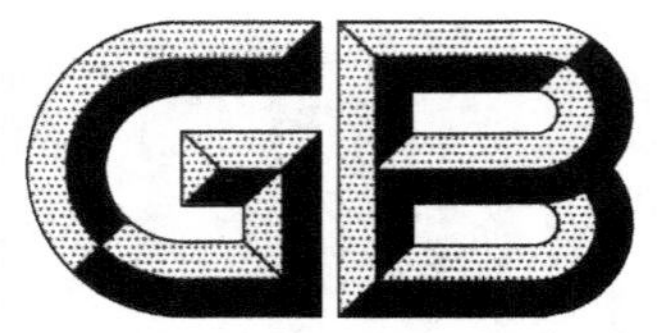

中华人民共和国国家标准

GB/T 20899.9—2007

金矿石化学分析方法
第9部分:碳量的测定

Methods for chemical analysis of gold ores—
Part 9: Determination of carbon contents

2007-04-27 发布　　　　2007-11-01 实施

中华人民共和国国家质量监督检验检疫总局
中国国家标准化管理委员会　发布

前　言

GB/T 20899《金矿石化学分析方法》分为 11 个部分：

——第 1 部分：金量的测定；

——第 2 部分：银量的测定；

——第 3 部分：砷量的测定；

——第 4 部分；铜量的测定；

——第 5 部分：铅量的测定；

——第 6 部分：锌量的测定；

——第 7 部分：铁量的测定；

——第 8 部分：硫量的测定；

——第 9 部分：碳量的测定；

——第 10 部分：锑量的测定；

——第 11 部分：砷量和铋量的测定。

本部分为 GB/T 20899 的第 9 部分。

本部分由中华人民共和国国家发展和改革委员会提出。

本部分由长春黄金研究院归口。

本部分由国家金银及制品质量监督检验中心(长春)负责起草。

本部分主要起草人：陈菲菲、黄蕊、刘冰、刘正红、张琦。

金矿石化学分析方法
第9部分:碳量的测定

1 范围

本部分规定了金矿石中碳含量的测定方法。

本部分适用于金矿石中碳含量的测定。测定范围:0.10%~5.00%。

2 方法提要

试料在1200 ℃~1250 ℃高温氧气流中燃烧,使碳转化成二氧化碳,以百里酚酞为指示剂,用乙醇-乙醇胺-氢氧化钾溶液吸收滴定二氧化碳。

3 试剂

3.1 碳酸钙(基准试剂)。

3.2 变色硅胶。

3.3 氧化铜,粉状。

3.4 无水乙醇。

3.5 硫酸(ρ1.84 g/mL)。

3.6 高锰酸钾-氢氧化钠溶液:称取3.0 g高锰酸钾溶于100 mL水中,加入10 g氢氧化钠,溶解后装入洗气瓶中。

3.7 标准吸收滴定溶液:

3.7.1 配制:将30 mL乙醇胺溶于970 mL无水乙醇(3.4)中,加入3.0 g氢氧化钾及150 mg百里酚酞指示剂,混匀,放置3d~5d后备用。

3.7.2 标定:称取0.0100 g(精确至0.0001 g)预先在100 ℃~105 ℃烘至恒重的碳酸钙(3.1),置于预先在1000 ℃高温炉中灼烧过的瓷舟中,加入适量的氧化铜(3.3),以下操作按分析步骤进行。

按式(1)计算标准吸收滴定溶液的滴定度:

$$T = \frac{m_1 \times 0.1200}{V} \qquad \cdots\cdots(1)$$

式中:

T——与1.00 mL标准吸收滴定溶液相当的以克表示的碳的质量,单位为克每毫升(g/mL);

m_1——称取碳酸钙的质量,单位为克(g);

V——标定时,滴定消耗标准吸收滴定溶液的体积,单位为毫升(mL);

0.1200——碳酸钙对碳的换算系数。

平行标定三份,测定值保留四位有效数字,其极差值不大于1×10^{-5} g/mL时,取其平均值,否则,重新标定。

4 装置

4.1 高温管式电炉:最高温度1350 ℃,常用温度1300 ℃。

4.2 温度自动控制器(0 ℃~1600 ℃)。

4.3 转子流量计(0 L/min~2 L/min)。

4.4　锥形燃烧管：内径 18 mm，外径 22 mm，总长 600 mm。

4.5　瓷舟：长 88 mm，使用前应在 1000 ℃预先灼烧 1 h。

4.6　碳的测定装置(见图 1)。

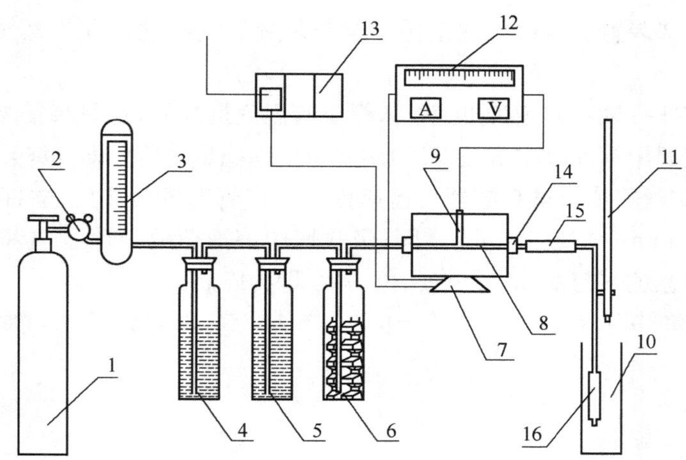

1——氧气瓶；
2——减压阀；
3——转子流量计；
4——洗气瓶[内装高锰酸钾-氢氧化钠溶液(3.6)，液面高约 1/3 瓶高]；
5——洗气瓶[内装硫酸(3.5)，液面高约 1/3 瓶高]；
6——干燥塔[内装变色硅胶(3.2)]；
7——高温管式电炉；
8——锥形瓷管；
9——瓷舟；
10——150 mL 气体吸收瓶；
11——滴定管；
12——温度控制器；
13——电源；
14——橡胶塞；
15——乳胶管；
16——多孔气体扩散管。

图 1　非水滴定法测定碳装置图

5　试样

5.1　试样粒度应不大于 0.074 mm。

5.2　试样在 100 ℃～105 ℃烘 1 h 后，置于干燥器中冷至室温。

6　分析步骤

6.1　试料

称取 0.10 g 试样，精确至 0.0001 g。

独立地进行两次测定，取其平均值。

6.2　空白试验

随同试料做空白试验。

6.3　测定

6.3.1　将试料(6.1)均匀地置于瓷舟中，覆盖 0.5 g 氧化铜(3.3)，放于干燥器中。

6.3.2 接通高温管式电炉电源，分2次～3次逐渐加大电压，使炉温升至1250 ℃。

6.3.3 在二氧化碳吸收瓶中加入标准吸收滴定溶液(3.7)，使吸收液的液面距离气体扩散管下端50 mm。

6.3.4 按图1连接好全部装置。在通气的条件下检查装置的气密性。调节氧气流量为0.15 L/min～0.20 L/min。

6.3.5 用镍铬丝将盛有任一试料的瓷舟迅速推入燃烧管温度最高处，立即塞紧橡胶塞通入氧气，待吸收瓶中溶液蓝色消退时，立即用标准吸收溶液(3.7)滴定至出现稳定的蓝色即为终点。

6.3.6 试料分析：用镍铬丝将盛有试料的瓷舟迅速推入燃烧管温度最高处，立即塞紧橡胶塞通入氧气，调整氧气流量在0.15 L/min～0.20 L/min之间，吸收瓶中溶液蓝色消退时，立即用标准吸收滴定溶液(3.7)滴定至出现稳定的蓝色并与6.3.5终点颜色一致，即为终点。

注：不论新旧燃烧管，开始测定前，均应在1200 ℃～1250 ℃充分燃烧，并预烧1个～2个实验样品后，方可进行正式试样的测定。

7 结果计算

按式(2)计算碳的质量分数：

$$w(\mathrm{C}) = \frac{T \cdot V_1}{m_0} \times 100 \quad \cdots\cdots (2)$$

式中：

$w(\mathrm{C})$——碳的质量分数，用%表示；

T——与1.00 mL标准吸收滴定溶液相当的以克表示的碳的质量，单位为克每毫升(g/mL)；

V_1——测定时滴定试料溶液标准吸收滴定溶液的体积，单位为毫升(mL)；

m_0——试料的质量，单位为克(g)。

所得结果表示至两位小数。

8 允许差

实验室之间分析结果的差值应不大于表1所列允许差。

表1　　单位为%

碳质量分数	允　许　差
0.05～0.10	0.03
>0.10～0.20	0.05
>0.20～0.50	0.08
>0.50～1.00	0.10
>1.00～2.00	0.20
>2.00～5.00	0.30

ICS 73.060.99
D 46

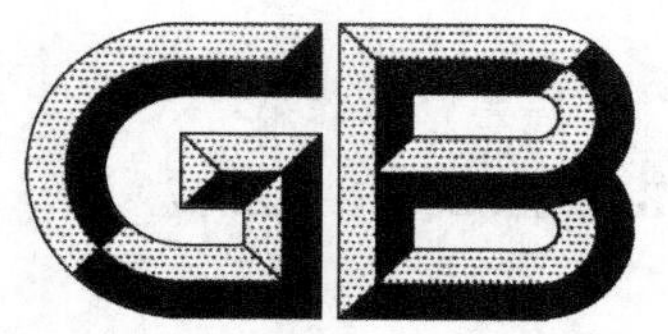

中华人民共和国国家标准

GB/T 20899.10—2007

金矿石化学分析方法 第10部分:锑量的测定

Methods for chemical analysis of gold ores—
Part 10: Determination of antimony contents

2007-04-27 发布 2007-11-01 实施

中华人民共和国国家质量监督检验检疫总局
中国国家标准化管理委员会 发布

前　　言

GB/T 20899《金矿石化学分析方法》分为 11 个部分：

——第 1 部分：金量的测定；

——第 2 部分：银量的测定；

——第 3 部分：砷量的测定；

——第 4 部分；铜量的测定；

——第 5 部分：铅量的测定；

——第 6 部分：锌量的测定；

——第 7 部分：铁量的测定；

——第 8 部分：硫量的测定；

——第 9 部分：碳量的测定；

——第 10 部分：锑量的测定；

——第 11 部分：砷量和铋量的测定。

本部分为 GB/T 20899 的第 10 部分。

本部分由中华人民共和国国家发展和改革委员会提出。

本部分由长春黄金研究院归口。

本部分由国家金银及制品质量监督检验中心(长春)负责起草。

本部分主要起草人：陈菲菲、黄蕊、刘冰、魏成磊、刘正红、张琦。

金矿石化学分析方法
第 10 部分:锑量的测定

1 范围

本部分规定了金矿石中锑含量的测定方法。

本部分适用于金矿石中锑含量的测定。

2 硫酸铈滴定法测定锑量(测定范围:0.20%~5.00%)

2.1 方法提要

试料用硫酸-硫酸钾分解,以炭素作还原剂和助溶剂,在盐酸介质中,加磷酸掩蔽高价铁离子,以甲基橙为指示剂,在 80 ℃~90 ℃用硫酸铈标准滴定溶液滴定至溶液红色消失,即为终点。

2.2 试剂

2.2.1 硫酸钾。

2.2.2 硫酸(ρ1.84 g/mL)。

2.2.3 磷酸(ρ1.70 g/mL)。

2.2.4 盐酸(ρ1.19 g/mL)。

2.2.5 硫酸(1+1)。

2.2.6 金属锑(Sb 的质量分数≥99.99%)。

2.2.7 甲基橙指示剂(1 g/L)。

2.2.8 硫酸铈标准滴定溶液[$c(Ce(SO_4)_2 \cdot 4H_2O)=0.05$ mol/L]:

2.2.8.1 配制:称取 20.25 g 硫酸铈[$Ce(SO_4)_2 \cdot 4H_2O$],置于 1000 mL 烧杯中,加入 200 mL 硫酸(2.2.5),加入 600 mL 水,在电炉上加热溶解至清亮,取下冷至室温,移入 1000 mL 容量瓶中,以水稀释至刻度,混匀。

2.2.8.2 标定:称取三份 0.1000 g 金属锑(2.2.6),分别置于 300 mL 锥形瓶中,以少量水润湿,加入 20 mL 硫酸(2.2.5),加热溶解至清亮,取下冷却。以下操作按 2.4.3.2、2.4.3.3 进行。

随同标定做空白试验。

按式(1)计算硫酸铈标准滴定溶液的实际浓度:

$$c=\frac{m}{(V_1-V_0)\times 0.06088} \quad \cdots\cdots(1)$$

式中:

c——硫酸铈标准滴定溶液的实际浓度,单位为摩尔每升(mol/L);

m——金属锑的质量,单位为克(g);

V_1——滴定锑消耗硫酸铈标准滴定溶液的体积,单位为毫升(mL);

V_0——标定中空白溶液消耗硫酸铈标准滴定溶液的体积,单位为毫升(mL);

0.06088——锑的摩尔质量,单位为克每摩尔(g/mol)。

测定值保留四位有效数字,其极差值不大于 4×10^{-4}mol/L 时,取其平均值。否则,需重新标定。

2.3 试样

2.3.1 试样粒度应不大于 0.074 mm。

2.3.2 试样在 100 ℃~105 ℃烘 1 h 后,置于干燥器中冷至室温。

2.4 分析步骤

2.4.1 试料

称取 1.00 g 试样，精确至 0.0001 g。

独立地进行两次测定，取其平均值。

2.4.2 空白试验

随同试料做空白试验。

2.4.3 测定

2.4.3.1 将试料(2.4.1)置于 300 mL 锥形瓶中，加入 2 g 硫酸钾(2.2.1)，以少量水润湿，加入 15 mL 硫酸(2.2.2)，置于电热板上加热，待驱除大部分硫后，盖上表面皿，在保持溶液微沸的温度下溶解 30 min。取下稍冷，加入约 3 cm^2 定性滤纸，继续加热至滤纸炭化后溶液的暗色消失，取下冷却。

2.4.3.2 加入 100 mL 水、20 mL 盐酸(2.2.4)，混匀，加入 10 mL 磷酸(2.2.3)，混匀，煮沸。

2.4.3.3 加入 2 滴甲基橙指示剂(2.2.7)，在保持溶液 80 ℃～90 ℃的温度下，用硫酸铈标准滴定溶液(2.2.8)滴定至溶液的红色恰好消失，即为终点。

2.5 结果计算

按式(2)计算锑的质量分数：

$$w(\mathrm{Sb}) = \frac{c(V_2 - V_3) \times 0.06088}{m_0} \times 100 \qquad \cdots\cdots (2)$$

式中：

$w(\mathrm{Sb})$——锑的质量分数，用(%)表示；

c——硫酸铈标准滴定溶液的实际浓度，单位为摩尔每升(mol/L)；

V_2——滴定试料溶液消耗硫酸铈标准滴定溶液的体积，单位为毫升(mL)；

V_3——滴定空白溶液消耗硫酸铈标准滴定溶液的体积，单位为毫升(mL)；

m_0——试料的质量，单位为克(g)；

0.06088——锑的摩尔质量，单位为克每摩尔(g/mol)。

所得结果应表示至两位小数。

2.6 允许差

实验室之间分析结果的差值应不大于表 1 所列允许差。

表 1

单位为%

锑质量分数	允 许 差
0.20～0.50	0.05
>0.50～1.00	0.08
>1.00～2.00	0.12
>2.00～3.00	0.16
>3.00～5.00	0.20

3 氢化物发生-原子荧光光谱法测定锑量(测定范围：0.010%～0.40%)

3.1 方法提要

试料用酸溶解。在称盐酸介质中，加入抗坏血酸预还原，以硫脲掩蔽铜。移取一定量待测液于氢化物发生器中，锑(Ⅲ)被硼氢化钾还原为氢化锑，用氩气导入石英炉原子化器中，以锑空心阴极灯作光源，于原子荧光光谱仪上测定其荧光强度。

3.2 试剂

3.2.1　硝酸(ρ1.42 g/mL)。

3.2.2　盐酸(ρ1.19 g/mL)。

3.2.3　盐酸(1+1)。

3.2.4　盐酸(1+9)。

3.2.5　酒石酸。

3.2.6　金属锑(Sb的质量分数≥99.99%)。

3.2.7　硫脲-抗坏血酸溶液(50 g/L～50 g/L),当天配制。

3.2.8　硼氢化钾溶液(20 g/L):称取10.00 g硼氢化钾溶解于500 mL氢氧化钾溶液(5 g/L)中,当天配制。

3.2.9　锑标准贮存溶液:称取0.1000 g金属锑(3.2.6)于300 mL烧杯中,加25 mL硝酸(3.2.1)、3 g酒石酸(3.2.5),低温加热溶解,并蒸发至近干,稍冷,加入50 mL盐酸(3.2.3),加热溶解,煮沸除去氮的氧化物,取下冷却,移入1000 mL容量瓶中,用盐酸(3.2.4)稀释至刻度,混匀。此溶液1 mL含0.1 mg锑。

3.2.10　锑标准溶液:移取10.00 mL锑标准贮存溶液(3.2.9)于500 mL容量瓶中,加盐酸(3.2.4)稀释至刻度,混匀。此溶液1 mL含2 μg锑。

3.3　仪器

原子荧光光谱计。附屏蔽式石英炉原子化器,玻璃质氢化物发生器,特制锑空心阴极灯或锑高强度空心阴极灯。

氩气:用作屏蔽气、载气。

在仪器最佳工作条件下,凡能达到下列指标者均可使用。

检出限:不大于2×10^{-9} g/mL。

精密度:用0.02 μg/mL的锑标准溶液测量11次荧光强度,其相对标准偏差不应超过5.0%。

3.4　试样

3.4.1　试样粒度应不大于0.074 mm。

3.4.2　试样在100 ℃～105 ℃烘1 h后,置于干燥器中冷至室温。

3.5　分析步骤

3.5.1　试料

按表2称取试料,精确至0.0001 g。

表2

锑质量分数/%	试料量/g
0.005～0.010	0.2000
>0.10～0.40	0.1000

独立地进行两次测定,取其平均值。

3.5.2　空白试验

随同试料做空白试验。

3.5.3　测定

3.5.3.1　将试料(3.5.1)置于200 mL烧杯中,加入0.5 g酒石酸(3.2.5),用水湿润,加入15 mL硝酸(3.2.1),低温溶解,蒸至体积约2 mL,取下冷却,加入20 mL盐酸(3.2.3)、10 mL硫脲-抗坏血酸溶液(3.2.7),用水冲洗杯壁,低温煮沸使盐类溶解,取下冷却。将溶液移入100 mL容量瓶中,以水稀释至刻度,混匀。

3.5.3.2　按表3分取溶液(3.5.3.1)于容量瓶中,并按测定溶液体积补加盐酸(3.2.3)及硫脲-抗坏血酸溶液(3.2.7)用水稀释至刻度,混匀,干过滤部分溶液待测。

表 3

锑质量分数/%	试液总体积/mL	分取试液体积/mL	测定溶液体积/mL	补加盐酸溶液(3.2.3)/mL	补加硫脲-抗坏血酸溶液(3.2.7)/mL
0.005~0.050	100	10.00	50	4	4
>0.050~0.10	100	10.00	100	9	9
>0.10~0.20	100	10.00	100	9	9
>0.20~0.40	100	10.00	200	19	19

3.5.3.3 移取 2 mL 待测溶液(3.5.3.2)于氢化物发生器中,以恒定速率加入硼氢化钾溶液(3.2.8),以随同试料的空白溶液为参比,测量荧光强度,从工作曲线上查得相应的锑浓度。

3.5.4 工作曲线的绘制

3.5.4.1 移取 0 mL、1.00 mL、2.00 mL、4.00 mL、6.00 mL、8.00 mL、10.00 mL 锑标准溶液(3.2.10)分别于一组 100 mL 容量瓶中,加入 20 mL 盐酸(3.2.3)、10 mL 硫脲-抗坏血酸溶液(3.2.7),用水稀释至刻度,混匀。

3.5.4.2 在与测定试料溶液相同的条件下,以零浓度标准溶液为参比,测量标准溶液的荧光强度。以锑浓度为横坐标,荧光强度为纵坐标,绘制工作曲线。

3.6 结果计算

按式(3)计算锑的质量分数:

$$w(\mathrm{Sb}) = \frac{c \cdot V_0 \cdot V_2 \times 10^{-6}}{m_0 \cdot V_1} \times 100 \quad \cdots\cdots (3)$$

式中:

$w(\mathrm{Sb})$——锑的质量分数,用%表示;

c——自工作曲线上查得的锑的浓度,单位为微克每毫升(μg/mL);

V_0——试液的总体积,单位为毫升(mL);

V_1——分取试液的体积,单位为毫升(mL);

V_2——分取试液稀释后的体积,单位为毫升(mL);

m_0——试料的质量,单位为克(g)。

所得结果保留两位有效数字,若质量分数小于 0.10%时,表示至三位小数。

3.7 允许差

实验室之间分析结果的差值应不大于表 4 所列允许差。

表 4

单位为%

锑质量分数	允 许 差
0.005~0.010	0.005
>0.010~0.050	0.010
>0.050~0.10	0.020
>0.10~0.20	0.03
>0.20~0.40	0.04

ICS 73.060.99
D 46

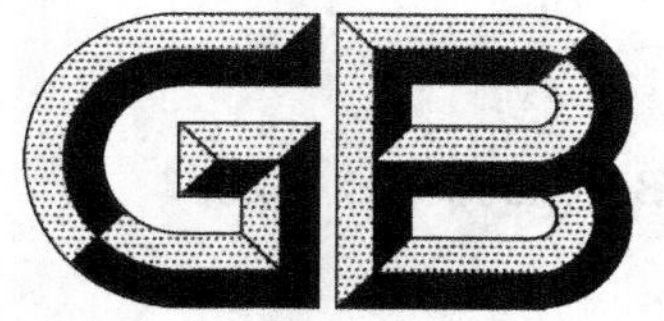

中华人民共和国国家标准

GB/T 20899.11—2007

金矿石化学分析方法
第11部分：砷量和铋量的测定

Methods for chemical analysis of gold ores—
Part 11: Determination of arsenic and bismuth contents

2007-04-27 发布　　　　2007-11-01 实施

中华人民共和国国家质量监督检验检疫总局
中国国家标准化管理委员会　发布

前　　言

GB/T 20899《金矿石化学分析方法》分为11个部分：

——第1部分：金量的测定；

——第2部分：银量的测定；

——第3部分：砷量的测定；

——第4部分；铜量的测定；

——第5部分：铅量的测定；

——第6部分：锌量的测定；

——第7部分：铁量的测定；

——第8部分：硫量的测定；

——第9部分：碳量的测定；

——第10部分：锑量的测定；

——第11部分：砷量和铋量的测定。

本部分为GB/T 20899的第11部分。

本部分由中华人民共和国国家发展和改革委员会提出。

本部分由长春黄金研究院归口。

本部分由国家金银及制品质量监督检验中心（长春）负责起草。

本部分主要起草人：陈菲菲、黄蕊、魏成磊、刘冰、苏凯。

金矿石化学分析方法
第11部分:砷量和铋量的测定

1 范围

本部分规定了金矿石中砷和铋含量的测定方法。

本部分适用于金矿石中砷和铋含量的测定。测定范围:砷:0.010%~0.40%;铋:0.010%~0.50%。

2 方法提要

试料经硝酸、硫酸溶解,用抗坏血酸进行预还原,以硫脲掩蔽铜,在氢化物发生器中,砷和铋被硼氢化钾还原为氢化物,用氩气导入石英炉原子化器中,于原子荧光光谱仪上测量其荧光强度。按标准曲线法计算砷和铋量。

3 试剂

3.1 氯酸钾。

3.2 硝酸(ρ1.42 g/mL)。

3.3 盐酸(ρ1.19 g/mL)。

3.4 王水:3份体积盐酸和1份体积硝酸混合,现用现配。

3.5 硫酸(ρ1.84 g/mL)。

3.6 硫脲-抗坏血酸混合溶液:称取硫脲、抗坏血酸各5 g,用水溶解,稀释至100 mL,混匀,现用现配。

3.7 硼氢化钾溶液(20 g/L):称取2 g硼氢化钾溶于100 mL氢氧化钠溶液(2 g/L)中,现用现配。

3.8 砷标准贮存溶液:称取0.1320 g三氧化二砷(预先在100 ℃~105 ℃烘1 h,置于干燥器中冷却至室温)于100 mL烧杯中,加5 mL氢氧化钠溶液(200 g/L),低温加热使其溶解,加水50 mL,2滴酚酞乙醇溶液(1 g/L),用硫酸(1+1)中和至红色刚消失,再过量2 mL,移入1000 mL容量瓶中,用水稀释至刻度。此溶液1 mL含100 μg砷。

3.9 砷标准溶液:移取20.00 mL砷标准贮存溶液(3.8)于500 mL容量瓶中,用水稀释至刻度,混匀。此溶液1 mL含4 μg砷。

3.10 铋标准贮存溶液:称取0.1000 g铋(Bi的质量分数≥99.99%)于250 mL烧杯中,加入50 mL硝酸(1+1),盖上表面皿,加热至完全溶解,微沸驱除氮的氧化物,冷却,移入1000 mL容量瓶中,用水稀释至刻度,混匀。此溶液1 mL含100 μg铋。

3.11 铋标准溶液:移取20.00 mL铋标准贮存溶液(3.10)于500 mL容量瓶中,加入100 mL盐酸,用水稀释至刻度,混匀。此溶液1 mL含4 μg铋。

4 仪器

原子荧光光谱仪,附屏蔽式石英炉原子化器,玻璃质氢化物发生器,砷、铋特制空心阴极灯或高强度空心阴极灯。

氩气:用作屏蔽气、载气。

在仪器最佳工作条件下,凡能达到下列指标者均可使用。

检出限:不大于9×10^{-10} g/mL。

精密度:用0.10 μg/mL的砷、铋标准溶液测量荧光强度11次,其标准偏差不超过平均荧光强度的5.0%。

5 试样

5.1 试样粒度应不大于0.074 mm。

5.2 试样在100 ℃～105 ℃烘1 h后，置于干燥器中冷至室温。

6 分析步骤

6.1 试料

称取0.20 g试样，精确至0.0001 g。

独立地进行两次测定，取其平均值。

6.2 空白试验

随同试料做空白试验。

6.3 测定

6.3.1 将试料(6.1)置于300 mL烧杯中，用少量水润湿，加入约0.1 g氯酸钾(3.1)与试料混匀，加10 mL硝酸(3.2)，盖上表面皿，置于低温电热板上加热溶解(试样中含硫高时，反复加少量氯酸钾至无单体硫析出为止)，蒸至小体积，稍冷，加5 mL硫酸(3.5)，混匀，加热至冒烟，取下冷却，加30 mL盐酸(3.3)，用水吹洗表面皿及杯壁至70 mL左右，低温加热至可溶性盐类溶解，取下冷却，移入100 mL容量瓶中，用水稀释至刻度。

6.3.2 按表1分取上述溶液(6.3.1)于已盛有60 mL水、10 mL王水(3.4)的100 mL容量瓶中，加10 mL硫脲-抗坏血酸混合溶液(3.6)，用水稀释至刻度，混匀。

表1

砷和铋的质量分数/%	分取试液体积/mL
0.01～0.10	10.00
>0.10～0.20	5.00
>0.20～0.50	2.00

6.3.3 移取2 mL待测溶液(6.3.2)于氢化物发生器中，以恒定速率加入硼氢化钾溶液(3.7)，以随同试料的空白试验溶液为参比，测量其荧光强度。从工作曲线上查出相应的砷浓度和铋浓度。

6.3.4 工作曲线的绘制

分别移取0 mL、0.50 mL、1.00 mL、2.00 mL、4.00 mL、6.00 mL、8.00 mL砷标准溶液(3.9)和铋标准溶液(3.11)于一组已盛有60 mL水、10 mL王水(3.4)的100 mL容量瓶中，加10 mL硫脲-抗坏血酸混合溶液(3.6)，用水稀释至刻度，混匀。按仪器操作程序测其荧光强度，减去试剂空白的荧光强度。以砷或铋的浓度为横坐标，荧光强度为纵坐标绘制工作曲线。

7 分析结果的表述

按式(1)计算砷或铋的质量分数：

$$w(\text{As 或 Bi}) = \frac{c \cdot V_0 \cdot V_2 \times 10^{-6}}{m_0 \cdot V_1} \times 100 \quad \cdots\cdots (1)$$

式中：

w(As或Bi)——锑的质量分数，用%表示；

c——自工作曲线上查得的砷或铋的浓度，单位为微克每毫升(μg/mL)；

V_0——试液的总体积，单位为毫升(mL)；

V_1——分取试液的体积，单位为毫升(mL)；

V_2——分取试液稀释后的体积，单位为毫升(mL)；

m_0——试料的质量，单位为克(g)。

所得结果保留两位小数，若质量分数小于0.10%时，表示至三位小数。

8 允许差

实验室之间分析结果的差值应不大于表2所列允许差。

表2

单位为%

砷、铋质量分数	允许差
0.010～0.030	0.003
>0.030～0.060	0.006
>0.060～0.10	0.010
>0.10～0.20	0.02
>0.20～0.50	0.03

ICS 73.120.99
D 46

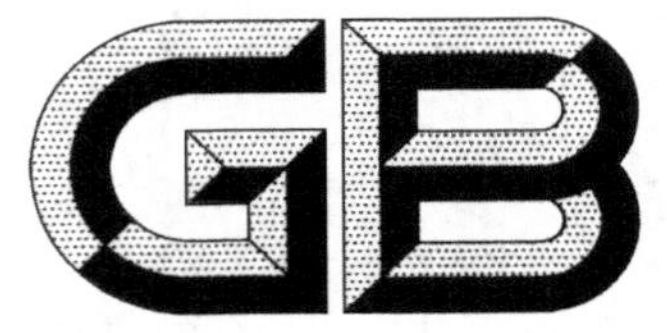

中华人民共和国国家标准

GB/T 20899.12—2016

金矿石化学分析方法 第12部分:砷、汞、镉、铅和铋量的测定 原子荧光光谱法

Methods for chemical analysis of gold ores—
Part 12: Determination of
arsenic, mercury, cadmium, lead and bismuth contents—
Atomic fluorescence spectrometric method

2016-08-29 发布 2007-07-01 实施

中华人民共和国国家质量监督检验检疫总局
中国国家标准化管理委员会 发布

前　言

GB/T 20899《金矿石化学分析方法》分为12个部分：

——第1部分：金量的测定；

——第2部分：银量的测定；

——第3部分：砷量的测定；

——第4部分：铜量的测定；

——第5部分：铅量的测定；

——第6部分：锌量的测定；

——第7部分：铁量的测定；

——第8部分：硫量的测定；

——第9部分：碳量的测定；

——第10部分：锑量的测定；

——第11部分：砷量和铋量的测定；

——第12部分：砷、汞、镉、铅和铋量的测定　原子荧光光谱法。

本部分为GB/T 20899的第12部分。

本部分按照GB/T 1.1—2009给出的规定起草。

本部分由全国黄金标准化技术委员会(SAC/TC 379)提出并归口。

本部分负责起草单位：长春黄金研究院。

本部分参与起草单位：紫金矿业集团股份有限公司、北京矿冶研究总院、灵宝黄金股份有限公司、潼关中金冶炼有限责任公司、河南中原黄金冶炼有限责任公司。

本部分主要起草人：陈永红、王菊、苏广东、孟宪伟、夏珍珠、廖华芳、陈祝海、陈殿耿、胡占锋、李铁栓、党宏庆。

金矿石化学分析方法
第12部分：砷、汞、镉、铅和铋量的测定
原子荧光光谱法

1 范围

GB/T 20899的本部分规定了金矿石中砷、汞、镉、铅和铋量的测定方法。

本部分适用于金矿石中砷、汞、镉、铅和铋量的测定。测定范围：0.00004%～0.20%。

2 方法提要

试料用盐酸和硝酸混酸水浴溶解或盐酸、硝酸、高氯酸、氢氟酸溶解。用还原剂将试液中的As(Ⅴ)预还原为As(Ⅲ)，Cd(Ⅳ)预还原为Cd(Ⅱ)，铅、汞、铋不用预还原，用掩蔽剂掩蔽试液中的干扰元素，在一定酸度下，试液和硼氢化钾溶液通过氢化物发生器产生氢化物，随载气进入石英管原子化，于原子荧光光谱仪上测定其荧光强度，按标准曲线法计算砷、汞、镉、铅和铋量。

3 试剂

除非另有说明，在分析中仅使用确认为分析纯的试剂和二次去离子水。

3.1 盐酸(ρ=1.19 g/mL)，优级纯。

3.2 硝酸(ρ=1.42 g/mL)，优级纯。

3.3 氢氟酸(ρ=1.18 g/mL)，优级纯。

3.4 高氯酸(ρ=1.76 g/mL)，优级纯。

3.5 硫酸(ρ=1.84 g/mL)，优级纯。

3.6 盐酸(1+1)：以盐酸(3.1)稀释。

3.7 盐酸(1+19)：以盐酸(3.1)稀释。

3.8 盐酸(1+49)：以盐酸(3.1)稀释。

3.9 硝酸(1+4)：以硝酸(3.2)稀释。

3.10 硫酸(1+4)：以硫酸(3.5)稀释。

3.11 混酸(1+3+4)：以1体积硝酸(3.2)、3体积盐酸(3.1)和4体积水混合均匀，现用现配。

3.12 氢氧化钠(5 g/L)。

3.13 氢氧化钠(200 g/L)。

3.14 硼氢化钾溶液Ⅰ(20 g/L)：称取10.0 g硼氢化钾溶于500 mL氢氧化钠溶液(3.12)中，现用现配。

3.15 硼氢化钾溶液Ⅱ(20 g/L)：称取10.0 g硼氢化钾溶于500 mL氢氧化钠的溶液(3.12)中，加入5 g铁氰化钾，溶解，现用现配。

3.16 硫脲-抗坏血酸溶液(100 g/L)。

3.17 草酸(80 g/L)。

3.18 六水合氯化钴溶液(0.5 g/L)。

3.19 焦磷酸钠(20 g/L)。

3.20 硫酸钾(100 g/L)。

3.21 氯化钡(50 g/L)。

3.22 砷标准贮备溶液(100 μg/mL)：称取0.1320 g三氧化二砷(预先在100 ℃～105 ℃烘1 h，置于

干燥器中冷却至室温)于 100 mL 烧杯中,加入 5 mL 氢氧化钠溶液(3.13),低温加热溶解,加 50 mL 水,2 滴酚酞(1 g/L),用硫酸(3.10)中和至红色刚消失,过量 2 mL,移入 1000 mL 容量瓶中,用水稀释至刻度。

3.23 汞标准贮备溶液(100 μg/mL):称取 0.1354 g 氯化汞(质量分数≥99.99%),溶于水,移入 1000 mL 容量瓶中,用水稀释至刻度,混匀。

3.24 铋标准贮备溶液(100 μg/mL):称取 0.1000 g 铋(质量分数≥99.99%),溶于 6 mL 硝酸(3.2)中,煮沸除去氮的氧化物气体,冷却,移入 1000 mL 容量瓶中,稀释至刻度。

3.25 铅标准贮备溶液(100 μg/mL):称取 0.1000 g 金属铅(质量分数≥99.99%)与 250 mL 烧杯中,加 20 mL 硝酸(3.2),盖上表面皿,加热至完全溶解,煮沸除去氮的氧化物,冷至室温。移入 1000 mL 容量瓶中,用水稀释至刻度,混匀。

3.26 镉标准贮备溶液(100 μg/mL):称取 0.1000 g 金属镉(质量分数≥99.99%)于 200 mL 烧杯中,加 10 mL 硝酸(3.2),盖上表面皿,置于电热板上低温加热至完全溶解,煮沸除去氮的氧化物,冷至室温。移入 1000 mL 容量瓶中,用水稀释至刻度,混匀。

3.27 砷、铋标准溶液Ⅰ(2 μg/mL):移取 20 mL 砷标准贮备溶液(3.22)和 20 mL 铋标准贮备溶液(3.24)于 1000 mL 容量瓶中,加 50 mL 硝酸(3.2),用水稀释至刻度,混匀。

3.28 砷、铋标准溶液Ⅱ(100 ng/mL):移取 25 mL 砷、铋标准溶液 Ⅰ(3.27)于 500 mL 容量瓶中,加 25 mL 硝酸(3.2),用水稀释至刻度,混匀。

3.29 汞标准中间液(2 μg/mL):移取 20 mL 汞标准贮备溶液(3.23)于 1000 mL 容量瓶中,加入 50 mL 硝酸(3.2),用水稀释至刻度,混匀。

3.30 汞标准溶液Ⅰ(100 ng/mL):移取 25 mL 汞标准中间液(3.29)于 500 mL 容量瓶中,加入 25 mL 硝酸(3.2),用水稀释至刻度,混匀。

3.31 汞标准溶液Ⅱ(10 ng/mL):移取 50 mL 汞标准溶液Ⅰ(3.30)于 500 mL 容量瓶中,加入 25 mL 硝酸(3.2),用水稀释至刻度,混匀。

3.32 铅标准溶液Ⅰ(2 μg/mL):移取 20 mL 铅标准贮备溶液(3.25)于 1000 mL 容量瓶中,加入 50 mL 盐酸(3.1),用水稀释至刻度,混匀。

3.33 铅标准溶液Ⅱ(100 ng/mL):移取 25 mL 铅标准溶液Ⅰ(3.32)于 500 mL 容量瓶中,加入 25 mL 盐酸(3.1),用水稀释至刻度,混匀。

3.34 镉标准中间液(2 μg/mL):移取 20 mL 镉标准贮备溶液(3.26)于 1000 mL 容量瓶中,加入 50 mL 盐酸(3.1),用水稀释至刻度,混匀。

3.35 镉标准溶液Ⅰ(100 ng/mL):移取 25 mL 镉标准中间液(3.34)于 500 mL 容量瓶中,加入 25 mL 盐酸(3.1),用水稀释至刻度,混匀。

3.36 镉标准溶液Ⅱ(10 ng/mL):移取 50 mL 镉标准溶液Ⅰ(3.35)于 500 mL 容量瓶中,加入 25 mL 盐酸(3.1),用水稀释至刻度,混匀。

4 仪器

原子荧光光谱仪:附砷、汞、镉、铅和铋空心阴极灯。检出限、精密度及工作曲线相关系数应符合计量标定规程中的规定。

5 试样

5.1 试样粒度不大于 0.074 mm。

5.2 试样应在 100 ℃~105 ℃烘干 1 h 后,置于干燥器中冷却至室温。

6 分析步骤

6.1 试料

根据试样中待测元素的含量按表 1 称取试样(5.2),精确至 0.0001 g。

独立进行两次测定,取其平均值。

表 1

元　素	砷　和　铋				
待测元素含量/%	0.00004～0.0004	0.00040～0.002	0.002～0.005	0.005～0.05	0.05～0.20
称样量/g	0.50	0.50	0.20	0.20	0.20
定容体积/mL	50	50	50	100	100
分取体积/mL	5	5	10	10	2
稀释体积/mL	10	10	50	100	100
砷、铋工作曲线	Ⅱ	Ⅰ	Ⅰ	Ⅰ	Ⅰ
元　素	汞				
待测元素含量/%	0.00004～0.0004	0.00040～0.002	0.002～0.005	0.005～0.05	0.05～0.20
称样量/g	0.50	0.50	0.20	0.20	0.20
定容体积/mL	50	50	100	200	100
分取体积/mL	25	10	10	2	10
稀释体积/mL	50	100	100	100	100(2/100)[a]
汞工作曲线	Ⅱ	Ⅰ	Ⅰ	Ⅰ	Ⅰ
元　素	铅				
待测元素含量/%	0.00004～0.0004	0.00040～0.002	0.002～0.005	0.005～0.05	0.05～0.20
称样量/g	0.50	0.50	0.20	0.20	0.20
定容体积/mL	50	50	50	100	100
分取体积/mL	5	5	10	10	2
稀释体积/mL	10	10	50	100	100
铅工作曲线	Ⅱ	Ⅰ	Ⅰ	Ⅰ	Ⅰ
元　素	镉				
待测元素含量/%	0.00004～0.0004	0.00040～0.002	0.002～0.005	0.005～0.05	0.05～0.20
称样量/g	0.50	0.50	0.20	0.20	0.20
定容体积/mL	50	50	100	200	100
分取体积/mL	25	10	10	2	10
稀释体积/mL	50	100	100	100	100(2/100)[a]
镉工作曲线	Ⅱ	Ⅰ	Ⅰ	Ⅰ	Ⅰ

[a] 括号内表示二次稀释的体积比。

6.2 空白试验

随同试料做空白试验。

6.3 测定

6.3.1 砷、汞和铋量的溶液制备:将试料(6.1)置于比色管(按表 1 定容体积选择比色管规格)中,加 10 mL 混酸(3.11),在水浴上加热 2 h,冷却后用水稀释至刻度,摇匀,静置。

6.3.2 砷、铋、铅和镉量的溶液制备:将试料(6.1)置于150 mL聚四氟乙烯烧杯中,加6 mL盐酸(3.1),3 mL硝酸(3.2),3 mL氢氟酸(3.3),2 mL高氯酸(3.4),盖上表面皿,低温加热至大部分试料分解,继续升温至不高于220 ℃,直至试料分解完全,蒸发近干,取下冷却,加入少量盐酸(3.6)使可溶性盐类溶解,转移至容量瓶(按表1定容体积选择容量瓶规格)中,用盐酸(3.7)稀释至刻度,摇匀,静置。

6.3.3 按表1分别分取溶液(6.3.1)和溶液(6.3.2)于相应体积容量瓶中,用与工作曲线绘制相同的方法测定试料溶液中各元素的荧光强度,扣除空白荧光强度,在相应工作曲线上查得被测元素的质量浓度(参见附录A)。

注:容量瓶、移液管、比色管、聚四氟乙烯烧杯、聚四氟乙烯表面皿,以上器具需要在硝酸溶液(3.9)中浸泡12 h,清洗干净后使用。

6.4 工作曲线的绘制

6.4.1 砷、铋工作曲线的绘制

移取0.00 mL、0.50 mL、1.00 mL、2.00 mL、4.00 mL、5.00 mL砷、铋标准溶液Ⅰ(3.27)和0.00 mL、1.00 mL、2.00 mL、4.00 mL、8.00 mL、10.00 mL砷、铋标准溶液Ⅱ(3.28)于100 mL容量瓶中,依次加入5 mL盐酸(3.1),5 mL硫脲-抗坏血酸溶液(3.16),用水稀释至刻度,摇匀,放置30 min,待测。两组工作曲线分别为砷、铋工作曲线Ⅰ和砷、铋工作曲线Ⅱ,以硼氢化钾溶液Ⅰ(3.14)为还原剂,盐酸溶液(3.7)为载流,测定标准溶液。以砷、铋标准溶液的荧光强度为纵坐标,砷、铋溶液的浓度为横坐标绘制工作曲线。

6.4.2 汞工作曲线的绘制

移取0.00 mL、1.00 mL、2.00 mL、4.00 mL、8.00 mL、10.00 mL汞标准溶液Ⅰ(3.30)和0.00 mL、1.00 mL、2.00 mL、4.00 mL、8.00 mL、10.00 mL汞标准溶液Ⅱ(3.31)于100 mL容量瓶中,依次加入5 mL盐酸(3.1),5 mL硫脲-抗坏血酸溶液(3.16),用水稀释至刻度,摇匀,待测。两组工作曲线分别为汞工作曲线Ⅰ和汞工作曲线Ⅱ,以硼氢化钾溶液Ⅰ(3.14)为还原剂,盐酸溶液(3.7)为载流,测定标准溶液。以汞标准溶液的荧光强度为纵坐标,汞溶液的浓度为横坐标绘制工作曲线。

6.4.3 铅工作曲线的绘制

移取0.00 mL、0.50 mL、1.00 mL、2.00 mL、4.00 mL、5.00 mL铅标准溶液Ⅰ(3.32)和0.00 mL、1.00 mL、2.00 mL、4.00 mL、8.00 mL、10.00 mL铅标准溶液Ⅱ(3.33)于100 mL容量瓶中,加入4 mL草酸(3.17),用盐酸(3.8)稀释至刻度,摇匀,待测。两组工作曲线分别为铅工作曲线Ⅰ和铅工作曲线Ⅱ,以硼氢化钾溶液Ⅱ(3.15)为还原剂,盐酸溶液(3.8)为载流,测定标准溶液。以铅标准溶液的荧光强度为纵坐标,铅溶液的浓度为横坐标绘制工作曲线。

6.4.4 镉工作曲线的绘制

移取0.00 mL、1.00 mL、2.00 mL、4.00 mL、8.00 mL、10.00 mL镉标准溶液Ⅰ(3.35)和0.00 mL、1.00 mL、2.00 mL、4.00 mL、8.00 mL、10.00 mL镉标准溶液Ⅱ(3.36)于100 mL容量瓶中,依次加入20 mL硫脲-抗坏血酸溶液(3.16),4 mL焦磷酸钠(3.19),3 mL六水合氯化钴溶液(3.18),用盐酸(3.8)稀释至刻度,摇匀,放置30 min,待测。两组工作曲线分别为镉工作曲线Ⅰ和镉工作曲线Ⅱ,以硼氢化钾溶液Ⅰ(3.14)为还原剂,盐酸溶液(3.8)为载流,测定标准溶液。以镉标准溶液的荧光强度为纵坐标,镉溶液的浓度为横坐标绘制工作曲线。

注:若样品中铅含量高加入2 mL硫酸钾(3.20),1 mL氯化钡(3.21)。

7 结果计算

按式(1)计算试样中待测元素的质量分数 w_i:

$$w_i=\frac{\rho \cdot V_0 \cdot V_2 \times 10^{-9}}{m \cdot V_1}\times 100\% \qquad (1)$$

式中:

ρ——试料溶液中待测元素含量,单位为纳克每毫升(ng/mL);

V_0——试料溶液的体积,单位为毫升(mL);

V_1——分取试液的体积,单位为毫升(mL);

V_2——分取试液稀释后的体积,单位为毫升(mL);

m——试料的质量,单位为克(g)。

计算结果<0.01%时保留一位有效数字,≥0.01%时保留两位有效数字。

8 精密度

8.1 重复性

在重复性条件下获得的两次独立测试结果的测定值,在以下给出的平均值范围内,这两个测试结果的绝对差值不超过重复性限(r),超过重复性限(r)的情况不超过5%,重复性限(r)按表2数据采用线性内插法求得。

表2

w_{As}/%	0.000 04	0.000 4	0.005	0.010	0.052	0.10	0.20
r/%	0.000 03	0.000 2	0.001	0.002	0.010	0.02	0.03
w_{Hg}/%	0.000 04	0.000 4	0.005	0.010	0.049	0.10	0.20
r/%	0.000 02	0.000 2	0.001	0.004	0.012	0.02	0.03
w_{Cd}/%	0.000 04	0.000 4	0.005	0.011	0.048	0.10	0.19
r/%	0.000 03	0.000 2	0.002	0.006	0.012	0.02	0.03
w_{Pb}/%	0.000 04	0.000 4	0.005	0.010	0.048	0.10	0.20
r/%	0.000 02	0.000 2	0.002	0.004	0.010	0.02	0.03
w_{Bi}/%	0.000 04	0.000 4	0.005	0.010	0.051	0.10	0.20
r/%	0.000 03	0.000 2	0.001	0.004	0.010	0.02	0.03

8.2 再现性

在再现性条件下获得的两次独立测试结果的测定值,在以下给出的平均值范围内,这两个测试结果的绝对差值不超过再现性限(R),超过再现性限(R)的情况不超过5%,再现性限(R)按表3数据采用线性内插法求得。

表3

w_{As}/%	0.000 04	0.000 4	0.005	0.010	0.052	0.10	0.20
R/%	0.000 03	0.000 3	0.002	0.006	0.022	0.03	0.04
w_{Hg}/%	0.000 04	0.000 4	0.005	0.010	0.049	0.10	0.20
R/%	0.000 03	0.000 3	0.002	0.006	0.014	0.03	0.04
w_{Cd}/%	0.000 04	0.000 4	0.005	0.011	0.048	0.10	0.19
R/%	0.000 03	0.000 3	0.003	0.008	0.020	0.03	0.04
w_{Pb}/%	0.000 04	0.000 4	0.005	0.010	0.048	0.10	0.20
R/%	0.000 04	0.000 2	0.003	0.005	0.012	0.03	0.04
w_{Bi}/%	0.000 04	0.000 4	0.005	0.010	0.051	0.10	0.20
R/%	0.000 03	0.000 3	0.003	0.006	0.022	0.03	0.04

附　录　A
（资料性附录）
测定仪器参数

采用海光 AFS-9800 测定的砷、汞、镉、铅、铋的仪器参数见表 A.1。

表 A.1

测定元素	负高压 V	电流 mA	原子化 方式	原子化器高度 mm	载气流量 mL/min	辅助气流量 mL/min	线性范围
砷	240～270	30～40	火焰法	8	400	1 000	0.1 μg/L～100 μg/L
汞	270	30	火焰法	10	400	1 000	0.1 μg/L～10 μg/L
镉	250～270	40	火焰法	8	400	1 000	0.1 μg/L～10 μg/L
铅	240～270	40～60	火焰法	10	400	1 000	1 μg/L～80 μg/L
铋	240～270	30～40	火焰法	10	400	1 000	0.1 μg/L～100 μg/L

注：列出仪器型号仅为了给使用者详细的参考数据，而非商业目的，特此声明。鼓励使用者选用不同厂家、型号的仪器。

ICS 73.120.99
D 46

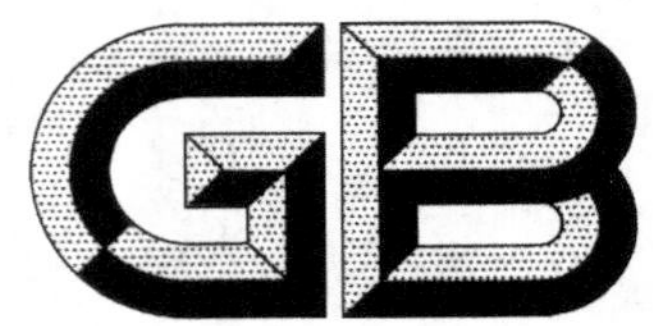

中华人民共和国国家标准

GB/T 32841—2016

金矿石取样制样方法

Gold lump ores increment sampling and sample preparation

2016-08-29 发布　　　　2007-07-01 实施

中华人民共和国国家质量监督检验检疫总局
中 国 国 家 标 准 化 管 理 委 员 会　　发布

前　言

本标准按照GB/T 1.1—2009给出的规则起草。

本标准由全国黄金标准化技术委员会(SAC/TC 379)提出并归口。

本标准起草单位:长春黄金研究院、辽宁金凤黄金矿业有限责任公司、山东恒邦冶炼股份有限公司、辽宁排山楼黄金矿业有限责任公司、吉林海沟黄金矿业有限责任公司、灵宝黄金股份有限公司。

本标准主要起草人:王艳荣、张清波、岳辉、赵志新、曲广涛、孙福红、梁国海、刘志华、王军强、张军胜、张艳峰、宋耀远、高正宝、高德品、郭建峰、胡站峰、刘强、王璆、王怀、张晗。

金矿石取样制样方法

1 范围

本标准规定了金矿石采用手工取样、制样方法;金矿石评定品质波动试验方法及校核取样精密度试验方法。

本标准适用于露天、井下开采的岩金矿石的化学成分、水分及可选性试验样品取样、制样。

本标准不适用于砂金矿石样品的取样、制样。

2 规范性引用文件

下列文件对于本文件的应用是必不可少的。凡是注日期的引用文件,仅注日期的版本适用于本文件,凡是不注日期的引用文件,其最新版本(包括所有的修改单)适用于本文件。

GB/T 2007.6 散装矿产品取样制样通则 水分测定方法 热干燥法

GB/T 20899(所有部分) 金矿石化学分析方法

GB/T 32840 金矿石

3 术语和定义

下列术语和定义适用于本文件。

3.1 手工取样 manual sampling

用人力操作取样工具(包括使用机械、辅助工具)来采集份样以组成正样和副样的方法。

3.2 交货批 consignment

以一次交货的同一类型、同一品质特性的散装金矿石为一交货批,交货批可由一批或多批矿石组成。构成一交货批的矿石质量为交货批量。

3.3 份样 increment

由一交货批矿石中的一个点或一个部位按规定质量取出的样品。该样品质量为份样量。

3.4 正样 sample

由一交货批矿石中的全部份样组合成的样品称为正样(以下称矿样)。组合成的样品质量为正样量。

3.5 副样 duplicate specimen

同一交货批矿石的正样或逐个份样经破碎后,混匀缩分组成的样品。

3.6 矿石最大粒度 maximum particle size of ores

矿石经过筛分,筛余量 5% 时的筛孔尺寸,单位为毫米(mm)。

3.7 品质波动 characteristic fluctuation

是对交货批不均匀性的度量。

4 一般规定

4.1 交货批中取出的份样间质量分数的标准偏差(σ_w)表示该批金矿石的品质波动。

4.2 金矿石类型按 GB/T 32840 要求进行。根据金矿石交货批量和品质波动类型,采取的份样数应不少于表 1 的规定。当金矿石品质波动类型不明时,应按附录 A 进行评定品质波动试验。

表 1　品质波动类型与金矿石份样数关系

交货批量 M/t	品质波动类型		
	小(σ_w<0.80)	中(0.80≤σ_w<1.5)	大(σ_w≥1.5)
	最少份样数(N_{min})		
M≤100	20	40	60
100<M≤200	40	80	120
200<M≤400	60	120	180

4.3　交货批金矿石的品质波动 σ_w≥2.0 或混入夹杂物，由供需双方协商或不予取样。

4.4　交货批量大时，每约 200 t 作为一个取样单元，分别取样、制样、测定，并将各取样单元测定结果加权平均后，作为交货批的结果。

4.5　评定品质波动试验方法见附录 A，精密度校核试验方法见附录 B。

5　取样

5.1　取样工具

取样工具包括：

a)　内螺旋取样钻机；

b)　尖头钢锹或平头钢锹、矿样截取器(或挡板)、取样铲、毛刷；

c)　带盖盛样桶(箱)或内衬塑料膜的盛样袋、普通盛样袋。

5.2　取样程序

5.2.1　称量交货批金矿石重量。

5.2.2　制定取样方案：

a)　确定取样单元重量；

b)　根据交货批量、品质波动类型，确定应取的份样数；

c)　确定取样方法，选择取样工具；

d)　确定份样组合方法，组成大样或副样。

5.3　份样数、份样量

5.3.1　按表 1 确定最少取样份数。

5.3.2　根据矿石最大粒度确定份样最小量，应符合表 2 的规定；所取的份样量应大致相等，其变异系数 CV≤20%。当 CV>20%时，应单独制样或对份样进行缩分至份样量大致相等，再合并成大样或副样。

表 2　样品最大粒度与份样量关系

样品最大粒度 d/mm	份样量/kg
d≤20	10
d≤15	7.5
d≤10	5
d≤5	2.5
d≤2	1
注：取样金矿石粒度 d≤20 mm，d>20 mm 破碎后取样。	

5.4 取样方法

5.4.1 系统取样

5.4.1.1 金矿石在装卸、加工或称量的移动过程中，按一定的重量或时间间隔采取份样。

5.4.1.2 按式(1)计算取样间隔：

$$T=\frac{Q}{n} \quad 或 \quad T'=\frac{60Q}{nG} \qquad (1)$$

式中：

T——取样质量间隔，单位为吨(t)；

Q——批量，单位为吨(t)；

n——表1中规定的最小份样数，单位为个；

T'——取样时间间隔，单位为分(min)；

G——矿石流量，单位为吨每小时(t/h)。

5.4.1.3 在第一个取样间隔内任意取第一个份样。应取份样数完成，而金矿石装卸、加工或称量的过程尚在进行，应继续取份样，直至移动结束。

5.4.1.4 皮带运输机取样应按计算间隔选取同一地点停机取样；在皮带运输机上或皮带落口处采取份样，截取矿石全截面；矿样截取器(或挡板)应与皮带紧密接触，取样器中样品应清扫干净。

5.4.1.5 在抓斗、铲车及其他装卸工具中取样，应均匀分布取样点，取样时应自上而下，不能只取表层，取样点的直径至少应为矿石最大粒度的3倍。

5.4.2 料场取样

5.4.2.1 单层取样

5.4.2.1.1 将一交货批矿样卸载于平坦、清洁、无污染料场。金矿石摊成平锥状，料堆高度不大于1 m。

5.4.2.1.2 按表1中规定的最小份样数在矿堆上均匀布设取样点位置或双方协商。

5.4.2.1.3 取样点的直径应不小于矿石最大粒度的3倍。

5.4.2.2 分层取样

5.4.2.2.1 堆于料场中的金矿石，在装卸、加工或称量过程中，可分几层取样。层数不大于3层，每层高度不大于1 m。

5.4.2.2.2 按式(2)计算每层份样数：

$$n_1=\frac{n\times Q_L}{Q} \qquad (2)$$

式中：

n_1——每层应取份样数，单位为个；

n——表1中规定的份样数，单位为个；

Q_L——每层矿样量，单位为吨(t)；

Q——批量，单位为吨(t)。

5.4.2.2.3 根据矿石粒度、料层厚度选择内螺旋取样钻机，内螺旋取样钻机钻孔内径至少应为矿石最大粒度的3倍。取样时，取样钻机应保持垂直，直至矿堆底部，钻取的矿样应倾倒干净。

5.4.3 货车取样

5.4.3.1 在装载金矿石的货车装卸过程中露出的新鲜面上随机取份样。

5.4.3.2 组成一批矿石的货车数少于规定的份样数时，每车最少取样份数 n_2 按式(3)计算：

$$n_2=\frac{n}{M} \quad \cdots\cdots (3)$$

式中：

n_2——每车最少取样份数(有小数进为整数)，单位为个；

n——表1中规定的份样数，单位为个；

M——交货批货车数，单位为个。

5.4.3.3 当规定的份样数少于货车数时，每个货车至少取一个份样，货车装载量不同时，份样数的分配应与装载量成正比。

6 制样

6.1 制样设备及工具

制样设备及工具包括：

a) 颚式破碎机；

b) 对辊破碎机；

c) 筛分机；

d) 圆盘粉碎机；

e) 振动研磨机；

f) 恒温干燥箱；

g) 二分器；

h) 平头钢锹、矿样截取器(或挡板)、取样铲、毛刷；

i) 十字分样板；

j) 带盖盛样桶(箱)或内衬塑料膜的试样袋、普通试样袋。

6.2 制样要求

6.2.1 制样前应认真检查样品是否有外来夹杂物。

6.2.2 制样设备及工器具应保持清洁、干净，制样过程中应防止样品污染。

6.2.3 样品潮湿无法加工制样时，应对样品进行自然干燥后再进行加工制样。

6.2.4 每个操作过程，样品均应混合均匀。

6.3 制样程序

将矿样按图1制样工艺流程进行加工制作。

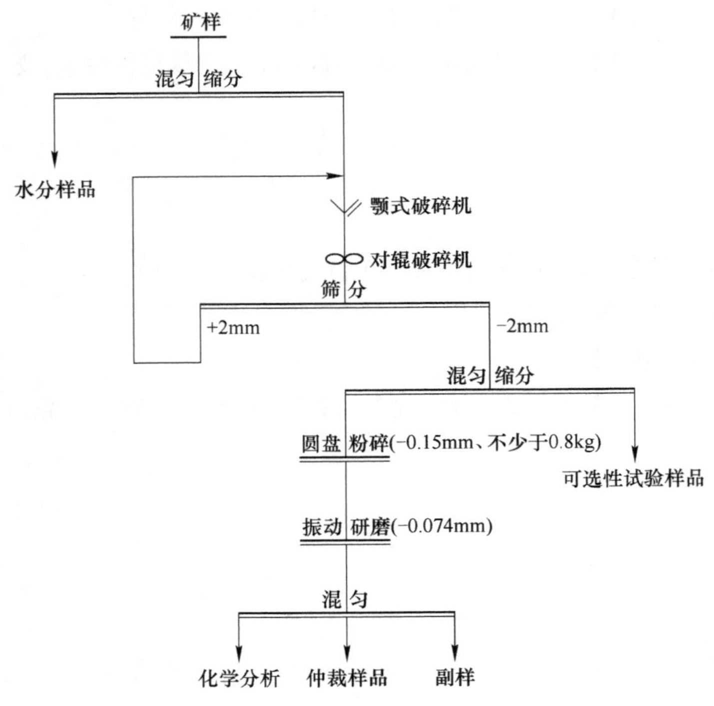

图 1 制样工艺流程

6.4 水分样品制备

6.4.1 采用移锥法将矿样混匀,用四分法或二分器法缩分,制取水分测定样品,按 GB/T 2007.6 要求进行。

6.4.2 制备水分样品时,应尽快进行,确保数据准确。

6.4.3 按式(4)计算水分样品最小取样量:

$$q=kd^2 \qquad (4)$$

式中:

q——样品最小取样量,单位为千克(kg);

d——样品中矿石最大粒度,单位为毫米(mm);

k——经验系数,为 0.2。

6.4.4 水分样品如不能立即测量时,应称量原始重量,记录后盛装在密闭容器中封存。

6.5 化学分析样品制备

6.5.1 用颚式破碎机、对辊破碎机与筛分机闭路破碎筛分后,获得－2 mm 矿样。

6.5.2 对－2 mm 矿样采用移锥法进行混匀,用四分法、二分器法或网格法缩分,样品质量不少于 0.8 kg。

6.5.3 将样品置于 105 ℃±5 ℃的恒温干燥箱内,并保持这一温度不少于 3 h。

6.5.4 利用圆盘粉碎机将干燥后的－2 mm 样品粉碎至－0.15 mm,再利用振动研磨机研磨试样至－0.074 mm。

6.5.5 采用掀角法混匀后,分成 3 份,一份作为化学分析样品;一份作为仲裁样品;一份为副样。

6.5.6 制备样品的化学分析方法按 GB/T 20899 的要求进行。

6.6 可选性试验样品制备

6.6.1 对－2 mm 矿样(6.5.1)采用移锥法混匀,用四分法或二分器法缩分至需要的样品量。

6.6.2 采用割环法按每份干试样 1 kg 装袋。

6.6.3 样品混匀、缩分方法参见附录C。

7 样品保存与标识

7.1 化学成分分析样品、可选性试验样品保存期3个月。

7.2 样品标签上应标明：

a) 产地；

b) 品名；

c) 编号；

d) 分析项目；

e) 取样和制样人姓名；

f) 取样和制样日期。

附　录　A
(规范性附录)
金矿石　评定品质波动试验方法

A.1　范围

本附录规定了金矿石评定品质波动的试验方法、评定方法及结果计算。

本附录适用于金矿石品质波动的评定。

A.2　一般规定

A.2.1　金矿石品质波动即不均匀程度用交货批内份样间金质量分数的标准偏差确定，用($\hat{\sigma}_w$)表示。

A.2.2　选用同一类型、同一品级的金矿石，至少要进行 5 次独立试验。

A.2.3　试验所需的份样数应为本文件表 1 中规定的最少取样份数的 2 倍。如取的份样不能组成足够的成对副样时，应相应地增加份样数。利用例行取样工作进行校核试验时，A 样与 B 样由 $n/2$ 个份样组成。

A.2.4　份样量应符合标准的规定。

A.2.5　取样方法应从 5.4 中任意选择一种进行试验。

A.2.6　测定分析样品中金的质量分数。

A.3　试验方法

A.3.1　由一个大交货批矿石求份样间的标准偏差时，可将该批金矿石分成数量相等的至少十个部分(如图 A.1 所示)，将每部分所取的份样按顺序编号，然后每部分的奇数号份样合并为 A 样，偶数号份样合并为 B 样，组成一对分析样品，分别进行测定。

○○	○○	○○	○○	○○	○○	○○	○○	○○	○○
A_1B_1	A_2B_2	A_3B_3	A_4B_4	A_5B_5	A_6B_6	A_7B_7	A_8B_8	A_9B_9	$A_{10}B_{10}$

图 A.1　交货批量大的试验方法

A.3.2　由几个小批量交货批求份样间标准偏差时，可将品质基本相同、数量大致相等的几批，共分成数量大致相等的至少十个部分，从每个部分取的份样合成一对副样。

A.3.3　当取样方法取出的份样不能满足试验要求时，应增加份样数，满足每个样品由数量相等的份样组成。

A.3.3　试验时份样数可按本标准规定的最小取样份数取，如取的份样不能组成足够的成对副样时，应相应的增加份样数。

A.4　份样间标准偏差 $\hat{\sigma}_w$ 的计算

试验得到每部分成对的数据的极差 R 按式(A.1)计算：

$$R=|A-B| \quad \cdots\cdots (A.1)$$

式中：

A——由 A 样制备的成分试样所得的测定值；

B——由 B 样制备的成分试样所得的测定值。

所有极差的平均值 $\overline{R}$ 按式(A.2)计算：

$$\overline{R}=\frac{1}{K}\sum R \quad \cdots\cdots (A.2)$$

式中：

K——R 值的个数。

份样间的标准偏差估计值 $\hat{\sigma}_w$ 按式(A.3)计算：

$$\hat{\sigma}_w = \sqrt{n_s}(\overline{R}/d_2) \quad \cdots\cdots \text{(A.3)}$$

式中：

n_s——组成副样 A 或 B 的份样数；

d_2——由极差估计标准偏差的计算系数，成对数据时$\frac{1}{d_2}$为 0.8865。

A.5 结果计算

试验所得总份样间标准偏差估计值的平均值(σ_w)按式(A.4)计算：

$$\sigma_w = \sqrt{\frac{1}{n}\sum\hat{\sigma}_w^2} \quad \cdots\cdots \text{(A.4)}$$

式中：

n——$\hat{\sigma}_w$ 的个数，即试验次数。

A.6 试验结论

根据试验所得的标准偏差估计值判定金矿石的品质波动类型。

A.7 试验报告

试验报告应包括以下内容：

a) 金矿石产地；

b) 试验批数及批量；

c) 试验方法；

d) 试验数据；

e) 试验结果；

f) 试验结论；

g) 试验者和试验日期。

附　录　B
（规范性附录）
金矿石　校核取样精密度试验方法

B.1　范围

本附录规定了金矿石校核取样精密度的试验方法。

本附录适用于金矿石取样制样精密度的校核。

B.2　一般规定

B.2.1　选用同一类型、不同品位的金矿石进行试验，试验不少于 10 批。

B.2.2　试验所需的份样数应为本文件表 1 中规定的最少取样份数的 2 倍。利用例行取样工作进行校核试验时，A 样与 B 样由 $n/2$ 个份样组成。

B.2.3　份样量应符合标准的规定。

B.2.4　取样方法应从 5.4 中任意选择一种进行试验。

B.2.5　测定分析样品中金的质量分数。

B.3　试验方法

B.3.1　将从一交货批矿石中采取的所有份样按顺序编号，将全部奇数号份样合并为 A 样，将全部偶数号份样合并为 B 样。

B.3.2　按图 B.1 缩分方式进行试验。混匀、缩分 A 和 B 大样，获得 A_1、B_1、A_2、B_2 四个试样，每个试样进行双样测定。

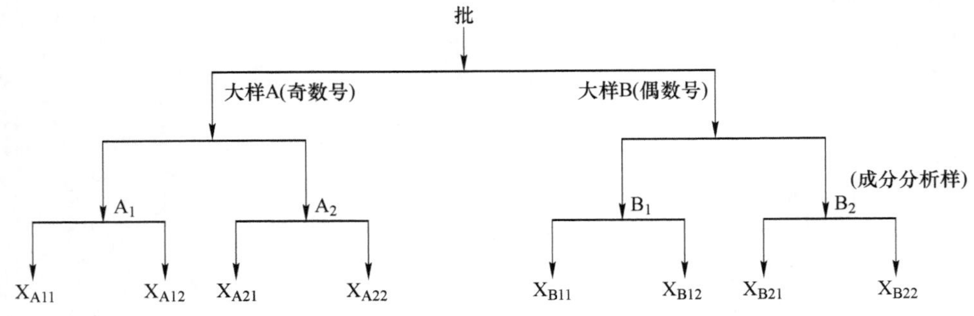

图 B.1　缩分方式

B.4　试验数据计算

B.4.1.1　将一批试验所得的 4 个分析样品的 8 个测定结果用下列符号表示。

X_{A11}、X_{A12}——代表由大样 A 制备出的成分分析样品 A_1 的一对测定结果；

X_{A21}、X_{A22}——代表由大样 A 制备出的成分分析样品 A_2 的一对测定结果；

X_{B11}、X_{B12}——代表由大样 B 制备出的成分分析样品 B_1 的一对测定结果；

X_{B21}、X_{B22}——代表由大样 B 制备出的成分分析样品 B_2 的一对测定结果。

B.4.1.2　计算出每个成分分析样品双试验测定结果的平均值（$\overline{X}_{ij}$）和极差（R_1）。见式（B.1）和式（B.2）。

$$\overline{X}_{ij}=\frac{1}{2}(X_{ij1}+X_{ij2}) \quad \cdots\cdots\cdots\cdots \text{(B.1)}$$

$$R_1 = |X_{ij1} - X_{ij2}| \quad \cdots\cdots (B.2)$$

式中：

i——由批样制备的 A 样和 B 样；

j——由 A 样和 B 样制备的成对分析样品；

1,2——分析样品的测定结果。

B.4.1.3 计算出成对成分试样 A_1、A_2 和 B_1、B_2 的平均值($\overline{\overline{x}}_i$)和极差($R_2$)。见式(B.3)和式(B.4)。

$$\overline{\overline{x}}_i = \frac{1}{2}(\overline{X}_{i1} + \overline{X}_{i2}) \quad \cdots\cdots (B.3)$$

$$R_2 = |\overline{X}_{i1} - \overline{X}_{i2}| \quad \cdots\cdots (B.4)$$

B.4.1.4 计算出大样 A 和 B 的平均值($\overline{\overline{X}}$)和极差(R_3)。见式(B.5)和式(B.6)。

$$\overline{\overline{X}} = \frac{1}{2}(X_A + X_B) \quad \cdots\cdots (B.5)$$

$$R_3 = |\overline{\overline{X}}_A - \overline{\overline{X}}_B| \quad \cdots\cdots (B.6)$$

B.4.1.5 算出极差的平均值($\overline{R}_1$、$\overline{R}_2$、$\overline{R}_3$)。见式(B.7)～式(B.9)。

$$\overline{R}_1 = \frac{1}{4K}\sum R_1 \quad \cdots\cdots (B.7)$$

$$\overline{R}_2 = \frac{1}{2K}\sum R_2 \quad \cdots\cdots (B.8)$$

$$\overline{R}_3 = \frac{1}{K}\sum R_3 \quad \cdots\cdots (B.9)$$

式中：

K——批数。

B.4.1.6 计算极差 R 的控制上限。凡超出上限的数值应舍去。舍去后，应按式(B.7)～式(B.9)重新计算极差的平均值 $\overline{R}_1$、$\overline{R}_2$、$\overline{R}_3$ 及相应的舍弃数值上限，并予舍弃，直至所有数值均小于上限值为止。

R_1 的上限：$D_4\overline{R}_1$

R_2 的上限：$D_4\overline{R}_2$

R_3 的上限：$D_4\overline{R}_3$

式中：

D_4——为 3.267(对于成对测定值而言)。

B.4.1.7 计算出按极差推算的测定标准偏差($\hat{\sigma}_M$)、制样标准偏差($\hat{\sigma}_P$)和取样标准偏差($\hat{\sigma}_S$)的估计值。

$$\hat{\sigma}_M = \frac{\overline{R}_1}{d_2} \quad \cdots\cdots (B.10)$$

$$\hat{\sigma}_P = \sqrt{\left(\frac{\overline{R}_2}{d_2}\right)^2 - \frac{1}{2}\left(\frac{\overline{R}_1}{d_2}\right)^2} \quad \cdots\cdots (B.11)$$

$$\hat{\sigma}_S = \sqrt{\left(\frac{\overline{R}_3}{d_2}\right)^2 - \frac{1}{2}\left(\frac{\overline{R}_2}{d_2}\right)^2} \quad \cdots\cdots (B.12)$$

式中：

$\frac{1}{d_2}$——成对试验时由极差估算标准偏差的系数，数值为 0.8865。

注：如大样由 $n/2$ 个份样组成，式(B.12)中的 $\hat{\sigma}_S$ 的值应除以$\sqrt{2}$。

B.4.1.8 按式(B.13)～式(B.15)计算出测定精密度(β_M)、制样精密度(β_P)和取样精密度(β_S)：

$$\beta_M = 2\hat{\sigma}_M \quad \cdots\cdots (B.13)$$

$$\beta_P = 2\hat{\sigma}_P \quad \cdots\cdots (B.14)$$

$$\beta_S = 2\hat{\sigma}_S \quad \cdots\cdots (B.15)$$

B.4.1.9 按式(B.16)～式(B.18)计算出取样、制样和测定的总标准偏差(σ_{SPM})和总精密度(β_{SPM})：

$$\sigma_{SPM}^2 = \hat{\sigma}_S^2 + \hat{\sigma}_P^2 + \hat{\sigma}_M^2 \qquad (B.16)$$

$$\sigma_{SPM} = \sqrt{\hat{\sigma}_S^2 + \hat{\sigma}_P^2 + \hat{\sigma}_M^2} \qquad (B.17)$$

$$\beta_{SPM} = 2\sigma_{SPM} \qquad (B.18)$$

B.5 试验结果分析和异常情况处理

B.5.1 试验的β值小于标准中的规定值，表明金矿石取样、制样和测定的过程符合标准要求。

B.5.2 试验的β值大于标准中的规定值，应查找影响因素。并按附录A重新评价金矿石的品质波动，在不能重新进行品质波动试验时，应增加份样数。

B.5.3 增加份样数，按式(B.19)计算应取的份样数。

$$\frac{\beta_S}{\beta_{S1}} = \sqrt{\frac{n}{n'}} \qquad (B.19)$$

式中：

β_{S1}——试验所得取样精密度；

β_S——应达到的取样精密度；

n——标准中规定的份样数；

n'——达到β_S时应取的份样数。

B.6 试验报告

试验报告应包括以下内容：

a) 金矿石产地；

b) 试验批数及批量；

c) 试验方法；

d) 试验数据；

e) 试验结果；

f) 试验结论；

g) 试验者和试验日期。

附　录　C
（资料性附录）
样品混匀、缩分方法

C.1　样品混匀方法

C.1.1　移锥法

即利用平头钢锹将矿样反复堆锥，堆锥时，矿样应从锥顶中心给下，使矿样沿锥顶中心均匀四下散落，铲取矿样时，应沿锥底周边逐渐转移铲样的位置，以同样的方式堆锥，直至混匀。

C.1.2　掀角法

将样品置于洁净的正方形混样胶皮上，轮流提起胶皮两对对角上下运动，每次滚动时使样品滚过胶皮对角线，反复滚动直至混匀。

C.2　样品缩分方法

C.2.1　四分法

将采用移锥法混匀的矿样圆锥体，从圆锥顶点垂直向下将矿堆压平成圆饼状，然后用十字分样板将其分割为 4 等份，取其中互为对角的两份合并为一份，将矿样一分为二。取其中一份继续采用移锥法混匀，重复以上操作直至取样量达到要求。

C.2.2　二分器法

二分器主体部分是由多个正向、反向倾斜的料槽交叉排列组成，料槽数应为偶数，料槽宽度应为矿石最大粒度的 2～3 倍，不同粒度的矿石配用不同规格的二分器。二分器内表面应光滑且无锈。使用时，样品受料器应与二分器开口精密配合，以免矿粉洒出。

将混匀后的矿样全部通过二分器，将矿样一分为二，随机选取其中一份再全部通过二分器，直至缩分量达到要求。

表 C.1　不同样品粒度对应二分器料槽宽度

样品最大粒度/mm	二分器料槽宽度/mm	二分器料槽个数/个
20	50	12
15	38	14
10	25	16
5	13	18
2	6	20

C.2.3　网格法

将样品置于干净平整处，铺成厚度均匀的方形平堆，然后将平堆划成等分的网格，缩分样品不得少于 20 格，用挡板及取样铲插至底部，每格取等量的一铲合并为缩分样品。当大样量多时，可将大样分成几个等分，分次按上述方法操作进行缩分。

C.2.4　割环法

将采用移锥法混匀的矿样圆锥体从圆锥顶点垂直向下压平成圆饼状，从圆饼中心点沿半径方向向外均匀将矿样耙成圆环,圆环不应太宽、太厚,然后沿环周依次连续割取小份试样。割取时应注意以下两点:一是每一个单份试样均应取自环周上相对(即 180°)的两处,两处取样量应大致相等;二是每次铲取样品时,取样铲均应从圆环上到下、从外到内铲到底,铲取一定宽度的完整的圆环横断面,不应只铲顶层而不铲底层,或只铲外沿而不铲内沿。

ICS 73.060.99
H 60

中华人民共和国黄金行业标准

YS/T 3004—2011

金 精 矿

Gold concentrate

2011-12-20 发布 2012-07-01 实施

中华人民共和国工业和信息化部 发布

前　言

YS/T 3004—2011《金精矿》按照 GB/T 1.1—2009 给出的规则起草。

本标准由中国黄金协会提出。

本标准由全国黄金标准化技术委员会(SAC/TC 379)归口。

本标准由长春黄金研究院负责起草，河南中原黄金冶炼厂有限责任公司、紫金矿业集团股份有限公司、灵宝黄金股份有限公司、辽宁天利金业有限责任公司参加起草。

本标准起草人：黄蕊、薛丽贤、任文生、邹来昌、具滋范、廖占丕、刘鹏飞、彭国敏、韩晓光、朱延胜、蓝美秀、俎小凤。

金　精　矿

1　范围

本标准规定了金精矿的技术要求、检验方法、检验规则、包装、质量预报单和订货单(或合同)内容。

本标准适用于经浮选所得的金精矿。

2　规范性引用文件

下列文件对于本文件的应用是必不可少的。凡是注日期的引用文件,仅所注日期的版本适用于本文件。凡是不注日期的引用文件,其最新版本(包括所有的修改单)适用于本文件。

GB/T 7739(所有部分)　金精矿化学分析方法

YS/T 3005　浮选金精矿取样、制样方法

3　技术要求

3.1　产品分类

3.1.1　按金精矿中金的质量分数分为九个品级。应符合表1规定。

3.1.2　金精矿中铜的质量分数大于1%时为铜金精矿。

3.1.3　金精矿中铅的质量分数大于5%时为铅金精矿。

3.1.4　金精矿中锑的质量分数大于5%时为锑金精矿。

3.1.5　金精矿中砷的质量分数大于0.5%时为含砷金精矿。

3.2　化学成分

3.2.1　金精矿化学成分应符合表1的规定。

表1　金精矿品级分类

品　级	Au 质量分数 /10^{-6} 不小于
一级品	100
二级品	90
三级品	80
四级品	70
五级品	60
六级品	50
七级品	40
八级品	30
九级品	20

3.2.2　铜金精矿中的铅和锌的质量分数均应不大于3%。铅金精矿中的铜的质量分数应不大于1.5%。

3.2.3　金精矿中的有价元素银、铜、铅、硫、锑大于计价品位规定时,应报出分析数据。

3.2.4　其他类型金精矿中杂质元素的要求,由供需双方商定。

3.3　水分、粒度、外观

3.3.1　金精矿中水分不宜大于20%。

3.3.2 金精矿的粒度应通过 74 μm 标准筛的筛下物不小于 50%。

3.3.3 金精矿中不应掺入夹杂物，颜色均匀。

4 检验方法

4.1 金精矿化学成分检测方法采用 GB/T 7739。

4.2 金精矿的水分检测方法 YS/T 3005 附录 A。

4.3 金精矿的粒度用 74 μm 标准筛检查。

4.4 金精矿的外观质量由目视检查。

5 检验规则

5.1 检查和验收

5.1.1 金精矿运到需方指定地点，或由供需双方商定交货地点。由需方质量检验部门负责验收，供方应确保产品质量符合本标准（或订货合同）的规定。

5.1.2 金精矿的取制样方案应符合 YS/T 3005 的要求，由供需双方共同确认。需方应在供方监制下，按 YS/T 3005 规定采取、制备金精矿化学成分及水分测定用试样。金精矿化学成分试样应制取 3 份：验收样、供方样、仲裁样。仲裁样品经双方确认签封后保存在需方，保存期 3 个月。

5.1.3 需方按本标准要求的检测方法进行检验，应在收到产品之日起 10 日内向供方提出验收报告。

5.1.4 当供需双方对检验结果有争议时，由供需双方协商解决。如需仲裁，应在仲裁样保存期内提出。

5.2 取样和制样

5.2.1 交货的金精矿应按 YS/T 3005 的要求确定检验批。火车/汽车运输时，通常每车厢为一检验批。

5.2.2 金精矿化学成分及水分检测用样品的采取、制备和水分的测定按 YS/T 3005 规定执行。

5.2.3 金精矿混入外来雨雪水或有其他明水团聚，应放水计重后，再取样。

5.3 检验结果的判定

5.3.1 金精矿化学成分的检验结果按 GB/T 7739 规定的允差进行判定。如需仲裁，应以仲裁结果或双方协议作为判定依据。

5.3.2 检验批内金精矿颜色明显不一致或掺杂等，需方可拒收或降级处理。

5.3.3 金精矿粒度不符合本标准（或订货合同）要求，需方可拒收或降级处理。

6 包装、质量预报单

6.1 金精矿包装可散装，也可袋装，每袋重应基本一致。

6.2 每批金精矿发运时应附质量预报单，注明：

a） 供方名称；

b） 产品名称；

c） 品级或化学成分检测报告；

d） 质量；

e） 车号；

f） 发货日期和发货地点；

g） 本标准编号。

7 订货单（或合同）内容

本标准所列金精矿的订货单（或合同）应包括下列内容：

a） 产品名称；

b） 品级；

c） 杂质含量的特殊要求；

d） 质量；

e） 本标准编号；

f） 其他。

ICS 73.060.99
D 46

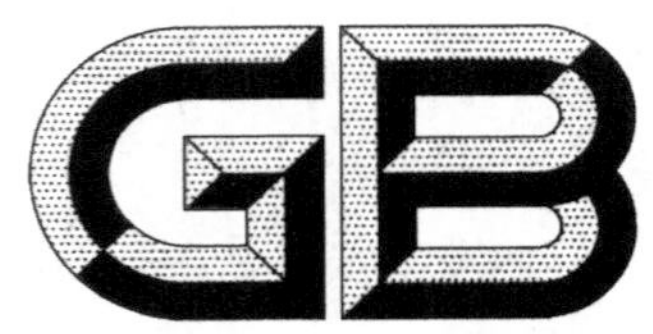

中华人民共和国国家标准

GB/T 7739.1—2007
代替 GB/T 7739.1—1987

金精矿化学分析方法 第1部分:金量和银量的测定

Methods for chemical analysis of gold concentrates—
Part 1:Determination of gold and silver contents

2007-04-27 发布　　2007-11-01 实施

中华人民共和国国家质量监督检验检疫总局
中国国家标准化管理委员会　发布

前　言

GB/T 7739《金精矿化学分析方法》分为11个部分：

——第1部分：金量和银量的测定；

——第2部分：银量的测定；

——第3部分：砷量的测定；

——第4部分：铜量的测定；

——第5部分：铅量的测定；

——第6部分：锌量的测定；

——第7部分：铁量的测定；

——第8部分：硫量的测定；

——第9部分：碳量的测定；

——第10部分：锑量的测定；

——第11部分：砷量和铋量的测定。

本部分为GB/T 7739的第1部分。

本部分代替GB/T 7739.1—1987《金精矿化学分析方法　火试金法测定金量和银量》。

本部分与GB/T 7739.1—1987相比，除进行了编辑性修改外，主要变化如下：

——对测定范围进行了调整，金的测定范围由40.0 g/t～450.0 g/t调整为20.0 g/t～550.0 g/t，银的测定范围由200.0 g/t～500.0 g/t调整为200.0 g/t～10000.0 g/t。

本部分由中华人民共和国国家发展和改革委员会提出。

本部分由长春黄金研究院归口。

本部分由国家金银及制品质量监督检验中心(长春)负责起草，河南中原黄金冶炼厂、灵宝黄金股份有限公司参加起草。

本部分主要起草人：陈菲菲、黄蕊、张玉明、刘鹏飞、徐存生、腾飞、卢新根、苏本臣。

本部分所代替标准的历次版本发布情况为：

——GB/T 7739.1—1987。

金精矿化学分析方法
第1部分：金量和银量的测定

1 范围

本部分规定了金精矿中金量和银量的测定方法。

本部分适用于金精矿中金量和银量的测定。测定范围：金量 20.0 g/t～550.0 g/t；银量 200.0 g/t～10000.0 g/t。

2 方法提要

试料经配料、熔融，获得适当质量的含有贵金属的铅扣与易碎性的熔渣。为了回收渣中残留金、银，对熔渣进行再次试金。通过灰吹使金、银与铅扣分离，得到金、银合粒，合粒经硝酸分金后，用重量法测定金量和银量。

3 试剂

3.1 碳酸钠：工业纯，粉状。

3.2 氧化铅：工业纯，粉状。金量小于 0.02 g/t，银量小于 0.2 g/t。

3.3 硼砂：工业纯，粉状。

3.4 玻璃粉：粒度小于 0.18 mm。

3.5 硝酸钾：工业纯，粉状。

3.6 金属银（Ag 的质量分数≥99.99%）。

3.7 覆盖剂（2+1）：二份碳酸钠与一份硼砂混合。

3.8 硝酸（ρ1.42 g/mL）优级纯。

3.9 硝酸（1+7）：不含氯离子。

3.10 硝酸（1+2）：不含氯离子。

3.11 面粉。

3.12 铅箔（Pb 的质量分数≥99.99%）：厚度约 0.1 mm，不含金银。

3.13 冰乙酸（ρ1.05 g/mL）。

3.14 冰乙酸（1+3）。

4 仪器和设备

4.1 试金坩埚：材质为耐火黏土。高 130 mm，顶部外径 90 mm，底部外径 50 mm，容积约为 300 mL。

4.2 镁砂灰皿：顶部内径约 35 mm，底部外径约 40 mm，高 30 mm，深约 17 mm。

制法：水泥（标号 425）、镁砂（0.18 mm）与水按质量比（15 : 85 : 10）搅拌均匀，在灰皿机上压制成型，阴干三个月后备用。

4.3 分金试管：25 mL 比色管。

4.4 天平：感量 0.1 g 和 0.01 g。

4.5 试金天平：感量 0.01 mg。

4.6 熔融电炉：使用温度在 1200 ℃。

4.7 灰吹电炉：使用温度在 950 ℃。

4.8 粉碎机:密封式制样粉碎机。

5 试样

5.1 试样粒度不大于 0.074 mm。

5.2 试样应在 100 ℃～105 ℃烘干 1 h 后,置于干燥器中冷却至室温。

6 分析步骤

6.1 试料

根据各种类型金精矿的组成和还原力,计算试料称取量和试剂的加入量。控制硝酸钾(3.5)加入量小于 30 g。称取试样 10 g～30 g,精确至 0.01 g。

独立进行两次测定,取其平均值。

6.2 试剂中金、银空白值的测定

每批氧化铅都要测定其中金、银量。每次称取三份氧化铅进行平行测定,取其平均值。

方法:称取 200 g 氧化铅(3.2)、40 g 碳酸钠(3.1)、35 g 玻璃粉(3.4)、3 g 面粉(3.11),以下按 6.4.2,6.4.4,6.4.5 进行,测定金、银量。

6.3 试样还原力的测定

6.3.1 测定法:

称取 5 g 试料,10 g 碳酸钠(3.1)、60 g 氧化铅(3.2)、10 g 玻璃粉(3.4),以下按 6.4.2 操作。称量所得铅扣,按式(1)计算试样的还原力。

$$F=\frac{m_1}{m_2} \qquad \cdots\cdots(1)$$

式中:

F——试样的还原力;

m_1——铅扣量,单位为克(g);

m_2——试料量,单位为克(g)。

6.3.2 计算法:

按式(2)计算试样的还原力:

$$F=w(\mathrm{S})\times 20 \qquad \cdots\cdots(2)$$

式中:

F——试样的还原力;

$w(\mathrm{S})$——试样中硫的质量分数,用(%)表示;

20——1 g 硫可还原出约 20 g 铅扣的经验值。

6.4 测定

6.4.1 配料:根据试样的化学组成、还原力及称取试料质量,按下列方法计算试剂加入量。

碳酸钠(3.1)加入量:为试样量(6.1)的 1.5 倍～2.0 倍。

氧化铅(3.2)加入量按式(3)计算:

$$m_3=m_0F\times 1.1+30 \qquad \cdots\cdots(3)$$

式中:

m_3——氧化铅加入量,单位为克(g);

m_0——试料的质量,单位为克(g);

F——试样的还原力。

当还原力低时,氧化铅的加入量应不少于 80 g。如试样中含铜较高时,氧化铅加入量除需要造 30 g 铅扣的氧化铅外,需补加 30 倍～50 倍铜量的氧化铅。

玻璃粉(3.4)加入量:为在熔融过程中生成的金属氧化物,以及加入的碱性溶剂,在 0.5～1 硅酸度时,所需的二氧化硅总量中,减去称取试样中含有的二氧化硅量。此二氧化硅量的三分之一用硼砂代替,三分之二按 0.4 g 二氧化硅相当于 1 g 玻璃粉计算出玻璃粉(3.4)加入量。

硼砂(3.3)加入量:按所需补加二氧化硅量的三分之一,除以 0.39 计算。但至少不能少于 5 g。

硝酸钾和面粉的加入量按式(4)、式(5)计算:

$$当\ m_0F>30\ 时,m_4=\frac{m_0F-30}{4} \quad\cdots\cdots\cdots\cdots(4)$$

$$当\ m_0F<30\ 时,m_5=\frac{30-m_0F}{12} \quad\cdots\cdots\cdots\cdots(5)$$

式中:

m_4——硝酸钾加入量,单位为克(g);

m_5——面粉加入量,单位为克(g);

m_0——试料的质量,单位为克(g);

F——试样的还原力。

将试料(6.1)及上述配料置于粘土坩埚中,搅拌均匀后,覆盖约 10 mm 厚的覆盖剂(3.7)。

6.4.2 熔融:将坩埚置于炉温为 800 ℃的熔融电炉内,关闭炉门,升温至 900 ℃,保温 15 min,再升温至 1100 ℃～1200 ℃,保温 10 min 后出炉。将坩埚平稳地旋动数次,并在铁板上轻轻敲击 2 下～3 下,使附着在坩埚壁上的铅珠下沉,然后将熔融物小心地全部倒入预热的铸铁模中。冷却后,把铅扣与熔渣分离,将铅扣锤成立方体并称量(应为 25 g～40 g)。收集熔渣保留铅扣。

6.4.3 二次试金:将熔渣粉碎后(0.18 mm),按面粉法配料,进行二次试金。

方法:将熔渣(全量)、20 g 碳酸钠(3.1)、10 g 玻璃粉(3.4)、30 g 氧化铅(3.2)、5 g 硼砂(3.3)、3 g 面粉(3.11)置于原坩埚中,搅拌均匀后,覆盖约 10 mm 厚的覆盖剂(3.7),以下按 6.4.2 进行,弃去熔渣,保留铅扣。

6.4.4 灰吹:将二次试金铅扣放入已在 950 ℃炉中预热 20 min 后的镁砂灰皿中,关闭炉门1 min～2 min,待熔铅脱膜后,半开炉门,并控制炉温在 850 ℃灰吹至铅扣剩 2 g 左右,取出灰皿冷却后,将剩余铅扣与一次试金铅扣同时放入已预热过的新灰皿中。按上述操作再次进行灰吹。至接近灰吹终点时,升温至 880 ℃,使铅全部吹尽,将灰皿移至炉门口放置 1 min,取出冷却。

用小镊子将合粒从灰皿中取出,刷去粘附杂质,置于 30 mL 瓷坩埚中,加入 20 mL 乙酸(3.14),置于低温电热板上,保持近沸,并蒸至约 10 mL,取下冷却,倾出液体,用热水洗涤三次,放在电炉上烤干,取下冷却,称重,即为合粒质量。将合粒在小钢砧上锤成 0.2 mm～0.3 mm 薄片,然后在试金天平上称量。如果合粒中金与银比值小于或等于五分之一时,可直接分金。大于五分之一须补银。再锤成 0.2 mm～0.3 mm 薄片。

补银方法:

灰吹法:把合粒和需补的银(3.6)用 3 g～5 g 铅箔(3.12)包好,按 6.4.4 进行。

6.4.5 分金;将金银薄片放入分金试管中,并加入 10 mL 硝酸(3.9),把分金试管置入沸水中加热。待合粒与酸反应停止后,取出分金试管,倾出酸液。再加入 10 mL 微沸的硝酸(3.10),再于沸水中加热 30 min。取出分金试管,倾出酸液,用蒸馏水洗净金粒后,移入坩埚中,在 600 ℃高温炉中灼烧 2 min～3 min,冷却后,将金粒放在试金天平上称量。

7 结果计算

按式(6)、式(7)计算金、银的质量分数:

$$w(\mathrm{Au})=\frac{m_6-m_8}{m_0}\times 1000 \cdots\cdots\cdots\cdots(6)$$

$$w(\mathrm{Ag})=\frac{(m_7-m_6-m_9)\times 1.01}{m_0}\times 1000 \cdots\cdots (7)$$

式中：

$w(\mathrm{Au})$——金的质量分数，单位为克每吨(g/t)；

$w(\mathrm{Ag})$——银的质量分数，单位为克每吨(g/t)；

m_0——试料的质量，单位为克(g)；

m_7——金银合粒的质量，单位为毫克(mg)；

m_6——金粒质量，单位为毫克(mg)；

m_8——分析时所用氧化铅总量中含金的质量，单位为毫克(mg)；

m_9——分析时所用氧化铅总量中含银的质量，单位为毫克(mg)；

1.01——银灰吹损失补正系数。

分析结果表示至小数点后第一位。

8 允许差

实验室之间分析结果的差值应不大于表1所列允许差。

表 1

单位为克每吨(g/t)

金质量分数	允许差	银质量分数	允许差
20.0～30.0	2.0	200.0～300.0	20.0
>30.0～40.0	2.4	>300.0～400.0	30.0
>40.0～60.0	2.7	>400.0～500.0	40.0
>60.0～80.0	3.0	>500.0～1000.0	50.0
>80.0～100,0	3.5	>1000.0～1500.0	60.0
>100.0～150.0	4.0	>1500.0～2000.0	70.0
>150.0～250.0	5.0	>2000.0～2500.0	80.0
>250.0～350.0	6.0	>2500.0～3000.0	90.0
>350.0～450.0	7.0	>3000.0～3500.0	100.0
>450.0～550.0	8.0	>3500.0～4000.0	110.0
		>4000.0～5000.0	120.0
		>5000.0～6000.0	130.0
		>6000.0～7000.0	140.0
		>7000.0～8000.0	160.0
		>8000.0～9000.0	180.0
		>9000.0～10000.0	200.0

ICS 73.060.99
D 46

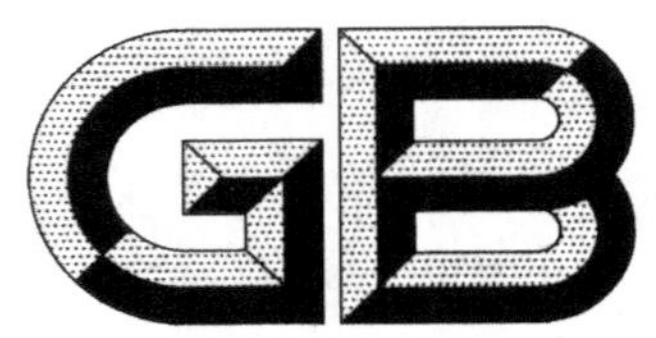

中华人民共和国国家标准

GB/T 7739.2—2007
代替 GB/T 7739.2—1987

金精矿化学分析方法 第2部分:银量的测定

Methods for chemical analysis of gold concentrates— Part 2: Determination of silver contents

2007-04-27 发布 2007-11-01 实施

中华人民共和国国家质量监督检验检疫总局
中国国家标准化管理委员会 发布

前　言

GB/T 7739《金精矿化学分析方法》分为11个部分：

——第1部分：金量和银量的测定；

——第2部分：银量的测定；

——第3部分：砷量的测定；

——第4部分：铜量的测定；

——第5部分：铅量的测定；

——第6部分：锌量的测定；

——第7部分：铁量的测定；

——第8部分：硫量的测定；

——第9部分：碳量的测定；

——第10部分：锑量的测定；

——第11部分：砷量和铋量的测定。

本部分为GB/T 7739的第2部分。

本部分代替GB/T 7739.2—1987《金精矿化学分析方法　原子吸收分光光度法测定银量》。

本部分与GB/T 7739.2—1987相比，除进行了编辑性修改外，主要变化如下：

——测试溶液由硫脲介质改为用稀盐酸介质；

——对测定范围进行了调整，银的测定范围由10.0 g/t～200.0 g/t调整为10.0 g/t～2000.0 g/t。

本部分由中华人民共和国国家发展和改革委员会提出。

本部分由长春黄金研究院归口。

本部分由国家金银及制品质量监督检验中心(长春)负责起草。

本部分主要起草人：陈菲菲、黄蕊、鲍姝玲、刘冰、苏凯。

本部分所代替标准的历次版本发布情况为：

——GB/T 7739.2—1987。

金精矿化学分析方法
第 2 部分:银量的测定

1 范围

本部分规定了金精矿中银量的测定方法。

本部分适用于金精矿中银量的测定。测定范围:10.0 g/t～2000.0 g/t。

2 方法提要

根据不同类型的金精矿,试料用酸分解或经焙烧后用酸分解,在稀盐酸介质中,于原子吸收分光光度计波长 328.1 nm 处,以空气-乙炔火焰测量银的吸光度,按标准曲线法计算银量。

扣除背景吸收,矿石中共存元素不干扰测定。

3 试剂

3.1 盐酸(ρ1.19 g/mL)。

3.2 硝酸(ρ1.42 g/mL)。

3.3 氢氟酸(ρ1.13 g/mL)。

3.4 高氯酸(ρ1.67 g/mL)。

3.5 盐酸溶液(3+17)。

3.6 酒石酸溶液(500 g/L)。

3.7 银标准贮存溶液:称取 0.5000 g 纯银(Ag 的质量分数≥99.99%),置于 100 mL 烧杯中,加入 20 mL 硝酸(3.2),加热至完全溶解,煮沸驱除氮的氧化物,取下冷却,用不含氯离子的水移入 1000 mL 棕色容量瓶中,加入 30 mL 硝酸(3.2),用不含氯离子水稀释至刻度,混匀。此溶液 1 mL 含 0.500 mg 银。

3.8 银标准溶液:移取 50.00 mL 银标准贮存溶液(3.7),于 500 mL 棕色容量瓶中,加入 10 mL 硝酸(3.2),用不含氯离子水稀释至刻度,混匀。此溶液 1 mL 含 50 μg 银。

4 仪器

原子吸收光谱仪,附银空心阴极灯。

在仪器最佳条件下,凡能达到下列指标的原子吸收光谱仪均可使用。

灵敏度:在与测量溶液基体相一致的溶液中,银的特征浓度应不大于 0.034 μg/mL。

精密度:用最高浓度的标准溶液测量 11 次吸光度,其标准偏差应不超过平均吸光度的 1.0%;用最低浓度的标准溶液(不是“零”标准溶液)测量 11 次吸光度,其标准偏差应不超过最高浓度标准溶液平均吸光度的 0.5%。

工作曲线线性:将工作曲线按浓度等分成五段,最高段的吸光度差值与最低段的吸光度差值之比应不小于 0.8。

5 试样

5.1 试样粒度不大于 0.074 mm。

5.2 试样应在 100 ℃～105 ℃烘 1 h 后,置于干燥器中冷却至室温。

6 分析步骤

6.1 试料

称取 0.2 g～1.0 g 试样，精确至 0.0001 g。

独立地进行两次测定，取其平均值。

6.2 空白试验

随同试料做空白试验。

6.3 测定

6.3.1 将铜金精矿、铅金精矿试料(6.1)置于 250 mL 烧杯中，加少量水润湿，加入 5 mL 硝酸(3.2)，加热 3 min～5 min，加入 10 mL 高氯酸(3.4)，继续加热至高氯酸冒浓白烟，蒸至湿盐状，取下冷却。加入少量盐酸(3.1)和水，加热使盐类溶解。

将锑金精矿试料(6.1)置于 250 mL 聚四氟乙烯塑料烧杯中，加少量水润湿，加入 10 mL 盐酸(3.1)，盖上表皿，于低温处加热 10 min，加入 20 mL 氢氟酸(3.3)、10 mL 高氯酸(3.4)，继续加热至高氯酸冒白烟，稍冷后，加入 10 mL 盐酸(3.1)，蒸至冒白烟，再加 10 mL 盐酸(3.1)，蒸至湿盐状，取下冷却，加入少量盐酸(3.1)和水，加热使盐类溶解。加入 3 mL 酒石酸溶液(3.6)。

将硫金精矿试料(6.1)置于 35 mL 焙烧皿中，放入高温炉中，从低温升至 600 ℃焙烧 1 h，取下冷却，移入 250 mL 聚四氟乙烯烧杯中，加入 10 mL 盐酸(3.1)，加热 10 min，加入 20 mL 氢氟酸(3.3)、10 mL 高氯酸(3.4)，继续加热至高氯酸冒浓白烟，蒸至湿盐状，取下冷却。加入少量盐酸(3.1)和水，加热使盐类溶解。

6.3.2 按表 1 将试液移入到容量瓶中，用盐酸溶液(3.5)稀释至刻度，混匀。静置澄清。

表 1

银质量分数/(g/t)	试料量/g	容量瓶体积/mL
10.0～100.0	1.0000	50
＞100.0～500	0.5000	100
＞500～1000	0.2000	100
＞1000～2000	0.2000	200

6.3.3 在原子吸收分光光度计波长 328.1 nm 处，使用空气-乙炔火焰，以随同试料的空白调零，测量吸光度，扣除背景吸收，自工作曲线上查出相应的银浓度。

6.4 工作曲线的绘制

移取 0、0.50、1.00、2.00、3.00、4.00、5.00 mL 银标准溶液(3.8)，分别置于一组 100 mL 容量瓶中(锑金精矿则需另加 3 mL 酒石酸溶液(3.6))，用盐酸溶液(3.5)稀释至刻度，混匀。以试剂空白调零(锑金精矿的试剂空白亦需加 3 mL 酒石酸溶液(3.6))，测量吸光度。以银浓度为横坐标，吸光度为纵坐标，绘制工作曲线。

7 结果计算

按式(1)计算银的质量分数：

$$w(\mathrm{Ag})=\frac{c \cdot V}{m} \quad \cdots\cdots (1)$$

式中：

$w(\mathrm{Ag})$——银的质量分数，单位为克每吨(g/t)；

c——以试料溶液的吸光度自工作曲线查得的银浓度，单位为微克每毫升(μg/mL)；

V——试料溶液的体积，单位为毫升（mL）；

m——试料的质量，单位为克（g）。

分析结果表示至小数点后第一位。

8 允许差

实验室之间分析结果的差值应不大于表2所列允许差。

表2

单位为克每吨(g/t)

银质量分数	允 许 差
10.0～20.0	2.5
>20.0～40.0	4.0
>40.0～60.0	6.0
>60.0～80.0	8.0
>80.0～100.0	10.0
>100.0～200.0	15.0
>200.0～300.0	20.0
>300.0～400.0	30.0
>400,0～500.0	40.0
>500.0～1000.0	50.0
>1000.0～1500.0	60.0
>1500.0～2000.0	70.0

ICS 73.060.99
D 46

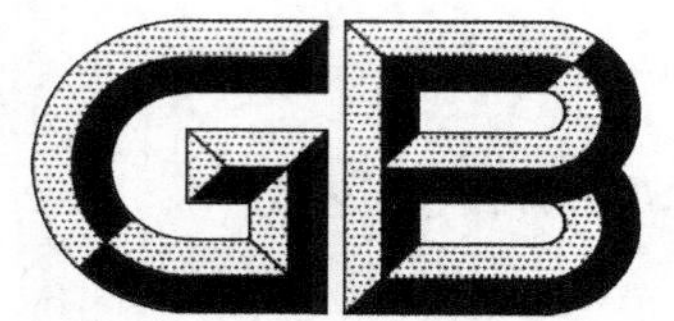

中华人民共和国国家标准

GB/T 7739.3—2007

代替 GB/T 7739.3—1987,GB/T 7739.4—1987

金精矿化学分析方法
第3部分:砷量的测定

**Methods for chemical analysis of gold concentrates—
Part 3: Determination of arsenic contents**

2007-04-27 发布 2007-11-01 实施

中华人民共和国国家质量监督检验检疫总局
中国国家标准化管理委员会 发布

前　　言

GB/T 7739《金精矿化学分析方法》分为 11 个部分：

——第 1 部分：金量和银量的测定；

——第 2 部分：银量的测定；

——第 3 部分：砷量的测定；

——第 4 部分：铜量的测定；

——第 5 部分：铅量的测定；

——第 6 部分：锌量的测定；

——第 7 部分：铁量的测定；

——第 8 部分：硫量的测定；

——第 9 部分：碳量的测定；

——第 10 部分：锑量的测定；

——第 11 部分：砷量和铋量的测定。

本部分为 GB/T 7739 的第 3 部分。本部分代替 GB/T 7739.3—1987《金精矿化学分析方法　二乙基二硫代氨基甲酸银分光光度法测定砷量》和 GB/T 7739.4—1987《金精矿化学分析方法　碘量法测定砷量》。

本部分与 GB/T 7739.3—1987 和 GB/T 7739.4—1987 相比主要变化如下：

——本部分名称改为"金精矿化学分析方法　第 3 部分：砷量的测定"；

——"碘量法测定砷量"的测定范围调整为 0.35%～10.00%；

——增加了"卑磷酸盐滴定法测定砷量"的新方法；

——编排格式进行了调整。

本部分由中华人民共和国国家发展和改革委员会提出。

本部分由长春黄金研究院归口。

本部分由国家金银及制品质量监督检验中心(长春)负责起草。

本部分主要起草人：陈菲菲、黄蕊、刘冰、张琦、魏成磊、刘正红。

本部分所代替标准的历次版本发布情况为：

——GB/T 7739.3—1987、GB/T 7739.4—1987。

金精矿化学分析方法
第3部分:砷量的测定

1 范围

本部分规定了金精矿中砷量的测定方法。

本部分适用于金精矿中砷量的测定。

2 二乙基二硫代氨基甲酸银分光光度法(测定范围:0.050%~0.350%)

2.1 方法提要

试样经酸分解,于1.0 mol/L~1.5 mol/L硫酸介质中砷被锌粒还原,生成砷化氢气体,用二乙基二硫代氨基甲酸银(以下简称铜试剂银盐)三氯甲烷溶液吸收。铜试剂银盐中的银离子被砷化氢还原成单质胶态银而呈红色。于分光光度计波长530 nm处测量其吸光度。

2.2 试剂

2.2.1 硝酸(ρ1.42 g/mL)。

2.2.2 硫酸(1+1)。

2.2.3 无砷锌粒。

2.2.4 酒石酸溶液(400 g/L)。

2.2.5 碘化钾溶液(300 g/L)。

2.2.6 二氯化锡溶液(400 g/L),以盐酸(1+1)配制。

2.2.7 三乙醇胺(或三乙胺)三氯甲烷溶液(3+97)。

2.2.8 三氯甲烷。

2.2.9 硫酸铜溶液:称取3.93 g硫酸铜($CuSO_4 \cdot 5H_2O$),溶于20 mL水中,混匀。此溶液含铜5 mg/mL。

2.2.10 铜试剂银盐三氯甲烷溶液(2 g/L):称取1 g铜试剂银盐于1000 mL试剂瓶中,加入500 mL三乙醇胺三氯甲烷溶液(2.2.7),搅拌使其溶解,静止过夜,过滤后使用。贮存于棕色试剂瓶中。

2.2.11 砷标准贮存溶液:称取0.1320 g三氧化二砷(预先在100 ℃~105 ℃烘1 h,置于干燥器中,冷至室温)于100 mL烧杯中,加入10 mL氢氧化钠溶液(100 g/L),加热溶解后,取下,冷至室温。加入20 mL盐酸,移入1000 mL容量瓶中,以水稀释至刻度,混匀。此溶液1 mL含砷0.100 mg。

2.2.12 砷标准溶液:移取10.00 mL砷标准贮存溶液(2.2.11)于200 mL容量瓶中,用水稀释至刻度,混匀。此溶液1 mL含砷5 μg。

2.2.13 乙酸铅脱脂棉:将脱脂棉浸于100 mL乙酸铅溶液中(100 g/L,内含1 mL冰乙酸),取出,干燥后使用。

2.3 仪器

2.3.1 分光光度计

2.3.2 砷化氢气体发生器及吸收装置(见图1)

2.4 试样

2.4.1 试样粒度不大于0.074 mm。

2.4.2 试样应在100 ℃~105 ℃烘1 h后,置于干燥器中冷却至室温。

2.5 分析步骤

单位为毫米

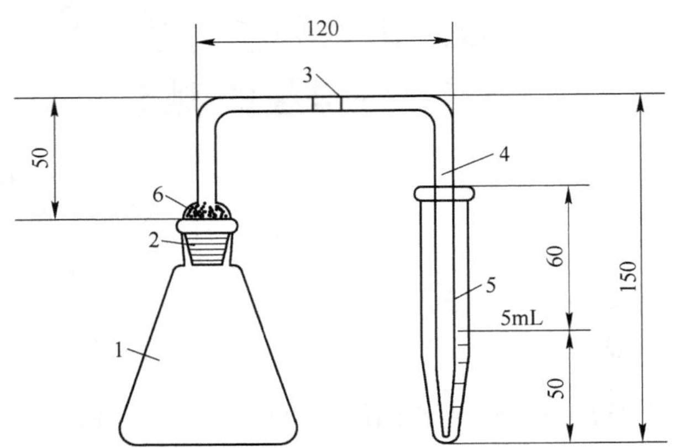

1——砷化氢发生器(100 mL 14 号标准口锥形瓶);
2——半球形空心 14 号标准口瓶塞;
3——医用胶皮管;
4——导管(内径 0.5 mm～1 mm,外径 6 mm～7 mm);
5——砷化氢吸收管(外径 16 mm);
6——乙酸铅脱脂棉。

图 1 砷化氢发生器及吸收装置图

2.5.1 试料

称取 0.2 g 试样。精确至 0.0001 g。

独立地进行两次测定,取其平均值。

2.5.2 空白试验

随同试料做空白试验。

2.5.3 测定

2.5.3.1 将试料(2.5.1)置于 100 mL 烧杯中,加入少量水润湿后,加入 10 mL 硝酸(2.2.1)、5 mL 硫酸(2.2.2),加热溶解,蒸至冒白烟,取下冷却。

2.5.3.2 用 10 mL 水冲洗杯壁,加入 10 mL 酒石酸溶液(2.2.4),加热煮沸,使可溶性盐溶解,取下,冷至室温,移入 100 mL 容量瓶中,用水稀释至刻度,混匀。按表 1 分取溶液于 125 mL 砷化氢气发生器中。

表 1

砷质量分数/%	分取试料溶液体积/mL
0.050～0.100	10.00
0.100～0.200	5.00
0.200～0.350	2.00

2.5.3.3 加入 7 mL 硫酸(2.2.2)、5 mL 酒石酸溶液(2.2.4),加水使体积约为 40 mL,加入 5 mL 碘化钾溶液(2.2.5)、2.5 mL 二氯化锡溶液(2.2.6),1 mL 硫酸铜溶液(2.2.9),每加一种试剂混匀后再加另一种试剂,以水稀释至体积为 60 mL。

2.5.3.4 移取 10.00 mL 铜试剂银盐三氯甲烷溶液(2.2.10)于有刻度的吸管中,连接导管。向砷化氢气体发生器中加入 5 g 无砷锌粒(2.2.3),立即塞紧橡皮塞,40 min 后,取下吸收管。

2.5.3.5 向吸收管中加入少量三氯甲烷(2.2.8)补充挥发的三氯甲烷,使体积为 10.00 mL,混匀。

2.5.3.6 将部分溶液(2.5.3.5)移入 1 cm 比色皿中,以铜试剂银盐三氯甲烷溶液(2.2.10)为参比液于分光光度计波长 530 nm 处测量吸光度，从工作曲线上查出相应的砷量。

2.5.4 移取 0 mL、1.00 mL、2.00 mL、3.00 mL、4.00 mL、5.00 mL、6.00 mL 砷标准溶液(2.2.12)分别置于砷化氢发生器中，以下按 2.5.3.3～2.5.3.6 进行。以砷量为横坐标，吸光度为纵坐标绘制工作曲线。

2.6 结果计算

按式(1)计算砷的质量分数：

$$w(\mathrm{As})=\frac{(m_1-m_2)V_0\times10^{-6}}{m_0V_1}\times10^{-2}\qquad(1)$$

式中：

$w(\mathrm{As})$——砷的质量分数，用(%)表示；

m_1——自工作曲线上查得的砷量，单位为微克(μg)；

m_2——自工作曲线查得的随同试料空白的砷量，单位为微克(μg)；

m_0——试样量，单位为克(g)；

V_0——溶液的总体积，单位为毫升(mL)；

V_1——测定时分取溶液的体积，单位为毫升(mL)。

分析结果表示至小数点后两位，若质量分数小于 0.10%时，表示三位小数。

2.7 允许差

实验室之间分析结果的差值应不大于表 2 所列允许差。

表 2

单位为%

砷质量分数	允 许 差
0.050～0.15	0.02
>0.15～0.25	0.03
>0.25～0.35	0.04

3 碘量法测定砷量(测定范围：0.35%～10.00%)

3.1 方法提要

试料以硝酸分解，以氟化物挥发除硅。经冒硫酸烟，于 10 mol/L 盐酸溶液中，用氯化亚铜还原砷为三价，溴化钾为催化剂，用苯萃取砷与共存元素分离。再用水反萃取砷，于 pH7～9 的碳酸氢钠溶液中，以淀粉溶液为指示剂，用碘标准溶液滴定，测定砷量。

3.2 试剂

3.2.1 氯化亚铜。

3.2.2 溴化钾。

3.2.3 苯。

3.2.4 氟化钠。

3.2.5 硝酸(ρ1.42 g/mL)。

3.2.6 硫酸(1+1)。

3.2.7 盐酸(ρ1.19 g/mL)。

3.2.8 盐酸(10 mol/L)。

3.2.9 碳酸氢钠饱和溶液。

3.2.10 淀粉溶液(5 g/L)：称取 0.5 g 可溶性淀粉，置于 200 mL 烧杯中，加入少量水调成糊状，加入 100 mL 沸水，充分搅拌，煮沸至透明。

3.2.11　砷标准溶液：称取 0.6602 g 三氧化二砷（预先在 100 ℃～105 ℃烘 1 h，置于干燥器中冷至室温），置于 250 mL 烧杯中，加入 30 mL 氢氧化钠溶液（100 g/L），微热溶解至清亮，加入 100 mL 水，加入 30 mL 硫酸（3.2.6），冷却，移入 1000 mL 容量瓶中，用水稀释至刻度，混匀。此溶液 1 mL 含 0.5 mg 砷。

3.2.12　碘标准溶液[$c(1/2I_2)\approx 0.005$ mol/L]：

3.2.12.1　配制：称取 10 g 碘化钾，2.544 g 碘置于 250 mL 烧杯中，加入少量水使碘完全溶解，移入棕色瓶中，加入约 2000 mL 水，混匀，置于暗处，三天后标定。

3.2.12.2　标定（每次分析试样时都标定，并随同做空白）：移取 10.00 mL 砷标准溶液（3.2.11）三份，分别置于 250 mL 烧杯中，加入 5 mL 硝酸（3.2.5），盖上表皿，加热 5 min，加入 5 mL 硫酸（3.2.6），用少量水冲洗表皿及杯壁，取下表皿蒸至冒浓烟，使残留液约 1 mL，以下按 3.4.3.2～3.4.3.7 进行。

按式(2)计算碘标准溶液对砷的滴定度：

$$T=\frac{cV_2}{V_1-V_0} \qquad (2)$$

式中：

T——碘标准溶液对砷的滴定度，单位为克每毫升（g/mL）；

c——砷标准溶液的浓度，单位为克每毫升（g/mL）；

V_2——所取砷标准溶液的体积，单位为毫升（mL）；

V_1——标定所消耗碘标准溶液的体积，单位为毫升（mL）；

V_0——随同标定所做空白消耗碘标准溶液的体积，单位为毫升（mL）。

标定结果保留四位有效数字，三份结果的极差值如不大于 3×10^{-6} mol/L 时，取其平均值。否则，需重新标定。

3.3　试样

3.3.1　试样粒度不大于 0.074 mm。

3.3.2　试样应在 100 ℃～105 ℃烘 1 h 后，置于干燥器中冷却至室温。

3.4　分析步骤

3.4.1　试料

称取 0.20 g 试样。精确至 0.0001 g。

独立地进行两次测定，取其平均值。

3.4.2　空白试验

随同试料做空白试验。

3.4.3　测定

3.4.3.1　将试料（3.4.1）置于 250 mL 烧杯中，用少量水润湿，加入 0.2 g～0.5 g 氟化钠（3.2.4），加入 15 mL 硝酸（3.2.5），盖上表皿，加热溶解 5 min，加入 5 mL 硫酸（3.2.6），用少量水冲洗表皿及杯壁，取下表皿，蒸至冒浓烟，使残留液约为 1 mL（防止局部蒸干），取下冷却。

3.4.3.2　加入 10 mL 盐酸（3.2.8），微热使盐类溶解，取下，冷至室温。将溶液移入 125 mL 分液漏斗中，用 20 mL 盐酸（3.2.8）分次洗净烧杯。

3.4.3.3　向分液漏斗中加入约 1.5 g 氯化亚铜（3.2.1）、0.5 g 溴化钾（3.2.2），摇匀。加入 25 mL 苯（3.2.3），振荡萃取 2 min，静置分层。

3.4.3.4　将水相移入另一个 125 mL 分液漏斗中，加入 20 mL 苯（3.2.3），振荡萃取 2 min，静止分层，弃去水相。

3.4.3.5　将苯层合并于第一个分液漏斗中，用 5 mL 盐酸（3.2.8）淋洗第一个分液漏斗的颈口、磨口塞和分液漏斗内壁，不要摇动静止分层，弃去水相。同样操作洗涤数次，洗至水相无黄色。

3.4.3.6　加入 20 mL 水于分液漏斗中反萃取，振荡 1 min，静止分层，将水相移入 250 mL 烧杯中。有机相中再加入 20 mL 水，振荡 1 min，静止分层，将水相合并于烧杯中。

3.4.3.7　加入15 mL碳酸氢钠饱和溶液(3.2.9)、5 mL淀粉溶液(3.2.10),用碘标准溶液(3.2.12)滴定至溶液呈蓝色为终点。

3.5　结果计算

按式(3)计算砷的质量分数:

$$w(\mathrm{As})=\frac{T(V_3-V_4)}{m_0}\times 100 \quad\cdots\cdots(3)$$

式中:

$w(\mathrm{As})$——砷的质量分数,用(%)表示;

T——碘标准溶液对砷的滴定度,单位为克每毫升(g/mL);

V_3——滴定时消耗碘标准溶液的体积,单位为毫升(mL);

V_4——随同试样所做空白消耗碘标准溶液的体积,单位为毫升(g/mL);

m_0——试料质量,单位为克(g)。

分析结果表示至小数点后两位。

3.6　允许差

实验室之间分析结果的差值应不大于表3所列允许差。

表3

单位为%

砷质量分数	允 许 差
0.35～0.50	0.05
>0.50～1.00	0.08
>1.00～2.00	0.15
>2.00～3.00	0.25
>3.00～5.00	0.35
>5.00～10.00	0.45

4　卑磷酸盐滴定法测定砷量(测定范围:0.15%～10.00%)

4.1　方法提要

试料用酸分解,在6 mol/L盐酸介质中,用卑磷酸盐将砷还原为单体状态析出,过滤,用碘标准溶液溶解,以亚砷酸钠标准溶液回滴过量的碘溶液。

4.2　试剂

4.2.1　盐酸(ρ1.19 g/mL)。

4.2.2　硝酸(ρ1.42 g/mL)。

4.2.3　硫酸(1+3)。

4.2.4　硫酸(1+1)。

4.2.5　卑磷酸钠。

4.2.6　碳酸氢钠溶液(30 g/L):向100 mL碳酸氢钠溶液(30 g/L)中加入5 mL淀粉溶液(4.2.7),滴入0.01 mol/L的$1/2I_2$溶液至呈微蓝色。

4.2.7　淀粉溶液(5 g/L):称取0.5 g可溶性淀粉,用少许水调成糊状,加入100 mL沸水,搅匀,并煮沸片刻,冷却。

4.2.8　卑磷酸钠溶液(20 g/L):以盐酸溶液(1+3)配制。

4.2.9　氯化铵溶液(50 g/L)。

4.2.10　亚砷酸钠标准溶液[$c(1/2\mathrm{Na_3AsO_3})$=0.01 mol/L(或0.05 mol/L)]:

称取 0.4946 g(或 2.4728 g)优级纯亚砷酸酐(As_2O_3),置于 200 mL 烧杯中,加入 10 mL～20 mL 氢氧化钠溶液(200 g/L),微热溶解后移入 1000 mL 容量瓶中,用水稀释至 200 mL～300 mL,加入 2 滴～3 滴酚酞指示剂(3 g/L),用硫酸(4.2.3)中和至红色刚好消失。加入 5 g 碳酸氢钠,冷至室温,以水稀释至刻度,摇匀。

4.2.11 碘标准溶液[$c(1/2I_2)$=0.01 mol/L(或 0.05 mol/L)]:

4.2.11.1 配制:称取 1.27 g(或 6.35 g)碘,置于预先盛有碘化钾溶液(40 g 碘化钾溶于 20 mL～25 mL 水中)的锥形瓶中,摇动使碘完全溶解,移入 1000 mL 棕色容量瓶中,以水稀释至刻度,摇匀。

4.2.11.2 标定:用滴定管准确加入 20 mL 亚砷酸钠标准溶液(4.2.10)于 300 mL 锥形瓶中,加入20 mL 碳酸氢钠溶液(4.2.6),5 mL 淀粉溶液(4.2.7),用水吹洗瓶壁,稀释至体积约 80 mL,用碘标准溶液(4.2.11)滴定至浅蓝色为终点。

按式(4)计算碘标准溶液的实际浓度:

$$c_1 = \frac{c_2 \cdot V_2}{V_1} \qquad \cdots\cdots (4)$$

式中:

c_1——碘标准溶液的实际浓度,单位为摩尔每升(mol/L);

c_2——亚砷酸钠标准溶液的浓度,单位为摩尔每升(mol/L);

V_1——滴定时消耗碘标准溶液的体积,单位为毫升(mL);

V_2——加入亚砷酸钠标准溶液的体积,单位为毫升(mL)。

4.3 试样

4.3.1 试样粒度不大于 0.074 mm。

4.3.2 试样应在 100 ℃～105 ℃烘 1 h 后,置于干燥器中冷却至室温。

4.4 分析步骤

4.4.1 试料

称取 0.20 g～0.50 g 试样。精确到 0.0001 g。

独立地进行两次测定,取其平均值。

4.4.2 空白试验

随同试料做空白试验。

4.4.3 测定

4.4.3.1 将试料(4.4.1)置于 500 mL 锥形瓶中,用少量水润湿,加入 15 mL～20 mL 硝酸(4.2.2),待剧烈反应停止后,移至电热板上加热蒸发至小体积(必要时加入少许氯酸钾,使析出的硫氧化)。

4.4.3.2 加入 10 mL～15 mL 硫酸(4.2.4),用少量水吹洗瓶壁,加热蒸发至冒三氧化硫浓烟,取下冷却,用水吹洗瓶壁,继续加热蒸发至冒三氧化硫浓烟,并保持 5 min。取下冷却,加入 35 mL 水,加热使可溶性盐类溶解,取下稍冷,加入 35 mL 盐酸(4.2.1),加入 0.1 g 硫酸铜,不断搅拌,分次加入卑磷酸钠(4.2.5)至溶液黄绿色褪去后,再过量 1 g～2 g。

4.4.3.3 在锥形瓶上用橡皮塞连接一个约 70 cm～80 cm 的玻璃管,煮沸 20 min～30 min,使沉淀凝聚。冷却后,用脱脂棉加纸浆过滤,用卑磷酸钠溶液(4.2.8)洗涤沉淀及锥形瓶 3 次～4 次,再用氯化铵溶液(4.2.9)洗涤 6 次～7 次,弃去滤液。

4.4.3.4 将沉淀、脱脂棉及纸浆全部移入原锥形瓶中,用小片滤纸擦净漏斗,放入原锥形瓶中,加入 100 mL 碳酸氢钠溶液(4.2.6),在摇动下,用滴定管加入碘标准溶液(4.2.11)至单体砷完全溶解,并过量数毫升。用水吹洗瓶壁,加入 5 mL 淀粉溶液(4.2.7),立即用亚砷酸钠标准溶液(4.2.10)滴定至蓝色消褪,并过量 2 mL～3 mL,再继续用碘标准溶液(4.2.11)滴定至浅蓝色为终点。

4.5 结果计算

按式(5)计算砷的质量分数：

$$w(As)=\frac{(V_3c_1-V_4c_2)\times 0.01498}{m}\times 100 \qquad (5)$$

式中：

$w(As)$——砷的质量分数，用(%)表示；

c_1——碘标准溶液的实际浓度，单位为摩尔每升(mol/L)；

c_2——亚砷酸钠标准溶液的浓度，单位为摩尔每升(mol/L)；

V_3——滴定时消耗碘标准溶液的体积，单位为毫升(mL)；

V_4——加入亚砷酸钠标准溶液的体积，单位为毫升(mL)；

m——试料的质量，单位为克(g)；

0.01498——与1.00 mL碘标准滴定溶液[$c(1/2I_2)$=1.000 mol/L]相当的砷的摩尔质量，单位为克每摩尔(g/mol)。

分析结果表示至小数点后两位。

4.6 允许差

实验室之间分析结果的差值应不大于表4所列允许差。

表4

单位为%

砷质量分数	允 许 差
0.15～0.30	0.03
>0.30～0.50	0.05
>0.50～1.00	0.08
>1.00～2.00	0.15
>2.00～3.00	0.25
>3.00～5.00	0.35
>5.00～10.00	0.45

ICS 73.060.99
D 46

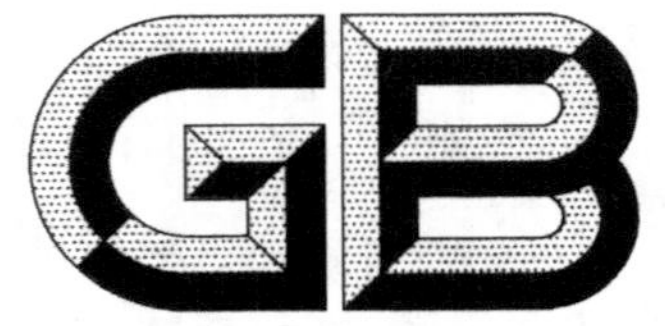

中华人民共和国国家标准

GB/T 7739.4—2007

金精矿化学分析方法
第4部分:铜量的测定

Methods for chemical analysis of gold concentrates—
Part 4:Determination of copper contents

2007-04-27 发布　　2007-11-01 实施

中华人民共和国国家质量监督检验检疫总局
中国国家标准化管理委员会　发布

前　言

GB/T 7739《金精矿化学分析方法》分为 11 个部分：

——第 1 部分：金量和银量的测定；

——第 2 部分：银量的测定；

——第 3 部分：砷量的测定；

——第 4 部分：铜量的测定；

——第 5 部分：铅量的测定；

——第 6 部分：锌量的测定；

——第 7 部分：铁量的测定；

——第 8 部分：硫量的测定；

——第 9 部分：碳量的测定；

——第 10 部分：锑量的测定；

——第 11 部分：砷量和铋量的测定。

本部分为 GB/T 7739 的第 4 部分。

本部分由中华人民共和国国家发展和改革委员会提出。

本部分由长春黄金研究院归口。

本部分由国家金银及制品质量监督检验中心（长春）负责起草，河南中原黄金冶炼厂、灵宝黄金股份有限公司参加起草。

本部分主要起草人：陈菲菲、黄蕊、张五明、刘鹏飞、鲍妹玲、刘正红、魏成磊。

金精矿化学分析方法
第4部分：铜量的测定

1 范围

本部分规定了金精矿中铜含量的测定方法。

本部分适用于金精矿中铜含量的测定。

2 火焰原子吸收光谱法测定铜量（测定范围：0.050%～2.00%）

2.1 方法提要

试料经盐酸、硝酸溶解。在稀盐酸介质中，于原子吸收光谱仪波长324.7 nm处，以空气-乙炔火焰测量铜的吸光度。按标准曲线法计算铜的含量。

2.2 试剂

2.2.1 盐酸（ρ1.19 g/mL）。

2.2.2 硝酸（ρ1.42 g/mL）。

2.2.3 盐酸（1+1）。

2.2.4 铜标准贮存溶液：称取1.0000 g金属铜（Cu的质量分数≥99.99%）置于250 mL烧杯中，加入20 mL硝酸（2.2.2），盖上表面皿，于电热板上低温加热至完全溶解，煮沸驱赶氮的氧化物。取下冷至室温，移入1000 mL容量瓶中，用水稀释至刻度，混匀。此溶液1 mL含1 mg铜。

2.2.5 铜标准溶液：移取25.00 mL铜标准贮存溶液（2.2.4）于250 mL容量瓶中，加入25 mL盐酸（2.2.3），用水稀释至刻度，混匀。此溶液1 mL含100 μg铜。

2.3 仪器

原子吸收光谱仪，附铜空心阴极灯。

在仪器最佳条件下，凡能达到下列指标的原子吸收光谱仪均可使用。

灵敏度：在与测量溶液的基体相一致的溶液中，铜的特征浓度应不大于0.034 μg/mL。

精密度：用最高浓度的标准溶液测量11次吸光度，其标准偏差应不超过平均吸光度的1.0%；用最低浓度的标准溶液（不是"零"标准溶液）测量11次吸光度，其标准偏差应不超过最高浓度标准溶液平均吸光度的0.5%。

工作曲线线性：将工作曲线按浓度等分成五段，最高段的吸光度差值与最低段的吸光度差值之比应不小于0.8。

2.4 试样

2.4.1 试样粒度不大于0.074 mm。

2.4.2 试样在100 ℃～105 ℃烘箱中烘1 h后，置于干燥器中冷却至室温。

2.5 分析步骤

2.5.1 试料

称取0.20 g试样，精确至0.0001 g。

独立地进行两次测定，取其平均值。

2.5.2 空白试验

随同试料做空白试验。

2.5.3 测定

2.5.3.1　将试料(2.5.1)置于200 mL烧杯中,用少量水润湿,加入15 mL盐酸(2.2.1),盖上表面皿,于电热板上低温加热溶解5 min,加5 mL硝酸(2.2.2),继续加热,待试料完全溶解后,蒸至近干,取下。加入10 mL盐酸(2.2.3),用水吹洗表面皿及杯壁,加热使盐类完全溶解,取下冷至室温。

2.5.3.2　将试液按表1移入相应的容量瓶中,用水稀释至刻度,混匀。

表1

铜质量分数/%	试液体积/mL	分取体积/mL	稀释体积/mL	补加盐酸(2.2.3)/mL
0.05~0.10	100	—	—	—
>0.10~0.50	100	10.00	50	4.00
>0.50~2.00	100	10.00	100	9.00

2.5.3.3　于原子吸收光谱仪波长324.7 nm处,使用空气-乙炔火焰,以水调零,测量试液的吸光度,减去随同试料的空白试验溶液的吸光度,从工作曲线上查出相应的铜浓度。

2.5.4　工作曲线的绘制

准确移取0,1.00,2.00,3.00,4.00,5.00 mL铜标准溶液(2.2.5),分别置于一组100 mL容量瓶中,加入10 mL盐酸(2.2.3),用水稀释至刻度,混匀。在与测量试液相同条件下,测量系列铜标准溶液的吸光度,减去零浓度溶液的吸光度,以铜的浓度为横坐标,吸光度为纵坐标绘制工作曲线。

2.6　结果计算

按式(1)计算铜的质量分数:

$$w(\mathrm{Cu})=\frac{c\cdot V_0\cdot V_2\times10^{-6}}{m_0\cdot V_1}\times100 \quad\cdots\cdots(1)$$

式中:

$w(\mathrm{Cu})$——铜的质量分数,用(%)表示;

c——自工作曲线上查得的铜浓度,单位为微克每毫升(μg/mL);

V_0——试液的总体积,单位为毫升(mL);

V_1——分取试液的体积,单位为毫升(mL);

V_2——分取试液稀释后的体积,单位为毫升(mL);

m_0——试料的质量,单位为克(g)。

所得结果表示至两位小数,若质量分数小于0.10%时,表示至三位小数。

2.7　允许差

实验室之间分析结果的差值应不大于表2所列允许差。

表2

单位为%

铜质量分数	允　许　差
0.050~0.20	0.030
>0.20~0.50	0.05
>0.50~1.00	0.08
>1.00~2.00	0.12

3　硫代硫酸钠碘量法测定铜量(测定范围:2.00%~25.00%)

3.1　方法提要

试料经盐酸、硝酸分解,用乙酸铵溶液调节溶液的pH值为3.0~4.0,用氟化氢铵掩蔽铁,加入碘化钾与二价铜离子作用,析出的碘以淀粉为指示剂,用硫代硫酸钠标准滴定溶液进行滴定。根据消耗硫代硫酸钠标准滴定溶液的体积计算铜的含量。

3.2 试剂

3.2.1 碘化钾。

3.2.2 金属铜(Cu的质量分数≥99.99%)。

将金属铜放入冰乙酸(3.2.9)中,微沸1 min,取出后依次用水和无水乙醇(3.2.11)分别冲洗两次以上,在100 ℃烘箱中烘4 min,冷却,置于磨口试剂瓶中备用。

3.2.3 氟化氢铵。

3.2.4 盐酸(ρ1.19 g/mL)。

3.2.5 硝酸(ρ1.42 g/mL)。

3.2.6 高氯酸(ρ1.67 g/mL)。

3.2.7 硝酸(1+1)。

3.2.8 冰乙酸(ρ1.05 g/mL)。

3.2.9 冰乙酸(1+3)。

3.2.10 溴。

3.2.11 无水乙醇。

3.2.12 氟化氢铵饱和溶液:贮存于聚乙烯瓶中。

3.2.13 乙酸铵溶液(300 g/L):称取90 g乙酸铵,置于400 mL烧杯中,加150 mL水和100 mL冰乙酸(3.2.8),溶解后,用水稀释至300 mL,混匀,此溶液pH值约为5。

3.2.14 三氯化铁溶液(100 g/L)。

3.2.15 硫氰酸钾溶液(100 g/L):称取10 g硫氰酸钾于400 mL烧杯中,加入约100 mL水溶解后,加入2 g碘化钾(3.2.1),待溶解后,加入2 mL淀粉溶液(3.2.16),滴加碘溶液(0.04 mol/L)至刚呈蓝色,再用硫代硫酸钠标准滴定溶液滴定至蓝色刚消失。

3.2.16 淀粉溶液(5 g/L)。

3.2.17 铜标准溶液:称取金属铜(3.2.2)0.5000 g置于500 mL锥形烧杯中,缓慢加入20 mL硝酸(3.2.7),盖上表面皿,置于电热板上低温处,加热使其完全溶解,取下,用水吹洗表面皿及杯壁,冷至室温。将溶液移入500 mL容量瓶中,以水稀释至刻度,混匀。此溶液1 mL含1 mg铜。

3.2.18 硫代硫酸钠标准滴定溶液[$c(Na_2S_2O_3 \cdot 5H_2O)=0.02$ mol/L]

3.2.18.1 配制:

称取50 g硫代硫酸钠($Na_2S_2O_3 \cdot 5H_2O$)置于500 mL烧杯中,加入2 g无水碳酸钠溶于约300 mL煮沸并冷却的蒸馏水中,移入10L棕色试剂瓶中。用煮沸并冷却的蒸馏水稀释至约10L,加入10 mL三氯甲烷,静置两周,使用时过滤,补加1 mL三氯甲烷,混匀,静置2 h。

3.2.18.2 标定:

移取50.00 mL铜标准溶液(3.2.17)于500 mL锥形烧杯中,加入5 mL硝酸(3.2.5),加入1 mL三氯化铁溶液(3.2.14),置于电热板低温处蒸至溶液体积约为1 mL。取下冷却,用约30 mL水吹洗杯壁,煮沸,取下冷至室温。按照分析步骤(3.4.3.2)进行标定。记下硫代硫酸钠标准滴定溶液在滴定中消耗的体积V_2。随同标定做空白试验。

按式(2)计算硫代硫酸钠标准滴定溶液的实际浓度:

$$c=\frac{c_0 \cdot V_1}{(V_2-V_0)\times 0.06355} \qquad (2)$$

式中:

c——硫代硫酸钠标准滴定溶液的实际浓度,单位为摩尔每升(mol/L);

c_0——铜标准溶液的质量浓度,单位为克每毫升(g/mL);

V_1——移取铜标准溶液的体积,单位为毫升(mL);

V_2——滴定铜标准溶液所消耗硫代硫酸钠标准滴定溶液的体积，单位为毫升(mL)；

V_0——标定时空白溶液所消耗的硫代硫酸钠标准滴定溶液的体积，单位为毫升(mL)；

0.06355——与1.00 mL硫代硫酸钠标准滴定溶液[$c(Na_2S_2O_3 \cdot 5H_2O)=1.000$ mol/L]相当的铜的摩尔质量，单位为克每摩尔(g/mol)。

平行标定三份，测定值保留四位有效数字，其极差值不大于8×10^{-5}mol/L时，取其平均值，否则，重新标定。此溶液每隔一周后必须重新标定一次。

3.3 试样

3.3.1 试样粒度不大于0.074 mm。

3.3.2 试样在100 ℃～105 ℃烘箱中烘1 h后，置于干燥器中冷至室温。

3.4 分析步骤

3.4.1 试料

按表3称取试样，精确至0.0001 g。

表3

铜质量分数/%	试料量/g
2.00～10.00	0.50
>10.00～25.00	0.30

独立地进行两次测定，取其平均值。

3.4.2 空白试验

随同试料做空白试验。

3.4.3 测定

3.4.3.1 将试料(3.4.1)置于500 mL锥形烧杯中。用少量水润湿，加入10 mL盐酸(3.2.4)，置于电热板上低温加热3 min～5 min，取下稍冷，加入5 mL硝酸(3.2.5)和0.5 mL溴(3.2.10)，盖上表面皿，混匀，低温加热，待试料完全溶解后，取下稍冷，用少量水洗涤表面皿，继续加热蒸至近干，取下冷却。

注1：若试料中硅含量较高时，需加入0.5 g氟化氢铵(3.2.3)。

注2：若试料中碳含量较高时，需加入2 mL～5 mL高氯酸(3.2.6)，加热溶解至无黑色残渣，并蒸干。

注3：若试料中含硅、碳均高时，加0.5 g氟化氢铵(3.2.3)和5 mL～10 mL高氯酸(3.2.6)。

3.4.3.2 用30 mL水洗涤表面皿及杯壁，盖上表面皿，置于电热板上煮沸，使可溶性盐类完全溶解，取下冷至室温。滴加乙酸胺溶液(3.2.13)至红色不再加深并过量4 mL，然后加入4 mL氟化氢铵饱和溶液(3.2.12)，混匀。加入3 g碘化钾(3.2.1)摇动溶解，立即用硫代硫酸钠标准滴定溶液(3.2.18)滴定至浅黄色，加入2 mL淀粉溶液(3.2.16)，继续滴定至浅蓝色，加入5 mL硫氰酸钾溶液(3.2.15)，激烈摇振至蓝色加深，再滴定至蓝色刚好消失为终点，记录消耗硫代硫酸钠标准滴定溶液的体积V_3。

注4：若试料铁含量极少时，滴加乙酸铵溶液前补加1 mL三氯化铁溶液(3.2.14)。

注5：若试料铅、铋含量高时，需提前加2 mL淀粉溶液(3.2.16)。

3.5 结果计算

按式(3)计算铜的质量分数：

$$w(Cu)=\frac{c(V_3-V_4)\times0.06355}{m_0}\times100 \quad\cdots\cdots(3)$$

式中：

$w(Cu)$——铜的质量分数，用(%)表示；

c——硫代硫酸钠标准滴定溶液的实际浓度，单位为摩尔每升(mol/L)；

V_3——试料溶液消耗硫代硫酸钠标准滴定溶液的体积，单位为毫升(mL)；

V_4——空白溶液消耗硫代硫酸钠标准滴定溶液的体积，单位为毫升(mL)；

m_0——试料的质量，单位为克(g)；

0.06355——与1.00 mL硫代硫酸钠标准滴定溶液[$c(Na_2S_2O_3 \cdot 5H_2O)=1.000$ mol/L]相当的铜的摩尔质量，单位为克每摩尔(g/mol)。

所得结果表示至两位小数。

3.6 允许差

实验室之间分析结果的差值应不大于表4所列允许差。

表4

单位为%

铜质量分数	允许差
2.00～6.00	0.14
>6.00～10.00	0.16
>10.00～13.00	0.18
>13.00～17.00	0.20
>17.00～21.00	0.22
>21.00～25.00	0.24

ICS 73.060.99
D 46

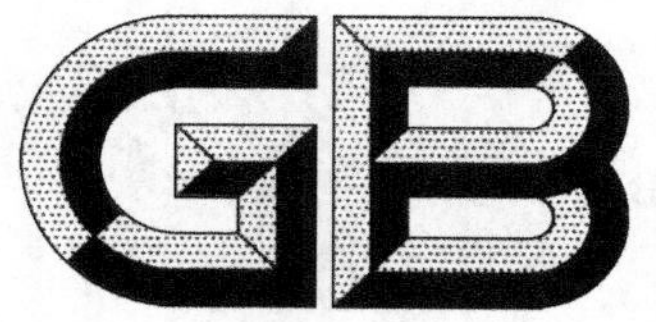

中华人民共和国国家标准

GB/T 7739.5—2007

金精矿化学分析方法
第5部分:铅量的测定

Methods for chemical analysis of gold concentrates—Part 5:Determination of lead contents

2007-04-27 发布　　　　2007-11-01 实施

中华人民共和国国家质量监督检验检疫总局
中国国家标准化管理委员会　发布

前　言

GB/T 7739《金精矿化学分析方法》分为11个部分：

——第1部分：金量和银量的测定；

——第2部分：银量的测定；

——第3部分：砷量的测定；

——第4部分：铜量的测定；

——第5部分：铅量的测定；

——第6部分：锌量的测定；

——第7部分：铁量的测定；

——第8部分：硫量的测定；

——第9部分：碳量的测定；

——第10部分：锑量的测定；

——第11部分：砷量和铋量的测定。

本部分为GB/T 7739的第5部分。

本部分由中华人民共和国国家发展和改革委员会提出。

本部分由长春黄金研究院归口。

本部分由国家金银及制品质量监督检验中心(长春)负责起草。

本部分主要起草人：陈菲菲、黄蕊、张琦、刘冰、刘正红。

金精矿化学分析方法
第5部分:铅量的测定

1 范围

本部分规定了金精矿中铅含量的测定方法。

本部分适用于金精矿中铅含量的测定。

2 原子吸收光谱法测定铅量(测定范围:0.50%～5.00%)

2.1 方法提要

试料用盐酸、硝酸溶解。在稀盐酸介质中,于原子吸收光谱仪波长283.3 nm处,以空气-乙炔火焰,测量铅的吸光度。

2.2 试剂

2.2.1 盐酸(ρ1.19 g/mL)。

2.2.2 硝酸(ρ1.42 g/mL)。

2.2.3 盐酸(1+1)。

2.2.4 铅标准贮存溶液:称取1.0000 g金属铅(Pb的质量分数≥99.99%)于250 mL烧杯中,加20 mL硝酸(2.2.2),盖上表面皿,加热至完全溶解,煮沸除去氮的氧化物,冷至室温。移入1000 mL容量瓶中,用水稀释至刻度,混匀。此溶液1 mL含1 mg铅。

2.2.5 铅标准溶液:移取25 mL铅标准贮存溶液(2.2.4)于250 mL容量瓶中,加入5 mL硝酸(2.2.2),用水稀释至刻度,混匀。此溶液1 mL含100 μg铅。

2.3 仪器

原子吸收光谱仪,附铅空心阴极灯。

在仪器最佳条件下,凡能达到下列指标的原子吸收光谱仪均可使用。

灵敏度:在与测量溶液的基体相一致的溶液中,铅的特征浓度应不大于0.077 μg/mL。

精密度:用最高浓度的标准溶液测量11次吸光度,其标准偏差应不超过平均吸光度的1.0%;用最低浓度的标准溶液(不是"零"标准溶液)测量11次吸光度,其标准偏差应不超过最高浓度标准溶液平均吸光度的0.5%。

工作曲线线性:将工作曲线按浓度等分成五段,最高段的吸光度差值与最低段的吸光度差值之比应不小于0.8。

2.4 试样

2.4.1 样品粒度应不大于0.074 mm。

2.4.2 样品在100 ℃～105 ℃烘箱中烘1 h后,置于干燥器中冷却至室温。

2.5 分析步骤

2.5.1 试料

称取0.20 g试样,精确至0.0001 g。

独立进行两次测定,取其平均值。

2.5.2 空白试验

随同试料做空白试验。

2.5.3 测定

2.5.3.1 将试料(2.5.1)置于200 mL烧杯中,用少量水润湿,加入15 mL盐酸(2.2.1),置于电热板上加热数分钟,取下稍冷。加入5 mL硝酸(2.2.2)(如析出单体硫,加入0.5 mL溴;如试料含碳量较高,加入2 mL～3 mL高氯酸),蒸至近干,取下冷却,加入10 mL盐酸(2.2.3),煮沸溶解盐类,取下冷至室温。将溶液移入100 mL容量瓶中,以水稀释至刻度,混匀,静置。

2.5.3.2 按表1分取试液(2.5.3.1)并补加盐酸(2.2.3)于容量瓶中,用水稀释至刻度,混匀。

表1

铅质量分数/%	试液分取量/mL	补加盐酸(2.2.3)量/mL	容量瓶体积/mL
0.50～2.00	25.00	7.5	100
2.00～4.00	10.00	9.0	100
4.00～5.00	5.00	9.5	100

2.5.3.3 于原子吸收光谱仪波长283.3 nm处,使用空气-乙炔火焰,以水调零,测量铅的吸光度,减去随同试料的空白溶液吸光度,从工作曲线上查出相应的铅浓度。

2.5.4 工作曲线的绘制

2.5.4.1 移取0 mL、2.00 mL、4.00 mL、6.00 mL、8.00 mL、10.00 mL铅标准溶液(2.2.5)分别于一组100 mL容量瓶中,加入10 mL盐酸(2.2.3),用水稀释至刻度,混匀。

2.5.4.2 在与试料测定相同条件下测量系列铅标准溶液吸光度。以铅浓度为横坐标,吸光度(减去"零"浓度溶液吸光度)为纵坐标,绘制工作曲线。

2.6 结果计算

按式(1)计算铅的质量分数:

$$w(\mathrm{Pb})=\frac{c \cdot V_0 \cdot V_2 \times 10^{-6}}{m_0 \cdot V_1}\times 100 \qquad (1)$$

式中:

$w(\mathrm{Pb})$——铅的质量分数,用(%)表示;

c——自工作曲线上查得的铅浓度,单位为微克每毫升(μg/mL);

V_0——试液的总体积,单位为毫升(mL);

V_1——分取试液的体积,单位为毫升(mL);

V_2——分取试液稀释后的体积,单位为毫升(mL);

m_0——试料的质量,单位为克(g)。

所得结果表示至两位小数。

2.7 允许差

实验室间分析结果的差值应不大于表2所列允许差。

表2

单位为%

铅质量分数	允 许 差
0.50～1.00	0.09
>1.00～2.00	0.12
>2.00～3.00	0.15
>3.00～4.00	0.18
>4.00～5.00	0.20

3 EDTA容量法测定铅量(测定范围:5.00%～40.00%)

3.1 方法提要

试料用硝酸-氯酸钾溶液溶解，在硫酸介质中铅形成硫酸铅沉淀，过滤，与共存元素分离。硫酸铅以乙酸-乙酸钠缓冲溶液溶解，在 pH 值为 5.0～6.0 时，以二甲酚橙溶液为指示剂，用 Na_2EDTA 标准滴定溶液滴定。根据消耗 Na_2EDTA 标准滴定溶液的体积计算铅的含量。

3.2 试剂

3.2.1 抗坏血酸。

3.2.2 无水乙醇。

3.2.3 氟化铵。

3.2.4 硫酸(2＋98)。

3.2.5 硝酸(ρ1.42 g/mL)。

3.2.6 硫酸(ρ1.84 g/mL)。

3.2.7 高氯酸(ρ1.67 g/mL)。

3.2.8 硝酸(1＋1)。

3.2.9 氨水(1＋1)。

3.2.10 缓冲溶液：375 g 无水乙酸钠溶于水中，加 50 mL 冰乙酸，用水稀释至 2500 mL，混匀。

3.2.11 硝酸-氯酸钾溶液：氯酸钾溶于硝酸至饱和状态。

3.2.12 混合洗液：100 mL 硫酸(3.2.4)中含 2 mL 过氧化氢。

3.2.13 巯基乙酸溶液(1%)。

3.2.14 二甲酚橙溶液(1 g/L)。

3.2.15 硫氰酸钾溶液(50 g/L)。

3.2.16 铅标准溶液：称取 1.000 g 金属铅(Pb 的质量分数≥99.99%)于 250 mL 烧杯中，加入 20 mL 硝酸(3.2.5)，盖上表面皿，置于电热板上，低温加热溶解，待完全溶解后，煮沸驱除氮的氧化物，取下，冷至室温。移入 500 mL 容量瓶中，补加 10 mL 硝酸(3.2.8)，用水稀释至刻度。混匀。此溶液 1 mL 含铅 2 mg。

3.2.17 乙二胺四乙酸二钠(Na_2EDTA)标准滴定溶液：

3.2.17.1 配制：称取 4.5 g 乙二胺四乙酸二钠(Na_2EDTA)置于 400 mL 烧杯中，加水微热溶解，冷至室温，移入 1000 mL 容量瓶中，用水稀释至刻度，混匀。放置三天后标定。

3.2.17.2 标定：移取三份 25.00 mL 铅标准溶液(3.2.16)，分别置于 400 mL 烧杯中，加 50 mL 水、2 滴二甲酚橙溶液(3.2.14)，用氨水(3.2.9)中和至微红色，加 50 mL 缓冲溶液(3.2.10)，用 Na_2EDTA 标准滴定溶液(3.2.17)滴定至溶液由紫红色变为亮黄色即为终点。随同标定做空白试验。

按式(2)计算 Na_2EDTA 标准滴定溶液的实际浓度：

$$c=\frac{c_0 \cdot V_1}{(V_2-V_0)\times 0.2072} \qquad (2)$$

式中：

c——Na_2EDTA 标准滴定溶液的实际浓度，单位为摩尔每升(mol/L)；

c_0——铅标准溶液的质量浓度，单位为克每毫升(g/mL)；

V_0——空白溶液消耗的 Na_2EDTA 标准滴定溶液的体积，单位为毫升(mL)；

V_1——移取铅标准溶液的体积，单位为毫升(mL)；

V_2——滴定时消耗 Na_2EDTA 标准滴定溶液的体积，单位为毫升(mL)；

0.2072——与 1.00 mL Na_2EDTA 标准滴定溶液[$c(Na_2EDTA)=1.000$ mol/L]相当的铅的摩尔质量，单位为克每摩尔(g/mol)。

测定值保留四位有效数字，其极差值不大于 4×10^{-5} mol/L 时，取其平均值。否则重新标定。

3.3 试样

3.3.1 试样的粒度应不大于 0.074 mm。

3.3.2 试样在 100 ℃～105 ℃烘 1 h 后，置于干燥器中冷至室温。

3.4 分析步骤

3.4.1 试料

称取 0.30 g 试样，精确至 0.0001 g。

独立地进行两次测定，取其平均值。

3.4.2 空白试验

随同试料做空白试验。

3.4.3 测定

3.4.3.1 将试料(3.4.1)置于 400 mL 烧杯中，用少量水润湿，加 0.5 g 氟化铵(3.2.3)，加入15 mL～20 mL 硝酸-氯酸钾溶液(3.2.11)，盖上表面皿，加热溶解，待试料溶解完全后，取下冷却。

3.4.3.2 加 10 mL 硫酸(3.2.6)继续加热至冒浓烟约 2 min，取下冷却(若试料中含碳高，加 5 mL 高氯酸(3.2.7)继续加热冒烟至尽)。

3.4.3.3 用水吹洗表面皿及杯壁，加水至 50 mL，煮沸保温 10 min，取下，冷却至室温，加入 5 mL 无水乙醇(3.2.2)，放置 1 h。

3.4.3.4 用慢速定量滤纸过滤，用混合洗液(3.2.12)洗涤烧杯 2 次、沉淀数次，直接用硫氰酸钾溶液(3.2.15)检查滤液无红色出现为止，最后用水洗涤烧杯 1 次、沉淀 2 次，弃去滤液。

3.4.3.5 将滤纸展开，连同沉淀一起移入原烧杯中，加入 50 mL 缓冲溶液(3.2.10)、30 mL 水，盖上表面皿，加热微沸 10 min，搅拌使沉淀溶解，取下冷却，加水至 100 mL。

3.4.3.6 加入 0.1 g 抗坏血酸(3.2.1)、3 滴～4 滴二甲酚橙溶液(3.2.14)，加入 3 mL～4 mL 巯基乙酸溶液(3.2.13)，用 Na_2EDTA 标准滴定溶液(3.2.17)滴定至溶液由紫红色变成亮黄色为终点。

3.5 结果计算

按式(3)计算铅的质量分数：

$$w(\mathrm{Pb})=\frac{c(V_3-V_4)\times 0.2072}{m_0}\times 100 \qquad (3)$$

式中：

$w(\mathrm{Pb})$——铅的质量分数，用(%)表示；

c——Na_2EDTA 标准滴定溶液的实际浓度，单位为摩尔每升(mol/L)；

V_3——试料溶液消耗 Na_2EDTA 标准滴定溶液的体积，单位为毫升(mL)；

V_4——空白溶液消耗 Na_2EDTA 标准滴定溶液的体积，单位为毫升(mL)；

m_0——试料的质量，单位为克(g)；

0.2072——与 1.00 mL Na_2EDTA 标准滴定溶液([Na_2EDTA]=1.000 mol/L)相当的铅的摩尔质量，单位为克每摩尔(g/mol)。

所得结果表示至两位小数。

3.6 允许差

实验室之间分析结果的差值应不大于表 3 所列允许差。

表 3

单位为%

铅质量分数	允 许 差
5.00～10.00	0.20
>10.00～15.00	0.25
>15.00～20.00	0.30
>20.00～25.00	0.35

表 3(续)

单位为%

铅质量分数	允 许 差
>25.00～30.00	0.40
>30.00～35.00	0.45
>35.00～40.00	0.50

ICS 73.060.99
D 46

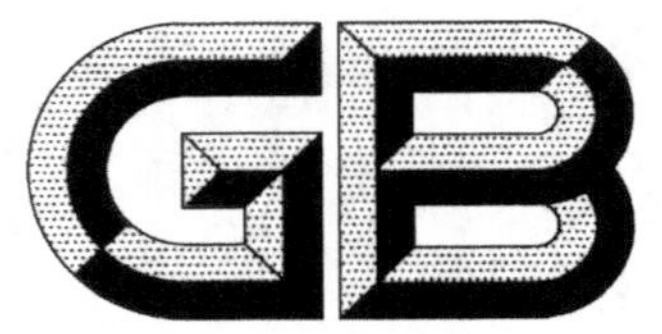

中华人民共和国国家标准

GB/T 7739.6—2007

金精矿化学分析方法
第 6 部分:锌量的测定

**Methods for chemical analysis of gold concentrates—
Part 6: Determination of zinc contents**

2007-04-27 发布 2007-11-01 实施

中华人民共和国国家质量监督检验检疫总局
中国国家标准化管理委员会 发布

前　言

GB/T 7739《金精矿化学分析方法》分为 11 个部分：

——第 1 部分：金量和银量的测定；

——第 2 部分：银量的测定；

——第 3 部分：砷量的测定；

——第 4 部分：铜量的测定；

——第 5 部分：铅量的测定；

——第 6 部分：锌量的测定；

——第 7 部分：铁量的测定；

——第 8 部分：硫量的测定；

——第 9 部分：碳量的测定；

——第 10 部分：锑量的测定；

——第 11 部分：砷量和铋量的测定。

本部分为 GB/T 7739 的第 6 部分。

本部分的附录 A 为规范性附录。

本部分由中华人民共和国国家发展和改革委员会提出。

本部分由长春黄金研究院归口。

本部分由国家金银及制品质量监督检验中心(长春)负责起草。

本部分主要起草人：陈菲菲、黄蕊、鲍姝玲、张琦、刘冰。

金精矿化学分析方法
第 6 部分:锌量的测定

1 范围

本部分规定了金精矿中锌含量的测定方法。

本部分适用于金精矿中锌含量的测定。

2 原子吸收光谱法测定锌量(测定范围:0.10%~1.00%)

2.1 方法提要

试料用盐酸、硝酸溶解。在稀盐酸介质中,于原子吸收光谱仪波长 213.9 nm 处,以空气-乙炔火焰,测量锌的吸光度。

2.2 试剂

2.2.1 盐酸(ρ1.19 g/mL)。

2.2.2 硝酸(ρ1.42 g/mL)。

2.2.3 盐酸(1+1)。

2.2.4 锌标准贮存溶液:称取 0.5000 g 金属锌(Zn 的质量分数≥99.99%)于 250 mL 烧杯中,加 20 mL 硝酸(2.2.2),盖上表面皿,加热至完全溶解,煮沸除去氮的氧化物,冷至室温。移入 1000 mL 容量瓶中,用水稀释至刻度,混匀。此溶液 1 mL 含 0.5 mg 锌。

2.2.5 锌标准溶液:移取 10 mL 锌标准贮存溶液(2.2.4)于 250 mL 容量瓶中,加入 5 mL 硝酸(2.2.2),用水稀释至刻度,混匀。此溶液 1 mL 含 20 μg 锌。

2.3 仪器

原子吸收光谱仪,附锌空心阴极灯。

在仪器最佳条件下,凡能达到下列指标的原子吸收光谱仪均可使用。

灵敏度:在与测量溶液的基体相一致的溶液中,锌的特征浓度应不大于 0.0077 μg/mL。

精密度:用最高浓度的标准溶液测量 11 次吸光度,其标准偏差应不超过平均吸光度的 1.0%;用最低浓度的标准溶液(不是“零”标准溶液)测量 11 次吸光度,其标准偏差应不超过最高浓度标准溶液平均吸光度的 0.5%。

工作曲线线性:将工作曲线按浓度等分成五段,最高段的吸光度差值与最低段的吸光度差值之比应不小于 0.8。

2.4 试样

2.4.1 样品粒度应不大于 0.074 mm。

2.4.2 样品在 100 ℃~105 ℃烘箱中烘 1 h 后,置于干燥器中冷却至室温。

2.5 分析步骤

2.5.1 试料

称取 0.20 g 试样,精确至 0.0001 g。

独立进行两次测定,取其平均值。

2.5.2 空白试验

随同试料做空白试验。

2.5.3 测定

2.5.3.1 将试料(2.5.1)置于200 mL烧杯中,用少量水润湿,加入15 mL盐酸(2.2.1),置于电热板上加热数分钟,取下稍冷。加入5 mL硝酸(2.2.2)(如析出单体硫,加入0.5 mL溴;如试料含碳量较高,加入2 mL~3 mL高氯酸),蒸至近干,取下冷却,加入10 mL盐酸(2.2.3),煮沸溶解盐类,取下冷至室温。将溶液移入100 mL容量瓶中,以水稀释至刻度,混匀,静置。

2.5.3.2 按表1分取试液(2.5.3.1)并补加盐酸(2.2.3)于容量瓶中,用水稀释至刻度,混匀。

表1

锌质量分数/%	试液分取量/mL	补加盐酸(2.2.3)量/mL	容量瓶体积/mL
0.10~0.20	25.00	7.5	100
0.20~0.50	10.00	9.0	100
0.50~1.00	5.00	9.5	100

2.5.3.3 于原子吸收光谱仪波长213.9 nm处,使用空气-乙炔火焰,以水调零,测量锌的吸光度,减去随同试料的空白溶液吸光度,从工作曲线上查出相应的锌浓度。

2.5.4 工作曲线的绘制

2.5.4.1 移取0 mL、1.00 mL、2.00 mL、3.00 mL、4.00 mL、5.00 mL锌标准溶液(2.2.5)分别于一组100 mL容量瓶中,加入10 mL盐酸(2.2.3),用水稀释至刻度,混匀。

2.5.4.2 在与试料测定相同条件下测量系列锌标准溶液吸光度。以锌浓度为横坐标,吸光度(减去"零"浓度溶液吸光度)为纵坐标,绘制工作曲线。

2.6 结果计算

按式(1)计算锌的质量分数:

$$w(\mathrm{Zn})=\frac{c\cdot V_0\cdot V_2\times10^{-6}}{m_0\cdot V_1}\times100 \qquad (1)$$

式中:

$w(\mathrm{Zn})$——锌的质量分数,用(%)表示;

c——自工作曲线上查得的锌浓度,单位为微克每毫升(μg/mL);

V_0——试液的总体积,单位为毫升(mL);

V_1——分取试液的体积,单位为毫升(mL);

V_2——分取试液稀释后的体积,单位为毫升(mL);

m_0——试料的质量,单位为克(g)。

所得结果表示至两位小数。

2.7 允许差

实验室间分析结果的差值应不大于表2所列允许差。

表2

单位为%

锌质量分数	允 许 差
0.10~0.20	0.05
>0.20~0.50	0.06
>0.50~1.00	0.08

3 EDTA容量法测定锌量(测定范围:1.00%~15.00%)

3.1 方法提要

试料用盐酸、硝酸和硫酸分解,在氧化剂存在下,用氨水沉淀分离铁、锰等元素,滤液加氟化铵、抗坏血酸、硫脲掩蔽铝、铁、铜等元素，控制酸度在 pH5.0～6.0，以二甲酚橙为指示剂，Na_2EDTA 标准滴定溶液滴定锌、镉合量。扣除镉量即得锌量。

3.2 试剂

3.2.1 氯化铵。

3.2.2 氟化铵。

3.2.3 抗坏血酸。

3.2.4 盐酸(ρ1.19 g/mL)。

3.2.5 硝酸(ρ1.42 g/mL)。

3.2.6 硫酸(ρ1.84 g/mL)。

3.2.7 高氯酸(ρ1.67 g/mL)。

3.2.8 氨水(ρ0.90 g/mL)。

3.2.9 乙酸(ρ1.049 g/mL)。

3.2.10 硫酸(1+1)。

3.2.11 硫酸(1+9)。

3.2.12 盐酸(1+1)。

3.2.13 氨水(1+1)。

3.2.14 硝硫混酸：7 份硝酸(3.2.5)与 3 份硫酸(3.2.6)混合。

3.2.15 过硫酸铵溶液(100 g/L)。使用前配制。

3.2.16 硫脲饱和溶液。

3.2.17 乙酸-乙酸钠缓冲溶液(pH5.5)：将 150 g 无水乙酸钠溶于水中，加入 18 mL 乙酸(3.2.9)，用水稀释至 1000 mL，混匀。

3.2.18 氨性洗涤液：称取 25 g 氯化铵(3.2.1)溶于水中，加 25 mL 氨水(3.2.8)，用水稀释至 500 mL，混匀。

3.2.19 铁贮存液(100 g/L)：称取 100 g 硫酸铁溶解于 1000 mL 硫酸溶液(3.2.11)中。

3.2.20 甲基橙指示剂(0.5 g/L)。

3.2.21 二甲酚橙指示剂(1 g/L)。

3.2.22 锌标准溶液：称取 2.0000 g 金属锌(Zn 的质量分数≥99.99%)置于 300 mL 烧杯中，加入30 mL 盐酸(3.2.12)，置于电热板上微热溶解，取下冷却，移入 1000 mL 容量瓶中，用水稀释至刻度，混匀。此溶液 1 mL 含 2 mg 锌。

3.2.23 乙二胺四乙酸二钠(Na_2EDTA)标准滴定溶液(0.02 mol/L)：

3.2.23.1 配制：称取 7.5 g 乙二胺四乙酸二钠(Na_2EDTA)，加水微热溶解，冷至室温，移入 1000 mL 容量瓶中，用水稀释至刻度，混匀。放置三天后标定。

3.2.23.2 标定：移取三份 25.00 mL 锌标准溶液(3.2.22)，置于 500 mL 三角烧杯中，用水稀释至 50 mL，加入 2 滴～3 滴二甲酚橙指示剂(3.2.21)，用氨水(3.2.13)中和至微红色，加 20 mL 缓冲溶液(3.2.17)，用 Na_2EDTA 标准滴定溶液(3.2.23)滴定至溶液由紫红色变为亮黄色为终点。随同标定做空白试验。

按式(2)计算 Na_2EDTA 标准滴定溶液的实际浓度：

$$c=\frac{c_0 \cdot V_1}{V_2 \times 0.06538} \quad \cdots\cdots (2)$$

式中：

c——Na_2EDTA 标准滴定溶液的实际浓度，单位为摩尔每升(mol/L)，

c_0——锌标准溶液的质量浓度，单位为克每毫升(g/mL)；

V_1——移取锌标准溶液的体积，单位为毫升(mL)；

V_2——滴定锌标准溶液消耗 Na_2EDTA 标准滴定溶液的体积，单位为毫升(mL)；

0.06538——与 1.00 mL Na_2EDTA 标准滴定溶液[$c(Na_2EDTA)=1.000$ mol/L]相当的锌的摩尔质量，单位为克每摩尔(g/mol)。

测定值保留四位有效数字，其极差值不大于 3×10^{-5} mol/L 时，取其平均值。否则重新标定。

3.3 试样

3.3.1 试样粒度应不大于 0.074 mm。

3.3.2 试样在 100 ℃～105 ℃烘 1 h 后，置于干燥器中冷至室温。

3.4 分析步骤

3.4.1 试料

称取 0.30 g 试样，精确至 0.0001 g。

独立地进行两次测定，取其平均值。

3.4.2 空白试验

随同试料做空白试验。

3.4.3 测定

3.4.3.1 将试料(3.4.1)置于 400 mL 烧杯中，用少量水润湿，加入 10 mL 盐酸(3.2.4)，盖上表面皿，置于电热板上加热数分钟，取下稍冷。加入 10 mL 硝硫混酸(3.2.14)，加热使试料溶解完全，蒸至近干，稍冷(如果试料含碳量较高，可在蒸至冒白烟时取下，稍冷，加入 2 mL～3 mL 高氯酸(3.2.7)，继续蒸至近干)。

3.4.3.2 加入 20 mL 硫酸(3.2.11)，盖上表面皿，加热溶解盐类，稍冷，用水吹洗表面皿和杯壁，稀释体积至 60 mL 左右(如溶液中含铁较低，适当补加铁贮存液(3.2.19)使溶液中含铁约 20 mg)。

3.4.3.3 加入 3 g～5 g 氯化铵(3.2.1)、5 mL 过硫酸铵溶液(3.2.15)，用氨水(3.2.8)中和至沉淀完全再过量 10 mL，加热微沸 1 min～2 min，趁热用快速定性滤纸过滤，用热的洗涤液(3.2.18)洗涤烧杯和沉淀3～5 次，滤液保留。

3.4.3.4 将滤液加热浓缩至约 100 mL，取下冷却，加 0.3 g 氟化铵(3.2.2)、0.1 g 抗坏血酸(3.2.3)、1 滴甲基橙指示剂(3.2,20)，用氨水(3.2.13)和盐酸(3.2.12)调至溶液恰变红色，加入 20 mL 乙酸-乙酸钠缓冲溶液(3.2.17)、10 mL 硫脲饱和溶液(3.2.16)，混匀。加 3 滴～4 滴二甲酚橙溶液(3.2.21)，用乙二胺四乙酸二钠标准滴定溶液(3.2.23)滴定至溶液由紫红色变成亮黄色为终点。

3.5 结果计算

按式(3)计算锌的质量分数：

$$w(Zn)=\frac{c(V_3-V_0)\times0.06538}{m_0}\times100-w(Cd)\times0.5817 \quad\cdots\cdots(3)$$

式中：

$w(Zn)$——锌的质量分数，用(%)表示；

c——Na_2EDTA 标准滴定溶液的实际浓度，单位为摩尔每升(mol/L)；

V_3——滴定试料溶液消耗 Na_2EDTA 标准滴定溶液的体积，单位为毫升(mL)；

V_0——滴定空白溶液消耗 Na_2EDTA 标准滴定溶液的体积，单位为毫升(mL)；

m_0——试料的质量，单位为克(g)；

0.06538——与 1.00 mLNa_2EDTA 钠标准滴定溶液[$c(Na_2EDTA)=1.000$ mol/L]相当的锌的摩尔质量，单位为克每摩尔(g/mol)；

$w(Cd)$——镉的质量分数(按附录 A 测定)，用(%)表示；

0.5817——镉量换算成锌量的换算因数。

所得结果表示至两位小数。

3.6 允许差

实验室之间分析结果的差值应不大于表3所列允许差。

表3

单位为%

锌的质量分数	允　许　差
1.00～2.00	0.12
>2.00～3.00	0.16
>3.00～5.00	0.20
>5.00～10.00	0.25
>10.00～15.00	0.30

附 录 A
(规范性附录)
原子吸收光谱法测定镉量

A.1 范围

本附录规定了金精矿中镉含量的测定方法。

本附录适用于金精矿中镉含量的测定。测定范围:0.010%～0.50%。

A.2 方法提要

试料用酸溶解。在稀硝酸介质中于原子吸收光谱仪波长 228.8 nm 处,以空气-乙炔火焰测量镉的吸光度,扣除背景吸收,按标准曲线法计算镉的含量。

A.3 试剂

A.3.1 盐酸(ρ1.19 g/mL)。

A.3.2 硝酸(ρ1.42 g/mL)。

A.3.3 高氯酸(ρ1.67 g/mL)。

A.3.4 溴。

A.3.5 硝酸(1+1)。

A.3.6 镉标准贮存溶液:称取 0.5000 g 金属镉(Cd 的质量分数≥99.99%)于 200 mL 烧杯中,加入 10 mL 硝酸(A.3.5)盖上表面皿,置于电热板上低温加热至完全溶解,煮沸驱除氮的氧化物,冷至室温。移入 1000 mL 容量瓶中,以水稀至刻度,混匀。此溶液 1 mL 含 0.5 mg 镉。

A.3.7 镉标准溶液:移取 10.00 mL 镉标准贮存溶液于 500 mL 容量瓶中,加入 10 mL 硝酸(A.3.5),用水稀释至刻度,混匀。此溶液 1 mL 含 10 μg 镉。

A.4 仪器

原子吸收光谱仪。附镉空心阴极灯。

在仪器最佳工作条件下,凡能达到下列指标者均可使用。

灵敏度:在与测量溶液的基体相一致的溶液中,镉的特征浓度应不大于 0.0038 μg/mL。

精密度:用最高浓度的标准溶液测量 10 次吸光度,其标准偏差应不超过平均吸光度的 1.0%;用最低浓度的标准溶液(不是"零"标准溶液)测量 10 次吸光度,其标准偏差应不超过最高浓度标准溶液平均吸光度的 0.5%。

工作曲线线性:将工作曲线按浓度等分五段,最高段的吸光度差值与最低段的吸光度差值之比应不小于 0.85。

A.5 试样

A.5.1 试样粒度不大于 0.075 mm。

A.5.2 试样在 100 ℃～105 ℃烘 1 h 后,置于干燥器中,冷至室温。

A.6 分析步骤

A.6.1 试料

称取 0.20 g 试样,精确至 0.0001 g。

独立地进行两次测定，取其平均值。

A.6.2 空白试验

随同试料做空白试验。

A.6.3 测定

A.6.3.1 将试料(A.6.1)置于250 mL烧杯中，用少量水润湿加入10 mL盐酸(A.3.1)，盖上表面皿，置于电热板上加热数分钟，取下稍冷，加入10 mL硝酸(A.3.2)，如析出单体硫，加入0.5 mL溴(A.3.4)；如试料含碳量较高，加入2 mL～3 mL高氯酸(A.3.3)，置于电热板上加热使试料完全溶解，继续加热蒸至近干，取下冷却。加入10 mL硝酸(A.3.5)，加热至微沸用少量水吹洗表面皿及杯壁，冷至室温。

A.6.3.2 将试液(A.6,3.1)移入100 mL容量瓶中，用水稀释至刻度，混匀，静置或干过滤。

A.6.3.3 按表A.1分取试液(A.6.3.2)并补加硝酸(A.3.5)于100 mL容量瓶中(如镉小于0.02%时，直接按A.6.3.4操作)。

表A.1

镉的质量分数/%	试液和空白分取量/mL	硝酸(A.3.5)补加量/mL
0.020～0.10	50.00	5.0
>0.10～0.15	25.00	7.5
>0.15～0.50	10.00	9.0

A.6.3.4 在原子吸收光谱仪波长228.8 nm处使用空气-乙炔火焰，以水调零，测量试液吸光度，减去试料空白试验溶液的吸光度，从工作曲线上查得镉的浓度。

A.6.3.5 工作曲线的绘制

移取0 mL，2.00 mL，4.00 mL，6.00 mL，8.00 mL，10.00 mL镉标准溶液(A.3.7)，置于一组100 mL的容量瓶中，加10 mL硝酸(A.3,5)，用水稀释至刻度，混匀。在与测量试液相同条件下，测量镉标准溶液的吸光度(减去"零"浓度溶液的吸光度)，以镉的浓度为横坐标，吸光度为纵坐标，绘制工作曲线。

A.7 分析结果的表述

按式(A.1)计算镉的质量分数：

$$w(\mathrm{Cd})=\frac{c\cdot V_0\cdot V_2\times10^{-6}}{m_0\cdot V_1}\times100 \qquad \text{(A.1)}$$

式中：

$w(\mathrm{Cd})$——镉的质量分数，用(%)表示；

c——自工作曲线上查得的镉的浓度，单位为微克每毫升(μg/mL)；

V_0——试液的总体积，单位为毫升(mL)；

V_1——试液的分取体积，单位为毫升(mL)；

V_2——试液分取后的稀释体积，单位为毫升(mL)；

m_0——试料的质量，单位为克(g)。

所得结果表示至两位小数，若质量分数小于0.10%时，表示至三位小数。

A.8 允许差

实验室之间的分析结果的差值应不大于表A.2所列允许差。

表 A.2

单位为%

镉质量分数	允 许 差
0.010～0.050	0.003
＞0.050～0.10	0.010
＞0.10～0.30	0.02
＞0.30～0.50	0.03

ICS 73.060.99
D 46

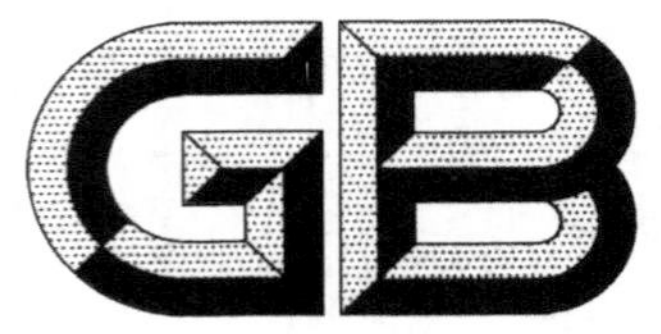

中华人民共和国国家标准

GB/T 7739.7—2007

金精矿化学分析方法
第7部分:铁量的测定

**Methods for chemical analysis of gold concentrates—
Part 7:Determination of iron contents**

2007-04-27 发布　　2007-11-01 实施

中华人民共和国国家质量监督检验检疫总局
中国国家标准化管理委员会　发布

前　言

GB/T 7739《金精矿化学分析方法》分为 11 个部分：

——第 1 部分：金量和银量的测定；

——第 2 部分：银量的测定；

——第 3 部分：砷量的测定；

——第 4 部分：铜量的测定；

——第 5 部分：铅量的测定；

——第 6 部分：锌量的测定；

——第 7 部分：铁量的测定；

——第 8 部分：硫量的测定；

——第 9 部分：碳量的测定；

——第 10 部分：锑量的测定；

——第 11 部分：砷量和铋量的测定。

本部分为 GB/T 7739 的第 7 部分。

本部分由中华人民共和国国家发展和改革委员会提出。

本部分由长春黄金研究院归口。

本部分由国家金银及制品质量监督检验中心（长春）负责起草。

本部分主要起草人：陈菲菲、黄蕊、陈培军、张正红、张琦。

金精矿化学分析方法
第7部分:铁量的测定

1 范围

本部分规定了金精矿中铁含量的测定方法。

本部分适用于金精矿中铁含量的测定。测定范围:1.00%～30.00%。

2 方法提要

试料经盐酸、硝酸和硫酸溶解,用氨水沉淀分离干扰元素,在盐酸介质中,用二氯化锡还原三价铁离子为二价,过量的二氯化锡用氯化高汞氧化,在硫酸-磷酸存在下,以二苯胺磺酸钠为指示剂,用重铬酸钾标准溶液滴定。

3 试剂

3.1 盐酸(ρ1.19 g/mL)。

3.2 硝酸(ρ1.42 g/mL)。

3.3 硫酸(ρ1.84 g/mL)。

3.4 磷酸(ρ1.70 g/mL)。

3.5 氨水(ρ0.90 g/mL)。

3.6 盐酸(1+1)。

3.7 硫酸(1+1)。

3.8 氯化铵。

3.9 洗液:25 g氯化铵(3.8)以500 mL水溶解,加入20 mL氨水(3.5),混匀。

3.10 二氯化锡溶液(50 g/L);称取5 g二氯化锡溶于20 mL热盐酸(3.1)中,用水稀释至100 mL,混匀。

3.11 二氯化汞(饱和溶液)。

3.12 硫酸-磷酸混合溶液:在搅拌下将200 mL硫酸(3.3)缓慢加入到500 mL水中,冷却后加入300 mL磷酸(3.4),混匀。

3.13 二苯胺磺酸钠指示剂(5 g/L):称取0.5 g二苯胺磺酸钠,溶于100 mL水中,加入2滴硫酸(3.7)混匀,存放于棕色试剂瓶中。

3.14 铁标准溶液:称取1.4297 g三氧化二铁(优级纯)于250 mL锥形瓶中,加入50 mL盐酸(3.1),盖上表面皿,低温加热溶解完全,冷却,移入1000 mL容量瓶中,用水稀释至刻度,混匀。此溶液含铁1.00 mg/mL。

3.15 重铬酸钾标准滴定溶液:$c(1/6K_2Cr_2O_7)=0.04000$ mol/L。

3.15.1 配制:称取1.9612 g重铬酸钾于250 mL烧杯中,以少量水溶解,移入1000 mL容量瓶中,用水稀释至刻度,混匀。

3.15.2 标定:移取三份20 mL铁标准溶液(3.14)于250 mL锥形瓶中,加热至近沸,趁热滴加二氯化锡溶液(3.10)至铁的黄色完全消失并过量1滴～2滴,流水冷却至室温,加入10 mL二氯化汞溶液(3.11),放置2 min～3 min,加入100 mL水,20 mL硫酸-磷酸混合溶液(3.12),加4滴二苯胺磺酸钠指示剂(3.13),用重铬酸钾标准滴定溶液(3.15)滴定至紫色,即为终点。随同标定做空白试验。

按式(1)计算重铬酸钾标准滴定溶液的实际浓度：

$$c=\frac{c_0 \cdot V_1}{V_2 \times 0.5585} \qquad (1)$$

式中：

c——重铬酸钾标准滴定溶液的实际浓度，单位为摩尔每升(mol/L)；

c_0——铁标准溶液的质量浓度，单位为克每毫升(g/mL)；

V_1——移取铁标准溶液的体积，单位为毫升(mL)；

V_2——滴定铁标准溶液消耗重铬酸钾标准滴定溶液的体积，单位为毫升(mL)；

0.5585——与1.00 mL重铬酸钾标准滴定溶液[$c(1/6K_2Cr_2O_7)=1.000$ mol/L]相当的铁的摩尔质量，单位为克每摩尔(g/mol)。

测定值保留四位有效数字，其极差值不大于3×10^{-5}mol/L时，取其平均值。否则重新标定。

4 试样

4.1 试样粒度应不大于0.074 mm。

4.2 试样在100 ℃～105 ℃烘1 h后，置于干燥器中冷至室温。

5 分析步骤

5.1 试料

称取0.20 g～0.50 g试样，精确至0.0001 g。

独立地进行两次测定，取其平均值。

5.2 空白试验

随同试料做空白试验。

5.3 测定

5.3.1 将试料(5.1)置于400 mL烧杯中，用少量水润湿，加入10 mL盐酸(3.1)，盖上表面皿，置于电热板上低温加热数分钟，取下稍冷。加入5 mL硝酸(3.2)，加热使试料溶解完全，冷却，加4 mL硫酸(3.7)，继续加热蒸发至冒浓三氧化硫白烟，稍冷。

5.3.2 加入10 mL盐酸(3.6)加热使可溶性盐溶解，加入3 g～4 g氯化铵(3,8)，搅拌，加入20 mL氨水(3.5)，加入100 mL水，加热煮沸，用快速滤纸过滤，用热洗液(3.9)洗涤烧杯和沉淀各4次，再用水各洗一次。

5.3.3 用热盐酸(3.6)溶解沉淀于原烧杯中，然后用热水和盐酸(3.6)交替洗涤滤纸至无黄色，加热至近沸，趁热滴加二氯化锡溶液(3.10)至黄色消失并过量1滴～2滴，流水冷却至室温，加入10 mL二氯化汞溶液(3.11)，放置2 min～3 min，加入100 mL水，20 mL硫酸-磷酸混合溶液(3.12)，加4滴二苯胺磺酸钠指示剂(3.13)，用重铬酸钾标准滴定溶液(3.15)滴定至紫色，即为终点。

6 结果计算

按式(2)计算铁的质量分数：

$$w(\mathrm{Fe})=\frac{c(V_3-V_0)\times 0.05585}{m_0}\times 100 \qquad (2)$$

式中：

$w(\mathrm{Fe})$——铁的质量分数，用(%)表示；

c——重铬酸钾标准滴定溶液的实际浓度，单位为摩尔每升(mol/L)；

V_3——滴定试料溶液消耗重铬酸钾标准滴定溶液的体积，单位为毫升(mL)；

V_0——滴定空白溶液消耗重铬酸钾标准滴定溶液的体积，单位为毫升(mL)；

m_0——试料的质量，单位为克(g)；

0.05585——与1.00 mL重铬酸钾标准滴定溶液[$c(1/6K_2Cr_2O_7)=1.000$ mol/L]相当的铁的摩尔质量，单位为克每摩尔(g/mol)。

所得结果表示至两位小数。

7 允许差

实验室之间分析结果的差值应不大于表1所列允许差。

表1

单位为%

铁质量分数	允许差
1.00～2.00	0.10
>2.00～5.00	0.15
>5.00～10.00	0.20
>10.00～20.00	0.30
>20.00～30.00	0.40

ICS 73.060.99
D 46

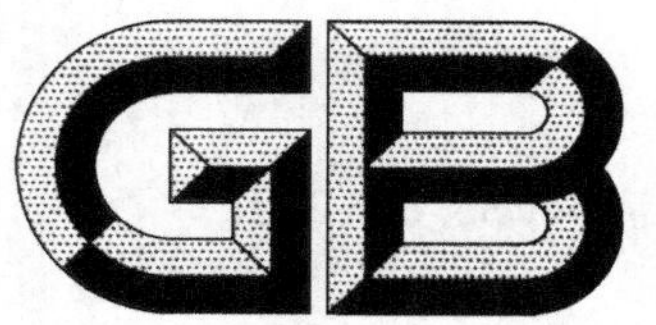

中华人民共和国国家标准

GB/T 7739.8—2007

金精矿化学分析方法 第8部分:硫量的测定

Methods for chemical analysis of gold concentrates—Part 8: Determination of sulfur contents

2007-04-27 发布

2007-11-01 实施

中华人民共和国国家质量监督检验检疫总局
中国国家标准化管理委员会 发布

前　言

GB/T 7739《金精矿化学分析方法》分为 11 个部分：
——第 1 部分：金量和银量的测定；
——第 2 部分：银量的测定；
——第 3 部分：砷量的测定；
——第 4 部分：铜量的测定；
——第 5 部分：铅量的测定；
——第 6 部分：锌量的测定；
——第 7 部分：铁量的测定；
——第 8 部分：硫量的测定；
——第 9 部分：碳量的测定；
——第 10 部分：锑量的测定；
——第 11 部分：砷量和铋量的测定。

本部分为 GB/T 7739 的第 8 部分。

本部分由中华人民共和国国家发展和改革委员会提出。

本部分由长春黄金研究院归口。

本部分由国家金银及制品质量监督检验中心(长春)负责起草。

本部分主要起草人：陈菲菲、黄蕊、陈培军、刘正红、魏成磊。

金精矿化学分析方法
第8部分：硫量的测定

1 范围

本部分规定了金精矿中硫含量的测定方法。

本部分适用于金精矿中硫含量的测定。

2 硫酸钡重量法测定硫量（测定范围：5.00%～50.00%）

2.1 方法提要

试料在800 ℃经碳酸钠、氧化锌、高锰酸钾混合熔剂半熔后，用水溶解可溶物，并用氯化钡沉淀溶液中的硫酸根，沉淀经过滤、灼烧后称重，按硫酸钡的质量计算试样中硫的含量。

在被测试样中，小于10 mg的氟不干扰测定。

2.2 试剂

2.2.1 混合熔剂：将无水碳酸钠、氧化锌、高锰酸钾按质量比为1：1：0.1相混合，研细，混匀。

2.2.2 过氧化氢（3+7）。

2.2.3 盐酸（ρ1.19 g/mL）。

2.2.4 硝酸（ρ1.42 g/mL）。

2.2.5 无水碳酸钠溶液（20 g/L）。

2.2.6 氯化钡溶液（100 g/L）：过滤后使用。

2.2.7 硝酸银溶液（10 g/L）：每100 mL硝酸银溶液中加入3滴～4滴硝酸（2.2.4）。

2.2.8 甲基橙指示剂（1 g/L）。

2.3 试样

2.3.1 试样粒度应不大于0.074 mm。

2.3.2 试样在100 ℃～105 ℃烘1 h后，置于干燥器中冷至室温。

2.4 分析步骤

2.4.1 试料

按表1称取试样，精确至0.0001 g。

表1

硫质量分数/%	试料量/g
5.00～20.00	0.50
>20.00～50.00	0.20

独立地进行两次测定，取其平均值。

2.4.2 空白试验

随同试料做空白试验。

2.4.3 测定

2.4.3.1 在25 mL瓷坩埚中铺1 g～2 g混合熔剂（2.2.1），于另一瓷坩埚中，加入4 g～6 g混合熔剂（2.2.1）和试料（2.4.1），搅拌均匀，移入铺有混合熔剂的瓷坩埚中，上面再覆盖一层1 g～2 g混合熔剂（2.2.1）。

2.4.3.2 将坩埚放入高温炉中，稍开炉门，从室温逐渐升温至 800 ℃，保温 20 min，取出冷却。

2.4.3.3 将坩埚中半熔物移入盛有 100 mL 热水的 250 mL 烧杯中，以热水洗净坩埚，并稀释至150 mL，加入 2 mL 过氧化氢(2.2.2)煮沸数分钟，以倾泻法用慢速定量滤纸过滤于 500 mL 烧杯中，以无水碳酸钠溶液(2.2.5)洗烧杯 4 次，洗沉淀 8 次～10 次。

2.4.3.4 向滤液中加入 1 滴～2 滴甲基橙指示剂(2.2.8)，用盐酸(2.2.3)中和至溶液变红，再过量 3 mL。

2.4.3.5 将滤液用水稀释至体积为 300 mL，煮沸，趁热在不断搅拌下缓慢加入 20 mL 氯化钡溶液(2.2.6)，煮沸，于室温下静置 3 h。

2.4.3.6 用慢速定量滤纸过滤，用热水洗沉淀至无氯离子(用硝酸银溶液(2.2.7)检验)。

2.4.3.7 将沉淀连同滤纸放入 25 mL 瓷坩埚中，置于低温电炉上，烘干灰化，于 780 ℃±10 ℃马弗炉中灼烧 0.5 h，取出瓷坩埚置于干燥器中，冷至室温后称重，并重复灼烧至恒量。

2.5 结果计算

按式(1)计算硫的质量分数：

$$w(\mathrm{S})=\frac{[(m_1-m_2)-(m_3-m_4)]\times 0.1374}{m_0}\times 100 \qquad (1)$$

式中：

$w(\mathrm{S})$——硫的质量分数，用(%)表示；

m_1——试料沉淀与瓷坩埚的质量，单位为克(g)；

m_2——瓷坩埚的质量，单位为克(g)；

m_3——空白沉淀与瓷坩埚的质量，单位为克(g)；

m_4——空白瓷坩埚的质量，单位为克(g)；

m_0——试料的质量，单位为克(g)；

0.1374——硫酸钡换算为硫的换算因数。

所得结果表示至两位小数。

2.6 允许差

实验室之间分析结果的差值应不大于表 2 所列允许差。

表 2

单位为%

硫质量分数	允 许 差
5.00～10.00	0.20
>10.00～20.00	0.30
>20.00～30.00	0.40
>30.00～40.00	0.50
>40.00～50.00	0.60

3 燃烧-酸碱滴定法测定硫量(测定范围：5.00%～50.00%)

3.1 方法提要

试料在 1250 ℃～1300 ℃高温氧气流中燃烧，使硫转化成二氧化硫，用过氧化氢溶液吸收并氧化成硫酸。以甲基红-次甲基蓝为混合指示剂，用氢氧化钠标准滴定溶液滴定至溶液由红紫色变为亮绿色即为终点。

3.2 试剂

3.2.1 氢氧化钠。

3.2.2 变色硅胶。

3.2.3 氧化铜,粉状。

3.2.4 铅粉(Pb 的质量分数≥99.99%)。

3.2.5 硫酸(ρ1.84 g/mL)。

3.2.6 硫酸(1+1)。

3.2.7 硝酸(1+3)。

3.2.8 高锰酸钾-氢氧化钠溶液:称取 3.0 g 高锰酸钾溶于 100 mL 水中,加入 10 g 氢氧化钠(3.2.1),溶解后装入洗气瓶中。

3.2.9 甲基红-次甲基蓝混合指示剂:称取 0.12 g 甲基红和 0.08 g 次甲基蓝(两者均需研细),溶于 100 mL 无水乙醇中。

3.2.10 过氧化氢吸收液:移取 100 mL 过氧化氢(30%),加水稀释至 2000 mL,加 1 mL 混合指示剂(3.2.9)。限一周内使用。

3.2.11 硫酸铅基准试剂的制备:

称取 20 g 铅粉(3.2.4)于 500 mL 的烧杯中,加入 30 mL 硝酸(3.2.7)溶解,待反应完全后过滤除去悬浮物,加入 20 mL 硫酸(3.2.6),沉降 2 h 后用中速定量滤纸过滤,用蒸馏水洗至中性,在烘箱内烘干,放到瓷坩埚中,于高温炉 780 ℃灼烧 1 h,取出稍冷放入干燥器中。待室温后取出放入研钵中研磨,再放入高温炉 780 ℃灼烧 1 h 后取出,放入干燥器中作为基准物。

3.2.12 氢氧化钠标准滴定溶液[c(NaOH)=0.10 mol/L]:

3.2.12.1 配制:将氢氧化钠配制成饱和溶液,并在塑料瓶内放置至溶液澄清。吸取 50 mL 上清液,用不含二氧化碳的水稀释至 10 L,混匀。

3.2.12.2 标定:准确称取 0.4000 g 硫酸铅基准试剂(3.2.11)于瓷舟中,覆盖 0.5 g 氧化铜(3.2.3),按 3.5.3.4、3.5.3.5 同时进行标定,记录消耗氢氧化钠标准滴定溶液的体积。

按式(2)计算氢氧化钠标准滴定溶液的滴定系数:

$$F=\frac{m\times 0.1057}{V_1-V_0} \qquad (2)$$

式中:

F——氢氧化钠标准滴定溶液对硫的滴定系数,单位为克每毫升(g/mL);

m——称取硫酸铅的质量,单位为克(g);

V_0——标定时,滴定空白溶液所消耗氢氧化钠标准滴定溶液的体积,单位为毫升(mL);

V_1——标定时,消耗氢氧化钠标准滴定溶液的体积,单位为毫升(mL);

0.1057——硫酸铅转化为硫的系数。

平行标定三份,测定值保留四位有效数字,其极差值不大于 1×10^{-5} g/mL 时,取其平均值,否则重新标定。

3.3 装置

3.3.1 高温管式电炉:最高温度 1350 ℃,常用温度 1300 ℃。

3.3.2 温度自动控制器(0 ℃~1600 ℃)。

3.3.3 转子流量计(0 L/min~2 L/min)。

3.3.4 锥形燃烧管:内径 18 mm,外径 22 mm,总长 600 mm。

3.3.5 瓷舟:长 88 mm,使用前应在 1000 ℃预先灼烧 1 h。

3.3.6 硫的测定装置(见图 1)。

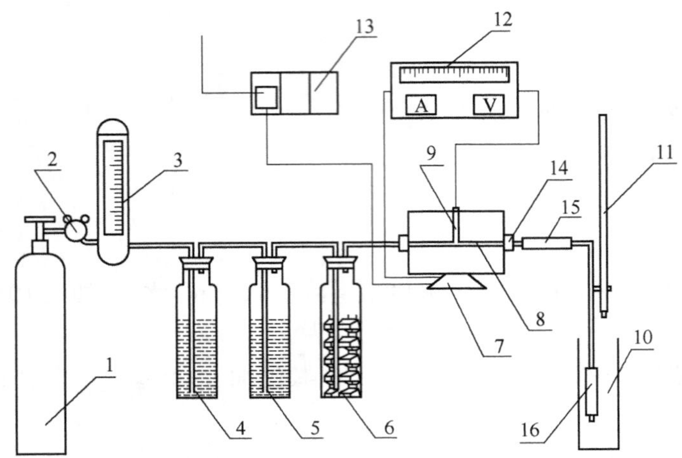

1——氧气瓶；
2——减压阀；
3——转子流量计；
4——洗气瓶(内装高锰酸钾-氢氧化钠溶液(3.2.8),液面高约1/3瓶高)；
5——洗气瓶(内装硫酸(3.2.5),液面高约1/3瓶高)；
6——干燥塔(内装变色硅胶(3.2.2))；
7——高温管式电炉；
8——锥形瓷管；
9——瓷舟；
10——150 mL气体吸收瓶；
11——滴定管；
12——温度控制器；
13——电源；
14——橡胶塞；
15——乳胶管；
16——多孔气体扩散管。

图1　燃烧-酸碱滴定法定硫装置图

3.4　试样

3.4.1　试样粒度应不大于0.074 mm。

3.4.2　试样在100 ℃～105 ℃烘1 h后，置于干燥器中冷至室温。

3.5　分析步骤

3.5.1　试料

按表3称取试样，精确至0.0001 g。

表3

硫质量分数/%	试料量/g
5.00～20.00	0.20
>20.00～50.00	0.10

独立地进行两次测定，取其平均值。

3.5.2　空白试验

随同试料做空白试验。

3.5.3 测定

3.5.3.1 将试料(3.5.1)均匀地置于瓷舟中，覆盖 0.5 g 氧化铜(3.2.3)，放于干燥器中。

3.5.3.2 接通高温管式电炉电源，分 2 次～3 次逐渐加大电压，使炉温升至 1250 ℃。

3.5.3.3 在 150 mL 的吸收瓶中加入 80 mL 过氧化氢吸收液(3.2.10)，使吸收液的液面距离气体扩散管下端 50 mm。

3.5.3.4 按图 1 连接好全部装置。在通气的条件下检查装置的气密性。调节氧气流量为0.15 L/min～0.20 L/min，滴加氢氧化钠标准滴定溶液(3.2.12)至吸收液为亮绿色，不记读数。

3.5.3.5 用镍铬丝将盛有试料的瓷舟迅速推入燃烧管温度最高处，立即塞紧橡胶塞通入氧气，调整氧气流量在 0.15 L/min～0.20 L/min 之间，吸收 1 min 后，调整氧气的流量在 0.40 L/min～0.50 L/min 之间开始滴定，以氢氧化钠标准滴定溶液(3.2.12)滴定至由紫红色转变成亮绿色为终点。

注：不论新旧燃烧管，开始测定前，均应在 1200 ℃～1250 ℃充分燃烧，并预烧 1 个～2 个实验样品后，方可进行正式试样的测定。

3.6 结果计算

按式(3)计算硫的质量分数：

$$w(\mathrm{S})=\frac{F(V_2-V_0)}{m_0}\times 100 \quad \cdots\cdots (3)$$

式中：

$w(\mathrm{S})$——硫的质量分数，用(%)表示；

F——氢氧化钠标准滴定溶液对硫的滴定系数，单位为克每毫升(g/mL)；

V_2——测定时滴定试料溶液消耗氢氧化钠标准滴定溶液的体积，单位为毫升(mL)；

V_0——测定时滴定空白溶液消耗氢氧化钠标准滴定溶液的体积，单位为毫升(mL)；

m_0——试料的质量，单位为克(g)。

所得结果表示至两位小数。

3.7 允许差

实验室之间分析结果的差值应不大于表 4 所列允许差。

表 4

单位为%

硫质量分数	允 许 差
5.00～10.00	0.20
>10.00～20.00	0.30
>20.00～30.00	0.40
>30.00～40.00	0.50
>40.00～50.00	0.60

ICS 73.060.99
D 46

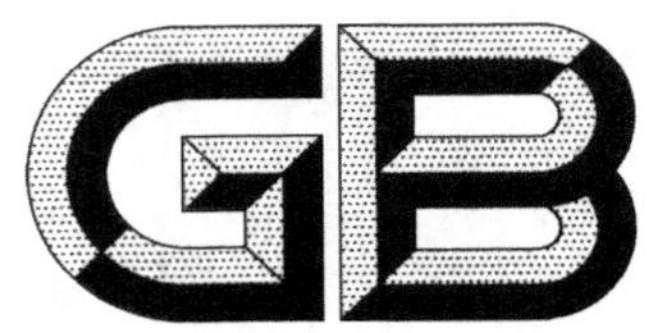

中华人民共和国国家标准

GB/T 7739.9—2007

金精矿化学分析方法 第9部分:碳量的测定

Methods for chemical analysis of gold concentrates— Part 9:Determination of carbon contents

2007-04-27 发布 2007-11-01 实施

中华人民共和国国家质量监督检验检疫总局
中国国家标准化管理委员会 发布

前　言

GB/T 7739《金精矿化学分析方法》分为11个部分：

——第1部分：金量和银量的测定；

——第2部分：银量的测定；

——第3部分：砷量的测定；

——第4部分：铜量的测定；

——第5部分：铅量的测定；

——第6部分：锌量的测定；

——第7部分：铁量的测定；

——第8部分：硫量的测定；

——第9部分：碳量的测定；

——第10部分：锑量的测定；

——第11部分：砷量和铋量的测定。

本部分为GB/T 7739的第9部分。

本部分由中华人民共和国国家发展和改革委员会提出。

本部分由长春黄金研究院归口。

本部分由国家金银及制品质量监督检验中心（长春）负责起草。

本部分主要起草人：陈菲菲、黄蕊、刘冰、刘正红、张琦。

金精矿化学分析方法
第 9 部分:碳量的测定

1 范围

本部分规定了金精矿中碳含量的测定方法。

本部分适用于金精矿中碳含量的测定。测定范围:0.10%～5.00%。

2 方法提要

试料在 1200 ℃～1250 ℃高温氧气流中燃烧,使碳转化成二氧化碳,以百里酚酞为指示剂,用乙醇-乙醇胺-氢氧化钾溶液吸收滴定二氧化碳。

3 试剂

3.1 碳酸钙(基准试剂)。

3.2 变色硅胶。

3.3 氧化铜,粉状。

3.4 无水乙醇。

3.5 硫酸(ρ1.84 g/mL)。

3.6 高锰酸钾-氢氧化钠溶液:称取 3.0 g 高锰酸钾溶于 100 mL 水中,加入 10 g 氢氧化钠,溶解后装入洗气瓶中。

3.7 标准吸收滴定溶液:

3.7.1 配制:将 30 mL 乙醇胺溶于 970 mL 无水乙醇(3.4)中,加入 3.0 g 氢氧化钾及 150 mg 百里酚酞指示剂,混匀,放置 3d～5d 后备用。

3.7.2 标定:称取 0.0100 g(精确至 0.0001 g)预先在 100 ℃～105 ℃烘至恒重的碳酸钙(3.1),置于预先在 1000 ℃高温炉中灼烧过的瓷舟中,加入适量的氧化铜(3.3),以下操作按分析步骤进行。

按式(1)计算标准吸收滴定溶液的滴定度:

$$T=\frac{m_1\times 0.1200}{V} \qquad (1)$$

式中:

T——与 1.00 mL(标准)吸收滴定溶液相当的以克表示的碳的质量,单位为克每毫升(g/mL);

m_1——称取碳酸钙的质量,单位为克(g);

V——标定时,滴定消耗标准吸收滴定溶液的体积,单位为毫升(mL);

0.1200——碳酸钙对碳的换算系数。

平行标定三份,测定值保留四位有效数字,其极差值不大于 1×10^{-5} g/mL 时,取其平均值,否则,重新标定。

4 装置

4.1 高温管式电炉:最高温度 1350 ℃,常用温度 1300 ℃。

4.2 温度自动控制器(0 ℃～1600 ℃)。

4.3 转子流量计(0 L/min～2 L/min)。

4.4 锥形燃烧管：内径 18 mm，外径 22 mm，总长 600 mm。

4.5 瓷舟：长 88 mm，使用前应在 1000 ℃预先灼烧 1 h。

4.6 碳的测定装置如图 1：

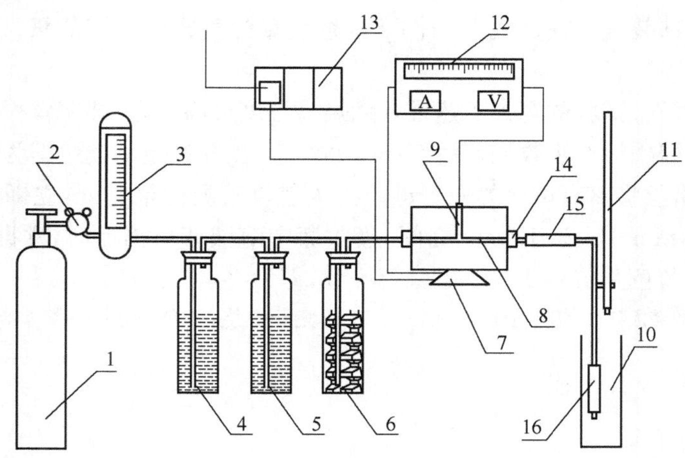

1——氧气瓶；
2——减压阀；
3——转子流量计；
4——洗气瓶(内装高锰酸钾-氢氧化钠溶液(3.6)，液面高约 1/3 瓶高)；
5——洗气瓶(内装硫酸(3.5)，液面高约 1/3 瓶高)；
6——干燥塔(内装变色硅胶(3.2))；
7——高温管式电炉；
8——锥形瓷管；
9——瓷舟；
10——150 mL 气体吸收瓶；
11——滴定管；
12——温度控制器；
13——电源；
14——橡胶塞；
15——乳胶管；
16——多孔气体扩散管。

图 1 非水滴定法测定碳装置图

5 试样

5.1 试样粒度应不大于 0.074 mm。

5.2 试样在 100 ℃～105 ℃烘 1 h 后，置于干燥器中冷至室温。

6 分析步骤

6.1 试料

称取 0.10 g 试样，精确至 0.0001 g。

独立地进行两次测定，取其平均值。

6.2 空白试验

随同试料做空白试验。

6.3 测定

6.3.1 将试料(6.1)均匀地置于瓷舟中，覆盖 0.5 g 氧化铜(3.3)，放于干燥器中。

6.3.2 接通高温管式电炉电源，分 2 次～3 次逐渐加大电压，使炉温升至 1200 ℃。

6.3.3 在二氧化碳吸收瓶中加入标准吸收滴定溶液(3.7)，使吸收液的液面距离气体扩散管下端 50 mm。

6.3.4 按图 1 连接好全部装置。在通气的条件下检查装置的气密性。调节氧气流量为 0.15 L/min～0.20 L/min。

6.3.5 用镍铬丝将盛有任一试料的瓷舟迅速推入燃烧管温度最高处，立即塞紧橡胶塞通入氧气，待吸收瓶中溶液蓝色消退时，立即用标准吸收滴定溶液(3.7)滴定至出现稳定的蓝色即为终点。

6.3.6 试料分析：用镍铬丝将盛有试料的瓷舟迅速推入燃烧管温度最高处，立即塞紧橡胶塞通入氧气，调整氧气流量在 0.15 L/min～0.20 L/min 之间，吸收瓶中溶液蓝色消退时，立即用标准吸收滴定溶液(3.7)滴定至出现稳定的蓝色并与 6.3.5 终点颜色一致，即为终点。

注：不论新旧燃烧管，开始测定前，均应在 1200 ℃～1250 ℃充分燃烧，并预烧 1 个～2 个实验样品后，方可进行正式试样的测定。

7 结果计算

按式(2)计算碳的质量分数：

$$w(C)=\frac{T\times(V_1-V_0)}{m_0}\times 100 \qquad (2)$$

式中：

$w(C)$——碳的质量分数，用(%)表示；

T——与 1.00 mL 标准吸收滴定溶液相当的以克表示的碳的质量，单位为克每毫升(g/mL)；

V_1——测定时滴定试料溶液消耗标准吸收滴定溶液的体积，单位为毫升(mL)；

V_0——测定时滴定空白溶液消耗标准吸收滴定溶液的体积，单位为毫升(mL)；

m_0——试料的质量，单位为克(g)。

所得结果表示至两位小数。

8 允许差

实验室之间分析结果的差值应不大于表 1 所列允许差。

表 1

单位为%

碳质量分数	允 许 差
0.05～0.10	0.03
>0.10～0.20	0.05
>0.20～0.50	0.08
>0.50～1.00	0.10
>1.00～2.00	0.20
>2.00～5.00	0.30

ICS 73.060.99
D 46

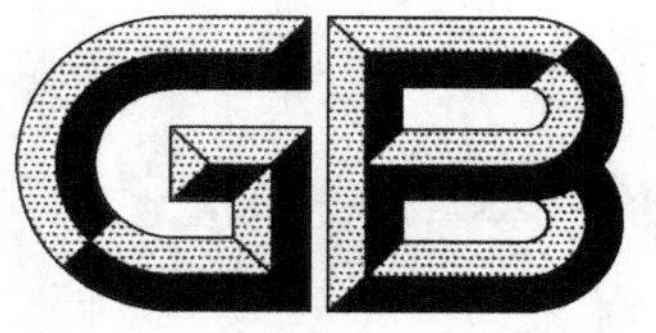

中华人民共和国国家标准

GB/T 7739.10—2007

金精矿化学分析方法
第10部分:锑量的测定

Methods for chemical analysis of gold concentrates—
Part 10:Determination of antimony contents

2007-04-29 发布　　2007-11-01 实施

中华人民共和国国家质量监督检验检疫总局
中国国家标准化管理委员会　发布

前　言

GB/T 7739《金精矿化学分析方法》分为 11 个部分：

——第 1 部分：金量和银量的测定；

——第 2 部分：银量的测定；

——第 3 部分：砷量的测定；

——第 4 部分：铜量的测定；

——第 5 部分：铅量的测定；

——第 6 部分：锌量的测定；

——第 7 部分：铁量的测定；

——第 8 部分：硫量的测定；

——第 9 部分：碳量的测定；

——第 10 部分：锑量的测定；

——第 11 部分：砷量和铋量的测定。

本部分为 GB/T 7739 的第 10 部分。

本部分由中华人民共和国国家发展和改革委员会提出。

本部分由长春黄金研究院归口。

本部分由国家金银及制品质量监督检验中心(长春)负责起草。

本部分主要起草人：陈菲菲、黄蕊、刘冰、刘正红、张琦、魏成磊。

金精矿化学分析方法
第 10 部分:锑量的测定

1 范围

本部分规定了金精矿中锑含量的测定方法。

本部分适用于金精矿中锑含量的测定。

2 硫酸铈滴定法测定锑量(测定范围:0.20%~5.00%)

2.1 方法提要

试料用硫酸-硫酸钾分解,以炭素作还原剂和助溶剂,在盐酸介质中,加磷酸掩蔽高价铁离子,以甲基橙为指示剂,在 80 ℃~90 ℃用硫酸铈标准滴定溶液滴定至溶液红色消失,即为终点。

2.2 试剂

2.2.1 硫酸钾。

2.2.2 硫酸(ρ1.84 g/mL,)。

2.2.3 磷酸(ρ1.70 g/mL)。

2.2.4 盐酸(ρ1.19 g/mL)。

2.2.5 硫酸(1+1)。

2.2.6 金属锑(Sb 的质量分数≥99.99%)。

2.2.7 甲基橙指示剂(1 g/L)。

2.2.8 硫酸铈标准滴定溶液[$c(Ce(SO_4)_2 \cdot 4H_2O)=0.05$ mol/L]。

2.2.8.1 配制:称取 20.25 g 硫酸铈[$Ce(SO_4)_2 \cdot 4H_2O$],置于 1000 mL 烧杯中,加入 200 mL 硫酸(2.2.5),加入 600 mL 水,在电炉上加热溶解至清亮,取下冷至室温,移入 1000 mL 容量瓶中,以水稀释至刻度,混匀。

2.2.8.2 标定:称取三份 0.1000 g 金属锑(2.2.6),分别置于 300 mL 锥形瓶中,以少量水润湿,加入 20 mL。硫酸(2.2.5),加热溶解至清亮,取下冷却。以下操作按 2.4.3.2、2.4.3.3 进行。

随同标定做空白试验。

按式(1)计算硫酸铈标准滴定溶液的实际浓度:

$$c=\frac{m}{(V_1-V_0)\times 0.06088} \qquad (1)$$

式中:

c——硫酸铈标准滴定溶液的实际浓度,单位为摩尔每升(mol/L);

m——金属锑的质量,单位为克(g);

V_1——滴定锑消耗硫酸铈标准滴定溶液的体积,单位为毫升(mL):

V_0——标定中空白溶液消耗硫酸铈标准滴定溶液的体积,单位为毫升(mL);

0.06088——与 1.00 mL 硫酸铈标准滴定溶液[$c(Ce(SO_4)_2)=1.00$ mol/L]相当的锑的摩尔质量,单位为克每摩尔(g/mol)。

测定值保留四位有效数字,其极差值不大于 4×10^{-4} mol/L 时,取其平均值。否则,需重新标定。

2.3 试样

2.3.1 试样粒度应不大于 0.075 mm。

2.3.2 试样在 100 ℃～105 ℃烘 1 h 后，置于干燥器中冷至室温。

2.4 分析步骤

2.4.1 试料

称取 1.00 g 试样，精确至 0.0001 g。

独立地进行两次测定，取其平均值。

2.4.2 空白试验

随同试料做空白试验。

2.4.3 测定

2.4.3.1 将试料(2.4.1)置于 300 mL 锥形瓶中，加入 2 g 硫酸钾(2.2.1)，以少量水润湿，加入 15 mL 硫酸(2.2.2)，置于电热板上加热，待驱除大部分硫后，盖上表面皿，在保持溶液微沸的温度下溶解 30 min。取下稍冷，加入约 3 cm^2 定性滤纸，继续加热至滤纸炭化后溶液的暗色消失，取下冷却。

2.4.3.2 加入 100 mL 水、20 mL 盐酸(2.2.4)，混匀，加入 10 mL 磷酸(2.2.3)，混匀，煮沸。

2.4.3.3 加入 2 滴甲基橙指示剂(2.2.7)，在保持溶液 80 ℃～90 ℃的温度下，用硫酸铈标准滴定溶液(2.2.8)滴定至溶液的红色恰好消失，即为终点。

2.5 结果计算

按式(2)计算锑的质量分数：

$$w(\mathrm{Sb})=\frac{c(V_2-V_3)\times 0.06088}{m_0}\times 100 \qquad (2)$$

式中：

$w(\mathrm{Sb})$——锑的质量分数，用(%)表示；

c——硫酸铈标准滴定溶液的实际浓度，单位为摩尔每升(mol/L)；

V_2——滴定试料溶液消耗硫酸铈标准滴定溶液的体积，单位为毫升(mL)；

V_3——滴定空白溶液消耗硫酸铈标准滴定溶液的体积，单位为毫升(mL)；

m_0——试料的质量，单位为克(g)；

0.06088——与 1.00 mL 硫酸铈标准滴定溶液[$c(\mathrm{Ce(SO_4)_2})=1.00$ mol/L]相当的锑的摩尔质量，单位为克每摩尔(g/mol)。

所得结果应表示至两位小数。

2.6 允许差

实验室之间分析结果的差值应不大于表 1 所列允许差。

表 1

单位为%

锑质量分数	允　许　差
0.20～0.50	0.05
>0.50～1.00	0.08
>1.00～2.00	0.12
>2.00～3.00	0.16
>3.00～5.00	0.20

3 氢化物发生-原子荧光光谱法测定锑量(测定范围：0.010%～0.40%)

3.1 方法提要

试料用酸溶解。在稀盐酸介质中，加入抗坏血酸预还原，以硫脲掩蔽铜。移取一定量待测液于氢化物发生器中，锑(Ⅲ)被硼氢化钾还原为氢化锑，用氩气导入石英炉原子化器中，以锑空心阴极灯作光源，于原子荧光光谱仪上测定其荧光强度。

3.2 试剂

3.2.1 硝酸(ρ1.42 g/mL)。

3.2.2 盐酸(ρ1.19 g/mL)。

3.2.3 盐酸(1+1)。

3.2.4 盐酸(1+9)。

3.2.5 酒石酸。

3.2.6 金属锑(Sb的质量分数≥99.9%)。

3.2.7 硫脲-抗坏血酸溶液(50 g/L-50 g/L),当天配制。

3.2.8 硼氢化钾溶液(20 g/L):称取10.00 g硼氢化钾溶解于500 mL氢氧化钾溶液(5 g/L)中,当天配制。

3.2.9 锑标准贮存溶液:称取0.1000 g金属锑(3.2.6)于300 mL烧杯中,加25 mL硝酸(3.2.1)、3 g酒石酸(3.2.5),低温加热溶解,并蒸发至近干,稍冷,加入50 mL盐酸(3.2.3),加热溶解,煮沸除去氮的氧化物,取下冷却,移入1000 mL容量瓶中,用盐酸(3.2.4)稀释至刻度,混匀。此溶液1 mL含0.1 mg锑。

3.2.10 锑标准溶液:移取10.00 mL,锑标准贮存溶液(3.2.9)于500 mL容量瓶中,加盐酸(3.2.4)稀释至刻度,混匀。此溶液1 mL含2 μg锑。

3.3 仪器

原子荧光光谱计。附屏蔽式石英炉原子化器,玻璃质氢化物发生器。特制锑空心阴极灯或锑高强度空心阴极灯。

氩气:用作屏蔽气、载气。

在仪器最佳工作条件下,凡能达到下列指标者均可使用。

检出限:不大于2×10^{-9}g/mL。

精密度:用0.02 μg/mL的锑标准溶液测量11次荧光强度,其相对标准偏差不应超过5.0%。

3.4 试样

3.4.1 试样粒度应不大于0.074 mm。

3.4.2 试样在100 ℃~105 ℃烘1 h后,置于干燥器中冷至室温。

3.5 分析步骤

3.5.1 试料

按表2称取试料,精确至0.0001 g。

表2

锑质量分数/%	试料量/g
0.005~0.010	0.2000
>0.10~0.40	0.1000

独立地进行两次测定,取其平均值。

3.5.2 空白试验

随同试料做空白试验。

3.5.3 测定

3.5.3.1 将试料(3.5.1)置于200 mL烧杯中,加入0.5 g酒石酸(3.2.5),用水湿润,加入15 mL硝酸(3.2.1),低温溶解,蒸至体积约2 mL,取下冷却,加入20 mL盐酸(3.2.3)、10 mL硫脲-抗坏血酸溶液(3.2.7),用水冲洗杯壁,低温煮沸使盐类溶解,取下冷却。将溶液移入100 mL容量瓶中,以水稀释至刻度,混匀。

3.5.3.2 按表3分取溶液(3.5.3.1)于容量瓶中,并按测定溶液体积补加盐酸(3.2.3)及硫脲-抗坏血酸溶液(3.2.7)用水稀释至刻度,混匀,干过滤部分溶液待测。

表3

锑质量分数 /%	试液总体积 /mL	分取试液体积 /mL	测定溶液体积 /mL	补加盐酸溶液(3.2.3) /mL	补加硫脲-抗坏血酸溶液(3.2.7)/mL
0.005~0.050	100	10.00	50	4	4
>0.050~0.20	100	10.00	100	9	9
>0.20~0.40	100	10.00	200	19	19

3.5.3.3 移取2 mL待测溶液(3.5.3.2)于氢化物发生器中,以恒定速率加入硼氢化钾溶液(3.2.8),以随同试料的空白溶液为参比,测量荧光强度,从工作曲线上查得相应的锑浓度。

3.5.4 工作曲线的绘制

3.5.4.1 移取0 mL、1.00 mL、2.00 mL、4.00 mL、6.00 mL、8.00 mL、10.00 mL锑标准溶液(3.2.10)分别于一组100 mL容量瓶中,加入20 mL盐酸(3.2.3)、10 mL硫脲-抗坏血酸溶液(3.2.7),用水稀释至刻度,混匀。

3.5.4.2 在与测定试料溶液相同的条件下,以零浓度标准溶液为参比,测量标准溶液的荧光强度。以锑浓度为横坐标,荧光强度为纵坐标,绘制工作曲线。

3.6 结果计算

按式(3)计算锑的质量分数:

$$w(\mathrm{Sb})=\frac{c \cdot V_0 \cdot V_2 \times 10^{-6}}{m_0 \cdot V_1}\times 100 \qquad (3)$$

式中:

$w(\mathrm{Sb})$——锑的质量分数,用(%)表示;

c——自工作曲线上查得的锑的浓度,单位为微克每毫升(μg/mL);

V_0——试液的总体积,单位为毫升(mL);

V_1——分取试液的体积,单位为毫升(mL);

V_2——分取试液稀释后的体积,单位为毫升(mL);

m_0——试料的质量,单位为克(g)。

所得结果保留两位有效数字。

3.7 允许差

实验室之间分析结果的差值应不大于表4所列允许差。

表4

单位为%

锑质量分数	允　许　差
0.005~0.010	0.005
>0.010~0.050	0.010
>0.050~0.10	0.020
>0.10~0.20	0.03
>0.20~0.40	0.04

ICS 73.060.99
D 46

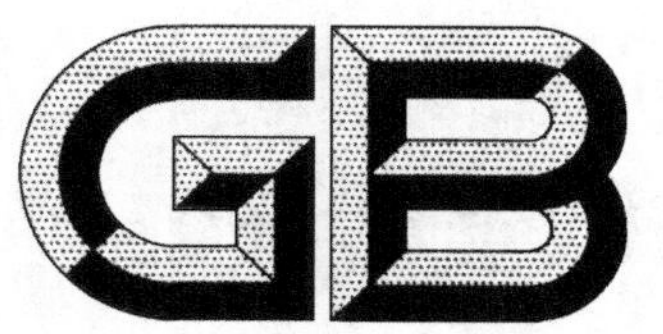

中华人民共和国国家标准

GB/T 7739.11—2007

金精矿化学分析方法
第11部分:砷量和铋量的测定

Methods for chemical analysis of gold concentrates—
Part 11:Determination of arsenic and bismuth contents

2007-04-29 发布　　2007-11-01 实施

中华人民共和国国家质量监督检验检疫总局
中国国家标准化管理委员会　发布

前　　言

GB/T 7739《金精矿化学分析方法》分为 11 个部分：

——第 1 部分：金量和银量的测定；

——第 2 部分：银量的测定；

——第 3 部分：砷量的测定；

——第 4 部分：铜量的测定；

——第 5 部分：铅量的测定；

——第 6 部分：锌量的测定；

——第 7 部分：铁量的测定；

——第 8 部分：硫量的测定；

——第 9 部分：碳量的测定；

——第 10 部分：锑量的测定；

——第 11 部分：砷量和铋量的测定。

本部分为 GB/T 7739 的第 11 部分。

本部分由中华人民共和国国家发展和改革委员会提出。

本部分由长春黄金研究院归口。

本部分由国家金银及制品质量监督检验中心(长春)负责起草。

本部分主要起草人：陈菲菲、黄蕊、魏成磊、刘冰、苏凯。

金精矿化学分析方法
第 11 部分:砷量和铋量的测定

1 范围

本部分规定了金精矿中砷和铋含量的测定方法。

本部分适用于金精矿中砷和铋含量的测定。测定范围:砷:0.010%~0.40%;铋:0.010%~0.50%。

2 方法提要

试料经硝酸、硫酸溶解,用抗坏血酸进行预还原,以硫脲掩蔽铜,在氢化物发生器中,砷和铋被硼氢化钾还原为氢化物,用氩气导入石英炉原子化器中,于原子荧光光谱仪上测量其荧光强度。按标准曲线法计算砷和铋量。

3 试剂

3.1 氯酸钾。

3.2 硝酸(ρ1.42 g/mL)。

3.3 盐酸(ρ1.19 g/mL)。

3.4 王水:3 份体积盐酸和 1 份体积硝酸混合,现用现配。

3.5 硫酸(ρ1.84 g/mL)。

3.6 硫脲-抗坏血酸混合溶液:称取硫脲、抗坏血酸各 5 g,用水溶解,稀释至 100 mL,混匀,现用现配。

3.7 硼氢化钾溶液(20 g/L):称取 2 g 硼氢化钾溶于 100 mL 氢氧化钠溶液(2 g/L)中,现用现配。

3.8 砷标准贮存溶液:称取 0.1320 g 三氧化二砷(预先在 100 ℃~105 ℃烘 1 h,置于干燥器中冷却至室温)于 100 mL 烧杯中,加 5 mL 氢氧化钠溶液(200 g/L),低温加热使其溶解,加水 50 mL,2 滴酚酞乙醇溶液(1 g/L),用硫酸(1+1)中和至红色刚消失,再过量 2 mL,移入 1000 mL 容量瓶中,用水稀释至刻度。此溶液 1 mL 含 100 μg 砷。

3.9 砷标准溶液:移取 20.00 mL 砷标准贮存溶液(3.8)于 500 mL 容量瓶中,用水稀释至刻度,混匀。此溶液 1 mL 含 4 μg 砷。

3.10 铋标准贮存溶液:称取 0.1000 g 铋(Bi 的质量分数≥99.99%)于 250 mL 烧杯中,加入 50 mL 硝酸(1+1),盖上表面皿,加热至完全溶解,微沸驱除氮的氧化物,冷却,移入 1000 mL 容量瓶中,用水稀释至刻度,混匀。此溶液 1 mL 含 100 μg 铋。

3.11 铋标准溶液:移取 20.00 mL 铋标准贮存溶液(3.10)于 500 mL 容量瓶中,加入 100 mL 盐酸,用水稀释至刻度,混匀。此溶液 1 mL 含 4 μg 铋。

4 仪器

原子荧光光谱仪,附屏蔽式石英炉原子化器,玻璃质氢化物发生器。特制砷、铋空心阴极灯或高强度空心阴极灯。

氩气:用作屏蔽气、载气。

在仪器最佳工作条件下,凡能达到下列指标者均可使用。

检出限:不大于 9×10^{-10} g/mL。

精密度:用 0.10 μg/mL 的砷、铋标准溶液测量荧光强度 11 次,其标准偏差不超过平均荧光强度的 5.0%。

5 试样

5.1 试样粒度应不大于 0.074 mm。

5.2 试样在 100 ℃～105 ℃烘 1 h 后，置于干燥器中冷至室温。

6 分析步骤

6.1 试料

称取 0.20 g 试样，精确至 0.0001 g。

独立地进行两次测定，取其平均值。

6.2 空白试验

随同试料做空白试验。

6.3 测定

6.3.1 将试料(6.1)置于 300 mL 烧杯中，用少量水润湿，加入约 0.1 g 氯酸钾(3.1)与试料混匀，加 10 mL 硝酸(3.2)，盖上表面皿，置于低温电热板上加热溶解(试样中含硫高时反复加少量氯酸钾至无单体硫析出为止)，蒸至小体积，稍冷，加 5 mL 硫酸(3.5)，混匀，加热至冒烟，取下冷却，加 30 mL 盐酸(3.3)，用水吹洗表面皿及杯壁至 70 mL 左右，低温加热至可溶性盐类溶解，取下冷却，移入 100 mL 容量瓶中，用水稀释至刻度。

6.3.2 按表 1 分取上述溶液(6.3.1)于已盛有 60 mL 水、10 mL 王水(3.4)的 100 mL 容量瓶中，加 10 mL 硫脲-抗坏血酸混合溶液(3.6)，用水稀释至刻度，混匀。

6.3.3 移取 2 mL 待测溶液(6.3.2)于氢化物发生器中，以恒定速率加入硼氢化钾溶液(3.7)，以随同试料的空白试验溶液为参比，测量其荧光强度。从工作曲线上查出相应的砷浓度和铋浓度。

表 1

砷和铋的质量分数/%	分取试液体积/mL
0.01～0.10	10.00
>0.10～0.20	5.00
>0.20～0.50	2.00

6.3.4 工作曲线的绘制

分别移取 0 mL、0.50 mL、1.00 mL、2.00 mL、4.00 mL、6.00 mL、8.00 mL 砷标准溶液(3.9)和铋标准溶液(3.11)于一组已盛有 60 mL 水、10 mL 王水(3.4)的 100 mL 容量瓶中，加 10 mL 硫脲-抗坏血酸混合溶液(3.6)，用水稀释至刻度，混匀。按仪器测其荧光强度，减去试剂空白的荧光强度。以砷或铋的浓度为横坐标，荧光强度为纵坐标绘制工作曲线。

7 结果计算

按式(1)计算砷或铋的质量分数：

$$w(\text{As 或 Bi})=\frac{c\cdot V_0\cdot V_2\times10^{-6}}{m_0\cdot V_1}\times100 \qquad (1)$$

式中：

w(As 或 Bi)——砷或铋的质量分数，用(%)表示；

c——自工作曲线上查得的砷或铋的浓度，单位为微克每毫升(μg/mL)；

V_0——试液的总体积，单位为毫升(mL)；

V_1——分取试液的体积，单位为毫升(mL)；

V_2——分取试液稀释后的体积，单位为毫升(mL)；

m_0——试料的质量，单位为克(g)。

所得结果保留两位小数，若质量分数小于0.10%时，表示至三位小数。

8 允许差

实验室之间分析结果的差值应不大于表2所列允许差。

表2

单位为%

砷、铋质量分数	允 许 差
0.010～0.030	0.003
>0.030～0.060	0.006
>0.060～0.10	0.010
>0.10～0.20	0.02
>0.20～0.50	0.03

ICS 77.120.99
D 46

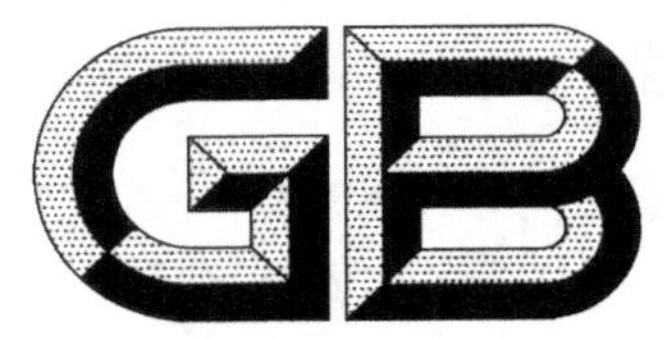

中华人民共和国国家标准

GB/T 7739.12—2016

金精矿化学分析方法 第12部分：砷、汞、镉、铅和铋量的测定 原子荧光光谱法

Methods for chemical analysis of gold concentrates—
Part 12: Determination of arsenic, mercury, cadmium, lead and bismuth contents—
Atomic fluorescence spectrometric method

2016-08-29 发布　　2017-07-01 实施

中华人民共和国国家质量监督检验检疫总局
中国国家标准化管理委员会　发布

前　言

GB/T 7739《金精矿化学分析方法》分为12个部分：

——第1部分：金量和银量的测定；

——第2部分：银量的测定；

——第3部分：砷量的测定；

——第4部分：铜量的测定；

——第5部分：铅量的测定；

——第6部分：锌量的测定；

——第7部分：铁量的测定；

——第8部分：硫量的测定；

——第9部分：碳量的测定；

——第10部分：锑量的测定；

——第11部分：砷量和铋量的测定；

——第12部分：砷、汞、镉、铅和铋量的测定　原子荧光光谱法。

本部分为GB/T 7739的第12部分。

本部分按照GB/T 1.1—2009给出的规则起草。

本部分由全国黄金标准化技术委员会(SAC/TC 379)提出并归口。

本部分负责起草单位：长春黄金研究院。

本部分参加起草单位：北京矿冶研究总院、紫金矿业集团股份有限公司、灵宝黄金股份有限公司、山东国大黄金股份有限公司、灵宝金源矿业股份有限公司。

本部分主要起草人：陈永红、王菊、苏广东、颜凯、陈殿耿、汤淑芳、蒯丽君、郭智杭、陈祝海、朱延胜、孔令强、王青丽。

金精矿化学分析方法 第12部分:砷、汞、镉、铅和铋量的测定 原子荧光光谱法

1 范围

GB/T 7739的本部分规定了金精矿中砷、汞、镉、铅和铋量的测定方法。

本部分适用于金精矿中砷、汞、镉、铅和铋量的测定。测定范围:0.00004%~0.20%。

2 方法提要

试料用盐酸和硝酸混酸水浴溶解或盐酸、硝酸、高氯酸、氢氟酸溶解。用还原剂将试液中的As(Ⅴ)预还原为As(Ⅲ),Cd(Ⅳ)预还原为Cd(Ⅱ),铅、汞、铋不用预还原,用掩蔽剂掩蔽试液中的干扰元素,在一定酸度下,试液和硼氢化钾溶液通过氢化物发生器产生氢化物,随载气进入石英管原子化,于原子荧光光谱仪上测定其荧光强度,按标准曲线法计算砷、汞、镉、铅和铋量。

3 试剂

除非另有说明,在分析中仅使用确认为分析纯的试剂和二次去离子水。

3.1 盐酸(ρ1.19 g/mL),优级纯。

3.2 硝酸(ρ1.42 g/mL),优级纯。

3.3 氢氟酸(ρ1.18 g/mL),优级纯。

3.4 高氯酸(ρ1.76 g/mL),优级纯。

3.5 硫酸(ρ1.84 g/mL),优级纯。

3.6 盐酸(1+1):以盐酸(3.1)稀释。

3.7 盐酸(1+19):以盐酸(3.1)稀释。

3.8 盐酸(1+49):以盐酸(3.1)稀释。

3.9 硝酸(1+4):以硝酸(3.2)稀释。

3.10 硫酸(1+4):以硫酸(3.5)稀释。

3.11 混酸(1+3+4):以1体积硝酸(3.2)、3体积盐酸(3.1)和4体积水混合均匀,现用现配。

3.12 氢氧化钠(5 g/L)。

3.13 氢氧化钠(200 g/L)。

3.14 硼氢化钾溶液Ⅰ(20 g/L):称取10.0 g硼氢化钾溶于500 mL氢氧化钠溶液(3.12)中,现用现配。

3.15 硼氢化钾溶液Ⅱ(20 g/L):称取10.0 g硼氢化钾溶于500 mL氢氧化钠的溶液(3.12)中,加入5 g铁氰化钾,溶解,现用现配。

3.16 硫脲-抗坏血酸溶液(100 g/L)。

3.17 草酸(80 g/L)。

3.18 六水合氯化钴溶液(0.5 g/L)。

3.19 焦磷酸钠(20 g/L)。

3.20 硫酸钾(100 g/L)。

3.21 氯化钡(50 g/L)。

3.22 砷标准贮备溶液(100 μg/mL):称取0.1320 g三氧化二砷(预先在100 ℃~105 ℃烘1 h,置于干

燥器中冷却至室温)于 100 mL 烧杯中,加入 5 mL 氢氧化钠溶液(3.13),低温加热溶解,加 50 mL 水,2 滴酚酞(1 g/L),用硫酸(3.10)中和至红色刚消失,过量 2 mL,移入 1000 mL 容量瓶中,用水稀释至刻度。

3.23 汞标准贮备溶液(100 μg/mL):称取 0.1354 g 氯化汞(质量分数≥99.99%),溶于水,移入 1000 mL 容量瓶中,用水稀释至刻度,混匀。

3.24 铋标准贮备溶液(100 μg/mL):称取 0.1000 g 铋(质量分数≥99.99%),溶于 6 mL 硝酸(3.2)中,煮沸除去氮的氧化物气体,冷却,移入 1000 mL 容量瓶中,稀释至刻度。

3.25 铅标准贮备溶液(100 μg/mL):称取 0.1000 g 金属铅(质量分数≥99.99%)与 250 mL 烧杯中,加 20 mL 硝酸(3.2),盖上表面皿,加热至完全溶解,煮沸除去氮的氧化物,冷至室温。移入 1000 mL 容量瓶中,用水稀释至刻度,混匀。

3.26 镉标准贮备溶液(100 μg/mL):称取 0.1000 g 金属镉(质量分数≥99.99%)于 200 mL 烧杯中,加 10 mL 硝酸(3.2),盖上表面皿,置于电热板上低温加热至完全溶解,煮沸除去氮的氧化物,冷至室温。移入 1000 mL 容量瓶中,用水稀释至刻度,混匀。

3.27 砷、铋标准溶液Ⅰ(2 μg/mL):移取 20 mL 砷标准贮备溶液(3.22)和 20 mL 铋标准贮备溶液(3.24)于 1000 mL 容量瓶中,加 50 mL 硝酸(3.2),用水稀释至刻度,混匀。

3.28 砷、铋标准溶液Ⅱ(100 ng/mL):移取 25 mL 砷、铋标准溶液Ⅰ(3.27)于 500 mL 容量瓶中,加 25 mL 硝酸(3.2),用水稀释至刻度,混匀。

3.29 汞标准中间液(2 μg/mL):移取 20 mL 汞标准贮备溶液(3.23)于 1000 mL 容量瓶中,加入 50 mL 硝酸(3.2),用水稀释至刻度,混匀。

3.30 汞标准溶液Ⅰ(100 ng/mL):移取 25 mL 汞标准中间液(3.29)于 500 mL 容量瓶中,加入 25 mL 硝酸(3.2),用水稀释至刻度,混匀。

3.31 汞标准溶液Ⅱ(10 ng/mL):移取 50 mL 汞标准溶液Ⅰ(3.30)于 500 mL 容量瓶中,加入 25 mL 硝酸(3.2),用水稀释至刻度,混匀。

3.32 铅标准溶液Ⅰ(2 μg/mL):移取 20 mL 铅标准贮备溶液(3.25)于 1000 mL 容量瓶中,加入 50 mL 盐酸(3.1),用水稀释至刻度,混匀。

3.33 铅标准溶液Ⅱ(100 ng/mL):移取 25 mL 铅标准溶液Ⅰ(3.32)于 500 mL 容量瓶中,加入 25 mL 盐酸(3.1),用水稀释至刻度,混匀。

3.34 镉标准中间液(2 μg/mL):移取 20 mL 镉标准贮备溶液(3.26)于 1000 mL 容量瓶中,加入 50 mL 盐酸(3.1),用水稀释至刻度,混匀。

3.35 镉标准溶液Ⅰ(100 ng/mL):移取 25 mL 镉标准中间液(3.34)于 500 mL 容量瓶中,加入 25 mL 盐酸(3.1),用水稀释至刻度,混匀。

3.36 镉标准溶液Ⅱ(10 ng/mL):移取 50 mL 镉标准溶液Ⅰ(3.35)于 500 mL 容量瓶中,加入 25 mL 盐酸(3.1),用水稀释至刻度,混匀。

4 仪器

原子荧光光谱仪,附砷、汞、镉、铅和铋特种空心阴极灯。

在最佳工作条件下,凡能达到下列指标者均可使用:

——检出限:不大于 1 ng/mL;

——精密度:用 0.1 μg/mL 的砷、汞、镉、铅和铋溶液测量荧光强度 10 次,其标准偏差应不超过平均荧光强度的 5.0%;

——工作曲线线性:将工作曲线按浓度等分成五段,最高段的吸光度差值与最低段的吸光度差值之比,应小于 0.7。

5 试样

5.1 试样粒度不大于 0.074 mm。

5.2 试样应在 100 ℃～105 ℃烘干 1 h 后，置于干燥器中冷却至室温。

6 分析步骤

6.1 试料

根据试样中待测元素的含量按表 1 称取试样(5.2)，精确至 0.0001 g。

独立进行两次测定，取其平均值。

6.2 空白试验

随同试料做空白试验。

表 1

砷和铋	待测元素含量/%	0.00004～0.0004	0.00040～0.002	0.002～0.005	0.005～0.05	0.05～0.20
	称样量/g	0.50	0.50	0.20	0.20	0.20
	定容体积/mL	50	50	50	100	100
	分取体积/mL	5	5	10	10	2
	稀释体积/mL	10	10	50	100	100
	砷、铋工作曲线	Ⅱ	Ⅰ	Ⅰ	Ⅰ	Ⅰ
汞	待测元素含量/%	0.00004～0.0004	0.00040～0.002	0.002～0.005	0.005～0.05	0.05～0.20
	称样量/g	0.50	0.50	0.20	0.20	0.20
	定容体积/mL	50	50	100	200	100
	分取体积/mL	25	10	10	2	10
	稀释体积/mL	50	100	100	100	100(2/100)[a]
	汞工作曲线	Ⅱ	Ⅰ	Ⅰ	Ⅰ	Ⅰ
铅	待测元素含量/%	0.00004～0.0004	0.00040～0.002	0.002～0.005	0.005～0.05	0.05～0.20
	称样量/g	0.50	0.50	0.20	0.20	0.20
	定容体积/mL	50	50	50	100	100
	分取体积/mL	5	5	10	10	2
	稀释体积/mL	10	10	50	100	100
	铅工作曲线	Ⅱ	Ⅰ	Ⅰ	Ⅰ	Ⅰ
镉	待测元素含量/%	0.00004～0.0004	0.00040～0.002	0.002～0.005	0.005～0.05	0.05～0.20
	称样量/g	0.50	0.50	0.20	0.20	0.20
	定容体积/mL	50	50	100	200	100
	分取体积/mL	25	10	10	2	10
	稀释体积/mL	50	100	100	100	100(2/100)[a]
	镉工作曲线	Ⅱ	Ⅰ	Ⅰ	Ⅰ	Ⅰ

[a] 括号内表示二次稀释的体积比。

6.3 测定

6.3.1 砷、汞和铋量的溶液制备：将试料(6.1)置于比色管(按表 1 定容体积选择比色管规格)中，加

10 mL 混酸(3.11),在水浴上加热 2 h,冷却后用水稀释至刻度,摇匀,静置。

6.3.2 砷、铋、铅和镉量的溶液制备:将试料(6.1)置于 150 mL 聚四氟乙烯烧杯中,加 6 mL 盐酸(3.1),3 mL 硝酸(3.2),3 mL 氢氟酸(3.3),2 mL 高氯酸(3.4),盖上表面皿,低温加热至大部分试料分解,继续升温至不高于 220 ℃,直至试料分解完全,蒸发近干,取下冷却,加入少量盐酸(3.6)使可溶性盐类溶解,转移至容量瓶(按表 1 定容体积选择容量瓶规格)中,用盐酸(3.7)稀释至刻度,摇匀,静置。

6.3.3 按表 1 分别分取溶液(6.3.1)和(6.3.2)于相应体积容量瓶中,用与工作曲线绘制相同的方法测定试料溶液中各元素的荧光强度,扣除空白荧光强度,在相应工作曲线上查得被测元素的质量浓度。

注:容量瓶、移液管、比色管、聚四氟乙烯烧杯、聚四氟乙烯表面皿,以上器具需要在硝酸溶液(3.9)中浸泡 12 h,清洗干净后使用。

6.4 工作曲线的绘制

6.4.1 砷、铋工作曲线的绘制

移取 0.00 mL、0.50 mL、1.00 mL、2.00 mL、4.00 mL、5.00 mL 砷、铋标准溶液Ⅰ(3.27)和 0.00 mL、1.00 mL、2.00 mL、4.00 mL、8.00 mL、10.00 mL 砷、铋标准溶液Ⅱ(3.28)于 100 mL 容量瓶中,依次加入 5 mL 盐酸(3.1),5 mL 硫脲-抗坏血酸溶液(3.16),用水稀释至刻度,摇匀,放置 30 min,待测。两组工作曲线分别为砷、铋工作曲线Ⅰ和砷、铋工作曲线Ⅱ,以硼氢化钾溶液Ⅰ(3.14)为还原剂,盐酸溶液(3.7)为载流,测定标准溶液。以砷、铋标准溶液的荧光强度为纵坐标,砷、铋溶液的浓度为横坐标绘制工作曲线。

6.4.2 汞工作曲线的绘制

移取 0.00 mL、1.00 mL、2.00 mL、4.00 mL、8.00 mL、10.00 mL 汞标准溶液Ⅰ(3.30)和 0.00 mL、1.00 mL、2.00 mL、4.00 mL、8.00 mL、10.00 mL 汞标准溶液Ⅱ(3.31)于 100 mL 容量瓶中,依次加入 5 mL 盐酸(3.1),5 mL 硫脲-抗坏血酸溶液(3.16),用水稀释至刻度,摇匀,待测。两组工作曲线分别为汞工作曲线Ⅰ和汞工作曲线Ⅱ,以硼氢化钾溶液Ⅰ(3.14)为还原剂,盐酸溶液(3.7)为载流,测定标准溶液。以汞标准溶液的荧光强度为纵坐标,汞溶液的浓度为横坐标绘制工作曲线。

6.4.3 铅工作曲线的绘制

移取 0.00 mL、0.50 mL、1.00 mL、2.00 mL、4.00 mL、5.00 mL 铅标准溶液Ⅰ(3.32)和 0.00 mL、1.00 mL、2.00 mL、4.00 mL、8.00 mL、10.00 mL 铅标准溶液Ⅱ(3.33)于 100 mL 容量瓶中,加入 4 mL 草酸(3.17),用盐酸(3.8)稀释至刻度,摇匀,待测。两组工作曲线分别为铅工作曲线Ⅰ和铅工作曲线Ⅱ,以硼氢化钾溶液Ⅱ(3.15)为还原剂,盐酸溶液(3.8)为载流,测定标准溶液。以铅标准溶液的荧光强度为纵坐标,铅溶液的浓度为横坐标绘制工作曲线。

6.4.4 镉工作曲线的绘制

移取 0.00 mL、1.00 mL、2.00 mL、4.00 mL、8.00 mL、10.00 mL 镉标准溶液Ⅰ(3.35)和 0.00 mL、1.00 mL、2.00 mL、4.00 mL、8.00 mL、10.00 mL 镉标准溶液Ⅱ(3.36)于 100 mL 容量瓶中,依次加入 20 mL 硫脲-抗坏血酸溶液(3.16),4 mL 焦磷酸钠(3.19),3 mL 六水合氯化钴溶液(3.18),用盐酸(3.8)稀释至刻度,摇匀,放置 30 min,待测。两组工作曲线分别为镉工作曲线Ⅰ和镉工作曲线Ⅱ,以硼氢化钾溶液Ⅰ(3.14)为还原剂,盐酸溶液(3.8)为载流,测定标准溶液。以镉标准溶液的荧光强度为纵坐标,镉溶液的浓度为横坐标绘制工作曲线。

注:若样品中铅含量高加入 2 mL 硫酸钾(3.20),1 mL 氯化钡(3.21)。

7 结果计算

按式(1)计算试样中待测元素的质量分数 w_i,数值以%表示:

$$w_i=\frac{\rho \cdot V_0 \cdot V_2 \times 10^{-9}}{m \cdot V_1}\times 100 \qquad (1)$$

式中:

ρ——试料溶液中待测元素含量，单位为纳克每毫升(ng/mL)；

V_0——试料溶液的体积，单位为毫升(mL)；

V_1——分取试液的体积，单位为毫升(mL)；

V_2——分取试液稀释后的体积，单位为毫升(mL)；

m——试料的质量，单位为克(g)。

计算结果<0.01%保留一位有效数字，≥0.01%保留两位有效数字。

8 精密度

8.1 重复性

在重复性条件下获得的两次独立测试结果的测定值，在以下给出的平均值范围内，这两个测试结果的绝对差值不超过重复性限(r)，超过重复性限(r)的情况不超过5%，重复性限(r)按表2数据采用线性内插法求得。

表2

w_{As}/%	0.00004	0.0004	0.005	0.010	0.051	0.10	0.20
r/%	0.00003	0.0003	0.002	0.004	0.006	0.01	0.02
w_{Hg}/%	0.00004	0.0004	0.005	0.009	0.048	0.10	0.19
r/%	0.00003	0.0002	0.002	0.004	0.006	0.01	0.02
w_{Cd}/%	0.00004	0.0004	0.005	0.010	0.048	0.10	0.19
r/%	0.00003	0.0003	0.002	0.004	0.010	0.02	0.03
w_{Pb}/%	0.00005	0.0004	0.005	0.010	0.048	0.10	0.19
r/%	0.00003	0.0002	0.003	0.004	0.005	0.01	0.02
w_{Bi}/%	0.00004	0.0004	0.005	0.010	0.050	0.10	0.20
r/%	0.00002	0.0002	0.002	0.004	0.006	0.01	0.02

8.2 再现性

在再现性条件下获得的两次独立测试结果的测定值，在以下给出的平均值范围内，这两个测试结果的绝对差值不超过再现性限(R)，超过再现性限(R)的情况不超过5%，再现性限(R)按表3数据采用线性内插法求得。

表3

w_{As}/%	0.00004	0.0004	0.005	0.010	0.051	0.10	0.20
R/%	0.00004	0.0004	0.002	0.004	0.018	0.03	0.04
w_{Hg}/%	0.00004	0.0004	0.005	0.010	0.048	0.10	0.19
R/%	0.00003	0.0003	0.003	0.004	0.014	0.03	0.05
w_{Cd}/%	0.00004	0.0004	0.005	0.010	0.048	0.10	0.19
R/%	0.00004	0.0003	0.003	0.005	0.020	0.03	0.04
w_{Pb}/%	0.00005	0.0004	0.005	0.010	0.048	0.10	0.19
R/%	0.00003	0.0003	0.004	0.006	0.014	0.03	0.04
w_{Bi}/%	0.00004	0.0004	0.005	0.010	0.050	0.10	0.20
R/%	0.00002	0.0002	0.004	0.006	0.012	0.03	0.04

附　录　A
（资料性附录）
仪器工作条件

采用海光 AFS-9800 测定的砷、汞、镉、铅、铋的仪器参数见表 A.1。

表 A.1

测定元素	负高压 V	电流 mA	原子化方式	原子化器高度 mm	载气流量 mL/min	辅助气流量 mL/min	线性范围 μg/L
砷	240～270	30～40	火焰法	8	400	1000	0.1～100
汞	270	30	火焰法	10	400	1000	0.1～10
镉	250～270	40	火焰法	8	400	1000	0.1～10
铅	240～270	40～60	火焰法	10	400	1000	1～80
铋	240～270	30～40	火焰法	10	400	1000	0.1～100

注：列出仪器型号仅为了给使用者详细的参考数据，而非商业目的，特此声明。鼓励使用者选用不同厂家、型号的仪器。

ICS 73.060.99
H 60

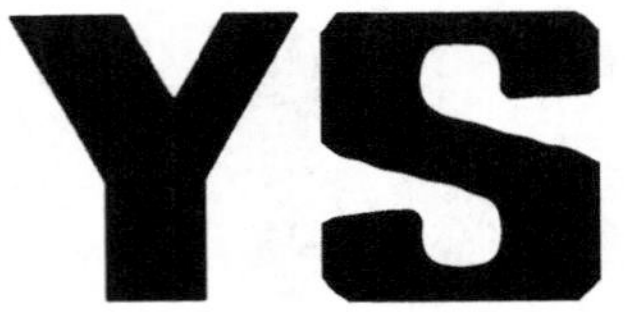

中华人民共和国黄金行业标准

YS/T 3005—2011

浮选金精矿取样、制样方法

Methods for sampling and sample preparation of flotation gold concentrates

2011-12-20 发布　　2012-07-01 实施

中华人民共和国工业和信息化部　发布

前　言

YS/T 3005—2011《浮选金精矿取样、制样方法》按照 GB/T 1.1—2009 给出的规则起草。

本标准的附录 A、附录 B 和附录 C 为规范性附录。

本标准由中国黄金协会提出。

本标准由全国黄金标准化技术委员会(SAC/TC 379)归口。

本标准由长春黄金研究院负责起草,河南中原黄金冶炼厂有限责任公司、紫金矿业集团股份有限公司、灵宝黄金股份有限公司、辽宁天利金业有限责任公司、招金矿业股份有限公司金翅岭金矿、山东恒邦冶炼股份有限公司、山东黄金集团有限公司参加起草。

本标准起草人:黄蕊、薛丽贤、任文生、邹来昌、具滋范、廖占丕、刘鹏飞、彭国敏、李学强、韩晓光、朱延胜、潘玉喜、蓝美秀、董尔贤、刘文波、廖忠义、徐忠敏、毕洪涛。

浮选金精矿取样、制样方法

1 范围

本标准规定了浮选金精矿取样、制样方法、水分测定方法、金精矿评定品质波动试验方法及校核取样精密度试验方法。

本标准适用于散装、袋装浮选金精矿化学成分和水分样品的采取、制备及水分的测定。

2 规范性引用文件

下列文件对于本文件的应用是必不可少的。凡是注日期的引用文件，仅注日期的版本适用于本文件。凡是不注日期的引用文件，其最新版本(包括所有的修改单)适用于本文件。

GB/T 7739 金精矿化学分析方法

YS/T 3004 金精矿

3 术语和定义

下列术语和定义适用于本文件。

3.1 检验批 lot

为检验品质特性要对其进行取样的一批金精矿。构成一检验批金精矿的质量为检验批量。

3.2 副批 sub-lot

将检验批划分成若干个部分，每一部分为一个副批。构成一副批金精矿的质量为副批量。

3.3 份样 increment

用取样装置一次从检验批或副批中取得的样品。每个份样的质量为份样量。

3.4 检验批样品 lot sample

由检验批采取的份样混合组成，代表检验批的样品。

3.5 副批样品 subsample

由副批采取的份样混合组成，代表副批的样品。

3.6 精密度(β) precision

测得值互相一致的程度。概率为95%时，精密度用二倍的标准偏差表示($\beta=2\sigma$)。总精密度(β_{SPM})包括取样精密度(β_S)、制样精密度(β_P)和测定精密度(β_M)

$$\beta_{SPM}=2\sqrt{\sigma_S^2+\sigma_P^2+\sigma_M^2}$$

式中：

σ_S——取样标准偏差；

σ_P——制样标准偏差；

σ_M——测定标准偏差。

4 基本规定

4.1 检验批内份样间质量分数的标准偏差(σ_w)表示该批金精矿的品质波动。金精矿的品质波动分为大、中、小三类(见表1)。

表1 品质波动类型和检验批量与金精矿份样数关系

检验批量 M/t	品质波动类型		
	大($\sigma_w \geqslant 2.5$)	中 ($1.0 \leqslant \sigma_w < 2.5$)	小($\sigma_w < 1.0$)
	最少份样数(N_{min})		
$M \leqslant 60$	40	3	15
$60 < M < 120$	60	45	25
$120 \leqslant M < 240$	80	60	40

4.2 根据金精矿检验批量和品质波动类型,采取份样的数量应不少于表1的规定。当金精矿品质类型不明时按品质波动类型大的采取份样数。并应按附录B进行评定品质波动试验。

4.3 检验批金精矿品质波动 $\sigma_w \geqslant 5.0$ 或混入外来夹杂物,由供需双方协商或不予取样。

4.4 检验批金精矿取样总精密度为金质量分数的2%。

4.5 首次取样的金精矿和变更取制样方法时,应按附录C进行校核取样精密度试验。

4.6 金精矿取制样方案应得到相关方的确认。

4.7 对不符合YS/T 3004规定的金精矿不应取样或由供需双方协商。

4.8 取制样设施、工具及盛样容器应清洁、干燥。

4.9 制取化学成分试样的数量和保存期应按YS/T 3004执行。

4.10 本标准规定的取样方法不适合冻结的金精矿。

4.11 制取水分试样的质量及数量应符合附录A的要求并储存在密封容器中,尽早进行检测。

4.12 取制样操作应遵守有关的安全规程。

5 取样

5.1 取样工具

5.1.1 取样钎(见图1),规格尺寸应满足采取份样量的要求。

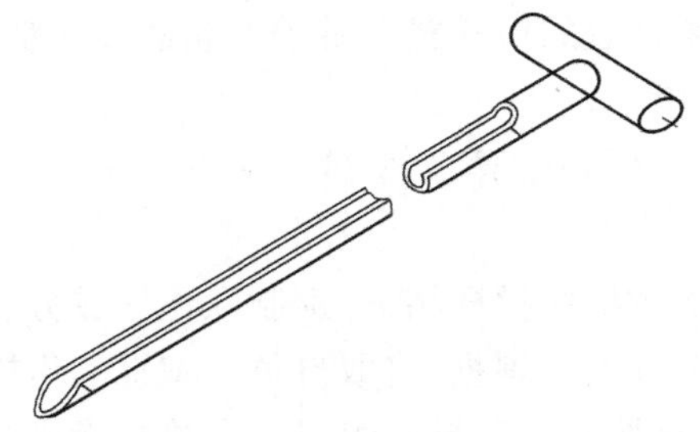

图1 取样钎示意图

5.1.2 取样铲(见图2)规格尺寸(见表2)。

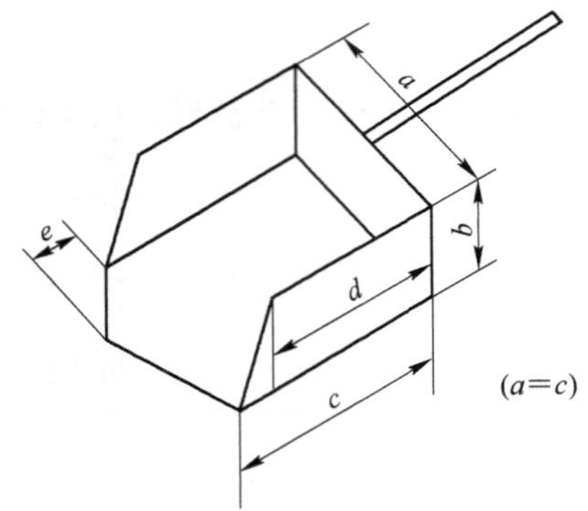

图2 取样铲示意图

表2 取样铲规格及尺寸

编号	料层高度/mm	取样铲尺寸/mm					最小容量/mL
		a	b	c	d	e	
20	23	80	45	80	70	35	270
15	16	70	40	70	60	30	180
10	11	60	35	60	50	25	120

5.1.3 钢锹。

5.1.4 带盖的容器或塑料样袋。

5.2 取样程序

5.2.1 称量交货金精矿的质量。金精矿混入雨雪水或见明水，应放水后计重。

5.2.2 制定取样方案，应包括以下内容：

a) 确定检验批量和副批量；

b) 根据金精矿检验批量、品质波动类型，确定应采取的份样数；

c) 确定取样方法、选择取样工具；

d) 确定份样量和组合方式；

e) 取样时间、地点。

5.2.3 检查取样设施设备和用具。

5.2.4 按取样方案取样并记录。将采取的份样置于带盖的容器或塑料样袋中。

5.3 份样量

采取份样的质量应不少于300 g，质量变异系数(CV)应不大于20%。

5.4 份样的组合

5.4.1 取自一检验批的所有份样组成检验批样品，分别制取化学成分和水分试样。

5.4.2 将检验批划分成两个或两个以上的副批，将取自每一副批的份样组成各副批样品，每一批副样制备一个水分试样。再将所有副批样品按副批质量比组成一个检验批样品，用以制备化学成分试样。

5.5 取样方法

5.5.1 系统取样

5.5.1.1 散装金精矿在装卸或称量的移动过程中，按一定的质量间隔或时间间隔采取份样。

5.5.1.2 按公式(1)计算取样的质量间隔。

$$\Delta m=\frac{m}{N_{\min}} \quad \cdots\cdots (1)$$

式中：

Δm——两个份样间的定量取样间隔数值，单位为吨(t)，保留整数；

m——检验批的质量，单位为吨(t)；

N_{min}——表1规定的最小份样数。

5.5.1.3 按公式(2)计算取样的时间间隔。

$$\Delta T=\frac{60\ m}{G_{max}N_{min}} \quad \cdots\cdots(2)$$

式中：

ΔT——取样时间间隔，单位为分(min)，保留整数；

m——检验批量，单位为吨(t)；

N_{min}——标准中规定的份样数；

G_{max}——精矿最大流速，单位为吨/小时(t/h)。

5.5.1.4 在第一个取样间隔内任意点采取第一个份样，其后的份样应按固定的间隔采取，直至整批金精矿的移动过程。

5.5.1.5 应选取适合尺寸的取样装置接取全宽、全厚的精矿流。

5.5.2 货车取样

5.5.2.1 从装载金精矿的汽车、火车和料箱上采取份样。

5.5.2.2 金精矿料面应平整，按表1规定的份样数计算均匀布点。

5.5.2.3 取样钎在取样点的料面上垂直插入底部，旋转后抽出取样钎，将钎内的精矿全部倾尽。

5.5.2.4 通常每车厢为一检验批，当检验批由多辆货车交货时，每辆货车作为一个检验副批，应取的最少份样数按公式(3)计算，如遇小数则进为整数。

$$n_b \geqslant \frac{N_{min}}{N} \quad \cdots\cdots(3)$$

式中：

n_b——每辆货车应取的最少份样数；

N_{min}——表1中规定的份样数；

N——检验批的总车数。

5.5.2.5 长途运输散装金精矿，混入水分和杂物增大取样的偏差时，应用5.5.3方法采取份样。

5.5.3 料场取样

5.5.3.1 将一检验批的金精矿卸载在宽敞、洁净、平整、不会带来外部污染的料场。

5.5.3.2 用机械或人工搅拌均匀后，扒平矿堆使其高度小于1 m。

5.5.3.3 在精矿料面上按表1规定的份样数均匀布点。

5.5.3.4 取样钎在取样点的料面上垂直插入底部，旋转后抽出取样钎，将钎内的精矿全部倾尽。

5.5.4 袋装取样

5.5.4.1 在装卸袋装金精矿时采取份样，用取样钎垂直穿透包装袋。

5.5.4.2 在不明确品质波动类型时，每袋至少采取一个份样。

5.5.4.3 检验批金精矿的袋数多于表1规定的份样数量，在装卸过程中，按一定袋数的间隔采取份样。取样间隔按公式(4)计算。从选取的包装袋上采取份样。

$$\Delta N \leqslant \frac{N_1}{N_{min}} \quad \cdots\cdots(4)$$

式中：

ΔN——取样袋间隔；袋，取整数；

N_1——检测批内包装袋数；

N_{min}——表1规定的份样数。

5.5.4.4 检验批金精矿的袋数少于表1规定的份样数量，在每个包装袋上用取样钎采取份样，应取的最少份样数按公式(5)计算。

$$n_b \leqslant \frac{N_{min}}{N_1} \quad \cdots\cdots (5)$$

式中：

n_b——每袋应取的最少份样数、小数进位取整数；

N_{min}——表1规定的份样数；

N_1——检测批内包装袋数。

5.5.4.5 袋装金精矿也可应用5.5.3方法采取份样。

6 制样

6.1 制样设备及工具

6.1.1 研磨机或棒磨机。

6.1.2 恒温干燥箱。

6.1.3 不吸水的缩分板、不锈钢十字分样板、挡板和胶皮。

6.1.4 份样铲、样刀。

6.1.5 毛刷。

6.1.6 样盘、搪瓷或不锈钢干燥盘。

6.1.7 标准筛。

6.1.8 盛样容器及成分试样袋。

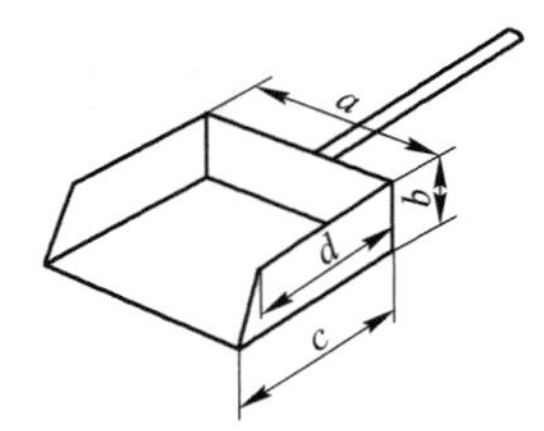

图3 份样铲示意图

表3 份样铲规格和尺寸

编号	份样铲尺寸/mm				料层厚度/mm	容量/mL
	a	*b*	*c*	*d*		
5	50	30	50	40	20～30	约70
3	40	25	40	30	15～25	约35
1	30	15	30	25	10～20	约16

6.2 制样要求

6.2.1 制样包括混合、干燥、研磨、缩分一系列操作，应防止样品的污染和化学成分的变化。

6.2.2 水分样品应在密封容器和塑料袋中混合。

6.2.3 用测定水分后的试样继续制备成分样品时，应保证样品的代表性。

6.2.4 制样设备和工具应保持清净，设备中不应残留样品。

6.2.5 制备的化学成分试样应满足GB/T 7739对试样的要求。

6.3 制样程序

6.3.1 称量检验批样品和副批样品的质量。

6.3.2 制定制样方案，应包括以下内容：

a) 明确试样用途；

b) 选择样品的混合方法、缩分方法；

c) 制样设备和工具；

d) 是否留存副样；

e) 完成日期。

6.3.3 检查清扫设施设备及用具。

6.3.4 按方案制样并记录。

6.3.5 制备水分试样

在密封容器和塑料袋中混合样品，用份样缩分法制备水分试样。检验批样品制备两个水分平行样品，每个副批样品制备一个水分样品。水分试样量不少于1000 g，装入密封容器或塑料袋中。应尽早按附录A进行水分测定。

6.3.6 制备化学成分试样

选择混合方法混匀检验批样品或由副批样品组成的检验批样品，选择缩分方法将样品缩分至不少于1000 g，置于干燥盘中放入105 ℃±5 ℃的恒温干燥箱内，并保持这一温度不小于3 h。将干燥晾凉后的样品或测定水分后的试样放在混样胶皮上用缩分板将粘结的精矿碾开，混匀后取出不少于500 g的样品用研磨设备磨至粒度全部通过74 μm标准筛，再次混匀后分为3份样品，每份样品量不少于150 g，分别装入试样袋中。即为化学成分的验收样、供方样和仲裁样。

6.4 混合方法

6.4.1 滚动法

将样品置于洁净的混样胶皮上，提起胶皮对角上下运动，应使样品滚过胶皮中心线，以同样的方式换另一对角进行至少5次，使样品混匀。

6.4.2 堆锥法

样品置于平整、洁净的缩分板上，堆成圆锥形。用取样铲转堆，铲样时应沿着前一锥堆的四周铲样，将第一铲放在样锥旁为新圆锥的中心，每铲沿圆锥顶尖均匀散落，不应使圆锥中心错位。以同样的方式至少转堆3次，使样品混匀。

6.5 缩分方法

6.5.1 四分法

将锥顶压平，用十字分样板自上而下将样品分成四等份，将对角线的一半样品弃去，保留另外一半样品。用堆锥法将保留的样品混匀，重复上述操作，缩分至所需用量。

6.5.2 份样缩分法

将混匀的检验批样品置于平整、洁净的缩分板上，铺成厚度均匀的长方形平堆，将平堆划分等分的网格。缩分检验批样品不少于20格，缩分副批样品不少于12格。根据平堆的厚度选择合适的份样铲和挡板，从每一网格的任意部分垂直插入样品的底部，取一满铲的份样，集合为缩分样。

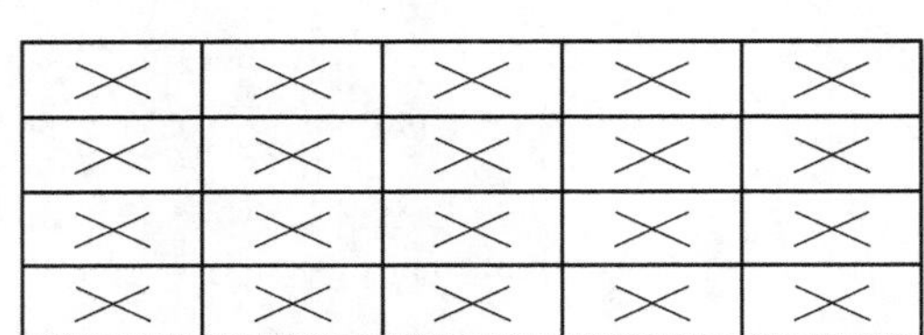

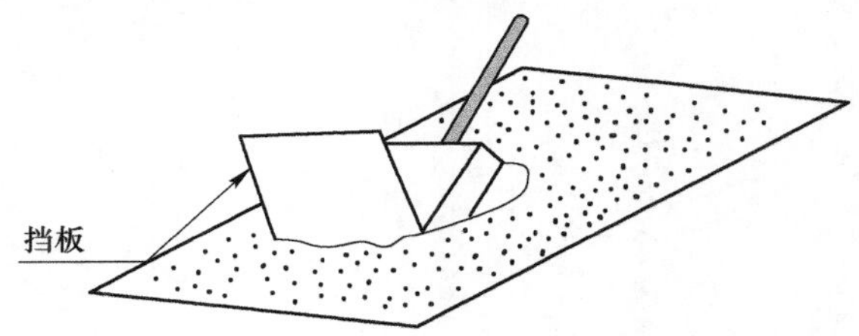

图4 份样缩分法示意图

7 化学成分试样的保存和试样标识

7.1 化学成分试样保存期三个月。

7.2 样品袋上应清晰标识：

a) 编号；

b) 车船号；

c) 取制样人员；

d) 取制样日期；

e) 分析项目。

附 录 A
(规范性附录)
金精矿水分测定方法

A.1 范围

本附录规定了金精矿水分测定方法。

本附录适用于金精矿水分测定。

A.2 要求

A.2.1 应严格控制金精矿干燥温度。

A.2.2 试样烘干后,不应将试样置于空气中冷却后称量。

A.2.3 搪瓷干燥盘要表面光洁、耐热、耐腐蚀并可容纳试样层厚度 30 mm。

A.2.4 盛有水分试样的干燥盘不可摞放,盘上的标识清晰。

A.3 设备

A.3.1 天平,精度为 0.01 g。

A.3.2 恒温干燥箱。

A.4 试样

A.4.1 用检验批样品制备水分试样时,应制备两个水分样品,每个样品量不少于 1000 g。

A.4.2 遇降雨检验批水分变化显著或批量大时,应从副样制备水分试样,记录各副批的质量。

A.4.3 盛有水分试样的干燥盘在烘箱内上下分层放置时,样盘底部应洁净。

A.5 测定步骤

A.5.1 称量干燥盘的质量(m_1)。

A.5.2 将水分试样平铺于干燥盘内,厚度不超过 30 mm,立即称量试样(m_2)。

A.5.3 将盛有水分试样的干燥盘放入 105 ℃±5 ℃的恒温干燥箱内、并保持这一温度不小于 3 h。

A.5.4 从干燥箱内取出干燥盘趁热立即称量或在干燥器中冷却至室温后称量。

A.5.5 再将干燥盘放入干燥箱内,继续烘干 1 h。重复 A.5.4 操作,直至最后两次称量之差不大于试样初始质量的 0.05%。记录最后一次质量(m_3)。

注:热称量时,应用隔热材料隔离称量盘。

A.6 结果的计算与表示

A.6.1 按公式(A.1)计算每个试样的水分含量 w_i(%)。

$$w_i(\%)=\frac{m_2-m_3}{m_2-m_1}\times 100 \qquad \text{(A.1)}$$

式中:

w_i——试样的水分含量,(%);

m_1——干燥盘的质量,单位为克(g);

m_2——盘加湿样的质量,单位为克(g);

m_3——盘加干样的质量,单位为克(g)。

A.6.2 按公式(A.2)计算检验批的水分含量 w(%)。

$$w(\%)=\frac{w_1+w_2}{2}\times100 \quad\cdots\cdots\text{(A.2)}$$

注：w_1、w_2 的允许差应不大于 0.2%。

A.6.3 测定副批水分试样时，检验批的水分含量 $w(\%)$ 按公式(A.3)计算。

$$w(\%)=\frac{\sum_{i=1}^{k}m_iw_i}{\sum_{i=1}^{k}m_i}\times100 \quad\cdots\cdots\text{(A.3)}$$

式中：

w——检验批水分含量，(%)；

w_i——第 i 个副样的水分含量，(%)；

m_i——第 i 个副批的质量，单位为吨(t)。

注：以上计算数值修约到小数点后第二位。

附　录　B
（规范性附录）
金精矿　评定品质波动试验方法

B.1　范围

本附录规定了金精矿评定品质波动的试验方法、评定方法及结果计算。

本附录适用于金精矿品质波动的评定。

B.2　一般规定

B.2.1　金精矿品质波动即不均匀程度用检验批内份样间金质量分数的标准偏差确定，用（σ_w）表示。

B.2.2　金精矿的品质波动受生产、贮存、运输等条件的影响，应定期进行品质波动试验。

B.2.3　检验批量大的试验使用同一类型的精矿应不少于10批；检验批量小的试验应不少于5批。

B.2.4　按本标准规定的取制样要求进行样品的制备。

B.3　试验方法

B.3.1　检验批量大的试验，应将该批金精矿分成数量大致相等的至少10个部分（如图B.1所示）。将每部分所取的份样按顺序编号，然后每部分的奇数号份样合并为A样，偶数号份样合并为B样，组成一对分析样品，分别进行测定。

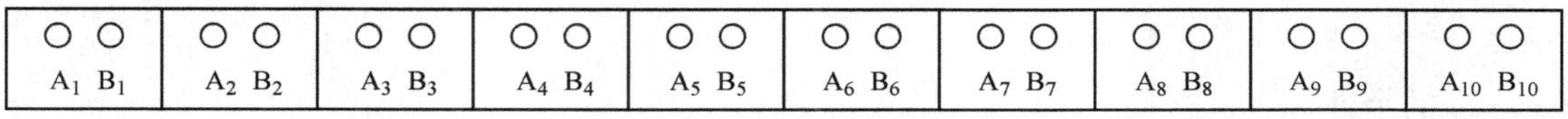

○ ○	○ ○	○ ○	○ ○	○ ○	○ ○	○ ○	○ ○	○ ○	○ ○
A_1 B_1	A_2 B_2	A_3 B_3	A_4 B_4	A_5 B_5	A_6 B_6	A_7 B_7	A_8 B_8	A_9 B_9	A_{10} B_{10}

图B.1　检验批量大的试验方法

B.3.2　检验批量小的试验，应将每一批的所有份样按顺序编号，将相邻的两个份样或两份以上的相邻份样合并组成10个样品，分别进行测定。

B.3.3　当日常取样方法取出的份样数不能满足试验要求时，应增加份样数，满足每个样品由相等数量的份样组成。

B.4　评定方法

B.4.1　极差法

B.4.1.1　极差法用于检验批量大的试验。由B.3.1试验得到每部分成对数据的极差R按公式（B.1）计算。

$$R=|A-B| \quad\cdots\cdots\cdots\cdots\cdots\cdots\cdots\cdots \quad (B.1)$$

式中：

A——由A样制备的成分试样所得的测定值；

B——由B样制备的成分试样所得的测定值。

B.4.1.2　所有极差的平均值$\overline{R}$按公式（B.2）计算：

$$\overline{R}=\frac{1}{K}\sum R \quad\cdots\cdots\cdots\cdots\cdots\cdots\cdots\cdots \quad (B.2)$$

式中：

K——R值的个数。

B.4.1.3　份样间标准偏差$\hat{\sigma}_w$估计值按公式（B.3）计算：

$$\hat{\sigma}_w = \sqrt{n_s}(\overline{R}/d_2) \quad \cdots\cdots (B.3)$$

式中：

$\hat{\sigma}_w$——取样、制样、测定的标准偏差；

n_s——组成样 A(或 B)的份样数；

d_2——由极差估计标准偏差的计算系数，成对数据时$\frac{1}{d_2}$为 0.8865。

B.4.2 标准差法

B.4.2.1 标准差法用于检验批量小的试验。

B.4.2.2 由 B.3.2 试验得到的每批样品的数据，按公式(B.4)计算份样间的标准偏差。

$$\hat{\sigma}_w = \sqrt{H \cdot \frac{m\sum X_i^2 - (\sum X_i)^2}{m(m-1)}} \quad \cdots\cdots (B.4)$$

式中：

H——组成一个样品的份样数；

X_i——每个样品的测定值；

m——样品的个数。

B.5 结果的计算

试验所得总份样间标准偏差估计值的平均值按公式(B.5)计算：

$$\bar{\sigma}_w = \sqrt{\frac{1}{n}\sum \hat{\sigma}_w^2} \quad \cdots\cdots (B.5)$$

式中：

n——$\hat{\sigma}_w$ 的个数。

B.6 试验结论

根据试验所得的标准偏差估计值判定金精矿品质波动类型。

B.7 试验报告

试验报告应包括以下内容：

a) 金精矿产地；

b) 试验批数及批量；

c) 试验方法；

d) 试验数据；

e) 试验结果；

f) 试验结论；

g) 试验者及试验日期。

附　录　C
（规范性附录）
金精矿　校核取样精密度试验方法

C.1　范围

本附录规定了金精矿校核取样精密度的试验方法。

本附录适用于金精矿取制样精密度的校核。

C.2　一般规定

C.2.1　选用 20 批以上同一类型不同品位的金精矿进行试验。试验金精矿小于 20 批不少于 10 批时，应将大批划分为几个小批，对每个小批进行试验。

C.2.2　试验所需的份样数应为本标准表 1 中规定的最少取样份数的 2 倍。利用例行取样工作进行校核试验时，A 样与 B 样由 $n/2$ 个份样组成。

C.2.3　份样量应符合标准的规定。

C.2.4　取样方法应从 5.6 中任意选择一种进行试验。

C.2.5　测定分析样品中金的质量分数。

C.3　试验方法

C.3.1　将从一检验批中采取的所有份样按顺序编号，将全部奇数号份样合并为 A 样，全部偶数号份样合并为 B 样。

C.3.2　从下列两种缩分方式中任意选择一种进行试验。

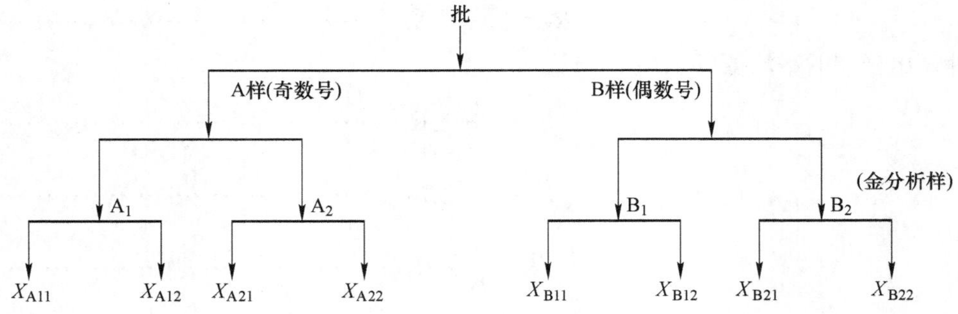

图 C.1　缩分方式 1

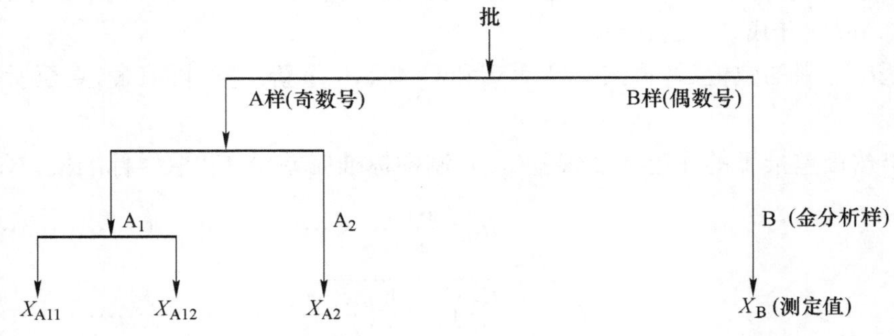

图 C.2　缩分方式 2

C.4　试验数据计算(采用95%概率)

C.4.1　用缩分方式1进行试验所得试验数据的计算：

C.4.1.1　将一批试验所得的四个分析样品的八个测定结果用下列符号表示。

X_{A11}，X_{A12}——代表由A样制备出的分析样品A_1的一对测定结果；

X_{A21}，X_{A22}——代表由A样制备出的分析样品A_2的一对测定结果；

X_{B11}，X_{B12}——代表由B样制备出的分析样品B_1的一对测定结果；

X_{B21}，X_{B22}——代表由B样制备出的分析样品B_2的一对测定结果。

C.4.1.2　计算出每个分析样品双试验测定结果的平均值($\overline{X}_{ij}$)和极差(R_1)。

$$\overline{X}_{ij}=\frac{1}{2}(X_{ij1}+X_{ij2}) \qquad \text{(C.1)}$$

$$R_1=|X_{ij1}-X_{ij2}| \qquad \text{(C.2)}$$

式中：

i——由批样制备的A样和B样；

j——由A样和B样制备的成对分析样品；

1,2——分析样品的测定结果。

C.4.1.3　计算出成对样品A_1、A_2和B_1、B_2的平均值($\overline{\overline{X}}_i$)和极差($R_2$)。

$$\overline{\overline{X}}_i=\frac{1}{2}(\overline{X}_{n}+\overline{X}_{c}) \qquad \text{(C.3)}$$

$$R_2=|\overline{X}_{i1}-\overline{X}_{i2}| \qquad \text{(C.4)}$$

C.4.1.4　计算出A样和B样的平均值($\overline{\overline{\overline{X}}}$)和极差($R_3$)。

$$\overline{\overline{\overline{X}}}=\frac{1}{2}(X_{A}+X_{B}) \qquad \text{(C.5)}$$

$$R_3=|\overline{\overline{X}}_{A}-\overline{\overline{X}}_{B}| \qquad \text{(C.6)}$$

C.4.1.5　计算出极差的平均值($\overline{R}_1$、$\overline{R}_2$、$\overline{R}_3$)。

$$\overline{R}_1=\frac{1}{4K}\sum R_1 \qquad \text{(C.7)}$$

$$\overline{R}_2=\frac{1}{2K}\sum R_2 \qquad \text{(C.8)}$$

$$\overline{R}_3=\frac{1}{K}\sum R_3 \qquad \text{(C.9)}$$

式中：

K——试验批数。

C.4.1.6　计算极差R的控制上限。R_1的上限为$D_4\overline{R}_1$，R_2的上限为$D_4\overline{R}_2$，R_3的上限为$D_4\overline{R}_3$。

注：D_4数值为3.267(对于成对测定值而言)。

C.4.1.7　舍去超出上限的数值后，再按C.4.1.5和C.4.1.6重新计算，再取舍，直至所有数值均小于上限值为止。

C.4.1.8　计算出按极差推算的测定标准偏差($\hat{\sigma}_M$)、制样标准偏差($\hat{\sigma}_P$)和取样标准偏差($\hat{\sigma}_S$)的估计值。

$$\hat{\sigma}_M=\frac{\overline{R}_1}{d_2} \qquad \text{(C.10)}$$

$$\hat{\sigma}_P=\sqrt{\left(\frac{\overline{R}_2}{d_2}\right)^2-\frac{1}{2}\left(\frac{\overline{R}_1}{d_2}\right)^2} \qquad \text{(C.11)}$$

$$\hat{\sigma}_S=\sqrt{\left(\frac{\overline{R}_3}{d_2}\right)^2-\frac{1}{2}\left(\frac{\overline{R}_2}{d_2}\right)^2} \qquad \text{(C.12)}$$

式中：

$\frac{1}{d_2}$——成对试验时由极差估算标准偏差的系数，数值为 0.8865。

注：A 样和 B 样由 $n/2$ 个份样组成时，公式(C.12)中的 $\hat{\sigma}_S$ 的值应除以$\sqrt{2}$。

C.4.1.9 计算出测定精密度(β_M)、制样精密度(β_P)和取样精密度(β_S)：

$$\beta_M = 2\hat{\sigma}_M \quad \text{(C.13)}$$

$$\beta_P = 2\hat{\sigma}_P \quad \text{(C.14)}$$

$$\beta_S = 2\hat{\sigma}_S \quad \text{(C.15)}$$

C.4.1.10 按式(C.16)～式(C.18)计算出取样、制样和测定的总标准偏差(σ_{SPM})和总精密度(β_{SPM})：

$$\sigma_{SPM}^2 = \hat{\sigma}_S^2 + \hat{\sigma}_P^2 + \hat{\sigma}_M^2 \quad \text{(C.16)}$$

$$\sigma_{SPM} = \sqrt{\hat{\sigma}_S^2 + \hat{\sigma}_P^2 + \hat{\sigma}_M^2} \quad \text{(C.17)}$$

$$\beta_{SPM} = 2\sigma_{SPM} \quad \text{(C.18)}$$

C.4.1.11 将 β_{SPM}与有关标准规定的精密度进行比较。

C.4.2 用缩分方式 2 进行试验所得试验数据的计算：

C.4.2.1 将一批金精矿的三个制备样品，四个测定结果用下列符号表示：

X_{A11}、X_{A12}代表由 A 样制备出的成分分析样品 A_1 的一对测定结果；

X_{A2}代表 A 样制备样品 A_2 的单试验测定结果；

X_B代表 B 样制备样品 B 的单试验测定结果。

C.4.2.2 计算出制备样品 A_1 双试验测定结果的极差(R_1)、成对制备样品 A_1 和 A_2 的极差(R_2)、A 样和 B 样的极差(R_3)。计算方法用 C.4.1。计算可任取 X_{A11} 和 X_{A12}，但须前后一致。

C.4.2.3 计算出极差的平均值 $\overline{R}_1$、$\overline{R}_2$、$\overline{R}_3$。

$$\overline{R}_1 = \frac{1}{K}\sum R_1 \quad \text{(C.19)}$$

$$\overline{R}_2 = \frac{1}{K}\sum R_2 \quad \text{(C.20)}$$

$$\overline{R}_3 = \frac{1}{K}\sum R_3 \quad \text{(C.21)}$$

式中：

K——试验批数。

C.4.2.4 计算出舍弃数值上限，并舍弃超过上限值数据；再重新计算极差平均值和舍弃上限，直至所有极差值都小于舍弃上限为止。计算方法同 C.4.1。

C.4.2.5 计算出按极差推算的测定标准偏差 $\hat{\sigma}_M$、制样标准偏差 $\hat{\sigma}_P$ 和取样标准偏差 $\hat{\sigma}_S$ 的估计值。

$$\hat{\sigma}_M = \sqrt{\left(\frac{\overline{R}_1}{d_2}\right)^2} \quad \text{(C.22)}$$

$$\hat{\sigma}_P = \sqrt{\left(\frac{\overline{R}_2}{d_2}\right)^2 - \left(\frac{\overline{R}_1}{d_2}\right)^2} \quad \text{(C.23)}$$

$$\hat{\sigma}_S = \sqrt{\left(\frac{\overline{R}_3}{d_2}\right)^2 - \left(\frac{\overline{R}_2}{d_2}\right)^2} \quad \text{(C.24)}$$

C.4.2.6 计算出测定、制样、取样精密度(β_M、β_P、β_S)及总精密度(β_{SPM})。计算方法同 C.4.1。

C.4.2.7 将 β 值与本标准中规定的精密度进行比较。

C.5 试验结果分析和异常情况的处理

C.5.1 试验的 β 值小于标准中的规定值，表明金精矿取样、制样和测定过程符合标准要求。

C.5.2 试验的β值大于规定值时，应查找影响因素。并按附录B重新评价金精矿的品质波动。在不能重新进行品质波动试验时，应增加份样数。

C.5.3 增加份样数，按公式(C.25)计算应取的份样数。

$$\frac{\beta_S}{\beta_{S1}} = \sqrt{n/n'} \qquad \text{(C.25)}$$

式中：

β_{S1}——试验所得取样精密度；

β_S——应达到的取样精密度；

n——标准中规定的份样数；

n'——达到β_S时应取的份样数。

C.6 试验报告

试验报告应包括以下内容：

a) 金精矿产地；

b) 试验批数及批量；

c) 试验方法；

d) 试验数据；

e) 试验结果；

f) 试验结论；

g) 试验者及试验日期。

ICS 77.120.01
D 46

中华人民共和国黄金行业标准

YS/T 3014—2013

载 金 炭

Gold-loaded carbon

2013-04-25 发布　　2013-09-01 实施

中华人民共和国工业和信息化部　发布

前　　言

本标准按照 GB/T 1.1—2009 给出的规则起草。

本标准由中国黄金协会提出。

本标准由全国黄金标准化技术委员会(SAC/TC 379)归口。

本标准起草单位:长春黄金研究院、紫金矿业集团股份有限公司、河南中原黄金冶炼厂有限责任公司、灵宝黄金股份有限公司、潼关中金冶炼有限责任公司、山东国大黄金股份有限公司。

本标准主要起草人:李延吉、张清波、李哲浩、廖占丕、梁春来、谢天泉、张玉明、刘鹏飞、李铁栓、孔令强、吴铃、张微、丁成、高飞翔、楚金澄。

载 金 炭

1 范围

本标准规定了载金炭的要求、试验方法、检验规则、标志、包装、运输、贮存及订货单(或合同)内容。

本标准适用于氰化提金工艺(如堆浸、池浸、炭浆)产出的载金炭。

本标准还适用于氰化废液、尾矿库上清液回收金产出的载金炭。

2 规范性引用文件

下列文件对于本文件的应用是必不可少的。凡是注日期的引用文件,仅注日期的版本适用于本文件。凡是不注日期的引用文件,其最新版本(包括所有的修改单)适用于本文件。

GB/T 29509—2013(所有部分) 载金炭化学分析方法

YS/T 3015(所有部分) 载金炭化学分析方法

3 术语和定义

下列术语和定义适用于本文件。

3.1 吸附 adsorption

活性炭在溶液中富集目的物质的过程。

3.2 载金炭 gold-loaded carbon

吸附了金的活性炭。

3.3 脱金炭 eluted carbon

解吸金后的活性炭。

4 要求

4.1 分类

载金炭按材质分为煤质载金炭、果壳(核)载金炭两大类。

4.2 品级

载金炭按含金量各分为 5 个品级。各品级应符合表 1 规定。

表 1

分 类	品级	含金量 $\beta/(g/t)$
煤质载金炭	C1	$\beta \geqslant 3000.0$
	C2	$3000.0 > \beta \geqslant 2000.0$
	C3	$2000.0 > \beta \geqslant 1000.0$
	C4	$1000.0 > \beta \geqslant 500.0$
	C5	$\beta < 500.0$

表 1（续）

分 类	品级	含金量 β/(g/t)
果壳(核)载金炭	S1	$\beta \geqslant 8000.0$
	S2	$8000.0 > \beta \geqslant 5000.0$
	S3	$5000.0 > \beta \geqslant 3000.0$
	S4	$3000.0 > \beta \geqslant 1000.0$
	S5	$\beta < 1000.0$

4.3 外观质量

载金炭中不得混入矿泥及其他杂物。

4.4 其他要求

供需双方对载金炭有特殊要求时，由供需双方协商，并在订货单（或合同）中注明。

5 试验方法

5.1 载金炭化学成分按 GB/T 29509 和 YS/T 3015 进行检测。

5.2 载金炭中金质量分数的仲裁检验按 GB/T 29509.1—2013 中的方法 1 进行。

5.3 载金炭外观质量可采用目视检查方法。

6 检验规则

6.1 检查和验收

载金炭应由需方质量检验部门按本标准的规定进行验收，验收地点双方约定。如检验结果与本标准（或订货单）的规定不符时，应在 10 日内向供方提出，由供需双方协商解决。如需仲裁，仲裁分析应在供需双方认定的检验机构进行。

6.2 组批

载金炭应成批提交检验，每批应由同一品级且所含有价元素品位基本一致的载金炭组成。

6.3 取样和制样

6.3.1 载金炭在装袋前应进行晾晒处理，确保无滴水现象。

6.3.2 载金炭应按检验批和附录 A 的方法要求进行取样。

6.3.3 缩分 6.3.2 中取得的样品至 1 kg，大致平分为两个质量相等的样品，一个为正样，另一个为副样。精确称量正、副样的原始重量，取得供需双方的共同认可。再按 YS/T 3015 对正样进行水分测定，取水分测定后的正样全量研磨至 74 μm 以下，分制成三份载金炭化学成分试样。经供需双方代表确认签封后，分别作为需方检测样、供方检测样和仲裁检测样。

6.3.4 经供需双方确认后分别签封的副样和仲裁检测样，共同作为仲裁样品，保存在供需双方协商确定后的地点，保存期至少 3 个月（国际贸易保存期至少 6 个月）。

7 标志、包装、运输、贮存

7.1 标志

每批产品应装配有效的标志，标明：

a) 供方名称、地址、电话、传真；

b) 产品名称；

c） 品级；

d） 批号；

e） 化学分析结果及供方技术(质量)监督部门印记；

f） 毛重、净重、件数，并逐袋列出；

g） 发货日期；

h） 本标准编号。

7.2 包装

载金炭分别保存在透水的编织袋中，每袋重量应在 25 kg～50 kg 之间，并基本一致。

7.3 运输

每车或车厢宜装运同一批号产品，如果不同批号产品必须混装时，应敷设苫布加以隔离。装运时，应有可靠的固定防护措施。注意轻装、轻卸，防止与坚硬物质混装，不可踩、踏，以防炭粒破碎，影响质量。不得用铁钩拖运。运输中应防止雨淋。

7.4 贮存

贮存仓库应远离火源和焦油类物质。

8 订货单(或合同)内容

本标准所列材料的订货单(或合同)内容应包括：

a） 产品名称；

b） 品级；

c） 重量；

d） 本标准编号；

e） 其他。

附　录　A
（资料性附录）
载金炭取样方法

A.1　取样工具

A.1.1　取样钎(见图 A.1)采用公称直径为 DN20 或 DN25 的不锈钢无缝管制作,不锈钢管壁在 2 mm～3 mm 之间,长度应保证取样钎能够垂直穿透载金炭包装袋。

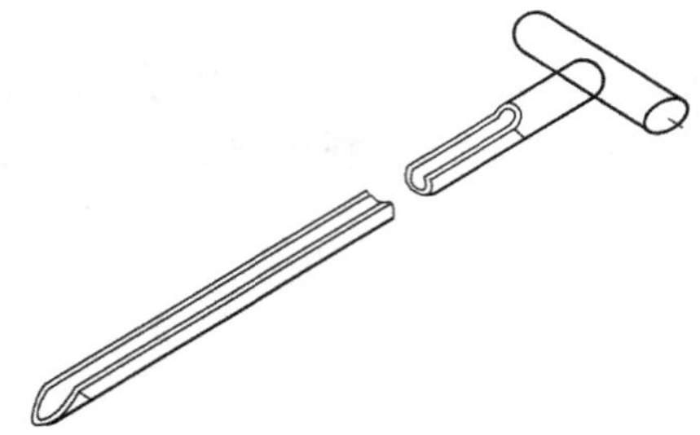

图 A.1　取样钎示意图

A.1.2　带盖的容器或塑料样袋。

A.2　袋装取样

A.2.1　取载金炭份样时,用取样钎垂直穿透载金炭包装袋,旋转后抽出取样钎,将钎内的载金炭粒全部倾尽。

A.2.2　当检验批样品较多时,每袋取样,合并样品,混匀、缩分,获得代表性样品至少 5 kg 以上;当检验批样品较少时,每袋可多取样,合并后样品至少 5 kg 以上。

参　考　文　献

[1]YS/T 3003—2012　含金矿石试验样品制备技术规范

[2]YS/T 3005—2011　浮选金精矿取样、制样方法

ICS 73.060.99
D 46

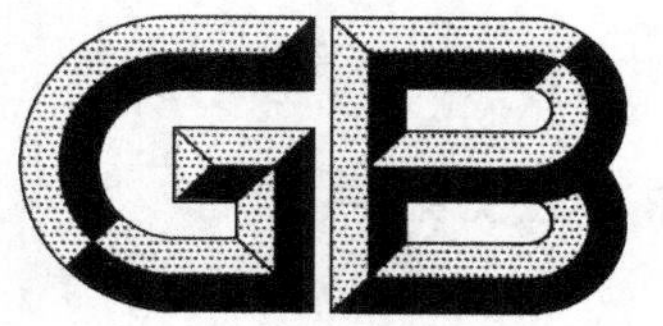

中华人民共和国国家标准

GB/T 29509.1—2013

载金炭化学分析方法
第1部分:金量的测定

**Methods for chemical analysis of gold-loaded carbon—
Part 1:Determination of gold content**

2013-05-09 发布　　　　2014-02-01 实施

中华人民共和国国家质量监督检验检疫总局
中国国家标准化管理委员会　发布

前　言

GB/T 29509《载金炭化学分析方法》分为两个部分：

——第1部分：金量的测定；

火试金重量法

火焰原子吸收光谱法

——第2部分：银量的测定　火焰原子吸收光谱法。

本部分为GB/T 29509的第1部分。

本部分按照GB/T 1.1—2009给出的规则起草。

本部分由全国黄金标准化技术委员会(SAC/TC 379)提出并归口。

本部分火试金重量法起草单位：长春黄金研究院、紫金矿业集团股份有限公司、灵宝黄金股份有限公司、山东国大黄金股份有限公司、潼关中金冶炼有限责任公司、河南中原黄金冶炼厂有限责任公司。

本部分火试金重量法主要起草人：陈菲菲、陈永红、马丽军、腾飞、夏珍珠、兰美娥、林常兰、刘鹏飞、朱延胜、孔令强、李铁栓、刘成祥。

本部分火焰原子吸收光谱法起草单位：紫金矿业集团股份有限公司、长春黄金研究院、灵宝黄金股份有限公司、山东国大黄金股份有限公司、潼关中金冶炼有限责任公司、河南中原黄金冶炼厂有限责任公司。

本部分火焰原子吸收光谱法主要起草人：夏珍珠、李春香、刘本发、俞金生、陈菲菲、陈永红、王菊、刘鹏飞、朱延胜、孔令强、李铁栓、刘成祥。

载金炭化学分析方法
第1部分:金量的测定

1 范围

GB/T 29509的本部分规定了载金炭中金量的测定方法。

本部分适用于载金炭中金含量的测定。测量范围:100.0 g/t～10000.0 g/t。

2 火试金重量法(仲裁法)

2.1 方法提要

试料经过焙烧处理,与火试金试剂经配料、熔融,获得适当质量的含有贵金属的铅扣。通过灰吹使金银合粒与铅扣分离,得到的金银合粒经过硝酸分金后,用重量法测定金的含量。

2.2 试剂

除非另有说明,在分析中均使用分析纯的试剂和蒸馏水或去离子水或相当纯度的水。

2.2.1 碳酸钠:工业纯,粉状。

2.2.2 氧化铅:工业纯,粉状(空白金量不大于0.02 g/t)。

2.2.3 硼砂:工业纯,粉状。

2.2.4 二氧化硅:白色结晶小颗粒或白色粉末。

2.2.5 金属银(质量分数≥99.99%)。

2.2.6 覆盖剂(3+1):三份碳酸钠与一份硼砂混合。

2.2.7 硝酸(ρ=1.42 g/mL)。

2.2.8 硝酸(1+5)。

2.2.9 硝酸(1+2)。

2.2.10 面粉。

2.2.11 铅箔(质量分数≥99.99%)。

2.2.12 冰乙酸(ρ=1.05 g/mL)。

2.2.13 冰乙酸(1+3)。

2.2.14 银标准溶液:称取5.000 g金属银(2.2.5),置于250 mL烧杯中,加入硝酸(2.2.9)50 mL,低温加热至完全溶解,取下冷却至室温,用不含氯离子的水移入500 mL棕色容量瓶中,用水稀释至刻度,混匀。此溶液1 mL含10 mg银。

2.3 仪器和设备

2.3.1 试金坩埚:材质为耐火黏土。高130 mm,底部外径50 mm,容积约为300 mL。

2.3.2 镁砂灰皿:顶部内径约35 mm,底部外径约40 mm,高30 mm,深约17 mm。

2.3.3 分金试管:25 mL比色管。

2.3.4 方形瓷舟:长90 mm,宽60 mm,深17 mm。

2.3.5 瓷坩埚:30 mL。

2.3.6 微量天平:感量不大于0.01 mg。

2.3.7 天平:感量0.01 g和0.001 g。

2.3.8 箱式电阻炉:最高加热温度为1350 ℃。

2.3.9 铁铸模。

2.4 试样

2.4.1 试样粒度应不大于 0.074 mm。

2.4.2 试样应在 100 ℃～105 ℃烘干 1 h 后，置于干燥器中冷却至室温。

2.5 分析步骤

2.5.1 试料

按表 1 称取试样(2.4)，精确至 0.001 g。

表 1 试样质量

金质量分数 g/t	试料量 g
100.0～1000.0	10
>1000.0～5000.0	5
>5000.0～10000.0	3

独立进行两次测定，取其平均值。

2.5.2 试剂中金空白值的测定

每批氧化铅都要测定其中金量。每次称取三份氧化铅进行平行测定，取其平均值。

方法：称取 200 g 氧化铅(2.2.2)、40 g 碳酸钠(2.2.1)、10 g 硼砂(2.2.3)、15 g 二氧化硅(2.2.4)、4 g 面粉(2.2.10)，以下按 2.5.3.3、2.5.3.4、2.5.3.6 进行，测定金量。

2.5.3 测定

2.5.3.1 焙烧：先称取 5 g 二氧化硅(2.2.4)平铺于方形瓷舟(2.3.4)内，再将试料(2.5.1)覆盖在二氧化硅上，放置于低于 350 ℃的电炉内，升温至 650 ℃，保持 1 h～2 h，直至试料焙烧完全，取出冷却。

2.5.3.2 配料：先称取 30 g 碳酸钠(2.2.1)、80 g 氧化铅(2.2.2)、10 g 硼砂(2.2.3)、4 g 面粉(2.2.10)于试金坩埚(2.3.1)内，再将焙烧完全的载金炭试料(2.5.3.1)全部转移至其中，搅拌均匀后，加入 2.00 mL 银标准溶液(2.2.14)，覆盖约 10 mm 厚的覆盖剂(2.2.6)。

2.5.3.3 熔融：将坩埚置于炉温为 800 ℃的箱式电阻炉(2.3.8)内，关闭炉门，升温至 930 ℃，保温 15 min，再升温至 1100 ℃～1150 ℃，保温 5 min～10 min 后出炉，将坩埚平稳地旋动数次，并在铁板上轻轻敲击 2～3 下，使附着在坩埚壁上的铅珠下沉，然后将熔融物小心地全部倒入预热的铁铸模(2.3.9)中。冷却后，分离铅扣与熔渣，并将铅扣锤成立方体，称重(40 g 左右)。

2.5.3.4 灰吹：将铅扣放入已在 950 ℃电炉(2.3.8)内预热 30 min 的镁砂灰皿中，关闭炉门1 min～2 min，待熔铅脱膜后，半开炉门，并控制温度在 900 ℃灰吹，待铅扣完全吹尽，将灰皿取出冷却。

2.5.3.5 合粒处理：用小镊子将金银合粒从灰皿中取出，置于 30 mL 的瓷坩埚(2.3.5)中，加入 10 mL 冰乙酸(2.2.13)，置于低温电热板上，保持近沸，取下冷却，倾出液体，用热水洗涤三次，放在电炉上烘干，取下，冷却，称量，即为合粒质量。将合粒质量减去预先所加的 20 mg 银近似为载金炭中的金量，并计算出金、银比例，如果金银比例小于 1∶3，直接分金；若金银比例大于 1∶3，则按 1∶3 的比例补银，并把合粒和需要补加的银用 3 g～5 g 铅箔包好，按 2.5.3.4 进行再次灰吹。

2.5.3.6 分金：用小锤将金银合粒砸成薄片(0.2 mm～0.3 mm)。将金银薄片放入分金试管(2.3.3)中，并加入 10 mL 硝酸(2.2.8)，把分金试管置于水浴中加热。待合粒与酸不再反应后，取出分金试管，倒出酸液。再加入 10 mL 微沸的硝酸(2.2.9)，于沸水浴中继续加热 40 min。取出试管，倒出酸液，用蒸馏水洗净金粒后，移入 30 mL 瓷坩埚(2.3.5)中，在加热板上烘干后退火，冷却后，将金粒放在微量天平(2.3.6)上称量，记录称量质量。

2.6 分析结果的计算

按式(1)计算金的质量分数 w_{Au}，单位为克每吨(g/t)：

$$w_{Au}=\frac{m_1-m_0}{m}\times 1000 \quad\cdots\cdots\cdots\cdots\cdots\cdots (1)$$

式中：

m_1——金粒的质量，单位为毫克(mg)；

m_0——分析时所用氧化铅中金的质量，单位为毫克(mg)；

m——试料的质量，单位为克(g)。

分析结果表示至小数点后第一位。

2.7 精密度

2.7.1 重复性

在重复性条件下获得的两次独立测试结果的测定值，在以下给出的平均值范围内，这两个测试结果的绝对差值不大于重复性限(r)，以大于重复性限(r)的情况不超过5%为前提，重复性限(r)按表2采用线性内插法求得。

表2 重复性限

单位为克每吨

金的质量分数	535.7	1997.1	5419.4	9426.7
重复性限(r)	10.0	25.0	70.0	130.0

2.7.2 再现性

在再现性条件下获得的两次独立测试结果的测定值，在以下给出的平均值范围内，这两个测试结果的绝对差值不大于再现性限(R)，以大于再现性限(R)的情况不超过5%为前提，再现性限(R)按表3采用线性内插法求得。

表3 再现性限

单位为克每吨

金的质量分数	535.7	1997.1	5419.4	9426.7
再现性限(R)	15.0	60.0	120.0	220.0

2.8 质量控制和保证

应用国家级或行业级标准样品(当两者都没有时，可用自制的控制样品代替)，每周或两周验证一次本方法的有效性，当过程失控时，应找出原因，纠正错误后，重新进行校核，并采取相应的预防措施。

3 火焰原子吸收光谱法

3.1 方法提要

试样经灼烧灰化后，用王水溶解残渣。在稀盐酸介质中，于火焰原子吸收光谱仪波长242.8 nm处，使用空气-乙炔火焰，测定金的吸光度，按标准曲线法计算金量。

3.2 试剂

除非另有说明，在分析中均使用分析纯试剂和蒸馏水或去离子水或相当纯度的水。

3.2.1 盐酸(ρ=1.19 g/mL)。

3.2.2 盐酸(1+1)。

3.2.3 硝酸(ρ=1.42 g/mL)。

3.2.4 王水(盐酸：硝酸=3：1)，现用现配。

3.2.5 王水(1+1)。

3.2.6 金标准贮存溶液：称取1.0000 g纯金(质量分数≥99.99%)于100 mL烧杯中，加入10 mL王水(3.2.5)，低温加热至完全溶解，取下冷却至室温。移入1000 mL容量瓶中，用水稀释至刻度，混匀。此溶液1 mL含1 mg金。

3.2.7 金标准溶液：移取 50.00 mL 金标准贮存溶液(3.2.6)于 500 mL 容量瓶中，加入 50 mL 盐酸(3.2.2)，用水稀释至刻度，混匀。此溶液 1 mL 含 100 μg 金。

3.3 仪器

原子吸收光谱仪，附金空心阴极灯。

在仪器最佳工作条件下，凡能达到下列指标者均可使用：

——特征浓度：在与测量溶液的基体相一致的溶液中，金的特征浓度应不大于 0.095 μg/mL。

——精密度：用最高浓度的标准溶液测量 10 次吸光度，其标准偏差应不超过平均吸光度的 1.0%；用最低浓度的标准溶液(不是“零”浓度标准溶液)测量 10 次吸光度，其标准偏差应不超过最高浓度标准溶液平均吸光度的 0.5%。

——工作曲线线性：将工作曲线按浓度等分成五段，最高段的吸光度差值与最低段的吸光度差值之比应不小于 0.8。

3.4 试样

3.4.1 样品粒度应不大于 0.074 mm。

3.4.2 样品应在 100 ℃～105 ℃烘干 1 h 后，置于干燥器中冷却至室温。

3.5 分析步骤

3.5.1 试料

按表 4 称取试样(3.4)，精确至 0.0001 g。

表 4 试样量及分取体积

金的质量分数 g/t	试样量 g	试液分取体积 mL	稀释体积 mL	补加盐酸(3.2.2)体积 mL
100.0～400.0	1.0	—	—	—
>400.0～1600.0	1.0	25.00	100	7.5
>1600.0～8000.0	0.5	10.00	100	9.0
>8000.0～10000.0	0.2	10.00	100	9.0

3.5.2 测定次数

独立地进行两次测定，取其平均值。

3.5.3 空白试验

随同试料做空白试验。

3.5.4 测定

3.5.4.1 将试料(3.5.1)置于干燥的 30 mL 瓷坩埚中，移入马弗炉中。由低温缓慢升温至 650 ℃，稍开炉门，在有氧条件下于 650 ℃灼烧 1 h～2 h，直至试料(3.5.1)灰化完全，取出坩埚冷却至室温。

3.5.4.2 用少量水润湿坩埚中残渣，加入 10 mL 王水(3.2.5)，于水浴中蒸至近干，取下稍冷。加入 10 mL 盐酸(3.2.2)，加热使盐类溶解，取下冷却至室温。将溶液移入 100 mL 容量瓶中，用水稀释至刻度，混匀。

3.5.4.3 按表 4 分取试液于相应的容量瓶中，补加相应体积的盐酸(3.2.2)，用水稀释至刻度，混匀。

3.5.4.4 于原子吸收光谱仪波长 242.8 nm 处，使用空气-乙炔火焰，以“零”浓度溶液调零，测量试液及随同试料空白的吸光度，从工作曲线上查出相应的金的浓度。

3.5.5 工作曲线绘制

移取 0.00 mL、1.00 mL、2.00 mL、3.00 mL、4.00 mL 金标准溶液(3.2.7)，分别置于一组 100 mL 容量瓶中，加入 10 mL 盐酸(3.2.2)，用水稀释至刻度，混匀。在与试料溶液相同测定条件下，以“零”浓度溶液调零，测量系列标准溶液的吸光度。以金的浓度为横坐标，吸光度为纵坐标绘制工作曲线。

3.6 分析结果的计算

按式(2)计算金的质量分数 w_{Au},数值以 g/t 表示:

$$w_{Au}=\frac{(\rho_1-\rho_0)\cdot V_0\cdot V_2}{m\cdot V_1} \quad \cdots\cdots (2)$$

式中:

ρ_1——自工作曲线上查得试液中金的浓度,单位为微克每毫升(μg/mL);

ρ_0——自工作曲线上查得空白试液中金的浓度,单位为微克每毫升(μg/mL);

V_0——试液的体积,单位为毫升(mL);

V_1——分取试液的体积,单位为毫升(mL);

V_2——分取试液稀释后的体积,单位为毫升(mL);

m——试料的质量,单位为克(g)。

计算结果表示至小数点后第一位。

3.7 精密度

3.7.1 重复性

在重复性条件下获得的两次独立测试结果的测定值,在以下给出的平均值范围内,这两个测试结果的绝对差值不超过重复性限(r),超过重复性限(r)的情况不超过5%,重复性限(r)按表5数据采用线性内插法求得。

表5 重复性限

单位为克每吨

金的质量分数	525.9	2014.0	5376.6	9446.9
重复性限(r)	20.0	50.0	120.0	200.0

3.7.2 再现性

在再现性条件下获得的两次独立测试结果的测定值,在以下给出的平均值范围内,这两个测试结果的绝对差值不超过再现性限(R),超过再现性(R)的情况不超过5%,再现性(R)按表6数据采用线性内插法求得。

表6 再现性限

单位为克每吨

金的质量分数	525.9	2014.0	5376.6	9446.9
再现性限(R)	30.0	75.0	160.0	260.0

3.8 质量控制和保证

应用国家级或行业级标准样品(当两者没有时,也可用自制的控制样品代替),每周或两周验证一次本方法的有效性。当过程失控时,应找出原因,纠正错误后,重新进行校核,并采取相应的预防措施。

ICS 73.060.99
D 46

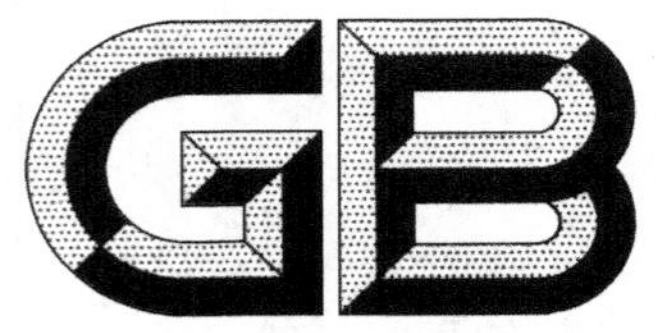

中华人民共和国国家标准

GB/T 29509.2—2013

载金炭化学分析方法 第2部分:银量的测定 火焰原子吸收光谱法

Methods for chemical analysis of gold-loaded carbon—
Part 2:Determination of silver content—
Flame atomic absorption spectrometry

2013-05-09 发布　　2014-02-01 实施

中华人民共和国国家质量监督检验检疫总局
中国国家标准化管理委员会　发布

前　言

GB/T 29509《载金炭化学分析方法》分为两个部分：

——第1部分：金量的测定；

　　火试金重量法

　　火焰原子吸收光谱法

——第2部分：银量的测定　火焰原子吸收光谱法。

本部分为GB/T 29509的第2部分。

本部分按照GB/T 1.1—2009给出的规则起草。

本部分由全国黄金标准化技术委员会(SAC/TC 379)提出并归口。

本部分起草单位：长春黄金研究院、紫金矿业集团股份有限公司、灵宝黄金股份有限公司、山东国大黄金股份有限公司、潼关中金冶炼有限责任公司、河南中原黄金冶炼厂有限责任公司。

本部分主要起草人：陈菲菲、陈永红、孟宪伟、王菊、兰美娥、刘志强、李雪花、刘鹏飞、朱延胜、孔令强、李铁栓、刘成祥。

载金炭化学分析方法
第 2 部分：银量的测定
火焰原子吸收光谱法

1 范围

GB/T 29509 的本部分规定了载金炭中银量的测定方法。

本部分适用于载金炭中银量的测定。测定范围：10.0 g/t～2500.0 g/t。

2 方法提要

试料经灰化后，用盐酸、硝酸溶解，在稀盐酸介质中，使用空气-乙炔火焰，于火焰原子吸收光谱仪波长 328.1 nm 处测定银的吸光度，按标准曲线法计算载金炭中的银量。

扣除背景吸收，载金炭中共存元素不干扰测定。

3 试剂

除非另有说明，在分析中仅使用确认为分析纯的试剂和蒸馏水或去离子水或相当纯度的水。

3.1 盐酸（ρ=1.19 g/mL）。

3.2 硝酸（ρ=1.42 g/mL）。

3.3 硝酸（ρ=1.42 g/mL），优级纯。

3.4 盐酸（3+17）。

3.5 饱和氯化钠溶液。

3.6 银标准贮存溶液：称取 0.5000 g 纯银（质量分数≥99.99%），置于 100 mL 烧杯中，加入 20 mL 硝酸（3.3），加热至完全溶解，煮沸驱除氮的氧化物，取下冷却，用不含氯离子的水移入 1000 mL 棕色容量瓶中，加入 30 mL 硝酸（3.3），用水稀释至刻度，混匀。此溶液 1 mL 含 0.5 mg 银。

3.7 银标准溶液：移取 50.00 mL 银标准贮存溶液（3.6）于 500 mL 棕色容量瓶中，加入 10 mL 硝酸（3.3），用水稀释至刻度，混匀。此溶液 1 mL 含 50 μg 银。

4 仪器

原子吸收光谱仪，附银空心阴极灯。

在仪器最佳条件下，凡能达到下列指标的原子吸收光谱仪均可使用。

特征浓度：在与测量溶液基体相一致的溶液中，银的特征浓度应不大于 0.034 μg/mL。

精密度：用高浓度的标准溶液测量 10 次吸光度，其标准偏差应不超过平均吸光度的 1.0%；用最低浓度的标准溶液（不是“零”浓度标准溶液）测量 10 次吸光度，其标准偏差应不超过最高浓度标准溶液平均吸光度的 0.5%。

工作曲线线性：将工作曲线按浓度等分成五段，最高段的吸光度差值与最低段的吸光度差值之比应不小于 0.8。

5 试样

5.1 试样粒度不大于 0.074 mm。

5.2 试样应在 100 ℃～105 ℃烘干 1 h 后，置于干燥器中冷却至室温。

6 分析步骤

6.1 试料

按表1称取试样(第5章),精确至0.0001 g。

表1 试样量及定容体积

银质量分数 g/t	试料量 g	容量瓶体积 mL
10.0～100.0	1.0	50
>100.0～500.0	0.50	100
>500.0～1000.0	0.20	100
>1000.0～2500.0	0.20	200

独立进行两次测定,取其平均值。

6.2 空白试验

随同试料做空白试验。

6.3 测定

6.3.1 将试料(6.1)置于30 mL瓷坩埚中,于马弗炉中650 ℃灰化完全,取出冷至室温,加入3～5滴氯化钠溶液(3.5),加入3 mL盐酸(3.1),水浴加热至微沸,加入1 mL硝酸(3.2),继续在水浴上蒸至湿盐状,取下。加入少量盐酸(3.1)和水,加热使盐类溶解,取下冷却至室温。

6.3.2 按表1所列用盐酸(3.4)分别定容至相应体积的容量瓶中,混匀。

6.3.3 在原子吸收光谱仪波长328.1 nm处,使用空气-乙炔火焰,参考附录A所推荐的仪器工作参数,以试剂空白调零,测量试料空白溶液和试料溶液的吸光度,扣除背景吸收,自工作曲线上查出相应的银浓度。

6.4 工作曲线的绘制

移取0.00 mL、0.50 mL、1.00 mL、2.00 mL、3.00 mL、4.00 mL、5.00 mL、6.00 mL银标准溶液(3.7),分别置于一组100 mL容量瓶中,用盐酸溶液(3.4)稀释至刻度,混匀。以试剂空白调零,测量吸光度。以银浓度为横坐标,吸光度为纵坐标,绘制工作曲线。

7 结果计算

按式(1)计算银的质量分数w_{Ag},单位为克每吨(g/t):

$$w_{Ag}=\frac{(\rho_1-\rho_0)\cdot V}{m} \qquad (1)$$

式中:

ρ_1——以试料溶液的吸光度自工作曲线查得的银浓度,单位为微克每毫升(μg/mL);

ρ_0——以试料空白溶液的吸光度自工作曲线查得的银浓度,单位为微克每毫升(μg/mL);

V——试料溶液的体积,单位为毫升(mL);

m——试料的质量,单位为克(g)。

分析结果表示至小数点后第一位。

8 精密度

8.1 重复性

在重复性条件下获得的两次独立测试结果的测定值,在以下给出的平均值范围内,这两个测试结果的绝对差值不超过重复性限(r),超过重复性限(r)的情况不超过5%,重复性限(r)按表2数据采用线性内插法求得。

表2　重复性限

单位为克每吨

银的质量分数	160.7	585.7	1178.8	2112.0
重复性限(r)	15.0	25.0	40.0	60.0

8.2　再现性

在再现性条件下获得的两次独立测试结果的测定值,在以下给出的平均值范围内,这两个测试结果的绝对差值不超过再现性限(R),超过再现性限(R)的情况不超过5%,再现性限(R)按表3数据采用线性内插法求得。

表3　再现性限

单位为克每吨

银的质量分数	160.7	585.7	1178.8	2112.0
再现性限(R)	24.0	40.0	65.0	110.0

9　质量控制和保证

应用国家级或行业级标准样品(当两者没有时,也可用自制的控制样品代替),每周或两周验证一次本方法的有效性。当过程失控时,应找出原因,纠正错误后,重新进行校核,并采取相应的预防措施。

附　录　A
（资料性附录）
仪器工作参数

使用美国热电公司生产的 ICE3300 型火焰原子吸收光谱仪[1)]，所推荐的仪器工作参数见表 A.1。

表 A.1　仪器工作参数

波长 nm	狭缝 nm	灯电流 mA	灯电流效率	燃气、助燃气	观测高度 mm
328.1	0.5	4.0	75%	1.1∶4.4	7

1）给出这一信息是为了方便本标准的使用者，并不表示对该产品的认可。如果其他等效产品具有相同的效果，则可使用这些等效产品。

ICS 77.120.01
D 46

中华人民共和国黄金行业标准

YS/T 3015.1—2013

载金炭化学分析方法
第1部分:水分含量的测定
干燥重量法

**Methods for chemical analysis of gold-loaded carbon—
Part 1: Determination of moisture content—
Desiccation gravimetric method**

2013-04-25 发布　　2013-09-01 实施

中华人民共和国工业和信息化部　发布

前　言

YS/T 3015《载金炭化学分析方法》分为4个部分：

——第1部分：水分含量的测定　干燥重量法；

——第2部分：铜和铁量的测定　火焰原子吸收光谱法；

——第3部分：钙和镁量的测定　火焰原子吸收光谱法；

——第4部分：铜、铁、钙和镁量的测定　电感耦合等离子体发射光谱法。

本部分为YS/T 3015的第1部分。

本部分按照GB/T 1.1—2009给出的规则起草。

本部分由中国黄金协会提出。

本部分由全国黄金标准化技术委员会(SAC/TC 379)归口。

本部分起草单位：紫金矿业集团股份有限公司、长春黄金研究院、河南中原黄金冶炼厂有限责任公司、灵宝黄金股份有限公司、山东国大黄金股份有限公司、潼关中金冶炼有限责任公司。

本部分主要起草人：夏珍珠、林常兰、熊敏英、刘丽华、蓝美秀、刘本发、俞金生、钟跃汉、陈菲菲、陈永红、刘成祥、刘鹏飞、孔令强、李铁栓、朱延胜。

载金炭化学分析方法
第1部分:水分含量的测定
干燥重量法

1 范围

YS/T 3015 的本部分规定了载金炭中水分含量的测定方法。

本部分适用于载金炭中水分含量的测定。测定范围:10.00%~40.00%。

2 方法提要

一定质量的试样,经烘干,以失去质量所占百分数作为水分含量。

3 仪器和设备

3.1 电热恒温鼓风干燥箱:具有可调控温装置,温度误差小于±5 ℃。

3.2 天平:最大称样量不小于1000 g,感量0.01 g。

3.3 干燥皿:搪瓷或耐腐蚀材料制作的容器,规格应使试样平铺后厚度在2 cm以下。

3.4 干燥器:内置有效干燥剂。

4 分析步骤

4.1 试料

称取100 g~500 g试样(m_0),精确至0.01 g。

4.2 测定次数

独立地进行两次测定,取其平均值。

4.3 测定

将试料(4.1)置于已知质量(m_1)的干燥皿(3.3)内铺平,使其厚度在2 cm以下。放入已升温至100 ℃~105 ℃的电热恒温鼓风干燥箱(3.1)内,干燥后置于干燥器(3.4)中放冷至室温,称量。重复干燥直至恒重(m_2),最后两次称量之差小于试样量的0.05%。

5 分析结果的计算

按式(1)计算水分的质量分数 $w(H_2O)$,数值以%表示:

$$w(H_2O)=\frac{m_0+m_1-m_2}{m_0}\times 100 \qquad (1)$$

式中:

m_0——试样的质量,单位为克(g);

m_1——干燥皿的质量,单位为克(g);

m_2——干燥后试料和干燥皿的质量,单位为克(g)。

计算结果表示至小数点后第二位。

6 精密度

两个平行试样测定结果的绝对差值不得超过算术平均值的1.2%。

两个实验室间测定结果的绝对差值不得超过算术平均值的1.5%。

ICS 77.120.01
D 46

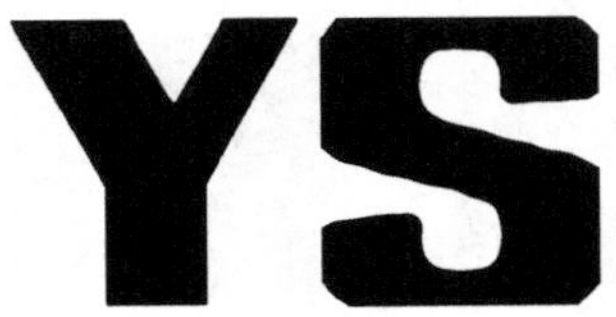

中华人民共和国黄金行业标准

YS/T 3015.2—2013

载金炭化学分析方法
第 2 部分:铜和铁量的测定
火焰原子吸收光谱法

Methods for chemical analysis of gold-loaded carbon—
Part 2: Determination of copper and iron contents—
Flame atomic absorption spectrometry

2013-04-25 发布　　2013-09-01 实施

中华人民共和国工业和信息化部　发布

前　言

YS/T 3015《载金炭化学分析方法》分为4个部分：

——第1部分：水分含量的测定　干燥重量法；

——第2部分：铜和铁量的测定　火焰原子吸收光谱法；

——第3部分：钙和镁量的测定　火焰原子吸收光谱法；

——第4部分：铜、铁、钙和镁量的测定　电感耦合等离子体发射光谱法。

本部分为YS/T 3015的第2部分。

本部分按照GB/T 1.1—2009给出的规则起草。

本部分由中国黄金协会提出。

本部分由全国黄金标准化技术委员会(SAC/TC 379)归口。

本部分起草单位：紫金矿业集团股份有限公司、灵宝黄金股份有限公司、长春黄金研究院、河南中原黄金冶炼厂有限责任公司、山东国大黄金股份有限公司、潼关中金冶炼有限责任公司。

本部分主要起草人：夏珍珠、俞金生、刘本发、罗文、刘鹏飞、胡赞峰、朱延胜、王菊、刘成祥、孔令强、李铁栓。

载金炭化学分析方法
第2部分:铜和铁量的测定
火焰原子吸收光谱法

1 范围

YS/T 3015的本部分规定了载金炭中铜和铁含量的测定方法。

本部分适用于载金炭中铜和铁含量的测定。测定范围:铜0.010%~2.00%;铁0.010%~1.00%。

2 方法提要

试样经灼烧灰化后,用盐酸、硝酸溶解残渣。在稀盐酸介质中,于火焰原子吸收光谱仪波长324.8 nm和248.3 nm处,使用空气-乙炔火焰,分别测定铜和铁的吸光度,按标准曲线法计算铜和铁量。

3 试剂

除非另有说明,在分析中仅使用确认为分析纯的试剂和蒸馏水或去离子水或相当纯度的水。

3.1 盐酸(ρ=1.19 g/mL)。

3.2 盐酸(1+1)。

3.3 盐酸(1+4)。

3.4 硝酸(ρ=1.42 g/mL)。

3.5 铜标准贮存溶液:称取1.0000 g金属铜(质量分数≥99.99%)于250 mL烧杯中,加入10 mL水,沿杯壁加入10 mL硝酸(3.4),盖上表面皿,低温加热至完全溶解,煮沸驱赶氮氧化物,取下冷却至室温。移入1000 mL容量瓶中,用水稀释至刻度,混匀。此溶液1 mL含1 mg铜。

3.6 铜标准溶液:移取25.00 mL铜标准贮存溶液(3.5)于250 mL容量瓶中,加入25 mL盐酸(3.3),用水稀释至刻度,混匀。此溶液1 mL含100 μg铜。

3.7 铁标准贮存溶液:称取1.4297 g三氧化二铁(优级纯)于250 mL烧杯中,加入50 mL盐酸(3.2),盖上表面皿,低温加热至完全溶解,取下冷却至室温。移入1000 mL容量瓶中,用水稀释至刻度,混匀。此溶液1 mL含1 mg铁。

3.8 铁标准溶液:移取25.00 mL铁标准贮存溶液(3.7)于250 mL容量瓶中,加入25 mL盐酸(3.3),用水稀释至刻度,混匀。此溶液1 mL含100 μg铁。

4 仪器

原子吸收光谱仪,附铜空心阴极灯和铁空心阴极灯。

在仪器最佳工作条件下,凡能达到下列指标者均可使用:

——特征浓度:在与测量溶液的基体相一致的溶液中,铜的特征浓度应不大于0.037 μg/mL,铁的特征浓度应不大于0.097 μg/mL;

——精密度:用最高浓度的标准溶液测量10次吸光度,其标准偏差应不超过平均吸光度的1.0%;用最低浓度的标准溶液(不是"零"浓度标准溶液)测量10次吸光度,其标准偏差应不超过最高浓度标准溶液平均吸光度的0.5%;

——工作曲线线性:将工作曲线按浓度等分成5段,最高段的吸光度差值与最低段的吸光度差值之比应不小于0.8。

5 试样

5.1 样品粒度应不大于 0.074 mm。

5.2 样品应在 100 ℃～105 ℃烘干 1 h 后，置于干燥器中冷却至室温。

6 分析步骤

6.1 试料

按表 1 称取试样(第 5 章)，精确至 0.0001 g。

表 1 试料量及分取体积

铜或铁的质量分数/%	试样量/g	试液分取体积/mL	稀释体积/mL	补加盐酸(3.3)体积/mL
0.01～0.05	1.0	—	—	—
>0.05～0.2	1.0	25.00	100	7.5
>0.2～1.0	0.5	10.00	100	9.0
>1.0～2.0	0.2	10.00	100	9.0

6.2 测定次数

独立地进行两次测定，取其平均值。

6.3 空白试验

随同试料做空白试验。

6.4 测定

6.4.1 将试料(6.1)置于干燥的 30 mL 石英坩埚中，移入马弗炉中。低温缓慢升温至 550 ℃，稍开炉门，在有氧条件下于 550 ℃灼烧 1 h～2 h，直至试料(6.1)灰化完全，取出坩埚冷却至室温。

6.4.2 用少量水润湿坩埚中残渣，加入 10 mL 盐酸(3.2)，于水浴中加热 5 min，取下稍冷。加入 5 mL 硝酸(3.4)，继续蒸至近干，取下稍冷。加入 10 mL 盐酸(3.3)，加热使盐类溶解，取下冷却至室温。将溶液移入 100 mL 容量瓶中，用水稀释至刻度，混匀。

6.4.3 按表 1 分取试液于相应的容量瓶中，补加相应体积的盐酸(3.3)，用水稀释至刻度，混匀。

6.4.4 分别于原子吸收光谱仪波长 324.8 nm 和 248.3 nm 处，使用空气-乙炔火焰，以“零”浓度溶液调零，测量试液及随同试料空白的吸光度，从工作曲线上查出相应的铜或铁的浓度。

6.5 工作曲线绘制

分别移取 0.00 mL、1.00 mL、2.00 mL、3.00 mL、4.00 mL、5.00 mL 铜标准溶液(3.6)和铁标准溶液(3.8)于一组 100 mL 容量瓶中，加入 10 mL 盐酸(3.3)，用水稀释至刻度，混匀。在与试料溶液相同测定条件下，以“零”浓度溶液调零，测量系列标准溶液的吸光度。以铜或铁的浓度为横坐标，吸光度为纵坐标绘制工作曲线。

7 分析结果的计算

按式(1)计算铜或铁的质量分数 w(Cu/Fe)，数值以%表示：

$$w(\mathrm{Cu/Fe})=\frac{(\rho_1-\rho_0)\cdot V_0\cdot V_2\times 10^{-6}}{m\cdot V_1}\times 100 \quad\cdots\cdots(1)$$

式中：

ρ_1——自工作曲线上查得试液中铜或铁的浓度，单位为微克每毫升(μg/mL)；

ρ_0——自工作曲线上查得空白试液中铜或铁的浓度，单位为微克每毫升(μg/mL)；

V_0——试液的体积，单位为毫升(mL)；

V_1——分取试液的体积，单位为毫升(mL)；

V_2——分取试液稀释后的体积，单位为毫升(mL)；

m——试料的质量，单位为克(g)。

计算结果表示至小数点后第二位。铜或铁的质量分数小于0.10%时，表示至小数点后第三位。

8 精密度

8.1 重复性

在重复性条件下获得的两次独立测试结果的测定值，在以下给出的平均值范围内，这两个测试结果的绝对差值不超过重复性限(r)，超过重复性限(r)的情况不超过5%，重复性限(r)按表2数据采用线性内插法求得。

表2 重复性限

%

铜	质量分数	0.079	0.15	0.51	1.07
	重复性限(r)	0.010	0.02	0.03	0.05
铁	质量分数	0.086	0.16	0.53	1.28
	重复性限(r)	0.010	0.02	0.03	0.06

8.2 再现性

在再现性条件下获得的两次独立测试结果的测定值，在以下给出的平均值范围内，这两个测试结果的绝对差值不超过再现性限(R)，超过再现性(R)的情况不超过5%，再现性(R)按表3数据采用线性内插法求得。

表3 再现性限

%

铜	质量分数	0.079	0.15	0.51	1.07
	再现性限(R)	0.015	0.04	0.06	0.10
铁	质量分数	0.086	0.16	0.53	1.28
	再现性限(R)	0.015	0.04	0.06	0.12

9 质量控制和保证

应用国家级或行业级标准样品(当两者没有时，也可用自制的控制样品代替)，每周或两周验证一次本标准的有效性。当过程失控时，应找出原因，纠正错误后，重新进行校核，并采取相应的预防措施。

ICS 77.120.01
D 46

中华人民共和国黄金行业标准

YS/T 3015.3—2013

载金炭化学分析方法 第3部分:钙和镁量的测定 火焰原子吸收光谱法

Methods for chemical analysis of gold-loaded carbon—
Part 3: Determination of calcium and magnesium contents—
Flame atomic absorption spectrometry

2013-04-25 发布　　　　2013-09-01 实施

中华人民共和国工业和信息化部　发布

前　言

YS/T 3015《载金炭化学分析方法》分为4个部分：

——第1部分：水分含量的测定　干燥重量法；

——第2部分：铜和铁量的测定　火焰原子吸收光谱法；

——第3部分：钙和镁量的测定　火焰原子吸收光谱法；

——第4部分：铜、铁、钙和镁量的测定　电感耦合等离子体发射光谱法。

本部分为YS/T 3015的第3部分。

本部分按照GB/T 1.1—2009给出的规则起草。

本部分由中国黄金协会提出。

本部分由全国黄金标准化技术委员会(SAC/TC 379)归口。

本部分起草单位：紫金矿业集团股份有限公司、灵宝黄金股份有限公司、长春黄金研究院、河南中原黄金冶炼厂有限责任公司、山东国大黄金股份有限公司。

本部分主要起草人：夏珍珠、吴银来、蓝美秀、嵇河龙、刘鹏飞、胡赞峰、朱延胜、王菊、刘成祥、孔令强。

载金炭化学分析方法 第3部分:钙和镁量的测定 火焰原子吸收光谱法

1 范围

YS/T 3015的本部分规定了载金炭中钙和镁含量的测定方法。

本部分适用于载金炭中钙和镁含量的测定。测定范围:钙0.050%~2.0%;镁0.010%~0.50%。

2 方法提要

试样经灼烧灰化后,用盐酸、硝酸溶解残渣。在稀盐酸介质中,于火焰原子吸收光谱仪波长422.7 nm和285.2 nm处,使用空气-乙炔火焰,分别测定钙和镁的吸光度,按标准曲线法计算钙和镁量。

3 试剂

除非另有说明,在分析中仅使用确认为分析纯的试剂和蒸馏水或去离子水或相当纯度的水。

3.1 盐酸(ρ=1.19 g/mL)。

3.2 盐酸(1+1)。

3.3 盐酸(1+4)。

3.4 硝酸(ρ=1.42 g/mL)。

3.5 氯化锶溶液:称取25 g氯化锶($SrCl_2 \cdot 6H_2O$)于400 mL烧杯中,加入200 mL水,搅拌溶解,移入500 mL容量瓶中,用水稀释至刻度,混匀。

3.6 氯化镧溶液:称取50 g氯化镧($LaCl_3 \cdot 7H_2O$)于400 mL烧杯中,加入200 mL水,搅拌溶解,移入500 mL容量瓶中,用水稀释至刻度,混匀。

3.7 钙标准贮存溶液:称取2.4973 g经105 ℃~110 ℃烘干的碳酸钙(基准试剂)于250 mL烧杯中,加入50 mL盐酸(3.2),盖上表面皿,低温加热至完全溶解,加热煮沸1 min~2 min,取下冷却至室温。移入1000 mL容量瓶中,用水稀释至刻度,混匀,贮存于塑料瓶中。此溶液1 mL含1 mg钙。

3.8 镁标准贮存溶液:称取1.6583 g经800 ℃灼烧至恒重的氧化镁(基准试剂)于250 mL烧杯中,加入50 mL盐酸(3.2),盖上表面皿,低温加热至完全溶解,取下冷却至室温。移入1000 mL容量瓶中,用水稀释至刻度,混匀,贮存于塑料瓶中。此溶液1 mL含1 mg镁。

3.9 钙、镁混合标准溶液:移取25.00 mL钙标准贮存溶液(3.7)和25.00 mL镁标准贮存溶液(3.8)于250 mL容量瓶中,加入20 mL盐酸(3.3),用水稀释至刻度,混匀,贮存于塑料瓶中。此溶液1 mL含100 μg钙和镁。

4 仪器

原子吸收光谱仪,附钙空心阴极灯和镁空心阴极灯。

在仪器最佳工作条件下,凡能达到下列指标者均可使用:

——特征浓度:在与测量溶液的基体相一致的溶液中,钙的特征浓度应不大于0.085 μg/mL;镁的特征浓度应不大于0.010 μg/mL;

——精密度:用最高浓度的标准溶液测量10次吸光度,其标准偏差应不超过平均吸光度的1.0%;用最低浓度的标准溶液(不是"零"浓度标准溶液)测量10次吸光度,其标准偏差应不超过最高浓度标准溶液平均吸光度的0.5%；

——工作曲线线性：将工作曲线按浓度等分成5段，最高段的吸光度差值与最低段的吸光度差值之比应不小于0.8。

5 试样

5.1 样品粒度不大于0.074 mm。

5.2 样品应在100 ℃～105 ℃烘干1 h后，置于干燥器中冷却至室温。

6 分析步骤

6.1 试料

按表1称取试样(第5章)，精确至0.0001 g。

表1 试料量及分取体积

钙或镁的质量分数/%	试样量/g	试液分取体积/mL	稀释体积/mL	氯化锶(3.5)加入量/mL	氯化镧(3.6)加入量/mL	盐酸(3.3)补加量/mL
0.01～0.05	1.0	25.00	50	1.0	2.0	2.5
>0.05～0.2	1.0	25.00	100	2.0	4.0	7.5
>0.2～1.0	0.5	10.00	100	2.0	4.0	9.0
>1.0～2.0	0.2	10.00	100	2.0	4.0	9.0

6.2 测定次数

独立地进行两次测定，取其平均值。

6.3 空白试验

随同试料做空白试验。

6.4 测定

6.4.1 将试料(6.1)置于干燥的30 mL石英坩埚中，移入马弗炉中。低温缓慢升温至550 ℃，稍开炉门，在有氧条件下于550 ℃灼烧1 h～2 h，直至试料(6.1)灰化完全，取出坩埚冷却至室温。

6.4.2 用少量水润湿坩埚中残渣，加入10 mL盐酸(3.2)，于水浴中加热5 min，取下稍冷。加入5 mL硝酸(3.4)，继续蒸至近干，取下稍冷。加入10 mL盐酸(3.3)，加热使盐类溶解，取下冷却至室温。将溶液移入100 mL容量瓶中，用水稀释至刻度，混匀。

6.4.3 按表1分取试液于相应的容量瓶中，加入氯化锶溶液(3.5)、氯化镧溶液(3.6)和盐酸(3.3)，用水稀释至刻度，混匀。

6.4.4 分别于原子吸收光谱仪波长422.7 nm和285.2 nm处，使用空气-乙炔火焰，以“零”浓度溶液调零，测量试液及随同试料空白的吸光度，从工作曲线上查出相应的钙或镁的浓度。

6.5 工作曲线绘制

分别移取0.00 mL、1.00 mL、2.00 mL、3.00 mL、4.00 mL、5.00 mL钙、镁混合标准溶液(3.9)于一组100 mL容量瓶中，加入2.0 mL氯化锶溶液(3.5)、4.0 mL氯化镧溶液(3.6)和10.0 mL盐酸(3.3)，用水稀释至刻度，混匀，贮存于塑料瓶中。在与试料溶液相同测定条件下，以“零”浓度溶液调零，测量系列标准溶液的吸光度。以钙或镁的浓度为横坐标，吸光度为纵坐标绘制工作曲线。

7 结果计算

按式(1)计算钙或镁的质量分数w(Ca/Mg)，数值以%表示：

$$w(\mathrm{Ca/Mg})=\frac{(\rho_1-\rho_0)\cdot V_0\cdot V_2\times 10^{-6}}{m\cdot V_1}\times 100 \quad\cdots\cdots(1)$$

式中：

ρ_1——自工作曲线上查得试液中钙或镁的浓度，单位为微克每毫升（μg/mL）；

ρ_0——自工作曲线上查得空白试液中钙或镁的浓度，单位为微克每毫升（μg/mL）；

V_0——试液的体积，单位为毫升（mL）；

V_1——分取试液的体积，单位为毫升（mL）；

V_2——分取试液稀释后的体积，单位为毫升（mL）；

m——试料的质量，单位为克（g）。

计算结果表示至小数点后第二位，钙或镁的质量分数小于0.10%时，表示至小数点后第三位。

8 精密度

8.1 重复性

在重复性条件下获得的两次独立测试结果的测定值，在以下给出的平均值范围内，这两个测试结果的绝对差值不超过重复性限（r），超过重复性限（r）的情况不超过5%，重复性限（r）按表2数据采用线性内插法求得。

表2 重复性限 %

钙	质量分数	0.056	0.18	0.53	1.05
	重复性限（r）	0.010	0.02	0.03	0.05
镁	质量分数	0.054	0.20	0.58	
	重复性限（r）	0.010	0.02	0.03	

8.2 再现性

在再现性条件下获得的两次独立测试结果的测定值，在以下给出的平均值范围内，这两个测试结果的绝对差值不超过再现性限（R），超过再现性（R）的情况不超过5%，再现性（R）按表3数据采用线性内插法求得。

表3 再现性限 %

钙	质量分数	0.056	0.18	0.53	1.05
	再现性限（R）	0.015	0.04	0.06	0.10
镁	质量分数	0.054	0.20	0.58	
	再现性限（R）	0.015	0.04	0.06	

9 质量控制和保证

应用国家级或行业级标准样品（当两者没有时，也可用自制的控制样品代替），每周或两周验证一次本标准的有效性。当过程失控时，应找出原因，纠正错误后，重新进行校核，并采取相应的预防措施。

ICS 77.120.01
D 46

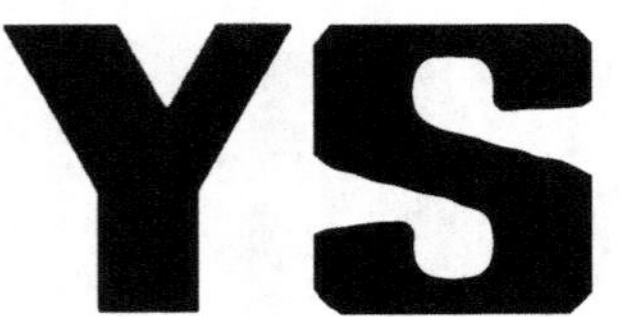

中华人民共和国黄金行业标准

YS/T 3015.4—2013

载金炭化学分析方法
第4部分：铜、铁、钙和镁量的测定
电感耦合等离子体发射光谱法

Methods for chemical analysis of gold-loaded carbon—
Part 4: Determination of copper、iron、calcium and magnesium contents—
Inductively coupled plasma-atomic emission spectrometry

2013-04-25 发布　　2013-09-01 实施

中华人民共和国工业和信息化部　发布

前　言

YS/T 3015《载金炭化学分析方法》分为4个部分：

——第1部分：水分含量的测定　干燥重量法；

——第2部分：铜和铁量的测定　火焰原子吸收光谱法；

——第3部分：钙和镁量的测定　火焰原子吸收光谱法；

——第4部分：铜、铁、钙和镁量的测定　电感耦合等离子体发射光谱法。

本部分为YS/T 3015的第4部分。

本部分按照GB/T 1.1—2009给出的规则起草。

本部分由中国黄金协会提出。

本部分由全国黄金标准化技术委员会(SAC/TC 379)归口。

本部分起草单位：紫金矿业集团股份有限公司、长春黄金研究院、国家金银及制品质量监督检验中心(长春)、河南中原黄金冶炼厂有限责任公司。

本部分主要起草人：夏珍珠、林翠芳、钟跃汉、刘春华、陈菲菲、陈永红、王菊、孟宪伟、刘成祥。

载金炭化学分析方法
第4部分:铜、铁、钙和镁量的测定
电感耦合等离子体发射光谱法

1 范围

YS/T 3015的本部分规定了载金炭中铜、铁、钙和镁含量的测定方法。

本部分适用于载金炭中铜、铁、钙和镁含量的测定。测定范围:铜0.010%～2.00%;铁0.010%～1.00%;钙0.050%～2.00%;镁0.010%～0.50%。

2 方法提要

试样经灼烧灰化后,用盐酸、硝酸溶解残渣。在稀盐酸介质中,于电感耦合等离子体发射光谱仪选定的条件下,测定试液中各元素的质量浓度,按标准曲线法计算铜、铁、钙和镁量。

3 试剂

除非另有说明,在分析中仅使用确认为分析纯的试剂和蒸馏水或去离子水或相当纯度的水。

3.1 盐酸(ρ=1.19 g/mL)。

3.2 盐酸(1+1)。

3.3 盐酸(1+4)。

3.4 盐酸(2+98)。

3.5 硝酸(ρ=1.42 g/mL)。

3.6 铜标准贮存溶液:称取1.0000 g金属铜(质量分数≥99.99%)于250 mL烧杯中,加入10 mL水,沿杯壁加入10 mL硝酸(3.5),盖上表面皿,低温加热至完全溶解,煮沸驱赶氮氧化物,取下冷却至室温。移入1000 mL容量瓶中,用水稀释至刻度,混匀。此溶液1 mL含1 mg铜。

3.7 铁标准贮存溶液:称取1.4297 g三氧化二铁(优级纯)于250 mL烧杯中,加入50 mL盐酸(3.2),盖上表面皿,低温加热至完全溶解,取下冷却至室温。移入1000 mL容量瓶中,用水稀释至刻度,混匀。此溶液1 mL含1 mg铁。

3.8 钙标准贮存溶液:称取2.4973 g经105 ℃～110 ℃烘干的碳酸钙(基准试剂)于250 mL烧杯中,加入50 mL盐酸(3.2),盖上表面皿,低温加热至完全溶解,加热煮沸1 min～2 min,取下冷却至室温。移入1000 mL容量瓶中,用水稀释至刻度,混匀,贮存于塑料瓶中。此溶液1 mL含1 mg钙。

3.9 镁标准贮存溶液:称取1.6583 g经800 ℃灼烧至恒重的氧化镁(基准试剂)于250 mL烧杯中,加入50 mL盐酸(3.2),盖上表面皿,低温加热至完全溶解,取下冷却至室温。移入1000 mL容量瓶中,用水稀释至刻度,混匀,贮存于塑料瓶中。此溶液1 mL含1 mg镁。

3.10 铜、铁、钙和镁混合标准溶液:分别移取25.00 mL铜标准贮存溶液(3.6)、铁标准贮存溶液(3.7)、钙标准贮存溶液(3.8)和镁标准贮存溶液(3.9)于250 mL容量瓶中,用盐酸(3.4)稀释至刻度,混匀,贮存于塑料瓶中。此溶液1 mL含100 μg铜、铁、钙和镁。

3.11 氩气(体积分数≥99.99%)。

4 仪器

电感耦合等离子体发射光谱仪。仪器工作条件参见附录A。

5 试样

5.1 样品粒度应不大于0.074 mm。

5.2 样品应在100 ℃～105 ℃烘干1 h后，置于干燥器中冷却至室温。

6 分析步骤

6.1 试料

按表1称取试样(第5章)，精确至0.0001 g。

表1 试料量

铜、铁、钙、镁的质量分数/%	试料量/g
0.01～0.1	1.0
>0.1～0.5	0.5
>0.5～2.0	0.2

6.2 测定次数

独立地进行两次测定，取其平均值。

6.3 空白试验

随同试料做空白试验。

6.4 测定

6.4.1 将试料(6.1)置于干燥的30 mL石英坩埚中，移入马弗炉中。低温缓慢升温至550 ℃，稍开炉门，在有氧条件下于550 ℃灼烧1 h～2 h，直至试料(6.1)灰化完全，取出坩埚冷却至室温。

6.4.2 用少量水润湿坩埚中残渣，加入10 mL盐酸(3.2)，于水浴中加热5 min，取下稍冷。加入5 mL硝酸(3.5)，继续蒸至近干，取下稍冷。加入10 mL盐酸(3.3)，低温加热使盐类溶解，取下冷却至室温。将溶液移入100 mL容量瓶中，用水稀释至刻度，混匀。

6.4.3 于电感耦合等离子体发射光谱仪上，在选定的仪器工作条件下，当工作曲线线性相关系数$r \geq 0.9998$，测量试液及随同试料空白中被测元素的谱线强度，扣除空白值，从工作曲线上确定被测元素的质量浓度。

6.5 工作曲线的绘制

6.5.1 工作曲线Ⅰ

分别移取0.00 mL、1.00 mL、3.00 mL、5.00 mL、7.00 mL、10.00 mL铜、铁、钙和镁混合标准溶液(3.10)于一组100 mL容量瓶中，用盐酸(3.4)稀释至刻度，混匀，贮存于塑料瓶中。

6.5.2 工作曲线Ⅱ

分别移取0.00 mL、10.00 mL、20.00 mL、30.00 mL、50.00 mL铜、铁、钙和镁混合标准溶液(3.10)于一组100 mL容量瓶中，用盐酸(3.4)稀释至刻度，混匀，贮存于塑料瓶中。

6.5.3 在与试料溶液相同测定条件下，以"零"浓度溶液调零，测量标准溶液中各元素的强度，以被测元素的浓度为横坐标，谱线强度为纵坐标由仪器自动绘制工作曲线。

7 分析结果的计算

按式(1)计算铜、铁、钙或镁的质量分数w(Cu/Fe/Ca/Mg)，数值以%表示：

$$w(\mathrm{Cu/Fe/Ca/Mg})=\frac{(\rho_1-\rho_0)\cdot V\times10^{-6}}{m}\times100 \quad\cdots\cdots(1)$$

式中：

ρ_1——自工作曲线上查得试液中铜、铁、钙或镁的浓度，单位为微克每毫升(μg/mL)；

ρ_0——自工作曲线上查得空白试液中铜、铁、钙或镁的浓度，单位为微克每毫升(μg/mL)；

V——试液的体积，单位为毫升(mL)；

m——试料的质量，单位为克(g)。

计算结果表示至小数点后第二位；铜、铁、钙或镁的质量分数小于 0.10%时，表示至小数点后第三位。

8 精密度

8.1 重复性

在重复性条件下获得的两次独立测试结果的测定值，在以下给出的平均值范围内，这两个测试结果的绝对差值不超过重复性限(r)，超过重复性限(r)的情况不超过 5%，重复性限(r)按表 2 数据采用线性内插法求得。

表 2 重复性限 %

铜	质量分数	0.084	0.15	0.51	1.11
	重复性限(r)	0.010	0.02	0.03	0.05
铁	质量分数	0.089	0.15	0.51	1.25
	重复性限(r)	0.010	0.02	0.03	0.06
钙	质量分数	0.060	0.19	0.54	1.09
	重复性限(r)	0.010	0.02	0.03	0.05
镁	质量分数	0.053	0.21	0.60	
	重复性限(r)	0.010	0.02	0.03	

8.2 再现性

在再现性条件下获得的两次独立测试结果的测定值，在以下给出的平均值范围内，这两个测试结果的绝对差值不超过再现性限(R)，超过再现性(R)的情况不超过 5%，再现性(R)按表 3 数据采用线性内插法求得。

表 3 再现性限 %

铜	质量分数	0.084	0.15	0.51	1.11
	再现性限(R)	0.015	0.04	0.06	0.10
铁	质量分数	0.089	0.15	0.51	1.25
	再现性限(R)	0.015	0.04	0.06	0.12
钙	质量分数	0.060	0.19	0.54	1.09
	再现性限(R)	0.015	0.04	0.06	0.10
镁	质量分数	0.053	0.21	0.60	
	再现性限(R)	0.015	0.04	0.06	

9 质量控制和保证

应用国家级或行业级标准样品(当两者没有时，也可用自制的控制样品代替)，每周或两周验证一次本标准的有效性。当过程失控时，应找出原因，纠正错误后，重新进行校核，并采取相应的预防措施。

附 录 A
(资料性附录)
仪器工作条件

电感耦合等离子体发射光谱仪(Perkin Elemer Opitima 5300 DV)[1)]测定载金炭中铜、铁、钙和镁含量参照表 A.1 和表 A.2 的仪器工作条件。

表 A.1 仪器工作参数

功率 W	雾化室气流量 L/min	观测高度 mm	泵流量 L/min	等离子体流量 L/min	辅助气体流量 L/min	积分时间 s	观测 方式
1300	0.80	15	0.80	15	0.2	5	轴向

表 A.2 元素谱线

元素	Ca	Mg	Cu	Fe
波长/nm	317.933	285.213	327.393	238.204

1) 给出这一信息是为了方便本标准的使用者,并不表示对该产品的认可。如果其他等效产品具有相同的效果,则可使用这些等效产品。

ICS 77.150.01
D 46

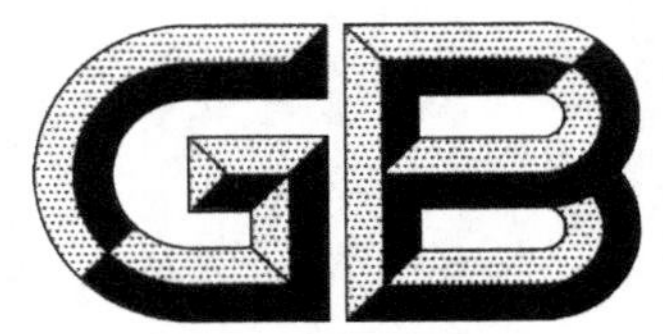

中华人民共和国国家标准

GB/T 32992—2016

活性炭吸附金容量及速率的测定

Determination of gold adsorption capacity and rate of activated carbon

2016-10-13 发布　　2017-09-01 实施

中华人民共和国国家质量监督检验检疫总局
中国国家标准化管理委员会　发布

前　言

本标准按照GB/T 1.1—2009给出的规则起草。

本标准由全国黄金标准化技术委员会(SAC/TC 379)提出并归口。

本标准负责起草单位:紫金矿业集团股份有限公司。

本标准参加起草单位:长春黄金研究院、厦门紫金矿冶技术有限公司、北京矿冶研究总院、山东国大黄金股份有限公司、灵宝黄金股份有限公司黄金冶炼分公司、河南中原黄金冶炼厂有限责任公司。

本标准主要起草人:夏珍珠、陈祝海、林常兰、龙秀甲、俞金生、陈永红、洪博、高振广、刘海波、刘永玉、张琳、王辉、孔令强、杜翔、宋耀远、胡站锋、刘成祥。

活性炭吸附金容量及速率的测定

警告：本标准使用氰化钠，属剧毒化学品，提醒使用者注意安全操作，废液应做妥善安全处理。

1 范围

本标准规定了湿法提金工艺中所用椰壳活性炭吸附金容量及速率的测定方法。

本标准适用于湿法提金工艺中所用椰壳活性炭吸附金容量及速率的测定，适用于活性炭吸附金性能的评价。

2 术语和定义

下列术语和定义适用于本文件。

2.1 Freundlich 吸附等温线 Freundlich adsorption isotherm

在恒定温度下，单位质量吸附剂所吸附组分的量与该组分的平衡浓度的关系曲线，符合 Freundlich 吸附方程，见式(1)。

$$Q=kc^{\frac{1}{n}} \quad 或 \quad \lg Q=\frac{1}{n}\lg c+\lg k \qquad (1)$$

式中：

Q ——吸附平衡时单位质量吸附剂所吸附组分的量；

c ——吸附平衡时被吸附组分的浓度；

k,n ——常数。

2.2 吸附容量 adsorption capacity

在一定温度、浓度或压力下，单位质量吸附剂对某一流体或流体混合物中给定组分的吸附量。本标准中，活性炭吸附金容量指在吸附平衡时金浓度为 1.0 μg/mL 单位质量活性炭所吸附金的量。

2.3 吸附速率 adsorption rate

在一定温度、浓度或压力下，单位质量吸附剂在单位时间内所吸附给定组分的量。本标准中，活性炭吸附金速率指在金浓度为 10.0 μg/mL 的溶液中单位质量活性炭吸附 60 min 所吸附金的量。

3 吸附金容量的测定

3.1 方法提要

在恒温条件下，试料在一定浓度的含金溶液中达到吸附平衡后，用原子吸收光谱仪测定吸附余液中金浓度，绘制 Freundlich 吸附等温线，计算得到活性炭吸附金容量。

3.2 试剂

除非另有说明，在分析中均使用分析纯的试剂和去离子水或相当纯度的水。

3.2.1 海绵金：质量分数≥99.99%。

3.2.2 氰化钠：化学纯。

3.2.3 氢氧化钠。

3.2.4 盐酸：ρ=1.19 g/mL。

3.2.5 硝酸：ρ=1.42 g/mL。

3.2.6 盐酸(1+1)。

3.2.7 混合酸(硝酸+盐酸+水=1+3+4)。

3.2.8　过氧化氢：30%。

3.2.9　氢氧化钠溶液(pH≈11.5)：称取0.15 g氢氧化钠(3.2.3)置于2000 mL烧杯中，加入1000 mL水，使溶解完全，调节溶液使pH在11.5左右。

3.2.10　氰化钠溶液(110 g/L)：称取5.5 g氰化钠(3.2.2)，加入50 mL氢氧化钠溶液(3.2.9)，搅拌溶解。

3.2.11　氰化钠溶液(0.55 g/L)：称取0.55 g氰化钠(3.2.2)，加入1000 mL氢氧化钠溶液(3.2.9)，搅拌溶解。

3.2.12　金标准溶液A(100.0 μg/mL)：称取0.1000 g纯金(3.2.1)于50 mL烧杯中，加入2 mL氰化钠溶液(3.2.10)，加入5 mL～10 mL氢氧化钠溶液(3.2.9)，置于磁力搅拌器上，在搅拌及低温加热(溶液温度不得高于50 ℃)条件下缓慢地间隔时间逐滴加入过氧化氢(3.2.8)约0.5 mL，使金完全溶解。移入1000 mL容量瓶中，用氢氧化钠溶液(3.2.9)稀释至刻度，混匀。此溶液1 mL含100 μg金。

3.3　仪器和设备

3.3.1　电热恒温鼓风干燥箱。

3.3.2　分析天平：感量0.0001 g。

3.3.3　恒温振荡器：温度4 ℃～60 ℃、转速30 r/min～250 r/min。

3.3.4　一次性注射器。

3.3.5　针头式过滤器：孔径0.45 μm，水系膜。

3.3.6　原子吸收光谱仪，附金空心阴极灯。

在仪器最佳工作条件下，凡能达到下列指标者均可使用：

——特征浓度：在与测量溶液的基体相一致的溶液中，金的特征浓度应不大于0.078 μg/mL；

——精密度：用最高浓度的标准溶液测量10次吸光度，其标准偏差应不超过平均吸光度的1.0%；用最低浓度的标准溶液(不是“零”浓度标准溶液)测量10次吸光度，其标准偏差应不超过最高浓度标准溶液平均吸光度的0.5%；

——工作曲线线性：将工作曲线按浓度等分成五段，最高段的吸光度差值与最低段的吸光度差值之比应不小于0.8。

3.4　试样

3.4.1　样品粒度应不大于0.074 mm。

3.4.2　将样品置于称量瓶中，在100 ℃～105 ℃烘干1 h后，置于干燥器中冷却至室温，立即进行称量步骤(3.5.2)。

3.5　测定步骤

3.5.1　分别移取150.00 mL金标准溶液A(3.2.12)于一组250 mL锥形瓶中，作为吸附溶液。

3.5.2　快速称取试样0.10 g、0.20 g、0.50 g、0.75 g、1.00 g(精确至0.0001 g)，分别于锥形瓶(3.5.1)中，摇动使试样完全浸泡于吸附溶液中，密封瓶口。置于恒温振荡器上(3.3.3)，调节振荡器转速至200 r/min，控制温度为30 ℃±1 ℃，持续振荡16 h。

3.5.3　逐一取出锥形瓶，立即用针头式过滤器(3.3.5)过滤吸附后溶液，移取5.00 mL滤液于50 mL烧杯。

3.5.4　加入5 mL混合酸(3.2.7)，置于电热板上，加热蒸发至近干。取下稍冷，加入10 mL盐酸(3.2.6)，加热使盐类溶解。冷却后将溶液移入100 mL容量瓶，用水稀释至刻度，混匀。

警告：此步骤操作应在通风橱内进行，穿戴好安全防护用品。

3.5.5　于原子吸收光谱仪在波长242.8 nm处，使用空气-乙炔火焰，以“零”浓度溶液调零，测量试液(3.5.4)的吸光度，从工作曲线上查出试液中相应金的浓度。

3.5.6　工作曲线绘制

分别移取 0.00 mL、0.50 mL、1.00 mL、2.00 mL、3.00 mL、4.00 mL 金标准溶液 A(3.2.12)于一组 50 mL 烧杯，加入 1 mL 氰化钠溶液(3.2.11)，用少量水冲洗烧杯内壁。以下按 3.5.4 步骤操作。在与试液相同测定条件下，以“零”浓度溶液调零，测量系列标准溶液的吸光度。以金的浓度为横坐标，吸光度为纵坐标绘制工作曲线。

3.6 结果计算

3.6.1 吸附溶液中金的浓度

吸附平衡后溶液中金的浓度(c_e)按式(2)计算：

$$c_e=\frac{\rho \cdot V_1}{V_0} \qquad \cdots\cdots (2)$$

式中：

c_e ——吸附平衡后溶液中金的浓度，单位为微克每毫升(μg/mL)；

ρ ——自工作曲线上查得试液中金的浓度，单位为微克每毫升(μg/mL)；

V_1 ——试液(3.5.4)的体积，单位为毫升(mL)；

V_0 ——移取滤液(3.5.3)的体积，单位为毫升(mL)。

3.6.2 吸附金量

试样吸附金量按式(3)计算：

$$Q_e=\frac{(100.0-c_e)V}{m}\times 10^{-3} \qquad \cdots\cdots (3)$$

式中：

Q_e——试样吸附金量，单位为克每千克(g/kg)；

c_e——吸附平衡后溶液中金的浓度，单位为微克每毫升(μg/mL)；

V——吸附溶液(3.5.1)的体积，单位为毫升(mL)；

m——试样质量，单位为克(g)。

3.6.3 吸附金容量

分别对 Q_e 和 c_e 取对数，以 $\lg c_e$ 为横坐标，$\lg Q_e$ 为纵坐标，绘制 Freundlich 吸附等温线，拟合 Freundlich 吸附等温方程，见式(4)：

$$\lg Q_e=\frac{1}{n}\lg c_e+\lg k \qquad \cdots\cdots (4)$$

根据式(4)，当吸附液平衡浓度 c_e 为 1.0 μg/mL 时所对应的 Q_e 值，此 Q_e 值即为试样吸附金容量，单位为克每千克(g/kg)。

所得结果表示至两位小数。拟合方程的相关系数应不小于 0.99，试验结果有效。

3.7 精密度

同实验室内两个平行测定结果的相对标准偏差应不大于 11.6%。

两个实验室间测定结果的相对标准偏差应不大于 13.6%。

3.8 试验报告

试验报告至少应给出以下几个方面的内容：

——试样；

——使用的标准(GB/T 32992—2016)；

——试验项目；

——分析结果及其表示；

——与基本分析步骤的差异；

——试验中观察到的异常现象；

——试验日期。

4 吸附金速率的测定

4.1 方法提要

在恒温条件下，试料在一定浓度的含金溶液中吸附 60 min 后，用原子吸收光谱仪测定吸附余液中金浓度，计算得到活性炭吸附金速率。

4.2 试剂

4.2.1 除以下试剂，其余所用试剂见 3.2。

4.2.2 金标准溶液 B(10.0 μg/mL)：移取 100 mL 金标准溶液 A(3.2.12)至 1000 mL 容量瓶中，加入 1.5 mL 氰化钠溶液(3.2.10)，用氢氧化钠溶液(3.2.9)稀释至刻度，混匀。此溶液 1 mL 含 10 μg 金。

4.3 仪器和设备

所用仪器和设备见 3.3。

4.4 试样

4.4.1 样品粒度应不大于 0.074 mm。

4.4.2 将样品置于称量瓶中，在 100 ℃～105 ℃烘干 1 h 后，置于干燥器中冷却至室温，立即进行称量步骤(4.5.2)。

4.5 测定步骤

4.5.1 移取 250.00 mL 金标准溶液 B(4.2.2)于 500 mL 锥形瓶中，作为吸附溶液，密封瓶口。将锥形瓶置于恒温振荡器(3.3.3)上，调节转速至 200 r/min，控制温度为 30 ℃±1 ℃，恒温 30 min。

4.5.2 准确称取 0.4000 g±0.0010 g 试样，迅速加入锥形瓶中，摇动使试样完全浸泡于吸附溶液中，密封瓶口。立即置于恒温振荡器(3.3.3)上，调节转速至 200 r/min，控制温度为 30 ℃±1 ℃，振荡 60 min。

4.5.3 用针头式过滤器(3.3.5)过滤吸附后溶液，移取 10.00 mL 滤液于 50 mL 烧杯。

4.5.4 加入 5 mL 混合酸(3.2.7)，置于电热板上，加热蒸发至近干。取下稍冷，加入 5 mL 盐酸(3.2.6)，加热使盐类溶解。冷却后将溶液移入 50 mL 容量瓶中，用水稀释至刻度，混匀。

4.5.5 于原子吸收光谱仪在波长 242.8 nm 处，使用空气-乙炔火焰，以“零”浓度溶液调零，测量试液(4.5.4)的吸光度，从工作曲线上查出试液中相应金的浓度。

4.5.6 工作曲线绘制

分别移取 0.00 mL、0.50 mL、1.00 mL、2.00 mL、3.00 mL、4.00 mL 金标准溶液 A(3.2.12)于一组 50 mL 烧杯，加入 1 mL 氰化钠溶液(3.2.11)，用少量水冲洗烧杯内壁。加入 5 mL 混合酸(3.2.7)，置于电热板上，加热蒸发至干。取下稍冷，加入 10 mL 盐酸(3.2.6)，加热使盐类溶解。冷却后将溶液移入 100 mL 容量瓶中，用水稀释至刻度，混匀。在与试液相同测定条件下，以“零”浓度溶液调零，测量系列标准溶液的吸光度。以金的浓度为横坐标，吸光度为纵坐标绘制工作曲线。

4.6 结果计算

4.6.1 吸附后溶液中金的浓度

吸附后溶液中金的浓度(c_t)按式(5)计算：

$$c_t=\frac{\rho \cdot V_1}{V_0} \qquad \cdots\cdots (5)$$

式中：

c_t——吸附后溶液中金的浓度，单位为微克每毫升(μg/mL)；

ρ——自工作曲线上查得试液中金的浓度，单位为微克每毫升(μg/mL)；

V_1——测定溶液(4.5.4)的体积，单位为毫升(mL)；

V_0——移取滤液(4.5.3)的体积，单位为毫升(mL)。

4.6.2 吸附金速率

试样吸附金速率按式(6)计算：

$$Q_t = \frac{(10.0 - c_t)V}{m} \times 10^{-3} \qquad \cdots\cdots (6)$$

式中：

Q_t——试样吸附金速率，单位为克每千克(g/kg)；

c_t——吸附后溶液中金的浓度，单位为微克每毫升(μg/mL)；

V——吸附溶液(4.5.1)体积，单位为毫升(mL)；

m——试样质量，单位为克(g)。

所得结果表示至两位小数。

4.7 精密度

同实验室内两个平行测定结果的相对标准偏差应不大于3.5%。

两个实验室间测定结果的相对标准偏差应不大于6.8%。

4.8 试验报告

试验报告至少应给出以下几个方面的内容：

——试样；

——使用的标准(GB/T 32992—2016)；

——试验项目；

——分析结果及其表示；

——与基本分析步骤的差异；

——试验中观察到的异常现象；

——试验日期。

ICS 77.180
H 90

中华人民共和国黄金行业标准

YS/T 3000—2010

活性炭再生炉技术规范

Activated carbon regenerator technical specification

2010-11-10 发布　　　　2011-03-01 实施

中华人民共和国工业和信息化部　发布

前　言

本标准由中国黄金协会提出。

本标准由全国黄金标准化技术委员会(SAC/TC 379)归口。

本标准起草单位:长春黄金研究院。

本标准主要起草人：吴铃、左玉明、薛丽贤、李哲浩、龙振坤、李延吉、张微、朱军章、裴洪章、付希明、田宝国、降向正。

活性炭再生炉技术规范

1 范围

本标准规定了活性炭再生炉的技术性能、工艺过程、技术要求、试验方法、检验规则及标志、质量保证期、包装、运输和贮存。

本标准适用于活性炭再生炉(以下简称再生炉)。

2 规范性引用文件

下列文件对于本文件的应用是必不可少的。凡是注日期的引用文件,仅注日期的版本适用于本文件。凡是不注日期的引用文件,其最新版本(包括所有的修改单)适用于本文件。

GB/T 191 包装储运图示标志

GB/T 3797 电气控制设备

GB/T 4064 电气设备安全设计导则

GB/T 6388 运输包装收发货标志

GB 9078 工业炉窑大气污染物排放标准

GB/T 12496.22 木质活性炭检验方法 强度测定

GB/T 13306 产品标牌

GB/T 16618 工业炉窑保温技术通则

GB/T 17195 工业炉名词术语

JB/T 4711 压力容器涂敷与运输包装

3 术语和定义

GB/T 17195 界定的以及下列术语和定义适用于本标准。

3.1 活性炭再生 regeneration of activated carbon

将使用过的吸附能力达不到工艺要求的颗粒活性炭进行处理,恢复其吸附活性的过程。

3.2 吸附容量 adsorption capacity

单位重量干活性炭吸附特定物质的最大量。

3.3 吸附容量恢复率 recovery rate of adsorption capacity

吸附容量恢复率为再生后炭的吸附容量与新炭的吸附容量的比率。即:

$$\text{吸附容量恢复率}=\frac{\text{再生后炭的吸附容量}}{\text{新炭的吸附容量}}\times 100\%$$

3.4 再生温度 regeneration temperature

活性炭进行再生处理的工作温度。

3.5 炭损率 ashing rate

活性炭经再生处理后损失的干活性炭百分率。

4 要求

4.1 技术性能要求

再生炉主要技术性能参数应符合表1的规定。

表1 主要技术性能参数

项　目	单　位	参 数 值
再生温度	℃	600～750
吸附容量恢复率	%	≥90
灰化率	%	≤1
再生后活性炭强度	%	≥97
能耗	kW·h/t	$\leqslant 2.38\times 10^3$

4.2 工艺过程要求

4.2.1 活性炭预热

在100 ℃～150 ℃温度下加热，使活性炭内吸附的水蒸气和部分低沸点有机物挥发（一个大气压下）。

4.2.2 活性炭焙烧

4.2.2.1 在100 ℃～150 ℃温度下加热至600 ℃～750 ℃，活性炭在温度升高过程中，有机物通过挥发、分解、碳化、氧化的形式，从活性炭中消除。

4.2.2.2 活性炭焙烧过程的控制温度：600 ℃～690 ℃（果核炭）；680 ℃～750 ℃（煤质炭）。

4.2.3 活性炭活化

利用水蒸气、二氧化碳等气体进行气化反应，清除活性炭微孔内残留的碳化物。

4.3 工艺要求

4.3.1 基本要求

再生炉的设计和制造应符合本部分的规定，并按经规定程序批准的图样和技术文件制造，如果用户有特殊要求时，应按双方签订的协议设计执行。

4.3.1.1 再生炉整机的质量应符合设计要求。

4.3.1.2 经常维护与检修部位，应具有足够的作业空间。

4.3.1.3 设备说明书应规定严格的操作说明及注意事项。

4.3.1.4 设备的制造质量控制体系应符合ISO 9000的要求，并通过ISO 9000的认证。

4.3.2 整机外观要求

4.3.2.1 焊缝应均匀平整，无裂纹、焊瘤、弧坑及飞溅等缺陷。

4.3.2.2 漆膜质量应均匀、光亮、无流痕。

4.3.2.3 标牌应固定在明显位置，应平整、牢固、不歪斜。

4.3.2.4 标牌的主题内容应符合GB/T 13306的规定。

4.3.3 材料要求

活性炭再生炉的制造材料应具有合格证明。

4.3.4 作业系统

作业系统包括：炉体、输炭系统和电气控制系统。

4.3.4.1 炉体

4.3.4.1.1 保温工作层应符合GB/T 16618的有关规定。

a） 砌体应错缝砌筑。

b） 砖缝应横平竖直，灰浆饱满，其灰浆饱满度应大于90%。

4.3.4.1.2 炉体应采用钢板作其保护外壳，钢板厚度不小于 4 mm。

4.3.4.2 输炭系统

送炭能力应满足再生炉最大处理能力的需求。

4.3.4.3 电气系统

4.3.4.3.1 电器元件应质量可靠、工作稳定、排列整齐、连接牢固。

4.3.4.3.2 电气控制系统应符合 GB/T 3797 的规定。

4.3.5 可靠性要求

活性炭再生炉作业可靠性考核累计作业时间规定为 300 h。

4.4 安全和环保要求

4.4.1 安全

4.4.1.1 再生炉旋转运动及高温的部位应有护罩。

4.4.1.2 燃油箱和炉体及电器控制装置之间应有一定的距离。

4.4.1.3 作业人员上下通道和作业位置应设置扶手和护栏，踏板应防滑。

4.4.1.4 再生炉应在涉及人身及设备安全的地方设置醒目的安全警示标志。

4.4.1.5 电气控制装置应符合 GB/T 4064 的有关规定。

4.4.1.6 设备说明书上要制定出严格的操作说明及注意事项。

4.4.1.7 设备应设有炉膛过热保护控制系统。

4.4.1.8 设备应设有进出炭自动控制系统。

4.4.2 环保

4.4.2.1 再生炉应设有废气余热利用系统。

4.4.2.2 再生炉应设有尾气集中收集、处理系统。再生炉焙烧过程中产生的废气排放应达到地方大气污染物排放标准或 GB 9078 的规定和要求。

5 试验方法

5.1 仪器、仪表等级

试验中使用的仪器、仪表和测量工具及设备应经有关部门检定合格。

5.2 传动系统在空载运行的情况下试验。系统应运行平衡，减速机温升不得大于规定值。

5.3 炉膛温升试验在空载的情况下进行。

5.4 电气控制装置按 GB/T 3797 和 GB/T 4064 中规定的试验方法进行测试。

5.5 电气控制装置和执行机构的可靠性。

5.5.1 可靠性测试应在模拟实际操作过程空载运行的情况下进行。

5.5.2 自动执行机构的测试应将自控程序的各个动作调整在循环时间最短的位置进行检测。

5.6 再生炉的主要技术性能参数试验在安装完成后的调试过程中进行，正常运行 3 批次，按附录 A 表 A.1 记录试验情况。

5.7 再生后活性炭强度按 GB/T 12496.22 中规定的方法进行测定。

6 检验规则

6.1 检验分类

再生炉检验分为出厂检验和型式检验。

6.2 出厂检验

6.2.1 再生炉的出厂检验由质量检验部门逐套检验，检验合格并附有合格证后方准出厂，在特殊情况下，按制造厂与用户协议书规定也可在用户方进行。

6.2.2　出厂检验的项目见表2。

6.2.3　出厂检验的项目应全部合格，不合格者应返修、复检。

6.3　型式检验

6.3.1　属下列情况之一者，应进行型式检验：

a)　新产品试制或老产品转厂生产的定型鉴定；

b)　变型、重大改进、原材料及工艺等方面的较大变动可能影响产品性能时；

c)　正常生产的定期检验；

d)　国家质量监督机构进行质量检验要求时。

6.3.2　出厂检验和型式检验的项目见表2。

表2　检验项目

序号	检 验 项 目	技术要求	试验方法	出厂检验	型式检验
1	外观质量	4.3.2	4.3.2	△	△
2	焊接质量	4.3.2.1	4.3.2.1	△	△
3	电气控制装置的可靠性	4.3.4.3	5.4/5.5	△	△
4	材料要求	4.3.3	4.3.3	△	△
5	作业系统与作业系统的可靠性	4.3.5	5.5	△	△
注："△"表示必须检测项目。					

6.3.3　型式检验的检验结果达到本标准的要求，判定为合格品。

7　质量保证期

在用户遵守使用说明书中规定的操作条件及保养情况下，从制造厂发货之日起一年内，因制造质量问题而发生损坏或不能正常工作时，制造厂应无偿负责修理或更换(不包括易损件)。

8　标志、包装、运输和贮存

8.1　标志

每套设备均应在其明显部位固定耐久性产品标牌，标牌应符合GB/T 13306的规定。标牌上应标出下列内容：

a)　产品名称和型号；

b)　主要技术参数；

c)　出厂编号；

d)　制造厂名称；

e)　制造日期。

8.2　包装

8.2.1　包装技术要求应符合JB/T 4711的规定。

8.2.2　包装箱外标志的表示方法和要求应符合GB/T 191的规定。

8.2.3　包装箱处的收发货标志应符合GB/T 6388的规定。

8.2.4　随机工具、备件、附件应进行防潮、防锈保护，并采用包装箱包装。

8.2.5　下列文件随机包装，随机文件应采取防潮、防水等防护措施。

a)　产品质量合格证；

b)　产品使用说明书；

c） 装箱单。

8.3 运输

装运时，应有可靠的固定防护措施和吊装防护措施。

8.4 贮存

8.4.1 停放时应用支架垫平，存放之前，应对其防护密封件的完好情况进行全面细致的检查。

8.4.2 电器控制部分应存放在通风、干燥的库房内，否则应采取防晒、防雨、防潮等措施。

附　录　A
(规范性附录)
活性炭再生炉应用情况

表 A.1　活性炭再生炉应用情况表

项　目	内　容	备　注
型　号		
实际处理量/(kg/d)		
待再生炭状况		
再生炉预热时间/min		
预热温度/℃		
焙烧时间/min		
焙烧温度/℃		
吸附容量恢复率/%		
炭损率/%		
再生后活性炭强度/%		
能耗/(kW·h/t)		

ICS 77.180
H 90

中华人民共和国黄金行业标准

YS/T 3001—2010

载金活性炭解吸电解设备技术规范

Gold loaded carbon desorption electrolysis equipment technical specification

2010-11-10 发布　　2011-03-01 实施

中华人民共和国工业和信息化部　发布

前　言

本标准由中国黄金协会提出。

本标准由全国黄金标准化技术委员会(SAC/TC 379)归口。

本标准起草单位：长春黄金研究院。

本标准主要起草人：吴铃、左玉明、薛丽贤、李哲浩、龙振坤、李延吉、张微、朱军章、裴洪章、付希明、田宝国、降向正。

载金活性炭解吸电解设备技术规范

1 范围

本标准规定了载金活性炭解吸电解设备的基本参数、工艺流程、技术要求、试验方法、检验规则及质量保证期、标志、包装、运输和贮存的要求。

本标准适用于载金活性炭解吸电解设备。

2 规范性引用文件

下列文件对于本文件的应用是必不可少的。凡是注日期的引用文件，仅注日期的版本适用于本文件。凡是不注日期的引用文件，其最新版本(包括所有的修改单)适用于本文件。

GB 150 钢制压力容器

GB/T 191 包装储运图示标志

GB/T 3797 电气控制设备

GB 4272 设备及管道绝热技术通则

GB/T 6388 运输包装收发货标志

GB 8978 污水综合排放标准

GB/T 13306 标牌

GB 16297 大气污染物综合排放标准

GB 19517 国家电气设备安全技术规范

GB/T 20801 压力管道规范 工业管道

JB/T 4711 压力容器涂敷与运输包装

1999 年国家质量技术监督局颁发 《压力容器安全技术监察规程》

1996 年国家劳动部颁发 《压力管道安全管理与监察规定》

3 术语和定义

下列术语和定义适用于本标准。

3.1 载金炭 gold loaded carbon

吸附了金并具有解吸价值的活性炭。

3.2 解吸 desorption

将载金炭中的贵金属(如:金、银)通过特定装置洗脱下来的过程。

3.3 积金 gold accumulation

从溶液中析出，以单质金的状态附着在设备管道和管件内壁与活性炭表面上的现象。

3.4 漂金 floating gold

电解过程中产生的，漂浮于电解液表面的单质金。

3.5 单质金 metallic gold

颗粒微小不能用定性滤纸过滤且没有极性(不被活性炭吸附)的金。

3.6 解吸粉炭 powder carbon of desorption

解吸过程中产生的粒度小于0.71 mm的活性炭。

3.7　贵液　pregnant solution

电解前的含金溶液。

3.8　贫液　barren solution

电解后的含金溶液。

3.9　贫炭　barren carbon

解吸后粒度大于0.71 mm的活性炭。

3.10　贫炭品位　gold grade of barren carbon

单位质量贫炭中的含金量，通常以g/t表示。

3.11　粉炭产生率　powdered activated carbon production rate

粉炭产生率是载金炭重量和贫炭重量之差与载金炭重量的比率。即：

$$\text{粉炭产生率}=\frac{\text{载金炭重量}-\text{贫炭重量}}{\text{载金炭重量}}\times 100\%$$

3.12　电解金泥　gold mud of electrolysis

电解产生的、沉积在电解槽内的单质金和各种含金固体混合物。

4　要求

4.1　基本参数要求

4.1.1　载金炭解吸电解设备工艺参数应符合表1的规定。

表1　载金炭解吸电解设备工艺参数

项　　目	单　位	参 数 值
电解电压	V	3～3.5
电解电流密度	A/m^2	10～30
解吸流量	m^3/h	1～4倍床体积

4.1.2　载金炭解吸电解设备技术参数应符合表2的规定。

表2　载金炭解吸电解设备技术参数

项　　目	单　位	参 数 值
解吸后贫炭金品位	g/t(炭)	≤100
解吸粉炭金品位	g/t(炭)	≤200
解吸后贫液金浓度	mg/L	≤1
粉炭产生率	%	≤1
电耗	kW·h/t(炭)	≤800
水耗	m^3/t(炭)	≤0.5
积金	—	无
漂金	—	无

4.2 技术要求

4.2.1 基本要求

4.2.1.1 载金炭解吸电解设备的设计和制造应符合本标准的规定，并按经规定程序批准的图样和技术文件制造。如果用户有特殊要求时，按双方签订的协议设计制造。

4.2.1.2 载金炭解吸电解设备的外形尺寸应符合设计要求。

4.2.1.3 焊缝应均匀平整，无裂纹、焊瘤、弧坑及飞溅等缺陷，焊接质量符合 GB 150 的规定。

4.2.1.4 管路连接合理美观，施工与验收应符合 GB/T 20801 的相关规定。

4.2.1.5 漆膜质量应均匀、光亮、无流痕，涂敷符合 JB/T 4711 的规定。

4.2.1.6 设备及管道保温的施工与验收应符合 GB 4272 的规定。

4.2.2 材料要求

载金炭解吸电解设备的制造材料应具有合格证明，并应符合 GB 150 的规定。

4.2.3 设备配置要求

载金炭解吸电解设备由解吸、电解、控制、管道和阀门等部分组成。主要设备有：

a) 解吸柱；

b) 电解槽；

c) 循环泵；

d) 加热器；

e) 控制柜；

f) 整流器；

g) 解吸液贮槽。

4.2.4 安全与环保要求

4.2.4.1 压力容器制造与安装应符合《压力容器安全技术监察规程》和《压力管道安全管理与监察规定》的规定。

4.2.4.2 电器控制装置应符合 GB 19517 的有关规定。

4.2.4.3 设备说明书上应清晰的标明操作说明及注意事项。

4.2.4.4 解吸液应重复使用，多次使用后必须排放时，应处理达到地方污水排放标准或 GB 8978 的要求后，方能排放。同时应满足当地总量控制要求。

4.2.4.5 解吸过程中跑冒滴漏的解吸液和金冶炼过程中产生的废水应进行收集，经处理达到地方污水排放标准或 GB 8978 的要求后，方能排放。同时应满足当地的总量控制要求。

4.2.4.6 解吸电解过程中产生的废气，应处理达到地方大气污染物排放标准或 GB 16297 的要求后，方能排放。

5 试验方法

5.1 仪器、仪表等级

试验中使用的仪器、仪表和测量工具及设备应经有关部门检定合格，压力表等其他仪器、仪表的精度(准确度)不低于 1.5 级。

5.2 压力容器试验按 GB 150 规定的试验方法进行测试。

5.3 电气控制装置按 GB/T 3797 规定的试验方法进行测试。

5.4 载金炭解吸电解设备的工艺参数与技术参数试验在安装完成后的调试过程中进行，正常运行 3 批次，按附录 A 表 A.1 和表 A.2 记录试验情况。

6 检验规则

6.1 检验分类

活性炭解吸电解设备检验分为出厂检验和型式检验。

6.2 出厂检验

6.2.1 载金炭解吸电解设备的出厂检验由质量检验部门逐套检验,检验合格后附上合格证方准出厂,在特殊情况下,按制造厂与用户协议书规定也可在用户方进行。

6.2.2 出厂检验的项目见表3。

表3 检验项目

序号	检 验 项 目	技术要求	试验方法	出厂检验	型式检验
1	外观质量	4.2.1	4.2.1	△	△
2	容器的密封性	4.2.4	5.2	△	△
3	焊接质量	4.2.1.3	5.2	△	△
4	电气控制装置的可靠性	4.2.4.2	5.3	△	△
5	材料要求	4.2.2	4.2.2/5.2	△	△
6	配置	4.2.3	4.2.3	△	△
注:“△”表示必须检测项目。					

6.2.3 出厂检验的项目应全部合格。

6.3 型式检验

6.3.1 属下列情况之一者,应进行型式检验:

a) 新产品试制或老产品转厂生产的定型鉴定;

b) 变型、重大改进、原材料及工艺等方面的较大变动可能影响产品性能时;

c) 正常生产的定期检验;

d) 国家质量监督机构进行质量检验要求时。

6.3.2 出厂检验和型式检验的项目见表3。

6.3.3 型式检验的检验结果达到本标准的要求,判定为合格品。

7 质量保证期

在用户遵守使用说明书中规定的操作条件及保养情况下,从制造厂发货之日起一年内,载金炭解吸电解设备因制造质量问题而发生损坏或不能正常工作时,制造厂应无偿负责修理或更换(不包括易损件)。

8 标志、包装、运输和贮存

8.1 标志

每套设备均应在其明显部位固定耐久性产品标牌,标牌应符合GB/T 13306的规定。标牌上应标出下列内容:

a) 产品名称和型号;

b) 主要技术参数;

c) 出厂编号;

d) 制造厂名称；

e) 制造日期。

8.2 包装

8.2.1 包装技术要求应符合 JB/T 4711 的规定。

8.2.2 包装箱外标志的表示方法和要求应符合 GB/T 191 的规定。

8.2.3 包装箱处的收发货标志应符合 GB/T 6388 的规定。

8.2.4 随机工具、备件、附件应进行防潮、防锈保护，并采用包装箱包装。

8.2.5 下列文件随机包装，随机文件应采取防潮、防水等防护措施。

a) 产品质量合格证；

b) 产品使用说明书；

c) 装箱单。

8.3 运输

装运时，应有可靠的固定防护措施和吊装防护措施。

8.4 贮存

8.4.1 停放时应用支架垫平，存放之前，应对其防护密封件的完好情况进行全面细致的检查。

8.4.2 电器控制部分应存放在通风、干燥的库房内，否则应采取防晒、防雨、防潮等措施。

附 录 A
(规范性附录)
解吸电解记录

表 A.1 解吸电解数据跟踪记录

时间 年月日	主加热 控制温度 /℃	辅助 加热控制 温度/℃	柱温 /℃	柱前压 /MPa	电解 槽压 /MPa	电解槽 液位 /mm	电解 电压 /V	电解 电流 /A	解吸液 流量 /(L/h)	贵液金 浓度 /(mg/L)	贫液金 浓度 /(mg/L)

表 A.2 解吸电解设备性能参数记录

项 目	单位	第一批	第二批	第三批	第四批	第五批
载金炭处理量	kg					
解吸电解时间	h					
氢氧化钠用量	kg					
氰化钠用量	kg					
电耗	kW·h					
载金炭品位	g/t					
载金炭重量	t					
贫炭品位	g/t					

表 A.2 解吸电解设备性能参数记录(续)

项　目	单位	第一批	第二批	第三批	第四批	第五批
贫炭重量	t					
粉炭品位	g/t					
解吸电解率[a]	%					

[a] 解吸电解率$=1-\frac{\text{贫炭品位}\times\text{贫炭重量}+\text{粉炭品位}\times\text{粉炭重量}+\text{贫液金浓度}\times\text{贫液体积}}{\text{载金炭品位}\times\text{载金炭重量}}\times 100\%$

ICS 73.060.99
H 60

中华人民共和国黄金行业标准

YS/T 3002—2012

含金矿石试验样品制备技术规范

Specification of sample preparation for gold-bearing ore

2012-11-07 发布

2013-03-01 实施

中华人民共和国工业和信息化部 发布

前　言

本标准按照 GB/T 1.1—2009 给出的规则起草。

本标准由中国黄金协会提出。

本标准由全国黄金标准化技术委员会(SAC/TC 379)归口。

本标准起草单位:长春黄金研究院、招金矿业股份有限公司金翅岭金矿、灵宝黄金股份有限责任公司。

本标准主要起草人:赵俊蔚、郑晔、赵明福、李学强、徐忠敏、刘鹏飞、胡赞峰、朱延胜。

含金矿石试验样品制备技术规范

1 范围

本标准规定了含金矿石试验样品制备的技术要求。

本标准适用于含金矿石的选矿、冶金等试验的样品制备。

本标准不适用于含金矿石重选试验、砂金矿石试验的样品制备。

2 术语和定义

下列术语和定义适用于本文件。

2.1 含金矿石 gold-bearing ore

从含金矿床采集的矿岩。

2.2 样品 ore sample

待评定品质特性的、有代表性的矿石。

2.3 试验样品(简称试样) test sample

用于试验的样品。

2.4 样品制备 sample preparation

将含金矿石样品通过破碎筛分、配矿、混样和缩分,制成许多单份试样的过程。

2.5 样品最小必需量 required minimumal amount

一定粒度的散粒物料,为保证样品代表性,所必需取用的最小量。

2.6 混合均匀(简称混匀) uniform mixing

样品经混样操作后,任意选取不少于两点样品化验分析,结果不超差。

3 一般规定

3.1 宜保留备用样品。

3.2 缩分时,单份试样的质量应不低于样品最小必需量。样品最小必需量按经验式(1)计算。

$$q=kd^2 \qquad (1)$$

式中:

q——样品最小必需量,kg;

d——样品中矿石颗粒的最大粒度,mm;

k——经验系数,金颗粒≤0.1 mm 时为 0.2;当金颗粒>0.1 mm 时,本标准不适用。

4 制样要求

4.1 在制样过程中,应防止样品的污染和化学成分的变化。

4.2 当样品过湿发粘,制样不能进行时,可在不高于 105 ℃的干燥箱中或空气中进行干燥,至制样不发生困难为止。硫化矿宜在自然条件下干燥。

4.3 制样设备和工具应保持清洁,制样设备中不应残留样品。

4.4 样品应混合均匀。

5 制样程序

制样程序包括制样方案的制定，样品的破碎筛分、配矿、混样和缩分等操作程序。

制样流程示例见图1。

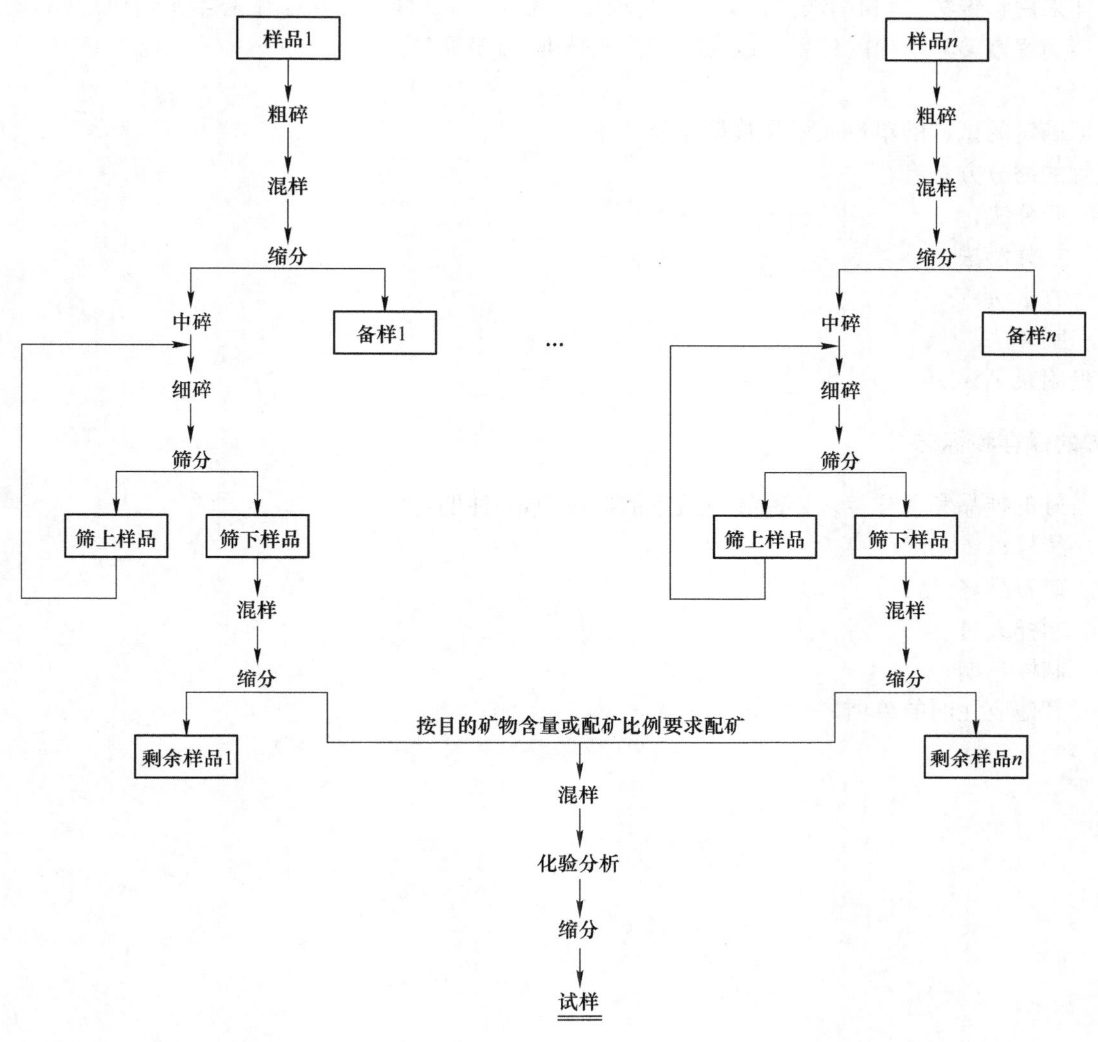

图1 制样流程示例

6 样品制备

6.1 制定制样方案

a) 确定最终制备的试样中矿石颗粒的最大粒度，据此计算试样最小必需量。

b) 确定试样的单份质量。

c) 确定需要的试样的数量，计算出所需制备样品的总量。

d) 按目的矿物含量或配矿比例的要求，计算出各采样点样品的配入量。

6.2 破碎筛分

a) 使用前，破碎设备应用同一来源的矿石清洗。

b) 矿石经过粗碎、中碎和细碎后，采用筛网检查筛分，将筛上样品返回细碎。样品应反复细碎、筛分，至全部通过为止。

6.3 配矿

将各采样点样品各自混匀后，按计算的各采样点配入量，选择6.5中的缩分方法，缩分出相应质量的样品进行配矿。

6.4 混样

混样采用移锥法，即利用铁铲将试样反复堆锥。堆锥时，试样必须从锥中心给下，铲取矿石时，则应沿锥底四周逐渐转移铲样的位置。以同样的方式转堆，直至混匀。

6.5 缩分

根据确定的试样的单份质量和数量缩分样品。

适宜的缩分方法有：

a) 四分法；

b) 二分器法；

c) 方格法；

d) 割环法。

参见附录A。

7 试样的保存和标志

制备好的样品和备样装入样品袋或适宜的器皿中，并注明：

a) 编号；

b) 矿石品名、地点；

c) 制样人员；

d) 制样日期；

e) 其他应注明的事项。

附 录 A
（资料性附录）
含金矿石试验样品缩分方法

本资料性附录给出了含金矿石试验样品的缩分方法。

a） 四分法

将试样混匀并堆成圆锥后，压平成饼状，然后用十字分样板等工具将其沿中心十字线分割为四份，取其中互为对角的两份并作一份，将试样一分为二。

b） 二分器法

二分器主体部分是由多个向相反方向倾斜的料槽交叉排列组成，料槽数应为偶数。二分器内表面应光滑且无锈。使用时，样品受料器应与二分器开口精密配合，以免矿粉洒出。

c） 方格法

将试样混匀后摊平为一薄层，划分为许多小方格，然后用平底铲逐格取样。为了保证取样的精确度，必须注意以下三点：一是方格要均匀，二是每格取样量要大致相等，三要每铲都要铲到底。

d） 割环法

将混匀的试样，耙成圆环，然后沿环周依次连续割取小份试样。割取时应注意以下两点：一是每一个单份试样均应取自环周上相对（即 180°角）的两处；二是铲样时每铲均应从上到下、从外到里铲到底，不应只铲顶层而不铲底层，或只铲外缘而不铲内缘。

ICS 73.060.99
H 60

中华人民共和国黄金行业标准

YS/T 3006—2011

含金物料氰化浸出锌粉置换提金工艺理论回收率计算方法

Calculation methods of gold recovery rate of cyanide leaching and zinc dust precipitation

2011-12-20 发布 2012-07-01 实施

中华人民共和国工业和信息化部 发布

前　言

YS/T 3006—2011《含金物料氰化浸出锌粉置换提金工艺理论回收率计算方法》按照 GB/T 1.1—2009 给出的规则起草。

本标准由中国黄金协会提出。

本标准由全国黄金标准化技术委员会(SAC/TC 379)归口。

本标准由长春黄金研究院负责起草,紫金矿业集团股份有限公司、辽宁天利金业有限责任公司参加起草。

本标准参加人员:赵明福、郑晔、李四德、廖元杭、具滋范、韩晓光、赵俊蔚、申开榜。

含金物料氰化浸出锌粉置换提金工艺
理论回收率计算方法

1 范围

本标准规定了含金物料氰化浸出锌粉置换提金工艺过程理论回收率计算方法。

本标准适用于金矿石、浮选金精矿，或金矿石、浮选金精矿经焙烧、生物氧化及其他工艺预处理后氰化浸出锌粉置换提金工艺过程。

2 术语和定义

下列术语和定义适用于本标准。

2.1 氰原 gold-bearing material(gold ore or gold concentrates) before cyanide leaching

进入氰化浸出作业前的含金物料，在本标准中指直接氰化的金矿石、浮选金精矿，或金矿石、浮选金精矿经焙烧、生物氧化及其他工艺预处理后得到的含金物料。

2.2 氰化浸出 cyanide leaching

在含氧的氰化物溶液中溶解金的过程。

2.3 锌粉置换 zinc dust precipitation

在含金的贵液中加入锌粉，通过锌与金的置换反应使金沉淀的方法。

2.4 氰化作业理论回收率 theoretical recovery rate

等于浸出率、洗涤率、置换率的乘积。根据氰原及各产物的量和分析品位，按理论公式计算获得的金泥含金量与氰原中的含金量的百分比。

2.5 浸出率 leaching recovery

氰化原矿经过磨矿、浸出、洗涤作业后，固体金总的溶解量与进入氰化作业原矿含金量的百分比。

2.6 洗涤率 washing rate

固体金总溶解量与洗涤作业金损失量的差值与固体金总溶解量的百分比。

2.7 置换率 precipitate rate

经置换后，贵液含金量与排出贫液含金量的差值与贵液含金量的百分比。

3 氰化浸出锌粉置换提金工艺理论回收率计算方法

3.1 氰化浸出锌粉置换提金原则工艺流程及取样点设置

3.1.1 应按图 1 原则工艺流程及取样点设置确定取样点，采取样品，分析数据。

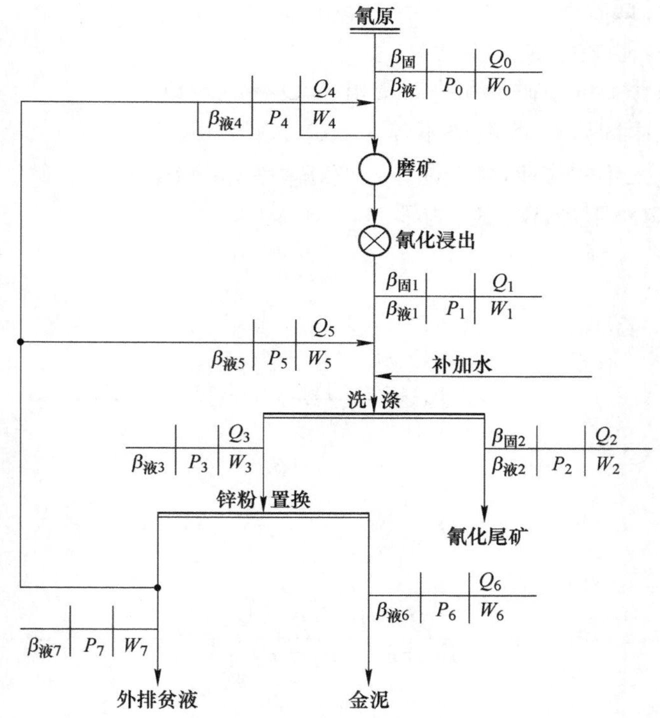

说明：

P_0——氰化原矿中的金量，单位为克每天(g/d)；

P_1——氰化浸渣中的金量，单位为克每天(g/d)；

P_2——排液中的金量，单位为克每天(g/d)；

P_3——贵液中的金量，单位为克每天(g/d)；

P_4——返回磨矿作业贫液中的金量，单位为克每天(g/d)；

P_5——返回洗涤作业贫液中的金量，单位为克每天(g/d)；

P_6——金泥中的金量，单位为克每天(g/d)；

P_7——外排贫液中的金量，单位为克每天(g/d)；

W_0——氰化原矿中液体量，单位为立方米每天(m^3/d)；

W_1——浸出结束的矿浆中液体量，单位为立方米每天(m^3/d)；

W_2——洗涤作业排矿中液体(排液)量，单位为立方米每天(m^3/d)；

W_3——贵液量，单位为立方米每天(m^3/d)；

W_4——返回磨矿作业的贫液量，单位为立方米每天(m^3/d)；

W_5——返回洗涤作业的贫液量，单位为立方米每天(m^3/d)；

W_6——金泥中液体量，单位为立方米每天(m^3/d)；

W_7——外排贫液量，单位为立方米每天(m^3/d)；

Q_i——各作业点固体矿量，单位为吨每天(t/d)；

$\beta_{固i}$——各作业点固体矿中金品位，单位为克每吨(g/t)；

$\beta_{液i}$——各作业点液体中金品位，单位为克每立方米(g/m^3)；

P_i——各作业产物中的含金量，单位为克每天(g/d)。

图1　氰化浸出锌粉置换原则工艺流程及取样点设置

3.1.2　不同取样点金含量 P_i 按公式(1)计算。

$$P_i=\beta_{固i}\times Q_i \quad 或 \quad P_i=\beta_{液i}\times W_i \qquad (1)$$

3.2 回收率的计算

3.2.1 设定下列条件计算回收率

——氰化原矿中液体不含金，$\beta_{液}$ 为零。

——磨矿、浸出、洗涤作业的给矿量和排矿量相等，$Q_1=Q_2=Q_3$。

——贵液、贫液、洗水中固体较少，忽略不计，Q_3、Q_4、Q_5 为零。

——同一溶液分别进入不同作业，含金品位不变，$\beta_{液4}=\beta_{液5}=\beta_{液7}$。

——金泥含水较少，忽略不计，W_6、$\beta_{液6}$ 为零。

——补加水中不含金。

3.2.2 浸出率的计算

按公式(2)计算浸出率。

$$\varepsilon_{浸}=\frac{\beta_{固}-\beta_{固2}}{\beta_{固}}\times100\% \quad\cdots\cdots(2)$$

式中：

$\varepsilon_{浸}$——浸出率。

3.2.3 洗涤率的计算

按公式(3)计算洗涤率。

$$\varepsilon_{洗}=\frac{P_3-P_4-P_5}{P_3-P_4-P_5+P_2}\times100\% \quad\cdots\cdots(3)$$

式中：

$\varepsilon_{洗}$——洗涤率。

3.2.4 置换率计算方法

按公式(4)计算置换率。

$$\varepsilon_{置}=\frac{P_3-P_4-P_5-P_7}{P_3-P_4-P_5}\times100\% \quad\cdots\cdots(4)$$

式中：

$\varepsilon_{置}$——置换率。

3.2.5 氰化理论回收率的计算

氰化理论回收率等于浸出率、洗涤率、置换率的乘积，按公式(5)计算：

$$\varepsilon_{氰总}=\varepsilon_{浸}\times\varepsilon_{洗}\times\varepsilon_{置}=\frac{\beta_{固}-\beta_{固2}}{\beta_{固}}\times\frac{P_3-P_4-P_5-P_7}{P_3-P_4-P_5+P_2}\times100\% \quad\cdots\cdots(5)$$

式中：

$\varepsilon_{氰总}$——氰化理论回收率。

ICS 73.060.99
H 60

中华人民共和国黄金行业标准

YS/T 3009—2012

黄金矿地下水动态观测技术规范

Dynamic observation technical specification of groundwater in gold mine

2012-11-07 发布　　2013-03-01 实施

中华人民共和国工业和信息化部　发布

目　次

前　言

本标准按照GB/T 1.1—2009给出的规则起草。

本标准由中国黄金协会提出。

本标准由全国黄金标准化技术委员会(SAC/TC 379)归口。

本标准起草单位：山东黄金矿业(莱州)有限公司三山岛金矿、中南大学。

本标准主要起草人：赵国彦、修国林、李夕兵、毕洪涛、宫凤强、杨竹周、王善飞、李地元、李威、梁腾、马明辉。

黄金矿地下水动态观测技术规范

1 范围

本标准规定了黄金矿地下水动态观测工作的内容和要求。

本标准适用于黄金矿地下水动态观测规划、设计、工程质量检查、观测及报告编写。

2 规范性引用文件

下列文件对于本文件的应用是必不可少的，凡是注日期的引用文件，仅注日期的版本适用于本文件。凡是不注日期的引用文件，其最新版本(包括所有的修改单)适用于本文件。

GB 50021 岩土工程勘察规范

GB/T 5750 生活饮用水标准检验方法

GB/T 19923 城市污水再生利用 工业用水水质

CJJ 10 供水管井设计、施工及验收规范

CJJ 13 供水水文地质钻探与凿井操作规程

3 术语和定义

下列术语和定义适用于本文件。

3.1 流量 flow

单位时间内通过某一过水断面的水量。

3.2 水质 water quality

由水的物理、化学和生物诸因素所决定的特征。包括各种水体中的天然水的本底值、河流挟带的悬浮物、水中污染物的含量、成分及其时空变化。

3.3 矿井涌水量 mine inflow

单位时间内流入矿井的水量。

3.4 水总硬度 water total hardness

水中 Ca^{2+}、Mg^{2+} 的总量，它包括暂时硬度和永久硬度。

3.5 暂时硬度 temporary hardness

水中 Ca^{2+}、Mg^{2+} 以酸式碳酸盐形式存在的部分，因其遇热即形成碳酸盐沉淀而被除去，称为暂时硬度。

3.6 永久硬度 permanent hardness

水中 Ca^{2+}、Mg^{2+} 以硫酸盐、硝酸盐和氯化物等形式存在的部分，因其性质比较稳定，不能够通过加热的方式除去，称为永久硬度。

3.7 矿化度 dissolved solids

单位水体积内含有的矿物离子总量。

4 总则

4.1 黄金矿地下水动态观测项目主要包括流量观测和水质观测；对与地下水有密切联系的地表水体应

进行水位(包括洪水位)、水深、流速、水质、结冰厚度等的观测,必要时应测定含沙量。

4.2 在黄金矿地下水动态观测工作中,应把各个观测站(点)组成一个完整的观测网。

4.3 黄金矿地下水动态观测工作的开展应符合环境保护的要求,并采取相应措施。

4.4 黄金矿地下水动态观测工作应符合国家有关标准的规定。

5 地下水动态观测站(点)的布设

5.1 建站的一般要求

5.1.1 黄金矿地下水各观测站建站前应编写包括观测项目、观测层位、钻孔深度、钻孔结构、施工要求、止水方法、止水要求、孔口装置以及管材选择等内容的详细设计。

5.1.2 观测地下水的同时,应进行地表水观测项目。一般应包括与地下水密切相关的滨海、地表河流、湖泊、水库及池塘等的水质、渗漏量和流量(或积水量)等。

5.1.3 地表水观测点应以能监控矿区范围内与地下水存在水力联系的滨海、河流(渠)、池塘及湖泊等为主要布置原则。

5.1.4 地下水观测点的分布应与水文观测网协调一致,对与矿井安全关系密切的观测项目,要求采用自动记录仪进行连续观测。

5.2 观测站(点)的布设原则

5.2.1 黄金矿观测站(点)的布设密度,取决于矿山水文地质条件的复杂程度,不同水文地质的矿山(具体分类见附录 A),观测站(点)的布设应按以下原则确定:

a) 矿床水文地质条件简单的矿山,以利用勘探阶段所设动态观测点和矿山排水点为主。另外针对矿山具体情况,对可能影响矿山安全的地段设点观测。

b) 矿床水文地质条件中等的矿山,除对勘探阶段保留下来的观测点继续观测外,对尚未控制到的,或由于采掘工程使水文地质条件发生变化的各个有代表性的地段,均应增设新的监测站(点)。

c) 矿床水文地质条件复杂的矿山,为保证监测资料在时间、空间方面都具有较强的可比性、连续性和完整性,要求建立一个比较完善的监测网。

d) 凡在矿区采掘范围内出现的涌水点,均应进行流量观测,当流量小于 0.5 L/s 时,可分区段汇流观测,当流量大于 1 L/s 且稳定期超过一个月时,均应成为长期观测点。

e) 对各项采掘工程施工中新出现的涌水点,雨季时涌水量剧增和重现的旧涌水点,以及由于地层岩体不稳固而又未搞好安全处理的涌水点,均应安排短期观测,以便确定其补给状况和发展趋势。对 15 日后涌水量仍无大幅度衰减者,应转为长期观测点。

5.2.2 地下水观测网由观测点和观测线组成,其范围应能覆盖黄金矿整个地下水系统。

5.2.3 观测点或观测线应尽可能具有多种监测功能,能同时观测水流量和水质。

5.2.4 一般观测点应布置在矿坑充水来源地段。如:开采设计范围内影响矿坑充水的含水层、岩溶发育区段、构造破碎带、接触带;地表水体与矿坑间以及由于采矿影响可能成为矿坑充水因素的含水层等;勘探期间尚未查明可能对矿坑充水有影响的区段。

5.2.5 对进行预先疏干或采用帷幕注浆、防渗墙防治水的黄金矿,进行地下水观测时,观测孔宜控制到疏干与堵水区的外围,以检验治水效果和监控地下水对采矿的影响。

5.2.6 观测孔组成的观测剖面,应控制不同水文地质单元和动态变化特征不同的区段。一般矿区,观测剖面不应少于两条;水文地质条件复杂的矿区不应少于三条;每个剖面应有 2~3 个观测点。

5.2.7 观测剖面线的组合形式,一般有"L"、"T"、"+"或放射状等几种形式。各矿区具体布设形式的选用，应视本矿区水文地质特征而定。

5.2.8 地表有河流流过的黄金矿，观测剖面应沿地下水流向或垂直河谷方向布设。当剖面横切几条河流时，观测点应布设在溪流、湖泊、水塘、洼地的边上。

5.2.9 监测地下水流向时，应布设在有代表性的地段，并使观测孔构成三角形观测网。

5.2.10 应尽量利用地质勘探阶段已设置的地表水及地下水监测设施。地下水监测应利用一切可供利用的地下水天然或人工露头。利用地质钻孔时，应尽量避免采用小口径和泥浆钻进孔。

5.2.11 对矿区内地面渗水地段，应着重在雨季观测。记录其范围，估计渗漏量。漏失严重的重要地段，应在汇水范围内分段观测其漏失量。

5.3 观测点布设位置的选择

5.3.1 流量观测站(点)布设位置的选择

5.3.1.1 矿井的每一个开采阶段，每一阶段的不同开采翼、不同开采层，疏干石门或水文地质条件复杂的开采区域，或某些重要的涌水点(长期涌水的大突水点、放水孔等)，都应设立固定站，长期进行涌水量测定。

5.3.1.2 采掘工作面的探放钻孔、一般出水点、井筒新揭露的含水层等，通常都设置临时站测定涌水量。

5.3.1.3 重要水点附近、水文地质条件复杂区域、排水井的下游、疏干石门水沟的出口处或各主要含水层水沟的下游、不同开采翼大巷水沟入水仓处等，应设置站(点)。

5.3.1.4 大巷水沟设站处 3 m～5 m 内的水沟应顺直，断面应规格，沟底坡度应均匀，流水应通畅稳定。特别是大巷入水仓处的测站，应远离水仓口 20 m 以外，避开紊流段。测站处应用油漆书写站名并设有明显的标志。

5.3.2 水质观测站(点)布设位置的选择

5.3.2.1 水质观测网应以能监控黄金矿矿区范围内的地下水化学类型、污染程度、污染质扩散途径、主要污染指标浓度变化规律及边界上的水质分布特征为主要布置原则，对于可能造成地下水污染的各种污染源分布地段均应布置观测点或辅助观测线。

5.3.2.2 采样点应布设均匀，一般主要含水层不应少于 3 个点，次要含水层 1～2 个点，其位置应布置在：

a) 矿坑排水点的总出口处；
b) 坑道内占总涌水量 5%以上的涌水点；
c) 水质异常及地热异常的涌水点；
d) 位于矿坑充水主要径流方向上的钻孔；
e) 矿床底板承压含水层及可能与矿区含水层有水力联系的地表水体和泉水；
f) 地表水取样位置应分布于矿石、废石、尾砂的堆放场及工业废水排放点的上下游，并尽可能与流量测量位置一致。

5.3.3 河流观测站位置选择

5.3.3.1 河流观测站应选择在顺直匀整的河段。顺直河段的长度一般不应少于洪水时主河槽河宽的 3～5 倍。

5.3.3.2 河流观测站的水流要平稳，应避开回流、死水及有显著比降的地段。

5.3.3.3 应避开妨碍观测工作的地物、地貌、冰塞、冰坝及工业生产中排泄废水、污水的地点。

5.3.3.4 观测站的上、下游附近，不应有砂洲、浅滩、淤积故道(牛轭湖)。

5.3.3.5 山区河流观测站应选择在急滩或窄口的上游，水流比较稳定，河底比较平坦的河段。

5.3.4 其他地表水的观测站位置选择

5.3.4.1 在池塘、湖泊、内涝积水与塌陷集水区进行观测站布置时，应选择易观测的地方设立固定标桩和水尺，测量水深、积水范围、积水时间，并计算积水量。

5.3.4.2 矿区附近有水库时,应收集水库的水位标高、库容量与渗漏量等资料。

6 观测孔结构设计和施工

6.1 观测孔分类及布设要求

6.1.1 黄金矿地表观测孔可用来观测水质。流量、水质的观测主要集中在矿井内部各中段的涌水点,可根据矿区具体情况确定。

6.1.2 地表观测网剖面上的观测孔的布设应符合以下要求:

a) 采区边缘孔:布置在距开采边界 50 m 的地段内。当分期开采和露天开采阶段下降时,应充分利用上部坑道或露天台阶重新布孔,使观测孔不远离采区。当采区与不均匀含水层接触边界较长时,除剖面上的边缘孔外,应沿边界加密观测孔。加密的孔距,在岩溶含水层为 50 m,孔隙、裂隙含水层为 100 m。

b) 中圈孔:孔位应设在勘探或设计所预测的疏干漏斗水力坡度发生转折地段。

c) 外围孔:布设在补给边界和影响边界的附近,掌握降落漏斗发展方向及预测塌陷区的扩展范围。

d) 安全监测孔:孔位应根据塌陷区的安全问题,不稳定的补给区和起重要阻水作用的构造、岩脉、岩层等隔水边界的分布状况来确定。这些地段中的勘探评价孔,应保留 1~2 个钻孔作为长期观测孔。

6.2 观测孔的设计及质量要求

6.2.1 观测孔的结构应符合观测目的和要求。

6.2.2 观测孔的一般口径应大于 91 mm,终孔口径不应小于 75 mm。需安装自记水位计的钻孔,口径应大于 110 mm,若动水位埋深大于 50 m 时,口径应大于 150 mm。

6.2.3 井壁地层为稳固基岩的观测孔,可采用裸露井壁;井壁地层为不稳定岩层或松散岩系时,应安装套管和过滤器,过滤器的孔隙率应大于 10%。

6.2.4 观测第四系以下含水层水位时,对第四系岩层应下护壁套管,严格止水,止水类型宜用水泥或粘土止水。

6.2.5 对观测孔孔口的固定测点、地面标高,均应作四级水准测量和坐标测量。

6.2.6 孔口应加盖、上锁或安装保护装置。

6.2.7 抽水单位涌水量大于 0.1 L/(s·m)、注水单位吸水量大于 0.5 L/(s·m)或注水水头抬高 1 m 后,水位能在 2 h 内完全恢复的孔,才可作为长期观测点。

6.2.8 观测孔的孔深,应低于疏干时该点的最大降深水位;靠近疏干钻孔泄水点(或坑内泄水点)的观测孔,其深度应保证在泄水点的标高以下。

6.2.9 观测孔孔斜应每 100 m 不大于 2°,自记观测孔孔斜应为 1°。

6.3 观测孔的施工

6.3.1 观测孔宜采用清水钻进或水压钻进;当使用泥浆作冲洗介质时,泥浆指标应符合 CJJ 13 的有关规定。不应向孔内投入粘土块,并应在成孔后及时进行清洗。

6.3.2 钻进过程中,应及时、详细、准确地描述和记录地层岩性及地层深度,并应准确测定初见水位。岩(土)样采取与地层编录,应符合 CJJ 10 的有关规定。

6.3.3 观测孔钻至规定深度后停钻,应校验孔深。

6.3.4 根据井(孔)结构设计图,向井(孔)中下井管。井管下完后,应立即在管外围填砾料,同时在砾料层中安装水位观测管。

6.3.5 在水位观测管的下端应安装 2 m~5 m 长的过滤管。水位观测管应随砾料的围填,连续安装至地面以上 30 cm~50 cm,并应在管口加盖封堵;砾料填至距地面 5 m~10 m 时,宜换填粘土块(粘土球)至地面,进行管外封闭。

6.3.6 分层观测的观测孔，应严格止水，并应及时检查止水效果。

6.3.7 下管、填砾结束后，应选用有效的方法及时进行洗井。洗井的质量应符合 CJJ 13 的有关规定。

7 地下水动态观测的内容和方法

7.1 流量观测

7.1.1 地下水流量观测对象，除对未疏干的含水层泉点外，主要是矿坑(井)的涌水点的流量。

7.1.2 流量测试设备可根据观测的对象、现场条件和测量精度的要求，宜选用容积法、浮标法、流量表、孔板流量计、水泵有效功率法或堰测法等。

7.1.3 对不同含水层和不同地下水类型的涌水点应分别统计涌水量。

7.1.4 对矿区的排水量，应根据记录按月进行统计。

7.1.5 观测过程中发现流量表数据反常应及时检查，以确保数据的准确性。

7.1.6 流量观测时间与次数应符合以下要求：

a) 按附录 B 规定的时间观测，雨季应加密观测；

b) 新凿立、斜井，垂深每延深 10 m，应观测涌水量一次；

c) 每新揭露一个含水层，每封完一次水，虽不到规定的测水距离，也应测定涌水量。

7.1.7 当使用堰测法或孔板流量计进行流量观测时，固定标尺读数应精确到毫米，其换算单位流量值(L/s)应计算至小数点后两位；流量表观测精度不应低于 0.1 m^3；对月排水量统计值应精确到立方米(即吨位值)。

7.2 水质观测

7.2.1 水质分析类别可分为简分析、全分析和特殊项目分析，并应包括下列内容：

a) 简分析：包括水的物理性质(温度、色、口味、气味、透明度)、Cl^-、SO_4^{2-}、NO_3^-、NO_2^-、HCO_3^-、Mg^{2+}、Ca^{2+}、Na^+、K^+、游离 CO_2、pH 值、总硬度、暂时硬度、永久硬度及总矿化度等；

b) 全分析：包括水的物理性质(温度、色、口味、气味、透明度)、Cl^-、SO_4^{2-}、NO_3^-、NO_2^-、CO_3^{2-}、HCO_3^-、SiO_3^{2-}、PO_4^{3-}、F^-、Br^-、I^-、Mg^{2+}、Ca^{2+}、Na^+、K^+、Fe^{2+}、NH_4^+、Fe^{3+}、Mn^{2+}、Al^{3+}、Cu^{2+}、Zn^{2+}、Pb^{2+}、游离 CO_2、侵蚀 CO_2、H_2S、可溶性 SiO_2、pH 值、耗氧量、总硬度、暂时硬度、永久硬度、焙干残渣、灼热残渣等；

c) 特殊项目分析：通常是在总结矿区水质变化规律之后，再根据矿山需要提出某项元素或多项元素组分的分析。

7.2.2 常规分析应包括下列项目和内容：

a) 饮用水分析项目：当矿床开采一定程度影响到地下水源时，应进行饮用水项目分析；饮用水源应符合 GB/T 5750(所有部分)的有关规定；

b) 水质物理化学污染分析项目：包括水的物理性质(温度、色、口味、气味、透明度)、肉眼可见物、pH 值、Cl^-、SO_4^{2-}、HCO_3^-、CO_3^{2-}、Fe^{2+}、Fe^{3+}、Mn^{2+}、Cu^{2+}、Zn^{2+}、Pb^{2+}、As^{3+}、Se^{4+}、Hg^+、Cd^{2+}、Cr^{7+}、氟化物、氰化物、挥发酚类、游离性余氯、耗氧量、溶解氧；

c) 细菌污染分析项目：细菌总数、大肠菌类及杂菌；

d) 放射性污染分析项目：总 α 放射性、总 β 放射性、镭、铀、氡等；

e) 工业用水常规分析项目参见附录 C。

7.2.3 水样采取应符合下列原则：

a) 取水样点应分布均匀；

b) 在严重污染地段应加密取样点；

c) 不同开采中段应分别取样；

d) 对地表水取水样应在矿区附近河段的上中下游分别采取。

7.2.4 取水样次数应符合下列要求：

a) 水质长期观测点应每月取水样1次分别进行简分析、全分析及特殊项目分析，三种分析水样采样个数的比例分别为20%，50%和30%。

b) 水质统一观测点应在每年枯水期统一取水样1次，分别进行简分析、全分析、污染项目分析及细菌分析，前三种分析水样的个数比例与7.2.4a)的规定相同，细菌分析水样的个数宜为水样总数的80%。取样时间应在3 d内完成。

c) 矿区供水水源地每季度应取样1次，进行饮用水水质评价项目分析；发现水质有特殊变化时，应每周取水样1次，进行个别项目分析，查明引起变化的原因并进行处理后，可恢复到正常监测时间。

d) 对海水入侵地区，应每月取水样1次进行简分析，并应每半年取水样1次进行全分析及特殊项目分析。

7.2.5 采取水样的数量应按水质分析的类别确定：

a) 简分析，每件水样应取0.5 L～1.0 L；

b) 全分析，每件水样应取2.0 L～3.0 L；

c) 特殊项目分析，每件水样应取2.0 L～3.0 L；

d) 细菌分析，每件水样应取0.5 L～1.0 L。

7.2.6 采取水样应符合以下基本要求：

a) 坑内涌水点采样时，应尽量靠近出水点，以免炮烟、粉尘混入；

b) 坑口排水点采样时，应在排水沟内收集，以利于抽水时混入的空气逸出；

c) 钻孔采样时，放水孔和涌水孔在孔口接取；孔内取样要用定深取样器在已确定的进水部位采集；

d) 采样位置确定后，固定不变，每次观测都应在相同部位采集；

e) 盛水器应采用磨口玻璃瓶或塑料瓶，当水中含有油类及有机污染物时，不得采用塑料瓶；取含氟水样不得采用玻璃瓶；

f) 采取水样前，应将水样瓶洗涤干净，并在采样时用采取水样的水再次冲洗。细菌检验样的水样瓶，在取样前应进行高压灭菌消毒，应符合检测的清洗要求；

g) 当采集测定溶解氧和生化需氧量的水样时，应注满水样瓶，避免接触空气；

h) 细菌分析水样，应用无菌玻璃瓶采样，取样前不得打开瓶盖，采样时手指或异物不应碰到瓶口和接触水样；

i) 水样取好后，应立即封好瓶口，并应就地填好水样标签，标明取样时间、地点、孔号、水温、取样人签名，并尽快提交检测；

j) 水样长途运输应防止出现瓶口破损、水样瓶冻裂及曝晒变质等不良后果；

k) 送样时应填好送样单，确定好各种样品检测类别与要求；

l) 地下水中含不稳定成分的水样采取及保存方法应按附录D的规定执行。

7.2.7 统一观测时所采取水样，还应抽1/20～1/30的样品送到具备国家计量认证的供水水质监测站进行外检分析。

7.2.8 水样采取后，应在下列规定时间内提交检测：

a) 净水物理化学性质分析水样48 h；

b) 弱腐蚀性水样24 h；

c) 细菌分析水样4 h；

d) 放射性水样24 h；

e) 特殊项目分析水样72 h(酚、氰、Cr^{7+}为24 h)。

7.2.9 水样分析质量应符合GB/T 5750(所有部分)以及GB/T 19923的规定。

8 地下水动态观测资料整理、汇编与管理

8.1 资料整理、汇编

8.1.1 资料整理、汇编参见附录E、附录F的格式。

8.1.2 年终应收集矿区内的气象、水文资料，按时间顺序整理成系列资料和图表。

8.1.3 每次实测的流量、水质资料，按照附录表E.1和表E.2的规定，记录下来，并及时进行分析整理汇总到地下水动态观测资料年报表内。全年的观测工作结束后，应根据需要分别计算和选定各观测项目的年平均值和极值等，并绘制各动态要素、典型观测点的年变化曲线、多年变化曲线和该点的地下水动态综合曲线。

8.1.4 观测的流量、水质数据记录格式参见表F.1和表F.2。年度的观测资料，应根据需要分别计算和选定各观测项目的年平均值和极值等，并绘制各动态要素、典型观测点的年变化曲线、多年变化曲线和该点的地下水动态综合曲线。

8.1.5 计量单位用符号表示，计量单位前的数字应用阿拉伯数字表示。

8.2 地下水动态观测点基本特征资料

8.2.1 建立观测点资料卡片，并应按类别统一编号，号码不应重复。

8.2.2 编制建网区内地下水动态观测点基本特征汇总表。

8.2.3 对建网地区，应编制年度地下水动态观测工作点网分布图。建网地区的实地观测点与图上标定的观测点的位置、标高应每年校对，当增加新点时应准确地补充在该图上。

8.3 流量资料

8.3.1 对矿区流量观测点涌水量长期观测资料进行汇总，编制涌水量观测资料年报，统计各阶段不同层位的总涌水量的动态变化及矿井总涌水量的动态变化。

8.3.2 编制矿井充水性图：充水性图，一般以比例尺1：2000～1：5000的井巷工程平面图为底图编制。对范围大、阶段多的矿井可分区或阶段编制。对水文地质条件复杂、含水系数大于5的矿井，要求每季编制一次；含水系数2～5的矿井，每半年编制一次（分丰水、枯水期）；含水系数小于2的矿井，但具有水害威胁的每年编制一次；无水害的可不编制。

8.3.3 根据涌水量观测数据宜编制下列图件：

a） 涌水量—单位巷道长度关系曲线图；
b） 涌水量—单位采空面积关系曲线图；
c） 涌水量—随开采深度变化曲线图；
d） 涌水量—大气降水量变化关系曲线图。

8.4 水质资料

8.4.1 编制地下水水质观测资料年度报表。

8.4.2 根据观测区地下水实际遭受污染的程度，污染监测资料统计可分别采用下列方法：

a） 单项有害物质的检出统计：应以水质观测点为单位，统计矿区中段有害物质检出点数及超标的水样件数，并计算其占观测点总数的百分数及最大超标率发生的时间，统计结果应按有害物质种类分别表示；
b） 多种有害物质的检出统计：应按每个水质观测点中已检出的有害物质的种类数统计，并计算出各类的百分数及最大超标率发生的时间；
c） 卫生指标统计：应按饮用水卫生以及工业用水水质标准，选择典型的超标项目（如矿化度、硬度、硝酸根离子浓度和重金属离子浓度及细菌总数等），统计矿区内检出的超标观测点数和超标水样件数，并计算超标的百分数及最大超标率发生的时间。

8.4.3 各黄金矿山根据所关注的重点，基于各观测点的水质分析资料，可编制下列图件：

a) 水化学类型分区图；
b) 矿化度等值线图；
c) 主要化学成分等值线图；
d) 污染成分等值图；
e) 地下水水质年度变化趋势图；
f) 必要时可对水化学成分变化有影响的因素包括:降水、蒸发、河水、海水等量或质的成分，增绘在同时轴动态曲线图上；
g) 对同一测点的多层观测资料，宜编制地下水化学成分变化图；
h) 对污染区，应编制地下水污染现状图，依据有害物质或超标物质的检出情况，分别采用污染范围或实际检出点表示。当有害物质检出呈零星分布时，宜用实际检出点表示；当有害物质的分布呈片状时，宜用污染范围和污染程度分别表示。

8.4.4 矿区地下水对构筑物腐蚀性资料的整理和评价，应按 GB 50021 的有关规定执行。

附　录　A
（资料性附录）
矿区水文地质条件分类表

矿区水文地质条件分类见表 A.1。

表 A.1　矿区水文地质条件分类表

类　型	特　　征
水文地质条件简单	矿层位于地下水位之上，或矿层位于地下水位之下，含水层的充水空间不发育，涌水量小（钻孔单位涌水量 $q<0.1$ L/(s·m)），与地表水无水力联系，虽然含水层充水空间发育，但距离矿层较远，其间岩层结构致密，并有良好的隔水层，同时断层导水性微弱
水文地质条件中等	矿层顶底板或附近有充水空间较发育、涌水量中等（钻孔单位涌水量 $q=0.1\sim1$ L/(s·m)）的含水层，虽有隔水层，也不稳定，断层导水性弱，地表水与地下水无水力联系，或有水力联系，但对矿层开采无甚影响
水文地质条件复杂	矿层顶板或底板直接与充水空间发育、涌水量大（钻孔单位涌水量 $q>1$ L/(s·m)）的含水层接触，虽不直接接触，但含水层位于未来坑道顶板裂隙带可能高度内，或底板隔水层强度不足以对抗含水层静水压力的破坏，地质构造复杂，断层导水，地下水与地表水有水力联系

附　录　B
（规范性附录）
矿区地下水动态观测时间间隔表

矿区地下水动态观测时间间隔见表 B.1。

表 B.1　矿区地下水动态观测时间间隔表

<table>
<tr><th rowspan="2">观测项目</th><th rowspan="2">观测点名称</th><th colspan="3">基建期及淹井恢复期</th><th colspan="3">生产期</th><th colspan="3">补勘扩大范围及洪水期</th><th colspan="3">发生淹井灾害期</th></tr>
<tr><th>Ⅰ</th><th>Ⅱ</th><th>Ⅲ</th><th>Ⅰ</th><th>Ⅱ</th><th>Ⅲ</th><th>Ⅰ</th><th>Ⅱ</th><th>Ⅲ</th><th>Ⅰ</th><th>Ⅱ</th><th>Ⅲ</th></tr>
<tr><td rowspan="4">地下水流量</td><td>矿坑总涌水量</td><td>5</td><td>1～5</td><td>1 或自记</td><td>10</td><td>5～10</td><td>5 或自记</td><td>10</td><td>1～5</td><td>自记</td><td>—</td><td colspan="2">连续自记</td></tr>
<tr><td>矿坑排水量</td><td>5</td><td>5</td><td>自记</td><td>10</td><td>5～10</td><td>自记</td><td>10</td><td>1～5</td><td>自记</td><td>—</td><td>—</td><td>—</td></tr>
<tr><td>放水孔及重要水点</td><td>—</td><td>1</td><td>1</td><td>—</td><td>5</td><td>—</td><td>—</td><td>1</td><td>1</td><td>—</td><td>—</td><td>—</td></tr>
<tr><td>泉流量</td><td>—</td><td>5</td><td>5</td><td>—</td><td>30</td><td>—</td><td>—</td><td>5</td><td>5</td><td>—</td><td>5</td><td>5</td></tr>
<tr><td rowspan="2">水质</td><td>排水点</td><td colspan="12">按矿山实际需要而定</td></tr>
<tr><td>涌水点</td><td colspan="12">同上</td></tr>
<tr><td colspan="14">注：Ⅰ——水文地质简单类型；Ⅱ——水文地质中等类型；Ⅲ——水文地质复杂类型；表中数字单位为每次观测间隔的天数；“—”为无需进行观测项目。</td></tr>
</table>

附 录 C
(资料性附录)
工业用水常规分析项目表

工业用水常规分析项目见表C.1。

表C.1 工业用水常规分析项目

测定项目	锅炉用水	冷却用水	工业过程用水	腐蚀性(混凝土)	生活污水
水温	—	√	—	—	—
颜色	—	—	√	—	—
混浊度	—	√	√	—	—
总残渣	√	√	√	—	√
可滤性残渣	√	√	√	—	√
非可滤性残渣	√	√	√	—	—
电导率	√	√	√	—	—
pH值	√	√	√	√	—
酸度	√	√	√	—	—
碱度	√	√	√	—	—
游离CO_2	√	—	—	√	—
侵蚀性CO_2	—	—	—	√	—
总CO_2	√	—	√	—	—
氯化物	√	√	—	√	√
硫化盐	√	√	√	√	—
亚硫酸盐	√	√	√	—	—
硝酸盐	√	√	√	—	√
亚硝酸盐	√	—	—	√	√
硬度	√	√	√	—	—
碳酸盐浓度	—	√	—	√	√
钙	√	√	√	√	√
镁	√	√	√	√	√
钠+钾	√	√	√	—	—
三价铁	√	√	√	—	—
二价铁	√	√	√	√	—
二氧化硅	√	√	√	—	—
锰	—	√	√	—	—
铜	√	√	√	—	—
锌	√	√	√	—	—

表 C.1 工业用水常规分析项目(续)

测定项目	锅炉用水	冷却用水	工业过程用水	腐蚀性(混凝土)	生活污水
六价铬	√	√	√	—	—
溶解氧	√	—	√	—	—
生化需氧量	—	—	—	—	√
化学需氧量	—	—	—	—	√
磷酸盐	√	√	√	—	—
油脂	√	√	√	—	—
氨	√	—	√	—	√
氟化物	—	√	√	—	—
余氯	—	√	√	—	—
注:"√"符号为应作要求分析的项目,"—"为不作要求分析的项目。					

附　录　D
(规范性附录)
矿区地下水中不稳定成分的水样采取及保存方法

矿区地下水中不稳定成分的水样采取及保存方法见表 D.1。

表 D.1　矿区地下水中不稳定成分的水样采取及保存方法

项目名称	取样数量/L	保存方法	允许保存时间	注意事项
侵蚀性 CO_2	0.5	加 2 g~3 g 大理石粉	2 d	—
总硫化物	0.5	加 10 mL 1∶3 醋酸镉溶液或加 25%醋酸溶液 2 mL～3 mL 和 14%的氢氧化钠溶液 1 mL	1 d	标签上要注明加入溶液类别和体积
溶解氧	0.5	加入 1 mL~3 mL 碱性碘化钾溶液,然后加 3 mL 氯化锰,摇匀密封。当水样含有大量有机物及还原物质时,首先加入 0.5 mL 溴水(或高锰酸钾溶液),摇匀放置 24 h,然后加入 0.5 mL 水杨酸溶液,再按上述工序进行	1 d	取样瓶内不得留有空气,并记录加入试剂总体积和水温
汞	0.5	每件水样加入 1∶1 硝酸 20 mL 和 20 滴重铬酸钾溶液	10 d	—
铅、铜、锌、镉、镍、钴、硼、铁、锰、硒、铝、锶、钡、锂	2.0~3.0	加 5 mL 1∶1 盐酸溶液	10 d	所用盐酸不能含有欲测金属的离子,严格防止砂土粒混入
挥发酚及氰化物	0.5	每件水样里加 2.0 g 固体氢氧化钠	1 d	于 4 ℃保存
镭、钍、铀	2.0~3.0	加 4 mL~6 mL 浓盐酸酸化	7 d	—
氮	1.0	应用磨口玻璃瓶	1 d(尽快分析)	瓶内不应留有空气

附 录 E
(资料性附录)
地下水动态观测点特征资料

地下水动态观测点特征资料见表 E.1。

表 E.1 地下水动态观测点资料卡片

<table>
<tr><td>统一编号</td><td colspan="2"></td><td>原编号</td><td></td><td>建点时间</td><td>年月日</td></tr>
<tr><td rowspan="2">位置</td><td colspan="3" rowspan="2"></td><td rowspan="2">坐标</td><td>X</td><td></td></tr>
<tr><td>Y</td><td></td></tr>
<tr><td>所属单位</td><td colspan="2"></td><td>联系人</td><td></td><td>电话</td><td></td></tr>
<tr><td>原施工单位</td><td></td><td></td><td>原有孔深/m</td><td></td><td>地面标高/m</td><td></td></tr>
<tr><td>竣工日期</td><td></td><td></td><td>现有孔深/m</td><td></td><td>测点标高/m</td><td></td></tr>
<tr><td>钻孔用途</td><td colspan="2"></td><td>钻孔口径/mm</td><td></td><td>井管类型</td><td></td></tr>
<tr><td rowspan="2">竣工验收时的各项数据</td><td>含水层厚度/m</td><td></td><td>水位下降/m</td><td></td><td>矿化度/mg·L^{-1}</td><td></td></tr>
<tr><td>静止水位/m</td><td></td><td>涌水量/m^3·h^{-1}</td><td></td><td>总硬度/H</td><td></td></tr>
<tr><td rowspan="2">现用抽水设备</td><td>水泵型号</td><td></td><td>水泵下入深度/m</td><td></td><td>泵管外径/mm</td><td></td></tr>
<tr><td>电机功率/kW</td><td></td><td>额定出水量/m^3·h^{-1}</td><td></td><td>法兰外径/mm</td><td></td></tr>
<tr><td>井孔类型</td><td colspan="2"></td><td colspan="2">地下水类型</td><td colspan="2"></td></tr>
<tr><td colspan="3">井位置图</td><td colspan="4">地质、井管结构示意图</td></tr>
<tr><td colspan="3" rowspan="2"></td><td colspan="4">地层时代 | 层底深度 m | 地层厚度 m | 含水层层次 | 地质柱状与井管结构 | 地层名称</td></tr>
<tr><td colspan="4"></td></tr>
<tr><td colspan="3">注：</td><td colspan="4"></td></tr>
<tr><td colspan="7">资料来源：　　　　　　调查者：　　　　　　调查日期：　年　月　日</td></tr>
</table>

矿区地下水动态观测点基本特征见表 E.2。

表 E.2 矿区地下水动态观测点基本特征汇总表

第　页

顺序号	统一编号	原编号	观测孔(点)位置	坐标		井(孔)深度 m	井管直径 mm	地面标高 m	孔口标高 m	井(孔)类型	地下水类型	井(孔)所属单位	井(孔)竣工时间	建站时间	观测项目	
				X	Y										流量	水质

注：井(孔)类型填长期观测钻孔、临时观测孔，临时观测孔可根据具体选址标明类型；地下水类型填裂隙水、孔隙水或岩溶水；每个观测点的观测项目，分别在流量和水质格中打“√”。

统计者：　　　　校核者：　　　　统计时间：　年　月　日

附　录　F
(资料性附录)
矿区地下水动态观测资料年报表

矿区地下水动态观测资料见表 F.1。

表 F.1　矿区地下水流量(涌水量)观测资料年报表　　单位为立方米

顺序号	观测孔编号	月　份												年涌水量	月平均涌水量
		Ⅰ	Ⅱ	Ⅲ	Ⅳ	Ⅴ	Ⅵ	Ⅶ	Ⅷ	Ⅸ	Ⅹ	Ⅺ	Ⅻ		
		涌水量													
整理者：　　　　校核者：　　　　统计日期：　年　月　日															

矿区地下水水质监测资料见表F.2。

表F.2　矿区地下水水质监测资料年报表

<table>
<tr><td colspan="2">孔号</td><td colspan="4"></td><td colspan="4">孔位</td><td colspan="4"></td></tr>
<tr><td colspan="2">地下水类型</td><td colspan="4"></td><td colspan="4">取样层位</td><td colspan="4"></td></tr>
<tr><td colspan="2" rowspan="2">项目</td><td colspan="12">月　份</td></tr>
<tr><td>Ⅰ</td><td>Ⅱ</td><td>Ⅲ</td><td>Ⅳ</td><td>Ⅴ</td><td>Ⅵ</td><td>Ⅶ</td><td>Ⅷ</td><td>Ⅸ</td><td>Ⅹ</td><td>Ⅺ</td><td>Ⅻ</td></tr>
<tr><td rowspan="4">阴离子</td><td></td><td></td><td></td><td></td><td></td><td></td><td></td><td></td><td></td><td></td><td></td><td></td><td></td></tr>
<tr><td></td><td></td><td></td><td></td><td></td><td></td><td></td><td></td><td></td><td></td><td></td><td></td><td></td></tr>
<tr><td></td><td></td><td></td><td></td><td></td><td></td><td></td><td></td><td></td><td></td><td></td><td></td><td></td></tr>
<tr><td></td><td></td><td></td><td></td><td></td><td></td><td></td><td></td><td></td><td></td><td></td><td></td><td></td></tr>
<tr><td rowspan="4">阳离子</td><td></td><td></td><td></td><td></td><td></td><td></td><td></td><td></td><td></td><td></td><td></td><td></td><td></td></tr>
<tr><td></td><td></td><td></td><td></td><td></td><td></td><td></td><td></td><td></td><td></td><td></td><td></td><td></td></tr>
<tr><td></td><td></td><td></td><td></td><td></td><td></td><td></td><td></td><td></td><td></td><td></td><td></td><td></td></tr>
<tr><td></td><td></td><td></td><td></td><td></td><td></td><td></td><td></td><td></td><td></td><td></td><td></td><td></td></tr>
<tr><td rowspan="4">硬度</td><td></td><td></td><td></td><td></td><td></td><td></td><td></td><td></td><td></td><td></td><td></td><td></td><td></td></tr>
<tr><td></td><td></td><td></td><td></td><td></td><td></td><td></td><td></td><td></td><td></td><td></td><td></td><td></td></tr>
<tr><td></td><td></td><td></td><td></td><td></td><td></td><td></td><td></td><td></td><td></td><td></td><td></td><td></td></tr>
<tr><td></td><td></td><td></td><td></td><td></td><td></td><td></td><td></td><td></td><td></td><td></td><td></td><td></td></tr>
<tr><td rowspan="4">其他项目</td><td></td><td></td><td></td><td></td><td></td><td></td><td></td><td></td><td></td><td></td><td></td><td></td><td></td></tr>
<tr><td></td><td></td><td></td><td></td><td></td><td></td><td></td><td></td><td></td><td></td><td></td><td></td><td></td></tr>
<tr><td></td><td></td><td></td><td></td><td></td><td></td><td></td><td></td><td></td><td></td><td></td><td></td><td></td></tr>
<tr><td></td><td></td><td></td><td></td><td></td><td></td><td></td><td></td><td></td><td></td><td></td><td></td><td></td></tr>
<tr><td rowspan="4">特殊项目</td><td></td><td></td><td></td><td></td><td></td><td></td><td></td><td></td><td></td><td></td><td></td><td></td><td></td></tr>
<tr><td></td><td></td><td></td><td></td><td></td><td></td><td></td><td></td><td></td><td></td><td></td><td></td><td></td></tr>
<tr><td></td><td></td><td></td><td></td><td></td><td></td><td></td><td></td><td></td><td></td><td></td><td></td><td></td></tr>
<tr><td></td><td></td><td></td><td></td><td></td><td></td><td></td><td></td><td></td><td></td><td></td><td></td><td></td></tr>
<tr><td colspan="14">注：地下水类型填裂隙水、孔隙水或岩溶水，单位根据具体水质监测项目按国家标准确定。</td></tr>
<tr><td colspan="14">整理者：　　　　　　　　校核者：　　　　　　　　统计日期：　　年　　月　　日</td></tr>
</table>

ICS 73.060.99
H 60

中华人民共和国黄金行业标准

YS/T 3010—2012

黄金矿地下水水量管理模型技术要求

Technical requirement for groundwater volume management model of gold mine

2012-11-07 发布　　2013-03-01 实施

中华人民共和国工业和信息化部　发布

目　　次

前 言

本标准按照 GB/T 1.1—2009 给出的规则起草。

本标准由中国黄金协会提出。

本标准由全国黄金标准化技术委员会(SAC/TC 379)归口。

本标准起草单位:山东黄金矿业(莱州)有限公司三山岛金矿、中南大学。

本标准主要起草人:何吉平、宫凤强、修国林、李夕兵、齐兆军、赵国彦、李威、刘志祥、王善飞、王江、刘自成。

黄金矿地下水水量管理模型技术要求

1 范围

本标准规定了黄金矿地下水水量管理模型技术中资料收集、水文地质补充勘查、地下水水量管理模型的建立及其管理期内的地下水动态监测和成果报告编制的要求。

本标准适用于黄金矿地下水水量管理模型技术工作。

2 术语与定义

下列术语和定义适用于本文件。

2.1 概化 generalization

将水文地质条件的定义进行修改或者补充以使其适用于更大的范围。

2.2 系统工程方法 approaches of system engineering

把要处理的问题及其有关情况加以分门别类、确定边界，同时强调把握各门类之间和各门类内部诸因素之间的内在联系和完整性、整体性，否定片面和静止的观点和方法。

2.3 边界条件 boundary conditions

界定渗流研究区边界上的水力特征，或界定研究区以外对研究区边界上的水力作用。

2.4 数学模型识别 recognition of mathematical model

在已知数学模型初、边值条件下，通过对地下水系统模型的输入和输出计算结果的分析，以达到选择正确参数(及参数识别)、校正已建立数学模型和边界条件的计算过程。

2.5 数学模型检验 verification of mathematical model

根据模型识别后的参数和已知初、边值条件，选用更长计算时段，通过对地下水系统模型的输入和输出计算，使计算所得数据和实际观测数据有最好的拟合，以进一步提高数学模型正确性。

2.6 水文地质概念模型 conceptual hydrogeological model

把含水层实际的边界性质、内部结构、渗透性能、水力特征和补给排泄等条件概化为便于进行数学与物理模拟的基本模式。

2.7 地下水水量模型 groundwater volume model

可描述与模拟地下水流运动规律(水量变化)的数学或物理模型。

2.8 地下水水量管理模型 groundwater volume management model

用于解决地下水水量分配和地下水开采量、水位控制以及取水工程合理布局等问题的地下水资源管理模型。

3 总则

3.1 黄金矿地下水水量管理模型技术工作的主要任务是，收集工作区域的水文地质资料，必要时应补充水文地质工作，查明管理区含水层地质结构特征、地下水水文地质特征、补给水源及边界条件等水文地质条件，为建立地下水水量管理模型做好技术工作。

3.2 在黄金矿地下水水量管理模型运作过程中，应通过及时的地下水水量监测工作，校正和完善地下水水量管理模型。

3.3 地下水资源管理模型工作是在已有的地下水资源评价工作基础上进行的，在工作中应充分利用已有的地下水勘察和开采利用过程中的工作成果和监测资料。

3.4 应坚持运用系统工程的思想布置勘查工作，指导地下水水量管理模型的建立和综合评价工作。

4 资料收集基本要求

4.1 工作范围应根据管理区的地质、水文地质条件，管理问题的性质、要求，取水工程的类型、布局来确定，并应包括完整的水文地质单元。

4.2 建立地下水水量管理模型，应收集的矿区区域水文地质资料有：

a) 岩性、地层、地质构造、地貌特征。

b) 地下水的补给、径流、储存和排泄条件以及富水性变化规律。

c) 区域水均衡资料：

1) 大气降水和蒸发的时空分布特征及降水入渗条件；

2) 地表水的水位、水质、蓄水量及其渗漏补给地下水量；

3) 区域土壤、植被、农作物的基本特征，包气带水的运移特征及其水质特征；

4) 气降水、地表水、包气带水与地下水的相互转化特征及其水均衡要素。

4.3 建立地下水水量管理模型，所需的矿区含水层水文地质资料有：

a) 含水层的边界条件；

b) 含水层分布和埋藏条件；

c) 含水层的主要水文地质参数(导水系数、渗透系数、贮水系数、单位涌水量等)；

d) 含水层地下水类型及其空间分布规律；

e) 含水层地下水的补给；

f) 含水层垂向、侧向水量交换方式及交换条件；

g) 不同时期(枯、平、丰水期)含水层地下水流场及其动态规律。

5 水文地质补充勘探要求

5.1 一般要求

5.1.1 黄金矿地下水水量管理模型要求具有详查以上的水文地质勘察精度。

5.1.2 根据建立黄金矿地下水水量管理模型工作的要求，应补充适当的水文地质勘探工作。

5.2 水文地质补充勘探工作

5.2.1 确定含水层的层位、厚度、岩性、产状、空隙性(孔隙性、裂隙性、岩溶性)，并测定各个含水层的水位。

5.2.2 确定含水层在垂直和水平方向上的透水性和含水性的变化。

5.2.3 确定断层的导水性，各个含水层之间，地下水和表水之间，以及其与井下的水力联系。

5.2.4 确定钻孔涌水量和含水层的渗透系数等水文地质参数。

5.3 水文地质补充勘探钻孔的布置原则及要求

5.3.1 补充勘探钻孔布置的原则

补充勘探钻孔尽可能做到一孔多用，井上下相结合。应布置在：

a) 含水层的赋存条件、分布规律、岩性、厚度、含水性、富水性及其他水文地质条件和参数等不清楚或不够清楚的地段。

b) 断层的位置、性质、破碎情况、充填情况及其导水性不清楚或不够清楚的地段。

c) 隔水层的赋存条件、厚度变化，隔水性能没有掌握或掌握不够的地段。

d) 矿层顶、底板岩层的裂隙，岩溶情况不清楚或不够清楚的地段。

e) 先期开发地段。

5.3.2 补充勘探钻孔布置要求

5.3.2.1 确定主要含水层的性质时，钻孔应布置在水文地质条件不同的地段。

5.3.2.2 确定断层破碎带的导水性时，布置的钻孔应通过破碎带，最好能通过上、下盘的同一含水层或不同含水层。

5.3.2.3 钻孔应通过可能存在水力联系的含水层。

5.3.2.4 查明地表水与地下水之间的水力联系时，钻孔应布置在距地表水远近不同的地段，然后逐一抽水，抽水时的降深应尽可能大。

5.3.2.5 确定地下水与井下的水力联系时，钻孔应布置在井下出水点附近的含水层中，然后做联通试验，从钻孔中投入试剂，在井下出水点取样测定是否有试剂反应。

5.3.2.6 查明岩层岩溶化程度时，钻孔应布置在能够控制其变化规律的地段。

6 黄金矿地下水水量管理模型的建立

6.1 建立模拟管理区的水文地质概念模型

6.1.1 模型概化的要求

依据水文地质资料，建立概念模型。确定模拟的目标含水层，勾画出地下水实体系统的内部结构与边界条件，然后对实体系统进行概化。所需数据见附录 A。

6.1.2 管理区的边界条件概化

6.1.2.1 通则

根据含水层、隔水层的分布、地质构造和管理区边界上的地下水流特征、地下水与地表水的水力联系，可将管理区边界概化为给定地下水水位（水头）的第一类边界、给定地下水流量的第二类边界和给定地下水流量与水位关系的第三类边界。

6.1.2.2 管理区边界

管理区应以自然边界为管理区边界。在管理区仅为水文地质单元一部分的情况下，应注意处理好水文地质单元内水资源的分配以及管理区边界上的水量交换问题，全面反映地下水系统整体与局部、局部与局部、系统与环境的对应关系。当地表水和隔水边界不能将管理区围闭时，应在离水源地或矿区中心较远的弱透水部位，取人为边界；若含水层岩性比较均一，且分布广阔，没有发现弱透水层的存在，则宜在离水源地或矿区中心足够远处用观测孔控制，取人为边界。

6.1.2.3 地表水体边界

地表水体边界分为二类：

a) 第一类边界：地表水与含水层有密切的水力联系，经动态观测证明有统一水位，地表水对含水层有无限的补给能力，降落漏斗不可能超越此边界线时，地表水体可以确定为第一类边界；如果只是季节性的河流，只能在有水期间定为第一类边界；如果只有某段河水与地下水有密切水力联系，则只将这一段确定为第一类边界。

b) 第二类边界：地表水与地下水没有密切水力联系或河床渗透阻力较大时，仅仅是垂直入渗补给地下水。

6.1.2.4 断层接触边界

断层接触边界分为三类：

a) 隔水边界：断层的渗透系数或导水系数很小，边界的进出水量与边界处结点控制均衡区的其他进出水量相比可忽略不计时，该边界可视为隔水边界。

b) 第一类边界：如果断裂带本身是导水的，管理区内为导水性较弱的含水层，而区外为强导水的含水层时，可以定为第一类边界。

c) 第二类边界：如果断裂带本身导水，管理区内为富含水层，区外为弱含水层时，可以定为第二类边界。

6.1.2.5 岩体或岩层接触边界

岩体或岩层接触边界，一般多属于隔水边界或第二类边界。第二类边界应测得边界处岩石的导水系数及边界内外的水头差，算出水力坡度，计算出补给量或流出量。

6.1.2.6 地下水的天然分水岭

地下水的天然分水岭，可以作为隔水层，但应考虑开采后是否会移动位置。

6.1.2.7 构造分水岭

由于构造，如褶皱、断层、单斜含水层等，使得地下水的补给区边界与地表分水岭或地下水的排泄区边界与地下水系统内地表水体不一致时，应考虑构造分水岭作为隔水边界。

6.1.3 管理区内含水层内部结构特征的概化

6.1.3.1 含水层组的概化

根据含水层组类型、结构、岩性等，确定层组的均质或非均质、各向同性或各向异性，确定层组水流为稳定流或非稳定流、潜水或承压水。

6.1.3.2 含水介质的概化

a) 含水介质条件：
   1) 确定含水层类型，查明含水层在空间的分布形状；对承压水，可用顶底板等值线图或含水层等厚度图来表示；对潜水，则可用底板标高等值线图来表示。
   2) 查明含水层的导水性、储水性及主渗透方向的变化规律，用导水系数 T、贮水系数 μ^*（或给水度 μ）进行概化的均质分区，只要渗透性不大的地段，就可相对视为均质区。
   3) 查明计算含水层与相邻含水层、隔水层的接触关系，是否有“天窗”、断层等沟通。如果为了取得某些详细准确的参数，需布置大量勘探、试验工作而要花费昂贵的代价时，可考虑先有一个控制数值，再在识别模型时反求该参数。

b) 含水介质概化：
   1) 孔隙含水介质：
      ——均质、非均质：如果在渗流场中，所有点都具有相同的渗透系数，则概化为均质含水层，否则概化为非均质的；自然界中绝对均质的岩层是没有的，均质与非均质是相对的，视具体的研究目标而定。
      ——各向同性、各向异性：根据含水层透水性能和渗流方向的关系，可以概化为各向同性和各向异性二类。如果渗流场中某一点的渗透系数不取决于方向，即不管渗流方向如何都具有相同的渗透系数，则介质是各向同性的，否则是各向异性的。
   2) 裂隙、岩溶含水介质：
      裂隙、岩溶含水介质的概化要视具体情况而定。在局部溶洞发育处，岩溶水运动一般为非达西流（即非线性流和紊流），但在大区域上，北方岩溶水运动近似地满足达西定律，含水介质可概化为非均质、各向异性的连续介质。

6.1.4 管理目标含水层水力特征的概化

6.1.4.1 层流、紊流

一般情况下，在松散含水层及发育较均匀的裂隙、岩溶含水层中的地下水运动，大都是层流，符合达西定律。只有在极少数大溶洞和宽裂隙中的地下水流，才不符合达西定律，呈紊流。

6.1.4.2 平面流和三维流

在开采状态下，地下水运动存在着三维流。特别是在区域降落漏斗附近，三维流更明显，故应用地下水三维流模型。当三维流场的水位资料难以取得,可将三维流问题按二维流处理,但应考虑所引起的计算误差是否能满足水文地质计算的要求。

6.1.4.3 源汇项

源汇项的概化应根据区内开采井的特点将其概化为点井、面积井或大井。根据区内降雨、蒸发、上下含水层的顶托或下渗补给,以及各类地表水的渗入补给特点及分布特征,可将其概化为单元入渗补给强度或单元蒸发强度。

6.2 地下水水量系统的数学模型化

6.2.1 地下水水量系统的数学模型是由水文地质概念模型来确定的。按水层的埋藏条件分为潜水流或承压水流模型,根据地下水运动的时空变化特征又可分为:稳定流或非稳定流模型、平面二维流或剖面二维流、拟三维流或三维流模型。模型中的每个变量都应给定相应的物理意义和量纲。

6.2.2 数学模型一般应包括描述管理区内地下水运动和均衡关系的微分方程和定解条件组成,定解条件中包含边界条件和初始条件。模型类型一般分为分布参数模型和集中参数模型。

6.3 数值法求解地下水水量模型

6.3.1 有限单元法求解地下水流动方程

6.3.1.1 用有限个单元的集合体来代替管理区,这些单元的结合点称为结点,选择简单的函数来近似地表示每个单元上的水头分布,得出管理区中离散点(即结点)处的近似水头。

6.3.1.2 有限单元法求解地下水流动方程应按照以下步骤进行:

a) 确定所计算的渗流区的范围和边界性质,并圈定有越流补给的范围。
b) 在方格纸上将计算的渗流区划分成许多三角形网格,单元网格划分应遵循以下原则:
   1) 单元网格的大小、多少应根据精度要求、管理区的地质、水文地质条件和计算机的速度、容量来确定。
   2) 在水头变化大的地方,重要工程的地段,水头分布需要了解得比较详细的部位,单元宜用较小的单元;在水头变化比较平缓的地方或次要的部位,单元可划分得大一些、稀一些。
   3) 划分单元时应考虑断层位置、含水层岩性变化的分界线,顶、底板等高线分布疏密、存在越流或天窗补给地段的范围,有入渗或蒸发地段的界限等,使每一个单元中的各种参数具有代表性。
   4) 划分单元时,结点应是与有关的所有三角形单元的顶点,即在附录B所示的图B.1中,单元应划分成a)式样,不允许b)式样。
   5) 单元应划分成近乎等边三角形,减小计算误差;一般三角形长边和短边之比不宜超过3:1,三角形的每个内角小于90°。
   6) 观测孔处尽可能放置结点,以便于观测水位与结点的计算水位相对比。
   7) 大流量的汇源点(矿坑突水点、被处理为源汇的河流等)处尽可能设置结点。
c) 对各结点和单元依次进行编号。通常采用附录C所示的方法标记,单元的编号除程序中规定的要联号的以外,一般可以随意编。对结点编号可按照以下两种编号方式进行:
   1) 一种是未知结点在前,已知结点在后,逐一顺序编号;
   2) 另一种是不分未知和已知结点,统一按顺序编号。
d) 任选一个直角坐标系(通常取 x 轴向右,y 轴向上),定出所有结点的坐标值,即 x_i、y_i、x_j、y_j、x_m、y_m。记录在如附录D所示的表格中。同时读出组成各个单元的结点号码(按逆时针方向依次读出三个结点号码),并列表登记,如附录E所示表格。
e) 确定非稳定渗流问题的时间步长和总的计算时段数
   1) 位于第一类边界上的结点,应按边界条件给出不同计算时段的水头值;

2) 位于第二类边界上的结点(不包括隔边界上的结点)则应给出不同计算时段的流量值或边界两侧的水位差;所有结点的初始水头值。

f) 根据结点坐标值,用公式算出相邻结点的坐标差值,并算出各单元的面积。再由这些数值以及K(渗透系数)、M(含水层厚度)、μ^*(贮水系数)等形成各个单元渗透矩阵和总渗透矩阵[A]。

g) 根据定解条件形成自由项,从而形成线性代数方程组,见式(1):

$$[A]\{H\}=\{F\} \tag{1}$$

式中:

$\{H\}$——计算区水头的列矢量,即$\{H\}=[H_1,H_2,\cdots,H_n]^T$,$n$为内结点和第二类边界上的结点数(即未知结点数);

$\{F\}$——自由项(已知项)组成的列矢量,即$\{F\}=[F_1,F_2,\cdots,F_n]^T$。

h) 解线性代数方程组求出各结点的水头值。

i) 计算流量或按要求计算有关问题。

6.3.2 有限差分法求解地下水流动方程

6.3.2.1 有限差分法是用管理区内有限个离散点的集合代替连续的管理区;在这些离散点上用差商近似地代替微商,将微分方程及其定解条件化为以未知函数在离散点上的近似值为未知量的代数方程(称之为差分方程),然后求解差分方程,从而得到微分方程的解在离散点上的近似值。

6.3.2.2 有限差分法解题应按照以下步骤进行:

a) 剖分管理区,确定离散点:把所研究的管理区域按某种几何形状分割成网格系统。管理区的边界可以用最接近它的格线近似表示。将区域剖分后,就可确定离散点,确定离散点的方法通常有两种:

1) 将离散点置于每个网格的中心处,这种离散点通常称为格点;

2) 将离散点置于网格的交点上,这种离散点通常称为结点。

b) 用格点(或结点)的水头表示水头函数。

c) 在离散化的基础上,可从微分方程出发或从积分方程出发,或直接从水均衡的原理出发,建立起每个格点(或者结点)的水头与其周围格点(或结点)水头之间的关系式,一般为线性关系式。

d) 把每个格点建立的方程合在一起,利用定解条件使它成为存在唯一解的方程组。

e) 解这一组方程,得到各个格点(结点)的未知水头。

f) 若为稳定流,则这些格点(或结点)水头即能表现出稳定的水压面或潜水面。若为非稳定流则需把时间离散化,看成一系列的“稳定流”,重复d)、e)两个步骤求解。结果将得到各个格点(或结点)的未知水头在一系列瞬时的值,并以此来表示所要求的非稳定流的水压面或潜水面。

6.4 模型识别与检验

6.4.1 数学模型建立后必须通过对地下水系统模型的输入和输出结果的分析,校正已建立的数学模型和边界条件的正确性,并对模型进行参数识别,使计算所得数据与实际观测数据有最好的拟合效果。

6.4.2 模型的识别应该通过对所建立的数学模型或边界条件的逐步修正,使模型输出的数据与实际观测数据达到最好的拟合。

6.4.3 模型识别所采用的数据应来源于抽(放)水试验或长期动态监测工作,模型识别的计算工作应贯穿整个管理期的始终。

6.4.4 经过识别后的模型一般还要进行模型检验,看其是否正确地描述了地下水系统的本质特征。检验过程必须用已识别的参数,通过对地下水系统模型的输入和输出,使计算结果所得数据与实际观测数据有最好的拟合。

6.4.5 经过识别和检验后的模型才可用于地下水资源的预报。用于预报的模型边界必须与识别模型的边界一致;边界上水位、水量及溶质浓度和通量的状况应随着预报时段的推进而下推;预报时段(丰水、平水、枯水期)的选择必须有对应性,即用已知年度枯水期(或丰水期)的地下水位或溶质浓度的资料预报未来年份枯水期(或丰水期)的地下水动态。

6.5　建模工作精度要求

6.5.1　已知地下水位、水质控制点一般不宜少于模型节点总数的5%~10%。其分布应满足对黄金矿不同水文地质条件地段的控制要求。

6.5.2　观测时间系列的长度,对于分布参数模型一般要求有一个水文年以上的地下水动态观测系列资料;对于集中参数模型,一般要求不得少于一个小气象周期的观测资料。此外,根据建模的具体情况,也可对资料的观测提出专门的要求。

6.5.3　地下水含水层系统的侧向或垂向边界存在较强的水量交换时,应尽可能开展水均衡论证或试验工作,求得水量的交换参数。

6.5.4　渗透系数、水动力弥散系数等参数可根据野外或室内代表性试验测定,也可以采用数值法反求参数得到。

6.5.5　数值模型在进行网格剖分时,应根据不同地段地下水水力梯度、水质浓度梯度以及精度要求等确定其网格剖分密度。

6.6　地下水水量管理的优化

6.6.1　优化方法

6.6.1.1　解决地下水管理优化问题的方法有线性规划、非线性规划以及动态规划等。线性规划是目前常用的方法。该法要求目标函数为一线性函数,约束条件可用一组线性等式或线性不等式来表达。

6.6.1.2　线性规划问题的标准形式:

目标函数

$$\max Z=\sum_{j=1}^{n}c_jx_j \quad \cdots\cdots (2)$$

满足于:

$$\begin{cases}\sum_{i=1}^{m}\sum_{j=1}^{n}a_{ij}x_j=b_i\\ x_j\geqslant 0(j=1,2,\cdots,n)\end{cases}$$

式中:

Z——目标函数;

c_j——价值系数($j=1,2,\cdots,n$);

x_j——决策变量($j=1,2,\cdots,n$);

a_{ij}——约束方程式系数($i=1,2,\cdots m;j=1,2,\cdots,n$);

b_i——约束方程式右端项,$b_i\geqslant 0(i=1,2,\cdots,m)$。

若目标函数为求最小值问题,即

$$\min Z=\sum_{j=1}^{n}c_jx_j \quad \cdots\cdots (3)$$

令$Z'=-Z$,则:

$$\max Z'=-\sum_{j=1}^{n}c_jx_j \quad \cdots\cdots (4)$$

对于约束条件为不等式的情况,可在其左端加上或减去一个非负的松弛变量,把它变为等式约束条件的标准形式。

6.6.1.3　地下水水量管理中的线性规划问题可采用单纯形法求解。

6.6.2 地下水水量管理模型

6.6.2.1 地下水水量管理模型应由目标函数和约束条件两部分组成。目标函数用来表示地下水水量管理的目标，单目标和多目标均可；约束条件用来表示在实现管理目标的过程中，所受到的社会、经济、环境和技术条件的限制。

6.6.2.2 地下水水量管理模型所要达到的目标一般有最佳水位降、最优开采量等，应根据黄金矿的具体管理目标而定。

a) 当管理目标为满足黄金矿供水要求，控制地下水位进一步下降时，目标函数可以是求各结点水位总降深的最小值。此时，式(4)中的Z'表示结点水位的总降深值(L)，x_j为某时段第j结点水位降深值(L)。

b) 当管理目标为满足黄金矿地下水位达到最佳状态，控制地下水开采量时，模型的目标函数可以是求黄金矿总开采量的最大值。此时，式(3)中的Z表示黄金矿的总开采量，x_j为某时段第j个单元(结点)的开采量。

c) 当管理目标为满足黄金矿用水要求，采用地下水人工回灌措施控制和改善地下水位的持续下降时，模型的目标函数可以是求地下水位回升的最大值。此时式(3)中的Z表示总水位回升值，x_j表示由于地下水人工回灌在结点j处引起的水位回升值。

6.6.2.3 上述各目标函数要求的约束条件可以归纳为：

a) 均衡约束：以地下水流状态方程作为水均衡约束的等式约束条件；

b) 资源量约束：黄金矿需水量之和不得大于当地可能的供水指标；

c) 需求约束：地下水开采量要满足黄金矿生产和生活用水的要求；

d) 非负值约束。

6.6.3 地下水水量管理模型灵敏度分析

建立地下水水量管理模型，求得最优解，还应进行模型灵敏度分析，确定在保持模型最优解不变的条件下，模型中各参数的最大允许变化范围。

6.6.4 地下水水量管理优化方案的评价

6.6.4.1 通过地下水水量管理模型的运转，可得出若干个不同管理期，不同开采工程布局条件下的地下水开发利用优化方案。

6.6.4.2 对各优化方案应从技术上的可行性、经济上的合理性、生态环境平衡，近期开发利用和远期规划结合等方面进行综合分析和评价，并排出执行方案时的优先顺序。

6.6.4.3 应提出合理开发利用地下水的结论性意见。

7 管理期内的地下水动态监测工作

7.1 地下水动态监测的目的和主要任务

7.1.1 进一步查明和研究水文地质条件，特别是地下水的补给、径流、排泄条件，掌握地下水动态规律。

7.1.2 监测黄金矿山在建设或生产过程中的地下水开采动态和地表水动态。

7.1.3 根据所获得的监测资料，及时修正已有地下水水量模型。

7.2 地下水水量动态监测项目

7.2.1 地下水监测项目

地下水涌水量或疏(排)水量等。

7.2.2 地表水监测项目

地表河流、池、湖泊的渗漏量和流量等；在滨海地区，应重点监测海水潮汐的变化。

7.3 监测工作布置要求

7.3.1 地下水监测点布置要求

7.3.1.1 监测点应当布置在下列地段和层位：

a) 对矿井生产建设有直接影响的主要含水层；
b) 影响矿井充水的地下水强径流带(构造破碎带)；
c) 可能与地表水有水力联系的含水层；
d) 矿井先期开采的地段；
e) 在开采过程中水文地质条件可能发生变化的地段；
f) 人为因素可能对矿井充水有影响的地段；
g) 井下主要突水点附近，或者具有突水威胁的地段；
h) 疏干边界或隔水边界处。

7.3.1.2 监测点的布置，应利用现有钻孔、井等。监测内容包括水位、流量。

7.3.1.3 监测点应当统一编号，设置固定监测标志，测定坐标和标高，并标绘在综合水文地质图上。监测点的标高应当每年复测一次；如有变动，应当随时补测。

7.3.2 地表水监测点布置要求

7.3.2.1 地表水监测点的布置应以能监控黄金矿范围内与地下水存在水力联系的滨海、河流、湖泊及池塘等的水位为布置原则。

7.3.2.2 监测点布置位置：

a) 为了获得滨海矿区地下水的潮汐效应观测信息，应在海岸边设立监测点。
b) 对于通过矿区(井)的河流、溪流、大水沟一般在其出入矿区(井)或采区、含水层露头区、地表塌陷区及支流汇入的上下端设立监测点。
c) 对分布在矿区(井)范围内的湖泊、水库、大塌陷坑积水区，应设立监测点。

7.4 监测的频率、次数和时间

7.4.1 地下水监测要求

7.4.1.1 城市及工矿企业供水井的开采量(包括各种地下工程的排水量)最好每月进行一次统计，至少应在年内地下水开采的高峰和低谷时期各进行一次统计，并同时记录开泵时数、能耗量和管理区内的抽水景数目。

7.4.1.2 灌溉机井应在每次灌溉期内进行1～2次开采量统计，并同时记录开泵时数、天数、浇地亩数、能耗量和管理区内的抽水井数。

7.4.1.3 地下水的涌水量、疏(排)水量应每月进行一次统计。

7.4.1.4 当矿坑发生突水或水量急剧变化时，应增加水量的监测次数。

7.4.2 地表水的监测要求

应按国家水文观测部门制定的相关规范进行，应有与地下水位同步监测的数据。

8 成果报告提交

8.1 黄金矿地下水水量管理模型的成果报告应该由文字报告、附图和附表组成。

8.2 文字报告的内容包括：

a) 前言；
b) 黄金矿地质和水文地质条件说明；
c) 水文地质概念模型说明；
d) 地下水水量模型(包括模型源汇项量化和处理方法的说明、初始条件和边界条件确定的说明、模型识别与检验结果的说明)；

e） 地下水水量管理模型(包括目标函数选择、约束条件的确定、优化方法和成果及其灵敏度分析)；

f） 地下水水量管理优化方案的选择及其综合评价；

g） 对策和建议；

h） 结论。

8.3 附图主要包括：

a） 水文地质剖面图；

b） 水文地质概念模型图；

c） 计算区单元剖分图；

d） 水文地质参数分区图、初始流场图、拟合流场图；

e） 观测井地下水位(水头)拟合曲线图；

f） 地下水水量管理模型成果系列图等。

图件及比例尺应结合黄金矿的具体条件和工作要求而定。

8.4 附表主要包括：

a） 水文地质试验成果统计表；

b） 地下水和地表水动态观测资料统计表；

c） 地下水开发利用现状统计表；

d） 地下水水量模型计算机程序；

e） 地下水水量管理模型成果表。

附　录　A
（资料性附录）
模型概化所需资料

表 A.1　模型概化所需资料一览表

所需资料类型	数据来源	说　　明
水文地质条件： 1. 含水层物理系统：包括地质、构造、地层、地形坡度、地表水体等方面的资料； 2. 含水层结构：含水层的水平延伸、边界类型、顶底板埋深、含水层厚度、基岩结构等； 3. 含水层水文地质参数及空间变异：渗透系数、给水度、储水系数、弥散系数、孔隙度等； 4. 钻孔：位置、孔口标高、岩性描述、成井结构等	1. 地质图及水文地质图； 2. 地形图； 3. 前人所作的有关钻探、抽水试验及分析、地球物理勘探、水力学等方面的研究报告； 4. 钻孔结构、地层岩性、柱状图、剖面图及成井报告等； 5. 有关学术刊物上及会议上发表的学术论文、学生的毕业论文等； 6. 行政部门及私人企业的有关数据	1. 应有一定数量的控制点； 2. 地质单元的厚度、延伸以及含水层的识别； 3. 地形标高等值线、含水层厚度等值线； 4. 含水层立体结构图、水文地质参数分区图； 5. 地表水与地下水以及不同含水层之间的水力联系程度； 6. 地下水对生态环境的支撑作用
水资源及其开发利用： 1. 各种源汇项及其对地下水动力场的作用； 2. 天然排泄区及人工开采区地理位置、排泄速率、排泄方式及延续时间； 3. 地表水体与地下水的相互作用； 4. 地下水人工开采、回灌及其过程； 5. 土地利用模式、灌溉方式、蒸发、降雨情况等	1. 降雨量及蒸发量； 2. 地表水体流量及现状； 3. 抽水试验及长观井的地下水位监测数据； 4. 地下水体及地表水体的开发利用量，包括政府部门的统计数据和可估计到的未进行统计的开发利用量； 5. 灌溉区域、作物类型以及分布情况； 6. 水资源需求量及污水排放量预测分析； 7. 其他政府、企业等有关部门的水资源开发利用数据	1. 通常为时间序列数据，最小时间单元应到月，有些时候需到天； 2. 数据采集的时间、地点、数值及测量单位应准确； 3. 对于地下水位数据，应注明是否为动水位； 4. 不同时期地下水位等水位线图及地下水位过程线的说明； 5. 开采量数据的质量对于一个好的模型至关重要，因此，要特别注意

附 录 B
（资料性附录）
单元划分示意图

单元划分示意图见图 B.1。

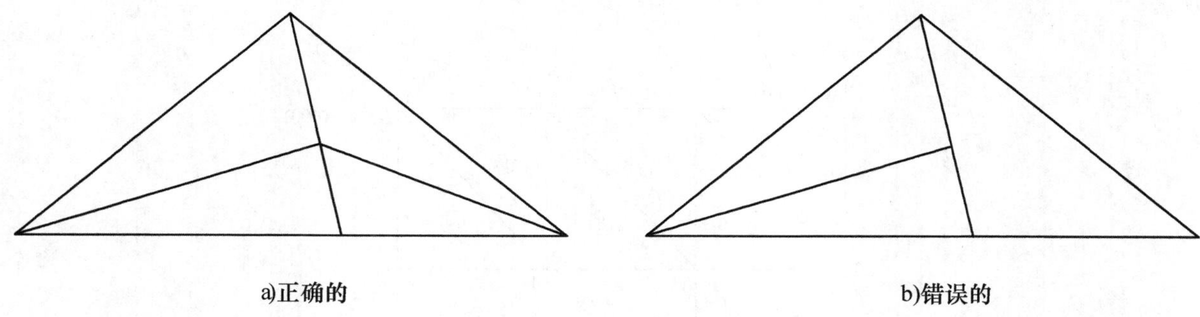

a)正确的　　b)错误的

图 B.1　单元划分示意图

附　录　C
（资料性附录）
结点和单元编号示意图

结点和单元编号示意图见图 C.1（结点和单元的编号表示在图上，单元号用圆圈内的数字表示，以示区别）。

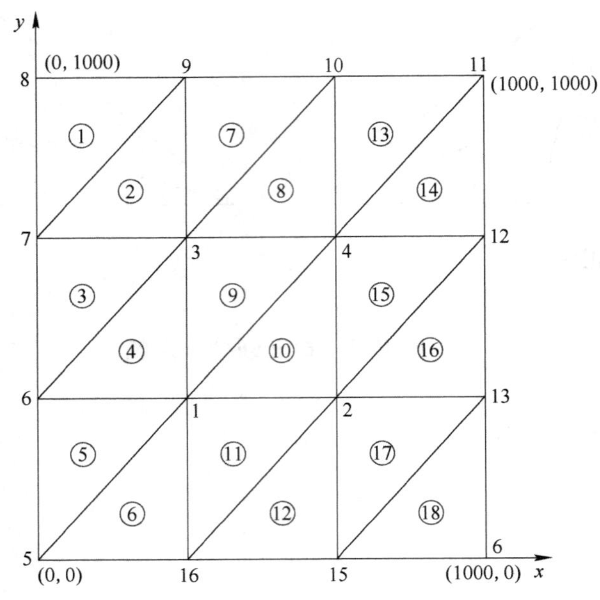

图中：

4 ——结点号；

④——单元号。

图 C.1　结点和单元编号示意图

附 录 D
(资料性附录)
结点坐标

结点坐标见表 D.1。

表 D.1 结点坐标

结点号	坐标	
	x	y

附　录　E
（资料性附录）
单元的结点号码表

单元的结点号码表见表 E.1。

表 E.1　单元的结点号码表

单 元 号	结　点　号　码		
	i	j	m

ICS 73.060.99
H 60

中华人民共和国黄金行业标准

YS/T 3011—2012

黄金矿开采工程岩石物理力学性质试验技术规范

Technical specification for test of physical and mechanical characteristics of rocks for gold mining engineering

2012-11-07 发布　　2013-03-01 实施

中华人民共和国工业和信息化部　发布

目　次

前 言

本标准按照 GB/T 1.1—2009 给出的规则起草。

本标准由中国黄金协会提出。

本标准由全国黄金标准化技术委员会(SAC/TC 379)归口。

本标准负责起草单位:山东黄金矿业(莱州)有限公司三山岛金矿、中南大学。

本标准主要负责起草人:李夕兵、修国林、杨竹周、董陇军、赵国彦、毕洪涛、袁勇、戴兵、何顺斌、李威。

黄金矿开采工程岩石物理力学性质试验技术规范

1 范围

本标准规定了黄金矿开采工程岩石物理力学性质试验要求、试验工作管理要求及岩石物理力学试验方法。

本标准适用于黄金矿开采工程岩石物理与力学性质试验。

2 规范性引用文件

下列文件对于本文件的应用是必不可少的，凡是注日期的引用文件，仅注日期的版本适用于本文件，凡是不注日期的引用文件，其最新版本(包括所有修改单)适用于本文件。

GB/T 50266 工程岩体试验方法标准

DY 94 岩石物理力学性质试验规程

3 术语和定义

下列术语和定义适用于本文件。

3.1 岩石 rock

在各种地质作用下，按一定方式结合而成的矿物集合体，它是构成地壳及地幔的主要物质。

3.2 含水率 water content

岩石试样在 105 ℃～110 ℃温度下烘至恒量时所失去的水的质量与试件干质量的比值，以百分数表示。

3.3 密度 density

在规定条件下，烘干岩石矿物质单位体积(不包括开口与闭口孔隙体积)的质量。

3.4 块体密度 block density

在规定条件下，烘干岩石包括孔隙在内的单位体积固体材料的质量。

3.5 孔隙率 percentage of porosity

岩石孔隙体积占岩石总体积(包括孔隙体积在内)的百分率。

3.6 吸水率 water absorption

在规定条件下，岩石试样最大的吸水质量与烘干岩石试件质量之比，以百分率表示。

3.7 饱和吸水率 water maximum absorption

在强制条件下，岩石试件最大的吸水质量与烘干岩石试件质量之比，以百分率表示。

3.8 单轴抗压强度 uniaxial compressive strength

岩石试件抵抗单轴压力时保持自身不被破坏的极限应力。

3.9 软化系数 softening coefficient

岩石试件在饱和状态下单轴抗压强度与其干燥状态下单轴抗压强度的比值。

3.10 弹性模量 elasticity modulus

岩石试件在弹性极限内应力与应变的比值。

3.11 剪切模量 shear modulus

岩石在弹性限度内剪应力与相应剪应变的比值。

3.12 泊松比 poisson's ratio

岩石试件轴向受力时，横向应变与纵向应变之比。

3.13 **劈裂强度** **splitting strength**

岩石试件在直径方向上对称且均匀施加沿纵轴向的压力时，能承受的最大压应力。

3.14 **抗剪强度** **shearing strength**

岩石试件在剪切面上所能承受的极限剪应力。

3.15 **点荷载强度指数** **point load strength index**

点荷载试验岩石试件压裂时所施加的荷载除以两锥头间距的平方。

3.16 **内摩擦角** **internal friction angle**

强度包络线与法向压力轴的夹角。它反映颗粒间的相互移动和咬合作用形成的摩擦特性。

3.17 **黏聚力** **cohesion**

强度包络线在剪应力坐标上的截距，用在岩石受剪时的摩尔剪切理论中，即：摩擦力为黏聚力与内摩擦角正弦值的和。

4 试验要求

4.1 黄金矿开采工程岩石物理性质试验包括岩石含水率试验（见附录A）、密度试验（见附录B）、块体密度试验（见附录C）、吸水性试验（见附录D）、膨胀性试验（见附录E）、耐崩解性试验（见附录F）；对岩石力学性质试验包括单轴抗压强度试验（见附录G）、单轴压缩变形试验（见附录H）、劈裂试验（见附录I）、抗剪强度试验（见附录J）、点荷载强度试验（见附录K）及三轴压缩强度试验（见附录L）。

4.2 岩石试样（试件）应能体现工程实际要求，可在地表露头、探槽、矿井、坑道、钻孔等位置采样，采取具有代表性的岩芯或岩块。同组岩样的岩性应基本相同，岩样应保持天然湿度，应有防止水分蒸发的措施。层状岩石应注明产状及岩样方位。

4.3 岩石试验工作应在详细了解工程规模、工程地质条件、设计意图、黄金矿山的特点和施工方法的基础上进行。试验内容、试验方法、试验数量等应与黄金矿山开采工程建设的各个勘察设计阶段的深度相适应、并应符合下列规定：

a) 规划阶段应充分利用与黄金矿山的地质条件相类似工程的岩石试验成果。
b) 初步设计阶段应根据工程岩体条件及黄金矿山开采特点，拟定出关键的岩石力学问题，并满足试验数量的要求，进行深入的试验研究。
c) 施工设计阶段应根据初步设计审查后新发现的工程地质问题和新提出的岩石力学问题以及黄金矿山开采的需要，进行专项岩石试验。

4.4 黄金矿山开采工程各勘察设计阶段的岩石试验工作，应根据岩石试验任务书或合同的要求确定。提出试验任务的单位应提供相应勘察设计阶段有关岩石试验的枢纽设计和工程地质数据。

4.5 在开展试验工作之前，应收集和分析工程地质数据，结合设计方案和勘察工作，编制岩石试验大纲。岩石试验大纲应包括下列内容：

a) 试验目的和适用范围。
b) 主要岩石物理力学问题。
c) 试验内容和技术要求。
d) 试验布置。
e) 仪器设备和人员安排。
f) 计划进度。
g) 提交试验成果的名称及数量。

4.6 岩石试验大纲在执行过程中可根据地质条件和设计情况的变化适当进行调整和修改。

4.7 各设计阶段的岩石试验工作均应指定技术负责人。

5 试验工作管理要求

5.1 技术管理

5.1.1 试验人员应详细了解试验意图和地质条件，掌握试验任务书、试验大纲及有关规程的内容和要求。

5.1.2 按分工做好试验前的准备工作。

5.1.3 准确测读、详细记录和描述，发现问题应及时报告并采取措施。

5.1.4 试验工作中应加强与地质、设计和施工人员的联系。

5.1.5 应做好交接班工作。

5.1.6 各项试验资料应签名负责，作好资料的保管和归档工作。

5.2 设备管理

5.2.1 根据试验技术要求和工作条件，进行仪器设备选型，并检验其稳定性和重复性，对现场测试仪器和设备应检查其坚固性及防潮性能。

5.2.2 试验前，试验人员应熟悉仪器设备的结构性能、操作方法及技术要求。

5.2.3 仪器设备应定期维修和率定，并有专人管理。

5.2.4 仪器设备搬运过程中应采取措施防止损坏。

5.3 安全管理

5.3.1 试验前应协同有关人员对试验场地进行安全检查，清除松动围岩，加强通风，对严重渗水和漏水地段宜采取措施进行处理。

5.3.2 应对试验场地进行合理布置和清扫，清除杂物，将常用设备和工具置于合适部位。

5.3.3 对试验场地的用电线路和设备应进行安全检查和维护。

5.3.4 试验人员进洞应佩戴安全帽，当试验场地有可燃或有毒气体隐患时，应采取安全措施。

5.3.5 在试验全过程中，应有专人负责安全工作。

附　录　A
（规范性附录）
含水率试验方法

A.1　范围

本附录规定了岩石的含水率试验方法。

本附录适用于矿物不含结晶水和含结晶水的岩石含水率试验。

A.2　试件制备

取保持原含水状态的岩石试件 5 块，每块质量至少 50 g，每块的体积应为 60 cm^3～100 cm^3。

A.3　仪器和设备

A.3.1　烘箱和干燥器；

A.3.2　天平：感量 0.01 g；

A.3.3　具有密封盖的试样盒。

A.4　试验步骤

A.4.1　制备试件并称其质量。

A.4.2　试件的烘干：对于不含矿物结晶水的岩石应在 105 ℃～110 ℃的恒温下烘 8 h～12 h；对于含有矿物结晶水的岩石应降低烘干温度，可在 40 ℃±5 ℃恒温下烘 8 h～12 h。

A.4.3　将试件从烘箱中取出放入干燥器内冷却至室温并称试件质量。

A.4.4　重复 A.4.2 和 A.4.3 步骤直到相邻两次称量之差不超过后一次称量的 0.1%。

A.4.5　称量精确至 0.01 g。

A.5　结果计算

按式(A.1)计算岩石含水率 w，精确至 0.01%：

$$w=\frac{m_1-m_2}{m_2-m_0}\times 100\% \qquad \text{(A.1)}$$

式中：

m_0——干燥称量盒的质量，单位为克(g)；

m_1——试件烘干前的质量与干燥称量盒的质量之和，单位为克(g)；

m_2——试件烘干后的质量与干燥称量盒的质量之和，单位为克(g)。

A.6　试验记录

试验记录应包括工程名称、岩石名称、试件编号、试件描述、试件烘干前后的质量、试验人员、计算人员、校核人员、试验日期。

附　录 B
(规范性附录)
密度试验方法

B.1　范围

本附录规定了岩石密度的试验方法。

本附录适用于岩石的密度试验。

注:岩石密度是评价黄金矿开采工程岩体稳定性及确定围岩压力重要指标。

B.2　仪器设备

B.2.1　密度瓶:短颈量瓶,容积 100 mL;

B.2.2　天平:感量为 0.01 g;

B.2.3　轧石机、球磨机、瓷研钵、玛瑙研钵、磁铁块和孔径为 0.25 mm(0.3 mm)的筛子;

B.2.4　砂浴、恒温水槽(灵敏度±1 ℃)及真空抽气设备;

B.2.5　烘箱:温度控制在 105 ℃~110 ℃;

B.2.6　干燥器(内装干燥剂);

B.2.7　取样器等。

B.3　试样制备

取代表性岩石试样在小型轧石机上初步捣碎(或手工用钢锤捣碎),再置于球磨机中进一步磨碎,然后用研钵研细,使之全部粉碎成能通过 0.25 mm 筛孔的岩粉。

B.4　试验步骤

B.4.1　将制备好的岩粉放在瓷皿中,置于温度为 105 ℃~110 ℃的烘箱中烘至恒量,烘干时间一般为 6 h~12 h,再置于干燥器中冷却至室温(20 ℃±2 ℃)备用。

B.4.2　用四分法取两份岩粉,每份试样从中称取 15 g(m_1),用漏斗灌入洗净烘干的密度瓶中。

B.4.3　注入试液至瓶的一半处,摇动密度瓶使岩粉分散。

B.4.4　不含水溶性矿物成分的岩石应使用蒸馏水、去离子或相当纯度的纯净水作试液,采用沸煮法或真空抽气法排除气体。含水溶性矿物成分岩石应使用煤油作试液,采用真空抽气法排除气体。

B.4.5　沸煮法排除气体,沸煮时间自悬液沸腾时算起不应少于 1 h。

B.4.6　真空抽气法排除气体,真空压力表读数宜为 100 kPa,持续抽气 1 h~2 h,直至无气泡逸出为止。

B.4.7　将经过排除气体的密度瓶取出擦干,冷却至室温,再向密度瓶中注入已排除气体且同温条件的试液,使接近满瓶,然后置于恒温(20 ℃±2 ℃)水槽内。待密度瓶内温度稳定,上部悬液澄清后,塞好瓶塞,使多余试液溢出。从恒温水槽内取出密度瓶,擦干瓶外水分,立即称其质量(m_3)。

B.4.8　倾出悬液,洗净密度瓶,注入经排除气体并与试验同温度的试液至密度瓶,再置于恒温水槽内。待瓶内试液的温度稳定后,塞好瓶塞,将逸出瓶外试液擦干,立即称其质量(m_2)。

B.4.9　以两次试验结果的算术平均值作为测定值,如两次试验结果之差大于 0.02 g/cm^3 时,应重新取样进行试验。

B.4.10　称量精确至 0.01 g。

B.5　结果计算

按式(B.1)计算不含水溶性矿物成分岩石密度值 ρ_t,数值以克每立方厘米(g/cm^3)表示,精确至 0.01 g/cm^3:

$$\rho_t = \frac{m_1}{m_1 + m_2 - m_3} \times \rho_{wt} \qquad \text{(B.1)}$$

式中：

m_1——岩粉的质量，单位为克(g)；

m_2——密度瓶与试液的总质量，单位为克(g)；

m_3——密度瓶、试液与岩粉的总质量，单位为克(g)；

ρ_{wt}——与试验同温度试液的密度，单位为克每立方厘米(g/cm^3)。

按式(B.2)计算含水溶性矿物成分岩石密度值，数值以克每立方厘米(g/cm^3)表示，精确至0.01 g/cm^3：

$$\rho_{wt} = \frac{m_5 - m_4}{m_6 - m_4} \times \rho_w \qquad \text{(B.2)}$$

式中：

m_4——密度瓶的质量，单位为克(g)；

m_5——密度瓶与煤油的总质量，单位为克(g)；

m_6——密度瓶与经排除气体的洁净水的总质量，单位为克(g)；

ρ_w——经排除气体的洁净水的密度，单位为克每立方厘米(g/cm^3)。

注：洁净水的密度参见附录M。

B.6 试验记录

密度试验记录应包括岩石名称、试验编号、试样编号、试液温度、试液密度、烘干岩粉试样质量、瓶和试液总质量以及瓶、试液和岩粉试样总质量、密度瓶质量、试验人员、计算人员、校核人员、试验日期。

附　录　C
（规范性附录）
块体密度试验方法

C.1　范围

本附录规定了试验岩石块体密度(干密度、饱和密度和天然密度)的量积法、水中称量法和蜡封法。

本附录中的量积法适用于可制备成规则试件的各类岩石；水中称量法适用于除遇水崩解、溶解和干缩湿胀外的其他各类岩石；蜡封法适用于不能用量积法或直接在水中称量进行试验岩石的密度试验。

注：岩石的块体密度(毛体积密度)是一个间接反映岩石致密程度、孔隙发育程度的参数，是评价工程岩体稳定性及确定围岩压力的重要指标。

C.2　仪器设备

C.2.1　切石机、钻石机、磨石机等岩石试件加工设备；

C.2.2　天平：感量 0.01 g，称量大于 1000 g；

C.2.3　烘箱：能使温度控制在 105 ℃～110 ℃；

C.2.4　石蜡及熔蜡设备；

C.2.5　水中称量装置；

C.2.6　游标卡尺(精度为 0.1 mm)。

C.3　试件制备

C.3.1　试件尺寸应符合下列规定：

a)　量积法试件端面的平面度公差应小于 0.05 mm，端面对于试件轴线垂直度偏差不应超过 0.25°。

b)　水中称量法试件可采用规则或不规则形状，试件尺寸应大于组成岩石最大颗粒粒径的 10 倍，每个试件质量不宜小于 150 g。

c)　蜡封法试件边长约 40 mm～60 mm 的立方体试件，并将尖锐棱角用砂轮打磨光滑；或采用直径为 48 mm～52 mm 圆柱体试件。测定天然密度的试件，应在岩样拆封后，在设法保持天然湿度的条件下，迅速制样、称量和密封。

C.3.2　试件数量，同一含水状态，每组不得少于 5 个。

C.4　试验步骤

C.4.1　量积法

C.4.1.1　量测试件的直径或边长：用游标卡尺量测试件两端和中间三个断面上互相垂直的两个方向的直径或边长，按截面积计算平均值。

C.4.1.2　量测试件的高度：用游标卡尺量测试件断面周边对称的四个点(圆柱体试件为互相垂直的直径与圆周交点处；立方体试件为边长的中点)和中心点的五个高度，计算平均值。

C.4.1.3　测定天然密度：应在岩样开封后，在保持天然湿度的条件下，立即加工试件和称量。测定后的试件，可作为天然状态的单轴抗压强度试验用的试件。

C.4.1.4　测定饱和密度：试件的饱和采用煮沸法或真空抽气法制得。测定后的试件，可作为饱和状态单轴抗压强度试验用的试件。

C.4.1.5　测定干密度：将试件放入烘箱内，控制在 105 ℃～110 ℃温度下烘 12 h～24 h，取出放入干燥器内冷却至室温，称干试件质量。测定后的试件，可作为干燥状态单轴抗压强度试验用的试件。

C.4.1.6　试件称量精确至 0.01 g；量测精确至 0.01 mm。

C.4.2 水中称量法

C.4.2.1 测天然密度，应取有代表性的岩石制备试件并称量；测干密度，将试件放入烘箱，在 105 ℃～110 ℃下烘至恒量，烘干时间一般为 12 h～24 h。取出试件置于干燥器内冷却至室温后，称干试件质量。

C.4.2.2 将干试件浸入水中进行饱和，饱和方法可依岩石性质选用煮沸法或真空抽气法。

C.4.2.3 取出饱和浸水试件，用湿纱布擦去试件表面水分，立即称其质量。

C.4.2.4 将试样放在水中称量装置的丝网上，称取试样在水中的质量(丝网在水中质量可事先用砝码平衡)。在称量过程中，称量装置的液面应始终保持同一高度，并记下水温。

C.4.2.5 试件称量精确至 0.01 g。

C.4.3 蜡封法

C.4.3.1 测天然密度时，应取有代表性的岩石制备试件并称量；测干密度时，将试件放入烘箱，在 105 ℃～110 ℃下烘至恒量，烘干时间一般为 12 h～24 h，取出试件置于干燥器内冷却至室温。

C.4.3.2 从干燥器内取出试件，放在天平上称量。

C.4.3.3 把石蜡装在干净铁盆中加热熔化，至稍高于熔点(一般石蜡熔点在 55 ℃～58 ℃)。岩石试件可通过滚涂或刷涂的方法使其表面涂上一层石蜡层，冷却后准确称出蜡封试件的质量。

C.4.3.4 将涂有石蜡的试件系于天平上，称出其在洁净水中的质量。

C.4.3.5 擦干试件表面的水分，在空气中重新称取蜡封试件的质量，检查此时蜡封试件的质量是否大于浸水前的质量。如超过 0.05 g，说明试件蜡封不好，洁净水已浸入试件，应取试件重新测定。

C.4.3.6 试件称量精确至 0.01 g。

C.5 结果计算

C.5.1 按式(C.1)、式(C.2)、式(C.3)计算量积法岩石块体密度：

$$\rho_0=\frac{m_0}{V} \qquad \text{(C.1)}$$

$$\rho_s=\frac{m_s}{V} \qquad \text{(C.2)}$$

$$\rho_d=\frac{m_d}{V} \qquad \text{(C.3)}$$

式中：

ρ_0——天然密度，单位为克每立方厘米(g/cm^3)；

ρ_s——饱和密度，单位为克每立方厘米(g/cm^3)；

ρ_d——干密度，单位为克每立方厘米(g/cm^3)；

m_0——试件烘干前的质量，单位为克(g)；

m_s——试件强制饱和后的质量，单位为克(g)；

m_d——试件烘干后的质量，单位为克(g)；

V——岩石的体积，单位为立方厘米(cm^3)。

C.5.2 按式(C.4)、式(C.5)、式(C.6)计算水中称量法岩石块体密度：

$$\rho_0=\frac{m_0}{m_s-m_w}\times\rho_w \qquad \text{(C.4)}$$

$$\rho_s=\frac{m_s}{m_s-m_w}\times\rho_w \qquad \text{(C.5)}$$

$$\rho_d=\frac{m_d}{m_s-m_w}\times\rho_w \qquad \text{(C.6)}$$

式中：

m_w——试件强制饱和后在洁净水中的质量，单位为克(g)；

ρ_w——洁净水的密度，单位为克每立方厘米（g/cm³）。

注：洁净水的密度参见附录 M。

C.5.3 按式（C.7）、式（C.8）计算蜡封法岩石块体密度：

$$\rho_0=\frac{m_0}{\frac{m_1-m_2}{\rho_w}-\frac{m_1-m_d}{\rho_N}}\times\rho_w \quad\cdots\cdots\cdots\cdots\text{(C.7)}$$

$$\rho_0=\frac{m_d}{\frac{m_1-m_2}{\rho_w}-\frac{m_1-m_d}{\rho_N}}\times\rho_w \quad\cdots\cdots\cdots\cdots\text{(C.8)}$$

式中：

m_1——蜡封试件质量，单位为克（g）；

m_2——蜡封试件在洁净水中的质量，单位为克（g）；

ρ_N——石蜡的密度，单位为克每立方厘米（g/cm³）。

C.5.4 对于均匀的岩石，块体密度应为 5 个试件测得结果之平均值；对于不均匀的岩石，块体密度应列出每个试件的试验结果。

C.5.5 孔隙率计算

求得岩石的块体密度后，按式（C.9）计算总孔隙率 n，试验结果精确至 0.1%：

$$n=\left(1-\frac{\rho_d}{\rho_t}\right)\times 100\% \quad\cdots\cdots\cdots\cdots\text{(C.9)}$$

式中：

n——岩石总孔隙率，以%表示；

ρ_t——岩石的密度，单位为克每立方厘米（g/cm³）。

C.6 试验记录

块体密度试验记录应包括岩石名称、试验编号、试件编号、试件描述、试验方法、试件在各种含水状态下的质量、试件水中称量、试件尺寸、洁净水的密度和石蜡的密度、试验人员、计算人员、校核人员、试验日期。

附 录 D
(规范性附录)
吸水性试验方法

D.1 范围

本附录规定了岩石吸水性的试验方法。

本试验适用于遇水不崩解、不溶解或不干缩湿胀岩石的吸水率、饱和吸水率的试验。

注:岩石的吸水率和饱和吸水率能有效地反映岩石微裂隙的发育程度。

D.2 仪器设备

D.2.1 切石机、钻石机、磨石机等岩石试件加工设备;

D.2.2 天平:感量 0.01 g,称量大于 500 g;

D.2.3 烘箱:能使温度控制在 105 ℃～110 ℃;

D.2.4 抽气设备:抽气机、水银压力计、真空干燥器、净气瓶;

D.2.5 煮沸水槽。

D.3 试件制备

D.3.1 不规则试件宜采用边长约为 3 cm～4 cm 的近似立方体。

D.3.2 每组试件至少 3 个;岩石组织不均匀者,每组试件不少于 6 个。

D.4 试验步骤

D.4.1 将试件放入温度为 105 ℃～110 ℃的烘箱内烘至恒量,烘干时间一般为 12 h～24 h,取出置于干燥器内冷却至室温(20 ℃±2 ℃),称其质量。

D.4.2 将称量后的试件置于盛水容器内,先注水至试件高度的 1/4 处,以后每隔 2 h 分别注水至试件高度的 1/2 和 3/4 处,6 h 后将水加至高出试件顶面 20 mm,有利于试件内空气逸出。试件全部被水淹没后再自由吸水 48 h。

D.4.3 取出浸水试件,用湿纱布擦去试件表面水分,立即称其质量。

D.4.4 试件强制饱和方法可采用下列方法之一:

a) 用煮沸法饱和试件:将称量后的试件放入水槽,注水至试件高度的一半,静置 2 h。再加水使试件浸没,煮沸 6 h 以上,并保持水的深度不变。煮沸停止后,静置水槽,待其冷却,取出试件,用湿纱布擦去表面水分,立即称其质量。

b) 用真空抽气法饱和试件:将称量后的试件置于真空干燥器中,注入洁净水,水面高出试件顶面 20 mm,开动抽气机,抽气时真空压力需达 100 kPa,保持此真空状态直至无气泡发生时为止(不少于 4 h)。经真空抽气的试件应放置在原容器中,在大气压力下静置 4 h,取出试件,用湿纱布擦去表面水分,立即称其质量。

D.4.5 试件称量精确至 0.01 g。

D.5 结果计算

D.5.1 按式(D.1)计算吸水率 w_a、按式(D.2)计算饱和吸水率 w_{sa},精确至 0.01%:

$$w_a=\frac{m_1-m}{m}\times 100\% \qquad \text{(D.1)}$$

$$w_{sa}=\frac{m_2-m}{m}\times100\% \quad\cdots\cdots\text{(D.2)}$$

式中：

w_a——岩石吸水率，以%表示；

w_{sa}——岩石饱和吸水率，以%表示；

m——烘至恒量时的试件质量，单位为克(g)；

m_1——吸水至恒量时的试件质量，单位为克(g)；

m_2——试件经强制饱和后的质量，单位为克(g)。

D.5.2 按式(D.3)计算饱水系数 K_w，试验结果精确至 0.01：

$$K_w=\frac{w_a}{w_{sa}} \quad\cdots\cdots\text{(D.3)}$$

式中：

K_w——饱水系数。

D.5.3 对于均匀的试件，取 3 个试件试验结果的平均值作为测定值；对于不均匀的，则取 6 个试件试验结果的平均值作为测定值。并同时列出每个试件的试验结果。

D.6 试验记录

吸水率试验记录应包括岩石名称、试验编号、试件编号、试件描述、试验方法、干试件质量、试件浸水后质量、试件强制饱和后的质量、试验人员、计算人员、校核人员、试验日期。

附　录　E
（规范性附录）
膨胀性试验方法

E.1　范围

本附录规定了岩石膨胀性试验方法。

本附录中的自由膨胀率试验适用于遇水不易崩解的岩石；侧向约束膨胀率试验和侧向膨胀压力试验适用于各类岩石。

注：掌握水下金属矿山岩石的膨胀特性可控制开采过程中地下水对岩层、岩体的影响。

E.2　仪器设备

E.2.1　钻石机、切石机、磨石机、车床；

E.2.2　测量平台；

E.2.3　自由膨胀率试验仪（见图 E.1）；

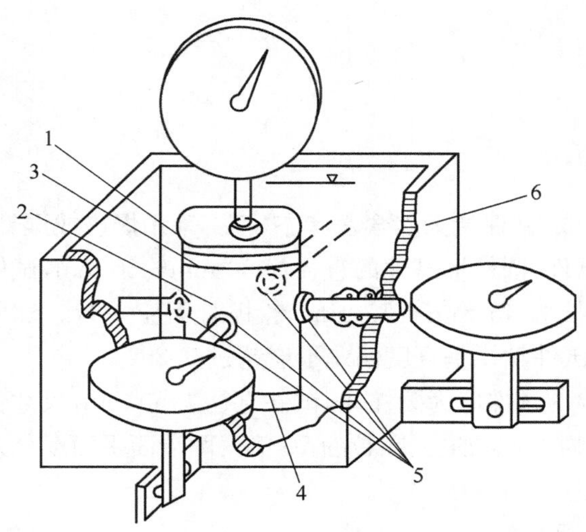

说明：

1——金属板；

2——试件；

3——上透水板；

4——下透水板；

5——薄铜片；

6——有机玻璃盛水容器。

图 E.1　自由膨胀率试验容器及样品组件

E.2.4　侧向约束膨胀率试验仪（见图 E.2）；

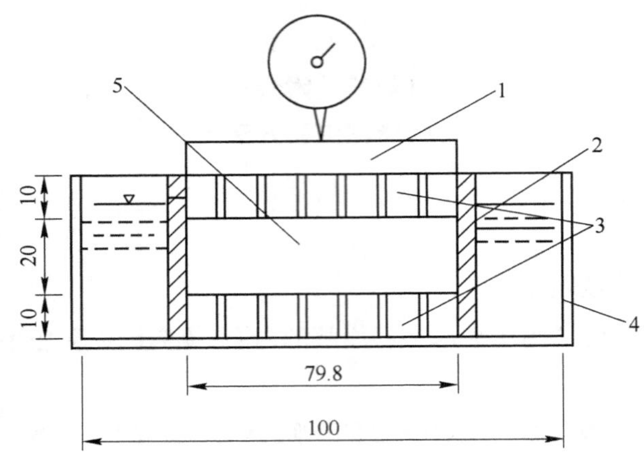

说明：
1——固定金属块；
2——金属环；
3——多孔透水板；
4——盛水容器；
5——试件。

图 E.2 岩石膨胀率仪

E.2.5 膨胀压力试验仪；

E.2.6 干湿温度计。

E.3 试件制备

E.3.1 岩石试件应在现场采取，并保持天然含水状态，不得采用爆破或湿钻法取样，试件应符合：

a) 自由膨胀率试验的试件：圆柱形试件的直径为 50 mm～60 mm，试件高度为 20 mm，两端面应平行；立方形试件的边长为 45 mm～55 mm，各相对面应平行。试件端面的平面度公差应小于 0.05 mm，端面对于试件轴线垂直度偏差不应超过 0.25°。

b) 侧向约束膨胀率试验的试件应为圆柱体，试件直径为 50 mm，尺寸偏差为 0～0.1 mm，高度应大于 20 mm，且应大于岩石矿物最大颗粒的 10 倍。两端面平面度公差应小于 0.05 mm，端面对于试件轴线垂直度偏差不应超过 0.25°。

E.3.2 每组试件数量不得少于 5 个。

E.3.3 岩石试件天然含水率的变化不应超过 1%。

E.3.4 进行岩石试件加工时，应注意描述下列内容：

a) 岩石类别、颜色、矿物成分、结构、胶结物性质等。

b) 膨胀变形的加载方向分别与层理、片理、节理、裂隙之间的关系。

E.4 试验步骤

E.4.1 自由膨胀率试验

E.4.1.1 将试件放入自由膨胀率试验仪内，在试件上下分别放置透水板，顶部放置一块金属板。

E.4.1.2 在试件上部和四侧对称的中心部位分别安装千分表。四侧千分表与试件接触处，宜放置一块薄铜片。

E.4.1.3 读记千分表读数，每隔 10 min 读记 1 次，直至 3 次读数不变。

E.4.1.4 缓慢地向盛水容器内注入洁净水，直至淹没上部透水板。

E.4.1.5 在第1 h内，每隔10 min测读变形1次，以后每隔1 h测读变形1次，直至3次读数差不大于0.001 mm为止。浸水后试验时间不得小于48 h。

E.4.1.6 试验过程中，应保持水位不变，水温变化不得大于2 ℃。

E.4.1.7 试验过程中及试验结束后，应详细描述试件的崩解、掉块、表面泥化或软化等现象。

E.4.2 侧间约束膨胀率试验

E.4.2.1 将试件放入内壁涂有凡士林的金属套环内，在试件上下分别放置薄型滤纸和透水板。

E.4.2.2 顶部放上固定金属荷载块并安装垂直千分表。金属荷载块的质量应能对试件产生5 kPa的持续压力。

E.4.2.3 试验结束后，应描述试件表面的泥化和软化现象。

E.4.3 侧向膨胀压力试验

E.4.3.1 将试件放入内壁涂有凡士林的金属套环内，在试件上下分别放置薄型滤纸和金属透水板。

E.4.3.2 安装加压系统及量测试件变形的测表。

E.4.3.3 应使仪器各部位和试件在同一轴在线，不得出现偏心荷载。

E.4.3.4 对试件施加产生0.01 MPa压力的荷载，测读试件变形测表读数，每隔10 min读数1次，直至3次读数不变。

E.4.3.5 缓慢地向盛水容器内注入洁净水，直至淹没上部透水板。观测变形测表的变化，当变形量大于0.001 mm时，调节所施加的荷载，应保持试件高度在整个试验过程始终不变。

E.4.3.6 开始时每隔10 min读数1次，连续3次读数差小于0.001 mm时，改为每1 h读数1次；当每1 h读数连续3次读数差小于0.001 mm时，可认为稳定并记录试验荷载。浸水后总试验时间不得少于48 h。

E.4.3.7 试验过程中，应保持水位不变。水温变化不得大于2 ℃。

E.4.3.8 试验结束后，应描述试件表面的泥化和软化现象。

E.5 结果计算

E.5.1 按式(E.1)计算岩石轴向自由膨胀率、按式(E.2)计算岩石径向自由膨胀率、按式(E.3)计算侧向约束膨胀率、按式(E.4)计算膨胀压力：

$$V_{H}=\frac{\nabla H}{H}\times 100 \tag{E.1}$$

$$V_{D}=\frac{\nabla D}{D}\times 100 \tag{E.2}$$

$$V_{HP}=\frac{\nabla H_{1}}{H}\times 100 \tag{E.3}$$

$$P_{S}=\frac{F}{A} \tag{E.4}$$

式中：

V_H——岩石轴向自由膨胀率，以%表示；

V_D——岩石径向自由膨胀率，以%表示；

V_{HP}——岩石侧向约束膨胀率，以%表示；

P_S——岩石膨胀压力，单位为兆帕(MPa)；

∇H——试件轴向变形值，单位为毫米(mm)；

H——试件高度，单位为毫米(mm)；

∇D——试件径向平均变形值，单位为毫米(mm)；

D——试件直径或边长，单位为毫米(mm)；

∇H_1——有侧向约束试件的轴向变形值，单位为毫米(mm)；

F——轴向荷载，单位为牛顿(N)；

A——试件截面积，单位为平方毫米（mm^2）。

E.5.2 岩石轴向自由膨胀率、径向自由膨胀率、侧向约束膨胀率试验结果精确至0.1%，岩石膨胀压力试验结果精确至0.001 MPa。5个试件平行试验，分别列出每个试件的试验结果，并计算5个试件测试结果的平均值。

E.6 试验记录

膨胀性试验记录应包括岩石名称、试验编号、试件编号、试件描述、试件尺寸、温度、试验时间、轴向变形、径向变形和轴向荷载、试验人员、计算人员、校核人员、试验日期。

附 录 F
(规范性附录)
耐崩解性试验方法

F.1 范围

本附录规定了耐崩解性试验方法。

本附录适用于质地疏松岩石、粘土岩类岩石耐崩解性试验。

F.2 仪器设备

F.2.1 天平:感量 0.01 g;

F.2.2 烘箱:能使温度控制在 105 ℃～110 ℃;

F.2.3 耐崩解性试验仪(见图 F.1):由动力装置、圆柱形筛筒和水槽组成,其中圆柱形筛筒长 100 mm、直径 140 mm,筛孔直径 2 mm;

F.2.4 温度计、干燥器。

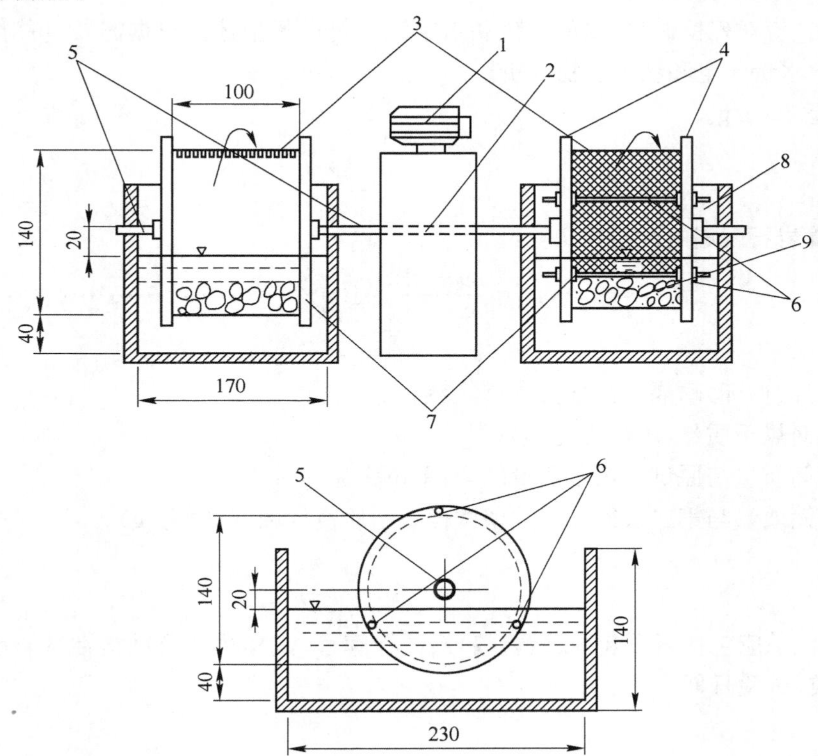

说明:

1——马达;

2——涡轮转动装置;

3——2 mm 孔径筛筒;

4——刚性基盘;

5——转动轴;

6——用于支撑圆柱筛筒的铁杆;

7——可卸下的差子;

8——水槽;

9——试件。

图 F.1 耐崩解性试验仪

F.3 试件制备

F.3.1 耐崩解性岩石试件在现场采取保持天然含水量的试件并密封。试件选取每块质量为 45 g～55 g 的球状试件，每组试验试件的数量不应少于 8 个。
F.3.2 试件描述应包括岩石类别、颜色、矿物成分、结构、胶结物性质等。

F.4 试验步骤

F.4.1 将试件装入耐崩解试验仪的圆柱形筛筒内，在 105 ℃～110 ℃的温度下烘干至恒量后，在干燥器内冷却至室温称量。
F.4.2 将装有试件的圆柱形筛筒放在水槽内，向水槽内注入洁净水，使水位在转动轴下约 20 mm。圆柱形筛筒以 20 r/min 的转速转动 10 min 后，将圆柱形筛筒和残留试件在 105 ℃～110 ℃的温度下烘干至恒量后，在干燥器内冷却至室温称量。
F.4.3 重复条款 F.4.2 的操作，求得第二次循环后的圆柱形筛筒和残留试件质量。根据需要可进行 4 次甚至更多次循环试验。
F.4.4 试验过程中，水温应保持在 20 ℃±2 ℃范围内。
F.4.5 试验结束后，应对残留试件、水的颜色和水中沉积物进行描述。根据需要，可对水中的沉积物进行颗粒分析、界限含水量测定和粘土矿物分析。
F.4.6 称量精确至 0.01 g。

F.5 结果计算

按式(F.1)计算岩石耐崩解性指数 I_{d2}：

$$I_{d2}=\frac{m_2-m_0}{m_s-m_0}\times 100\% \quad \cdots\cdots (F.1)$$

式中：

I_{d2}——岩石(二次循环)耐崩解性指数，以%表示；
m_0——圆柱筛筒烘干质量，单位为克(g)；
m_s——圆柱筛筒质量与原试样烘干质量的和，单位为克(g)；
m_2——圆柱筛筒质量与第二次循环后残留试样烘干质量的和，单位为(g)。

F.6 试验记录

耐崩解性试验记录应包括岩石名称、试验编号、试样编号、试样描述及试样在试验前后的烘干质量、试验人员、计算人员、试验日期。

附 录 G
（规范性附录）
单轴抗压强度试验方法

G.1 范围

本附录规定了规则形状岩石试件单轴抗压强度的试验方法。

本附录适用于岩石的强度分级和岩性描述。

G.2 仪器设备

G.2.1 压力试验机或万能试验机(见图 G.1)；

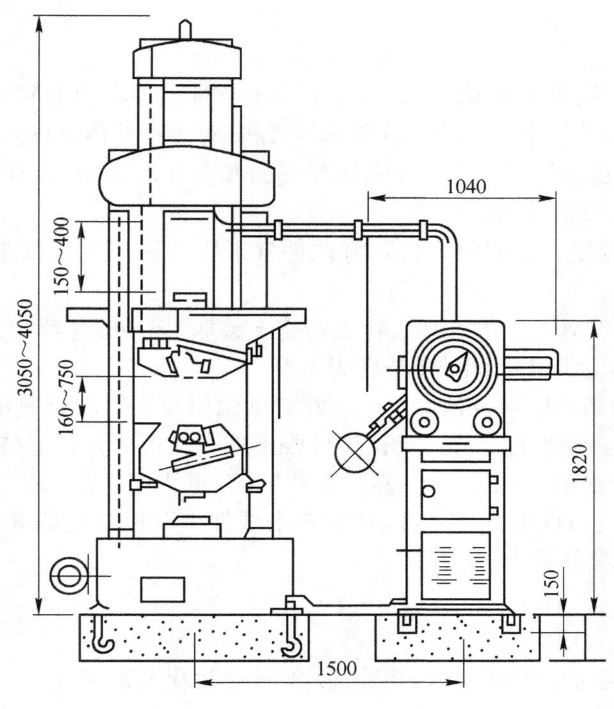

图 G.1 万能试验机

G.2.2 钻石机、切石机、磨石机等岩石试件加工设备；

G.2.3 烘箱、干燥器、游标卡尺、角尺及水池等。

G.3 试件制备

G.3.1 试件可用钻孔岩芯或坑、槽探中采取的岩块，试件备制中不应有人为裂隙出现。要求标准试件为圆柱体，直径为 5 cm，允许变化范围为 4.8 cm～5.2 cm。高度为 10 cm，允许变化范围为 9.8 cm～10.2 cm。对于非均质的粗粒结构岩石，或取样尺寸小于标准尺寸者，可采用非标准试件，但高径比应保持 2∶1～2.5∶1。

G.3.2 试件数量，视所要求的受力方向或含水状态而定，一般情况下应不少于 5 个。

G.3.3 试件制备的精度，在试件整个高度上，直径误差不得超过 0.3 mm。两端面的不平整度最大不超过 0.05 mm。端面应垂直于试件轴线，最大偏差不超过 0.25°。对于非标准圆柱体试件，试验后抗压强度试验值按式(G.1)计算：

$$R_e = \frac{R}{0.788 + 0.22\dfrac{D}{L}} \quad \cdots\cdots \text{(G.1)}$$

式中：

R_e——高径比为 2 的试件抗压强度，单位为兆帕(MPa)；

R——非标准试件的抗压强度，单位为兆帕(MPa)；

D，L——分别为非标准试件的直径(边长)和高度，单位为毫米(mm)。

G.4 试验要求

G.4.1 采用饱和状态下的岩石立方体(或圆柱体)试件的抗压强度来评定岩石强度。

G.4.2 在某些情况下，试件含水状态还可根据需要选择天然状态、烘干状态、饱和状态。试件的含水状态要在试验报告中注明。

G.5 试验步骤

G.5.1 用游标卡尺量取试件尺寸(精确至 0.1 mm)，对立方体试件在顶面和底面上各量取其边长，以各个面上相互平行的两个边长的算术平均值计算其承压面积；对于圆柱体试件在顶面和底面分别测量两个相互正交的直径，并以其各自的算术平均值分别计算底面和顶面的面积，取其顶面和底面面积的算术平均值作为计算抗压强度所用的截面积。

G.5.2 按岩石强度性质，选定合适的压力机。将试件置于压力机的承压板中央，对正上、下承压板，不得偏心。

G.5.3 以 0.5 MPa/s～1.0 MPa/s 的速率进行加荷直至破坏，记录破坏荷载及加载过程中出现的现象。抗压试件试验的最大荷载记录以 N 为单位，精度为 1%。

G.5.4 单轴抗压强度试验结果应同时列出每个试件的试验值及同组岩石单轴抗压强度的平均值；有显著层理的岩石，分别写出垂直与平行层理方向的试件强度的平均值。计算值精确至 0.1 MPa。

G.5.5 软化系数计算值精确至 0.01，5 个试件平行测定，取算术平均值；5 个值中最大与最小之差不应超过平均值的 20%，否则，应另取第 6 个试件，并在 6 个试件中取最接近的 3 个值的平均值作为试验结果，同时在报告中将 6 个值全部给出。

G.6 结果计算

G.6.1 按式(G.2)计算岩石的抗压强度 R，按式(G.3)计算软化系数 K_P：

$$R = \frac{P}{A} \quad \cdots\cdots \text{(G.2)}$$

式中：

R——岩石的抗压强度，单位为兆帕(MPa)；

P——试件破坏时的荷载，单位为牛顿(N)；

A——试件的截面积，单位为平方毫米(mm^2)。

$$K_P = \frac{R_W}{R_d} \quad \cdots\cdots \text{(G.3)}$$

式中：

K_P——软化系数；

R_W——岩石饱和状态下的单轴抗压强度，单位为兆帕(MPa)；

R_d——岩石烘干状态下的单轴抗压强度，单位为兆帕(MPa)。

G.7 试验记录

单轴抗压强度试验记录应包括岩石名称、试验编号、试件编号、试件描述、试件尺寸、破坏荷载、破坏形态、试验人员、计算人员、校核人员、试验日期。

附 录 H
(规范性附录)
单轴压缩变形试验方法

H.1 范围

本附录规定了岩石单轴压缩变形试验的电阻应变仪法和千分表法。

本附录适用于能制成规则试件的各类岩石在单轴压缩应力条件下的轴向及径向应变值的试验。

H.2 仪器设备

H.2.1 钻石机、锯石机、磨石机等岩石试件加工设备;

H.2.2 惠斯顿电桥、万用表、兆欧表、千分表;

H.2.3 电阻应变仪;

H.2.4 电阻应变片(丝栅长度大于 15 min)及粘贴电阻应变片用的各种工具及粘结剂等;

H.2.5 压力试验机或万能试验机;

H.2.6 其他设备:金属屏蔽线、恒温烘箱及其他试件加工设备。

H.3 试件制备

H.3.1 从岩石试样中制取直径为 50 mm±2 mm、高径比为 2∶1 的圆柱体试件。

H.3.2 试件含水状态可根据需要选择天然含水状态、烘干状态和饱和状态。试件烘干和饱和状态应符合附录 A 和附录 D 的规定。

H.3.3 同一含水状态下每组试件数量不应少于 5 个。

H.3.4 试件上、下端面应平行和磨平。试件端面的平面度公差应小于 0.05 mm,端面对于试件轴线垂直度偏差不应超过 0.25°。

H.4 试验步骤

H.4.1 电阻应变仪法

H.4.1.1 选择电阻应变片:应变片栅长应大于岩石矿物最大颗粒粒径的 10 倍,小于试件半径。同一组试件的工作片与温度补偿片的规格和灵敏度系数应相同,电阻值允许偏差为±0.1 Ω。

H.4.1.2 贴电阻应变片:试件以相对面为一组,分别贴纵向和横向应变片(如只求弹性模量而不求泊松比,则仅需贴纵向的一对即可),数量均不应少于两片,且贴片位置应尽量避开裂隙或斑晶。贴片前先将试件的贴片部位用 0 号砂纸斜向擦毛,用丙酮擦洗,均匀地涂一层防潮胶液,厚度不应大于 0.1 mm,面积约为 20 mm×30 mm,再使应变片牢固地贴在试件上。

H.4.1.3 焊接导线:将各应变片的线头分别焊接导线,并用白胶布贴在导线上,标明编号。焊接时注意:焊接宜用液态松香和金属屏蔽线,以免产生磁场互相干扰;电阻应变仪应与压力试验机靠近些,减少导线长度;导线焊好后要固定,以免拉脱。系统绝缘电阻值应大于 200 MΩ。

H.4.1.4 按所用的电阻应变仪的使用说明书进行操作,接电源并检查电压,调整灵敏系数;将试件测量导线接好,放在压力试验机球座上;接温度补偿电阻应变片,贴温度补偿电阻应变片的试件应是试验试件的同组试件,并放在试验试件的附近;粘贴温度补偿应变片的操作程序要求尽量与工作应变片相同。

H.4.1.5 将试件反复预压 2~3 次,加荷压力约为岩石极限强度的 15%。

H.4.1.6 按规定的加载方式和载荷分级,加荷速度应为 0.5 MPa/s~1.0 MPa/s,逐级测读载荷与应变值,直至试件破坏。读数不应少于 10 组测值。

H.4.1.7 记录加载过程及破坏时出现的现象，对破坏后的试件进行描述。

H.4.2 千分表法

采用千分表法测量岩石试件变形时，对于较硬岩，可将测量表架直接安装在试件上测量试件的纵、横向变形。对于变形较大、强度较低的软岩和极软岩，可将测表安装在磁性表架上，磁性表架安装在试验机的下承压板上，纵向测表表头与上承压板边缘接触，横向测表表头直接与试件接触，测读初始读数。两对相互垂直的纵向测表和横向测表应分别安装在试件直径的对称位置上。

H.5 结果计算

H.5.1 按式(H.1)计算各级应力 σ，数值以 MPa 表示：

$$\sigma=\frac{P}{A} \quad\cdots\cdots\cdots\cdots (H.1)$$

式中：

σ——应力，单位为兆帕(MPa)；

P——与所测各组应变值相应的荷载，单位为牛顿(N)；

A——试件的截面积，单位为平方毫米(mm^2)。

H.5.2 绘制应力与纵向应变及横向应变关系曲线(见图 H.1)，在应力与纵向应变关系曲线上找出加载最大值的 0.8 倍和 0.2 倍的点，并作割线，以该割线的斜率表示该试件的弹性模量。

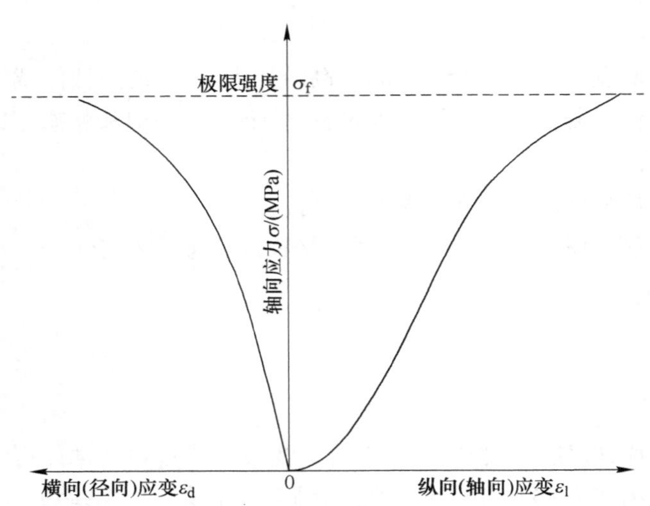

图 H.1 应力与应变关系图

按式(H.2)计算弹性模量 E，试验结果精确至 100 MPa。

$$E=\frac{\sigma_{a2}-\sigma_{a1}}{\varepsilon_{a2}-\varepsilon_{a1}} \quad\cdots\cdots\cdots\cdots (H.2)$$

式中：

E——弹性模量，单位为兆帕(MPa)；

σ_{a2}，σ_{a1}——直线段上任意两点对应的轴向应力，单位为兆帕(MPa)；

ε_{a2}，ε_{a1}——应力为 σ_{a2}、σ_{a1} 时的纵向应变值。

H.5.3 以同一应力下的纵向、横向应变，按式(H.3)计算弹性泊松比 μ，试验结果精确至 0.01：

$$\mu=\frac{\varepsilon_{c2}-\varepsilon_{c1}}{\varepsilon_{a2}-\varepsilon_{a1}} \quad\cdots\cdots\cdots\cdots (H.3)$$

式中：

μ——弹性泊松比；

ε_{c2}，ε_{c1}——单轴压缩条件下的横向应变值；

ε_{a2}，ε_{a1}——单轴压缩条件下的纵向应变值。

H.5.4 按式(H.4)、(H.5)计算割线模量(见图 H.2)和相应的泊松比 μ：

$$E_{50}=\frac{\sigma_{50}}{\varepsilon_{50}} \qquad \cdots\cdots\cdots\cdots\cdots\cdots \text{(H.4)}$$

$$\mu_{50}=\frac{\varepsilon'_{50}}{\varepsilon_{50}} \qquad \cdots\cdots\cdots\cdots\cdots\cdots \text{(H.5)}$$

式中：

E_{50}——岩石的变形模量，即割线模量，单位为兆帕(MPa)；

μ_{50}——岩石泊松比；

σ_{50}——载入最大值的 0.5 倍时的试件应力，单位为兆帕(MPa)；

ε_{50}——应力为 σ_{50} 时的横向应变值；

ε'_{50}——应力为 σ_{50} 时的纵向应变值。

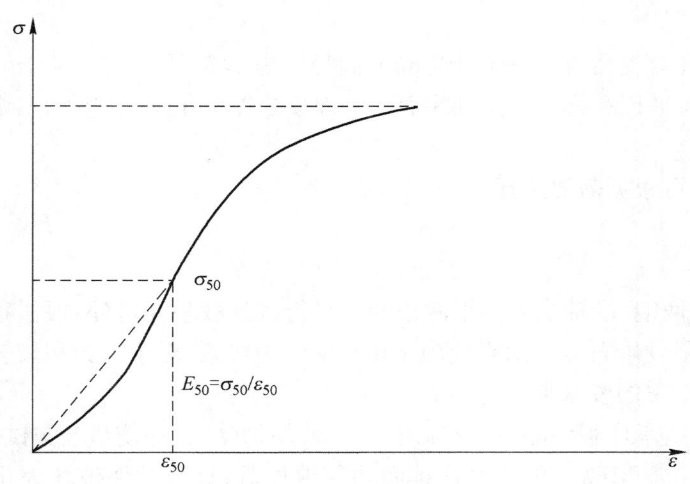

图 H.2 在极限强度下的割线模量

H.5.5 每组试验 5 个试件平行试验，试验结果应为 5 个试件测得结果之平均值，并同时列出每个试件的试验结果。

H.6 试验记录

单轴压缩变形试验记录应包括岩石名称、试验编号、试件编号、试件描述、试件尺寸、各级荷载下的应力及纵向和横向应变值、弹性模量和泊松比、试验人员、计算人员、校核人员、试验日期。

附　录　I
(规范性附录)
劈裂强度试验方法

I.1　范围

本附录规定了岩石劈裂强度的试验方法。

本附录适用于能制成规则试件的各类岩石(除软弱岩石)测定岩石抗拉强度。

I.2　仪器设备

I.2.1　切石机、钻石机、磨石机等岩石试件加工设备。

I.2.2　压力试验机或万能试验机。

I.2.3　游标卡尺(精度 0.1 mm)。

I.3　试件制备

I.3.1　试件应采用圆柱体,直径为 50 mm±2 mm、高径比为 0.5～1.0。

I.3.2　试件上、下端面应平行和磨平。试件端面的平面度公差应小于 0.05 mm,端面对于试件轴线垂直度偏差不应超过 0.25°。

I.3.3　试件的含水状态可根据需要选择。

I.4　试验步骤

I.4.1　通过试件直径的两端,沿轴线方向划两条相互平行的加载基线,将两根垫条沿载入基线固定在试件两端。对于坚硬和较坚硬岩石应选用直径为 2 mm 钢丝为垫条,对于软弱和较软弱岩石应选用宽度与试件直径之比为 0.08～0.1 的胶木板为垫条。

I.4.2　将试件置于试验机承压板中心,调整球座,使试件均匀受荷,并使垫条与试件在同一加荷轴线上。

I.4.3　以 0.3 MPa/s～0.5 MPa/s 的速度连续而均匀地加荷,直至试件破坏为止。试件最终破坏应通过两垫条决定的平面,否则应视为无效试验。

I.4.4　记录破坏荷载,并对破坏后的试件进行描述。

I.4.5　岩石的劈裂强度试验结果应同时列出每个试件的试验值和同组 5 个(视所要求的受力方向或含水状态而定,每种情况下应制备 5 个)试件试验结果的平均值。

I.5　结果计算

I.5.1　按式(I.1)计算劈裂强度(间接抗拉强度)σ_t,数值以 MPa 表示,精确至 0.1 MPa:

$$\sigma_t = \frac{2P}{\pi DH} \qquad \text{(I.1)}$$

式中:

P——破坏时的极限荷载,单位为牛顿(N);

D——圆柱体试件的直径,单位为毫米(mm);

H——圆柱体试件的高度,单位为毫米(mm)。

I.6　试验记录

劈裂强度试验记录应包括岩石名称、试验编号、试件编号、试件描述、试件尺寸、破坏荷载、试验人员、计算人员、校核人员、试验日期。

附 录 J
(规范性附录)
抗剪强度(直剪)试验方法

J.1 范围

本附录规定了岩石抗剪强度(直剪)的试验方法。

本附录适用于岩石结构面(如节理面、层理面、片理面、劈理面等位置)及岩石本身的直剪试验。

J.2 仪器设备

J.2.1 钻石机、切石机、磨石机等岩石试件加工设备;

J.2.2 饱和样品设备:水槽、真空抽气设备等;

J.2.3 量测法向和剪切向位移的量表,精度 0.1 mm;

J.2.4 游标卡尺(精度为 0.1 mm);

J.2.5 包括法向和剪切向加压设备的直剪仪。

J.3 试件制备

J.3.1 试件尺寸的确定应考虑仪器的设备能力和岩石本身强度。岩石直剪试验试件的直径或边长不应小于 50 mm,试件高度应与直径或边长相等。也可采用不规则试件。

J.3.2 每组试验至少 3 个角度,每个剪切角度的试样数目应不少于 5 个。

J.3.3 试验至少用 3 个以上的试件作平行测定。

J.4 试验步骤

J.4.1 试件安装

J.4.1.1 岩石直剪试验是将同一类型的一组岩石试件在不同的法向荷载下进行水平剪切,根据库仑定律表达式确定岩石的抗剪强度参数。直剪试验布置见图 J.1。

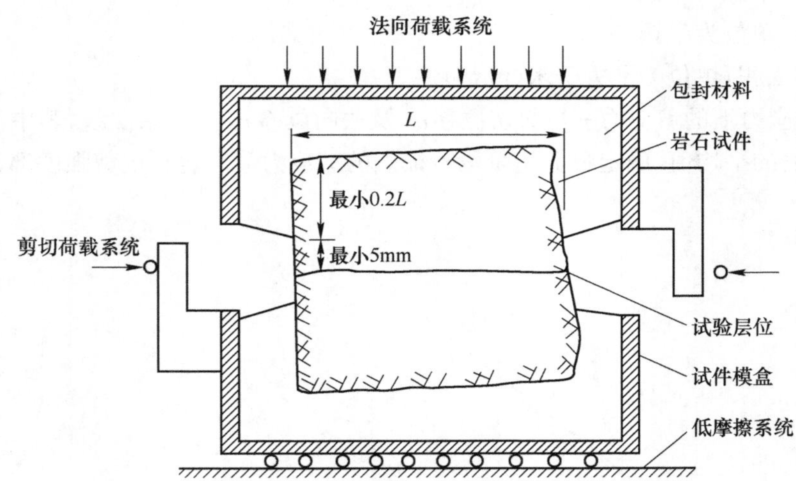

图 J.1 直剪试验布置图

J.4.1.2 将试件置于直剪仪上,试件的受剪方向应与构造物的受力方向大致相同。经论证后,确认剪切参数不受施力方向影响时,可不受此限制。

J.4.1.3 法向载荷和剪切载荷的作用方向应通过预定剪切面的几何中心。法向位移量表和水平位移量表应对称布置，各方向至少有一个量表。

J.4.2 施加法向荷载

施加法向荷载应按照 GB/T 50266 的规定，对于不需要固结的试件，法向荷载可一次施加完毕，立即测读法向位移，5 min 后再测读一次，即可施加剪切荷载。对于需要固结的试件，在法向荷载施加完毕后的第一个小时内，每隔 15 min 读数一次，然后每半小时读数一次。当每小时法向位移不超过 0.05 mm 时，可施加剪切荷载。试验过程中法向荷载应始终保持常数。

J.4.3 施加剪切荷载

J.4.3.1 按预估最大剪切荷载分 10～12 级，每级荷载施加后，立即测读剪切位移和法向位移，5 min 后再测读一次，即可施加下一级剪切荷载，当剪切位移明显增大时，可适当减小级差。峰值前施加剪切荷载不宜少于 10 级。

J.4.3.2 将剪切荷载退至零。根据需要，待试件充分回弹后，调整量表，按以上步骤，进行摩擦试验。

J.4.4 试验结束后的剪切面描述

J.4.4.1 准确量测剪切面面积。

J.4.4.2 详细描述剪切面的破坏情况，擦痕的分布、方向和长度。

J.4.4.3 测量剪切面的起伏差，绘制沿剪切方向断面高度的变化曲线。

J.5 结果计算

J.5.1 按式(J.1)和式(J.2)计算法向应力和剪应力，试验结果精确至 0.01 MPa：

$$\sigma=\frac{P}{A} \tag{J.1}$$

$$\tau=\frac{Q}{A} \tag{J.2}$$

式中：

σ——法向应力，单位为兆帕(MPa)；

τ——剪应力，单位为兆帕(MPa)；

P——法向载荷，单位为牛顿(N)；

Q——剪切载荷，单位为牛顿(N)；

A——有效剪切面积，单位为平方毫米(mm^2)。

J.5.2 绘制各法向应力下的剪应力 τ 与剪切位移 υ_s 及法向位移 υ_n 的关系曲线，其中法向位移和剪切位移均取所有量测仪表的平均值，确定各剪切阶段特征点的剪应力值。岩石抗剪强度部分曲线图见图 J.2。

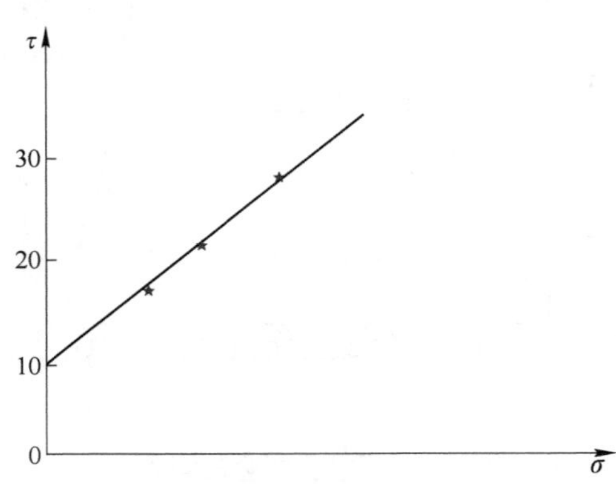

图 J.2 岩石抗剪强度部分曲线图

J.5.3 根据各剪切阶段特征点的剪应力和法向应力值,采用图解法或最小二乘法绘制剪应力 τ 与法向应力 σ 关系曲线,并确定相应的抗剪强度参数。

按库仑表达式计算摩擦系数 $\tan\varphi$ 和黏聚力 c:

$$\tan\varphi=\frac{\tau_n-\tau_1}{\sigma_n-\sigma_1} \quad \text{(J.3)}$$

$$c=\tau_n-\sigma_n\tan\varphi \quad \text{(J.4)}$$

式中:

$\tan\varphi$——摩擦系数;

c——黏聚力,单位为兆帕(MPa);

τ_n——σ_n 时的极限剪应力,单位为兆帕(MPa);

τ_1——σ_1 时的极限剪应力,单位为兆帕(MPa);

σ_n——法向应力,单位为兆帕(MPa)。

J.5.4 试验记录

直剪试验记录应包括岩石名称、试验编号、试件编号、试件描述、剪切面积、法向荷载下各级剪切荷载时的法向位移及剪切位移、试验人员、计算人员、校核人员、试验日期。

附　录　K
（规范性附录）
点荷载强度试验方法

K.1　范围

本附录规定了岩石点荷载强度试验方法。

本附录适用于除极软岩以外的各类岩石的点荷载强度试验。

K.2　仪器设备

K.2.1　点荷载试验仪（见图 K.1）：

a）加载系统：主要包括油压机、承压框架、球端圆锥状压头。油压机出力为 50 kN，加载框架应有足够的刚度，要保证在最大破坏荷载的反复作用下不产生永久性扭曲；

球端圆锥状压板的球端曲率半径为 5 mm，圆锥体的顶角为 60°，采用坚硬材料制成，如碳化钨等。在试验过程中，上下压板必须保持在同一轴在线，偏差不得超过±0.2 mm。

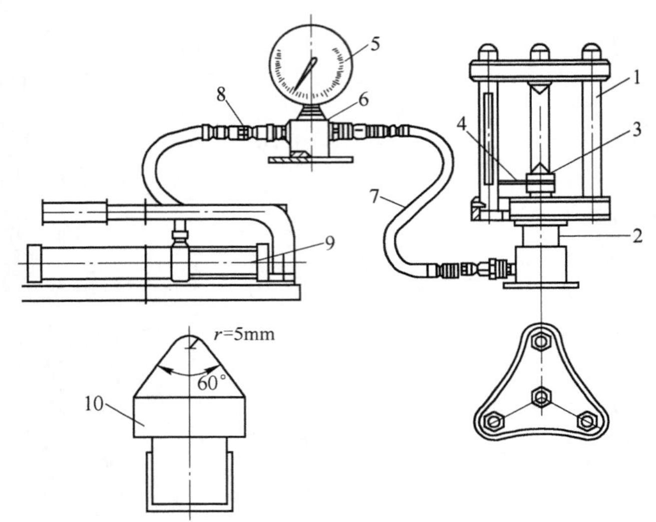

说明：

1——加荷框架；

2——顶镐；

3——加荷锥头；

4——标尺指针；

5——压力表；

6——三通体；

7——高压胶管；

8——快速接头；

9——卧式液压泵；

10——加荷辘。

图 K.1　点荷载仪

b）荷载测量系统：油压表两个，最大量程分别为 10 MPa、60 MPa，其测量精度应保证达到破坏荷载读数的 2%。整个荷载测量系统应能抵抗液压冲击和振动，不受反复载入的影响。

c) 标距测量部分：采用刻度钢尺或位移传感器，应保证试样加荷点间距的测量精度达到±0.2 mm。

K.2.2 地质锤。

K.3 试件制备

K.3.1 试件可用钻孔岩芯，或从岩石露头、探槽、巷道中采取的岩块。试件在采取和制备过程中，应避免产生人为裂隙。

K.3.2 试件尺寸应符合：

a) 岩芯试件

径向试验：直径 30 mm～100 mm，长度与直径之比应大于 1。

轴向试验：直径与加荷点间距为 30 mm～100 mm，加荷点间距与直径之比为 0.3～1。

b) 方块体或不规则块体试件

加荷两点间距为 30 mm～50 mm。加荷处平均宽度与加荷两点间距之比为 0.3～1。试件长应不小于加荷两点间距。岩块试样的长(K)、宽(w)、高(h)应尽可能满足 $K>5>h$。试样高度一般控制在 25 mm～100 mm，使之能满足试验仪加载系统对试样尺寸的要求。试样加荷点附近的岩面不宜过于倾斜，否则，应加以修整。

K.3.3 试样含水状态可根据需要选择天然含水状态、烘干状态、饱和状态或其他含水状态。试样烘干和饱和方法应符合附录 B 和附录 E 的规定。

K.3.4 试样数量应视试验性质、含水状态、岩石均质程度而定：

a) 岩芯试样每组 8～10 个。

b) 方块体或不规则块体试样每组 15～20 个。

c) 如果岩石是各向异性的(如层理、片理明显的沉积岩和变质岩)，还应再分为平行和垂直层理加荷的两个组，每组试样不少于 15 个。

K.4 试验步骤

K.4.1 检查试验仪上、下两个加荷锥头是否准确对中，并利用框架立柱上的标尺读出两锥头间的零位移值。

K.4.2 测量试样的长(K)、宽(w)、高(h)尺寸。对不规则试样，应通过试样的中点测量上述尺寸。

K.4.3 描述试件的结构、构造等特征。

K.4.4 试件安装

a) 径向试验：将岩芯试样放入球端圆锥之间，使上、下锥端与试样直径两端紧密接触，量测加荷点间距。接触点距试样自由端的最小距离应不小于加荷两点间距的 2/5。

b) 轴向试验：将岩芯试样放入球端圆锥之间，使上、下锥端位于岩芯试样的圆心处并与试样紧密接触。量测加荷点间距及垂直于加荷方向的试样宽度。

c) 方块体与不规则块体试验：选择试样最小尺寸方向为加荷方向。将试样放入球端圆锥之间，使上、下锥端位于试样中心处并与试样紧密接触。量测加荷点间距及通过两加荷点最小截面的宽度(或平均宽度)。接触点距试样自由端的距离应不小于加荷点间距的 1/2。若测定软弱面强度，则应保证加荷点的连线在同一软弱面中。

K.4.5 以在 10 s～60 s 内能使试样破坏的加荷速度匀速加荷，直至试样破坏，记录破坏荷载。如果破坏面只通过一个加荷点便产生局部破坏，则该次试验无效。

K.4.6 试验结束后，应描述试样的破坏形态(破坏面是平直的或弯曲的等)。凡破坏面贯穿整个试样并通过两加荷点的均为有效试样。

K.5 结果整理

K.5.1 按式(K.1)计算破坏荷载 P：

$$P=CR' \qquad \text{(K.1)}$$

式中：

P——试样破坏时的总荷载,单位为牛顿(N)；

C——仪器标定系数,为千斤顶的活塞面积,单位为平方毫米(mm^2)；

R'——油压表读数,单位为兆帕(MPa)。

K.5.2 按式(K.2)计算岩石点荷载强度指数 I_S：

$$I_S=\frac{P}{D_e^2} \qquad \text{(K.2)}$$

式中：

I_S——未经修正的岩石点荷载强度指数,单位为兆帕(MPa)；

P——破坏荷载,单位为牛顿(N)；

D_e——等效岩芯直径,单位为毫米(mm)。

K.5.3 按式(K.3)和式(K.4)计算等效岩芯直径 D_e：

径向试验的 D_e：

$$D_e^2=D^2 \qquad \text{(K.3)}$$

$$D_e^2=DD' \qquad \text{(K.4)}$$

式中：

D——加荷点间距,单位为毫米(mm)；

D'——上下锥端发生贯入后,试样破坏瞬间的加荷点间距,单位为毫米(mm)。

按式(K.5)和式(K.6)计算轴向、方块体或不规则块体试验的 D：

$$D_e^2=\frac{4bD}{\pi} \qquad \text{(K.5)}$$

或

$$D_e^2=\frac{4bD'}{\pi} \qquad \text{(K.6)}$$

式中：

b——通过两加荷点最小截面的宽度(或平均宽度),单位为毫米(mm)。

K.5.4 当加荷点间距 D 不为 50 mm 时,应对计算值进行修正,求得岩石点荷载强度指数 $I_{s(50)}$：

a) 当试验数据较多,且同一组试样中 D 具有多种尺寸而不等于 50 mm 时,根据试验结果,绘制 D_e^2-P 的关系曲线。根据曲线可查找 $D_e^2=2500\ mm^2$ 时对应的 P_{50} 值。

按式(K.7)计算岩石点荷载强度指数：

$$I_{s(50)}=\frac{P_{50}}{2500} \qquad \text{(K.7)}$$

式中：

$I_{s(50)}$——经尺寸修正后的岩石点荷载强度指数,单位为兆帕(MPa)。

b) 当试验数据较少,不适宜用上述方法修正时,按式(K.8)和式(K.9)计算岩石点荷载强度指数：

$$I_{s(50)}=FI_s \qquad \text{(K.8)}$$

$$F=\left(\frac{D_e}{50}\right)^m \qquad \text{(K.9)}$$

式中：

F——尺寸修正系数；

m——由同类岩石的经验值确定，一般 m 可取 0.45。

K.5.5 岩石点荷载强度各向异性指数：

a) 按式(K.10)计算岩石点荷载强度各向异性指数：

$$I_{\alpha(50)}=\frac{I'_{s(50)}}{I''_{s(50)}} \qquad \text{(K.10)}$$

式中：

$I_{\alpha(50)}$——岩石点荷载强度各向异性指数；

$I'_{s(50)}$——垂直于软弱面的岩石点荷载强度指数，单位为兆帕(MPa)；

$I''_{s(50)}$——平行于软弱面的岩石点荷载强度指数，单位为兆帕(MPa)。

b) 按式(K.11)和式(K.12)计算的垂直和平行软弱面岩石点荷载强度指数应取平均值：

$$I_{s(50)}=\frac{P_{50}}{2500} \qquad \text{(K.11)}$$

$$I_{s(50)}=FI_s \qquad \text{(K.12)}$$

c) 平均值计算方法

从一组有效的试验数据中，舍去最高值和最低值，再计算其余数的平均值；当一组有效数据超过 10 个时，可舍去两个高值和两个低值，再计算其余数的平均值。岩石的点荷载强度指数和点荷载强度各向异性指数试验结果分别精确至 0.01 MPa 和 0.01。

K.5.6 试验记录

点荷载试验记录应包括岩石名称、试验编号、试件编号、试件描述、试验类型、破坏荷载、破坏特征、试验人员、计算人员、校核人员、试验日期。

附　录　L
（规范性附录）
三轴压缩强度试验方法

L.1　范围

本附录规定了岩石在三轴压力下强度和变形的试验方法。

本附录适用于能制成规则试件的各类岩石三轴压缩强度试验。

L.2　仪器设备

L.2.1　钻石机、锯石机、磨石机和车床；

L.2.2　测量平台、角尺、游标卡尺、千分尺、放大镜等；

L.2.3　三轴试验机（见图 L.1）。

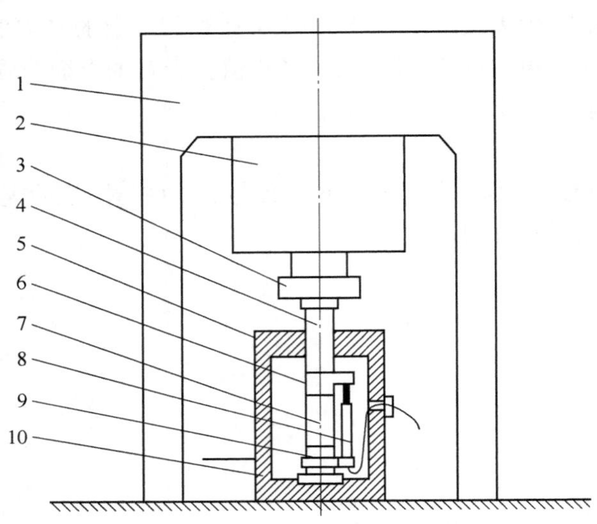

说明：

1——机架；

2——伺服液压缸；

3——载荷传感器；

4——加力活塞；

5——三轴室；

6——上垫块；

7——试件；

8——位移传感器；

9——下垫块；

10——底座。

图 L.1　三轴试验示意图

L.3　试件制备

同一含水状态下，每组试件不少于 6 个。

L.4　试验步骤

L.4.1　在试件表面涂抹上薄层防油胶液，胶液凝固后套上耐油的薄橡皮套或塑料套。

L.4.2 根据三轴试验机要求安装试件排出压力室内的空气。

L.4.3 先以每秒 0.05 MPa 的加载速率同步施加侧向压力和轴向压力至预定的侧压力值并保持侧压力在试验过程中始终不变。

L.4.4 以每秒 0.5 MPa～1.0 MPa 的加载速率施加轴向载荷直至试件破坏记录试验全过程的轴向载荷和变形值。

L.4.5 对破坏后的试件进行描述。当有完整破裂面时应测量破裂面与试件轴线之间的夹角。

L.5 结果计算

L.5.1 按式(L.1)计算轴向应力 σ_1：

$$\sigma_1=\frac{P}{A}\times 10 \quad\quad (L.1)$$

式中：

σ_1——轴向应力，单位为千牛顿(kN)；

P——轴向荷载，单位为千牛顿(kN)；

A——试件面积，单位为平方厘米(cm^2)。

L.5.2 绘制各侧向应力下的应力应变关系曲线图。应力与应变关系曲线图见图 L.2，侧压力与抗压强度关系曲线图见图 L.3。

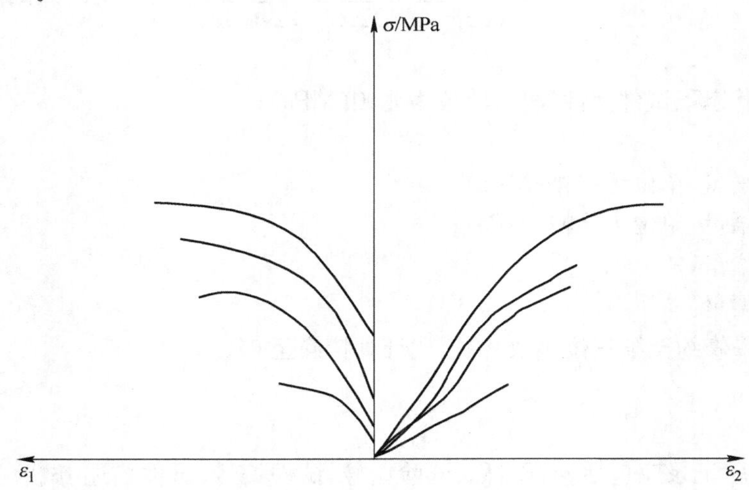

图 L.2 应力与应变关系图

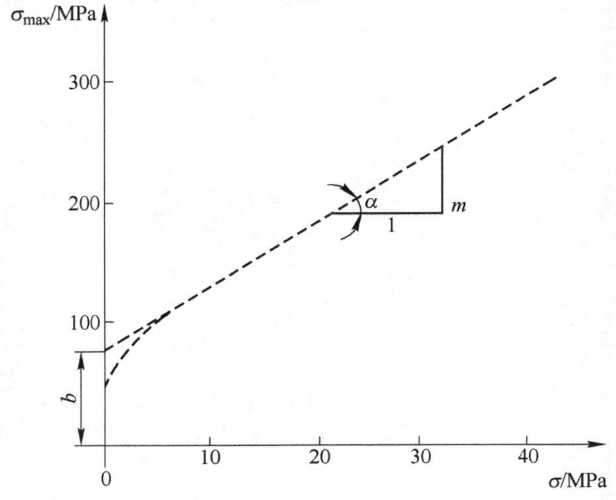

图 L.3 侧压力与抗压强度关系曲线

L. 5. 3 以抗压强度为纵坐标，侧压力为横坐标，绘制抗压强度曲线，并按式(L. 2)和式(L. 3)计算库仑定理中的 c、φ 值：

$$\sin\varphi=\frac{m-1}{m+1} \tag{L. 2}$$

$$c=\frac{b(1-\sin\varphi)}{2\cos\varphi} \tag{L. 3}$$

式中：

φ——内摩擦角，单位为度(°)；

m——某一曲线内取最佳直线的斜率；

c——黏聚力，单位为兆帕(MPa)；

b——最佳直线的纵轴截距，单位为兆帕(MPa)。

L. 5. 4 按式(L. 4)、式(L. 5)、式(L. 6)计算三轴应力状态下试件弹性模量和泊松比：

$$E=\frac{(\Delta\sigma_1+2\Delta\sigma_3)(\Delta\sigma_1-\Delta\sigma_3)}{\Delta\sigma_3(\Delta\varepsilon_1-2\Delta\varepsilon_3)+\Delta\sigma_1\Delta\varepsilon_1} \tag{L. 4}$$

$$E=\frac{\Delta\sigma_1-2\mu\Delta\sigma_3}{\Delta\varepsilon_1} \tag{L. 5}$$

其中

$$\mu=\frac{\Delta\sigma_3\Delta\varepsilon_1-\Delta\sigma_1\Delta\varepsilon_3}{(\Delta\sigma_1+\Delta\sigma_3)\Delta\varepsilon_1-2\Delta\sigma_3\Delta\varepsilon_3} \tag{L. 6}$$

式中：

E——三轴应力状态下试件弹性模量，单位为兆帕(MPa)；

μ——泊松比；

$\Delta\sigma_1$——轴向应力增量，单位为兆帕(MPa)；

$\Delta\sigma_3$——侧向应力增量，单位为兆帕(MPa)；

$\Delta\varepsilon_1$——轴向应变增量；

$\Delta\varepsilon_3$——侧向应变增量。

L. 5. 5 弹性模量结果修约至第三位小数；泊松比计算精确至 0.01。

L. 6 试验记录

三轴压缩强度试验记录应包括岩石名称、试验编号、试件编号、试件描述、试验类型、破坏荷载、破坏特征、试验人员、计算人员、校核人员、试验日期。

附 录 M
（资料性附录）
洁净水的密度

表 M.1 洁净水的密度

温度/℃	洁净水的密度/(g/cm³)									
	0.0	0.1	0.2	0.3	0.4	0.5	0.6	0.7	0.8	0.9
5	0.9999919	9902	9883	9864	9842	9819	9795	9769	9741	9715
6	9681	9649	9616	9581	9544	9506	9467	9426	9384	9340
7	9295	9248	9200	9150	9099	9046	8992	8936	8879	8821
8	8762	8701	8638	8574	8509	8442	8374	8305	8234	8162
9	8088	8013	7936	7859	7780	7699	7617	7534	7450	7364
10	7277	7189	7099	7008	6915	6820	6724	6627	6529	6428
11	6328	6225	6221	6017	5911	5801	5694	5585	5473	5361
12	5247	5132	5016	4898	4780	4660	4538	4415	4291	4166
13	4040	3913	3784	3655	3524	3391	3258	3123	2987	2850
14	2712	2572	2432	2290	2147	2003	1858	1711	1564	1415
15	1265	1113	0961	0608	0653	0497	0340	0182	0023	0002
16	0.9989701	9538	9374	9209	9043	8876	8707	8538	8367	8195
17	8022	7849	7673	7497	7319	7141	6961	6781	6599	6416
18	6232	6046	5861	5673	5485	5295	5105	4913	4720	4326
19	4331	4136	3938	3740	3541	3341	3140	2937	2733	2529
20	2323	2117	1909	1701	1490	1280	1068	0695	0641	0426
21	0.9979999	9993	9775	9556	9043	9114	8892	8669	8444	8209
22	7993	7765	7537	7308	7077	6846	6603	6380	6145	5908
23	5674	5437	5198	4956	4718	4477	4435	3991	3717	3502
24	3256	3009	2760	2511	2261	2010	1756	1505	1250	0995
25	0739	0432	0225	0.9969966	9706	9445	9184	8921	8657	8393
注：数值不全者，小数点后三位数值与前一个相同。										

参 考 文 献

[1] SL 264《水利水电工程岩石试验规程》

[2] JTG E41《公路工程岩石试验规程》

[3] DY 94《岩石物理力学性质试验规程》

[4] TB 10013《铁路工程物理勘察规程》

ICS 73.060.99
H 60

中华人民共和国黄金行业标准

YS/T 3012—2012

黄金矿水害防治水化学分析技术规范

Technical specification of hydrochemical analysis for prevention and control gold mine water disaster

2012-11-07 发布　　　　2013-03-01 实施

中华人民共和国工业和信息化部　发布

前　　言

本标准按照 GB/T 1.1—2009 给出的规则起草。

本标准由中国黄金协会提出。

本标准由全国黄金标准化技术委员会(SAC/TC 379)归口。

本标准起草单位:山东黄金矿业(莱州)有限公司三山岛金矿、中南大学。

本标准主要起草人:刘钦、李夕兵、李威、赵国彦、王成、宫凤强、丁岳祥、刘爱华、王芳、鲁金涛、王善飞。

黄金矿水害防治水化学分析技术规范

1 范围

本标准规定了黄金矿水害防治水化学分析技术规范。

本标准适用于黄金矿水化学研究。

2 规范性引用文件

下列文件对于本文件的应用是必不可少的，凡是注日期的引用文件，仅注日期的版本适用于本文件。凡是不注日期的引用文件，其最新版本(包括所有的修改单)适用于本文件。

GB/T 8538　饮用天然矿泉水检验方法

DZ/T 0064.2　地下水质检验方法　水样的采集和保存

3 术语和定义

下列术语和定义适用于本文件。

3.1 水化学　hydrochemistry

研究水体中的化学性质、化学成分的变化规律、成因和分布特点的学科。

3.2 同位素　isotope

具有相同原子序数(即质子数相同，在元素周期表中的位置相同)，但质量数不同，亦即中子数不同的一组核素。

4 水化学样品的采集与处理

4.1 水样采集

4.1.1 矿区地面水样的采集应选择有代表性的地点。如矿区附近的滨海、湖泊、河流、泉水、抽放水钻孔和供水孔等。

4.1.2 矿坑井下含水层水样应采集钻孔涌水、突水点、抽水孔出水、井筒或巷道淋水点的淋水。

4.1.3 对于靠近海边的矿区，应抽取靠近矿区附近有代表性滨海的水样。

4.1.4 采集时应在现场测量水温，观察和描述水样的物理性质(色、嗅、味、肉眼可见物质等)，并尽可能在现场测量 pH 值。

4.1.5 矿井应当在开采前的 1 个水文年内进行地面水文地质采样工作。在采掘过程中，应当坚持日常观测工作；在未掌握地下水的动态规律前，应当每 7 d～10 d 观测 1 次；待掌握地下水的动态规律后，应每月观测 1～3 次；当雨季或者遇有异常情况时，应适当增加观测次数。水质监测每年应不少于 2 次，丰、枯水期各 1 次。

4.1.6 矿井进行涌水量观测，每月观测次数应不少于 3 次，水量观测结果用(m^3/s)记至小数点后两位。对于出水较大的断裂破碎带、陷落柱，应当单独设立观测站进行观测，每月观测 1～3 次。涌水量出现异常、井下发生突水或者受降水影响矿井的雨季时段，观测频率应当适当增加。对于井下新揭露的出水点，在涌水量尚未稳定或尚未掌握其变化规律前，一般应每日观测 1 次。对溃入性涌水，在未查明突水原因前，应每隔 1 h～2 h 观测 1 次，以后可适当延长观测间隔时间，并采取水样进行水质分析。

4.1.7 在采集水样时应根据所需测得组分的性质来选择相适应的容器。取样时，先用待取水样将水样瓶刷洗 2～3 次，再将水样采集于瓶中，所采集的水样不应受到任何污染。采集的样品，均应在现场立即用石蜡封好瓶口，及时将填好的标签贴在水样瓶上，并填好送样单注明特殊要求。

4.1.8 水样的采集要求可参见 DZ/T 0064.2 中的规定。

4.2 水样的处理和保存

4.2.1 水样采集后应按要求尽快送至检测，易变质的元素和组分应预先处理。

4.2.2 原水样：水样不加任何保护剂处理，可供测定的项目有 pH 值、游离 CO_2、HCO_3^-、CO_3^{2-}、NO_3^-、NO_2^-、Cl^-、SO_4^{2-}、HPO_4^{2-}、F^-、Br^-、I^-、K^+、Na^+、Ca^{2+}、Mg^{2+}、总硬度、NH_4^+、耗氧量、SiO_2 等，水样量不少于 2000 mL。

4.2.3 酸化水样：如果水样因其他要求需要进行多种金属离子的分析，则需进行现场酸化处理。可供测定 Cu、Pb、Zn、Cd、Mn、Fe、Ni、Co、总 Cr、Hg、Li、Be、Sr、Ba、Ag 等。

4.2.4 测定硫化物的水样需要单独处理：在容量 500 mL 硬质玻璃瓶中，先加入 10 mL 的 200 g/L 醋酸锌溶液和 1 mL 的 1 mol/L 的氢氧化钠溶液，然后注满水样(近满)塞紧橡皮塞摇匀密封，在标签上注明外加试剂用量。

4.2.5 环境同位素 D、^{18}O、^{3}H 水样不作任何处理，要密封运送，避免蒸发分馏。

4.2.6 水样的 pH 值、CO_2、Rn 需取样后尽快检测，如果水样中 HCO_3^- 含量大于 1000 mg/L 也需在取样后立即测定。

4.2.7 应将水样编号、采集地点、涌水量、埋藏条件、取样日期、出水形式、水源种类、取样深度、化学处理方法、分析要求、取样及备注等，记录在表 A.1。

4.2.8 将分析编号、取样编号、取样地点、水源种类、水样物理性质(色、味、透明度)、送样单位、取样日期和收样日期、送样人和收样人等，记录在表 A.2。

5 水化学样品的检测内容及方法

各矿山根据各自水害特征，选取下列相关的分析内容。

5.1 主要离子：

阴离子：Cl^-、SO_4^{2-}、HCO_3^-、CO_3^{2-}、CN^-；

阳离子：Ca^{2+}、Mg^{2+}、Na^+、K^+、Fe^{2+}、Fe^{3+}、Al^{3+}、$NH_4{}^+$。

5.2 微量元素：Au、Hg、Pb、Cd、F、Br、I、As、Cu、Zn、Se、Cr 等。

5.3 同位素：D、^{18}O、^{3}H、^{34}S、^{14}C、^{13}C、U、Ra、Th、Rn 等。

5.4 放射性同位素：^{3}H、D、Rn、Ra、U、^{18}O、Th 等。

5.5 其他检测内容：pH 值、总酸度、总碱度、总硬度、溶解氧、干涸残余物、CO_2、SiO_2、耗氧量(COD)、H_2S 等。

5.6 阳离子总含量和阴离子总含量分析结果应接近平衡。

主要阴阳离子分析结果误差按式(1)计算：

$$D_r = \frac{\left|\sum c\left(\frac{1}{z}A^{z-}\right) - \sum c\left(\frac{1}{z}K^{z+}\right)\right|}{\sum c\left(\frac{1}{z}A^{z-}\right) + \sum c\left(\frac{1}{z}K^{z+}\right)} \times 100\% \quad \cdots\cdots (1)$$

并且要满足式(2)：

$$D_r(\%) < 10.65/\left[\sum c\left(\frac{1}{z}A^{z-}\right) + \sum c\left(\frac{1}{z}K^{z+}\right)\right] + 0.775 \quad \cdots\cdots (2)$$

式中：

$D_r(\%)$——分析误差值，%；

$\sum c\left(\frac{1}{z}A^{z-}\right)$——阴离子总含量，单位为毫摩尔每升(mmol/L)；

$\sum c\left(\frac{1}{z}K^{z+}\right)$—— 阳离子总含量,单位为毫摩尔每升(mmol/L)。

5.7 将送样编号、实验室编号、取样时间和分析时间、取样地点、层位、标高、出水类型、涌水量、水温、颜色、主要离子的分析结果、微量元素的分析结果、同位素分析的结果、其他项目分析的结果等,记录在表 A.3。

5.8 水化学检测方法参见附录 B 及国家颁布的相关技术标准。

6 水化学图件

6.1 对同一矿区各种水样的 $K^+ + Na^+$、Ca^{2+}、Mg^{2+}、HCO_3^-、SO_4^{2-}、Cl^- 的检测结果汇集于表 A.3 的水化学类型三线图中,在图上圈出不同水化学类型区间,可直观地了解水化学演变趋势。

6.2 用舒卡列夫方法来评定水质的类型。

6.3 稳定同位素 ^{18}O、D 检测值按 $\delta^{18}O‰$、$\delta D‰$(相对标准平均水体的千分值)表示。并将矿区各水样所测同位素标入($\delta D‰-\delta^{18}O‰$)坐标系中,同时标出全球大气降水线 $\delta D=8\delta^{18}O+10$ 以作参照。

6.4 根据试验矿区所测得水化学同位素资料的相关性,进行系统化整理,从中找出规律性的分布和变化。反映水化学规律的水化学图件是水化学研究的重要手段。这些图件包括:矿区水化学类型分区图、各种离子等值线图、相关离子比例等值线图、特定离子对同位素值关系图和抽水试验中离子等值线图、相关离子比例等值线图、特定离子对同位素值关系图、离子和同位素对时间关系图等。

7 水害水源的判别

7.1 建立水源的水化学信息的数据库

7.1.1 对黄金矿造成水害的水源主要来自海水、湖泊水、岩溶水、其他强富水含水层和地表水。不同水源的环境和水交替强弱的信息在水化学特征上的表现不同,通过水化学特征的分析研究,判别矿井突水来源。

7.1.2 对于可能发生井下突水的矿井,应建立矿区各水源水化学分析档案,以便有准备地应对突水事故,做到快速准确地判别水源。

7.1.3 按第 4 章的要求采集各水源水样,按第 5 章的要求进行检测。

7.1.4 整理分析检测数据。列出各主要水源的典型水化学特征,建立主要水源的水化学信息的数据库。

7.2 判别水源方法

7.2.1 逐步 Bayes 判别法

7.2.1.1 对主要水源分别取样,每个水源取测试水样 10 组,主要分析的离子和内容:Na^+、K^+、Ca^{2+}、Mg^{2+}、Cl^-、SO_4^{2-}、HCO_3^-、CO_3^{2-}、CN^-、矿化度、COD、pH 等。

7.2.1.2 设有 K 个水源:$G_1,G_2,\cdots,G_k,\cdots,G_k$($K>2$,$G_k$ 表示第 k 个水源)。

$X_{km}^{(i)}$ 为第 K 个水源的第 i 个变量的第 m 个样本值。

其中:

$k=1,2,\cdots,K$(K 为分类数);

$i=1,2,\cdots,p$(p 为参考变量数);

$m=1,2,\cdots,q_k$(q_k 为第 k 类观测样本数);

$\sum_{k=1}^{k} q_k = Q$(Q 为样本容量)。

初始计算:经过一系列逐步判别后,最终 L($L\leqslant p$)个水源判别变量入选,将它分别用 $X_1,X_2,\cdots,X_L$ 表示,则有判别方程:

$$f_k(x) = \ln p_k + C_{ok} + \sum_{i=1}^{L} C_k^{(i)} x_i \quad \cdots\cdots (3)$$

其中 p_k 为先验概率，且

$$p_k=\frac{q_k}{Q_k} \quad \cdots\cdots (4)$$

$$C_k^{(i)}=(Q-k)\sum_{j=1}^{L}e_{ij}\,\overline{\boldsymbol{X}}_k^{(j)}(i,j=1,2,\cdots,L) \quad \cdots\cdots (5)$$

$$C_{ok}=-\frac{1}{2}\cdot\sum_{i=1}^{L}C_k^{(i)}\,\overline{\boldsymbol{X}}_k^{(i)} \quad \cdots\cdots (6)$$

$$e_{ij}=\sum_{k=1}^{K}\sum_{m=1}^{q_k}(\boldsymbol{X}_{km}^{(i)}-\overline{\boldsymbol{X}}_k^{(i)})(\boldsymbol{X}_{km}^{(j)}-\overline{\boldsymbol{X}}_k^{(j)}) \quad \cdots\cdots (7)$$

7.2.1.3 判别突水水源，对矿井突水点进行采样，取5组突水水样，并分别对每组水样进行水化学分析，分析的项目是7.2.1.2中所选取的 L 个变量。将待判样品 X 的数据代入公式(3)，计算 $f_k(\boldsymbol{X})(k=1,2,\cdots,K)$，$f_n(X)=\max\{f_1(X),f_2(X),\cdots,f_k(X)\}$，则该待判水样 X 判为第 $n(n\in 1,2,\cdots,K)$ 水源。

7.2.2 利用同位素特征来确定待测水样的水源

7.2.2.1 应用环境同位素资料，在 $\delta D‰$-$\delta^{18}O‰$ 坐标图中，标出所测水样在图中位置，并按全球降雨线方程 $\delta D=8\delta^{18}O+10$ 比较同位素值分布规律。根据黄金矿具体条件，找出不同含水层水源的同位素差值规律。

7.2.2.2 地下水中氚(^3H)是雨水进入地层后运贮时间的标记，可以作为不同水源相对年龄的比较，由于不同年代雨水输入中氚含量存在差别，在资料的运用中要考虑具体的水文地质条件。

7.2.3 结论相互验证

以逐步Bayes判别法确定水样水源结果与环境同位素检测结果结论应相互一致，彼此验证，应画出相应的对比曲线进行结果比较，使其结论更符合客观实际。

8 黄金矿突水水源判别报告

突水水源判别报告主要内容应包含：

a) 工作过程和采用的技术方法；

b) 指出不同水源的差别和联系，提出判别主要指标；

c) 应用水文地球化学理论研究和描述试验矿区地下水贮运规律，掌握不同含水层水源现状，并预测水源变化趋势。

通过上述研究试验，不仅可以快速判别矿井各突水点水体来源，而且对矿井突水发生和变化趋势作出预测预报，为矿井防治水提供依据。

附 录 A
(规范性附录)
同一矿区各种水样分析记录表格

表 A.1 水样标签记载表

孔(泉)号		样品编号	
取样地点			
取样深度(m)		水源种类	
涌水量(m^3/s)		出水形式	
埋藏条件		透明度	
水温(℃)		气温(℃)	
取样日期		取样人	
化学处理方法			
分析要求			
备注			
注1:“埋藏条件”填写“滞水”、“潜水”、“承压水”。 注2:“备注”填写内容:气象条件(气温、风向、风速、天气状态)、采样点周围环境状况、采样点经纬度、采样层次等。			

表 A.2 水分析送样记载表

分析编号	取样编号	取样地点	采取层位标高(m)	水源种类	水样物理性质(色、味、透明度)	分析项目	备注
送样单位: 取样日期: 年 月 日 送样日期: 年 月 日 收样日期: 年 月 日 送样人: 收样人: 年 月 日							

表 A.3　黄金矿水化学分析结果表

送样编号：			取样时间：　　年　　月　　日
实验室编号：			分析时间：　　年　　月　　日
检测单位：			
送样单位的注明和要求：			
取样地点：　　矿　　孔	层位：	标高(m)：	
出水类型	钻孔抽水：□	井下突水：□	井下放水：□　　风井供水：□
涌水量(m^3/s)	水温(℃)	颜色	其他

主要离子的分析				微量元素的分析			
离子	$\rho(B)$ mg/L	$c\left(\frac{1}{z}B^{z\pm}\right)$ mmol/L	$x\left(\frac{1}{z}B^{z\pm}\right)$ %	微量元素	$\rho(B)$ mg/L	微量元素	$\rho(B)$ mg/L
Na^+				F		Mn	
K^+				Br		Al	
Ca^{2+}				I		Pb	
Mg^{2+}				B		Hg	
Fe^{2+}				Li		Cd	
NH_4^+				Sr		As	
CN^-				Zn		Cr	
Cl^-							
SO_4^{2-}							
HCO_3^-							
CO_3^{2-}				同位素分析			
HPO_4^{2-}				同位素组分	$\delta^{18}O‰$		
其他项目的分析					$\delta D‰$		
项目	$CaCO_3$ mg/L	项目	$CaCO_3$ mg/L		^3H	Tn	
					^{222}Rn	Bq	
总碱度		离子总量		水化学三线图分析			
总酸度		游离 CO_2					
暂时硬度		矿化度					
永久硬度		COD					
负硬度		SiO_2					
总硬度		H_2S					
pH		耗氧量					
		溶解氧					
				水质类型：			

附 录 B
(资料性附录)
水化学研究试验样品检测方法清单

表 B.1 主要离子的分析方法清单

序号	项 目	分析方法	标准号
1	钙离子(Ca^{2+})	1)乙二胺四乙酸二钠滴定法 2)火焰原子吸收分光光度法	GB/T 8538 GB/T 8538
2	镁离子(Mg^{2+})	1)乙二胺四乙酸二钠滴定法 2)火焰原子吸收分光光度法	GB/T 8538 GB/T 8538
3	钾离子(K^{+})	1)火焰发射光度法 2)火焰原子吸收分光光度法 3)离子色谱法	DZ/T 0064 GB/T 8538 GB/T 8538
4	钠离子(Na^{+})	1)火焰发射光度法 2)火焰原子吸收分光光度法 3)离子色谱法	DZ/T 0064.27 GB/T 8538 DZ/T 0064.28
5	铁离子(Fe^{3+})	1)火焰原子吸收分光光度法 2)二氮杂菲分光光度法	DZ/T 0064.25 GB/T 8538
6	铝离子(Al^{3+})	1)铬天青 S 分光光度法 2)铝试剂分光光度法 3)无火焰原子吸收分光光度法	GB/T 8538 GB/T 8538 GB/T 8538
7	氯离子(Cl^{-})	1)硝酸银容量法 2)离子色谱法	GB/T 8538 DZ/T 0064.51
8	硫酸根离子(SO_4^{2-})	1)乙二胺四乙酸二钠滴定法 2)铬酸钡比色法 3)离子色谱法	DZ/T 0064.65 GB/T 8538 DZ/T 0064.51
9	碳酸氢根离子(HCO_3^{-})	滴定法	GB/T 8538
10	碳酸根离子(CO_3^{-})	滴定法	GB/T 8538
11	铵根离子(NH_4^{+})	1)纳氏试剂比色法 2)离子色谱法	DZ/T 0064.57 DZ/T 0064.28
12	氰化物(CN^{-})	1)异烟酸-吡唑啉酮分光光度法 2)异烟酸-巴比妥酸分光光度法 3)流动注射在线蒸馏法	GB/T 8538 GB/T 8538 GB/T 8538
13	磷酸根(HPO_4^{2-})	抗坏血酸还原磷钼蓝光度法	GB/T 127634

表 B.2　微量元素的分析方法清单

序号	检查项目	分析方法	标准号
1	溴(Br)	1)离子色谱法 2)溴酚红分光光度法	GB/T 8538 DZ/T 0064.46
2	碘(I)	1)催化还原分光光度法 2)气相色谱法 3)离子色谱法 4)高浓度碘化物比色法	GB/T 8538 GB/T 8538 GB/T 8538 GB/T 8538
3	氟(F)	1)离子选择电极法 2)氟试剂双波长分光光度法 3)氟试剂分光光度法 4)离子色谱法	GB/T 8538 GB/T 8538 GB/T 8538 GB/T 8538
4	锂(Li)	1)火焰发射光谱法 2)火焰原子吸收光谱法 3)离子色谱法	DZ/T 0064.29 GB/T 8538 DZ/T 0064.28
5	锌(Zn)	1)火焰原子吸收分光光度法 2)锌试剂-环己酮分光光度法 3)催化实际极谱法	DZ/T 0064.20 GB/T 8538 DZ/T 0064.41
6	锰(Mn)	1)火焰原子吸收分光光度法 2)过硫酸铵分光光度法 3)甲醛肟分光光度法	GB/T 8538 DZ/T 0064.31 GB/T 8538
7	铅(Pb)	1)火焰原子吸收分光光度法 2)无火焰原子吸收分光光度法 3)催化式波极谱法	GB/T 8538 GB/T 8538 DZ/T 0064.35
8	汞(Hg)	1)冷原子吸收法 2)原子荧光法	DZ/T 0064.26 GB/T 8538
9	镉(Cd)	1)火焰原子吸收分光光度法 2)无火焰原子吸收分光光度法 3)催化示波极谱法	GB/T 8538 DZ/T 0064.20 DZ/T 0064.16
10	砷(As)	1)二乙氨基二硫代甲酸银分光光度法 2)锌-硫酸系统新银盐分光光度法 3)催化式波极谱法 4)氢化物发生原子荧光法	DZ/T 0064.10 GB/T 8538 GB/T 8538 GB/T 8538
11	铬(Cr)	1)无火焰原子吸收分光光度法 2)催化极谱法 3)二苯碳酸二磷分光光度法	GB/T 8538 DZ/T 0064.18 DZ/T 0064.17
12	锶(Sr)	1)EDTA-火焰原子吸收分光光度法 2)高浓度镧-火焰原子吸收分光光度法 3)火焰发射光谱法	GB/T 8538 GB/T 8538 DZ/T 0064.39

表 B.3 放射性同位素的分析方法清单

序号	检查项目	分析方法	引用标准
1	氚(^3H)	放射化学法	DZ/T 0064.79
2	氘(D)	金属锌还原法	DZ/T 0064.78
3	氡(Rn)	射气法	DZ/T 0064.75
4	镭(Ra)	射气法	GB/T 8538
5	铀(U)	电感耦合等离子体质谱法	GB/T 8538
6	钍(Th)	电感耦合等离子体质谱法	GB/T 8538
7	^{18}O	CO_2-H_2O平衡法	DZ/T 0064.77

表 B.4 其他检测项目的分析方法清单

序号	项目	分析方法	引用标准
1	pH	玻璃电极法	GB/T 1263.4
2	总碱度	酸滴定法	GB/T 1263.4
3	酸度	碱滴定法	GB/T 8538
4	耗氧量(COD)	1)酸性高锰酸钾滴定法 2)碱性高锰酸钾滴定法 3)重铬酸盐氧化法	GB/T 8538 DZ/T 0064.69 DZ/T 0064.70
5	游离二氧化碳 CO_2	碱滴定法	GB/T 8538
6	溶解氧	碘量滴定法	GB/T 1263.4
7	硬度	乙二胺四乙酸二钠(EDTA)铬合滴定法	GB/T 8538
8	SiO_2	钼酸盐比色法	MT/T 255
9	可溶性固体	1)105 ℃干燥-重量法 2)180 ℃干燥-重量法	DZ/T 0064.9 GB/T 8538

ICS 73.060.99
H 60

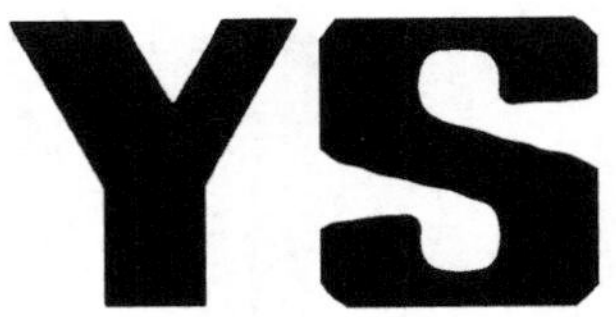

中华人民共和国黄金行业标准

YS/T 3013—2012

水下黄金矿开采巷道岩体变形观测技术规范

Technical specification for observation of tunnel displacement for the underwater gold mining engineering

2012-11-07 发布 2013-03-01 实施

中华人民共和国工业和信息化部 发布

前　言

本标准按照 GB/T 1.1—2009 给出的规则起草。

本标准由中国黄金协会提出。

本标准由全国黄金标准化技术委员会(SAC/TC 379)归口。

本标准起草单位:山东黄金矿业(莱州)有限公司三山岛金矿、中南大学。

本标准主要起草人:修国林、李夕兵、董陇军、杨竹周、赵国彦、毕洪涛、丁岳祥、赵井清、何顺斌、李威。

水下黄金矿开采巷道岩体变形观测技术规范

1 范围

本标准规定了水下黄金矿开采巷道表面收敛观测、钻孔轴向及横向岩体位移观测的要求和内容。

本标准适用于水下黄金矿开采巷道岩体变形的观测。

2 规范性引用文件

下列文件对于本文件的应用是必不可少的，凡是注日期的引用文件，仅注日期的版本适用于本文件，凡是不注日期的引用文件，其最新版本(包括所有修改单)适用于本文件。

GB 50021　岩土工程勘察规范

3 术语和定义

下列术语和定义适用于本文件。

3.1　岩体　rock mass

结构面和结构体组成的地质体。

3.2　岩体变形观测　observation of rock mass deformation

利用专用的仪器和方法对岩体的变形现象进行持续观测、对岩体变形形态进行分析和岩体变形的发展态势进行预测等各项工作。

3.3　基准点　reference points

在变形观测中，作为测定工作基点和观测点依据的稳定可靠点。

3.4　测点　observation points

设置在观测体上(或内部)，能反映其特征，作为变形、位移、应力或应变测量用的固定标志。

3.5　测线　survey lines

测量巷通变形时布设在硐壁上两测点之间连线的总称。

3.6　观测频率　frequency of observation

单位时间内的观测次数。

3.7　掌子面　tunnel face

地下工程或采矿工程中的开挖工作面。

3.8　围岩内部位移　bedrock displacement

巷道周边围岩内部测点相对位移量。

3.9　变形分析　deformation analysis

根据变形观测资料，通过计算确定变形矢量，分析变形值和变形因素的关系，找出变形规律和原因，判断变形对建筑物、岩土体的影响并做出变形预报等工作的总称。

4 基本规定

4.1　巷道岩体变形观测内容主要包括：岩体表面收敛观测、钻孔轴向岩体位移观测、钻孔横向岩体位移观测。

4.2　巷道岩体变形观测施工应执行 GB 50021 的规定。

4.3 当观测数据接近危及工程的临界值时，应加密观测，及时报告。

4.4 施工人员应具备相关专业的观测知识与技能。

4.5 施工现场应建立数据记录、计算、分析复核及审核制度。量测的数据应利用计算机系统进行管理，由专人负责。如有量测数据缺失或异常，应及时采取补救措施，并详细作出记录。

4.6 观测系统应可靠、稳定、耐久、在服务期内运转正常。仪器设备应按规定进行检查、校对和率定，并出具相关证明。

4.7 测点应牢固可靠、易于识别，并注意保护，严防损坏。

4.8 各观测仪器和观测电缆应设统一编号。当各观测仪器埋设完成后，应及时提交观测仪器埋设竣工图。

4.9 对重要断面或测点，宜进行平行观测，或采用不同种类的观测仪器观测同一物理量。

4.10 量测的实施应符合国家安全施工规定，不能影响巷道围岩及支护结构的稳定。

4.11 水下黄金矿开采巷道岩体变形观测工作除执行本规范外，尚应符合国家现行的有关法律法规及标准的规定。

5 巷道岩体表面收敛观测

5.1 观测布置

5.1.1 观测断面应选择在水下黄金矿巷道初期观测时具有代表性、岩体位移较大或岩体稳定条件最不利的部位。初次观测断面应靠近掌子面，距离不应大于 2 m。

5.1.2 观测段断面间距应大于 2 倍巷道直径。

5.1.3 测点布置要优先考虑巷道拱顶、拱座和边墙，围岩局部有稳定性差的岩体，也需设置测点。可采用三角形、十字或双十字布点法（参见附录 A）。

5.1.4 基线的数量和方向，应根据围岩的变形条件及巷道的形状和大小确定。

5.2 地质描述

5.2.1 观测区岩石名称、结构及主要矿物成分。

5.2.2 结构面产状、性质、延伸长度及充填物性质。

5.2.3 观测断面地质剖面图。

5.3 主要仪器设备

5.3.1 收敛计（根据实际情况，该设备或保护装置应考虑防腐、防锈问题）。

5.3.2 测桩。

5.3.3 钻孔工具。

5.3.4 温度计。

5.4 观测准备

5.4.1 观测前应对收敛计进行检验和率定。

5.4.2 对收敛计进行标定时，应在进行观测的相似环境中进行。

5.4.3 需要对收敛计进行更换时，应重新建立基准值。

5.5 测点安装

5.5.1 清理测点埋设处的松动岩石。

5.5.2 用钻孔工具在选定的测点处垂直硐壁钻孔，将测桩固定在孔内。测桩端头应位于岩体表面，不应出露过长。

5.5.3 测点应设保护装置。

5.6 观测步骤

5.6.1 将测桩端头擦拭干净。

5.6.2 将收敛计两端分别固定在基线两端测桩的端头上，按预计的测距固定尺长，并保证钢尺不受扭。

5.6.3 调节拉力装置，使钢尺达到已选定的恒定张力，读记收敛值，然后松开拉力装置。

5.6.4 进行5次重复量测，5次读数差不应大于所采用收敛计的精度范围，取5次读数的算术平均值作为稳定值。

5.6.5 观测的同时测出收敛计工作时的环境温度。

5.7 观测频率

5.7.1 观测频率应根据工程需要或围岩收敛的速率而定。

5.7.2 对于水下黄金矿巷道岩体表面收敛观测频率，可参照表1进行。当地质条件变差或测量出现异常情况时，量测频率应适当增加；当地质条件变好或量测值变化甚小时，量测频率可适当减少。

表1 岩体变形观测频率

观测项目	观 测 频 率			
	1天～15天	16天～1个月	1个月～3个月	3个月以上
周边收敛	1次/天～2次/天	1次/2天	1次/周～2次/周	1次/月～3次/月
围岩位移	1次/天～2次/天	1次/2天	1次/周～2次/周	1次/月～3次/月
围岩松弛区	1次/2天	1次/2天	1次/周	1次/月

5.8 观测结果

5.8.1 应于观测结束24 h内对原始数据进行校对、整理、计算、绘图。

5.8.2 实际收敛值按式(1)计算：

$$u=u_n+\alpha L(t_n-t_0) \quad \cdots\cdots (1)$$

式中：

u——实际收敛值，单位为毫米(mm)；

u_n——收敛读数值，单位为毫米(mm)；

α——收敛计系统温度线膨胀系数，一般取$\alpha=12\times10^{-6}$，可参照出厂设定值；

L——基线长，单位为毫米(mm)；

t_n——收敛计观测时的环境温度，单位为摄氏度(℃)；

t_0——收敛计标定时的环境温度，单位为摄氏度(℃)。

5.9 观测数据的分析

5.9.1 绘制实际收敛值u与时间t的关系曲线。

5.9.2 绘制实际收敛值u与掌子面距离D变化的关系曲线。

5.9.3 收敛速率与时间关系曲线。

5.9.4 相对变形与相对距离关系曲线。

5.9.5 收敛变形值断面分布图。

5.9.6 根据绘制的u-t曲线，参照附录B对巷道围岩表面变形特征作出评价。

5.10 观测记录

观测记录应包括工程名称、岩石名称、观测断面及测点的位置与编号、收敛计编号、基线长度、率定资料、观测时的环境温度、收敛计读数、工程施工情况、地质描述、观测人员、计算人员、校核人员及观测日期。现场记录表见附录C。

6 钻孔轴向岩体位移观测

6.1 观测布置

6.1.1 观测断面及断面上观测孔的数量，应根据工程规模、工程特点及地质条件确定。

6.1.2 观测孔的位置、方向和深度应根据观测目的和地质条件确定，同时应考虑预期的岩体位移方向和大小、岩体位移的影响范围和同一断面上其他观测仪器的安装位置与性能。观测孔孔深应大于最深测点 0.5 m。

6.1.3 观测孔内测点的位置应根据位移变化梯度确定。位移变化大的部位应加密测点。测点应避开构造破碎带等不良地质构造。

6.1.4 当固定锚头为机械式时，观测断面上的水平测孔应向上倾斜 5°左右；当固定锚头为灌浆式时，观测断面上的水平测孔应向下倾斜 5°左右。

6.1.5 钻孔中的位移基准点应设置在变形扰动区范围以外的岩体中。

6.1.6 初次观测断面应靠近掌子面，距离不应大于 2 m。

6.2 地质描述

6.2.1 观测段的岩石名称、结构、主要矿物成分、结构面产状、宽度及充填物的性状。

6.2.2 水文地质条件。

6.2.3 观测孔钻孔柱状图。

6.2.4 观测断面的地质剖面图。

6.3 主要仪器设备

6.3.1 钻孔设备。

6.3.2 杆式轴向位移计(根据实际情况，该设备或保护装置应考虑防腐、防锈问题)。

6.3.3 仪器率定设备。

6.3.4 灌浆设备。

6.3.5 仪器安装和回收设备。

6.4 观测准备

6.4.1 在预定部位按要求的孔径、方向和深度钻孔。孔口的松动岩石要清除干净，保持孔口部位岩面平整。

6.4.2 仪器安装前，应清洗钻孔，检查钻孔的通畅情况。

6.4.3 根据钻孔岩性情况和观测要求，确定锚头类型及安装部位。

6.4.4 安装前应逐个率定待安装的传感器。

6.5 仪器安装

6.5.1 按位移计的安装要求和确定的测点位置，由孔底向孔口依次安装各测点。并联式位移计安装时，应防止各测点间连接杆相互干扰。

6.5.2 根据锚头类型和安装要求，逐点固定锚头。当使用灌浆锚头时，应预置灌浆管和排气管。

6.5.3 钻孔灌水泥浆时，要严格控制工艺标准。

6.5.4 安装位移传感器并对传感器进行编号，待水泥浆终凝固化后 12 h 内，调试仪器，观测初始读数。

6.5.5 安装孔口及电缆保护装置。

6.5.6 记录现场安装情况。

6.6 观测

6.6.1 首次观测应在水泥浆终凝固化后 12 h 内进行，并以该读数值作为观测基准值。

6.6.2 每个测点应连续重复测读 5 次，5 次读数差不应大于仪器精度范围，取算术平均值作为稳定值。

6.7 观测频率

观测频率应参照表 1 的规定。

6.8 观测数据分析

6.8.1 绘制测点位移 u 与时间 t 的关系曲线。

6.8.2 绘制观测孔位移 u 与孔深 h 的分布曲线。

6.8.3 绘制观测断面上各观测孔的位移 u 与相应钻孔深度 h 的分布曲线。

6.8.4 绘制测点位移 u 随开挖距离 D 变化的过程曲线。

6.8.5 根据绘制的 u-t 曲线,参照附录 B 对巷道轴向岩体的变形特征作出评价。

6.9 观测记录

观测记录应包括工程名称、岩石名称、观测断面和观测孔及测点的位置与编号、地质描述、率定数据、测点位移读数、观测时温度、观测人员、计算人员、校核人员、观测日期。现场记录样表见附录 D。

7 钻孔横向岩体位移观测

7.1 观测布置

7.1.1 每个观测断面的位置和观测孔的数量,应根据工程规模、工程特点及地质条件确定。

7.1.2 观测孔应尽量穿越变形最大和最有代表性的部位,观测断面方向宜与预计的岩体最大位移方向或倾斜方向一致。

7.1.3 观测孔的深度应根据观测目的和地质条件确定,当观测岩体滑移时应超过预定滑移带 2 m～5 m。

7.2 地质描述

地质描述应符合 6.2 的规定。

7.3 主要仪器设备

7.3.1 钻孔设备。

7.3.2 滑动测斜仪(根据实际情况,该设备或保护装置应考虑防腐、防锈问题)。

7.3.3 测斜管及管接头(根据实际情况,该设备或保护装置应考虑防腐、防锈问题)。

7.3.4 灌浆设备。

7.3.5 仪器安装设备。

7.3.6 模拟探头。

7.3.7 测扭仪。

7.4 观测准备

7.4.1 按孔径的大小和深度在预设部位钻孔,孔径应大于测斜管的连接套管外径 50 mm。

7.4.2 钻进过程中应随时记录钻进情况。

7.4.3 钻孔完成后,清洗钻孔、检查钻孔深度及钻孔的通畅情况。

7.5 仪器安装

7.5.1 按埋设长度要求将测斜管逐根进行预接,打好铆钉孔,在对接处做好对准标记并编号。对接处导槽应对准,对接孔应避开导槽。密封测斜管底端。

7.5.2 按测斜管预先做好的对接标记和编号逐根对接、固定和密封,缓慢将已对接好的测斜管吊入测孔,直至将测斜管全部下入观测孔内。

7.5.3 检查调整导槽方向,使其中一对导槽方向与预计的岩体最大位移方向一致。

7.5.4 将模拟探头放入测斜管,检查并确认导槽畅通无阻时,固定测斜管。

7.5.5 将灌浆管沿测斜管外侧下放到测孔内距孔底 1 m 处。采用灌浆泵自下而上进行固化灌浆。灌浆时宜预先在测斜管内注入清水,平衡浆液浮托力。

7.5.6 灌浆结束后,孔口应设保护装置。

7.5.7 当测孔深度大于 50 m 时,应采用测扭仪测定导槽的扭曲度。

7.5.8 待浆材凝固后,测量测斜管导槽方位、管口坐标及高程,并详细记录安装埋设情况。

7.6 观测

7.6.1 观测应在测斜管周围浆材固化后 12 h 内开始进行。

7.6.2 用模拟测头检查测斜管导槽通畅程度。

7.6.3 将探头导轮插入测斜管的导槽内，缓慢地下至孔底，由孔底自下而上进行连续观测，两测点间距应为测斜仪测头导轮间距，记录各测点读数和测点深度。测读完成后，将测头旋转180°插入同一对导槽内，按上述步骤再测读2次，测点深度应与第2次相同。

7.6.4 当采用单向测斜仪时，应将探头旋转90°，按7.6.3的规定步骤，测量另一对导槽的两个方向。

7.6.5 将开始观测以后的两次以上稳定观测值的平均值作为观测基准值。

7.7 观测频率

观测频率应参照表1的规定。

7.8 观测成果整理

7.8.1 绘制测孔初始管形曲线、扭转曲线。

7.8.2 绘制相对位移 u 与测孔深度 h 的关系曲线。

7.8.3 绘制累积位移 u 与测孔深度 h 的关系曲线。

7.8.4 绘制位移 u 与时间 t 的关系曲线。

7.8.5 根据需要可绘制位移方向与测孔深度 h 的关系曲线。

7.9 观测数据的分析

根据绘制的 u-t、u-h 的曲线图，可以预测钻孔不同深度、不同时间段岩体横向滑移的情况。

7.10 观测记录

观测记录应包括工程名称、观测区和观测断面的编号和位置、导槽方向、测斜管安装情况、观测读数值、观测时温度、观测人员、计算人员、校核人员、观测日期。现场记录样表见附录D。

附　录　A
（资料性附录）
测点布置示意图及测点位移分配计算方法

A.1　测点布置示意图

测点布置示意图见图 A.1。

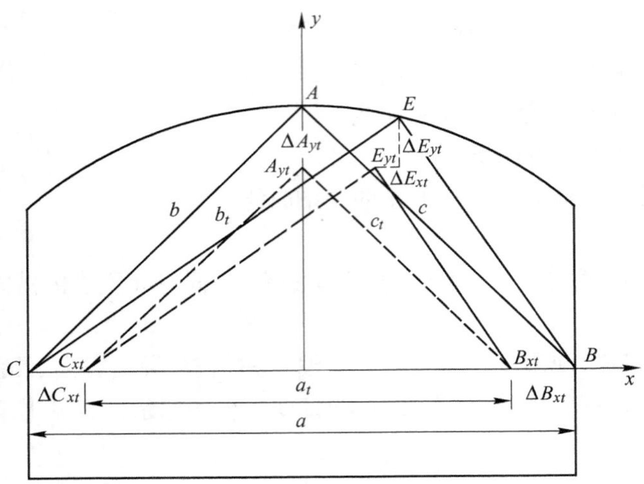

a)三角形布点法(图中具体标注见第A.2章)

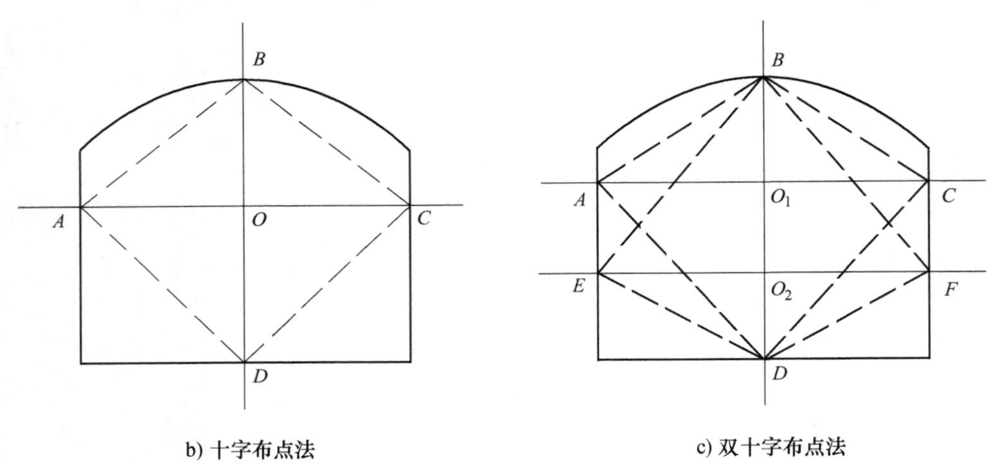

b) 十字布点法　　　c) 双十字布点法

图 A.1　表面位移测点布置示意图

A.2　三角形测点位移计算方法

给出了三角形测点位移计算方法，其余布点方法可参照执行。

A.2.1　规则三角形测点位移计算法

A.2.1.1　求 t 时刻 A、B、C 测点的位移（参照图 A.2）

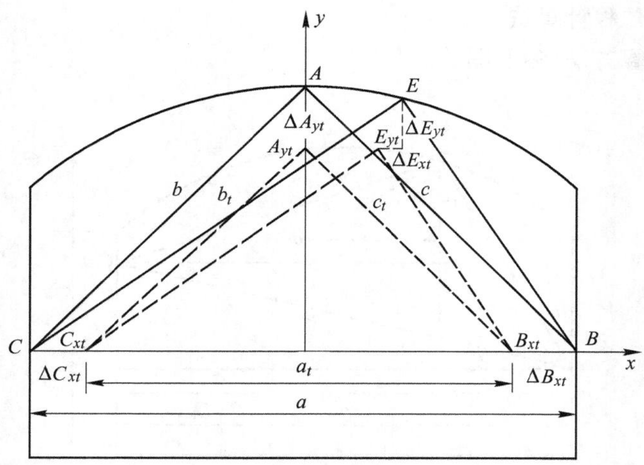

图 A.2　规则三角形测点位移计算图

$$\begin{aligned}\Delta A_{yt} &= A_y - A_{yt} \\ \Delta B_{xt} &= B_x - B_{xt} \\ \Delta C_{xt} &= C_x - C_{xt}\end{aligned} \quad \cdots\cdots (A.1)$$

式中：

$A_y = c\sin\arccos\left(\dfrac{a^2+c^2-b^2}{2ac}\right)$；

$B_x = \sqrt{c^2 - A_y^2}$；

$C_x = -\sqrt{b^2 - A_y^2}$；

$A_{yt} = c_t\sin\arccos\left(\dfrac{a_t^2+c_t^2-b_t^2}{2a_tc_t}\right)$；

$B_{xt} = \sqrt{c_t^2 - A_{yt}^2}$；

$C_{xt} = -\sqrt{b_t^2 - A_{yt}^2}$；

a、b、c 及 a_t、b_t、c_t 分别为初始及任意时刻 t 时的基线长。

A.2.1.2　求 t 时刻 E 点的位移

当 $E_x > 0$ 时：

$$\begin{aligned}\Delta E_{xt} &= E_x - E_{xt} \\ \Delta E_{yt} &= E_y - E_{yt}\end{aligned} \quad \cdots\cdots (A.2)$$

当 $E_x < 0$ 时：

$$\begin{aligned}\Delta E_{xt} &= E_{xt} - E_x \\ \Delta E_{yt} &= E_y - E_{yt}\end{aligned} \quad \cdots\cdots (A.3)$$

式中：

$E_y = b\sin\arccos\left(\dfrac{b^2+a^2-c^2}{2ab}\right)$；

$E_x = B_x - \sqrt{c^2 - A_y^2}$；

$E_{yt} = c_t\sin\arccos\left(\dfrac{a_t^2+c_t^2-b_t^2}{2a_tc_t}\right)$；

$E_{xt}=B_{xt}-\sqrt{c_t^2-E_{yt}^2}$。

A.2.2 任意三角形测点位移计算法

A.2.2.1 三测点位移计算方法(参照图 A.3)

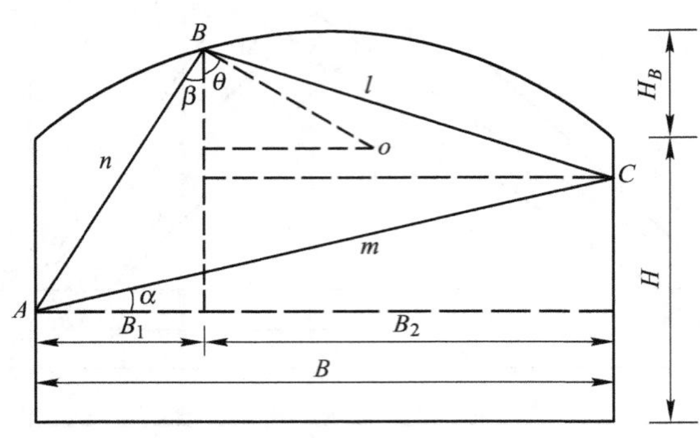

图 A.3 任意三角形三测点位移计算图

A、B、C 为巷道壁上的任意三个测点,解下式方程组可求得三测点垂直巷道壁的位移,分别为 u_a、u_b、u_c:

$$\begin{aligned} &u_a\cos\alpha+u_c\cos\alpha=S_m \\ &u_a\sin\beta+u_b\cos(\beta+\theta)=S_n \\ &u_c\cos\gamma+u_b\cos(90^\circ-\gamma-\theta)=S_l \end{aligned} \qquad \cdots\cdots (A.4)$$

当 B 点在拱顶且 A、C 点在同一高程时,则 $\alpha=\theta=0$,上述方程为:

$$\begin{aligned} &u_a+u_c=S_m \\ &u_a\sin\beta+u_b\cos\beta=S_n \\ &u_c\cos\gamma+u_b\cos\gamma=S_l \end{aligned} \qquad \cdots\cdots (A.5)$$

式中:

$\cos\alpha=\dfrac{B}{m}$,$\sin\alpha=\sqrt{1-\dfrac{B^2}{m^2}}$;

$\cos\gamma=\dfrac{B_2}{l}$,$\sin\gamma=\sqrt{1-\dfrac{B_l^2}{l^2}}$;

$\cos\beta=\sqrt{1-\dfrac{B_1^2}{n^2}}$,$\sin\beta=\dfrac{B_1}{n}$;

$\tan\theta=\dfrac{B/2-B_1}{H_B}$;

l,m,n——基线长度;

S_l,S_m,S_n——分别为 l、m、n 基线测得的并经温度修正后的收敛值;

H——边墙高度;

H_B——B 点至圆形垂直高度。

A.2.2.2 考虑一侧边墙下沉的四测点位移计算方法(参照图 A.4)

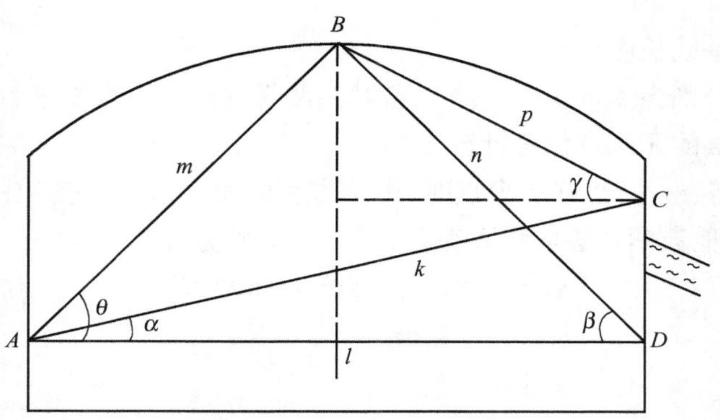

图 A.4 任意三角形四测点位移计算图

解下列方程组，计算 A、B、C、D 四测点垂直巷道壁的位移 u_a、u_b、u_c、u_d 和 C 测点的下沉位移 v_c（向下为正值）：

$$
\begin{cases}
u_a + u_d = S_l \\
u_a\cos\alpha + u_c\cos\alpha + v_c\cos\alpha = S_k \\
u_a\cos\theta + u_b\sin\theta = S_m \\
u_b\sin\beta + u_b\cos\beta = S_n \\
u_b\sin\gamma + u_c\cos\gamma - v_c\sin\gamma = S_p
\end{cases}
\quad \cdots\cdots \text{(A.6)}
$$

式中：

l,m,n,k,p——基线长度；

S_l,S_m,S_n,S_k,S_p——分别为 l、m、n、k、p 五条基线测得的并经温度修正后的收敛值。

A.2.2.3 考虑两侧边墙下沉的五测点位移计算方法（参照图 A.5）

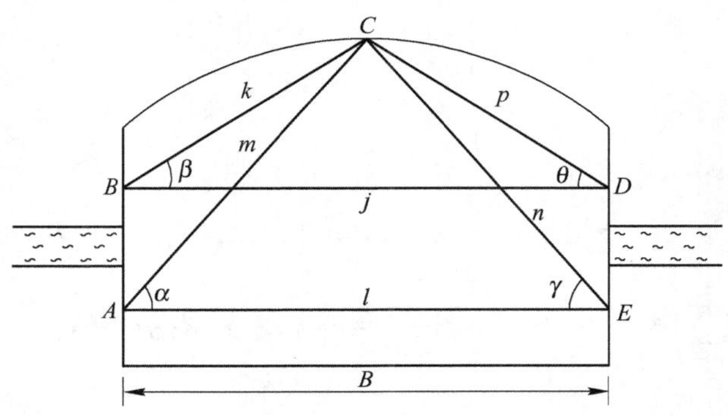

图 A.5 任意三角形五测点位移计算图

解下列方程组，计算 A、B、C、D、E 五测点垂直巷道壁的位移 u_a、u_b、u_c、u_d、u_e 和 B、C 两点的下沉位移 $v_b = v_c = v$（向下为正值）：

$$
\begin{cases}
u_a + u_e = S_l \\
u_a\cos\alpha + u_c\sin\alpha = S_m \\
u_c\cos\gamma + u_c\sin\gamma = S_n \\
u_b + u_d = S_j \\
u_b\cos\beta - v\sin\beta + u_c\sin\beta = S_k \\
u_d\cos\theta - v\sin\theta + u_c\sin\theta = S_p
\end{cases}
\quad \cdots\cdots \text{(A.7)}
$$

式中：

l,m,n,j,k,p——基线长度；

S_l,S_m,S_n,S_j,S_k,S_p——分别为 l、m、n、j、k、p 六条基线测得的并经温度修正后的收敛值。

A.2.2.4 不考虑边墙下层的无测点位移计算法

在巷道观测断面上，需要设五点或更多点时，由于方程的个数大于未知数的个数，为矛盾方程，所以需要采用最小二乘法或其他数学方法求解方程。假定 $v=0$，则方程为：

$$\begin{aligned}&u_a+u_e=S_l u_a\cos\alpha+u_c\sin\alpha=S_m\\&u_e\cos\gamma+u_c\sin\gamma=S_n\\&u_b+u_d=S_j\\&u_b\cos\beta+u_c\sin\beta=S_k\\&u_d\cos\theta+u_c\sin\theta=S_p\end{aligned} \quad\cdots\cdots\text{(A.8)}$$

其可变成：

$$[K]\cdot\{\overline{u}\}=\{\overline{S}\} \quad\cdots\cdots\text{(A.9)}$$

其中：

$$[K]=\begin{bmatrix}1&0&0&0&1\\\cos\alpha&0&\sin\alpha&0&0\\0&0&\sin\gamma&0&\cos\gamma\\0&1&0&1&0\\0&\cos\beta&\sin\beta&0&0\\0&0&\sin\theta&\cos\theta&0\end{bmatrix} \quad\cdots\cdots\text{(A.10)}$$

$$\{\overline{u}\}=\begin{Bmatrix}u_a\\u_b\\u_c\\u_d\\u_e\end{Bmatrix}\qquad\{\overline{S}\}=\begin{Bmatrix}S_l\\S_m\\S_n\\S_j\\S_k\\S_p\end{Bmatrix} \quad\cdots\cdots\text{(A.11)}$$

方程可变为：

$$\sum_{i=1}^{6}K_{ij}u_j=S_i\quad(i=1,2,3,\cdots,6) \quad\cdots\cdots\text{(A.12)}$$

设误差函数：$S=\sum_{i=1}^{6}\left(\sum_{i=1}^{5}K_{ij}u_j-S_i\right)^2$，当$\dfrac{\partial S}{\partial u_j}=0$时，$S\to\varepsilon$有极小值。

可列出 5 个方程式：

$$\frac{\partial S}{\partial u_a}=0 \quad\cdots\cdots\text{(A.13)}$$

$$\frac{\partial S}{\partial u_b}=0 \quad\cdots\cdots\text{(A.14)}$$

$$\frac{\partial S}{\partial u_c}=0 \quad\cdots\cdots\text{(A.15)}$$

$$\frac{\partial S}{\partial u_d}=0 \quad\cdots\cdots\text{(A.16)}$$

$$\frac{\partial S}{\partial u_e}=0 \quad\cdots\cdots\text{(A.17)}$$

即可求得唯一解：u_a、u_b、u_c、u_d、u_e。

附 录 B
（资料性附录）
位移加速度分析方法

B.1 根据测得的数据，绘制位移加速度曲线，如图 B.1 所示。

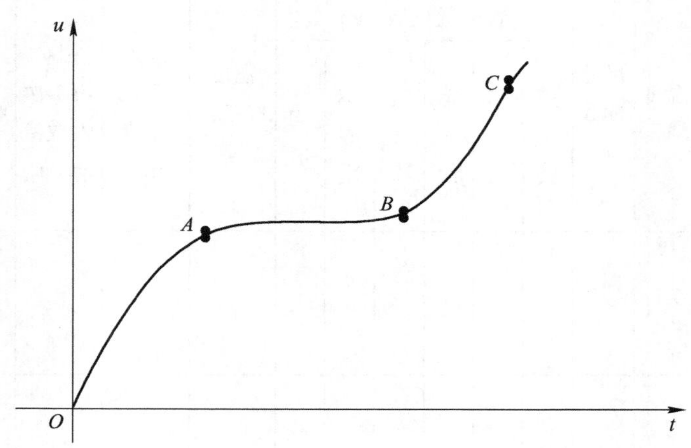

图 B.1 位移(u)-时间(t)曲线

B.2 位移加速度为负值$\left(\frac{d^2u}{dt^2}<0\right)$，即 OA 段曲线标志围岩变形速度不断下降，表明围岩变形趋向稳定。

B.3 位移加速度为零$\left(\frac{d^2u}{dt^2}=0\right)$，即 AB 段曲线标志变形速度长时间保持不变，表明围岩趋向不稳定，须发出警告，要及时加强支护衬砌。

B.4 位移加速度为正值$\left(\frac{d^2u}{dt^2}>0\right)$，即 BC 段曲线标志围岩变形速度增加，表明围岩已处于危险状态，须立即停止开挖，迅速加固支护衬砌或采取措施加固围岩。

附　录　C
（规范性附录）
巷道岩体表面收敛观测记录表

表 C.1　巷道岩体表面收敛观测记录表

断面桩号	测线编号	时间（年月日时）	工作面里程 m	温度 ℃	尺寸读数 m	百分数读数 mm						温度修正值 ℃	修正后观测值 mm	相对第1次收敛值 mm	当次收敛值 mm	间隔时间 d	收敛速率 mm/d	备注
						第1次	第2次	第3次	第4次	第5次	均值							

项目名称：　　施工段：　　测量日期：

施工单位：　　项目负责人：　　技术负责人：

测量人员：　　计算人员：　　复核人员：

自检意见：

附　录　D
（规范性附录）
钻孔轴向和横向位移观测记录表

表 D.1　钻孔轴向和横向位移观测记录表

孔号	深度 m	位移 mm						单次变化 mm	累计位移 mm	变化速率 mm/d
		第 1 次 读数	第 2 次 读数	第 3 次 读数	第 4 次 读数	第 5 次 读数	平均值			
试验时间： 测量人员： 备注：				工程名称： 计算人员：				率定数据： 复核人员：		

ICS 77.120.99
D 46

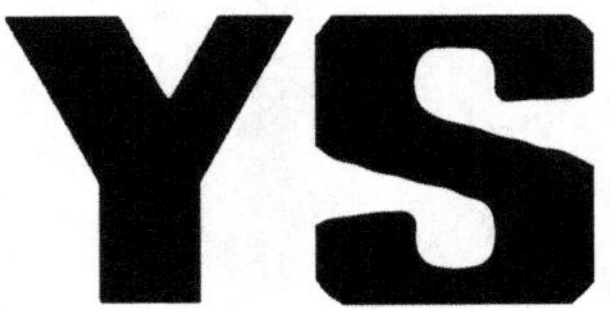

中华人民共和国黄金行业标准

YS/T 3016—2013

臭氧氧化工艺用反应器

Special reactor for ozone oxidation process

2013-04-25 发布　　2013-09-01 实施

中华人民共和国工业和信息化部　发布

前　言

本标准按照 GB/T 1.1—2009 给出的规则起草。

本标准由中国黄金协会提出。

本标准由全国黄金标准化技术委员会(SAC/TC 379)归口。

本标准起草单位:长春黄金研究院。

本标准主要起草人:李延吉、吴铃、张清波、李哲浩、左玉明、降向正、申波、张灵芝、吕春玲、丁成、高飞翔、乔瞻、楚金澄、邱陆明、费运良。

臭氧氧化工艺用反应器

1 范围

本标准规定了臭氧氧化工艺用反应器的分类与命名、技术要求、试验方法和检验规则及质量保证期、标志、包装、运输和贮存的要求。

本标准适用于采用臭氧氧化工艺对黄金行业含氰废液或废浆进行深度处理的反应器，以下简称臭氧氧化反应器。

2 规范性引用文件

下列文件对于本文件的应用是必不可少的。凡是注日期的引用文件，仅注日期的版本适用于本文件。凡是不注日期的引用文件，其最新版本(包括所有的修改单)适用于本文件。

GBZ 2.1 工作场所有害因素职业接触限值 第1部分:化学有害因素

GB/T 191 包装储运图示标志

GB 3095 环境空气质量标准

GB/T 3797 电气控制设备

GB/T 4064 电气设备安全设计导则

GB/T 6388 运输包装收发货标志

GB/T 6920 水质 pH值的测定 玻璃电极法

GB/T 7487 水质 氰化物的测定 第二部分 氰化物的测定

GB/T 11911 水质 铁、锰的测定 火焰原子吸收分光光度法

GB/T 13306 标牌

GB/T 13897 水质 硫氰酸盐的测定 异烟酸-吡唑啉酮分光光度法

CJ/T 322 水处理用臭氧发生器

HGJ 229 工业设备、管道防腐蚀工程施工及验收规范

HJ/T 399 水质 化学需氧量的测定 快速消解分光光度法

HJ 486 水质 铜的测定 2,9-二甲基-1,10-菲啰啉分光光度法

HJ 590 环境空气 臭氧的测定 紫外光度法

JB/T 4710 钢制塔式容器

JB/T 4735 钢制焊接常压容器

SL 327.1 水质 砷的测定 原子荧光光度法

3 术语和定义

下列术语和定义适用于本文件。

3.1 臭氧氧化工艺 ozone oxidation process

一种利用含有臭氧的气体氧化去除废液或废浆中含有的还原性物质的工艺。本工艺对黄金行业含氰废液或废浆中所含氰化物、COD(含氰化物衍生物)、砷等进行反应去除，要求废液pH控制在6～9之间，有对废液中各种无机氰化物、COD、砷等污染因子的深度处理能力和处理过程无二次污染物产生的优点。处理后废液污染物中总氰化物含量低于0.2 mg/L、硫氰酸盐含量低于5 mg/L、COD总量低于30 mg/L、总砷含量低于0.5 mg/L，反应过程无二次污染物质产生。

3.2 臭氧氧化工艺用反应器 special reactor for ozone oxidation process

一种气液逆流混合式反应器。通过向反应器内通入臭氧气体,依靠反应器内置的各种曝气和气液均布交换装置,与待处理废液进行均匀大表面积逆流接触,臭氧分解的同时氧化去除废液中含有的氰化物、COD、砷等物质。

4 分类与命名

4.1 分类

根据臭氧氧化反应器的特性、结构形式、材质进行分类。

4.1.1 根据臭氧氧化反应器的特性分为连续式和批处理式。

4.1.2 根据臭氧氧化反应器的结构形式分为填料式、板式、鼓泡式、喷淋式、搅拌式、池式。

4.1.3 根据臭氧氧化反应器的材质分为不锈钢型、碳素钢内衬防腐型、钢砼内衬防腐型和全玻璃钢型。

4.2 命名

4.2.1 臭氧氧化反应器的型号由五部分组成,并按下列顺序排列:名称代号、材质代号、结构代号、特性代号、主参数代号。

OZ-□□□□

- 主参数代号
- 特性代号:C——连续式,B——批处理式
- 结构代号:F——填料式,L——板式,B——鼓泡式,S——喷淋式,A——搅拌式,P——池式
- 材质代号:S——不锈钢,C——碳素钢内衬防腐,R——钢砼内衬防腐,F——全玻璃钢
- 名称代号

4.2.2 主参数代号用产品主参数的阿拉伯数字表示,标出臭氧氧化反应器反应区内径(cm)×反应区壁厚(mm)-反应区高度(cm),或臭氧氧化反应器内部尺寸长(cm)×宽(cm)×高(cm)。

示例:

OZ-SFC260×6-720 指反应区的内径为 260 cm、壁厚为 6 mm、高度为 720 cm 的不锈钢填料型臭氧氧化工艺用连续式反应器。

5 技术要求

5.1 组成

臭氧氧化反应器应至少由以下几部分组成:进液分布装置、排液装置、臭氧供给装置、尾气排出装置、气液混合反应区、气液分离装置、内部结构清洗装置。

5.2 一般要求

5.2.1 臭氧氧化反应器应符合本标准的要求,应按照经过规定程序批准的图纸和技术文件制造。如果用户有特殊要求时,按双方签订的协议设计制造。

5.2.2 臭氧氧化反应器应根据待处理废液实验研究,并按 JB/T 4735 和 JB/T 4710 的要求设计、制造。

5.2.3 臭氧氧化反应器应选用抗臭氧及稀硫酸腐蚀的材料制造或按 HGJ 229 的要求进行防腐蚀处理和验收。

5.2.4 臭氧氧化反应器宜选用圆柱式外形立式结构或长方形卧式结构,臭氧氧化反应器内处理液产生的静压力、进气管道气阻及气液混合压力损失三者之和,应小于臭氧氧化反应器前的臭氧发生系统供气压力。

5.2.5 臭氧氧化反应器臭氧供给装置宜采用气液混合泵、曝气器、文丘里管等任一形式强化臭氧氧化反应器内气液混合,保证臭氧供给装置出口处曝气气泡平均有效直径大小在 2 mm 以内。

5.2.6 臭氧氧化反应器内部结构的设计要求应尽量增加气体停留时间、增大气液接触表面积，并保证具有较低的气阻，同时防止液泛的发生。

5.2.7 臭氧氧化反应器应根据含氰废液或废浆情况设两个及两个以上气液混合反应区，或两个及两个以上串联臭氧氧化反应器。反应区(器)内为防止偏流和沟流现象产生，可内置气液均布交换装置。

5.2.8 臭氧氧化反应器应在自身设置反应过程中必要的检测和监控点。

5.2.9 臭氧氧化反应器应配备气液分离装置，收集随尾气排出的水分。

5.2.10 臭氧氧化反应器尾气排出装置应配备尾气处理系统，分解破坏尾气中残余的臭氧。外排的废气应符合 GBZ 2.1、GB 3095 或地方排放标准。

5.3 性能要求

5.3.1 臭氧氧化反应器对废液处理后，臭氧利用率应按表 1 中规定的数值控制。

表 1 臭氧利用率及部分污染物的量

项　目	量　值	项　目	量　值
臭氧利用率/%	≥95	外排废气中臭氧浓度/(mg/m^3)	<0.16
pH	6.0～9.0	外排废气中氰化氢浓度 /(mg/m^3)	<1

5.3.2 除 5.3.1 要求内容外，正常工况下，废液经臭氧氧化反应器处理后，臭氧氧化反应器出口的其他污染物排放浓度也应达到国家或地方排放标准的要求，同时应满足当地总量控制要求。污染物的排放浓度化学分析方法应按表 2 的规定。

表 2 污染物浓度的化学分析方法

项　目	检 验 方 法	项　目	检 验 方 法
pH	GB/T 6920	总砷	SL 327.1
总氰化物(CN_T)	GB/T 7487	硫氰酸盐(SCN^-)	GB/T 13897
化学需氧量(COD_{Cr})	HJ/T 399	臭氧(高浓度)	CJ/T 322
总铜	HJ 486	臭氧(低浓度)	HJ 590
总铁	GB/T 11911		

5.3.3 臭氧氧化反应器的大修周期不少于一年。

5.4 安全要求

5.4.1 臭氧氧化反应器的焊缝、管道连接处等均应严密，不得泄漏。

5.4.2 电器控制装置应符合 GB/T 4064 的有关规定。

5.4.3 设备说明书上应清晰地标明操作说明及注意事项。

5.4.4 需控制压力的单元应设置压力指示和超压保护装置，其性能应符合安全技术的有关要求。

5.4.5 由计算机控制的内部结构清洗装置应同时具备手动操作功能。

5.5 其他要求

5.5.1 臭氧氧化反应器正常运行条件：

a) 反应器内液温度在 20 ℃～35 ℃之间；

b) 反应器压力状态为常压。

5.5.2 臭氧氧化反应器进出口管道上及各反应区段应设置采样口或采样点。

a) 设在臭氧氧化反应器进口和出口管道上的采样口，应尽可能靠近臭氧氧化反应器设备主体；

b) 气态或蒸气态污染物的采样点，应避开涡流区管段，选择在管道中心位置；

c) 气体流量的测量,采样点或测量点应按以下原则确定:
   1) 优先选择在垂直管段采样或测量;
   2) 避开管道弯头或断面急剧变化的部位;
   3) 采样或测点位置距下游方向的弯头、变径管不小于 6 倍直径,距上述部件上游方向不小于 3 倍直径。

6 试验方法

6.1 臭氧氧化反应器应按 JB/T 4735 规定的试验方法试验。

6.2 电器控制装置按 GB/T 3797 规定的试验方法进行测试。

6.3 臭氧氧化反应器的工艺参数与性能试验在安装完成后的调试过程中进行,正常运行 7 天及以上,按附录 A 表 A.1、表 A.2 和表 A.3 记录试验情况。

7 检验规则

7.1 检验分类

臭氧氧化反应器的检验分为出厂检验和型式检验两类。

7.2 出厂检验

7.2.1 每台臭氧氧化反应器须经制造厂质检部门检验合格后方可出厂,出厂时应附有产品质量合格证明。在特殊情况下,按制造厂与用户协议书规定也可在用户方进行检验。

7.2.2 出厂检验按 5.1、5.2、5.4、5.5、6.1 和 6.2 的规定进行。

7.2.3 检验项目:

a) 外观;
b) 材质;
c) 零部件装配质量;
d) 仪表管道接口;
e) 密封性能。

7.3 型式检验

7.3.1 当有下列情况之一时,应进行型式检验:

a) 新产品鉴定投产时;
b) 生产工艺或主要材料有重大改变时;
c) 停产时间在半年以上又恢复生产时;
d) 批量生产中的定期抽检,每年至少进行一次;
e) 国家质量监督机构提出型式检验要求时。

7.3.2 型式检验项目与要求应符合表 3 的规定。

表 3 型式检验项目与要求

序号	检验项目名称	要　求
1	组成	符合 5.1 的规定
2	制造质量	符合 5.2.1、5.2.2 和 5.2.3 的规定
3	待处理液高度	符合 5.2.4 和 5.4.4 的规定
4	曝气供给装置	符合 5.2.5 的规定
5	气液分离装置	符合 5.2.9 的规定
6	尾气处理系统	符合 5.2.10 的规定

表3 型式检验项目与要求(续)

序号	检验项目名称	要　求
7	臭氧利用率	符合5.3.1的规定
8	污染物排放浓度	符合5.3.1和5.3.2的规定
9	大修周期	符合5.3.3的规定
10	安全要求	符合5.4的规定
11	检测和监控点	符合5.2.8和5.5.2的规定

7.3.3 国家环境保护产品认定检验按型式检验进行。

7.4 判定规则

对检验项目全部达到本标准要求的,判定为合格品。

8 质量保证期

在用户遵守使用说明书中规定的操作条件及保养情况下,从制造厂发货之日起一年内,臭氧氧化反应器因制造质量问题而发生损坏或不能正常工作时,制造厂应无偿负责修理或更换(不包括易损件)。

9 标志、包装、运输和贮存

9.1 标志

每套设备均应在其明显部位固定耐久性产品标牌,标牌应符合GB/T 13306的规定。标牌上应标出下列内容:

a) 产品名称和型号;

b) 主要技术参数;

c) 出厂编号;

d) 制造厂名称;

e) 制造日期。

9.2 包装

9.2.1 产品装箱时应使其重心位置居中靠下,重心偏高时应尽可能采用卧式包装或采取稳固措施。

9.2.2 敞装时,应尽可能用钉子或螺栓将产品固定在底座上,如果不可能,可考虑用钢带固定。包装底座在长度和宽度上一般不小于产品的尺寸。如果需要,可以在产品与底座之间,以及产品与固定件之间装上相应的衬垫。

9.2.3 对敞装件不宜直接在件上喷涂标志的,可用标牌或标签系挂在件上,每个件至少系挂2个。

9.2.4 加工精度较高或怕磕碰的零件装箱时,应采取隔垫措施。清洗或酸洗过的钢管两端用塑料盖(管堵)密封好。所有带螺纹的管件、杆件、地脚螺栓等全部螺纹,采取防锈措施后,均用塑料网套、聚丙烯编织布或强度较好的其他防护材料缠绕,然后扎紧,以防碰伤螺纹。

9.2.5 随机工具、备件、附件应进行防潮、防锈保护,并采用包装箱包装。

9.2.6 包装储运指示标志应符合GB/T 191的规定。凡需单件起吊的和重心明显偏离中心的包装件,应标注"由此起吊"和"重心"的标志。

9.2.7 运输包装的收发货标志按GB/T 6388的规定进行。

9.2.8 下列文件随机包装,随机文件应采取防潮、防水等防护措施。产品分多箱包装时,使用说明书、合格证明书、总装箱单一般放在主机箱内,分类装箱单应放在相应的包装箱内。

a) 产品质量合格证;

b) 产品使用说明书;

c） 装箱单(包括总装箱单和分装箱单)。

9.3 运输

装运时，应有可靠的固定防护措施和吊装防护措施。

9.4 贮存

9.4.1 停放时应用支架垫平，存放之前应对其防护密封件的完好情况进行全面细致的检查。

9.4.2 电器控制部分应存放在通风、干燥的库房内，否则应采取防晒、防雨、防潮等措施。

附 录 A
(规范性附录)
臭氧氧化反应器

试验情况记录表,如表 A.1～表 A.3 所示。

表 A.1 臭氧氧化反应器数据跟踪记录表

<table>
<tr><td rowspan="2">臭氧氧化反应器工作方式</td><td>□ 连续处理直接排放方式</td><td>废液流量/(m^3/h)</td><td></td></tr>
<tr><td>□ 批处理间歇排放方式</td><td>一次处理废液量/m^3</td><td></td></tr>
<tr><td>臭氧氧化反应器进液温度/℃</td><td></td><td>臭氧氧化反应器排液温度/℃</td><td></td></tr>
<tr><td>臭氧氧化反应器内原有水量/m^3</td><td></td><td></td><td></td></tr>
<tr><td>臭氧氧化反应器进水量/(m^3/h)</td><td></td><td>臭氧氧化反应器排水量/(m^3/h)</td><td></td></tr>
<tr><td>臭氧氧化反应器进气口气压/MPa</td><td></td><td>臭氧氧化反应器排气口气压/MPa</td><td></td></tr>
<tr><td colspan="4">备注:</td></tr>
<tr><td>一班人员:</td><td colspan="2">二班人员:</td><td>三班人员:</td></tr>
</table>

表 A.2 臭氧氧化反应器臭氧利用率参数记录

<table>
<tr><td rowspan="2">样品号</td><td rowspan="2">反应时间
min</td><td colspan="6">臭氧含量/(mg/m^3)</td><td rowspan="2">利用率
%</td></tr>
<tr><td>进气口
浓度</td><td>排液口
浓度</td><td>第一反应区
浓度</td><td>第二反应区
浓度</td><td>排气口
浓度</td><td>尾气分解器
出口浓度</td></tr>
<tr><td colspan="9"></td></tr>
<tr><td rowspan="3"></td><td></td><td></td><td></td><td></td><td></td><td></td><td></td><td></td></tr>
<tr><td></td><td></td><td></td><td></td><td></td><td></td><td></td><td></td></tr>
<tr><td></td><td></td><td></td><td></td><td></td><td></td><td></td><td></td></tr>
<tr><td colspan="9"></td></tr>
<tr><td rowspan="3"></td><td></td><td></td><td></td><td></td><td></td><td></td><td></td><td></td></tr>
<tr><td></td><td></td><td></td><td></td><td></td><td></td><td></td><td></td></tr>
<tr><td></td><td></td><td></td><td></td><td></td><td></td><td></td><td></td></tr>
<tr><td colspan="9"></td></tr>
<tr><td rowspan="3"></td><td></td><td></td><td></td><td></td><td></td><td></td><td></td><td></td></tr>
<tr><td></td><td></td><td></td><td></td><td></td><td></td><td></td><td></td></tr>
<tr><td></td><td></td><td></td><td></td><td></td><td></td><td></td><td></td></tr>
<tr><td colspan="9">注:臭氧一次利用率=(进气口臭氧浓度－排气口臭氧浓度)/进气口臭氧浓度×100%。</td></tr>
</table>

表 A.3　臭氧氧化反应器运行中污染物检测元素浓度参数记录

检测点位置	pH	氰化物 mg/L	硫氰酸盐 mg/L	COD mg/L	铜 mg/L	总砷含量 mg/L	氰化氢 mg/m^3
进液口							
第一反应区(器)							
第二反应区(器)							
排液口							
排气口							
尾气分解器出口							

ICS 77.150.01
D 46

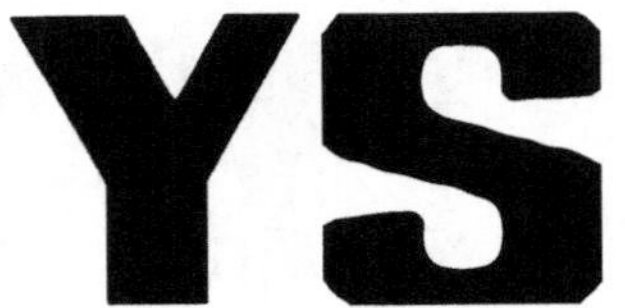

中华人民共和国黄金行业标准

YS/T 3020—2013

金矿石磨矿功指数测定方法

Testing procedure of grinding work index of gold-bearing ore

2013-10-17 发布　　2014-03-01 实施

中华人民共和国工业和信息化部　发布

前　言

本标准按照 GB/T 1.1—2009 给出的规则起草。

本标准由中国黄金协会提出。

本标准由全国黄金标准化技术委员会(SAC/TC 379)归口。

本标准起草单位:长春黄金研究院、山东黄金集团公司、紫金矿业集团有限公司。

本标准主要起草人:岳辉、孙洪丽、赵俊蔚、邹来昌、寻克刚、鲁军、殷国友、赵国惠、郑晔、赵明福、王夕亭、殷志刚、郝福来、孙忠梅、邢志军、石吉友。

金矿石磨矿功指数测定方法

1 范围

本标准规定了金矿石磨矿功指数的测定方法。

本标准适用于金矿石磨矿功指数的测定试验。

本标准仅适用于球磨磨矿功指数的测定。

2 规范性引用文件

下列文件对于本文件的应用是必不可少的。凡是注日期的引用文件，仅注日期的版本适用于本文件。凡是不注日期的引用文件，其最新版本(包括所有的修改单)适用于本文件。

GB/T 6003.1 试验筛 技术要求和检验 第1部分：金属丝编织网试验筛

DZ/T 0118 实验室用标准筛振荡机技术条件

YS/T 3002 含金矿石试验样品制备技术规范

3 术语和定义

下列术语和定义适用于本文件。

3.1 磨矿功指数 grinding work index(ball)

以功耗评价矿石可磨性难易程度的一种指标。

3.2 循环负荷 circulating load

指磨机的返回量与产品量的质量百分比，即：

$$C_i=\frac{A_i}{Q_i}\times 100$$

式中：

C_i——第 i 个循环的循环负荷，%；

A_i——第 i 个循环返回磨机的物料质量，单位为克(g)；

Q_i——第 i 个循环磨矿产品质量，单位为克(g)。

4 方法原理

通过若干间歇式的闭路磨矿筛分模拟连续闭路磨矿过程，测定在磨至平衡状态时磨机每转新生成的产品量，并以此计算矿石的磨矿功指数。

5 仪器和设备

5.1 功指数球磨机

有效容积 ϕ305 mm×305 mm，转速 70 r/min，钢球为滚珠轴承用球，总质量为 20.125 kg，钢球级配：ϕ36.5 mm 43 个、ϕ30.2 mm 67 个、ϕ25.4 mm 10 个、ϕ19.1 mm 71 个、ϕ16 mm 94 个，总数 285 个。

5.2 标准筛

方孔筛，符合 GB/T 6003.1。

5.3 标准振筛机

符合 DZ/T 0118。

5.4 称量设备

最大称量 5000 g；分度值 0.1 g。

5.5 量筒

容量 1000 mL。

6 试验样品

6.1 按照 YS/T 3002 制备出试验样品不少于 15 kg。

6.2 矿石试验样品粒度要求小于 3.35 mm。

7 试验步骤

7.1 确定 F_{80} 和 R_0

采用附录 A 割环法缩取 1000 g 试样，用标准套筛对试样进行筛分，求出 80%通过的粒度值 F_{80}（μm）和已经达到产品粒度要求的物料含量 R_0（%），并将结果填入表 B.1 和表 B.2 中，参见附录 B。

7.2 第一个磨矿循环

7.2.1 确定产品的粒度 P_1。根据生产要求的 80%通过的产品粒度 P_{80}，取相应的最大产品粒度作为产品粒度 P_1，即满足生产粒度要求的矿样经筛分后产品 100%通过时的产品粒度值。

7.2.2 确定第一个磨矿循环转数。第一个磨矿循环中球磨机运转转数（r_1）取产品粒度 P_1 对应的标准筛目数值。

7.2.3 采用割环法缩取 700 cm^3 试样并称重，记作 M。

7.2.4 计算预期产品量。以循环负荷为 250%计算预期产品量 $Q_{预}$（g），则：

$$Q_{预}=\frac{M}{2.5+1}$$

7.2.5 将 700 cm^3 试样加入球磨机中磨矿。球磨机运转 r_1 转后，将物料全部卸出并用筛孔尺寸为 P_1 的标准筛筛出新生成产品，对筛上物料称重，记作 M_1'。按式（1）计算第一个磨矿循环中每转新生成的产品量 G_{bp1}（g/r）。

$$G_{bp1}=\frac{M-M_1'-MR_0}{r_1} \quad\cdots\cdots\cdots\cdots (1)$$

如果试样中达到产品粒度的物料含量超过了预期产品量，则第一个测定循环的给料要用筛孔尺寸为 P_1 的标准筛先将这部分细粒筛除，再用相同质量的待测试样补足筛除的部分，记作 $M_{补}$（g），然后进行第一个循环的测定，并按式（2）计算第一个磨矿循环中每转新生成的产品量 G_{bp1}（g/r）。

$$G_{bp1}=\frac{M-M_1'-M_{补}R_0}{r_1} \quad\cdots\cdots\cdots\cdots (2)$$

7.3 第 i（$i\geqslant 2$）个磨矿循环

7.3.1 第 i 个磨矿循环转数由式（3）计算可得：

$$r_i=\frac{\frac{M}{3.5}-(M-M_{i-1}')R_0}{G_{bp(i-1)}} \quad\cdots\cdots\cdots\cdots (3)$$

式中：

r_i——第 i 个磨矿循环的转数，取整数，单位为转（r）；

$\frac{M}{3.5}$——以循环负荷为 250%计的预期产品量，单位为克（g）；

M'_{i-1}——第 $i-1$ 个循环磨矿后筛上物料的质量，单位为克（g）；

$G_{bp(i-1)}$——第 $i-1$ 个循环磨机每转新生成的产品量，单位为克每转（g/r）。

7.3.2 采用割环法缩取与上一循环筛下物料相同质量的待测试样（$M-M_{i-1}'$），与上一个循环筛上物料

M'_{i-1}混合，此时物料质量为M。将其加入球磨机，运转r_i转后将物料卸出，用筛孔尺寸为P_1的标准筛筛出新生成产品，对筛上物料称量，记作M'_i。按式(4)计算第i个磨矿循环中每转新生成的产品量$G_{bpi}(g/r)$。

$$G_{bpi}=\frac{M-M'_i-(M-M'_{i-1})R_0}{r_i} \quad\cdots\cdots(4)$$

7.4 磨矿循环平衡

7.4.1 重复7.3，直到连续3个循环达到符合下述条件为止：最后3个循环的循环负荷平均值为250%±5%，且G_{bp}最大值与最小值之差不大于平均值ΔG_{bp}的3%。

7.4.2 将达到平衡的最后3个循环的磨矿产品混合均匀进行筛分，求出80%通过的粒度值P_{80}(μm)，取达到平衡的最后3个循环G_{bp}值的平均值ΔG_{bp}作为最终的G_{bp}值。

8 结果计算

8.1 以粒度(mm)为横坐标，负累计产率(%)为纵坐标，在双对数坐标纸上绘出入磨试样粒度和产品粒度分布曲线，采用插值法分别求出F_{80}与P_{80}。

8.2 按照式(5)计算矿石试样的磨矿功指数，计算结果保留到小数点后第二位并填入表B.3中：

$$W_{ib}=\frac{4.906}{P_1^{0.23}\cdot G_{bp}^{0.82}\left(\frac{1}{\sqrt{P_{80}}}-\frac{1}{\sqrt{F_{80}}}\right)} \quad\cdots\cdots(5)$$

式中：

W_{ib}——磨矿功指数，单位为千瓦时每吨(kW·h/t)；

P_1——磨矿产品粒度，单位为微米(μm)；

G_{bp}——试验磨机每转新生成的产品量，单位为克每转(g/r)；

P_{80}——产品80%通过的筛孔尺寸，单位为微米(μm)；

F_{80}——入磨试样80%通过的筛孔尺寸，单位为微米(μm)。

注：球磨功指数书写时应注明所测产品粒级，如：W_{ib}=16.12 kW·h/t(P_1=100 μm)。

附　录　A
（规范性附录）
试样缩分方法——割环法

将混匀的试样，耙成圆环，然后沿环周依次连续割取小份试样。割取时应注意以下两点：一是每一个单份试样均应取自环周上相对（即 180°角）的两处；二是铲样时每铲均应从上到下、从外到里铲到底，不应只铲顶层而不铲底层，或只铲外缘而不铲内缘。

附 录 B
(资料性附录)

表 B.1 磨矿功指数测定试验数据记录表

M:________(g);预期产品量 $Q_{预}$:________(g);F_{80}:________(μm);R_0:________(%);P_{80}:________(μm)

循环序号	转数 r_i/r	给料中______ μm 质量 $(M-M'_{i-1})R_0$/g	产品量 $(M-M'_i)$/g	新生成______ μm 质量/g	G_{bp}/(g/r)
1					
2					
3					
4					
5					
6					
7					
8					
9					
10					
11					
12					
13					
14					
15					
16					
G_{bp}平均值/(g/r)					
W_{ib}/(kW·h/t)					

表 B.2 磨矿功指数入磨原矿(产品)粒度筛分结果表

粒 度		产率/%	负累积产率/%
目数	mm		
合计			

表 B.3　磨矿功指数测定结果表

P_1/(μm)	G_{bp}/(g/r)	F_{80}/(μm)	P_{80}/(μm)	W_{ib}/(kW·h/t)

ICS 77.150.01
D 46

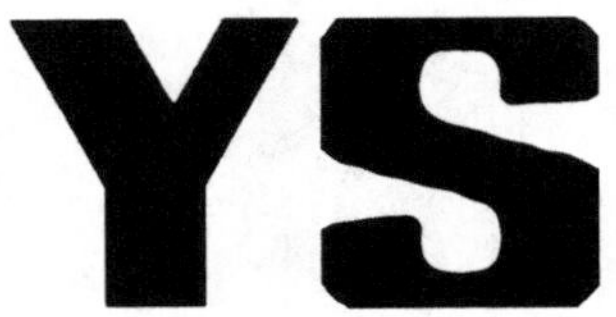

中华人民共和国黄金行业标准

YS/T 3021—2013

炭浆工艺金回收率计算方法

Calculation of gold recovery rate for CIP Process

2013-10-17 发布　　　　2014-03-01 实施

中华人民共和国工业和信息化部　发布

前　言

本标准按照 GB/T 1.1—2009 给出的规则起草。

本标准由中国黄金协会提出。

本标准由全国黄金标准化技术委员会(SAC/TC 379)归口。

本标准起草单位:长春黄金研究院、紫金矿业集团有限公司、山东黄金集团公司。

本标准主要起草人:赵国惠、张清波、邹来昌、张金龙、巫銮东、宋广君、王苹、赵俊蔚、岳辉、孙洪丽、郑晔、赵明福、郝福来、孙忠梅、鲁军。

炭浆工艺金回收率计算方法

1 范围

本标准规定了炭浆工艺金回收率的计算方法。

本标准适用于金矿石、浮选金精矿或经焙烧、生物氧化及其他工艺预处理后的含金物料氰化炭浆工艺金理论回收率的计算。

本标准也适用于树脂矿浆工艺金理论回收率的计算。

2 术语和定义

下列术语和定义适用于本文件。

2.1 含金矿石 gold bearing ore

从含金矿床采集的矿岩。

2.2 炭浆工艺 CIP process;The carbon-in-pulp process

在含金物料氰化浸出过程中,利用活性炭吸附提取氰化溶液中的金的过程。

2.3 氰化原矿 gold-bearing material before cyanide leaching

进入氰化浸出作业前的含金物料,简称氰原。

2.4 活性炭 activated carbon

可用于吸附溶液中金属离子的颗粒状无定形碳。

2.5 氰化浸吸 cyanide leaching and carbon adsorption

含金物料在含氧的氰化物溶液中溶解金并利用活性炭吸附溶液中金的过程。

2.6 载金炭 gold loaded carbon

吸附了金的活性炭。

2.7 提炭 carbon stripping/separating carbon from pulp

载金炭与矿浆分离的过程。

2.8 浓缩 concentration

矿浆体系中,使部分液体与矿浆分离的过程。

2.9 过滤 filtration

在动力作用下,依靠介质使溶液与固体颗粒分离的过程。

2.10 氰化尾矿浆 tailings slurry

氰化浸吸完成后经浓缩作业分离得到的固液混合物。

2.11 滤饼 filter cake

在过滤作用下获得的含液体的固体颗粒饼状物。

2.12 排液 discharging liquid

随氰化尾矿浆或滤饼排走的液体，含单独外排的液体。

2.13 氰化炭浆工艺金理论回收率 gold theoretical recovery rate of CIP process

根据氰原及各产物的量和分析品位，按理论公式计算获得的载金炭含金量与氰原中金含量的百分比。

2.14 浸出率 leaching recovery

氰化浸金后金的溶解量与进入氰化前氰原含金量的百分比。

2.15 吸附回收率 recovery rate of adsorption

已溶解金的量和排液中金的量的差值与已溶解金的量的百分比。

3 氰化炭浆工艺金理论回收率计算方法

3.1 炭浆工艺原则流程及取样点设置

炭浆工艺原则流程及取样点设置见图1。

确定取样点，取得必要的原始数据。

设定下列条件：

1) 氰原中液体不含金，$\beta_{液}$ 为零。

2) 返液中固体较少，忽略不计，Q_3、$\beta_{固3}$ 为零，所以 $Q=Q_1=Q_2$。

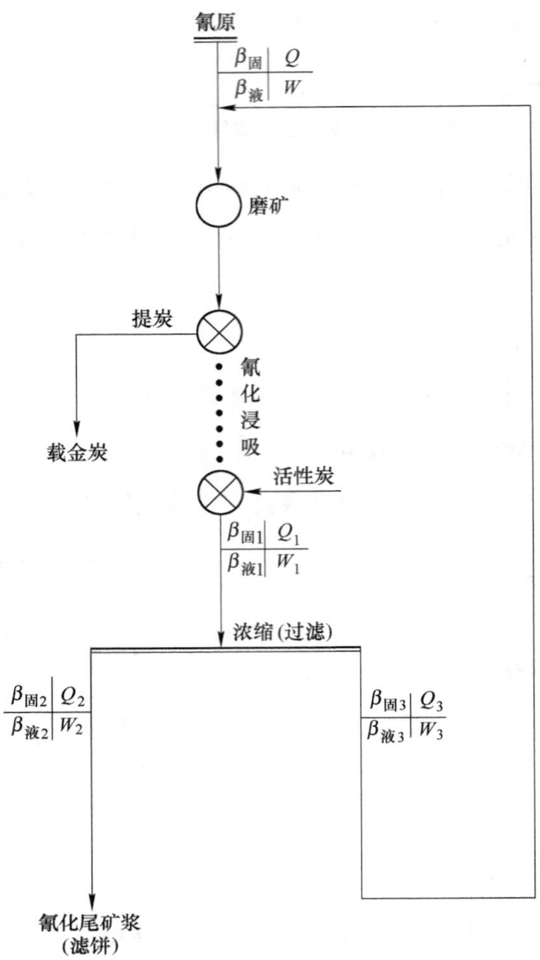

说明：

Q——氰化原矿量，t/d；

Q_1——氰化浸吸作业后矿浆中固体量，t/d；

Q_2——氰化浸吸作业后矿浆浓缩或过滤所得氰化尾矿浆或滤饼中固体量，t/d；

Q_3——返回磨矿作业贫液中的固体量，t/d；

$\beta_{固}$——氰化浸吸原矿金品位，g/t；

$\beta_{固1}$——氰化浸吸作业后所得矿浆中固体含金品位，g/t；

$\beta_{固2}$——氰化浸吸作业后矿浆浓缩或压滤所得氰化尾矿浆或滤饼中固体含金品位，g/t；

$\beta_{固3}$——返回磨矿作业贫液中固体含金品位，g/t；

$\beta_{液}$——氰化浸吸原矿中液体含金品位，g/m^3；

$\beta_{液1}$——氰化浸吸作业后矿浆中液体含金品位，g/m^3；

$\beta_{液2}$——氰化浸吸作业后矿浆浓缩或压滤所得氰化尾矿浆或滤饼中液体含金品位，g/m^3；

$\beta_{液3}$——返回磨矿作业贫液中液体含金品位，g/m^3；

W——氰化浸吸原矿中液体量，m^3/d；

W_1——氰化浸吸作业后矿浆中液体量，m^3/d；

W_2——氰化浸吸作业后矿浆浓缩或压滤所得氰化尾矿浆或滤饼中液体量，m^3/d；

W_3——返回磨矿作业贫液量，m^3/d。

图 1　炭浆工艺原则流程及取样点设置

3.2 回收率计算方法

3.2.1 浸出率计算方法见式(1)：

$$\varepsilon_{浸出}=\frac{\beta_{固}-\beta_{固2}}{\beta_{固}}\times 100\% \quad\cdots\cdots(1)$$

式中：

$\varepsilon_{浸出}$——浸出率。

3.2.2 吸附回收率计算方法见式(2)：

$$\varepsilon_{吸附}=\left(1-\frac{\beta_{液2}\times W_2}{\beta_{固}\times Q-\beta_{固2}\times Q_2}\right)\times 100\% \quad\cdots\cdots(2)$$

式中：

$\varepsilon_{吸附}$——吸附回收率。

3.2.3 氰化炭浆工艺金理论回收率计算方法见式(3)：

$$\begin{aligned}\varepsilon_{炭浆}&=\varepsilon_{浸出}\times\varepsilon_{吸附}\\&=\frac{(\beta_{固}-\beta_{固3})}{\beta_{固}}\times\left(1-\frac{\beta_{液2}\times W_2}{\beta_{固}\times Q-\beta_{固2}\times Q_2}\right)\times 100\%\end{aligned} \quad\cdots\cdots(3)$$

式中：

$\varepsilon_{炭浆}$——氰化炭浆工艺金理论回收率。

ICS 77.150.01
D 46

中华人民共和国黄金行业标准

YS/T 3022—2013

含金矿石全泥氰化浸金试验技术规范

Technical specification for test work of whole ore gold leaching with cyanide

2013-10-17 发布　　2014-03-01 实施

中华人民共和国工业和信息化部　发布

前言

本标准按照 GB/T 1.1—2009 给出的规则起草。

本标准由中国黄金协会提出。

本标准由全国黄金标准化技术委员会(SAC/TC 379)归口。

本标准起草单位:长春黄金研究院、山东黄金集团公司、紫金矿业有限公司。

本标准主要起草人:杨凤、王德煜、王艳荣、邹来昌、穆国红、李光胜、蓝美秀、廖占丕、郭兆松。

含金矿石全泥氰化浸金试验技术规范

1 范围

本标准规定了含金矿石全泥氰化浸金试验的技术要求。

本标准适用于含金矿石全泥氰化浸金试验。

2 规范性引用文件

下列文件对于本文件的应用是必不可少的。凡是注日期的引用文件，仅注日期的版本适用于本文件。凡是不注日期的引用文件，其最新版本(包括所有的修改单)适用于本文件。

GB 8978 污水综合排放标准

GB 18597 危险废物贮存污染控制标准

GB/T 20899(所有部分) 金矿石化学分析方法

YS/T 3003 含金矿石试验样品制备技术规范

YS/T 3017 黄金工业用固体氰化钠安全管理技术规范

3 术语和定义

下列术语和定义适用于本文件。

3.1 含金矿石 gold-bearing ore

从含金矿床上采集的矿岩。

3.2 氰化原矿 gold-bearing material before cyanide leaching

进入氰化浸金作业前的含金物料，简称氰原。

3.3 全泥氰化 whole ore cyanidation

直接将符合一定浓度、细度、碱度要求的矿浆全部进行氰化浸金的工艺。

3.4 氰化浸出 cyanide leaching

在含氧的氰化物溶液中溶解金的过程。

3.5 磨矿细度 grinding fineness

磨矿后物料中小于某一粒级的百分含量。

3.6 碱处理 alkali treatment

氰化浸出前用碱性溶液进行搅拌使矿浆稳定在一定碱度的过程。

3.7 浸出时间 leaching time

浸出过程开始至浸出过程结束所用的时间。

3.8 贵液 gold pregnant solution

氰化浸出结束后得到的富含金溶液。

3.9 氰渣 the residue after cyanide leaching

含金物料经氰化浸出洗涤后的固体。

3.10 浸出率 leaching rate

氰化浸金后金的溶解量与氰原含金量的百分比。

4 全泥氰化浸金试验要求

4.1 试验样品的制备应符合 YS/T 3003 的要求。全泥氰化浸金试样的粒度宜制备成 2 mm 以下，每份试样质量应不少于 1000 g。

4.2 进行氰原及产品多元素分析，可采用 GB/T 20899 规定的方法进行分析，其他元素可根据含量选择适宜的分析方法。

4.3 应对矿石中影响氰化浸金指标的元素进行物相分析，并进行与常规选矿试验基本相同的工艺矿物学鉴定，重点考查金矿物的工艺特性及影响浸金有害元素的工艺特征。

4.4 氰化钠的领取和使用要按照 YS/T 3017 的要求进行。

4.5 在没有特殊要求的情况下，通常用氧化钙做保护碱来调整矿浆 pH 值。

5 试验步骤

5.1 绘制磨矿细度曲线

5.1.1 取试样 5 份，其中 4 份在相同的固定条件下依次分别进行不同时间的磨矿。

5.1.2 将未磨的 1 份和已磨的 4 份样品分别用 0.045 mm 的标准筛进行湿式筛分，筛上产品分别烘干。

5.1.3 筛上产品用 0.074 mm、0.045 mm 的标准套筛在筛分机上分别进行干筛（筛上样品较多时可增加粗粒级套筛或进行多次筛分）。

5.1.4 分别统计各份试样中＋0.074 mm、＋0.045 mm 的试样量，并计算出－0.074 mm、－0.045 mm 的百分含量。

5.1.5 以磨矿时间为横坐标、磨矿细度为纵坐标绘制磨矿细度与磨矿时间的关系曲线图，从图中找出磨矿细度与磨矿时间的对应关系（也可根据矿石性质选择绘制一条曲线）。

5.2 预浸试验

5.2.1 根据样品的矿石性质拟定全泥氰化浸金试验预浸方案，可参考相同矿石类型的全泥氰化试验报告。至少应平行进行 2 次预浸试验。

5.2.2 对浸出物料进行碱处理，矿浆 pH 值应稳定在 10～11。

5.2.3 在碱处理后的浸出物料中添加 5％或 10％的氰化钠溶液，并搅拌均匀。

5.2.4 按时间间隔 4 h 或 6 h 检测氰根浓度及钙离子浓度，视药剂耗量及时补加药剂。

5.2.5 浸出结束时应保持溶液中氧化钙浓度为 0.003 mg/mL～0.005 mg/mL 之间，氰化钠浓度在 0.05 mg/mL 以上。氧化钙浓度、氰化钠浓度的快速检测方法参见附录 A。

5.2.6 将试验矿浆进行固液分离，分析氰渣、贵液和洗涤液中金含量。全泥氰化浸金试验原则流程见图 1。

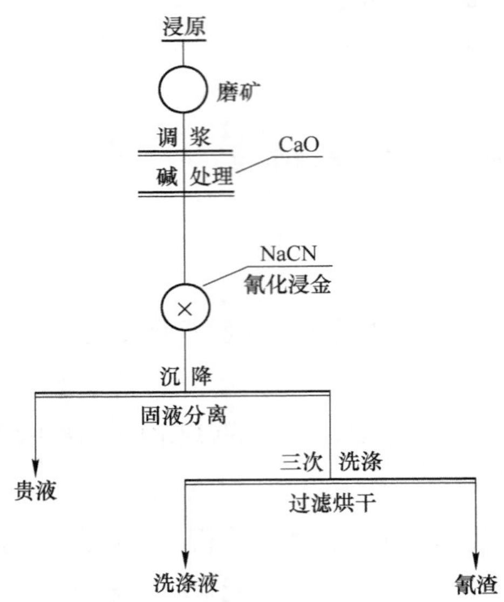

图1 全泥氰化浸金试验原则流程

5.3 条件试验

5.3.1 根据预浸试验结果，系统地对每一个影响因素进行条件试验，获得最佳浸出率的适宜参数。全泥氰化浸金条件试验宜采用“一次一因素”试验法。试验指标应出现拐点。条件试验的内容包括：

a) 磨矿细度试验：固定其他试验条件，磨矿细度至少设定四个变量，最后一个变量应以工业生产能达到的磨矿细度为限。

b) 碱用量试验：在预浸试验的基础上，碱用量至少设定三个变量。氧化钙应配制成乳液添加，其 pH≥10。

c) 矿浆浓度试验：矿浆浓度至少设定四个变量。浓度范围宜在25%～45%之间。

d) 氰化物用量试验：氰化钠用量至少设定四个变量。

e) 浸出时间试验：浸出时间间隔以 4 h～8 h 为宜。

5.3.2 依据条件试验结果确定综合条件的试验方案，验证选择的技术条件和考查影响金浸出率的主要因素。综合条件应做平行试验，按设计的取样时间间隔取样，每次取样至少 30 g。根据分析结果绘制氰化物用量与浸出时间及浸出率的关系曲线图、磨矿细度与浸出时间及浸出率的关系曲线图。

5.3.3 全泥氰化浸金试验结束后应对产品进行考查。考查的内容包括：

a) 对氰化浸金产出的贵液进行多元素分析。

b) 对氰化浸金产出的氰渣进行多元素分析。

c) 对氰化浸金产出的氰渣进行金流失状态考查。

5.4 数据处理

5.4.1 金浸出率计算：每一批试验结束，应根据分析结果进行金浸出率计算，计算结果表示至小数点后第二位。计算公式见式(1)：

$$\varepsilon_{Au}=\frac{m_0 \cdot \omega_1 - m \cdot \omega_2}{m_0 \cdot \omega_1}\times 100\% \quad \cdots\cdots\cdots\cdots (1)$$

式中：

ε_{Au}——金浸出率；

m_0——氰原质量，单位为克(g)；

ω_1——氰原金品位，单位为克每吨(g/t)；

m——氰渣质量，单位为克(g)；

ω_2——氰渣金品位，单位为克每吨(g/t)。

小型试验中固体渣的重量损失很少，可以忽略不计，计算公式简化为式(2)：

$$\varepsilon_{Au}=\frac{\omega_1-\omega_2}{\omega_1}\times 100\% \qquad \cdots\cdots (2)$$

5.4.2 金属平衡计算：对综合条件试验产出的贵液应进行含金量分析，并进行金属平衡计算。

计算公式见式(3)：

$$m_0 \cdot \omega_1 - m \cdot \omega_2 = V \cdot \rho \qquad \cdots\cdots (3)$$

式中：

V——溶液体积，单位为立方米(m^3)；

ρ——贵液品位，单位为克每立方米(g/m^3)。

6 编写试验报告

试验报告的编写至少包括下列内容：

a) 试验项目的来源，试验的目的、意义；

b) 采样情况的简要说明，试验样品的矿石性质；

c) 浸金方法、流程、条件等；

d) 推荐浸金工艺、较佳技术条件和金浸出指标；

e) 试验结论，并给以必要的论证和说明；

f) 附录或附件。

7 试验产出物的贮存与排放

全泥氰化浸金试验产出的固体及溶液，应按 GB 18597 的要求进行贮存和处理。需排放的液体应处理至符合 GB 8978 的要求。生产企业试验室应将浸金溶液、洗液及氰渣返回到生产工艺中。

附 录 A
（资料性附录）
氰化钠、氧化钙浓度的快速检测方法

A.1 氰化钠浓度的测定

A.1.1 方法原理

在碱性介质中，以碘化钾为指示剂，用硝酸银标准液滴定，形成 $Ag(CN)_2$ 络合物，过量的银离子与碘化钾生成黄色的碘化银沉淀即为终点。反应式如下：

$$AgNO_3 + 2NaCN = NaAg(CN)_2 + NaNO_3$$

$$AgNO_3 + KI = AgI \downarrow + KNO_3$$

A.1.2 硝酸银标准溶液的配制和标定

称取经 110 ℃干燥的硝酸银 1.734 g 溶于 100 mL 蒸馏水中，移入 1000 mL 棕色容量瓶中并稀释至刻度，摇匀置于暗处。此溶液 1 mL 约相当于 1 mgNaCN。

A.1.3 滴定

A.1.3.1 取 10 mL 试液 V_0 于 100 mL 锥形瓶或烧杯中，加 5%碘化钾溶液 5 滴，用硝酸银标准液滴定至黄色浑浊出现为终点。滴定所消耗的硝酸银标准液的毫升数 V_1。

A.1.3.2 取 10 mL 试液 V_0 于 100 mL 锥形瓶或烧杯中，加 1%罗丹宁（试银灵）溶液 5 滴，用硝酸银标准液滴定至玫瑰红色出现为终点。滴定所消耗的硝酸银标准液的毫升数 V_1。

A.1.4 结果计算

见式（A.1）。

$$\rho_{NaCN} = \rho_0 V_1 / V_0 \quad \cdots\cdots (A.1)$$

式中：

ρ_{NaCN}——氰化钠的质量浓度，单位为毫克每毫升（mg/mL）；

ρ_0——硝酸银标准液的当量浓度，单位为毫克每毫升（mg/mL）；

V_1——滴定所消耗的硝酸银标准液，单位为毫升（mL）；

V_0——试液体积，单位为毫升（mL）。

A.2 氧化钙浓度的测定

A.2.1 方法原理

试液中的碱度主要来源于游离氰化物和氧化钙，保护碱是指游离氧化钙的含量，因此测定时应先用硝酸银把游离氰化物的碱性消除，然后用酚酞做指示剂，用草酸滴定氧化钙。反应式如下：

$$AgNO_3 + 2NaCN = NaAg(CN)_2 + NaNO_3$$

$$H_2C_2O_4 \cdot 2H_2O + CaO = CaC_2O_4 + 3H_2O$$

A.2.2 草酸标准溶液的配制和标定

称取 2.241 g 草酸，溶于 100 mL 蒸馏水中，移入 1000 mL 容量瓶中并稀释至刻度，摇匀。此溶液 1 mL 约相当于 1 mgCaO。

A.2.3 滴定

A.2.3.1 将测定 NaCN 后的试液（A.1.3）加入 1%的酚酞指示剂 2～3 滴，用草酸标准液滴定至粉色消失即为终点。所消耗的草酸标准液的毫升数 V_2。

A.2.3.2 取 10 mL 试液 V_0 于 100 mL 锥形瓶或烧杯中，加入 1%的酚酞指示剂 2～3 滴，用草酸标准液滴定至粉色消失即为终点。所消耗的草酸标准液的毫升数 V_2。

A.2.4 结果计算

见式(A.2)。

$$\rho_{CaO}=\rho_0 V_2/V_0 \quad \cdots\cdots (A.2)$$

式中：

ρ_{CaO}——氧化钙的质量浓度，单位为毫克每毫升(mg/mL)；

ρ_0——草酸标准液的当量浓度，单位为毫克每毫升(mg/mL)；

V_2——滴定所消耗的草酸标准液，单位为毫升(mL)；

V_0——试液体积，单位为毫升(mL)。

ICS 77.150.01
D 46

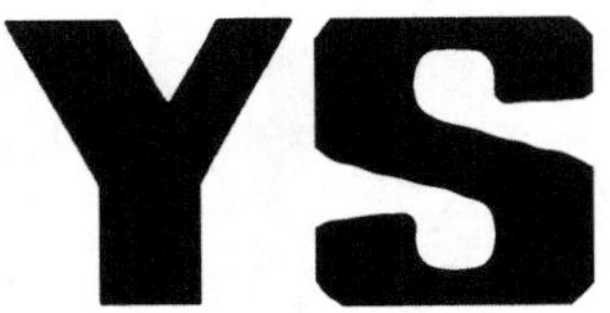

中华人民共和国黄金行业标准

YS/T 3023—2014

金矿石相对可磨度测定方法

Test method of relative grindability of gold ore

2014-10-14 发布　　2015-04-01 实施

中华人民共和国工业和信息化部　发布

前　言

本标准按照 GB/T 1.1—2009 给出的规则起草。

本标准由中国黄金协会提出。

本标准由全国黄金标准化技术委员会(SAC/TC 379)归口。

本标准起草单位:长春黄金研究院、中国黄金集团公司夹皮沟矿业有限公司、紫金矿业集团股份有限公司、长春黄金设计院。

本标准主要起草人:孙洪丽、岳辉、张清波、赵俊蔚、郑晔、柏文善、廖占丕、张河、赵国惠、郑艳平、陈晓飞、王忠敏、鲁军、孙忠梅、廖德华。

金矿石相对可磨度测定方法

1 范围

本标准规定了金矿石相对可磨度的测定方法。

本标准适用于金矿石相对可磨度的测定。

2 规范性引用文件

下列文件对于本文件的应用是必不可少的。凡是注日期的引用文件，仅注日期的版本适用于本文件。凡是不注日期的引用文件，其最新版本(包括所有的修改单)适用于本文件。

GB/T 6003.1 试验筛 技术要求和检验 第1部分：金属丝编织网试验筛

DZ/T 0118 实验室用标准筛振荡机技术条件

DZ/T 0193 实验室用240×90锥形球磨机技术条件

YS/T 3002 含金矿石试验样品制备技术规范

3 术语和定义

下列术语和定义适用于本文件。

3.1 矿石可磨度 grindability of ore

矿石在指定磨矿条件下被磨碎的难易程度。

3.2 相对可磨度 relative grindability

已知可磨度的某标准矿石与待测矿石在同样测定方法和测定条件下获得的可磨度值的比值，用 K 表示。

3.3 标准矿石 standard ore

为待测矿石选择磨机提供参照的矿石，本文件确定标准矿石为夹皮沟矿石。附录A给出了夹皮沟金矿的磨机型号和生产能力。

4 方法原理

通过已知可磨度的某标准矿石与待测矿石在同样测定方法和测定条件下获得的可磨度值的比值来表示该待测矿石被磨碎的难易程度。

5 仪器和设备

5.1 实验室球磨机：符合DZ/T 0193。

选用XMQ-Φ240×90锥形球磨机，有效容积为6.25 L，工作转速96 r/min，钢球为滚珠轴承用球，最大装球量11.15 kg，钢球级配：Φ30 mm17个、Φ25 mm69个、Φ20 mm144个。

5.2 标准筛：符合GB/T 6003.1。

5.3 标准振筛机：符合 DZ/T 0118。

5.4 称量设备：最大称量 2000 g，精度 0.1 g。

6 试验样品制备

6.1 按照 YS/T 3002 制备样品，样品粒度为小于 2 mm。

6.2 将样品(6.1)中 0.15 mm 以下的细粒筛除。

6.3 将样品(6.2)制备为每份 500 g 的试验样品。

7 测定方法

7.1 取数份试验样品(6.3)，在磨矿浓度为 50%的条件下，按照表 1 中给出的磨矿时间，使用实验室球磨机(5.1)进行磨矿。

7.2 将各份磨矿产品分别用 0.074 mm 的标准筛筛分，对筛上产品称量。

7.3 计算待测矿石在不同磨矿时间条件下，细度小于 0.074 mm 的产品质量占总质量的质量分数，填写于表 1。

表 1 金矿石可磨度测定-筛分结果表

磨矿时间 min	质量分数[a]/%	
	标准矿石	待测矿石
0	0.00	
3	34.67	
5	52.38	
8	73.83	
10	84.12	
13	93.30	
15	96.46	
18	98.64	
20	99.19	
23	99.76	

[a] 指细度小于 0.074 mm 的产品质量占总质量的质量分数。

7.4 根据筛分结果绘出磨矿时间与各产品中筛下(或筛上)级别累积产率的关系曲线，标准矿石可磨度曲线参见图 1。

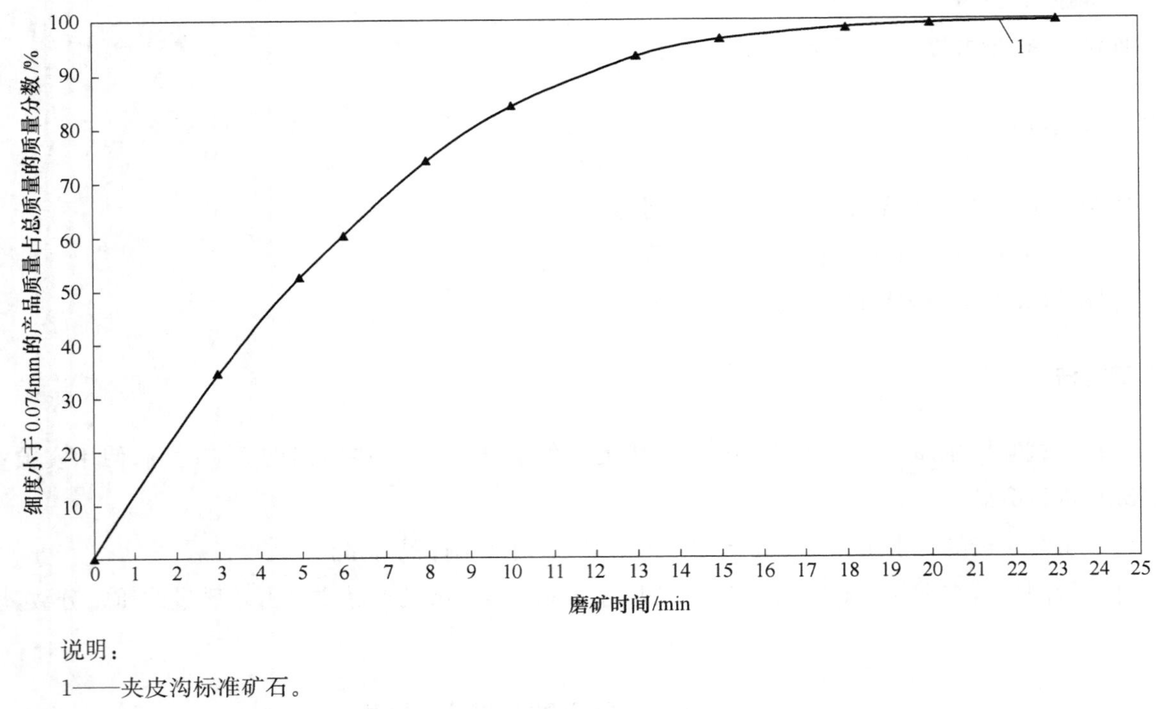

说明：

1——夹皮沟标准矿石。

图1　夹皮沟标准矿石可磨度曲线图

7.5　在可磨度曲线上，找出为将试验样品磨到所要求的细度时的磨矿时间 t 和将标准矿石磨到相同细度时的磨矿时间 t_0。

8　结果计算

按照式(1)计算金矿石的相对可磨度：

$$K=\frac{t_0}{t} \qquad (1)$$

式中：

K——测定矿石的相对可磨度，计算数值保留到小数点后2位；

t_0——标准矿石磨到所要求的细度所需要的磨矿时间，单位为秒(s)；

t——测定矿石磨到所要求细度所需要的磨矿时间，单位为秒(s)。

9　相对可磨度 K

若 $K<1$，则表示该测定矿石比标准矿石难磨，K 值越小表示该测定矿石比标准矿石越难磨；若 $K>1$，则表示该测定矿石比标准矿石易磨，K 值越大表示该测定矿石比标准矿石越易磨；若 $K=1$，则表示该测定矿石和标准矿石的可磨度一致。

附　录　A
（资料性附录）
夹皮沟金矿的磨机型号和生产能力

夹皮沟金矿的一段球磨机规格为溢流型 Φ3200 mm×4500 mm，有效容积 31 m^3。球磨机给矿粒度小于 14 mm，给矿量 50 t/(台·h)。按新生成小于 0.074 mm 粒级计算，球磨机的生产能力为 0.887 t/(m^3·h)（采样时测定计算的数值）。

第二篇　安全生产

ANQUAN SHENGCHAN

ICS 77.120.99
D 46

中华人民共和国黄金行业标准

YS/T 3017—2012

黄金工业用固体氰化钠安全管理技术规范

Technical specification for safety management of solid sodium cyanide in gold industry

2012-12-28 发布　　2013-06-01 实施

中华人民共和国工业和信息化部　发布

前　言

本标准按照 GB/T 1.1—2009 给出的规则起草。

本标准由中国黄金协会提出。

本标准由全国黄金标准化技术委员会(SAC/TC 379)归口。

本标准起草单位:长春黄金研究院、紫金矿业集团股份有限公司、贵州金兴黄金矿业有限责任公司。

本标准主要起草人:吴铃、张清波、李延吉、李哲浩、梁春来、孙发君、谢天泉、丁成、高飞翔、楚金澄、乔瞻、邱陆明、王正相。

黄金工业用固体氰化钠安全管理技术规范

1 范围

本标准规定了黄金工业用固体氰化钠安全管理的基本要求，以及固体氰化钠储存、使用、职业卫生、消防、事故应急处理等方面的要求。

本标准适用于使用固体氰化钠的黄金生产企业安全管理以及安全评价。

2 规范性引用文件

下列文件对于本文件的应用是必不可少的。凡是注日期的引用文件，仅注日期的版本适用于本文件。凡是不注日期的引用文件，其最新版本(包括所有的修改单)适用于本文件。

GB 2894 安全标志及使用导则

GB 17916 毒害性商品储藏养护技术条件

GB 50140 建筑灭火器配置设计规范

AQ/T 9002 生产经营单位安全生产事故应急预案编制导则

危险化学品安全管理条例中华人民共和国国务院令第 591 号

3 基本要求

3.1 固体氰化钠使用企业应执行中华人民共和国国务院令第 591 号《危险化学品安全管理条例》。

3.2 企业主要负责人应对本企业氰化物的安全管理工作全面负责。企业应制定完善、健全的氰化钠安全管理规章制度。

3.3 固体氰化钠储存及使用场所应设专人管理，相关人员应经过专业培训，考试合格后持证上岗。

3.4 固体氰化钠应单独存放，储存及使用应执行双人保管、双人领取、双人使用、双把锁、双本账制度。

3.5 管理人员应对固体氰化钠的储存数量、流向和用途如实记录，严格执行固体氰化钠出入库制度，每月统计核实一次，当事人确认后签字，报企业主要负责人(或经企业主要负责人授权的企业安全主管部门)审核后备案。

3.6 氰化钠入库时，管理人员应严格检查送货人员的相关手续，应监督送货人员卸货时的安全行为，有权制止不安全行为。

3.7 无论任何人员，只有经过企业主要负责人(或经企业主要负责人授权的企业安全主管部门)审批后才允许进入氰化钠库房内，同时应严格履行氰化钠库房进出人员登记表签字手续。

3.8 管理人员及相关工作人员应采取个人防护措施，操作人员应配备有效的防毒面具、防护手套。

3.9 氰化钠库房及药剂间应设置正压式空气呼吸器、便携移动式洗眼器或清洗用水，并应配备充足有效的氰化钠中毒急救药品。

3.10 不应在储存与使用氰化钠的场所进食、饮水、吸烟。

3.11 氰化钠储存及使用场所均应设置清晰醒目的安全、警示标志，并应符合 GB 2894 的要求。

4 储存

4.1 储存固体氰化钠应符合 GB 17916 的要求。

4.2 氰化钠储存区应与办公区、辅助生产区、生活区隔离布置。

4.3 氰化钠储存库房应具备防盗功能，库房与药剂配备车间厂房应进行防水设计，地面应进行防滑、防渗设计，药剂配备槽周围应设置围堰、防渗地坑等设施。

4.4　氰化钠药剂配备车间应与氰化钠储存库房相连相通，药品入库及使用时应采用机械搬运。

4.5　氰化钠药剂摆放位置应高出地面至少 15 cm，宜采用木结构架。

4.6　氰化钠储存与使用场所应设置全覆盖面监控装置、通讯装置及报警装置，并保证各系统在任何情况下均应处于正常适用状态。监控资料应定期备份保存。

4.7　氰化钠储存与使用场所不应使用循环通风系统，应利用室外比较洁净的空气通风。进风口应在进人一侧底部，排气装置应在对面墙壁顶部。通风系统应进行自动化控制：无人员工作时，每小时通风一次，每次时间至少 5 min；有人员工作时，应连续通风，直至工作结束。

5　使用

5.1　固体氰化钠应采用 pH 大于 10 的碱性水溶液配制成溶液使用。

5.2　药剂配备槽大小应至少满足企业每日一次配药量需求，并预留 20% 余量。配药时间应在白天进行。

5.3　向药剂配备槽中添加固体氰化钠时，操作人员应佩戴安全防毒面具，带好防护手套，添加固体氰化钠时应缓慢操作，谨防溶液溅出药剂配备槽。

5.4　配制好的氰化钠溶液应采用无泄漏泵（自动化控制）输送至加药机中，无泄漏泵进液口管道应采用双阀控制（一个为调节阀，一个为安全阀）。

5.5　使用后的氰化钠包装容器应集中存放在氰化钠库房中统一保管，定期做无害化处理。

6　职业卫生

6.1　接触氰化物的工作人员应预先进行身体检查，氰化物敏感人群不应参与该项工作。

6.2　氰化钠储存区及使用区应设置值班室、更衣室、盥洗室。该区域内所有物品未经批准不允许带出。

6.3　应保持氰化钠储存区及工作场所干燥、清洁，车间地面应平整、防滑，易于清扫。发生污染后应立即将污染物收集、处置，再用清水擦洗。产生的含氰污水应给入生产系统，不允许外弃。

6.4　作业场所应通风良好，并应对氰化氢气体浓度进行监测，场所内应安装有毒气体报警器，控制空气中氰化氢气体浓度不超过 1.0 mg/m^3。

7　消防

7.1　固体氰化钠使用企业应按 GB 50140 的要求设置相应的消防器材。

7.2　存储与使用场所应设置消防通道、消防给水系统及固定灭火装置。

7.3　固体氰化钠储存场所不应使用酸、碱性灭火器或二氧化碳灭火器，应使用干粉或砂土，氰化钠使用场所还应设置雾状水设施。

8　事故应急处理

8.1　固体氰化钠使用企业应按 AQ/T 9002 的要求编制洪涝灾害、火灾爆炸、泄漏中毒等事故的应急救援预案。

8.2　固体氰化钠使用企业应建立应急救援组织，并配备应急救援人员和必要的应急救援器材。

8.3　固体氰化钠使用企业应配套发生事故或灾害时采取应急行动的设施。

ICS 77.120.99
D 46

中华人民共和国黄金行业标准

YS/T 3018—2013

金和合质金熔铸安全生产技术规范

Safety melting technical specification for gold dore and bullion production

2013-10-17 发布

2014-03-01 实施

中华人民共和国工业和信息化部 发布

前　言

本标准按照 GB/T 1.1—2009 给出的规则起草。

本标准由中国黄金协会提出。

本标准由全国黄金标准化技术委员会(SAC/TC 379)归口。

本标准起草单位:长春黄金研究院、招金矿业股份有限公司金翅岭金矿、紫金矿业集团有限公司、招金金银精炼有限公司、山东黄金集团公司、灵宝黄金股份有限责任公司、中国黄金集团夹皮沟矿业有限公司。

本标准主要起草人:赵俊蔚、郑晔、李学强、张绵慧、庄宇凯、邹来昌、王军强、廖占丕、宋耀远、姚福善、陈光辉、范卿、柏广善、刘亚建、赵明福、张河、徐忠敏、张毓芳、刘俊杰、郝福来、赵国惠、岳辉。

金和合质金熔铸安全生产技术规范

1 范围

本标准规定了金和合质金熔铸安全生产的要求。

本标准适用于金和合质金的熔铸。

本标准适用于中、高频炉。

2 规范性引用文件

下列文件对于本文件的应用是必不可少的。凡是注日期的引用文件，仅注日期的版本适用于本文件。凡是不注日期的引用文件，其最新版本(包括所有的修改单)适用于本文件。

GB/T 13861 生产过程危险和有害因素分类与代码

GB/T 14776 人类工效学 工作岗位尺寸 设计原则及其数值

GB 15630 消防安全标志设置要求

GB 18218 危险化学品重大危险源辨识

GB 50016 建筑设计防火规范

GB 50028 城镇燃气设计规范

GB 50034 建筑照明设计标准

GB 50140 建筑灭火器配置设计规范

GB 50187 工业企业总平面设计规范

GBJ 87 工业企业噪声控制设计规范

GBZ 1 工业企业设计卫生标准

GBZ 2(所有部分) 工作场所有害因素职业接触限值

GBZ/T 210.2 职业卫生标准制定指南 第2部分:工作场所粉尘职业接触限值

AQ 3022 化学品生产单位动火作业安全规范

AQ/T 9002 生产经营单位安全生产事故应急预案编制导则

3 危险源的辨识与风险评价、风险控制

企业应按照 GB/T 13861 和 GB 18218 对金和合质金熔铸工序进行危险源辨识与风险评价，制定和采取风险控制措施。附录A给出了熔铸生产危险源辨识与风险评价、风险控制表。

4 安全生产的基本要求

4.1 管理

4.1.1 应加强安全生产管理，制定和发布各项管理制度明确职责。

4.1.2 应鼓励和支持安全生产科学技术研究和安全生产先进技术的推广应用，提高安全生产水平。

4.1.3 采用新工艺、新技术、新材料或者使用新设备时，应了解、掌握其安全技术特性，采取有效的安全防护措施，并对从业人员进行专门的安全技术教育和培训。

4.1.4 特种设备应建立档案，并对特种设备定期检验，作业人员应按照国家有关规定经专门的安全作业培训，取得特种作业操作资格证书，方可上岗作业。

4.1.5 不得使用国家明令淘汰、禁止使用的危及生产安全的工艺、设备。

4.1.6 对重大危险源应当登记建档，进行定期检测、评估、监控，并制定应急预案，告知从业人员和相关人员在紧急情况下应当采取的应急措施。

4.1.7 应配置合格的劳动防护用品、应急救援药品、安全用品和安全设施。

4.1.8 应制定事故应急救援预案，并定期或不定期组织演练和评审，及时修订预案。

4.1.9 新建、改建、扩建项目的安全设施，应与主体工程同时设计、同时施工、同时投入生产和使用。应符合 GBZ 1 和 GBZ 2(所有部分)的规定。

4.2 人员

4.2.1 经职业安全卫生教育和技术培训，考核合格后方可上岗工作。

4.2.2 了解本岗位生产过程中可能存在与产生的危险和有害因素及重大危险源。

4.2.3 掌握必要的消防知识和消防器材的使用方法。

4.2.4 正确使用本岗位劳动防护用品、用具。

4.2.5 掌握事故应急处理和紧急救护的方法。

4.3 车间

4.3.1 工位器具、料箱实行定置摆放，工具使用完毕后按定置定位摆放到原位。

4.3.2 保持工作场所无垃圾，地面无积水、积油和障碍物，坑、池应设置盖板或护栏，保持通道畅通，防止操作时滑倒、绊倒。

4.3.3 特殊作业(维修、抢修、清池等)应设置安全警示标志。

4.3.4 人行道宽度不宜小于 0.75 m，应符合 GB 50187 的规定。

4.3.5 厂房安全出口不得少于 2 个，工作期间不得上锁。疏散通道应有明显逃生标志，疏散通道的楼梯最小宽度不少于 1.1 m，确实达不到 1.1 m 的，须有第二条逃生通道，应符合 GB 50016 的规定。

4.3.6 沿人行通道两边不得有突出或锐边物品。

4.3.7 外来参观人员需符合参观安全着装要求、由陪同人员带领下才能进入车间；禁止进入生产作业区参观。

4.4 设备

应定期对设备进行检修和保养等工作，保持设备与附属设施齐全完好。

4.5 能源系统

供电、供气、供水应符合设计规范。设置备用电源，防止电源故障造成生产事故，设置储水箱，保证生产和安全用水。

4.6 照明

照明应符合 GB 50034 的规定。

4.7 通风、温度

熔铸属高温作业，应做好通风、降温工作，避免中暑，应符合 GBZ1 的规定。

4.8 除尘

应配备收尘装置，符合 GBZ/T 210.2 的规定。

4.9 噪声

噪声要求应符合 GBJ 87 的规定。

4.10 设备设施布局

4.10.1 设备设施与墙、柱间以及设备设施之间应留有足够的距离，或安全隔离。

4.10.2 各种操作部位、观察部位应符合人机工程的距离要求，应符合 GB/T 14776 的规定，并具备职业病危害因素的防护设备和设施。

4.11 安全消防设施

4.11.1 消防设施和消防通道应符合 GB 50140 的规定。

4.11.2 消防器材和防火部位应设置明显消防标志，应符合 GB 15630 的规定。

4.11.3 各种设备的安全装置，应齐全有效。

5 熔铸安全操作技术

5.1 准备工作

5.1.1 检查各种仪表、线路、设备，确保所有设备正常。

5.1.2 确保炉内和坩埚干燥、无水分，坩埚完好无损。

5.1.3 检查和备好工器具。

5.1.4 佩戴防护用品，防止热辐射、高频辐射和烫伤，防止烟尘与有毒气体伤害。

5.1.5 开启通风和收尘装置。

5.1.6 模具应预热，用乙炔对模具进行熏灰时，乙炔瓶应控制压力，乙炔割嘴不准对人点火。操作应符合 AQ 3022 的规定。

5.2 原料和辅料

5.2.1 所加原料及辅料应保持干燥。

5.2.2 加入原料前，应检查原料有无杂物，可能产生爆炸或有毒气体的原料不得直接加入。

5.2.3 搬运需熔铸的合质金锭时，应注意防止毛刺划伤和金锭掉落砸伤。

5.3 炼金炉升温

5.3.1 严格按照炼金炉操作程序开启炼金炉。

5.3.2 密切注意冷却水循环系统情况，不得断水，冷却水温不得超过 40 ℃。

5.4 入炉

5.4.1 物料入炉时应关闭电源，防止触电。

5.4.2 使用干燥的操作工具。

5.4.3 投料时，每次投料量不可超过坩埚容量的三分之二。

5.5 熔炼

5.5.1 升温时应逐渐加大功率，防止过压、过流、过载。

5.5.2 熔炼中应密切注意电压、电流、功率情况，保证熔炼正常进行。

5.5.3 严格按规定控制熔炼时间。

5.6 浇铸

5.6.1 熔液的温度不宜高于 1300 ℃。

5.6.2 浇铸时，应控制熔液流量的大小，防止飞溅。

5.6.3 浇铸保温工作应严格按照操作规范进行。

5.7 收尾工作

5.7.1 浇铸完毕清理设备、器具或炉渣时，要防止烫伤。

5.7.2 待炉体冷却后，再关闭冷却水循环系统，工作结束关闭通风和收尘装置。

6 特种作业安全操作技术

6.1 易燃易爆气体

6.1.1 氧气瓶与乙炔气瓶间距不小于 5 m，二者与动火作业地点均不小于 10 m，应符合 AQ 3022 的规定。

6.1.2 氧气瓶切勿靠近热源，禁止接触油脂，禁止日光曝晒，安全附件应齐全良好，搬运时严禁碰撞。

6.1.3 燃气的安装应符合 GB 50028 的规定，使用应符合 AQ 3022 的规定。

6.2 电气

6.2.1 电气检修应由专业电气人员实施。

6.2.2 检修时，不论检修时间长短，应断电且挂好“禁止合闸”警示牌，并由专人监护。

6.2.3 启动备用设备时，应对电器设备及线路做详细检查、测定，确定无问题后方可送电。

7 应急作业

企业熔炼车间应按照 AQ/T 9002 要求，结合企业的具体情况，制定切实可行的各类事故应急预案，至少应包括：

1）《停电应急预案》；

2）《停水应急预案》；

3）《坩埚泄漏应急预案》；

4）《天然气泄漏、爆炸应急预案》；

5）《火灾、爆炸应急预案》。

附　录　A
（资料性附录）
危险源辨识、风险评价和风险控制表

表 A.1　危险源辨识、风险评价和风险控制表

序号	作业场所或类别	作业活动	危险因素	可能导致的事故	可能伤及的人员或设备	危险级别	风险控制措施
1	准备工作	搬运合质金锭	划伤手指、金锭砸伤	划伤、砸伤	操作人员	稍有危险	提高安全防范意识
2		模具熏灰	氧气瓶、乙炔瓶、动火点三者之间距离不足	爆炸	现场人员	显著危险	制定应急预案，按规程操作
3			操作不当	烫伤		一般危险	提高安全意识，持证作业，按规程操作
4	炼金炉升温和加料作业	入炉	未关闭电源、工具潮湿	触电		一般危险	提高安全意识
5			加湿料	物料喷溅、烫伤		一般危险	按工艺操作规程执行
6			坩埚潮湿	喷溅、烫伤		一般危险	提高安全意识
7		炼金炉升温	冷却水循环系统故障	炼金炉损坏	炼金炉	一般危险	按炼金炉操作规程执行
8	熔炼	熔炼作业	熔液长时间高温	坩埚、炉体损坏	坩埚、炼金炉	一般危险	提高安全意识
9			电压、电流异常	炼金炉损坏	炼金炉	一般危险	按炼金炉操作规程执行
10			机器运转	噪声	作业人员	稍有危险	加强防护，提高安全意识
11			炼金炉	热辐射		稍有危险	加强防护，提高安全意识
12			高温熔液外泄	烫伤		显著危险	制定应急预案，按规程操作
13			有毒烟尘	职业病		一般危险	加强防护，提高安全意识
14			环境高温	中暑		一般危险	防暑降温，个体防护
15	浇铸	浇铸作业	熔液温度过高	模具损坏	模具	稍有危险	提高安全意识
16			天然气、煤气	爆炸	现场人员	显著危险	制定应急预案，按规程操作
17	浇铸	浇铸作业	地面不整洁	跌倒、烫伤	作业人员	一般危险	提高安全意识
18	收尾	清理设备、器具或炉渣	设备、器具或炉渣未冷却	烫伤	作业人员	稍有危险	加强防护，提高安全意识
19		提前关闭冷却水循环系统	炉体未冷却	炼金炉损坏	炼金炉	一般危险	按炼金炉操作规程执行

ICS 77.150.01
D 46

中华人民共和国黄金行业标准

YS/T 3019—2013

氰化堆浸提金工艺安全生产技术规范

The safety technical specification for gold heap leaching process

2013-10-17 发布　　2014-03-01 实施

中华人民共和国工业和信息化部　发布

前　言

本标准按照 GB/T 1.1—2009 给出的规则起草。

本标准由中国黄金协会提出。

本标准由全国黄金标准化技术委员会(SAC/TC 379)归口。

本标准起草单位:长春黄金研究院、紫金矿业集团股份有限公司、北京轩昂环保科技股份有限公司

本标准主要起草人:郝福来、邹来昌、高金昌、廖占丕、张清波、赵义武、蓝选庆、赵跃、梁春来、巫銮东、崔广宇、孙忠梅、鲁军、谢天泉、王芳、孙璐。

氰化堆浸提金工艺安全生产技术规范

1 范围

本标准规定了氰化堆浸提金工艺安全生产的基本要求和作业技术。

本标准适用于氰化堆浸提金工艺的生产及现场试验。

2 规范性引用文件

下列文件对于本文件的应用是必不可少的。凡是注日期的引用文件，仅注日期的版本适用于本文件。凡是不注日期的引用文件，其最新版本(包括所有的修改单)适用于本文件。

GB 2894 安全标志及其使用导则

GB 8978 污水综合排放标准

GB/T 12801 生产过程安全卫生要求总则

GB/T 13861 生产过程危险和有害因素分类与代码

GB 18218 危险化学品重大危险源辨识

GB 18597 危险废物贮存污染控制标准

AQ/T 9002 生产经营单位安全生产事故应急预案编制导则

3 术语和定义

下列术语和定义适用于本文件。

3.1 堆浸 heap leaching

将矿石或含矿废渣直接或经破碎、造粒之后，在准备好的不透水的基底之上筑成矿堆，使含浸取剂溶液在矿堆中渗透，溶解目标组分，收集浸取液并回收目标组分的工艺过程。

3.2 基底 heap-leach pad

喷淋浸出堆场经过防渗处理后形成的堆浸场防渗层。

3.3 浸取剂 leaching reagent

为从矿石中有效浸出目标组分而采用的特定药剂。

注：在氰化堆浸提金工艺中“目标组分”指金，“特定药剂”指氰化钠。

3.4 浸取液 leaching solution

含浸取剂且在矿堆内流动并能与矿石目标组分发生化学反应的溶液。

3.5 关闭作业 closure

对达到服务年限的矿山、废石堆、堆浸的渣堆进行处理，使其贮存状态达到相关环保要求，很少或不需要长期进行监督和维护所采取的行动。

4 危险源的辨识与风险评价、风险控制

企业应按照 GB/T 13861 和 GB 18218 的规定对氰化堆浸提金工艺进行危险源辨识与风险评价，制定和采取风险控制措施。

5 安全生产基本要求

5.1 管理

5.1.1 氰化堆浸提金的安全管理程序与技术要求必须符合国家相关法规与标准的规定。

5.1.2 氰化堆浸的安全保护设施应与主体工程同时设计、同时施工、同时运行。

5.1.3 在进行氰化堆浸时，应充分考虑“三废”治理与安全环保问题。

5.1.4 应建立安全生产及关闭作业之后的质量保证体系，针对可能发生影响安全生产的意外事故按照AQ/T 9002的有关规定编制应急事故处理预案，至少应包括：

a) 《停电应急预案》；

b) 《防洪应急预案》；

c) 《基底泄漏应急预案》；

d) 《储液池、防洪池、事故池泄漏应急预案》；

e) 《氰化钠泄漏应急预案》。

5.1.5 进行氰化堆浸现场试验、生产的单位应编制《环境影响评价报告》及《安全分析报告》。

5.1.6 堆浸现场配置的劳动防护用品、安全用品和安全设施应符合国家相关法规的规定。

5.1.7 氰化堆浸生产单位应建立健全工作人员职业健康安全管理体系。

5.2 人员

5.2.1 从事氰化堆浸作业的从业人员必须经过培训、考核后，持证上岗工作，并需按规定正确佩戴和使用劳动防护用品。

5.2.2 操作人员应严格按企业制定的各环节操作规程进行正确操作。

5.2.3 操作人员应经常进行巡检并详细记录运行参数，发现重大问题应及时向主管部门报告。

5.2.4 操作人员应掌握事故应急处理和紧急救护的方法。

5.3 设备

5.3.1 氰化堆浸提金工艺过程中，应合理选择流程、设备和管道结构及材料，防止物料外泄造成危害。

5.3.2 具有化学灼伤或剧毒危害的作业应尽量采用机械化、管道化和自动化，并安装必要的信号报警和保险装置，并在危险作业点装设防护设施。

5.3.3 输送、喷淋管路及其附属装置的结构、抗腐蚀性和强度，应与所输送物质的特性和工作条件相符，防止破损而泄漏输送液。

5.4 能源系统

供电、供水、供气应符合相关规范。并设置备用电源、备用水源，保证生产和安全用水。

6 安全生产作业技术

6.1 一般要求

6.1.1 应根据设计要求和各设施的运行特点编写运行操作规程。

6.1.2 应对堆浸场地采取必要的防护及封闭措施，保证生产安全，生产过程的安全卫生应符合GB/T 12801的有关规定。

6.1.3 氰化堆浸作业场所应设置警示标志并符合GB 2894的有关规定。

6.1.4 氰化堆浸作业场所应设置冲洗设施、防护急救专柜和应急撤离通道。

6.1.5 对防护设备、应急救援设施和个人使用的防护用品，应当进行经常性的维护、检修，定期检测其性能和效果，确保其处于正常状态。

6.2 场地建设

6.2.1 堆浸场地的设计和建设应符合水文、地质工程稳定性要求。

6.2.2 堆浸场地内的储液池、防洪池和事故池的设置应符合安全生产要求，并在各池外围设置安全护栏，挂设明显的警示标志，保障生产安全。

6.2.3 水源的选取应避开危险污染源。

6.2.4 场区道路应根据交通、消防和分区要求合理布置，保持畅通。

6.3 基底建设

6.3.1 堆浸场使用的防渗材料应具有优良的尺寸稳定性、抗穿刺性、耐腐蚀性及环境耐受性，渗透系数应不大于 10^{-7} m/s。

6.3.2 基底在建设过程中，应防止因任何装卸、高温、机械或其他因素所致的基底破坏。

6.3.3 基底建设完成后，应严格按设计要求铺设保护层进行保护，防止筑堆时矿石刺穿防渗材料。

6.3.4 企业在生产过程中应通过观测堆场定点位置矿堆边坡角度变化及矿堆流入流出液体积变化情况对基底稳定性进行监测。

6.4 矿石破碎筑堆

6.4.1 矿石破碎作业的通风除尘及设备配置应符合国家有关要求，保证生产安全。

6.4.2 矿石破碎粒度应根据设计要求进行破碎，避免矿石粒度过细进而影响矿堆的渗透性。

6.4.3 矿石筑堆高度应根据矿石性质、破碎粒度在保证渗透性的前提下确定，防止矿堆堆筑过高发生滑坡事故。

6.4.4 矿石筑堆过程中宜采用机械化设备进行，防止矿堆压实造成矿堆渗透性下降，影响安全生产。

6.4.5 矿石筑堆完成后，若矿堆表层较为硬、实，宜对矿堆表层进行松动处理，保证表层的渗透性。

6.4.6 堆场外围 2 m～5 m 处应设置防护设施和安全警示标识，保证生产安全。

6.5 管路铺设

6.5.1 喷淋管路的阀门及管道连接处应采取密封措施和防漏装置，防止喷淋液的跑、冒、滴、漏。

6.5.2 输送管路的支撑应根据管路内充满输送介质的横向载重、管路外部所必须添加的隔温层和由于管路受热变形而产生的应力确定，防止输送管路因支撑缺陷而断裂。

6.5.3 气候寒冷的地区，输送及喷淋设施宜采取必要的防冻措施。

6.6 矿堆喷淋

6.6.1 矿石筑堆完成后应首先对矿堆进行润湿、洗涤，当矿堆达到饱和状态之后即可停止洗矿，添加浸取液进行喷淋作业。

6.6.2 浸取液的配制应在通风条件良好的场地进行，根据工艺操作规程进行配制，保证生产安全。

6.6.3 矿堆喷淋应根据试验指标及实际情况确定喷淋强度和喷淋间隙，防止喷淋量过大而导致矿堆滑坡事故的发生。

6.6.4 喷淋过程中，操作人员应经常检查喷淋设施，出现问题及时排除。

6.6.5 宜对进入管路的浸取液进行过滤处理，防止管路及喷淋设施堵塞。

6.7 后续治理

6.7.1 废水产生量的控制及治理

6.7.1.1 应对整个工艺过程中的每个阶段进行分析，评估每一工艺过程所产生的废水及其影响，从工艺过程中减少废水的产生量。

6.7.1.2 宜采取清污分流等措施，减少废水排放量。

6.7.1.3 各液态流出物(包括工艺水、冲洗液、淋浴水、试验排放水、洗涤液)的处理宜考虑循环利用，提高废水复用率，减少废水外排量。

6.7.1.4 废水治理应符合 GB 8978 的相关规定。

6.7.2 固体废弃物的产生量控制及处置

6.7.2.1 应保证将固体废弃物置于适当的控制之下，并且不应滥用废石和尾矿。

6.7.2.2 应提高采矿与剥离的比值，减少废石产生量。

6.7.2.3 废石存放场地应设置拦石坝和防洪设施，防止流失。

6.7.2.4 氰化堆浸作业完成后，应对场地内的尾渣进行及时有效的治理，符合 GB 18597 的有关规定后方可卸堆堆存。

6.7.2.5 对固体废弃物应控制由于受到大气降水的淋滤作用而使地表水和地下水受到的污染。

6.7.2.6 长期贮存的废石场地的地质条件不能满足不透水的要求时，应采取防渗措施，并符合 GB 18597 的有关规定。

6.8 关闭作业

6.8.1 关闭作业的治理方案应做多方案技术论证和经济比较，经最优化分析，选择最佳的治理方案，确保环境安全。

6.8.2 关闭作业后的废石、堆浸场的废水流入环境时，应符合 GB 8978 的相关规定。

6.8.3 关闭作业后的废石场、堆浸场宜进行覆土植被或稳定化处理，消除对环境的影响。

7 环境监控设施

7.1 堆浸场建设前，应请有资质的单位根据工艺特点作出《环境影响评价报告》，然后在政府环保部门办理"环保立项"手续，以配合政府部门对相关设施进行监控、监测。

7.2 堆浸生产过程中应按《环境影响评价报告》要求设置相应的环保监测设施，用以监控污染情况。

7.3 堆浸企业应认真履行环保义务，做好监控、监测设施的配套完善工作。

ICS 77.150.01
D 46

中华人民共和国黄金行业标准

YS/T 3024—2016

金精炼安全生产技术规范

Technical specifications for safe operation of gold refining

2016-10-22 发布

2017-04-01 实施

中华人民共和国工业和信息化部 发布

前　言

本标准按照 GB/T 1.1—2009 给出的规则起草。

本标准由中国黄金协会提出。

本标准由全国黄金标准化技术委员会(SAC/TC 379)归口。

本标准起草单位:长春黄金研究院、紫金矿业集团股份有限公司、灵宝金源控股有限公司、长春黄金设计院。

本标准主要起草人:赵俊蔚、郑晔、梁春来、王安理、郝福来、岳辉、赵国惠、薛树彬、俸富诚、索天元、李健、张世镖、陆长龙、张明洋、雒彩军。

金精炼安全生产技术规范

1 范围

本标准规定了金精炼安全生产技术管理要求。

本标准适用于采用电解法或化学法(含氯化法)的金精炼企业安全生产管理。

2 规范性引用文件

下列文件对于本文件的应用是必不可少的。凡是注日期的引用文件,仅注日期的版本适用于本文件。凡是不注日期的引用文件,其最新版本(包括所有的修改单)适用于本文件。

GB 2811 安全帽
GB 2893 安全色
GB 2894 安全标志
GB 3095 环境空气质量标准
GB 5082 起重吊运指挥信号
GB 6067 起重机械安全规程
GB 6095 安全带
GB 8978 污水综合排放标准
GB 11984 氯气安全规程
GB 12348 工业企业厂界环境噪声排放标准
GB 15603 常用化学危险品贮存通则
GB 15630 消防安全标志设置要求
GB 16297 大气污染物综合排放标准
GB 17914 易燃易爆性商品储存养护技术条件
GB 17915 腐蚀性商品储存养护技术条件
GB 17916 毒害性商品储存养护技术条件
GB 18218 危险化学品重大危险源辨识
GB 18597 危险废物贮存污染控制标准
GB 50016 建筑设计防火规范
GB 50028 城镇燃气设计规范
GB 50034 建筑照明设计标准
GB 50058 爆炸和火灾危险环境电力装置设计规范
GB 50140 建筑灭火器配置设计规范
GB 50187 工业企业总平面设计规范
GB/T 13861 生产过程危险和有害因素分类与代码
GB/T 13869 用电安全导则
GB/T 14776 人类工效学 工作岗位尺寸 设计原则及其数值
GB/T 28001 职业健康安全管理体系 要求
GB/T 28002 职业健康安全管理体系 实施指南
GBZ 2 工作场所有害因素职业接触限值

GBZ/T 210.2　职业卫生标准制定指南　第2部分:工作场所粉尘职业接触限值

AQ 5202　电镀生产安全操作规程

AQ/T 3047　化学品作业场所安全警示标志规范

AQ/T 9002　生产经营单位安全生产事故应急预案编制导则

HG 30010　生产区域动火作业安全规范

YS/T 3018　金和合质金熔铸安全生产技术规范

生产经营单位安全培训规定　国家安全生产监督管理总局令第3号

特种设备安全监察条例　中华人民共和国国务院令第373号

特种作业人员安全技术培训考核管理规定　国家安全生产监督管理总局令第30号

危险化学品安全管理条例　中华人民共和国国务院令第591号

3　危险源的辨识与风险评价、风险控制

金精炼企业应按照GB/T 13861、GB 18218、GB/T 28001、GB/T 28002和其他国家相关法律法规要求进行危险源辨识与风险评价,制定和采取风险控制措施,填入附录A。

4　安全生产的基本要求

4.1　管理

4.1.1　企业应制定安全生产管理制度。

4.1.2　应鼓励和支持安全生产科学技术研究和安全生产先进技术的推广应用。

4.1.3　应制定安全操作规程(指导书)并严格执行。

4.1.4　应建立重大危险源档案,定期检测、评估、监控。

4.1.5　应制定事故应急救援预案,并组织演练、评审和改进。

4.1.6　采用新工艺、新技术、新材料或者使用新设备时,应了解、掌握其安全技术特性,采取有效的安全防护措施。

4.1.7　不应使用国家明令淘汰、禁止使用的工艺、设备。

4.1.8　应按照《生产经营单位安全培训规定》的相关要求,对企业全员开展职业安全教育和培训,合格后上岗。

4.1.9　应配置劳动防护用品、应急救援药品、安全用品和安全设施。

4.2　人员

4.2.1　了解本岗位生产过程中可能存在的危险有害因素及重大危险源。

4.2.2　掌握必要的消防知识和消防器材的使用方法。

4.2.3　正确使用劳动防护用品、用具。

4.2.4　掌握事故应急处理和紧急救护的方法。

4.3　工作场所

4.3.1　厂房安全出口工作期间不得上锁。疏散通道应有明显逃生标志,疏散通道应符合GB 50016的规定。

4.3.2　人行道宽度应符合GB 50187的规定。

4.3.3　工作场所应按GB 2894、AQ/T 3047的要求设置安全标志,建(构)筑物及设备的安全色应符合GB 2893的要求。

4.3.4　特殊作业(维修、抢修、清池等)应设置安全警示标志。

4.3.5　工位器具、料箱应定置摆放。

4.3.6　工作场所应保持清洁、通道畅通。

4.4 设备设施布局

4.4.1 设备设施与墙、柱间以及设备设施之间应留有足够的安全距离。

4.4.2 各种操作部位、观察部位应符合 GB/T 14776 的规定，并具备职业病危害因素的防护设备和设施。

4.5 设备

电气设备与电力装置应符合 GB 50058 的要求。应定期对设备进行检修和保养，保持设备与附属设施功能完好。

4.6 能源系统

供电、供气、供水应符合设计规范。应设置备用电源和储水箱。

4.7 照明

照明应满足正常作业的照明需要，重要设备、重要部位、安全通道、安全设施处应按照 GB 50034 的规定设置应急照明。

4.8 职业健康

企业应遵守《中华人民共和国职业病防治法》和职业卫生监督相关法律法规的要求，工作场所应符合 GBZ 2、GBZ/T 210.2 的规定，定期进行职业病危害因素检测和评价。

4.9 环境保护

应符合 GB 3095、GB 8978、GB 12348、GB 18597、GB 16297 及有关的法律法规的规定，并应符合企业所在地环境保护要求。

4.10 特种作业

4.10.1 特种设备应规范管理，符合《特种设备安全监察条例》及其他相关规定。

4.10.2 特种设备应建立档案，并由专业厂家生产、安装、维修。检验合格取得安全使用证或安全标志后方可投入使用，并定期检验。

4.10.3 特种作业人员应按照《特种作业人员安全技术培训考核管理规定》，经培训取得特种作业操作资格证书后方可上岗作业，并应按要求定期进行复审。

4.11 电气

4.11.1 电气检修应由专业电气人员实施。

4.11.2 检修时应断电并挂好警示牌，应设专人监护。

4.11.3 启动备用设备时，应对电器设备及线路进行详细检查、测定，确定无问题后方可送电。

4.11.4 电气安全操作应符合 GB/T 13869 的要求。

4.12 吊装作业

吊装机具的安全性、选用、设置、安装与拆卸、操作、检查、维护与修理、使用状态安全评估等要求，应符合 GB 6067 和 GB 5082 的规定。

4.13 高处作业

4.13.1 进行高处作业前应针对作业内容进行危险辨识，制定相应的作业程序及安全措施。

4.13.2 高处作业人员应穿戴符合国家标准的劳动保护用品，安全带符合 GB 6095 的要求，安全帽符合 GB 2811 的要求。

4.13.3 高处作业使用的材料、器具、设备应符合有关安全标准要求。

4.14 动火作业

4.14.1 建立动火作业安全管理规定，规范使用电焊、气焊(割)、喷灯、电钻、砂轮等可产生火焰、火花和炽热表面的非常规作业操作。

4.14.2 应固定动火区，设置专人监督和管理。

4.14.3 生产区域动火作业应符合 HG 30010 的有关规定。

4.15 易燃易爆气体

安装应符合 GB 50028 的规定,使用应符合 HG 30010 的规定。

4.16 危险化学品

4.16.1 应严格执行国务院颁发的《危险化学品安全管理条例》规定,制定安全可靠的管理规定。

4.16.2 储存应符合 GB 15603、GB 17914、GB 17915、GB 17916 的规定。

4.16.3 应定期检查设备和管路。

4.17 安全和消防设施

4.17.1 应配备应急喷淋装置,剧毒品使用场所应配备解毒设施。

4.17.2 消防设施和消防通道应符合 GB 50140 的规定。

4.17.3 消防器材和防火部位应设置明显消防标志,应符合 GB 15630 的规定。

4.17.4 设备的安全装置,应齐全有效。

5 安全操作技术

5.1 准备工作

5.1.1 检查设施、设备及工器具。

5.1.2 佩戴防护用品。

5.1.3 开启通风、收尘和酸性气体中和装置。

5.1.4 炉料应保持干燥无水,无油污。

5.2 电解法

5.2.1 粗金熔融

a) 应确保炉衬完好无损。

b) 防止断水,发现停水立即停炉。

c) 控制炉体线圈的水温不应超过 55 ℃,其他循环水水温不应超过 35 ℃。

d) 应少量试探地向坩埚中添加物料。

e) 随时检查坩埚,有异常应停炉检查更换坩埚。

f) 坩埚钳、搅拌棒等不应接触铜线圈。

g) 应在炉体充分冷却后关闭冷却水。

5.2.2 粉化

a) 应保持漏包中液面处于适当的位置。

b) 粉化结束后应按操作规程关闭设备。

5.2.3 除杂

a) 将酸液打入储酸槽时应为负压操作。

b) 使用反应釜时,应打开通风阀门,保持釜内为负压。观望釜内应佩戴防毒口罩。

c) 除杂操作时,应先向反应釜中注水,开启搅拌桨,然后将粗金加入反应釜,再缓慢加酸。

d) 应注意观察,反应剧烈或液面升高将要冒釜时应立即停止加酸、搅拌、加热,必要时加凉水冷却。待反应平稳后再继续正常作业。

e) 反应釜液面应不超过釜下部高度的 2/3。

f) 应避免含金物料的跑、冒、滴、漏。

5.2.4 制备电解液

a) 按 5.2.3 给出的要求进行安全生产技术操作。

b) 向反应釜中加入适量水,开启搅拌桨,再将金粉小心加入反应釜中,先加入盐酸,再缓慢加入硝酸或其他氧化剂。

5.2.5 熔铸阳极

a) 用乙炔对阳极板模具进行熏灰时，应控制乙炔瓶压力，乙炔割嘴不准对人点火。应符合 HG 30010 的规定。

b) 按 5.2.1 给出的要求进行粗金熔融安全技术操作。

c) 待电炉中粗金充分熔化后，进行铸阳极板。浇铸时要掌握好浇注速度，减少迸溅。应符合YS/T 3018 的规定。

5.2.6 电解

应符合 AQ 5202 的规定。

5.2.7 铸锭

应符合 YS/T 3018 的规定。

5.3 化学法(氯化法)

5.3.1 粗金熔融

按 5.2.1 给出的要求进行安全生产技术操作。

5.3.2 粉化

按 5.2.2 给出的要求进行安全生产技术操作。

5.3.3 除杂

按 5.2.3 给出的要求进行安全生产技术操作。

5.3.4 溶金

a) 化学法

按 5.2.4 给出的要求进行安全生产技术操作。

b) 氯化法

氯气的储存与使用应符合 GB 11984 的规定，其他按 5.2.4 给出的要求进行安全生产技术操作。

5.3.5 还原

a) 打开反应釜通风阀门，保持釜内为负压。

b) 注意观察，缓慢添加还原剂，反应剧烈时，停止加入还原剂，必要时加凉水冷却。待反应平稳后再继续正常作业。

c) 按照工艺要求控制溶液的 pH 值和温度。

5.3.6 净化

净化洗涤操作应防止迸溅。

5.3.7 铸锭

应符合 YS/T 3018 的规定。

6 应急预案

企业精炼车间应按照 AQ/T 9002 的要求，结合企业的具体情况，制定切实可行的各类事故应急预案。

附 录 A
（资料性附录）
危险源辨识、风险评价和风险控制

危险源辨识、风险评价和风险控制见表 A.1。

表 A.1

序号	作业场所或类别	作业活动	危险因素	可能导致的事故	可能伤及的人员或设备	危险级别	风险控制措施

ICS 77.150.01
D 46

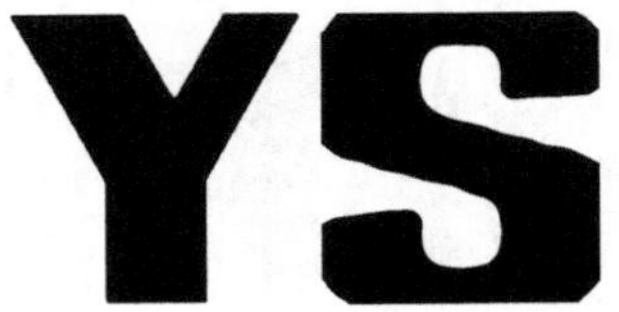

中华人民共和国黄金行业标准

YS/T 3025.1—2016

黄金选冶安全生产技术规范 第1部分:总则

Technical specifications for safe operation of mineral processing and metallurgy of gold
Part 1: General rules

2016-10-22 发布　　2017-04-01 实施

中华人民共和国工业和信息化部　发布

前　言

YS/T 3025《黄金选冶安全生产技术规范》分为 6 个部分：

——第 1 部分：总则；

——第 2 部分：氰化炭浆工艺；

——第 3 部分：氰化-锌粉置换工艺；

——第 4 部分：浮选工艺；

——第 5 部分：生物氧化工艺；

——第 6 部分：原矿焙烧工艺。

本部分为 YS/T 3025 的第 1 部分。

本部分按照 GB/T 1.1—2009 给出的规则起草。

本部分由中国黄金协会提出。

本部分由全国黄金标准化技术委员会(SAC/TC 379)归口。

本部分起草单位：长春黄金研究院、灵宝金源控股有限公司、招金矿业股份有限公司金翅岭金矿、长春黄金设计院、辽宁天利金业有限责任公司、贵州金兴黄金矿业有限责任公司。

本部分主要起草人：岳辉、郑晔、郝福来、张维滨、王安理、李学强、赵志新、武宏岐、孙洪丽、赵俊蔚、张广篇、陈晓飞、翁占平、徐忠敏、董德喜、施杰、郭葆元、霍明春、王伟。

黄金选冶安全生产技术规范 第1部分:总则

1 范围

本部分规定了黄金选冶企业安全生产的基本要求、通用工序及设备设施安全作业要求。

本部分适用于黄金选冶生产企业的生产、维护、检修中的安全生产管理。

2 规范性引用文件

下列文件对于本文件的应用是必不可少的。凡是注日期的引用文件,仅注有该日期的版本适用于本文件。凡是不注日期的引用文件,其最新版本(包括所有的修改单)适用于本文件。

GB 2811 安全帽

GB 2893 安全色

GB 2894 安全标志

GB 3095 环境空气质量标准

GB 4387 工业企业厂内铁路、道路运输安全规程

GB 5082 起重吊运指挥信号

GB 6067 起重机械安全规程

GB 6095 安全带

GB 6722 爆破安全规程

GB 8978 污水综合排放标准

GB 12348 工业企业厂界环境噪声排放标准

GB 15603 常用化学危险品贮存通则

GB 15630 消防安全标志设置要求

GB 16179 安全标志使用导则

GB 16297 大气污染物综合排放标准

GB 17914 易燃易爆性商品储存养护技术条件

GB 17915 腐蚀性商品储存养护技术条件

GB 17916 毒害性商品储存养护技术条件

GB 18218 危险化学品重大危险源辨识

GB 50016 建筑设计防火规范

GB 50034 建筑照明设计标准

GB 50140 建筑灭火器配置设计规范

GB 50187 工业企业总平面设计规范

GB/T 13861 生产过程危险和有害因素分类与代码

GB/T 13869 用电安全导则

GB/T 14776 人类工效学 工作岗位尺寸 设计原则及其数值

GB/T 14784 带式输送机安全规范

GB/T 28001 职业健康安全管理体系 要求

GB/T 28002 职业健康安全管理体系 实施指南

GBZ 1 工业企业设计卫生标准

GBZ 2　工作场所有害因素职业接触限值
AQ 2006　尾矿库安全技术规程
AQ/T 9002　生产经营单位安全生产事故应急预案编制导则
HG 30010　生产区域动火作业安全规范
YS/T 3018　金和合质金熔铸安全生产技术规范
YS/T 3024　金精炼安全生产技术规范
生产经营单位安全培训规定　国家安全生产监督管理总局令第3号
特种作业人员安全技术培训考核管理规定　国家安全生产监督管理总局令第30号
特种设备安全监察条例　中华人民共和国国务院令第373号
放射性同位素与射线装置安全和防护条例　中华人民共和国国务院令第449号
危险化学品安全管理条例　中华人民共和国国务院令第591号

3　危险源的辨识与风险评价、风险控制

企业应按照GB/T 13861、GB 18218、GB/T 28001、GB/T 28002和其他要求进行危险源辨识与风险评价，制定和采取风险控制措施，填入附录A。

4　安全生产的基本要求

4.1　管理

4.1.1　应遵守《中华人民共和国安全生产法》及相关法律法规，完善安全生产管理体系，落实安全生产责任制。

4.1.2　应加强安全生产管理，制定和发布各项管理制度明确职责。

4.1.3　应鼓励和支持安全生产科学技术研究和安全生产先进技术的推广应用，提高安全生产水平。

4.1.4　采用新工艺、新技术、新材料或者使用新设备时，应了解、掌握其安全技术特性，采取有效的安全防护措施。

4.1.5　不得使用国家明令淘汰、禁止使用的危及生产安全的工艺、设备。

4.1.6　对重大危险源应登记建档，定期检测、评估、监控，并制定应急预案。

4.1.7　应配置劳动防护用品、应急救援药品、安全用品和安全设施。

4.1.8　应制定事故应急救援预案，并组织演练、评审和改进修订。

4.1.9　新建、改建、扩建项目的安全设施，应与主体工程同时设计、同时施工、同时投入生产和使用。应符合GBZ 1和GBZ 2的规定。

4.1.10　应按照GB 2893、GB 2894和GB 16179的要求正确设置、使用安全色和安全标志。

4.1.11　应按照GB/T 13869的相关规定安全用电。

4.1.12　应对生产过程中的重要岗位和重要操作实施24 h闭路监控管理。

4.2　人员

4.2.1　按照《生产经营单位安全培训规定》的相关要求，对企业全员开展安全教育和培训。

4.2.2　经职业安全教育和技术培训，考核合格后方可上岗。

4.2.3　了解本岗位生产过程中可能存在与产生的危险和有害因素及重大危险源。

4.2.4　掌握必要的消防知识和消防器材的使用方法。

4.2.5　正确使用本岗位劳动防护用品、用具。

4.2.6　掌握事故应急处理和紧急救护的方法。

4.3　车间

4.3.1　工位器具、料箱实行定置摆放管理。

4.3.2 应保持工作场所清洁、通道畅通。

4.3.3 特殊作业(维修、抢修、清池等)应设置安全警示标志。

4.3.4 人行道宽度应符合 GB 50187 的规定。

4.3.5 厂房安全出口不得少于 2 个,工作期间不得上锁。疏散通道应有明显逃生标志,疏散通道应符合 GB 50016 的规定。

4.3.6 沿人行通道两边不得有突出或锐边物品。

4.3.7 应对外来参观或学习人员进行安全培训教育,并由专人陪同。

4.4 设备

4.4.1 生产现场设备设施要按照国家有关规定设置安全防护装置,不应擅自拆除和损坏。

4.4.2 用电设备应采用接地保护或接零保护。

4.4.3 主要生产设备设施应配置有紧急停车、监控报警、连锁、冷却、安全自动控制、防爆等系统和装置,应保证设备设施安全可靠。

4.5 设备设施布局

4.5.1 设备设施与墙、柱间以及设备设施间的距离要求应符合 GB/T 14776 的规定,并设有安全隔离装置。

4.5.2 各种操作部位、观察部位的人机工程距离要求应符合 GB/T 14776 的规定,并具备职业病危害因素的防护设备和设施。

4.6 能源系统

供电、供气、供水应符合设计规范。应设置备用电源和储水箱。

4.7 照明

工作照明应满足正常作业的照明需要,重要设备、重要部位、安全通道、安全设施处应按照 GB 50034 的规定设置应急照明。

4.8 职业健康

企业应遵守《中华人民共和国职业病防治法》和职业卫生监督相关法律法规的要求,工作场所应符合 GBZ 2 的规定,定期进行职业病危害因素检测和评价。

4.9 环境保护

应符合 GB 3095、GB 8978、GB 12348、GB 16297 及国家相关法律法规的规定。

4.10 特种作业

4.10.1 特种设备应规范管理,符合《特种设备安全监察条例》及其他相关规定。

4.10.2 特种设备需由专业厂家生产、安装、维修。检验合格取得安全使用证或安全标志后方可投入使用,并定期检验。

4.10.3 特种作业人员应按照《特种作业人员安全技术培训考核管理规定》,经培训取得特种作业操作资格证书后方可上岗作业,并应按要求定期进行复审。

4.11 吊装作业

吊装机具的安全性、选用、设置、安装与拆卸、操作、检查、维护与修理、使用状态安全评估等要求,应符合 GB 6067 和 GB 5082 的规定。

4.12 动火作业

4.12.1 建立动火作业安全管理规定,规范使用电焊、气焊(割)、喷灯、电钻、砂轮等可产生火焰、火花和炽热表面的非常规作业操作。

4.12.2 应固定动火区,设置专人监督和管理。

4.12.3 生产区域动火作业应符合 HG 30010 的有关规定。

4.13 高处作业

4.13.1 进行高处作业前应针对作业内容进行危险辨识,制定相应的作业程序及安全措施。

4.13.2 高处作业人员应穿戴符合国家标准的劳动保护用品，安全带符合 GB 6095 的要求，安全帽符合 GB 2811 的要求。

4.13.3 高处作业使用的材料、器具、设备应符合有关安全标准要求。

4.14 危险化学品储存与使用

4.14.1 危险化学品的管理应严格执行国务院颁发的《危险化学品安全管理条例》规定。

4.14.2 危险化学品的储存应符合 GB 15603、GB 17914、GB 17915、GB 17916 的规定。

4.14.3 使用危险化学品应制定安全可靠的管理规定。

4.15 放射源

安装、使用、维护、维修、管理放射性同位素检测和监测仪表设备，应严格遵守国务院《放射性同位素与射线装置安全和防护条例》的规定。

4.16 厂内运输

4.16.1 厂区内的运输车辆及驾驶员，应遵守《中华人民共和国交通法》及企业制定的交通安全管理制度。

4.16.2 应制定厂区内交通运输安全管理制度，符合 GB 4387 的规定。

4.17 消防设施

4.17.1 应按照《中华人民共和国消防法》、GB 50016 及 GB 50140 的规定配备消防设施。

4.17.2 消防器材和防火部位应设置明显消防标志，应符合 GB 15630 的规定。

5 安全作业要求

5.1 一般规定

5.1.1 运转设备的下列作业，应停车进行：

——处理故障；

——更换部件；

——局部调整设备部件；

——调整皮带松紧；

——清扫设备。

5.1.2 不应进入矿石流动空间。

5.1.3 进入停止运转的设备内部或上部前应切断电源，锁上电源开关，悬挂标志牌，并设专人监护。

5.1.4 取样点应设在安全的位置。

5.2 破碎与筛分

5.2.1 停车检查、处理故障时应遵守下列规定：

——应系长度只限到作业点的安全带；

——应配专人监护；

——应对矿槽壁上附着的矿块或可能脱落的矿泥进行预先处理。

5.2.2 采用爆破方法处理封、卡大块矿石时，应在安全管理人员现场安全确认后，由持有爆破证的专业人员按 GB 6722 的有关规定进行爆破作业。

5.2.3 应在固定格筛和破碎机受矿槽的周围设置栏杆，并悬挂安全标志。

5.2.4 破碎机无连续给矿设备时，铲运机或卸料卡车应在正常运转状态下给矿，或按设备运转规程操作，不应在停车状态下给矿。

5.2.5 应均匀给矿，不应超负荷作业。

5.2.6 应设置自动除铁控制装置，不能自动除铁时应停车处理，不应进入破碎腔。

5.2.7 不应在破碎腔上方窥视和作业。

5.2.8 调整圆锥破碎机排矿口时，应先用铅锤或其他工具测定，然后停车并切断电源，方可进行调整。若需进入机内测定排矿口时，应有必要的安全防护措施。

5.2.9 干式筛分应安装除尘装置，并在密封状态下作业，密封装置应设有检修和观察门洞。

5.2.10 筛子被压住时，应先停止给矿再停车，采用专用的器械压三角皮带处理。

5.3 皮带运输

5.3.1 皮带输送机运输应符合 GB/T 14784 的有关规定。

5.3.2 皮带输送机应有防止逆转、胶带撕裂、断带、跑偏的装置，及自动清理、密封除尘、电气联锁、紧急停车系统。

5.3.3 不应乘坐皮带输送机、不应跨越、穿越皮带和在皮带上行走。

5.3.4 不应触及运转皮带和旋转设备设施，不应在皮带运转中进行任何调整和清理作业。

5.3.5 带卸料小车的皮带输送机的轨道应有行程限位开关，并应保证灵敏可靠。应多人配合移动卸料小车。

5.3.6 应保持皮带廊、通道畅通。

5.4 磨矿与分级

5.4.1 应在检查磨矿系统整体防护措施完好和安全确认后启动磨矿机。

5.4.2 不应在运转中的磨矿机筒体两侧和下部穿行、逗留、工作或进入防护栏内；保持人孔门严密。

5.4.3 检修、更换磨矿机衬板应先固定筒体，机体内应无脱落物，通风充分，温度适宜。筒体内应使用安全行灯照明；盘车时应由专人指挥，确保筒体内无人，在电源开关处安排专人监护。

5.4.4 拆卸或紧固筒体、端盖螺栓时，使用气动扳手要两个人一组，相互配合，防止扳手滑落；使用大锤时应保证周边环境无人，应有防止砸伤、绞伤手脚及滑落摔伤等的安全措施。

5.4.5 处理磨矿机漏浆或紧固筒体螺钉时，应固定滚筒；若磨矿机严重偏心，应首先消除偏心，然后进行其他处理。

5.4.6 采用钢斗添加磨矿介质时，斗内磨矿介质面应低于斗的上沿；采用电磁盘添加时，吸盘下方不应有人。

5.4.7 处理分级设备的返砂槽堵塞时，不应攀踏在分级机、直线振动筛或其他设备上进行。

5.4.8 清除木屑等废渣时，不应站在分级设备溢流除渣筛上进行。

5.5 重选

5.5.1 螺旋溜槽应按适宜高度设分层操作平台。

5.5.2 不应在离心选矿机运转时打开设备观察转筒。

5.5.3 不应在摇床运转时踩踏床面。

5.6 浓密

5.6.1 浓密机顶部人行道和操作台应有牢固的铺板和栏杆，应经常检查和维护，不应在上面堆放工具和杂物。

5.6.2 设备传动部位的安全防护装置应保持完好可靠。非工作人员未经允许不应到浓密机上部活动。

5.6.3 浓密机的溢流槽外沿应设置安全栏杆。

5.6.4 清理溢流槽时应做好安全防护措施，在专人监护下采用专用工具进行作业。

5.6.5 清理浓密池时应做好安全防护措施，在专人监护下使用专用梯子进行作业。

5.6.6 放矿洞内应设照明装置，应确保底流排放管路及排放阀门完好。

5.6.7 停车前应加大底流泵排量、提高耙架。

5.6.8 浓密池边沿不允许人员行走、坐、站立。

5.7 供风供气

5.7.1 空压机应安设风压调节器、压力表、安全阀等安全调节装置，应定期检查、清洗、维修。

5.7.2 工作结束或进行机械检修时应放空储气罐的残余压力。

5.7.3 排水、排气时人员应侧身。

5.7.4 冬季寒冷地区较长时间停车，应待机器停车降温至室温后将冷却水全部排尽。

5.7.5 空气过滤器的吸风口距地面应设置安全距离，开车前应检查并清除吸风口处杂物。

5.7.6 风冷式空压机开机前应检查风扇皮带松紧是否适当；水冷式空压机应检查冷却系统是否正常。

5.7.7 风机室外进风口处应有防雨装置，确保周围空气含尘量少，空气过滤器安装稳固。

5.7.8 不应在设备运行中或设备有压力的情况下进行维修工作。

5.8 泵输送

5.8.1 泵池应设置有盖板、护栏。

5.8.2 启动前应确保砂泵、管路无漏浆或堵塞，逆止阀性能良好。

5.8.3 不应在设备运转过程中接触或跨越传动部分。

5.8.4 泵有异响、机电部分冒火花、发出异味、温度突然升高、电流和电压升高或降低时应立即切断电源。

5.8.5 应防止杂物掉入泵池；不应在泵运行时清理泵池；清理时要有安全保护；吊运安装或拆卸泵时应严格遵守吊装安全规程。

5.8.6 停泵前用清水将泵中矿浆冲洗干净，放空管路和砂泵中的矿浆，调好截止阀。

5.8.7 操作药剂泵、石灰乳泵作业时应穿戴专用劳动保护用品和防护镜。

5.9 冶炼

应符合标准 YS/T 3024《金精炼安全生产技术规范》和 YS/T 3018 的要求。

5.10 压滤

5.10.1 进料压力、压榨压力与进料温度不应超过设备规定范围，不应在压紧状态下再次启动压紧系统。

5.10.2 滤板密封面清除不净或滤板排列不整齐时，不应启动压紧动作。拉板过程中，不应将头和肢体伸入滤板间。

5.10.3 隔膜压滤机隔膜充气时，不应站在压滤机两侧，不应带压检修设备。

5.10.4 卸料前应先检查油泵压力是否归零，不归零不应卸板。

5.10.5 不允许工器具及杂物掉入槽体内，不允许敲打陶瓷板、滤板、滤布等过滤介质。

5.11 尾矿输送

5.11.1 间接串联或远距离直接串联的尾矿输送系统上的逆止阀及其他安全防护装置应经常检查和维护。

5.11.2 应经常冲洗清理与维护矿浆仓来矿处设置的格栅和仓内设置的液位指示装置。

5.11.3 尾矿输送管、槽、沟、渠、洞等应固定专人分班巡视检查和维护管理，防止发生淤积、堵塞、爆管、喷浆、渗漏、坍塌等事故；发现事故应及时处理，对排放的矿浆应妥善处理。

5.11.4 应在尾矿输送管路的适宜处设置事故放空阀和事故池；事故池周边应设置安全隔离和防洪水堤。

5.11.5 金属管道应定期检查、维护，防止发生漏矿事故。

5.11.6 寒冷地区应采取防冻措施，加强管、闸、阀的维护管理。

5.12 尾矿库

应符合 AQ 2006 的规定。

6 应急预案

应按照 AQ/T 9002 的要求，结合企业的具体情况，制定切实可行的安全生产应急预案。企业应建立应急预案组织，并定期组织演练。

附 录 A
（资料性附录）
危险源辨识、风险评价和风险控制

危险源辨识、风险评价和风险控制见表 A.1。

表 A.1

序号	作业场所或类别	作业活动	危险因素	可能导致的事故	可能伤及的人员或设备	危险级别	风险控制措施

ICS 77.150.01
D 46

中华人民共和国黄金行业标准

YS/T 3025.2—2016

黄金选冶安全生产技术规范
第2部分:氰化炭浆工艺

Technical specifications for safe operation of mineral processing and metallurgy of gold
Part 2: Carbon-in-pulp process

2016-10-22 发布　　2017-04-01 实施

中华人民共和国工业和信息化部　发布

前　言

YS/T 3025《黄金选冶安全生产技术规范》分为6个部分：

——第1部分：总则；

——第2部分：氰化炭浆工艺；

——第3部分：氰化-锌粉置换工艺；

——第4部分：浮选工艺；

——第5部分：生物氧化工艺；

——第6部分：原矿焙烧工艺。

本部分为YS/T 3025的第2部分。

本部分按照GB/T 1.1—2009给出的规则起草。

本部分由中国黄金协会提出。

本部分由全国黄金标准化技术委员会(SAC/TC 379)归口。

本部分起草单位：长春黄金研究院、灵宝金源控股有限公司、长春黄金设计院。

本部分主要起草人：岳辉、郑晔、纪强、赵俊蔚、刘伟、王忠敏、赵明福、赵国惠、雒彩军、王安理、霍明春、王伟、晋建平。

黄金选冶安全生产技术规范　第2部分:氰化炭浆工艺

1　范围

本部分规定了黄金选冶氰化炭浆工艺安全生产的基本要求、工序及设备设施安全作业要求。

本部分适用于黄金选冶氰化炭浆工艺的生产、维护、检修中的安全生产管理。

2　规范性引用文件

下列文件对于本文件的应用是必不可少的。凡是注日期的引用文件,仅注有该日期的版本适用于本文件。凡是不注日期的引用文件,其最新版本(包括所有的修改单)适用于本文件。

GB 17916　毒害性商品储存养护技术条件

AQ/T 9002　生产经营单位安全生产事故应急预案编制导则

YS/T 3017　黄金工业用固体氰化钠安全管理技术规范

YS/T 3025.1　黄金选冶安全生产技术规范　第1部分:总则

危险化学品安全管理条例　中华人民共和国国务院令第591号

3　危险源的辨识与风险评价、风险控制

企业应按照GB/T 13861、GB 18218、GB/T 28001、GB/T 28002和其他要求进行危险源辨识与风险评价,制定和采取风险控制措施,填入附录A。

4　安全生产的基本要求

4.1　应符合YS/T 3025.1《黄金选冶安全生产技术规范　第1部分:总则》中4的要求。

4.2　应了解氰化钠的理化性质和毒性(参见附录B)及预防措施,掌握氰化钠的中毒急救措施(参见附录C)。

5　安全作业要求

5.1　破碎与筛分

应符合YS/T 3025.1《黄金选冶安全生产技术规范　第1部分:总则》5.2的要求。

5.2　磨矿与分级

应符合YS/T 3025.1《黄金选冶安全生产技术规范　第1部分:总则》5.4的要求。

5.3　重选

应符合YS/T 3025.1《黄金选冶安全生产技术规范　第1部分:总则》5.5的要求。

5.4　浸前浓密

应符合YS/T 3025.1《黄金选冶安全生产技术规范　第1部分:总则》5.6的要求。

5.5　浸出吸附

5.5.1　固体氰化钠的安全管理、储存、使用、事故应急处理等应符合YS/T 3017中规定。

5.5.2　液体氰化钠的安全管理和使用应符合《危险化学品安全管理条例》。液体氰化钠应储存于专用的耐碱性钢制储罐中,符合GB 17916的有关规定。

5.5.3　氰化钠溶液的储罐、阀门和泵应定期检查,防止滴漏。

5.5.4　氰化钠溶液和含氰化钠矿浆不得接触酸类、硝酸盐、亚硝酸盐或共储。

5.5.5 不允许直接接触氰化钠，有未愈合的伤口不应上岗。

5.5.6 与氰化钠有关的操作岗位应就近配备解毒剂和解毒设施，并应严格管理和维护。

5.5.7 定期检查浸出槽、矿浆管道、加药管道、充气管道及接头是否漏矿、漏气、漏药、漏水。

5.5.8 车间工作人员应配备有毒气体检测仪，浸出车间应配备有毒气体报警仪。

5.5.9 应保持现场通风排毒设施完好，工作场所空气中氢化氰含量不得超过 1.0 mg/m^3。

5.5.10 进入浸出槽等设备工作时，应先通风至有毒气体含量达到安全标准后再进入工作，并随时进行槽内气体检测，外部应设专人监护。

5.5.11 面部不应靠近孔口进行浸出槽观察和取样。

5.5.12 浸出槽上口，应加牢固的盖板，周边应设栏杆、扶手，搅拌设备外露的转动部分应有防护罩。槽上不应堆放工具及其他杂物。

5.5.13 应佩戴防护手套、口罩、眼镜测定氰化物浓度、氧化钙浓度、炭密度、矿浆浓度，测定后的废液，应及时倒回浸出槽中。

5.5.14 应在浸出车间内悬挂清楚醒目的有毒标志。

5.5.15 应经常检查浸出槽上部地板。

5.5.16 浸出吸附车间应设置有容量满足要求的事故池。

5.6 解吸

5.6.1 解吸车间应实行封闭式管理，车间内应设置无死角、24 h 闭路监控系统。

5.6.2 配置解吸液时，应佩戴防护手套、口罩、眼镜，不应用手抓拿药品。配制好的浓溶液应轻拿轻放。

5.6.3 采用有机药剂解吸时，应按防火、防爆规范进行设计。

5.6.4 开泵打液时，应遵守水泵安全操作规程。

5.6.5 高位槽应设有溢流返回管路。

5.6.6 在没有自动控制或自动控制失灵时，应经常注意加热器的温度，超过时应断电降温。

5.6.7 操作加热器、解吸柱时，应防止热液烫伤。

5.6.8 停车排液时，应微开排液阀，缓慢排出系统内液体，直至压力为零，不应快速泄压。

5.6.9 高温高压解吸电解设备排气时，应排入氰化浸出槽中或专设吸收池。

5.6.10 泵进口前管路宜安装过滤装置，保证泵的长期稳定运行。

5.7 电解

5.7.1 电解车间应实行封闭式管理，车间内应设置无死角、24 h 闭路监控系统。

5.7.2 应严格遵守整流、稳压器的操作程序，防止损坏设备。

5.7.3 电解槽设备周边应设置有安全隔离围栏。

5.7.4 擦导电极、接头、极板时应防止手触溶液。

5.7.5 电解液不流动时，不应长时间开启电解作业。

5.8 再生

5.8.1 再生窑升温时应严格按照设备操作要求，每一个档次达到设定温度后应按规定时间进行保温，然后再升一个档次，如此依次升温，达到工作温度，方可投料。

5.8.2 再生窑投料时应严格控制物料水分，确保无流动水。

5.8.3 淬取再生炭时，应将排料端浸入水中。

5.8.4 遇突然停电，应手动盘车或启动备用电源至炉内温度降到适宜温度以下方可停止。

5.8.5 火法炭再生产生的烟气应设置吸收装置，处理达标后排放。

5.8.6 对卧式再生设备，长期不使用时应至少每月启动一次，调整筒体方向以防筒体变形。

5.9 冶炼

应符合 YS/T 3025.1《黄金选冶安全生产技术规范　第 1 部分：总则》5.9 的要求。

5.10 尾矿压滤

应符合 YS/T 3025.1《黄金选冶安全生产技术规范 第1部分:总则》5.10 的要求。

5.11 尾矿输送

应符合 YS/T 3025.1《黄金选冶安全生产技术规范 第1部分:总则》5.11 的要求。

5.12 尾矿库

应符合 YS/T 3025.1《黄金选冶安全生产技术规范 第1部分:总则》5.12 的要求。

6 应急预案

应按照 AQ/T 9002 的要求,结合企业的具体情况,制定切实可行的安全生产应急预案。企业应建立应急预案组织,并定期组织演练。

附 录 A
（资料性附录）
危险源辨识、风险评价和风险控制

危险源辨识、风险评价和风险控制见表 A.1。

表 A.1

序号	作业场所或类别	作业活动	危险因素	可能导致的事故	可能伤及的人员或设备	危险级别	风险控制措施

附 录 B
(资料性附录)
氰化钠理化性质及毒性

B.1 化学品名称

B.1.1 中文名:氰化钠;英文名:sodium cyanide。

B.1.2 分子式:NaCN;相对分子质量:49.01(按 2010 年国际相对原子质量)。

B.2 成分和组成信息

B.2.1 成分:氰化钠,固体含量不小于 87.0%、94.5%或 98.0%;溶液含量不小于 30%。

B.2.2 CSA 登记号:143-33-9。

B.3 理化性质

B.3.1 外观与性质:固体氰化钠为白色片状、块状或结晶状颗粒。氰化钠溶液为无色或浅黄色透明的水溶液。

B.3.2 熔点:563.7 ℃。

B.3.3 沸点:1497 ℃。

B.3.4 固体相对密度(水=1):1.60(25 ℃)。

B.3.5 溶液相对密度(水=1):1.19(850 ℃)。

B.3.6 相对蒸汽密度:1.7(相对空气)。

B.3.7 饱和蒸汽压:0.13 kPa(817 ℃)。

B.3.8 溶解性:易溶于水,微溶于液氮、乙醇、乙醚、苯。

B.3.9 稳定性和反应活性。

B.3.9.1 稳定性:稳定。

B.3.9.2 禁配物:酸类,强氧化剂、水。

B.3.9.3 避免接触的条件:潮湿的空气。

B.3.9.4 聚合危险:不聚合。

B.3.9.5 燃烧分解产物:氰化氢、氧化氮。

B.4 毒理学资料

B.4.1 急性毒性

人经口 LDLo:2.857 mg/kg。人(男性)经口 LDLo:6.557 mg/kg;TDLo:0.714 mg/kg。

大鼠经口 LD_{50}:6.44 mg/kg。大鼠经腹腔 LD_{50}:4.3 mg/kg。小鼠经皮 LD_{50}:3.66 mg/kg。小鼠经腹腔 LD_{50}:5.88 mg/kg。兔经眼睛 LD_{50}:5.048 mg/kg。大鼠吸入 LC_{50}:142×10^{-6}/30 min(HCN)。

B.4.2 生殖毒性

仓鼠植入低中毒剂量(TDLo):5.999 mg/kg(孕 6 d~9 d),引起胚胎毒性。肌肉骨骼发育异常及心血管(循环)系统发育异常。

B.5 生态学资料

该物质对环境有危害,应特别注意对水体和土壤的污染。

附 录 C
(资料性附录)
氰化钠的中毒急救措施

C.1 皮肤接触

立即脱去被污染的衣物,用流动清水或5%硫代硫酸盐溶液彻底冲洗被污染处至少20 min。立即就医。

C.2 眼睛接触

立即提起眼睑,用大量流动清水或生理盐水彻底冲洗至少15 min~20 min。立即就医。

C.3 吸入

迅速脱离现场至空气新鲜处,保持呼吸道通畅。如呼吸困难,给输氧。呼吸心跳停止时,立即进行人工呼吸(不能采用口对口方式)和胸外心脏按压术,给吸入亚硝酸异戊酯,立即就医。

C.4 食入

将中毒患者移离现场,立即将亚硝酸异戊酯1支~2支(0.2 mL~0.4 mL)放在手帕或纱布中压碎,给患者吸入15 s~30 s,数分钟后可重复一次,总量不超过3支。立即就医。必要时可使用85号抗氰预防片。

ICS 77.150.01
D 46

中华人民共和国黄金行业标准

YS/T 3025.3—2016

黄金选冶安全生产技术规范 第3部分:氰化-锌粉置换工艺

Technical specifications for safe operation of mineral processing and metallurgy of gold Part 3: Zinc cementation process

2016-10-22 发布　　2017-04-01 实施

中华人民共和国工业和信息化部　发布

前　言

YS/T 3025《黄金选冶安全生产技术规范》分为6个部分：

——第1部分：总则；

——第2部分：氰化炭浆工艺；

——第3部分：氰化-锌粉置换工艺；

——第4部分：浮选工艺；

——第5部分：生物氧化工艺；

——第6部分：原矿焙烧工艺。

本部分为YS/T 3025的第3部分。

本部分按照GB/T 1.1—2009给出的规则起草。

本部分由中国黄金协会提出。

本部分由全国黄金标准化技术委员会(SAC/TC 379)归口。

本部分起草单位：长春黄金研究院、招金矿业股份有限公司金翅岭金矿、长春黄金设计院。

本部分主要起草人：岳辉、郑晔、赵俊蔚、李学强、翁占平、孙洪丽、王彦慧、赵键伟、徐忠敏、苑宏倩、王怀、李红新。

黄金选冶安全生产技术规范　第3部分:氰化-锌粉置换工艺

1　范围

本部分规定了黄金选冶氰化-锌粉置换工艺安全生产基本要求、工序及设备设施安全作业要求。

本部分适用于黄金选冶氰化-锌粉置换工艺的生产、维护、检修中的安全生产管理。

2　规范性引用文件

下列文件对于本文件的应用是必不可少的。凡是注日期的引用文件,仅注有该日期的版本适用于本文件。凡是不注日期的引用文件,其最新版本(包括所有的修改单)适用于本文件。

GB/T 6890　锌粉

AQ/T 9002　生产经营单位安全生产事故应急预案编制导则

YS/T 3018　金和合质金熔铸安全生产技术规范

YS/T 3024　金精炼安全生产技术规范

YS/T 3025.1　黄金选冶安全生产技术规范　第1部分:总则

YS/T 3025.2　黄金选冶安全生产技术规范　第2部分:氰化炭浆工艺

3　危险源的辨识与风险评价、风险控制

企业应按照GB/T 13861、GB 18218、GB/T 28001、GB/T 28002和其他要求进行危险源辨识与风险评价,制定和采取风险控制措施,填入附录A。

4　安全生产的基本要求

4.1　应符合YS/T 3025.1《黄金选冶安全生产技术规范　第1部分:总则》中4的要求。

4.2　应了解氰化钠的理化性质和毒性(参见附录B)及预防措施,掌握氰化钠的中毒急救措施(参见附录C)。

5　安全作业要求

5.1　破碎与筛分

应符合YS/T 3025.1《黄金选冶安全生产技术规范　第1部分:总则》5.2的要求。

5.2　磨矿与分级

应符合YS/T 3025.1《黄金选冶安全生产技术规范　第1部分:总则》5.4的要求。

5.3　重选

应符合YS/T 3025.1《黄金选冶安全生产技术规范　第1部分:总则》5.5的要求。

5.4　浸前浓密

应符合YS/T 3025.1《黄金选冶安全生产技术规范　第1部分:总则》5.6的要求。

5.5　浸出

应符合YS/T 3025.2《黄金选冶安全生产技术规范　第2部分:氰化炭浆工艺》5.5的要求。

5.6　洗涤

应符合YS/T 3025.1《黄金选冶安全生产技术规范　第1部分:总则》5.6的要求。

5.7　置换

5.7.1　置换车间应实行封闭式管理,车间内应设置无死角、24 h闭路监控系统。

5.7.2 应经常检查压滤机、脱氧塔、管道、充气管道及接头是否漏气、漏液。

5.7.3 应保证置换所需贵液的稳定性和连续性。

5.7.4 脱氧塔真空度应保持在规定范围。

5.7.5 锌粉的运输和贮存应符合 GB/T 6890 的规定。

5.7.6 应佩戴手套、口罩和护目镜进行置换贫液中金的快速滴定，滴定操作中应防止烫伤、酸腐蚀和蒸发溅射。

5.7.7 置换作业板框压滤安全操作应符合 YS/T 3025.1《黄金选冶安全生产技术规范　第 1 部分：总则》5.10 的要求。

5.7.8 板框压滤机起动按钮箱应由生产部门和其他相关部门分别加锁、共同管理。

5.7.9 卸金泥、分析样品取样、称重等操作时，应由生产部门、安全保卫部门、测试部门和其他相关部门共同参加。

5.8 冶炼

应符合 YS/T 3024《金精炼安全生产技术规范》和 YS/T 3018 的要求。

5.9 尾矿压滤

应符合 YS/T 3025.1《黄金选冶安全生产技术规范　第 1 部分：总则》5.10 的要求。

5.10 尾矿输送

应符合 YS/T 3025.1《黄金选冶安全生产技术规范　第 1 部分：总则》5.11 的要求。

5.11 尾矿库

应符合 YS/T 3025.1《黄金选冶安全生产技术规范　第 1 部分：总则》5.12 的要求。

6 应急预案

应按照 AQ/T 9002 的要求，结合企业的具体情况，制定切实可行的安全生产应急预案。企业应建立应急预案组织，并定期组织演练。

附　录　A
（资料性附录）
危险源辨识、风险评价和风险控制

危险源辨识、风险评价和风险控制见表A.1。

表A.1

序号	作业场所或类别	作业活动	危险因素	可能导致的事故	可能伤及的人员或设备	危险级别	风险控制措施

附 录 B
(资料性附录)
氰化钠理化性质及毒性

B.1 化学品名称

B.1.1 中文名:氰化钠;英文名:sodium cyanide。
B.1.2 分子式:NaCN;相对分子质量:49.01(按2010年国际相对原子质量)。

B.2 成分和组成信息

B.2.1 成分:氰化钠,固体含量不小于87.0%、94.5%或98.0%;溶液含量不小于30%。
B.2.2 CSA登记号:143-33-9。

B.3 理化性质

B.3.1 外观与性质:固体氰化钠为白色片状、块状或结晶状颗粒。氰化钠溶液为无色或浅黄色透明的水溶液。
B.3.2 熔点:563.7 ℃。
B.3.3 沸点:1497 ℃。
B.3.4 固体相对密度(水=1):1.60(25 ℃)。
B.3.5 溶液相对密度(水=1):1.19(850 ℃)。
B.3.6 相对蒸汽密度:1.7(相对空气)。
B.3.7 饱和蒸汽压:0.13 kPa(817 ℃)。
B.3.8 溶解性:易溶于水,微溶于液氮、乙醇、乙醚、苯。
B.3.9 稳定性和反应活性。
B.3.9.1 稳定性:稳定。
B.3.9.2 禁配物:酸类,强氧化剂、水。
B.3.9.3 避免接触的条件:潮湿的空气。
B.3.9.4 聚合危险:不聚合。
B.3.9.5 燃烧分解产物:氰化氢、氧化氮。

B.4 毒理学资料

B.4.1 急性毒性

人经口LDLo:2.857 mg/kg。人(男性)经口LDLo:6.557 mg/kg;TDLo:0.714 mg/kg。

大鼠经口LD_{50}:6.44 mg/kg。大鼠经腹腔LD_{50}:4.3 mg/kg。小鼠经皮LD_{50}:3.66 mg/kg。小鼠经腹腔LD_{50}:5.88 mg/kg。兔经眼睛LD_{50}:5.048 mg/kg。大鼠吸入LC_{50}:142×10^{-6}/30 min(HCN)。

B.4.2 生殖毒性

仓鼠植入低中毒剂量(TDLo):5.999 mg/kg(孕6 d~9 d),引起胚胎毒性。肌肉骨骼发育异常及心血管(循环)系统发育异常。

B.5 生态学资料

该物质对环境有危害,应特别注意对水体和土壤的污染。

附 录 C
(资料性附录)
氰化钠的中毒急救措施

C.1 皮肤接触

立即脱去被污染的衣物,用流动清水或5%硫代硫酸盐溶液彻底冲洗被污染处至少20 min。立即就医。

C.2 眼睛接触

立即提起眼睑,用大量流动清水或生理盐水彻底冲洗至少15 min～20 min。立即就医。

C.3 吸入

迅速脱离现场至空气新鲜处,保持呼吸道通畅。如呼吸困难,给输氧。呼吸心跳停止时,立即进行人工呼吸(不能采用口对口方式)和胸外心脏按压术,给吸入亚硝酸异戊酯,立即就医。

C.4 食入

将中毒患者移离现场,立即将亚硝酸异戊酯1支～2支(0.2 mL～0.4 mL)放在手帕或纱布中压碎,给患者吸入15 s～30 s,数分钟后可重复一次,总量不超过3支。立即就医。必要时可使用85号抗氰预防片。

ICS 77.150.01
D 46

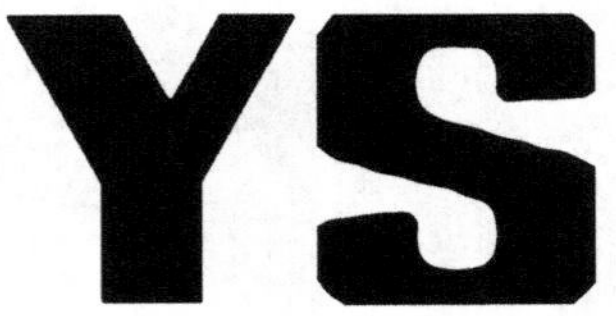

中华人民共和国黄金行业标准

YS/T 3025.4—2016

黄金选冶安全生产技术规范
第4部分:浮选工艺

Technical specifications for safe operation of mineral processing and metallurgy of gold
Part 4: Flotation process

2016-10-22 发布 2017-04-01 实施

中华人民共和国工业和信息化部 发布

前　言

YS/T 3025《黄金选冶安全生产技术规范》分为6个部分：

——第1部分：总则；

——第2部分：氰化炭浆工艺；

——第3部分：氰化-锌粉置换工艺；

——第4部分：浮选工艺；

——第5部分：生物氧化工艺；

——第6部分：原矿焙烧工艺。

本部分为YS/T 3025的第4部分。

本部分按照GB/T 1.1—2009给出的规则起草。

本部分由中国黄金协会提出。

本部分由全国黄金标准化技术委员会（SAC/TC 379）归口。

本部分起草单位：长春黄金研究院、长春黄金设计院。

本部分主要起草人：岳辉、郑晔、孙洪丽、赵俊蔚、康秋玉、逄文好、洪宝磊、张范春、于立新。

黄金选冶安全生产技术规范　第4部分：浮选工艺

1　范围

本部分规定了黄金选冶浮选工艺的安全生产基本要求、工序及设备设施安全作业要求。

本部分适用于黄金选冶浮选工艺的生产、维护、检修中的安全生产管理。

2　规范性引用文件

下列文件对于本文件的应用是必不可少的。凡是注日期的引用文件，仅注有该日期的版本适用于本文件。凡是不注日期的引用文件，其最新版本(包括所有的修改单)适用于本文件。

AQ/T 9002　生产经营单位安全生产事故应急预案编制导则

YS/T 3025.1　黄金选冶安全生产技术规范　第1部分：总则

3　危险源的辨识与风险评价、风险控制

企业应按照 GB/T 13861、GB 18218、GB/T 28001、GB/T 28002 和其他要求进行危险源辨识与风险评价，制定和采取风险控制措施，填入附录A。

4　安全生产的基本要求

应符合 YS/T 3025.1《黄金选冶安全生产技术规范　第1部分：总则》中4的要求。

5　安全作业要求

5.1　破碎与筛分

应符合 YS/T 3025.1《黄金选冶安全生产技术规范　第1部分：总则》5.2 的要求。

5.2　磨矿与分级

应符合 YS/T 3025.1《黄金选冶安全生产技术规范　第1部分：总则》5.4 的要求。

5.3　重选

应符合 YS/T 3025.1《黄金选冶安全生产技术规范　第1部分：总则》5.5 的要求。

5.4　药剂配置

5.4.1　应根据药剂的性质设置专用的配置、输送设备设施；易燃易爆类应符合防火防爆设计，腐蚀类应符合防腐设计；药剂的储存和使用应符合 YS/T 3025.1《黄金选冶安全生产技术规范　第1部分：总则》4.14 的要求。

5.4.2　工作前应穿戴好专用劳动保护用品，开启通风设备。

5.4.3　应保持药剂搅拌槽、阀门、管道、泵等密封完好，无泄漏。

5.4.4　药剂车间的搅拌槽、溶解槽应有防护盖和护栏，搅拌设备的运转部位应有安全防护装置。

5.4.5　应使用专用工具搬运药剂，药剂放置应牢固，不应肩扛、背驮或徒手提运。

5.4.6　不应桶口对人开剥药桶，不应用铁质工具猛力撞击开启易燃药桶。

5.4.7　各药室和药台之间应设置安装有可靠的联系信号。

5.4.8　添加药剂操作应认明各种药剂的名称、添加地点和加药量。

5.4.9　应封闭药箱口，减少药味扩散，污染空气。

5.4.10　药剂车间和制备室严禁烟火，如需焊割动火，应符合 YS/T 3025.1《黄金选冶安全生产技术规

范　第1部分:总则》4.12的要求。

5.4.11　进入搅拌槽清理杂质时,应具备良好的通风条件和安全防护措施,外部应有专人监护。

5.5　浮选

5.5.1　开动浮选设备时,应确认机内无人、无障碍物。

5.5.2　应防止铁件等杂物或影响运转的其他障碍物掉入运行中的浮选槽。

5.5.3　浮选机各加药点应布置于安全位置处。

5.5.4　浮选机运行中,应巡回检查其搅拌机构有无振动、温度升高、异常声响,入料管道、尾矿管道是否畅通,精矿槽注意防止外溢。

5.5.5　管道堵塞时,不应用锤敲打。

5.5.6　应停车更换浮选机的三角带。三角带松动时,不应用棍棒压或用铁丝钩。

5.5.7　应使用规范吊具更换机械搅拌式浮选机的搅拌器。

5.5.8　不应跨在浮选泡沫槽体上作业。

5.5.9　浮选机槽体外漏矿浆或搅拌器发生故障必须停车检修时,应将槽内矿浆放空,并用水冲洗干净,方可进入操作。

5.5.10　浮选机突然停电跳闸时,应立即切断电源开关,同时停止给矿。

5.5.11　采用有毒药剂或有异味药剂的浮选工艺,或工艺过程产生大量蒸汽的,厂房环境应有良好通风。

5.5.12　浮选柱应按操作面设置操作平台,平台应有安全护栏并在清晰位置悬挂防滑倒和防跌落警示牌。

5.5.13　浮选柱精矿泡沫槽应高出操作平台适宜高度。

5.5.14　对充气器进行操作时,应戴防护手套,不允许高压空气射流对准自己和他人。

5.5.15　在浮选柱内进行检修作业时,应先用高压水冲洗柱内的残余化学药剂和有害气体,制定安全防护措施并做好个体防护后方可作业,外部应有专人监护。

5.6　压滤

应符合YS/T 3025.1《黄金选冶安全生产技术规范　第1部分:总则》5.10的要求。

5.7　尾矿输送

应符合YS/T 3025.1《黄金选冶安全生产技术规范　第1部分:总则》5.11的要求。

5.8　尾矿库

应符合YS/T 3025.1《黄金选冶安全生产技术规范　第1部分:总则》5.12的要求。

6　应急预案

应按照AQ/T 9002的要求,结合企业的具体情况,制定切实可行的安全生产应急预案。企业应建立应急预案组织,并定期组织演练。

附　录　A
（资料性附录）
危险源辨识、风险评价和风险控制

危险源辨识、风险评价和风险控制见表 A.1。

表 A.1

序号	作业场所或类别	作业活动	危险因素	可能导致的事故	可能伤及的人员或设备	危险级别	风险控制措施

ICS 77.150.01
D 46

中华人民共和国黄金行业标准

YS/T 3025.5—2016

黄金选冶安全生产技术规范
第5部分：生物氧化工艺

Technical specifications for safe operation of mineral processing and metallurgy of gold
Part 5: Bacterial oxidation process

2016-10-22 发布　　2017-04-01 实施

中华人民共和国工业和信息化部　发布

前　　言

YS/T 3025《黄金选冶安全生产技术规范》分为6个部分：

——第1部分：总则；

——第2部分：氰化炭浆工艺；

——第3部分：氰化-锌粉置换工艺；

——第4部分：浮选工艺；

——第5部分：生物氧化工艺；

——第6部分：原矿焙烧工艺。

本部分为YS/T 3025的第5部分。

本部分按照GB/T 1.1—2009给出的规则起草。

本部分由中国黄金协会提出。

本部分由全国黄金标准化技术委员会(SAC/TC 379)归口。

本部分起草单位：长春黄金研究院、长春黄金设计院、辽宁天利金业有限责任公司。

本部分主要起草人：赵国惠、赵俊蔚、岳辉、纪强、赵志新、李健、张世镖、井维和、董德喜、张永贵、郭葆元。

黄金选冶安全生产技术规范　第 5 部分:生物氧化工艺

1　范围

本部分规定了生物氧化提金企业安全生产基本要求、工序及设备设施安全要求。

本部分适用于生物氧化提金企业的生产、维护、检修中的安全生产管理。

2　规范性引用文件

下列文件对于本文件的应用是必不可少的。凡是注日期的引用文件,仅注日期的版本适用于本文件。凡是不注日期的引用文件,其最新版本(包括所有的修改单)适用于本文件。

GB 17914　易燃易爆性商品储存养护技术条件

GB 17915　腐蚀性商品储存养护技术条件

GB 17916　毒害性商品储存养护技术条件

GB 18218　危险化学品重大危险源辨识

GB/T 13861　生产过程危险和有害因素分类与代码

GB/T 28001　职业健康安全管理体系　要求

GB/T 28002　职业健康安全管理体系　实施指南

AQ/T 9002　生产经营单位安全生产事故应急预案编制导则

GB/T 31038　高电压柴油发电机组通用技术条件

15D202-2　柴油发电机组的设计与安装

JB/T 12753　软管泵

YS/T 3017　黄金工业用固体氰化钠安全管理技术规范

YS/T 3018　金和合质金熔铸安全生产技术规范

YS/T 3024　金精矿安全生产技术规范

YS/T 3025.1　黄金选冶安全生产技术规范　第 1 部分:总则

YS/T 3025.2　黄金选冶安全生产技术规范　第 2 部分:氰化炭浆工艺

YS/T 3025.3　黄金选冶安全生产技术规范　第 3 部分:氰化-锌粉置换工艺

特种作业人员安全技术培训考核管理规定　国家安全生产监督管理总局令第 30 号

危险化学品安全管理条例　中华人民共和国国务院令第 591 号

3　危险源的辨识与风险评价、风险控制

金矿生物氧化企业应按照 GB/T 13861、GB 18218、GB/T 28001、GB/T 28002 和其他国家相关法律法规要求对生物氧化工艺进行危险源辨识与风险评价,制定和采取风险控制措施,填入附录 A。

4　安全生产的基本要求

应符合 YS/T 3025.1《黄金选冶安全生产技术规范　第 1 部分:总则》4 的要求。

5　安全作业要求

5.1　磨矿分级

应符合 YS/T 3025.1《黄金选冶安全生产技术规范　第 1 部分:总则》5.4 的要求。

5.2 生物氧化

5.2.1 设备用电应为一级供电负荷，自备电源应符合 GB/T 31038 和 15D202-2 的要求。柴油的储存与使用应符合 GB 17914 的要求。

5.2.2 应控制供风风量、给矿浓度、氧化槽内温度、氧化还原电位、pH 值、Fe^{2+}、Fe^{3+} 等指标在技术要求的范围内。高寒地区冬季生产时应排空冷却循环水。

5.2.3 氰化物不应进入生物氧化系统。

5.2.4 药剂的储存与使用应符合 GB 17915 和 GB 17916 的要求。

5.2.5 供风设备应采取降噪措施，操作人员应佩戴相应的噪声防护用品。

5.2.6 应定期检查生物氧化槽腐蚀程度和槽间通道支架、地面及护栏完好性。

5.2.7 生物氧化槽下应设置防渗围堰，内部检修作业应符合《特种作业人员安全技术培训考核管理规定》的要求。

5.3 氧化渣洗涤压滤

5.3.1 浓密机应均匀连续给矿浆、连续排出矿浆。

5.3.2 浓密机应采取脱气和防腐措施。

5.3.3 正常生产时，浓密机安全阀应处于常开状态。

5.3.4 氧化渣泵输送作业应符合 JB/T 12753 的要求。

5.3.5 氧化渣洗涤压滤作业应符合 YS/T 3025.1《黄金选冶安全生产技术规范　第 1 部分：总则》中的相关要求。

5.4 中和

5.4.1 加灰泵长时间停用在开机前应盘车。

5.4.2 中和渣泵输送作业应符合 JB/T 12753 的要求。

5.5 氧化渣氰化

5.5.1 应符合 YS/T 3025.2《黄金选冶安全生产技术规范　第 2 部分：氰化炭浆工艺》和 YS/T 3025.3《黄金选冶安全生产技术规范　第 3 部分：氰化-锌粉置换工艺》的相关要求。

5.5.2 固体氰化钠的安全管理、储存、使用、事故应急处理应符合 YS/T 3017 中规定。液体氰化钠的安全管理应符合《危险化学品安全管理条例》及国家其他相关法律法规的规定。

5.5.3 氰渣滤液的安全管理应符合《危险化学品安全管理条例》及国家其他相关法律法规的规定。

5.6 中和渣/浸渣压滤

应符合 YS/T 3025.1《黄金选冶安全生产技术规范　第 1 部分：总则》5.10 的要求。

5.7 冶炼

应符合 YS/T 3024《金精矿安全生产技术规范》和 YS/T 3018 的要求。

5.8 中和渣/浸渣处理

5.8.1 中和渣/浸渣压滤作业应符合 YS/T 3025.1《黄金选冶安全生产技术规范　第 1 部分：总则》5.10 的要求。

5.8.2 中和渣/浸渣输送作业应符合 YS/T 3025.1《黄金选冶安全生产技术规范　第 1 部分：总则》5.11 的要求。

5.8.3 中和渣/浸渣堆存作业应符合 YS/T 3025.1《黄金选冶安全生产技术规范　第 1 部分：总则》5.12 的要求。

6 应急作业

应按照 AQ/T 9002 要求，结合企业的具体情况，制定切实可行的各类事故应急预案。

附　录　A
（资料性附录）
危险源辨识、风险评价和风险控制

危险源辨识、风险评价和风险控制见表 A.1。

表 A.1

序号	作业场所或类别	作业活动	危险因素	可能导致的事故	可能伤及的人员或设备	危险级别	风险控制措施

ICS 77.150.01
D 46

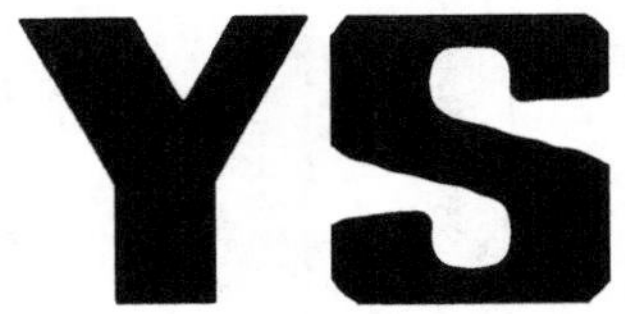

中华人民共和国黄金行业标准

YS/T 3025.6—2016

黄金选冶安全生产技术规范 第6部分:原矿焙烧工艺

Technical specifications for safe operation of mineral processing and metallurgy of gold Part 6: Whole-ore roasting process

2016-10-22 发布　　2017-04-01 实施

中华人民共和国工业和信息化部　发布

前　言

YS/T 3025《黄金选冶安全生产技术规范》分为6个部分：

——第1部分：总则；

——第2部分：氰化炭浆工艺；

——第3部分：氰化-锌粉置换工艺；

——第4部分：浮选工艺；

——第5部分：生物氧化工艺；

——第6部分：原矿焙烧工艺。

本部分为YS/T 3025的第6部分。

本部分按照GB/T 1.1—2009给出的规则起草。

本部分由中国黄金协会提出。

本部分由全国黄金标准化技术委员会(SAC/TC 379)归口。

本部分起草单位：长春黄金研究院、长春黄金设计院、贵州金兴黄金矿业有限责任公司。

本部分主要起草人：赵国惠、赵俊蔚、岳辉、纪强、李健、张世镖、张基娟、武宏岐、李永胜、施杰、李军。

黄金选冶安全生产技术规范 第6部分:原矿焙烧工艺

1 范围

本部分规定了原矿焙烧企业安全生产基本要求、工序及设备设施安全要求。

本部分适用于原矿焙烧企业的生产、维护、检修中的安全生产管理。

2 规范性引用文件

下列文件对于本文件的应用是必不可少的。凡是注日期的引用文件,仅注日期的版本适用于本文件。凡是不注日期的引用文件,其最新版本(包括所有的修改单)适用于本文件。

GB 17914 易燃易爆性商品储存养护技术条件

GB 17915 腐蚀性商品储存养护技术条件

GB 17916 毒害性商品储存养护技术条件

GB 18218 危险化学品重大危险源辨识

GB/T 13861 生产过程危险和有害因素分类与代码

GB/T 28001 职业健康安全管理体系 要求

GB/T 28002 职业健康安全管理体系 实施指南

AQ/T 9002 生产经营单位安全生产事故应急预案编制导则

TSG ZB001 燃油(燃气)燃烧器安全技术规则

YS/T 3017 黄金工业用固体氰化钠安全管理技术规范

YS/T 3018 金和合质金熔铸安全生产技术规范

YS/T 3024 金精矿安全生产技术规范

YS/T 3025.1 黄金选冶安全生产技术规范 第1部分:总则

YS/T 3025.2 黄金选冶安全生产技术规范 第2部分:氰化炭浆工艺

YS/T 3025.3 黄金选冶安全生产技术规范 第3部分:氰化-锌粉置换工艺

危险化学品安全管理条例 中华人民共和国国务院令第591号

3 危险源的辨识与风险评价、风险控制

原矿焙烧企业应按照GB/T 13861、GB 18218、GB/T 28001、GB/T 28002和其他国家相关法律法规要求对原矿焙烧工艺进行危险源辨识与风险评价,制定和采取风险控制措施,填入附录A。

4 安全生产的基本要求

应符合YS/T 3025.1《黄金选冶安全生产技术规范 第1部分:总则》4的要求。

5 原矿焙烧工艺安全操作技术

5.1 破碎筛分

应符合YS/T 3025.1《黄金选冶安全生产技术规范 第1部分:总则》5.2的操作要求。

5.2 干式磨矿(立式辊磨)

5.2.1 干式磨矿给料系统应实行自动化控制。

5.2.2 核子秤计量应符合YS/T 3025.1《黄金选冶安全生产技术规范 第1部分:总则》4.15的要求。

5.2.3 矿石干燥后的含水量应符合干式磨矿设备作业要求。

5.2.4 皮带运输应符合 YS/T 3025.1《黄金选冶安全生产技术规范 第1部分:总则》5.3 的要求,并应防止铁器进入磨机。

5.2.5 干式磨矿设备应实行自动化控制,控制参数至少应包括:磨机循环风量、出入口温度和压力、料层厚度等。

5.2.6 进入立式辊磨维检前应先通风冷却。

5.2.7 燃油热风炉燃烧器的安全操作应符合 TSG ZB001 的要求。

5.2.8 燃油的储存与使用应符合 GB/T 17914 的要求。

5.3 焙烧

5.3.1 焙烧系统应自动控制给料量、焙烧温度、料层厚度、供风量、炉内压力、供风压力、烟气温度、排料温度等,同时监测烟气温度、排料温度等。

5.3.2 应保证粉矿仓卸料顺畅、料机处于密封工作状态。

5.3.3 应定期检查热风管道膨胀节及保温设施。

5.3.4 在高温区作业应佩戴防护用品。

5.3.5 焙烧烘炉用燃烧器的安全操作应符合 TSG ZB001 的要求。

5.3.6 燃油的储存与使用应符合 GB/T 17914 的要求。

5.3.7 焙烧炉排料时不应出现排空漏风现象。

5.3.8 风机开机时应无负荷启动。

5.3.9 有冷却系统的风机开机前应先开启冷却系统。

5.3.10 罗茨风机在调整风量时应避开喘振区。

5.3.11 应控制高温风机油箱内油温、油质和油量。

5.3.12 高温风机进出口与管道连接处应采取软连接。

5.4 烟气处理

5.4.1 烟气处理系统应实行自动检测控制。

5.4.2 应严格控制热风温度,满足静电收尘和布袋收尘入口温度的要求。

5.4.3 须设高浓度碱液烟气应急处理系统。碱液的储存和使用应符合 GB 17915 和 GB 17916 的要求。

5.4.4 进入塔器内作业应有专人监护。

5.4.5 发现异常情况需紧急停车时,应通知相关工序,依次停车。

5.5 焙砂水淬

5.5.1 严格控制气固热交换器内焙砂温度。

5.5.2 气固热交换器应在系统要求的负压下工作。

5.5.3 应控制水淬槽内矿浆温度。

5.5.4 应及时排出水淬过程中产生的水蒸气。

5.5.5 焙砂泵输送作业应符合 YS/T 3025.1《黄金选冶安全生产技术规范 第1部分:总则》5.8 的要求。

5.6 焙砂再磨

5.6.1 焙砂再磨作业应符合 YS/T 3025.1《黄金选冶安全生产技术规范 第1部分:总则》5.4 的要求。

5.6.2 焙砂输送作业应符合 YS/T 3025.1《黄金选冶安全生产技术规范 第1部分:总则》5.8 的要求。

5.7 焙砂氰化

5.7.1 应符合 YS/T 3025.2《黄金选冶安全生产技术规范 第2部分:氰化炭浆工艺》和 YS/T 3025.3《黄金选冶安全生产技术规范 第3部分:氰化-锌粉置换工艺》的相关要求。

5.7.2 固体氰化钠的安全管理、储存、使用、事故应急处理等应符合 YS/T 3017 中规定。液体氰化钠的安全管理应符合《危险化学品安全管理条例》及国家其他相关法律法规的规定。

5.7.3 氰渣滤液的安全管理应符合《危险化学品安全管理条例》及国家其他相关法律法规的规定。

5.8 冶炼

应符合 YS/T 3024《金精炼安全生产技术规范》和 YS/T 3018 的要求。

5.9 浸渣处理

5.9.1 浸渣压滤作业应符合 YS/T 3025.1《黄金选冶安全生产技术规范 第1部分:总则》5.10 的要求。

5.9.2 浸渣输送作业应符合 YS/T 3025.1《黄金选冶安全生产技术规范 第1部分:总则》5.11 的要求。

5.9.3 浸渣堆存作业应符合 YS/T 3025.1《黄金选冶安全生产技术规范 第1部分:总则》5.12 的要求。

6 应急作业

应按照 AQ/T 9002 要求,结合企业的具体情况,制定切实可行的各类事故应急预案。

附　录　A
（资料性附录）
危险源辨识、风险评价和风险控制

危险源辨识、风险评价和风险控制见表 A.1。

表 A.1

序号	作业场所或类别	作业活动	危险因素	可能导致的事故	可能伤及的人员或设备	危险级别	风险控制措施

第三篇　节能与综合利用

JIENENG YU ZONGHE LIYONG

ICS 27.010
F 01

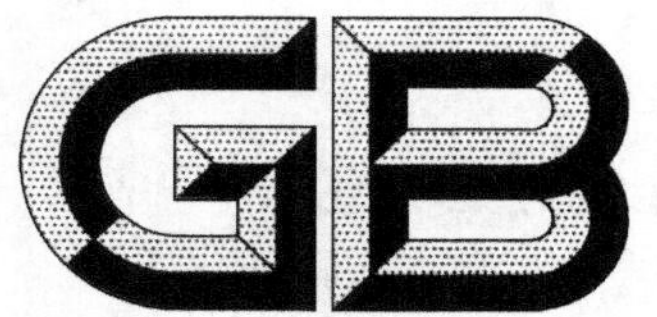

中华人民共和国国家标准

GB 32032—2015

金矿开采单位产品能源消耗限额

Norm of energy consumption per unit products of gold mining

2015-09-11 发布　　2016-10-01 实施

中华人民共和国国家质量监督检验检疫总局
中国国家标准化管理委员会　发布

前　言

本标准中 4.1 和 4.2 为强制性的，其余为推荐性的。

本标准按照 GB/T 1.1—2009 给出的规则起草。

本标准由国家发展改革委员会资源节约和环境保护司、工业和信息化部节能司提出。

本标准由全国能源基础与管理标准化技术委员会(SAC/TC 20)和全国黄金标准化技术委员会(SAC/TC 379)归口。

本标准起草单位：长春黄金研究院、中国黄金集团公司、紫金矿业集团股份有限公司、赤峰吉隆黄金矿业股份有限公司、招金矿业股份有限公司、山东中矿集团有限公司、长春黄金设计院。

本标准主要起草人：严鹏、梁春来、郭树林、付文姜、唐学义、谢天泉、张炳南、张永涛、李亮、张维滨、李建波、董鑫、孙晓雁、张广篇、闫国峰、路明福、沈述宝、陈晓飞、王伟、霍明春、郝世波、郭学军、李洪文、梁超。

金矿开采单位产品能源消耗限额

1 范围

本标准规定了金矿开采单位产品能源消耗限额的技术要求、统计范围和计算方法，以及节能管理措施。

本标准适用于金矿开采单位产品能源消耗的计算、考核，以及对新建和改扩建项目的能源消耗控制。

本标准不适用于金矿露天开采以及矿井开采深度大于 1800 m。

2 规范性引用文件

下列文件对于本文件的应用是必不可少的。凡是注日期的引用文件，仅注日期的版本适用于本文件。凡是不注日期的引用文件，其最新版本(包括所有的修改单)适用于本文件。

GB/T 2589　综合能耗计算通则

GB/T 12723　单位产品能源消耗限额编制通则

GB 17167　用能单位能源计量器具配备和管理通则

GB/T 23331　能源管理体系要求

3 术语和定义

GB/T 12723　界定的以及下列术语和定义适用于本文件。

3.1 金矿开采单位产品能源消耗　energy consumption per unit products of gold mining

金矿开采中每产出 1 t 金矿石所消耗的能源量。

3.2 矿井开采深度　mining depth

矿石出井(坑)海拔标高与矿井最深处采矿作业面所在的海拔标高之差。

4 技术要求

4.1 金矿开采单位产品能源消耗限定值

金矿开采单位产品能源消耗限定值按照表 1 给出的条件和公式计算。

表 1　金矿开采单位产品能源消耗限定值

矿井开采深度/m	单位产品能源消耗限定值/(kgce/t)	
	采场电动设备出矿	采场柴油设备出矿
$H<600$	$6.04+0.70h$[a]	$7.81+0.70h$
$600\leqslant H<1200$	$6.76+0.70h$	$8.52+0.70h$
$1200\leqslant H\leqslant 1800$	$7.86+0.70h$	$9.63+0.70h$

[a] $h=H/100$ m

式中：

h——矿井开采深度系数；

H——矿井开采深度，单位为米(m)。

4.2 金矿开采单位产品能源消耗准入值

金矿开采单位产品能源消耗准入值按照表 2 给出的条件和公式计算。

表 2 金矿开采单位产品能源消耗准入值

矿井开采深度/m	单位产品能源消耗准入值/(kgce/t)	
	采场电动设备出矿	采场柴油设备出矿
$H<600$	$3.43+0.30h$	$4.54+0.30h$
$600\leqslant H<1200$	$4.24+0.30h$	$5.35+0.30h$
$1200\leqslant H\leqslant 1800$	$5.89+0.30h$	$7.00+0.30h$

4.3 金矿开采单位产品能源消耗先进值

金矿开采单位产品能源消耗先进值按照表 3 给出的条件和公式计算。

表 3 金矿开采单位产品能源消耗先进值

矿井开采深度/m	单位产品能源消耗先进值/(kgce/t)	
	采场电动设备出矿	采场柴油设备出矿
$H<600$	$1.02+0.07h$	$1.66+0.07h$
$600\leqslant H<1200$	$1.24+0.07h$	$1.87+0.07h$
$1200\leqslant H\leqslant 1800$	$3.52+0.07h$	$4.15+0.07h$

5 金矿开采能源消耗统计范围和计算方法

5.1 能源消耗统计范围及能源折算系数取值原则

5.1.1 能源消耗统计范围

金矿开采能源消耗为生产系统(包括凿岩爆破、矿井通风、采场出矿、矿井提升运输、采空区处理)和辅助生产系统(生产管理及调度指挥系统、机修、支护、化验、计量、安全监测和环保设施)消耗的能源量之和,其中矿井提升运输包含矿岩从溜井至选矿厂或地表堆场的能源消耗。不包括供排水能源消耗、制冷降温能源消耗和附属生产系统(如食堂、保健站、休息室等)消耗的能源量。

5.1.2 能源及主要耗能工质折算系数取值原则

5.1.2.1 能源折算系数取值原则

能源折算系数应以企业在报告期内实测的各种能源的热值为基准,按照 GB/T 2589 的规定折算为标准煤,电力按当量值折标准煤。没有实测条件的,参考附录 A 折算系数进行折算。

5.1.2.2 主要耗能工质的折算系数取值原则

实测耗能工质生产转换系统消耗的实物量。电力折算系数取当量值时,实物量以电力当量值折算系数转换得到耗能工质当量值折算系数;电力折算系数取等价值时,实物量以电力等价值折算系数转换得到耗能工质等价值折算系数。没有实测条件的,参考附录 B 折算系数进行折算。

5.2 计算方法

金矿开采单位产品能源消耗按照式(1)计算:

$$E=(E_{zb}+E_{tf}+E_{ck}+E_{ty}+E_{cc}+E_{fz})/P_z \quad\cdots\cdots(1)$$

式中:

E——金矿开采单位产品能源消耗,单位为千克标准煤每吨(kgce/t);

E_{zb}——金矿开采凿岩爆破能源消耗,单位为千克标准煤(kgce);

E_{tf}——金矿开采矿井通风能源消耗,单位为千克标准煤(kgce);

E_{ck}——金矿开采采场出矿能源消耗,单位为千克标准煤(kgce);
E_{ty}——金矿开采提升运输能源消耗,单位为千克标准煤(kgce);
E_{cc}——金矿开采采空区处理能源消耗,单位为千克标准煤(kgce);
E_{fz}——金矿开采辅助生产系统能源消耗,单位为千克标准煤(kgce);
P_z——出矿量,单位为吨(t)。

6 节能措施

6.1 节能基础管理

6.1.1 企业应根据 GB/T 23331 的要求加强能源管理,健全能源管理组织机构,建立能源管理制度和经济责任制,建立主要工艺的能源消耗定额,并把定额指标分解落实到各基层单位进行考核。

6.1.2 企业应按要求建立能源消耗统计、计量体系,建立能源消耗统计档案,并对文件进行受控管理。

6.1.3 企业应根据 GB 17167 的要求配备相应的能源计量器具并建立能源计量管理制度。

6.2 节能技术措施

6.2.1 合理安排节能技术改造,推广应用节能新工艺、新技术和新装备。

6.2.2 优化矿山生产系统,科学组织生产,减少中间环节,提高矿井采矿生产能力。

6.2.3 具备开采技术条件时,采用中深孔凿岩爆破技术,推广应用液压凿岩机取代风动凿岩机。

6.2.4 开采深度和范围较大、通风网络复杂的矿井宜采用多级机站通风系统或分区通风系统。

6.2.5 条件允许时,采场出矿推广使用电动铲运机。

6.2.6 竖井提升,宜采用多绳摩擦提升系统;坑内运输距离较大时,宜采用有轨运输方式。

6.2.7 水文地质条件复杂、涌水量大的矿井宜采用分段式排水。

6.2.8 宜采用尾砂充填或废石充填的方式处理采空区,采用尾砂充填时,应设法降低充填倍线,实现自流输送,采用高浓度充填;采用废石充填时,应争取废石不出坑。

6.2.9 提高矿山信息化和自动化水平,实现提升机、空压机、扇风机、水泵等主要耗能设备的自动化控制。

附　录　A
(资料性附录)
常用能源折标准煤参考系数

常用能源折标准煤参考系数见表 A.1。

表 A.1　常用能源折标准煤参考系数

能　源		折标准煤系数及单位	
品　种	平均低位发热量	系数	单位
原煤	20908 kJ/kg(5000 kcal/kg)	0.7143	kgce/kg
洗精煤	26344 kJ/kg(6300 kcal/kg)	0.900	kgce/kg
原油	41816 kJ/kg(10000 kcal/kg)	1.4286	kgce/kg
柴油	42652 kJ/kg(10200 kcal/kg)	1.4571	kgce/kg
汽油	43070 kJ/kg(10300 kcal/kg)	1.4714	kgce/kg
煤油	43070 kJ/kg(10300 kcal/kg)	1.4714	kgce/kg
焦炭	28435 kJ/kg(6800 kcal/kg)(灰分 13.5%)	0.9714	kgce/kg
液化石油气	50179 kJ/kg(12000 kcal/kg)	1.7143	kgce/kg
电力(当量值)	3600 kJ/(kW·h)[860 kcal/(kW·h)]	0.1229	kgce/(kW·h)
热力	—	0.03412	kgce/MJ
水煤气	10454 kJ/m^3(2500 kcal/m^3)	0.3571	kgce/m^3
油田天然气	38931 kJ/m^3(9310 kcal/m^3)	1.3300	kgce/m^3
注：附录中折标煤系数如遇国家统计部门规定发生变化，能源消耗等级指标则另行设定。			

附　录　B
（资料性附录）
常用耗能工质折算标准煤参考系数

常用耗能工质折算标准煤参考系数见表 B.1。

表 B.1　常用耗能工质折算标准煤参考系数

名　称	单位耗能工质耗能量	折标准煤
新水	2.51 MJ/t(600 kcal/t)	0.0857 kgce/t
软水	14.23 MJ/t(3400 kcal/t)	0.4857 kgce/t
压缩空气	1.17 MJ/m^3(280 $kcal/m^3$)	0.040 $kgce/m^3$
鼓风	0.88 MJ/m^3(210 $kcal/m^3$)	0.030 $kgce/m^3$
氧气	11.72 MJ/m^3(2800 $kcal/m^3$)	0.400 $kgce/m^3$
氮气(做副产品时)	11.72 MJ/m^3(2800 $kcal/m^3$)	0.400 $kgce/m^3$
氮气(做主产品时)	19.66 MJ/m^3(4700 $kcal/m^3$)	0.6714 $kgce/m^3$
二氧化碳	6.28 MJ/m^3(1500 $kcal/m^3$)	0.2143 $kgce/m^3$
乙炔	243.67 MJ/m^3	8.3143 $kgce/m^3$
电石	60.92 MJ/kg	2.0786 kgce/kg
注：附录中的能源等价值如有变动，以国家统计部门最新公布的数据为准。		

ICS 27.010
F 01

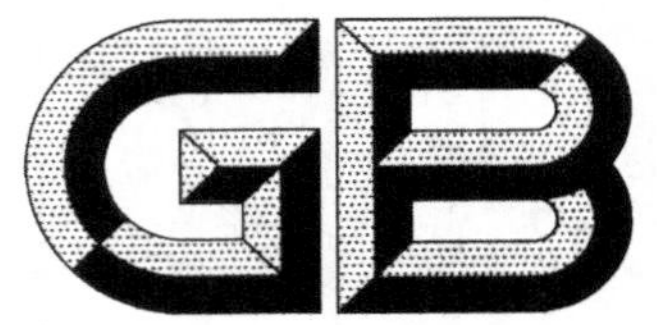

中华人民共和国国家标准

GB 32033—2015

金矿选冶单位产品能源消耗限额

Norm of energy consumption per unit products for mineral processing and metallurgy of gold

2015-09-11 发布　　2016-10-01 实施

中华人民共和国国家质量监督检验检疫总局
中国国家标准化管理委员会　发布

前　言

本标准的4.1和4.2为强制性的,其余为推荐性的。

本标准按照GB/T 1.1—2009给出的规则起草。

本标准由国家发展和改革委员会资源节约和环境保护司、工业和信息化部节能与综合利用司提出。

本标准由全国能源基础与管理标准化技术委员会(SAC/TC 20)和全国黄金标准化技术委员会(SAC/TC 379)归口。

本标准起草单位:长春黄金研究院、中国黄金集团公司、招金矿业股份有限公司、长春黄金设计院、山东中矿集团有限公司、紫金矿业集团股份有限公司。

本标准主要起草人:岳辉、郑晔、谢天泉、付文姜、梁春来、赵明福、张炳南、张永涛、李亮、纪强、孙洪丽、郑艳平、赵金菊、王彩霞、宋洪宇、赵健伟、王伟、霍明春、姜建军、扈守全、薛树斌、俸富诚。

金矿选冶单位产品能源消耗限额

1 范围

本标准规定了金矿选冶单位产品能源消耗(以下简称能耗)限额的技术要求、统计范围及计算方法,以及节能管理措施。

本标准适用于金矿选冶单位产品能耗的计算、考核,以及对新建和改扩建项目的能耗控制。

2 规范性引用文件

下列文件对于本文件的应用是必不可少的。凡是注日期的引用文件,仅注日期的版本适用于本文件。凡是不注日期的引用文件,其最新版本(包括所有的修改单)适用于本文件。

GB/T 2589 综合能耗计算通则

GB/T 12723 单位产品能源消耗限额编制通则

GB 17167 用能单位能源计量器具配备和管理通则

GB/T 23331 能源管理体系 要求

3 术语和定义

GB/T 12723 界定的以及下列术语和定义适用于本文件。

3.1 单位产品 unit product

单位处理量,产品指生产处理的原料。

3.2 单位产品工艺能耗 energy consumption for unit product of technology

报告期内工艺生产过程中生产系统的能耗与总处理量的比值。

注:生产系统是所确定的生产工艺过程、装置、设施和设备组成的完成体系。

4 技术要求

4.1 现有金矿选冶单位产品能耗限定值

现有金矿选冶单位产品能耗限定值应符合表 1 的要求。

表 1 金矿选冶单位产品能耗限定值

<table>
<tr><th colspan="3">工艺分类</th><th>单位产品综合能耗/(kgce/t)</th></tr>
<tr><td colspan="3">堆浸</td><td>≤0.85</td></tr>
<tr><td colspan="3">原矿全泥氰化(含树脂矿浆)</td><td>≤6.80</td></tr>
<tr><td colspan="3">浮选</td><td>≤6.50</td></tr>
<tr><td colspan="3">金精矿氰化</td><td>≤9.00</td></tr>
<tr><td colspan="3">生物氧化</td><td>≤105</td></tr>
<tr><td rowspan="4">焙烧</td><td colspan="2">原矿</td><td>≤27.5</td></tr>
<tr><td rowspan="3">金精矿</td><td>制酸收金</td><td>≤47</td></tr>
<tr><td>制酸收铜收金</td><td>≤50</td></tr>
<tr><td>收砷制酸收铜收金</td><td>≤55</td></tr>
</table>

4.2 新建及改扩建金矿选冶单位产品能耗准入值

新建及改扩建金矿选冶单位产品能耗准入值应符合表 2 的要求。

表 2 金矿选冶单位产品能耗准入值

<table>
<tr><th colspan="3">工艺分类</th><th>单位产品综合能耗/(kgce/t)</th></tr>
<tr><td colspan="3">堆浸</td><td>≤0.70</td></tr>
<tr><td colspan="3">原矿全泥氰化(含树脂矿浆)</td><td>≤4.50</td></tr>
<tr><td colspan="3">浮选</td><td>≤4.20</td></tr>
<tr><td colspan="3">金精矿氰化</td><td>≤7.50</td></tr>
<tr><td colspan="3">生物氧化</td><td>≤92</td></tr>
<tr><td rowspan="4">焙烧</td><td colspan="2">原矿</td><td>≤25.0</td></tr>
<tr><td rowspan="3">金精矿</td><td>制酸收金</td><td>≤33</td></tr>
<tr><td>制酸收铜收金</td><td>≤36</td></tr>
<tr><td>收砷制酸收铜收金</td><td>≤47</td></tr>
</table>

4.3 金矿选冶单位产品能耗先进值

金矿选冶单位产品能耗先进值应达到表 3 的要求。

表 3 金矿选冶单位产品能耗先进值

<table>
<tr><th colspan="3">工艺分类</th><th>单位产品综合能耗/(kgce/t)</th></tr>
<tr><td colspan="3">堆浸</td><td>≤0.50</td></tr>
<tr><td colspan="3">原矿全泥氰化(含树脂矿浆)</td><td>≤3.80</td></tr>
<tr><td colspan="3">浮选</td><td>≤3.50</td></tr>
<tr><td colspan="3">金精矿氰化</td><td>≤7.00</td></tr>
<tr><td colspan="3">生物氧化</td><td>≤75</td></tr>
<tr><td rowspan="4">焙烧</td><td colspan="2">原矿</td><td>≤22.5</td></tr>
<tr><td rowspan="3">金精矿</td><td>制酸收金</td><td>≤30</td></tr>
<tr><td>制酸收铜收金</td><td>≤33</td></tr>
<tr><td>收砷制酸收铜收金</td><td>≤40</td></tr>
</table>

5 统计范围及计算方法

5.1 能耗统计范围及能源折算系数取值原则

5.1.1 能耗统计范围

5.1.1.1 综合能耗统计范围

综合能耗是工艺能耗与辅助能耗之和，是生产系统各工序所实际消耗的各种能源和辅助生产系统所消耗的各种能源之和。用做原料的能源也必须包括在内。不包括生活用能和基建项目用能。

5.1.1.2 工艺能耗统计范围

5.1.1.2.1 堆浸工艺

堆浸工艺生产系统包括碎矿、筑堆、喷淋、炭吸附、解吸电解、金泥冶炼、尾矿处理和环保处理工序。

5.1.1.2.2 原矿全泥氰化工艺

原矿全泥氰化工艺包括原矿全泥氰化-炭浆工艺、原矿全泥氰化-锌粉置换工艺和树脂矿浆工艺。

原矿全泥氰化-炭浆工艺生产系统包括碎矿、磨矿、重选、氰化炭浆、浓密、压滤、解吸电解、金泥冶炼、尾矿输送和环保处理工序。

原矿全泥氰化-锌粉置换工艺生产系统包括碎矿、磨矿、重选、氰化、浓密、压滤、锌粉置换、金泥冶炼、尾矿输送和环保处理工序。

树脂矿浆工艺生产系统包括碎矿、磨矿、重选、氰化、树脂吸附解吸、浓密、压滤、解吸电解、金泥冶炼、尾矿输送和环保处理工序。

5.1.1.2.3 浮选工艺

浮选工艺生产系统包括碎矿、磨矿、重选、浮选、浓密、压滤、尾矿输送和环保处理工序。

5.1.1.2.4 金精矿氰化工艺

金精矿氰化工艺包括金精矿氰化-锌粉置换工艺和金精矿氰化-炭浆工艺。

金精矿氰化-锌粉置换工艺生产系统包括磨矿、氰化、浓密、压滤、锌粉置换、金泥冶炼、尾矿输送和环保处理工序。

金精矿氰化-炭浆工艺生产系统包括磨矿、氰化炭浆、浓密、压滤、解吸电解、金泥冶炼、尾矿输送和环保处理工序。

5.1.1.2.5 生物氧化工艺

生物氧化工艺生产系统包括磨矿、生物氧化、洗涤、压滤、中和处理、氰化、浓密、压滤、锌粉置换(解吸电解)、金泥冶炼、尾矿输送和环保处理工序。

5.1.1.2.6 原矿焙烧工艺

原矿焙烧工艺生产系统包括破碎、烘干、干磨、焙烧、烟气处理、焙砂提金、氰化炭浆、浓密、压滤、解吸电解、金泥冶炼、尾矿输送和环保处理工序。

5.1.1.2.7 金精矿焙烧工艺

金精矿焙烧工艺包括金精矿焙烧-制酸收金工艺、金精矿焙烧-制酸收铜收金工艺和金精矿焙烧-收砷制酸收铜收金工艺。

金精矿焙烧-制酸收金工艺生产系统包括调浆、金精矿焙烧、烟气制酸、焙砂提金、金泥冶炼、尾矿和环保处理工序。

金精矿焙烧-制酸收铜收金工艺生产系统包括调浆、金精矿焙烧、烟气制酸、焙砂收铜、浸渣提金、金泥冶炼、尾矿和环保处理工序。

金精矿焙烧-收砷制酸收铜收金工艺生产系统包括调浆、金精矿焙烧、烟气收砷、烟气制酸、焙砂收铜、浸渣提金、金泥冶炼、尾矿和环保处理工序。

5.1.1.3 辅助能耗统计范围

包括为生产系统服务的机修、汽修、电修、供电、供水、水处理、制冷、化验、检测、计量、动力供应、药剂供应等辅助生产系统。

5.1.2 能源及主要耗能工质折算系数取值原则

5.1.2.1 能源折算系数取值原则

能源折算系数应以企业在报告期内实测的各种能源的热值为基准,按照GB/T 2589的规定折算为标准煤(kgce),电力按当量值折标准煤。没有实测条件的,参考附录A中折算系数进行折算。

5.1.2.2 主要耗能工质的折算系数取值原则

实测耗能工质生产转换系统消耗的实物量。电力折算系数取当量值时,实物量以电力当量值折算系数转换得到耗能工质当量值折算系数;电力折算系数取等价值时,实物量以电力等价值折算系数转换得到耗能工质等价值折算系数。没有实测条件的,参考附录B折算系数进行折算。

5.2 计算方法

5.2.1 单位产品工艺能耗的计算

单位产品工艺能耗按式(1)计算:

$$e_{GY}=E_e/P_z \quad\cdots\cdots(1)$$

式中：

e_{GY}——单位产品工艺能耗，单位为千克标准煤每吨(kgce/t)；

E_e——工艺直接消耗的各种能源实物量折标煤量之和，单位为千克标准煤(kgce)；

P_z——工艺处理矿量，单位为吨(t)。

5.2.2 单位产品辅助能耗的计算

单位产品辅助能耗按式(2)计算：

$$e_{FZ}=E_f/P_z \quad\cdots\cdots(2)$$

式中：

e_{FZ}——单位产品辅助能耗，单位为千克标准煤每吨(kgce/t)；

E_f——辅助生产消耗的各种能源实物量折标煤量之和，单位为千克标准煤(kgce)；

P_z——工艺处理矿量，单位为吨(t)。

5.2.3 单位产品综合能耗的计算

单位产品综合能耗按式(3)计算：

$$\begin{aligned}e_{ZH}&=E_z/P_z\\&=(E_e+E_f)/P_z\\&=e_{GY}+e_{FZ}\end{aligned} \quad\cdots\cdots(3)$$

式中：

e_{ZH}——单位产品综合能耗，单位为千克标准煤每吨(kgce/t)；

E_z——工艺综合消耗的各种能源实物量折标煤量之和，单位为千克标准煤(kgce)；

P_z——工艺处理矿量，单位为吨(t)。

6 节能管理与措施

6.1 节能基础管理

6.1.1 企业应根据GB/T 23331的要求加强能源管理，健全能源管理组织机构，建立能源管理制度和经济责任制；应对各能耗指标进行考核，并把考核指标分解落实到各基层单位。

6.1.2 企业应按要求建立能耗统计体系，建立能耗统计结果的文件档案，并对文件进行受控管理。

6.1.3 企业应根据GB 17167的要求配备相应的能源计量器具并建立能源计量管理制度。

6.2 节能技术管理

6.2.1 合理安排节能技术改造，推广节能新工艺、新技术和新设备，提高能源利用率，减少能源消耗，降低工艺和综合能耗。

6.2.2 优化生产系统配置和生产工艺，提高选冶自动化和信息化水平，合理组织生产，减少中间环节，提高生产能力。

附　录　A
（资料性附录）
常用能源折标准煤参考系数

常用能源折标准煤参考系数见表 A.1。

表 A.1　常用能源折标准煤参考系数

名　称	平均低位发热量	折标准煤系数及单位
原煤	20908 kJ/kg(5000 kcal/kg)	0.7143 kgce/kg
洗精煤	26344 kJ/kg(6300 kcal/kg)	0.9000 kgce/kg
原油	41816 kJ/kg(10000 kcal/kg)	1.4286 kgce/kg
柴油	42652 kJ/kg(10200 kcal/kg)	1.4571 kgce/kg
汽油	43070 kJ/kg(10300 kcal/kg)	1.4714 kgce/kg
煤油	43070 kJ/kg(10300 kcal/kg)	1.4714 kgce/kg
焦炭	28435 kJ/kg(6800 kcal/kg)	0.9714 kgce/kg
液化石油气	50179 kJ/kg(12000 kcal/kg)	1.7143 kgce/kg
电力(当量值)	3600 kJ/(kW·h)[860 kcal/(kW·h)]	0.1229 kgce/(kW·h)
热力	—	0.03412 kgce/MJ
水煤气	10454 kJ/m^3(2500 kcal/m^3)	0.3571 kgce/m^3
油田天然气	38931 kJ/m^3(9310 kcal/m^3)	1.3300 kgce/m^3
注：本附录中折标准煤系数如遇国家统计部门规定发生变化，能耗等级指标则另行设定。		

附 录 B
(资料性附录)
常用耗能工质折算标准煤参考系数

常用耗能工质折算标准煤参考系数见表B.1。

表B.1 常用耗能工质折算标准煤参考系数

名 称	单位耗能工质耗能量	折标准煤系数及单位
新水	2.51 MJ/t(600 kcal/t)	0.0857 kgce/t
软水	14.23 MJ/t(3400 kcal/t)	0.4857 kgce/t
压缩空气	1.17 MJ/m^3(280 $kcal/m^3$)	0.040 $kgce/m^3$
鼓风	0.88 MJ/m^3(210 $kcal/m^3$)	0.030 $kgce/m^3$
氧气	11.72 MJ/m^3(2800 $kcal/m^3$)	0.400 $kgce/m^3$
氮气(做副产品时)	11.72 MJ/m^3(2800 $kcal/m^3$)	0.400 $kgce/m^3$
氮气(做主产品时)	19.66 MJ/m^3(4700 $kcal/m^3$)	0.6714 $kgce/m^3$
二氧化碳	6.28 MJ/m^3(1500 $kcal/m^3$)	0.2143 $kgce/m^3$
乙炔	243.67 MJ/m^3	8.3143 $kgce/m^3$
电石	60.92 MJ/kg	2.0786 kgce/kg

注1:新水指尚未使用过的自来水,按平均耗电计算。

注2:本附录中的能源等价值如有变动,以国家统计部门最新公布的数据为准。

ICS 27.010
F 01

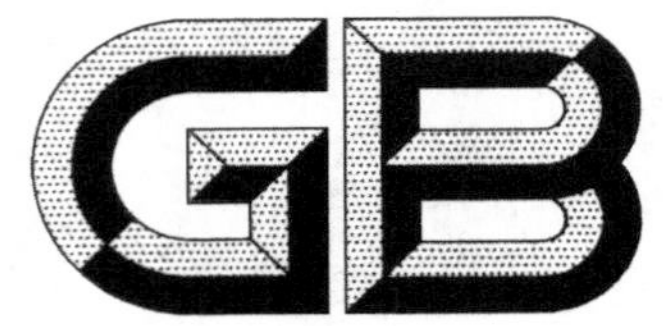

中华人民共和国国家标准

GB 32034—2015

金精炼单位产品能源消耗限额

Norm of energy consumption per unit products of gold refining

2015-09-11 发布　　2016-10-01 实施

中华人民共和国国家质量监督检验检疫总局
中国国家标准化管理委员会　发布

前 言

本标准的4.1和4.2为强制性的，其余为推荐性的。

本标准按照GB/T 1.1—2009给出的规则起草。

本标准由国家发展和改革委员会资源节约和环境保护司、工业和信息化部节能与综合利用司提出。

本标准由全国能源基础与管理标准化技术委员会(SAC/TC 20)和全国黄金标准化技术委员会(SAC/TC 379)归口。

本标准起草单位：长春黄金研究院、中国黄金集团公司、紫金矿业集团股份有限公司、山东中矿集团有限公司。

本标准主要起草人：岳辉、郑晔、梁春来、付文姜、谢天泉、张炳南、张永涛、李亮、赵俊蔚、郝福来、赵国惠、唐廷双、于聪胜、温建波、王伟、霍明春、刘亚建、林烽先。

金精炼单位产品能源消耗限额

1 范围

本标准规定了金精炼单位产品能源消耗(以下简称能耗)限额的技术要求、统计范围及计算方法,以及节能管理措施。

本标准适用于金精炼单位产品能耗的计算、考核,以及对新建和改扩建项目的能耗控制。

2 规范性引用文件

下列文件对于本文件的应用是必不可少的。凡是注日期的引用文件,仅注日期的版本适用于本文件。凡是不注日期的引用文件,其最新版本(包括所有的修改单)适用于本文件。

GB/T 2589 综合能耗计算通则

GB/T 12723 单位产品能源消耗限额编制通则

GB 17167 用能单位能源计量器具配备和管理通则

GB/T 23331 能源管理体系 要求

3 术语和定义

GB/T 12723 界定的以及下列术语和定义适用于本文件。

3.1 单位产品工艺能耗 energy consumption for unit product of technology

报告期内工艺生产过程中生产系统的能耗与合格产品总量的比值。

注:生产系统是所确定的生产工艺过程、装置、设施和设备组成的完成体系。

4 技术要求

4.1 现有金精炼单位产品能耗限定值

现有金精炼单位产品能耗限定值应符合表 1 的要求。

表 1 金精炼单位产品能耗限定值

工艺分类	单位产品综合能耗/(kgce/kg)
萃取工艺	≤6.50
电解工艺	≤7.20
氯化工艺(含化学法)	≤3.00

4.2 新建及改扩建金精炼单位产品能耗准入值

新建及改扩建金精炼单位产品能耗准入值应符合表 2 的要求。

表 2 金精炼单位产品能耗准入值

工艺分类	单位产品综合能耗/(kgce/kg)
萃取工艺	≤4.80
电解工艺	≤6.50
氯化工艺(含化学法)	≤2.50

4.3 金精炼单位产品能耗先进值

金精炼企业应通过节能技术改造和加强节能管理达到表3金精炼单位产品能耗先进值的要求。

表3 金精炼单位产品能耗先进值

工艺分类	单位产品综合能耗/(kgce/kg)
萃取工艺	≤3.20
电解工艺	≤4.50
氯化工艺(含化学法)	≤2.30

5 统计范围及计算方法

5.1 能耗统计范围及能源折算系数取值原则

5.1.1 能耗统计范围

5.1.1.1 萃取工艺

萃取工艺综合能耗统计范围从粗金开始,到产出标准金为止,是生产系统,包括熔炼、粉化、酸溶、萃取、反萃还原、铸锭和环保处理工序等各生产环节所实际消耗的各种能源,以及辅助生产系统,包括为生产系统服务的机构、汽修、电修、供电、供水、水处理、制冷、化验、检测、计量、动力供应、药剂供应等所消耗的各种能源之和。用做原料的能源也必需包括在内,不包括生活用能和基建项目用能。

5.1.1.2 电解工艺

电解工艺综合能耗统计范围从粗金开始,到产出标准金为止,是生产系统,包括熔炼、电解、铸锭和环保处理工序等各生产环节所实际消耗的各种能源,以及辅助生产系统,包括为生产系统服务的机修、汽修、电修、供电、供水、水处理、制冷、化验、检测、计量、动力供应、药剂供应等所消耗的各种能源之和。用做原料的能源也必需包括在内,不包括生活用能和基建项目用能。

5.1.1.3 氯化工艺(含化学法)

氯化工艺综合能耗统计范围从粗金开始,到产出标准金为止,是生产系统,包括熔炼、粉化、除杂、氯化溶金、还原、铸锭和环保处理工序等各生产环节所实际消耗的各种能源,以及辅助生产系统,包括为生产系统服务的机修、汽修、电修、供电、供水、水处理、制冷、化验、检测、计量、动力供应、药剂供应等所消耗的各种能源之和。用做原料的能源也必需包括在内,不包括生活用能和基建项目用能。

5.1.2 能源及主要耗能工质折算系数取值原则

5.1.2.1 能源折算系数取值原则

能源折算系数应以企业在报告期内实测的各种能源的热值为基准,按照GB/T 2589规定统一折算为标准煤(kgce),电力按当量值折标准煤。没有实测条件的,可参考附录A进行折算。

5.1.2.2 主要耗能工质的折算系数取值原则

实测耗能工质生产转换系统消耗的实物量。电力折算系数取当量值时,实物量以电力当量值折算系数转换得到耗能工质当量值折算系数;电力折算系数取等价值时,实物量以电力等价值折算系数转换得到耗能工质等价值折算系数。没有实测条件的,参考附录B折算系数进行折算。

5.2 计算方法

5.2.1 单位产品工艺能耗的计算

单位产品工艺能耗按式(1)计算:

$$e_{GY}=E_e/P_z \qquad (1)$$

式中:

e_{GY}——单位产品工艺能耗,单位为千克标准煤每千克(kgce/kg);

E_e——工艺生产系统所消耗的各种能源实物量折标煤量之和,单位为千克标准煤(kgce);

P_z——工艺产出的最终合格产品产量，单位为千克(kg)。

5.2.2 单位产品辅助能耗的计算

单位产品辅助能耗按式(2)计算：

$$e_{FZ}=E_f/P_z \quad \cdots\cdots (2)$$

式中：

e_{FZ}——单位产品辅助能耗，单位为千克标准煤每千克(kgce/kg)；

E_f——辅助生产系统所消耗的各种能源实物量折标煤量之和，单位为千克标准煤(kgce)；

P_z——工艺产出的最终合格产品产量，单位为千克(kg)。

5.2.3 单位产品综合能耗的计算

单位产品综合能耗按式(3)计算：

$$\begin{aligned} e_{ZH} &= E_z/P_z \\ &= (E_e+E_f)/P_z \\ &= e_{GY}+e_{FZ} \end{aligned} \quad \cdots\cdots (3)$$

式中：

e_{ZH}——单位产品综合能耗，单位为千克标准煤每千克(kgce/kg)；

E_z——工艺生产系统和辅助生产系统所消耗的各种能源实物量折标煤量之和，单位为千克标准煤(kgce)；

P_z——工艺产出的最终合格产品产量，单位为千克(kg)。

6 节能管理措施

6.1 节能基础管理

6.1.1 企业应根据 GB/T 23331 的要求加强能源管理，健全能源管理组织机构，建立能源管理制度和经济责任制，对各能耗指标进行考核，并把考核指标分解落实到各基层单位。

6.1.2 企业应按要求建立能耗统计体系，建立能耗统计结果的文件档案，并对文件进行受控管理。

6.1.3 企业应根据 GB 17167 的要求配备相应的能源计量器具并建立能源计量管理制度。

6.2 节能技术管理

6.2.1 合理安排节能技术改造，推广节能新工艺、新技术和新设备，提高能源利用效率，减少能源消耗，降低金精炼工艺和综合能耗。

6.2.2 优化生产系统配置和生产工艺，合理组织生产，减少中间环节，提高生产能力。

附 录 A
(资料性附录)
常用能源折标准煤参考系数

常用能源折标准煤参考系数见表 A.1。

表 A.1 常用能源折标准煤参考系数

名 称	平均低位发热量	折标准煤系数及单位
原煤	20908 kJ/kg(5000 kcal/kg)	0.7143 kgce/kg
洗精煤	26344 kJ/kg(6300 kcal/kg)	0.9000 kgce/kg
原油	41816 kJ/kg(10000 kcal/kg)	1.4286 kgce/kg
柴油	42652 kJ/kg(10200 kcal/kg)	1.4571 kgce/kg
汽油	43070 kJ/kg(10300 kcal/kg)	1.4714 kgce/kg
煤油	43070 kJ/kg(10300 kcal/kg)	1.4714 kgce/kg
焦炭	28435 kJ/kg(6800 kcal/kg)	0.9714 kgce/kg
液化石油气	50179 kJ/kg(12000 kcal/kg)	1.7143 kgce/kg
电力(当量值)	3600 kJ/(kW·h)[860 kcal/(kW·h)]	0.1229 kgce/(kW·h)
热力		0.03412 kgce/MJ
水煤气	10454 kJ/m^3(2500 kcal/m^3)	0.3571 kgce/m^3
油田天然气	38931 kJ/m^3(9310 kcal/m^3)	1.3300 kgce/m^3
注:本附录中折标煤系数如遇国家统计部门规定发生变化,能耗等级指标则另行设定。		

附 录 B
(资料性附录)
常用耗能工质折算标准煤参考系数

常用耗能工质折算标准煤参考系数见表 B.1。

表 B.1 常用耗能工质折算标准煤参考系数

名 称	单位耗能工质耗能量	折标准煤系数及单位
新水	2.51 MJ/t(600 kcal/t)	0.0857 kgce/t
软水	14.23 MJ/t(3400 kcal/t)	0.4857 kgce/t
压缩空气	1.17 MJ/m^3(280 $kcal/m^3$)	0.040 $kgce/m^3$
鼓风	0.88 MJ/m^3(210 $kcal/m^3$)	0.030 $kgce/m^3$
氧气	11.72 MJ/m^3(2800 $kcal/m^3$)	0.400 $kgce/m^3$
氮气(做副产品时)	11.72 MJ/m^3(2800 $kcal/m^3$)	0.400 $kgce/m^3$
氮气(做主产品时)	19.66 MJ/m^3(4700 $kcal/m^3$)	0.6714 $kgce/m^3$
二氧化碳	6.28 MJ/m^3(1500 $kcal/m^3$)	0.2143 $kgce/m^3$
乙炔	243.67 MJ/m^3	8.3143 $kgce/m^3$
电石	60.92 MJ/kg	2.0786 kgce/kg

注 1:新水指尚未使用过的自来水,按平均耗电计算。

注 2:本附录中的能源等价值如有变动,以国家统计部门最新公布的数据为准。

ICS 27.010
D 46

中华人民共和国黄金行业标准

YS/T 3007—2012

电加热载金活性炭解吸电解工艺能源消耗限额

The norm of energy consumption per unit product of electric heating gold loaded carbon desorption and electrolytic process

2012-05-24 发布　　2012-11-01 实施

中华人民共和国工业和信息化部　发布

前　言

本标准按照 GB/T 1.1—2009 给出的规则起草。

本标准由中国黄金协会提出。

本标准由全国黄金标准化技术委员会(SAC/TC 379)归口。

本标准起草单位:长春黄金研究院、紫金矿业集团股份有限公司。

本标准主要起草人:吴铃、李哲浩、邹来昌、龙振坤、廖占丕、李延吉、刘亚建、张微、乔瞻、高飞翔、谢天泉。

电加热载金活性炭解吸电解工艺能源消耗限额

1 范围

本标准规定了电加热载金活性炭解吸电解工艺运行能源消耗限额(以下简称能耗限额)的要求、计算方法、节能管理。

本标准适用于电加热载金活性炭解吸电解工艺能耗的计算、考核,以及对新建项目的能耗控制。

2 规范性引用文件

下列文件对于本文件的应用是必不可少的。凡是注日期的引用文件,仅注日期的版本适用于本文件。凡是不注日期的引用文件,其最新版本(包括所有的修改单)适用于本文件。

GB/T 2589 综合能耗计算通则

GB 17167 用能单位能源计量器具配备和管理通则

3 术语和定义

下列术语和定义适用于本文件。

3.1 电加热载金炭解吸电解工艺 electric heating gold loaded carbon desorption and electrolytic process

提金工艺过程中产生的载金炭通过电加热解吸电解的过程,主要工序有解吸液预热、载金炭解吸、贵液电解及解吸液循环利用。

3.2 电加热载金炭解吸电解工艺能耗 energy consumption of electric heating gold loaded carbon desorption and electrolytic process

工艺周期内处理每吨载金炭实际消耗的各种能源实物量,按规定的计算方法和单位折算成标准煤量的总和,单位为千克标准煤(kgce)。

3.3 工艺周期 process cycle

电加热载金炭解吸电解工艺在达到额定处理量的情况下连续运行的时间。

3.4 耗能工质 energy-consumed medium

工艺周期内所消耗的不作为原料使用、也不进入产品,在生产或制取时需要直接消耗能源的工作物质。

4 技术要求

4.1 电加热载金炭解吸电解工艺能耗限额按表1的规定。

表1 电加热载金炭解吸电解工艺能耗限额表

指 标	单 位	值
限定值	kgce/t(载金炭)	185.8
准入值	kgce/t(载金炭)	121.8
先进值	kgce/t(载金炭)	99.9

5 计算方法

5.1 设备运行的能源消耗

设备运行消耗的能源是指用于生产活动的各种能源。包括一次能源(原煤、原油、天然气等)、二次能源(如电力、热力、石油制品、焦炭、煤气等)、耗能工质(水、氧气、压缩空气等)和余热资源。还包括能源及耗能工质在企业内部进行贮存、转换及计量供应(包括外销)中的损耗。也包括用做原料的能源,不包括生活用能和基建项目用能。

5.2 各种能源(包括生产耗能工质消耗的能源)折算的原则

5.2.1 各种能源的热值以实测的热值换算为标准煤。没有实测条件的,按供应部门提供的低位发热量进行换算。在上述条件均不具备时,可用附录A中该能源对应的折算系数折算成标准煤。

5.2.2 各种能源统计不得重计、漏计,统计方法应符合GB/T 2589的规定。

5.2.3 能源实物量的计量应符合《中华人民共和国计量法》和GB 17167的规定。

5.3 计算范围

本标准只规定了电力加热方式的解吸电解工艺成套设备的能源消耗量。

5.4 计算方法

统计期内设备运行能耗计算见式(1):

$$E=\frac{\sum_{i=1}^{n}(e_i\times\rho_i)}{P} \quad \cdots\cdots (1)$$

式中:

E——工艺周期内设备运行能耗,单位为千克标准煤每吨(kgce/t);

n——工艺周期内产品消耗的能源种数;

e_i——工艺周期期内运行消耗的第 i 种能源及能耗工质实物量,单位见表A.1、A.2;

ρ_i——工艺周期内第 i 种能源的折算标准煤系数,见表A.1;

P——解吸电解设备的处理量,单位为吨(t)。

6 节能管理

6.1 节能基础管理

6.1.1 根据国家及地方颁布的能源法规、标准,建立健全解吸电解设备能源管理体系。对基础工作,能源管理应配备专(兼)职人员。

6.1.2 应建立能耗统计体系,建立能耗计算和统计结果的文件档案,并对文件进行受控管理。

6.2 节能技术管理

6.2.1 设备应采用有效的绝热层。

6.2.2 设备应在达到处理量的情况下连续运行。

6.2.3 应配备余热回收等节能设备,最大限度地对设备运行中可回收的能源进行利用。

附 录 A
(资料性附录)
各种能源折合标准煤系数表

各种能源折合标准煤系数见表 A.1。

耗能工质能源折合标准煤系数见表 A.2。

表 A.1 各种能源折合标准煤系数表

能源名称	实物量计算单位	单位平均发热量		折算标准煤系数/kgce	备注
		计算单位	热量		
电力	kW·h	kJ/(kW·h)	3600	0.1229	
原煤	kg	kJ/kg	20935	0.7143	
柴油			42705	1.4571	
原油 重油			41868	1.4286	
城市煤气	m^3	kJ/m^3	16740	0.5714	
油田天然气			38979	1.3300	
气田天然气			35588	1.2143	
液化气			50244	1.7143	
蒸汽(98.1 kPa 饱和蒸汽)	kg	kJ/kg	2678.7	0.0914	

表 A.2 耗能工质能源折合标准煤系数表

能源名称	实物量计算单位	单位平均发热量		折算标准煤系数/kgce	备注
		计算单位	热量		
新鲜水	t	kJ/t	2510.0	0.2571	
软化水			14234.7	0.4857	
压缩空气	m^3	kJ/m^3	1172.3	0.0400	
二氧化碳			6280.6	0.2143	
氧气			11723.0	0.4000	
氮气			11723.0	0.4000	
			19677.1	0.6714	
乙炔			243672.2	8.3143	
电石	kg	kJ/kg	60918.8	2.0786	

注 1:新鲜水指尚未使用的自来水。

注 2:除乙炔、电石外,均按平均耗电计算。

注 3:氮气作为副产品时,折标准煤系数取 0.4000;作为主产品时,折标准煤系数取 0.6714。

注 4:乙炔按耗电石计算。

注 5:电石按平均耗焦炭、电计算。

注 6:表中折标准煤系数以国家统计部门最新公布的数据为准。

ICS 27.010
D 46

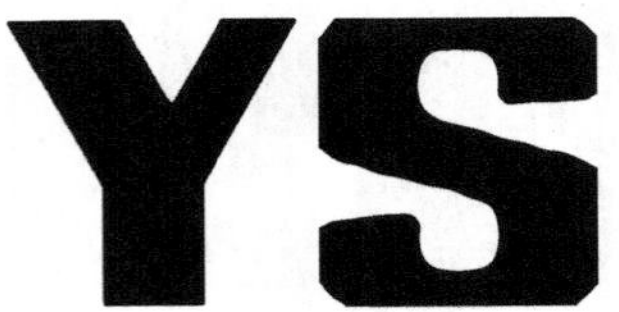

中华人民共和国黄金行业标准

YS/T 3008—2012

燃油(柴油)加热活性炭再生工艺能源消耗限额

The norm of energy consumption per unit product of fuel (diesel) activated carbon regeneration process

2012-05-24 发布 2012-11-01 实施

中华人民共和国工业和信息化部 发布

前 言

本标准按照GB/T 1.1—2009给出的规则起草。

本标准由中国黄金协会提出。

本标准由全国黄金标准化技术委员会(SAC/TC 379)归口。

本标准起草单位:长春黄金研究院、紫金矿业集团股份有限公司。

本标准主要起草人:吴铃、李哲浩、龙振坤、李延吉、张微、乔瞻、高飞翔、邹来昌、廖占丕。

燃油(柴油)加热活性炭再生工艺能源消耗限额

1 范围

本标准规定了燃油(柴油)加热活性炭再生工艺运行能源消耗限额(以下简称能耗限额)的要求、计算方法、节能管理。

本标准适用于燃油(柴油)加热活性炭再生工艺能耗的计算、考核,以及对新建项目的能耗控制。

2 规范性引用文件

下列文件对于本文件的应用是必不可少的。凡是注日期的引用文件,仅注日期的版本适用于本文件。凡是不注日期的引用文件,其最新版本(包括所有的修改单)适用于本文件。

GB/T 2589 综合能耗计算通则

GB 17167 用能单位能源计量器具配备和管理通则

3 术语和定义

下列术语和定义适用于本文件。

3.1 燃油(柴油)加热活性炭再生工艺 fuel oil (diesel) activated carbon regeneration process

以燃油(柴油)为热源使活性炭恢复吸附活性的过程。

3.2 燃油(柴油)加热活性炭再生工艺能耗 energy consumption of fuel (diesel) activated carbon regeneration process

工艺周期内处理每吨活性炭实际消耗的各种能源实物量,按规定的计算方法和单位折算成标准煤量的总和,单位为千克标准煤(kgce)。

3.3 耗能工质 energy-consumed medium

工艺周期内所消耗的不作为原料使用、也不进入产品,在生产或制取时需要直接消耗能源的工作物质。

3.4 工艺周期 process cycle

燃油(柴油)加热活性炭再生工艺在达到额定处理量的情况下连续运行的时间。

4 技术要求

4.1 燃油(柴油)加热活性炭再生工艺能耗限额按表1的规定。

表1 燃油(柴油)加热活性炭再生工艺能耗限额

指 标	单 位	值
限定值	kgce/t(活性炭)	264.2
准入值	kgce/t(活性炭)	199
先进值	kgce/t(活性炭)	144.6

5 计算方法

5.1 设备运行的能源消耗

设备运行消耗的能源是指用于生产活动的各种能源。包括一次能源(原煤、原油、天然气等)、二次能源(如电力、热力、石油制品、焦炭、煤气等)、耗能工质(水、氧气、压缩空气等)和余热资源。还包括能源及耗能工质在企业内部进行贮存、转换及计量供应(包括外销)中的损耗。也包括用做原料的能源,不包括生活用能和基建项目用能。

5.2 各种能源(包括生产耗能工质消耗的能源)折算的原则

5.2.1 各种能源的热值以实测的热值换算为标准煤。没有实测条件的,按供应部门提供的低位发热量进行换算。在上述条件均不具备时,可用附录A中该能源对应的折算系数折算成标准煤。

5.2.2 各种能源统计不应重计、漏计,统计方法应符合GB/T 2589的规定。

5.2.3 能源实物量的计量应符合《中华人民共和国计量法》和GB 17167的规定。

5.3 计算范围

本标准只规定了燃油(柴油)加热活性炭再生工艺成套设备的能源消耗量。

5.4 计算方法

统计期内设备运行能耗计算见式(1):

$$E=\frac{\sum_{i=1}^{n}(e_i\times\rho_i)}{P} \qquad \cdots\cdots(1)$$

式中:

E——工艺周期内设备运行能耗,单位为千克标准煤每吨(kgce/t);

n——工艺周期内产品消耗的能源种数;

e_i——工艺周期期内运行消耗的第i种能源及耗能工质实物量,单位见表A.1、A.2;

ρ_i——工艺周期内第i种能源的折算标准煤系数,见表A.1;

P——活性炭再生设备的处理量,单位为吨(t)。

6 节能管理

6.1 节能基础管理

6.1.1 根据国家及地方颁布的能源法规、标准,建立健全燃油(柴油)加热活性炭再生工序能源管理体系。对基础工作,能源管理应配备专(兼)职人员。

6.1.2 应建立能耗统计体系,建立能耗计算和统计结果的文件档案,并对文件进行受控管理。

6.2 节能技术管理

6.2.1 燃油(柴油)加热活性炭再生工序前应进行自然晾晒。

6.2.2 工艺设备应采用有效的绝热层。

6.2.3 工艺设备应在达到处理量的情况下连续运行。

6.2.4 应配备余热回收等节能设备,最大限度地对设备运行中可回收的能源进行利用。

附 录 A
(资料性附录)
各种能源折合标准煤系数表

各种能源折合标准煤系数见表 A.1。

耗能工质能源折合标准煤系数见表 A.2。

表 A.1 各种能源折合标准煤系数表

能源名称	实物量计算单位	单位平均发热量		折算标准煤系数/kgce	备注
		计算单位	热量		
电力	kW·h	kJ/(kW·h)	3600	0.1229	
原煤	kg	kJ/kg	20935	0.7143	
柴油			42705	1.4571	
原油 重油			41868	1.4286	
城市煤气	m^3	kJ/ m^3	16740	0.5714	
油田 天然气			38979	1.3300	
气田 天然气			35588	1.2143	
液化气			50244	1.7143	
蒸汽(98.1 kPa 饱和蒸汽)	kg	kJ/kg	2678.7	0.0914	

表 A.2 耗能工质能源折合标准煤系数表

能源名称	实物量计算单位	单位平均发热量		折算标准煤系数/kgce	备注
		计算单位	热量		
新鲜水	t	kJ/t	2510.0	0.2571	
软化水			14234.7	0.4857	
压缩空气	m^3	kJ/ m^3	1172.3	0.0400	
二氧化碳			6280.6	0.2143	
氧气			11723.0	0.4000	
氮气			11723.0	0.4000	
			19677.1	0.6714	
乙炔			243672.2	8.3143	
电石	kg	kJ/kg	60918.8	2.0786	

注 1:新鲜水指尚未使用的自来水。
注 2:除乙炔、电石外,均按平均耗电计算。
注 3:氮气作为副产品时,折标准煤系数取 0.4000;作为主产品时,折标准煤系数取 0.6714。
注 4:乙炔按耗电石计算。
注 5:电石按平均耗焦炭、电计算。
注 6:表中折标准煤系数以国家统计部门最新公布的数据为准。

第四篇　工程建设

GONGCHENG JIANSHE

ICS 73.060.99
D 46

中华人民共和国黄金行业标准

YS/T 3003—2011

黄金工业项目可行性研究报告编制规范

Regulations of the compilation on feasibility study report in the gold industry projects

2011-05-18 发布　　2011-06-01 实施

中华人民共和国工业和信息化部　发布

目　　次

前　　言

本标准由中国黄金协会提出。

本标准由全国黄金标准化技术委员会(SAC/TC 379)归口。

本标准起草单位:中国黄金集团公司、长春黄金设计院。

本标准主要起草人:王忠敏、纪强、张广篇、鲍海文、张永涛、王天野、董卫军、李续、付友山、李冲、赵晓峰、王静荣、王燕、刘伟、薛树彬、李卫东、连海瑛、任锦瑞、张礼学、甄建军、华铁军。

引　言

《黄金企业可行性研究内容和深度的原则规定》第一版于1988年9月由原国家黄金管理局组织编制，已在黄金行业颁布实施十余年，对黄金行业工程建设项目的可行性研究工作起到了较好的规范作用。随着我国市场经济的高速发展，工程建设管理体制的转变，国家税收及投资体制的变化，国务院、国家发展与改革委员会、国土资源部、环境保护部、国家安全生产监督管理总局对矿业开发提出了新的建设理念和强制性条款，在新的发展形势下，国家和行业要求进一步规范资源开发行为与准则。为使黄金矿产资源科学开发、可持续发展和综合回收，建设资源节约型、环境友好型绿色矿山企业，实现矿山节能、减排、安全、高效、清洁的生产目标，对黄金工业项目可行性研究提出了更高的要求，原有的可行性研究内容与深度规定已不能满足现时期的需求，迫切需要对原有的可研规定进行修订以满足国家产业政策调整和黄金工业建设项目的要求。

为加强黄金工业建设项目的前期工作，提高投资决策的科学性，有效地规避投资风险，在总结黄金工业项目建设经验和1988版《黄金企业可行性研究内容和深度的原则规定》的基础上，参照国内外可行性研究报告的编制经验和惯例，特制定本规定。

根据国家发改委批准文号"发改办工业2004[1951]补充计划的要求"，2008年5月长春黄金设计院开始对原国家黄金管理局1988版《黄金企业可行性研究内容和深度的原则规定》进行修订，2008年12月编制的初稿《黄金工业项目可行性研究内容和深度的原则规定》通过中国黄金集团公司有关专家的审查。根据中国黄金协会2009年4月末下达的任务计划，2009年5月长春黄金设计院就审查通过的初稿广泛征询了相关黄金设计单位意见，对其内容进行了修改和补充，同时将标准名称改为《黄金工业项目可行性研究报告编制规范》。

黄金工业项目可行性研究报告编制规范

1 范围

本标准规定了黄金工业项目可行性研究报告内容和深度的编制要求。

本标准适用于新建、扩建、改建黄金工业项目(黄金矿山、黄金冶炼厂)可行性研究报告的编制。

2 总则

(1)可行性研究报告编制单位应客观、公正科学地进行工作,如实反映研究过程中出现的主要不同意见,不应有虚假说明、误导性陈述和重大遗漏。编制的可行性研究报告,内容要完整,文字要简练,文件要齐全,应有编制单位行政、技术负责人及项目总设计师签字(印章)。

(2)经审查批准后的可行性研究报告,即为初步设计应遵循的依据。

(3)编制可行性研究报告,应取得的相关设计基础资料:

——对项目建议书或初步(预)可行性研究报告的评审意见;

——大型矿山建设项目须有地质勘探报告及国家或省国土资源部门出具的资源/储量评审备案证明;中小型矿山建设项目须有地质详查报告及省国土资源部门出具的资源/储量评审备案证明;

——建设地区的工程地质、水文地质初步勘查报告或资料;

——建设地区的地震、气象资料;

——选矿试验报告、环保试验报告、冶金试验报告;

——1:2000厂区地形图、1:2000～1:10000矿区地形图、1:50000区域位置图;

——建设地区环境质量现状及当地环保部门对本项目的要求;

——土地管理部门原则同意项目用地及土地价格的意见;

——与当地供电、供水、交通等部门签署的相关协议;

——关于资金筹措方面的意向性协议;

——关于主要原料、燃料供应方面的意向性协议;

——估算和技术经济分析所必需的基础资料;

——对于改扩建工程,原企业提供的有关资料;

——业主委托设计单位编制可行性研究报告的设计委托书或工程咨询(设计)合同。

当业主暂时不能提供全部上述资料时,设计单位应与业主一起研究尚缺少的资料如何解决,以设计联络会会议纪要的方式加以文字说明,并作为本可行性研究报告的附件之一。

(4)可行性研究报告应对项目建设方案进行多方案比较和技术经济分析,做到技术上先进,经济上合理、安全环保可靠。可行性研究的投资估算与初步设计概算的误差率应在正负10%以内。

(5) 应委托经国家主管部门核准的工程咨询单位编制可行性研究报告,工程咨询单位报送可行性研究报告时,应将本单位《工程咨询资格证书》正本缩印件作为可行性研究报告的组成部分一并报送。

(6) 多个编制单位共同承担项目时,应确定其中一个编制单位为总体编制单位。总体编制单位应负责与有关编制单位共同协商,使各部分工作相互衔接、标准统一、无重复、无漏项,并应对总体方案优化负责。参与编制单位应按总体编制单位的要求,保证质量和进度。

可行性研究报告的编制周期一般为3～4个月,大型项目或复杂项目的可适当延长周期。

(7)本规定的章节划分,只反映可行性研究阶段各专业本身的内容和深度,编制单位可根据专业分工进行必要的调整和增删。

(8)黄金矿山建设规模划分如下：

建设项目	单　位	大型	中型	小型
岩金矿采、选、冶	吨原矿/日	≥1000	1000～500	<500
砂金矿采、选	采金船斗容(升)	≥500	<500	无
砂金矿露天采、选场	立方米砂金矿/小时	≥320	320～160	<160
独立黄金冶炼厂	吨/日	≥200	200～100	<100
堆浸厂	万吨/年	≥50	50～20	20

(9)凡具备资源综合利用条件的项目，可行性研究报告必须具有资源综合利用的内容。

(10)合理、有效地应用引进的技术、工艺和设备。

(11)黄金及副产品价格宜采用近三年平均价格而定。

(12)企业“改扩建”及增建新装置，原则上应采用“有无对比法”做经济评价，客观地反映出项目实施后企业总体效益、负债、还贷和盈利能力情况的变化等情况。

(13)可行性研究报告经正式评估上报后，超过两年才实施建设的项目，原则上应重新评估。在可行性研究报告的时效期内若发现可行性研究报告的基础依据有重大变化时，应委托原编制单位及时修改补充或重新编制可行性研究报告，并报原主管单位组织重新评估。

(14)在可行性研究报告编制中，应遵循国家现行的有关金融、财务、税务、价格、管理等方面的最新法律、法规和规范。

3　编制结构和要求

3.1　总论

3.1.1　项目概况

3.1.1.1　项目名称及承办单位

(1)项目名称。

(2)承办单位概况：新建项目指筹建单位情况，改、扩建项目指原企业情况，合资项目指合资各方情况；项目由来、股东构成及股权比例。

3.1.1.2　自然、地理概况

说明建设项目的地理交通位置、隶属关系及区域经济地理概况。矿区交通位置图详见附录 A.1。

3.1.1.3　企业现状(改建、扩建项目)

说明企业现状、存在的问题等情况。

3.1.2　编定依据和原则

3.1.2.1　编制依据

(1)初步可行性研究或项目建议书及审批文件；

(2)资源/储量报告及国土资源部门出具的备案证明；

(3)选冶试验报告及主管部门批复文件；

(4)股权、矿权出资证明材料以及业主提供的其他相关资料；

(5)项目所在地区环保部门允许本项目在该预选厂址建设的初步意见书；

(6)业主与编制单位签订的工程设计(咨询)合同和委托编制“可研报告”的设计委托书；

(7)有关对外协作条件的意向性协议书；

(8)调查和收集的设计基础资料。

3.1.2.2　编制原则

(1)主管部门或委托单位对建设项目的具体要求；

（2）可行性研究工作的基本原则，包括其他有价金属的综合回收，主要工艺及主要设备的先进性和可靠性的要求，适宜的自动控制水平，对节能环保的要求，业主对项目分期实施的要求，以及其他必须遵循的原则。

3.1.3 建设条件

3.1.3.1 项目开发背景

说明项目背景、经营体制和投资意义。

3.1.3.2 地质资源条件

简述矿床地质概况、矿区资源储量、设计利用储量等。

3.1.3.3 其他建设条件

说明电源、水源、汽（气）源、燃料供应状况、交通运输条件；外部协作条件等。

3.1.4 项目设计范围及项目界区外配套工程

（1）根据设计委托书要求，明确项目工作范围；

（2）界区外配套工程项目的协作和分工；

（3）大型项目应列出主要单项工程。

3.1.5 建设规模及产品方案

3.1.5.1 建设规模和矿山服务年限

根据资源合理开发利用要求和资源可采储量、矿体赋存条件等确定建设规模和服务年限。

3.1.5.2 产品方案

经过对建设规模及产品方案的论证，提出两个或以上方案进行比较，分别说明各方案的优缺点，提出推荐方案。

3.1.6 主要设计方案

3.1.6.1 采矿工艺方案

（1）设计开采范围。

（2）开采方案：

确定采用的开采方式。当不能简单确定矿床开采方式时，应在总论中简述露采与坑采技术经济比较的结果。

（3）采矿方法：

确定采矿方法。当需要进行方案比较时，应在总论中阐述所选采矿方法及其所占比重；各种采矿方法的主要指标，包括贫化率、损失率、采场（盘区）生产能力等。

露天开采应附境界主要参数、开采境界内矿岩量、金属量表。

（4）生产能力及服务年限。

（5）开拓运输方案：

简述参与比较的方案及比较结论意见。

（6）其他方案：

对通风、排水、充填等方案进行简要说明。

通风系统、排水系统和充填系统需要经过方案比较后才能确定推荐方案的，总论中应对其他方案作简要说明，并给出结论意见。

3.1.6.2 选矿及冶炼工艺方案

（1）选矿工艺方案及产品方案：

——选厂生产规模；

——碎矿、磨矿工艺流程；

——金回收工艺流程；

——选矿主要设计指标；

——选厂最终产品方案；

——主要工艺设备。

（2）冶炼工艺方案：

——金提纯工艺流程；

——最终产品品质。

对于难处理矿石的选冶工艺方案，应单列并重点比较分析论述，经比较确定的选矿工艺及冶炼工艺方案，应在总论中简述参与比较的方案及比较结果。

3.1.6.3 尾矿设施

（1）尾矿库址的选择：

简述尾矿库址确定及库容；

（2）尾矿坝：

简述尾矿坝的形式及修筑、防渗等措施；

（3）尾矿排放方式、输送及回水。

3.1.6.4 总平面布置及总图运输

（1）厂址方案：

简述厂址的自然地理条件及厂址确定原则，并在总论中阐述厂址技术方案比较结果；

（2）总体布置：

简述企业职能分区的组成。通常情况下黄金矿山主要由采矿工业区、选矿工业区（包括辅助设施）、采场办公室及材料库、尾矿库、炸药库、油库及加油站、水源地、行政生活区、废石场等组成；

（3）总图运输：

简述企业内外部运输量及运输方式。

3.1.6.5 供电及电信

（1）电源状况；

（2）供电方案；

（3）电力负荷；

（4）供电系统：

简述各工作区域供电情况；

（5）电信：

简述企业行政、调度系统及无线电系统的装备情况。

3.1.6.6 给排水

（1）给水水源；

（2）厂区给水系统：

简述企业总用水量及厂区生产生活消防给水系统和厂区回水系统的设置；

（3）厂区排水系统：

简述企业总排水量及厂区排水系统的设置；

（4）污水处理站：

简述厂区生活污水量、生产废水量及处理工艺。

3.1.6.7 采暖、通风及热力

简述热力锅炉的设置、烟气的处理方法及热力管网的铺设方式。

3.1.6.8 土建

简述厂区建筑面积，说明建筑、结构设计的形式。

3.1.7　环保、节能减排、安全卫生、水土保持及消防

3.1.7.1　环境影响评价分析

简述矿山废石、尾矿、噪声、废气等对环境的影响及处置方案。

3.1.7.2　节能减排

说明项目节能减排总指标，评价节能减排水平。

3.1.7.3　劳动安全卫生

简述不同工业分区及生产车间的劳动安全卫生措施。

3.1.7.4　水土保持方案描述

3.1.7.5　消防设施及描述

3.1.8　项目建设进度安排

3.1.9　本设计创新内容

3.1.10　投资及经济效果

3.1.10.1　投资

(1)建设总投资构成：

工程费用(建筑工程费、设备购置费、安装工程费)、工程建设其他费用、预备费、建设期利息、铺底流动资金；

(2)资金筹措：

建设投资和流动资金筹措。

3.1.10.2　经济效果

(1)达产年年均销售收入、年均税金、年均利润；

(2)达产年年均投资利税率；

(3)内部收益率；

(4)借款偿还年限；

(5)投资回收期；

(6)项目净现值；

(7)不确定性分析及化解风险措施。

各项经济技术指标详见表1。

3.1.10.3　综合评价

(1)财务评价；

(2)项目风险分析；

(3)综合评价结论。

3.1.11　结论、存在问题和建议

(1) 对项目建设做出评价；

(2) 对可行性研究报告中存在的问题进行说明；

(3) 对下一步工作提出建议。

3.2　市场预测

3.2.1　产品供需预测

(1)国内外市场供应现状及预测；

(2)国内外市场需求现状及预测。

3.2.2　产品目标市场分析

(1)目标市场的确定；

(2)市场占有份额分析。

3.2.3 价格预测

3.2.3.1 价格预测内容

(1)黄金产品国内外市场的供需情况、价格水平和变化趋势;

(2)简述相关行业、国家政策、宏观经济调整黄金产品价格的影响。

3.2.3.2 价格预测方法

价格预测方法为回归法和比价法。

3.2.3.3 项目产品价格确定

根据近三年黄金产品平均价格或依近三年黄金价格走势确定。

3.2.4 产品营销

说明产品市场竞争力、营销策略和市场风险等。

3.3 地质资源

3.3.1 矿区及矿床地质概况

3.3.1.1 矿区地质特征

简述矿区所处区域构造位置及区域地质特征、矿区地层、构造、岩浆岩等特征。重点叙述与矿床形成有较大关系的地质特征。

3.3.1.2 矿床地质特征

简述矿床中地层、构造、岩浆岩、围岩蚀变等地质特征;着重阐明矿床类型、矿体数量、主要矿体规模、形态、走向、延伸、厚度等产状要素以及围岩、夹石类型产状、岩性等条件。

简述矿石矿物及化学成分、结构构造、矿石类型等。

3.3.2 矿床开采技术条件

3.3.2.1 水文地质条件

(1)阐明矿床水文地质工作方法及质量,评价矿床水文地质条件,指出勘查工作中存在的问题对设计工作的影响程度及应进一步完善的工作;

(2)阐明矿床水文地质条件,包括地下水的补给、径流、排泄条件、水质特征、含水层性质和分布等;分析和确定矿床开采过程中水害对开采及周围(水)环境的影响范围和程度;说明水文地质类型,估算开采范围内的大气降水量(露天)和矿坑的涌水量;

(3)提出矿床防治水的主要方案设想:如地表防洪、地表深井疏干、地下疏干、帷幕堵水等。

3.3.2.2 工程地质条件

论述矿体(层)围岩的岩性特征、结构类型、风化程度、物理力学性质(RQD值),阐述岩溶、裂隙、断层、破碎带的发育程度、分布规律、顶底板岩石的稳固性(露天边坡稳定性)对矿床开发的影响,说明工程地质类型。

3.3.2.3 环境地质条件

阐述矿区及附近地震强度、频度、抗震烈度等参数;矿区地势、植被发育情况;矿区目前存在的崩塌、滑坡、泥石流等地质灾害污染的可能性;矿区的放射性;埋藏深度的矿床阐述;地温情况及热源;矿床开采可能引起的地质灾害及对地质环境的影响,说明环境地质类型。

3.3.2.4 矿石加工技术性能

简介地质报告中矿石加工技术性能。

3.3.3 矿床地质勘探工作评述

说明矿床勘探类型、勘探手段、勘探网度、勘探工程量;从满足矿山设计和生产的需要出发,评价矿床地质勘探程度并提出补充勘探的具体要求。大中型项目尽可能定量分析。

改扩建矿山说明原有地质储量现状。

3.3.4 矿产资源/储量

3.3.4.1 矿床工业指标

简述地质勘察单位所采用的工业指标内容、计算原则、依据和计算结果；简述可行性研究所采用的工业指标内容、计算原则、依据和计算结果；对大中型应尽可能进行多方案比较，特别是露天开采的矿床。详见附录A.2、附录A.3、附录A.4。

3.3.4.2 矿区地质储量和中(阶)段储量计算

简述计算储量采用的方法，圈定矿床的储量及中(阶)段储量，列出储量汇总表。详见表2。

3.3.4.3 设计利用资源储量

简述设计利用储量原则。当设计计算的矿石储量与地质报告计算的储量相差较多时，应详细分析并说明原因。当设计需对矿体进行多方案圈定和比较时，应列出采用各工业指标所圈定矿体的储量和品位，并进行技术经济比较，提出推荐方案。设计利用储量详见表3。

3.3.5 基建和生产探矿及取样分析

3.3.5.1 基建探矿工程量

根据矿床勘探类型及矿床地质条件提出基建探矿原则及手段，范围、网度，列出工程量及探矿进度。

3.3.5.2 生产探矿工程量

提出生产探矿原则及手段，网度。根据生产进度计划列出工程量。详见表4。

3.3.5.3 采样和化验分析

(1)简述采样要求、采样方法、基建期和生产期采样数量；

(2)化验分析。确定化验项目及内容等原则要求，以及基本分析、内检、外检、全分析等数量。

3.3.6 地质资源综合评价

对地质勘探报告的详实程度和深度进行评价，确定其是否可作为继续勘探、矿山总体规划、建设及直接开采的设计依据。

3.3.7 存在的问题及建议

3.4 采矿

3.4.1 开采方式

3.4.1.1 开采方式的选择与比较

根据矿床赋存条件和环境条件，确定采用露天或地下开采。必要时应进行露天与地下开采方式的技术经济比较，提出推荐方案。对露天转地下的矿山应对地下部分做出规划并纳入可行性研究。

3.4.1.2 联合开采方式

论述露天与地下开采的合理界限和相互关系，并应综合论述其必要性，技术上的可行性，开采工艺及采取的措施。

3.4.2 开采范围

3.4.2.1 矿区开采范围确定的原则和依据

叙述设计开采范围，当矿区范围较大、比较复杂而采用分期建设时，须论证各期开采范围的确定原则和依据。

3.4.2.2 矿开采顺序和首采地段确定

论述矿区内各矿体之间或同一矿体不同部位的开采顺序和确定首采地段的原则和依据。

对改扩建企业应说明开采现状、特点及存在的主要问题。

3.4.2.3 开采技术条件

(1)矿床类型及矿体赋存特征；

(2)矿岩稳定性、自燃性、结块性、抗压强度、裂隙及节理发育程度；

(3)影响采矿方法选择(境界圈定参数)的特殊条件,如老窿、破碎带等;

(4)水文地质条件对开采的影响;

(5)回采顺序的特殊要求。

3.4.3 露天开采境界的确定

3.4.3.1 露天境界圈定原则及经济合理剥采比的确定

编制经济合理剥采比计算参数表,详见表5。

3.4.3.2 采场边坡参数的选定

简述边坡岩体工程地质条件,边坡参数确定的影响因素、方法,确定边坡参数和最终边坡角。

3.4.3.3 露天境界方案比较,确定推荐的境界方案

大型项目应采用软件进行露天境界圈定,根据约束条件的变化,对不同的境界方案,进行经济评价,以确定最优境界。

当露天矿需要分期建设或扩帮开采时,应进行方案比较,应论证首采地段的选择、优缺点、过渡措施和经济效益,推荐设计方案。

编制矿岩量和金属量表,详见表6。

3.4.4 露天开采采剥工作

3.4.4.1 采剥工艺选择

简述确定采剥工艺的主要原则和依据,对可行的采剥工艺技术方案进行对比,提出推荐的采剥工艺技术方案。详见附录A.5、附录A.6、附录A.7、附录A.8。

3.4.4.2 采剥设备选择与计算

说明主要设备选择情况,设备型号及数量。存在多种设备方案时,应进行多方案比较。

3.4.4.3 确定开采贫化损失指标

3.4.4.4 主要作业材料消耗

编制主要材料消耗表,详见表7。

3.4.5 采矿方法

3.4.5.1 采矿方法选择

对地下开采,根据矿床赋存条件和开采技术条件,选择采矿方法。必要时应进行方案比较。方案比较内容包括:开采安全性、工艺流程复杂性、采矿劳动生产率、矿石贫化损失率、设备装备水平、主要材料消耗、采切工程量、采矿成本等,推荐最优的采矿方法。

说明推荐的采矿方法的参数,确定各种采矿方法所占出矿比例。详见附录A.9。

3.4.5.2 采切工程布置及采切工程量估算

(1)简述各种采矿方法采切工程布置、采切井巷规格和支护方式,估算采切工程量;

(2)估算生产年掘进量、废石量和副产矿石量,选择掘进设备;

(3)估算掘进材料消耗。

3.4.5.3 回采工艺和设备选型

简述凿岩、爆破、出矿、采场支护和通风等回采工艺过程及参数,简述选用的主要设备名称、型号、规格和数量。

3.4.5.4 回采及采空区处理

采用房式采矿法时,应做矿柱回采设计。简述采空区处理方法及选用主要设备。

3.4.5.5 采矿方法、主要技术经济指标

分别列出选用的各种采矿方法、主要技术经济指标,按出矿比例加权平均计算全矿采矿方法综合技术经济指标,详见表8。

3.4.6　矿山工作制度和生产能力

3.4.6.1　矿山工作制度

根据露天或地下开采方式、地理位置、气象条件等因素，确定矿山年工作日数、日工作班数、班工作小时数。

3.4.6.2　矿山生产能力

根据矿床规模、开采条件、技术装备水平、市场需求等因素确定矿山生产能力。必要时，进行生产能力的方案比较，以经济效益最佳方案为推荐方案。

3.4.6.3　矿山服务年限

说明建设年限、达产年限、稳产年限、减产年限。

3.4.6.4　利用远景储量扩大生产能力的可能性

当矿区远景储量较大量，应采用分期建设方针。加强远景储量勘探升级工作，以扩大生产能力。

3.4.7　开拓、运输系统

3.4.7.1　移动范围

对地下开采矿山，应圈定岩体移动范围。简述开采对地表和环境的影响以及采取的防范措施。

3.4.7.2　开拓、运输方案选择

确定开拓、运输方案，必要时应进行技术经济比较。比较内容包括井巷工程量、工程地质及施工条件、基建投资、生产经营费用、地表工业场地配置、与选厂的关系及占地数量等。

简述推荐的开拓运输方案。详见附录 A.10、附录 A.11、附录 A.12。

3.4.8　矿山通风系统

3.4.8.1　通风方式和通风系统选择

结合开拓系统及回采顺序确定矿井通风方式、通风系统和通风网络。

3.4.8.2　风量和负压计算

一般按采场、掘进工作面、硐室等用风地点计算矿井总风量。当坑内主要采用柴油设备时，按单位功率需风量指标及各种柴油设备按时间比例的总马力数计算需风量，并与排尘、排烟计算的风量进行对比，取其大者。

3.4.8.3　确定通风方案和机站位置

3.4.8.4　选择通风设备和辅助设备

通风构筑物设置位置，通风检查方法，进风防寒（热风）和降温（冷风）的设施。

对大型矿山或服务年限较长矿井负压应按达产初期和达产末期分别计算，为设备选择提供可靠依据。

3.4.8.5　局部通风和局扇选型

阐明独头巷道掘进的局部通风方式。当采场需要局扇通风时，说明通风方式、所需风量、局扇安装位置。

提出所用局扇型号、容量、数量及风筒规格、数量。

3.4.8.6　深凹露天矿通风

3.4.9　矿山防排水系统

3.4.9.1　露天矿防排水

(1)简述矿区地形、地貌、气象及水文地质条件对防排水的要求；

(2)防、排水设备标准、涌水量及允许淹没条件；

(3)防、排水方案及工程量估算；

(4)对水文地质条件复杂、需做疏干设计的矿山，应做出专门的设计。

3.4.9.2　坑内防排水

(1)根据矿床水文地质条件和矿山开拓系统，按正常和最大涌水量、多年一遇的最大雨季涌水量、涌水水质及开拓系统有关条件，选择和确定坑内排水系统。必要时进行排水系统方案比较，确定合理的排水方案。

(2)根据水质，研究排水系统的防腐措施。

3.4.9.3 水仓及排泥系统

(1)按排水量设计水仓容积。水仓设置两条，以便轮换清泥。

(2)计算排泥量。

3.4.9.4 突水预防

对大水或条件复杂、露天转地下等工程应确定突水预防方案，如河流改道、矿床疏干、防水矿柱的留设、防水闸门的布置、地表防排水工程等。

3.4.10 砂矿水力开采

3.4.10.1 开采范围、开采顺序和生产能力

简述开采范围、开采顺序和生产能力，绘制砂矿矿区开采综合平面图、砂矿矿区开采顺序方案平面图、剥离与回采方法示意图。详见附录 A.13、附录 A.14、附录 A.15。

3.4.10.2 采剥工艺描述

3.4.10.3 采场供水

确定采场供水系统和主要设备。

3.4.10.4 采场排水

确定采场排水系统和主要设备。

3.4.10.5 砂矿输送

确定砂矿输送系统和主要设备。

3.4.11 充填材料和充填设施

3.4.11.1 充填材料

根据充填量计算选择充填材料、充填体强度要求、充填料配比、充填系统能力。

3.4.11.2 填料工艺主要设施

(1)经方案比较确定充填工艺；

(2)根据充填工艺要求和充填料组分，研究和确定供料系统和物料平衡；

(3)确定充填料制备、输送系统、输送方式及最大充填能力，选择主要设备。

3.4.12 辅助设施

3.4.12.1 爆破材料设施

(1)爆破材料品种及数量；

(2)炸药库位置、库容、组成以及工程量(地面炸药库计算占地面积和建筑面积、坑内炸药库计算井巷工程量)。

3.4.12.2 修理设施

(1)简述矿山小型修理设施，如修理车间、坑内维修硐室等；

(2)建设较大规模修理设施时，由机修专业完成。

3.4.12.3 支护材料加工设施

(1)坑木加工车间；

(2)锚杆、锚索加工车间。

3.4.12.4 坑内消防设施

3.4.13 井巷工程

主要基建井巷工程描述。

3.4.14 矿山基建工程量和基建进度计划

3.4.14.1 基建范围和基建工程量

简述基建范围并列表计算井巷工程量和露天基建剥离量。说明基建工程完成后保有的三(二)级矿量和可获得副产矿石量。详见表6。

3.4.14.2　**基建进度计划表**

研究露天和井巷工程施工顺序，指出关键路径和控制性节点，选择确定较先进工程进度指标；编制基建进度表，详见表9。

3.4.14.3　**矿山开发计划**

列出矿山设计、施工和投产、达产时间表。分期建设时，应列出分期、分阶段开发计划。

3.4.15　**矿山生产进度计划**

3.4.15.1　**生产进度计划编制说明**

简述原始资料、编制依据，说明回采顺序。

3.4.15.2　**矿山生产进度计划表**

表中列出矿石地质储量、品位和金属量；按设计的矿石损失率、贫化率(混入率)，计算采出矿石量、出矿品位和金属量。按设计投产期、达产期、减产期计算逐年出矿量、出矿品位和金属量。详见表10。

3.4.16　**采矿机械**

3.4.16.1　**矿石运输设备**

运输设备选择。

3.4.16.2　**矿石提升设备**

(1)选择提升容器和提升设备；

(2)确定辅助设施和有关设备。

3.4.16.3　**井下破碎设备**

(1)根据工艺、物料性质、提升运输系统和厂区布置，确定破碎方案和破碎站位置；

(2)选择破碎设备和辅助设施。

3.4.16.4　**压气设备**

选择压气设备和辅助设施。

3.4.16.5　**通风设备**

(1)确定通风设备的配置方案和运转方式；

(2)选择通风设备和辅助设施。

3.4.16.6　**矿山排水设备**

矿山排水设备选择。

3.4.16.7　**坑内机修设施**

3.4.16.8　**架空索道**

3.4.17　**存在的问题及建议**

对于设计中采用的新工艺、新设备以及在特殊条件下开采工艺，应提出可能存在的问题。

对设计基础资料存在的问题提出要求。

对下一阶段工作提出建议。

3.5　**选矿**

3.5.1　**概述**

3.5.1.1　建设规模、产品方案和服务年限。

3.5.1.2　简述改、扩建的选矿厂现状、存在的问题及改、扩建的目的和要求。

3.5.1.3　其他需要说明的问题。

3.5.1.4　设计遵循的相关文件、标准、规范。

3.5.2　**原矿**

3.5.2.1　矿石类型及其分布情况

3.5.2.2 矿石的工艺矿物学特征

(1)矿石物质组成研究,包括原矿多元素分析、岩矿鉴定结果及围岩及脉石特征等;

(2)金矿物的工艺特征,包括金矿物的嵌布粒度、外形形态及赋存状态等特征;

(3)矿石的结构构造,包括矿石的结构、构造及工艺类型等;

(4)矿石的物理机械性能,包括矿石的供矿粒度、硬度、密度、含水量、含泥量等。

3.5.2.3 供矿条件及工作制度

供矿条件应包括年、日供矿量、采矿及原矿运输年日班工作制度、原矿运输及卸矿方式、来矿块度、出矿品位等。

3.5.3 选矿试验

3.5.3.1 选矿试验和环保试验情况

简述选矿试验和环保试验概况、流程试验方案及试验单位建议的工艺流程、指标药剂及试验结论。

3.5.3.2 产品(包括尾矿)的特性

3.5.3.3 对试验的评价及要求

3.5.4 设计的工艺流程、指标及主要操作条件

3.5.4.1 工艺流程方案比较

工艺流程应从工艺设备特点、技术指标;生产成本及经济效益等方面进行比较,推荐最佳工艺流程方案。

对改、扩建项目应先评述原生产流程和指标;对原流程的问题提出完善的建议,必要时从工艺设备、技术指标、生产成本及经济效益等方面进行比较,推荐最佳工艺流程方案。

3.5.4.2 设计工艺流程描述

工艺流程简述,绘制选矿工艺原则流程图。详见附录 A.16、附录 A.17。

3.5.4.3 工艺指标及主要操作条件

3.5.5 生产能力和工作制度

3.5.5.1 生产能力

3.5.5.2 工作制度

选矿厂年工作日一般按 330 天计算;自磨、半自磨、砾磨、小型选矿厂、严寒地区的砂矿等可低些。

若没有矿堆或大的中间矿仓时,碎矿应与采矿来矿工作制度相同,一般情况下,碎矿车间计算设备能力时,每天按 15～18 小时计,特殊情况可多些。磨选车间 24 小时连续工作。脱水车间设备运转时间一般与磨选车间相同,特殊情况可少些。详见表 11。

3.5.6 主要设备选择

(1) 主要设备选择方案比较;

(2) 主要设备选择的结果;

(3) 主要设备选择的说明(视需要而定);

(4) 设备保护、过程控制及生产管理自动化的要求(应列出主要控制项目)。

3.5.7 厂房布置和设备配置

3.5.7.1 厂房布置

根据黄金矿山选厂碎矿工段、磨矿工段、浮选工段、浸吸工段、脱水工段、解析电解工段、炭再生工段、炼金室等作业的工艺要求和地形条件说明厂房布置特点,必要时进行方案比较。

3.5.7.2 设备配置

说明设备配置的主要特点及方案比较说明。详见附录 A.18。

3.5.8 辅助设施

3.5.8.1 贮矿设施

矿仓容量和贮存时间。

3.5.8.2 药剂设施

药剂种类、用量、药剂贮存、制备和添加。

生产中使用的氰化钠为危险品，应严格执行危险化学品管理、使用相关规定。

3.5.8.3 检修设施

检修场地及检修设施。

3.5.8.4 压风设施

3.5.8.5 技术检查站及试、化验室

3.5.8.6 封闭式管理

简述封闭式管理部位、管理措施和管理设施。

3.5.9 本次设计中新工艺、新设备的应用

指出新工艺、新设备生产实践情况、本次设计中应用优势和存在的风险。

3.5.10 存在的主要问题及建议

(1)简要说明设计基础资料、原始条件、选矿试验等方面存在的问题及解决意见；

(2)对顾客提出的有关设计要求予以说明，特别是对工艺、设备选择有影响的要求应予重点说明。

3.6 冶炼

3.6.1 金精炼

3.6.1.1 物料组成

简述金精炼原料的来源、数量、质量及有价金属含量。

3.6.1.2 冶炼提纯工艺流程及特点

根据冶炼物料的性质，确定金提纯工艺采用的工艺流程，简述工艺流程特点。

3.6.1.3 冶炼提纯工艺流程描述

3.6.1.4 冶炼车间主要设备

根据工艺要求进行相应的冶金计算，选择适宜的设备。

3.6.1.5 冶炼车间安全管理

该车间实行封闭管理，厂房内设置闭路电视，实施多点监控。

3.6.1.6 冶炼工艺自动化控制

3.6.2 黄金冶炼厂

3.6.2.1 设计依据

(1)冶金试验报告；

(2)设计遵循的相关文件、标准、规范；

(3)对改扩建设计，说明企业原有情况、存在的问题及对改扩建的要求等；

(4)说明工艺设计的原则、装备水平、自动控制水平等；

(5)引进技术或设备，应简要说明引进必要性和报价内容；

(6)其他必须说明的问题。

3.6.2.2 生产规模、产品方案、原料、燃料及辅助材料供应

(1)生产规模、产品方案：

原则上黄金冶炼厂规模不低于100吨/日，服务年限15年以上，原料来源覆盖周边区域，黄金冶炼厂厂址应设在交通便利之处。

主要产品及副产品的年产量、产品质量及产品标准。说明工作制度及年工作日。

(2)原料情况：

原料(精矿或原矿)的质量、年需要量、来源及运输方式。

(3)燃料情况。

(4)主要辅助材料情况：

包括石英石、石灰石、酸、碱、冰晶石、氟化盐等化学药剂等质量、年需要量、来源及运输方式。

3.6.2.3 工艺流程

(1)工艺流程确定：根据物料性质和冶金试验结果对技术上可行的方案应做多方案技术经济比较，推荐适宜的工艺方案。对拟定方案工艺技术操作过程进行描述，包括湿法、火法、收尘等工艺环节；附冶炼工艺流程图，冶炼设备形象系统图，详见附录A.19、附录A.20。

湿法冶炼工艺：包括生物氧化、压热氧化、洗涤、氰化、金回收(锌粉置换或炭吸附)。

火法冶炼工艺：包括原矿焙烧和精矿焙烧，精矿焙烧的焙烧段数和进料方式(浆式或干式)应重点阐述。对烟气中砷、硫的自洁固化或者回收净化及制酸过程进行描述，对于含有益多金属的原料，应对其综合回收工艺进行详细说明，如铜的萃取电积工艺。

(2)冶炼厂车间组成：如冶炼厂的储料、上料、生物氧化(压热氧化、焙烧)、热能利用、冷却、收尘、鼓风机室、空压机室、洗涤、中和、氰化浸出、萃取、电积、净液、金精炼、化验室、氰化渣处理、氧化渣处理、污水处理等。

(3)主要技术操作条件：分工艺过程列出，如物料细度、温度、压力、氧化还原电位、风量、氧气量、矿浆浓度(液固比)、pH值等。

3.6.2.4 冶金计算

(1)计算选定的主要参数和指标：

如焙烧炉的床能力，湿法车间的浸出率、洗涤率、萃取率、电积率、置换率、液固比、收尘车间的漏风率、收尘效率等。

(2)列表汇总冶金计算的结果：

——焙烧车间列出物料平衡表、风量及烟量表、热平衡表。

——湿法工艺过程列出金属平衡表、溶液体积平衡表。

收尘装置列出各段烟气包括进收尘、出收尘的体积、温度、压力、烟气成分和含尘量。

3.6.2.5 主要设备选择

(1)该方案主要工艺过程主要设备采用的计算定额，选定的设备型号、规格、数量；

(2)主要非标准设备(如冶金炉)的性能、特点；

(3)进口设备选择的依据、进口国家及进口的理由。

当主要设备选择有多个方案时，按上述内容进行比选。

3.6.2.6 车间布置

对主要车间的布置原则、特点及方案比较作必要的说明。如厂房尺寸、结构形式、防腐要求、主要功能分区等。

3.6.2.7 存在的主要问题及建议

3.6.3 制酸

3.6.3.1 设计依据

(1)设计遵循的相关文件、标准、规范；

(2)对改扩建设计，说明企业原有情况(生产规模、工艺流程、设备状况、工艺指标)、存在的问题及对改扩建的要求；

(3)引进技术或设备，应简要说明引进的必要性和报价内容；

(4)制酸车间技术装备水平及控制水平；

(5)其他需说明的问题。

3.6.3.2 设计原始资料

(1)烟量及烟气成分：

烟量(m^3/h)和主要成分(%),如 SO_2、CO_2、CO 等;

(2)烟气进制酸车间参数:

温度、压力、含尘量、含 F 量、含 As 量、含 Hg 量;

(3)烟尘成分%:

As、Sb、Hg 等;

(4)供气制度;

(5)操作制度。

3.6.3.3 制酸方案的确定

根据工艺提出的烟气条件,上级部门、建设单位、环保部门对制酸的要求以及项目的具体条件,国内外技术发展情况,确定适宜的工艺方案。必要时进行工艺流程多方案技术经济比较,推荐适宜的工艺方案。对改扩建设计,应着重说明改扩建方案与现有生产设施接轨的措施。

3.6.3.4 生产规模及产品方案

根据确定的方案,列出年产硫酸的品种、酸量及质重。

有关计算烟量和波动烟量应与工艺取得一致意见,由计算烟量计算出的硫酸产量应与硫的利用率一致。

3.6.3.5 工艺流程

(1) 工艺流程简述,附制酸工艺流程图和制酸设备形象系统图,详见附录 A.21、附录 A.22;

(2)车间组成,并说明装备水平,相互间的衔接;

(3)分段工艺技术条件。

主要技术经济指标相见详见表 12。

3.6.3.6 主要设备选择

(1)净化工段主要设备的名称、性能、规格、数量及技术条件:

冷却塔、填料塔、稀酸冷却器、稀酸泵、电除雾器;

(2)干吸工段主要设备的名称、性能、规格、数量及技术条件:

干燥塔、二氧化项鼓风机、干燥酸冷却器、一吸塔、二吸塔、一吸酸冷却器、二吸酸冷却器;

(3)转化工段主要设备的名称、性能、规格、数量及技术条件:

转化器、一热交换器热交换器、二热交换器、三热交换器、四热交换器;

(4)引进设备,应专门论述引进设备的必要性、先进性以及经济的合理性。

3.6.3.7 车间布置

对主要车间的布置原则、特点及方案比较作必要的说明。

3.6.3.8 存在的主要问题及建议

3.7 尾矿设施

3.7.1 设计依据

(1)尾矿库设计的相关标准、规范;

(2)库区基本概况:

简述尾矿库区工程地质、气象水文、地震、环保等资料。简述地形图资料:1∶2000～10000 地形图;

(3)工艺资料:

——选厂规模、尾矿量及生产服务年限;

——尾矿特性:矿浆浓度、粒度、温度、密度、pH 值、化学成分、沉降特性、水质、排出口位置、工作制度等;

——尾矿水水质分析及回水要求等。

3.7.2　尾矿库设计

3.7.2.1　尾矿库库址选择

根据尾矿总排放堆存量，对拟选尾矿库址从地质地形、汇水面积、占地、搬迁、输送、环境影响、回水条件等进行多方案比较，选择最优的尾矿库址，对尾矿库方案做技术经济比较。详见附录A.23、附录A.24、附录A.25。

3.7.2.2　尾矿库设计技术要求

(1)尾矿库设计标准等级；

(2)总库容、面积；

(3)初期坝：位置、坝高、坝型、筑坝材料；

(4)后期坝：堆积方法、上升速度、堆积高度、服务年限。

3.7.2.3　尾矿库排水(排洪)设施

(1) 尾矿库防洪标准；

(2) 洪峰流量和洪水总量计算、调洪演算；

(3) 尾矿库库区排水(排洪)。

确定库区内、外排水(排洪)方式，计算排水(洪)量。

3.7.3　尾矿输送

3.7.3.1　输送方案

根据选厂和尾矿坝距离、高差、回水和堆坝要求、工作制度，确定输送方案。

3.7.3.2　尾矿泵站

(1)尾矿泵的选择：

根据尾矿的特性流量确定尾矿泵的型号及数量；

(2)尾矿泵站的确定：

根据需要的扬程和泵的型号确定泵站的数量，在技术经济合理的前提下应考虑减少泵站数量。

3.7.4　尾矿排放方式

3.7.4.1　排放方式的确定

通过技术经济比较确定适宜的尾矿排放方式(干排或湿排)。

3.7.4.2　湿式排放

通过输送方案比较，确定常规输送或浓缩后输送。

3.7.4.3　干式排放

(1)尾矿干法处理适用范围：

——尾矿含毒害物质，如黄金选厂尾矿；

——拟定的尾矿库沉清距离受限；

——要求大量尾矿水回收利用的干旱缺水地区；

(2)确定适宜运输方式及设备将过滤成75%以上浓度的尾矿运至堆场堆放。

3.7.5　尾矿库库区防渗

对含毒尾矿且区内地质渗透强烈的尾矿库应做防渗处理。

3.7.6　回水

3.7.6.1　尾矿脱水车间回水

确定尾矿脱水车间回水量、回水方式和主要设施和设备。

3.7.6.2　尾矿库回水

确定尾矿库回水量、回水方式和主要设施和设备。

3.7.7 尾矿库管理

尾矿库管理严格执行《尾矿库安全技术规程》及《土石坝养护修理规程》等相关规定。

3.7.8 存在的问题及建议

3.8 总图运输

3.8.1 厂址选择

3.8.1.1 厂址选择基本原则

(1)阐述有关部门对厂址选择及区域规划的意见；

(2)厂址应具有足够的面积，适当的外形与地形坡度，满足建设、运输、场地排水等要求，并按企业发展规划的要求留有发展余地；

(3)充分考虑矿区的地形条件，节约用地，充分利用荒坡、坡地，不占或少占良田，提高土地的利用率，减少土石方量；

(4)土地的使用符合国家规划法、土地管理法、水土保持法等有关规定；

(5)满足生产需求，交通便捷，工程费用小，节省运输费用；

(6)满足生产、生活及发展规划所需要的水源、电源；

(7)尽量有利于与邻近工业企业和依托城镇在生产、交通、动力 公用、修理、综合利用、生态环保、抗灾及生活设施等方面的协作。

3.8.1.2 厂址方案比较

(1)根据厂址选择基本原则，在必要的情况下，对拟建厂址方案从工程条件和经济条件进行比选；

(2)工程条件比选内容：

主要有占地种类及面积、地形地貌气候条件、地质条件、地震情况、征地拆迁移民安置条件、社会依托条件、环境条件、交通运输条件及施工条件；

(3)经济条件比选内容：

建设投资比较：主要由土地购置费、场地平整费、基础工程费、场外运输投资、场外公用工程投资、防洪工程投资、环保投资、临时设施费等。编制厂址方案建设投资费用比较表。

运营费用比较：主要包括原料及燃料运输费、产品运输费、动力费、排污费及其他费用。编制厂址方案运营费用比较表；

(4)推荐最佳厂址方案：

根据比选结果提出推荐方案并论证。详见表 13。

3.8.2 总体布置

3.8.2.1 总体布置的基本原则

(1)以主要工业场地为主，按功能分区全面规划、合理布置，综合考虑主要影响因素；

(2)满足生产、运输、防火、防洪、安全、卫生、环保、水土保持等方面的要求；

(3)符合城镇总体规划的要求，适于与外部公用设施的协作，适于与矿区外部运输条件相适应；

(4)满足安全、卫生防护距离。

3.8.2.2 总体布置方案的比较

(1)各方案总体布置的形成条件；

(2)各方案的技术条件、工程量、投资及运营费用比较；

(3)推荐的总体布置方案的论证。

3.8.2.3 总体布置方案

(1)主要工业厂地：采矿工业区、选矿工业区、尾矿库；

(2)辅助工业场地：采区办公室及材料库、炸药库、废石堆场、行政生活区、水源地油库及加油站、地中衡、临时存放区等。详见附录 A.26。

3.8.2.4 企业占地

企业占地总面积、占地种类、占地投资估算依据、总占地费用等。

3.8.3 总平面布置

3.8.3.1 工业场地总平面布置原则

(1)满足生产工艺流程和物料流向合理的要求；

(2)与厂区内、外运输系统连接便捷、顺畅、装卸方便；

(3)满足生产、安全、卫生等要求，布置紧凑、合理，节约用地。

3.8.3.2 工业场地总平面布置形式及特点

说明工业场地总平面布置的形式、特点；功能分区与通道宽度的确定，总平面布置对于工艺配置、地形、坡度、工程地质等条件的适应程度及场地的用地面积等。

说明分期建设的项目对远期发展的适应性以及近远期建设的关系。

说明对防护距离要求满足的情况。

说明于改扩建项目总平面布置现状、存在问题，改扩建中采用的主要措施及其效果。

当有多个总平面布置方案时，应从基建投资、经营管理、环境保护等方面进行比较，确定推荐方案。详见附录 A.27。

3.8.3.3 工业场地竖向布置与场地平整

(1)说明工业场地竖向布置的依据、原则，竖向布置的形式、特点；场地平整标高的确定，场地支挡、防护工程的确定；工业场地排水方式与去向等；

(2)应说明位于山坡的工业场地对山坡汇水的处理；

(3)应说明邻近水域的工业场地防洪频率、防洪标高、防洪工程等措施。

3.8.3.4 主要工程量估算

编制主要工程量估算表，详见表 14。

3.8.4 排土场及渣场

3.8.4.1 排土场、渣场的场址选择

描述场址形状、地形地貌、工程地质等条件；对场地运距、容积及稳定性进行分析，必要时应进行方案比较，以满足场址选择的要求。

3.8.4.2 岩土、废渣运输方式的选择

说明岩土、废渣运输方式的选择、运输线路的布置，必要时应进行方案比较。

3.8.4.3 排土场、渣场占地面积、主要设备工程量

说明排土场、渣场占地面积；确定运输、转排设备；对运输线路、排水、防护等工程量进行估算。

3.8.4.4 岩土、废渣的堆存

说明岩土、废渣的排弃、堆存方式、作业过程，需要分别堆存物料情况。

3.8.5 内外部运输

3.8.5.1 内、外部运输量

说明工厂内、外部运输的主要货物名称、特点、货物量、起终点等，列表说明。

3.8.5.2 内、外部运输方式

(1)内、外部运输方式的选择：

工厂内部运输中，根据运输地点、货物特性、运距、地形条件等确定运输方式及设备，并说明不同运输方式之间的衔接，必要时应列表比较。

工厂外部运输中，说明需转运货物的转运站位置、转运方式、物料的装卸贮存情况以及相关的外部协作条件。运输量详见表 15。

(2)厂内外道路运输：

说明厂内外道路的平面分置、道路分类及技术标准等情况。

(3)厂内外铁路运输:

说明厂内外铁路的平面布置、线路技术标准等情况。

(4)其他运输。

3.8.5.3 运输、计量设备的选择

根据主要工程量确定合理的设备数量。

3.8.5.4 运输组织机构的编制

说明工厂运输组织机构的编制与定员。

3.9 电力及通信

3.9.1 电力

3.9.1.1 设计依据和原则

(1)设计依据:

——建设单位的电力设计的有关要求;

——矿山电力设计的相关标准和规范;

——现场调查的相关资料。

(2)设计原则:

——与企业生产要求及服务年限相适应,考虑分期建设的合理性。

——企业内外部供配电系统协调一致,可靠性高。

——供电系统界线简单清晰、变配电层次少,方便运行维护。

——贯彻节约用电原则,选用节电设备,有效地设置电能计量仪表和监控系统。有条件的可设置计算机检测管-控系统。

——设置谐波治理设施。

3.9.1.2 电源状况

(1)说明采用的地区供电电源用电现状和规划情况;

(2)对于扩建、改建企业,应概述供电、用电现状;

(3)对于耗电大的企业,宜编制地区负荷平衡表。

3.9.1.3 用电负荷及性质

(1)估算企业的总用电负荷、有功功率、无功功率、视在功率、功率因数、年耗电量等;

(2)电力负荷性质,编制电力负荷计算表。详见表16。

3.9.1.4 供电方案

(1)对可能的供电方案进行技术经济比较,提出推荐方案;

(2)确定供电系统主结线、主变压器台数与容量和企业内部配电电压等级等;

(3)确定对一级负荷的供电电源和供电电压;

(4)确定重要负荷供电的备用电源,设柴油发电站时,要确定柴油发电机的容量及数量;

(5)选择发电厂或总降压变电站、配电站的位置,估算占地或建筑面积。

3.9.1.5 供电系统

根据矿区电力负荷计算分布情况,阐述各车间变电所、变电站的设置情况。详见附录A.28。

3.9.1.6 电气控制装备水平

(1)电气测量装置;

(2)继电保护;

(3)电力拖动控制系统。

3.9.1.7 主要设备选择

确定主要电器设备的规格、型号、主要配电方式(包括变压器、高低压开关柜)。

3.9.1.8 谐波治理及功率因数补偿

(1)谐波治理方案;

(2)功率因数补偿。

3.9.1.9 线路敷设、照明、电气安全与防雷接地

3.9.1.10 电修

(1)概述:说明本项目电修设施的设计原则、任务、体制和组成等;

(2)电修工作量;

(3)电修设施的组成。

3.9.2 通信

3.9.2.1 语音系统

说明企业语音系统,如行政电话系统、调度电话系统(包括会议电话及扩音对讲电话系统)、无线通信系统。

3.9.2.2 数据系统

说明企业数据系统,如金属线传输、光纤接入网、混合接入网、无线接入网。

3.9.2.3 图像

说明企业图像传输系统,如工业电视系统、会议电视系统、可视图文等系统。

3.9.2.4 其他通信及弱电系统

(1)根据企业供电方案,确定电力载波通信方案;

(2)根据企业及业主特殊环境及场合的需要,设置综合布线、火灾自动报警及消防联动、楼宇自控、安全防范、广播、声像节目制作等系统。

3.10 自动化仪表

3.10.1 自动化装备水平及自动化要求

根据工艺需要,简要说明自动化装备水平及要求,拟定生产过程检测、控制、调节及监控等装备水平和自动化水平。

3.10.2 计算机管理控制系统方案

当企业需要时,应提出相应计算机管理控制系统方案。

3.11 给排水

3.11.1 给水

3.11.1.1 设计范围

明确设计范围,如矿区给水水源方案、取水方案、矿区内尾矿回水系统及消防设施等。

3.11.1.2 用水量

确定生产、生活、消防用水、冲洗汽车用水、浇洒道路和绿地用水、未预见用水等水量及对水质、水温、水压等有关要求。编制总用水量表,详见表17。

3.11.1.3 给水水源及取水方案

(1)阐述推荐厂址水源的地表水和地下水的水文和水文地质特征(包括采矿坑内排水),论证水源的可靠性。

(2)对推荐厂址的水源位置、取水及净化、输水系统进行方案比较,提出最佳方案。

(3)当可利用现有水源时(包括城市自来水、回水),阐明最大可能供给的水量、水质水温、水压及有关问题。

3.11.1.4 给水系统

根据生产、生活及消防各项用水对水质、水温、水压及水量的要求,经技术经济比较或综合评价确定

给水系统的设置。详见附录A.29。

(1)生产(新水)给水系统;

(2)生活给水系统;

(3)消防给水系统;

(4)循环冷却水系统。

3.11.1.5 回水系统

(1)确定适宜的回水方案注明回水率;

(2)废水返回再利用量(包括坑内排水、经过处理后的工业污水、精矿回水、尾矿车间回水);

(3)尾矿库澄清水的返回再利用量。

3.11.1.6 存在的问题及建议

3.11.2 排水

3.11.2.1 设计范围及原则

明确设计范围,如厂区排水管网、生活污水处理系统及生产污水处理系统等。

3.11.2.2 排水量

确定生产、生活排水量及排水水质。

3.11.2.3 排水系统

(1)当地对排水的要求;

(2)生活污水处理及综合利用:

阐述生活污水水量、成分、排放地点及处理、利用方案;

(3)生产污水处理及综合利用:

阐述生产污水水量、有害成分及排放地点,阐述污水处理流程,处理后能达到的标准,必要时做方案比较,推荐最佳方案。

3.11.2.4 存在问题及建议

3.12 采暖、通风、空调及热力

3.12.1 设计依据

(1)相关标准、规范;

(2)业主对暖通、空调及热力有关要求。

3.12.2 设计基础资料

气象资料、水质资料、煤质资料等。

3.12.3 采暖

确定供暖方案、热媒参数选择、采暖热负荷估算及采暖设施。

3.12.4 通风除尘

确定生产过程散发有害粉尘及气体的种类及地点,制定有效的通风除尘净化方案,选择主要设备。

3.12.5 空调

确定空调方案、冷源及冷媒参数选择,估算空调冷负荷,选择主要设备。

3.12.6 热力

3.12.6.1 锅炉房

(1)根据热负荷和供热制度,进行供热方案比较,确定供热方式,拟定供热参数;

(2)确定锅炉房规模、设备型号;

(3)锅炉给水处理系统;

(4)锅炉排烟除尘。

锅炉房平面示意图详见附录A.30。

3.12.6.2 热力管网

确定厂区热力管网的布置方式及敷设方式。

3.12.6.3 柴油发电设施

确定一级负荷用电量,选择柴油发电机组。

3.13 机、汽、电修及仓库

3.13.1 机修

3.13.1.1 概述

简要说明工程项目所处的经济地理环境和机械设备检修的外委条件,说明本项目机修设施的设计原则、任务等。

3.13.1.2 机修工作量

根据机械设备检修定额,参照同类企业的检修工作量,估算本项目机械设备检修工作量、机械备件需要量,生产消耗件需要量等。

依据本项目自身完成的机械设备检修年工作量、机械备件和生产消耗件的年制造量,说明其外委安排情况。

3.13.1.3 机修设施的组成

按照拟订的机修设施体制,简述各级机修设施的组成、任务、工作量、主要生产设备、车间平面配置等。

3.13.2 汽修

3.13.2.1 汽修工作量

根据汽修和维护定额;估算本项目汽修和维护年工作量。

需外委时,应说明汽修和维护外委情况等。

3.13.2.2 汽修设施的组成

简述各级汽修设施的组成,必要时绘制车间平面配置简图。

3.13.3 储油设施

3.13.3.1 储油品种及储油量

3.13.3.2 油库

储油周期和设计容量,油罐形式、容量、数量,储油站面积。

3.13.3.3 主要设备的选择

选择适宜的储油设备及加油设备。

3.13.3.4 储油站消防设施

3.13.4 仓库

3.13.4.1 仓库的设置原则与位置选择

说明仓库的设置原则与各级专业仓库间的分工及位置。

3.13.4.2 仓库设计指标

总仓库的组成、建筑配置与仓库面积。说明主要材料的贮存情况。

说明仓库的平面布置,装卸、运输、计量设备的选择。

3.13.4.3 其他

说明仓库的管理设施、生活设施以及劳动定员等。

3.14 土建工程

3.14.1 基本概况

3.14.1.1 企业自然条件

(1)气象条件;

(2)地震烈度和建筑场地类别；

(3)岩土工程地质和场地地形地貌，不良岩土工程地质条件(如滑坡、软弱地层等)，对抗震不利的岩土工程地质。

3.14.1.2 建筑状况

(1)当地建筑特点和要求；

(2)当地建筑材料及预制构件来源、品种、规格及供应情况。

3.14.1.3 施工条件

(1)当地施工单位的资质和技术水平；

(2)场地施工条件。

3.14.2 建筑结构型式

3.14.2.1 建筑结构

(1)根据工艺要求，结合当地建筑结构形式，确定承重结构类型，主要建筑材料，并对基础、抗震、防腐、防水、保温及特殊建筑结构做出说明；

(2)围护结构和门窗等的建筑材料；

(3)特殊构筑物(如井架、矿仓、浓密池、精矿仓、水池、水塔、烟囱、大型设备基础等)的结构形式及建筑材料的选择；

(4)建筑结构安全等级、使用年限。

3.14.2.2 建筑面积

工业厂房建筑面积以落地面积为准，厂房内部形成封闭房间的面积单独列出。

3.14.3 行政生活福利设施

根据企业规模及地区状况，确定行政、生活福利设施的建设项目和分布原则。

根据相关国家标准，并考虑当地实际情况和当地政府有关要求，确定行政、生活福利设施及具名建筑面积、建筑结构形式、建筑设计标准等。详见表18。

3.15 环境保护

3.15.1 设计依据

设计采用的有关的国家标准、地方污染物排放标准及执行等级。

3.15.2 建设地区环境现状

简述矿区环境现状；改扩建工程说明原有企业主要污染源及污染物的种类、数量(可列表说明)。

3.15.3 主要污染源及治理方案

3.15.3.1 主要污染源

说明本项目主要污染源及污染物的种类、数量(可列表说明)。

3.15.3.2 治理方案及措施

首先对黄金矿山产生的废石或尾矿进行定性分析判断，即一般废弃物或危险废弃物(毒性、腐蚀性及放射性)。若为危险废弃物在选冶试验中应委托进行治理试验，明确治理工艺、措施和治理结果。

简述黄金矿山废石场、采矿场和尾矿库占地情况及采取绿化措施和制定复垦计划。

简述黄金矿山和黄金冶炼厂产生的废气、废水、废碴、噪声及生活污水等治理方案和措施，并确定废水利用率及排放率。

3.15.3.3 环保治理设施和设备

根据三废治理工艺方法，确定相应的环保治理措施和设备。

3.15.4 环境管理机构

明确环境管理机构、人员和装备。

3.15.5 环保投资估算

列出环保设施和相关工程投资费用及环保投资占工程总投资的百分比。详见表19。

3.15.6 建设项目对周围地区的环境影响分析

综述采取治理和防范措施后，对周围地区环境保护（大气、土壤、河流等）的效果和最终不可避免的影响。

3.15.7 环境影响评价结论及建议

3.15.7.1 环境影响评价结论

简述环境影响报告书（或表）的基本结论。若环境影响评价工作与可研同步进行，则定性分析本项目对周围环境的影响范围和程度。

3.15.7.2 建议

3.16 劳动安全、工业卫生与消防

3.16.1 设计依据

国家发布的有关文件、标准、规范、规程等。

3.16.2 危害因素和危害程度分析

3.16.2.1 有毒有害物品的危害

分析生产和使用有毒、有害物品引起危害的条件、对人体健康的危害程度及造成职业性疾病的可能性。

3.16.2.2 危险性作业的危害

分析高空、高温、高压作业、井下作业、辐射、震动噪声等危险作业、场所及可能对人身造成的危害。

3.16.3 安全措施

3.16.3.1 选择安全生产和无危害的生产工艺和设备

3.16.3.2 对危害部位和危险作业提出安全防护措施和方案

说明主要生产区对安全隐患采取的预防措施，如在安全距离、防火、防水、防雷、防泥石流、防岩爆、防辐射、抗震等、防静电、防误操作及消防等安全技术措施。

3.16.4 工业卫生

对易产生职业病的场所，应提出防护和卫生保健措施。

说明主要生产区在生产过程中产生的粉尘、有毒有害气体、高温、噪声、震动等危害人体健康的因素，设置的设施和采取的预防防护措施。

3.16.5 安全卫生机构设置及定员

3.16.6 安全卫生投资估算

列出劳动安全卫生专用投资，包括生产环节安全卫生防范设施、检测装备和设施、安全教育装备等投资。详见表20。

3.16.7 消防设施

3.16.7.1 消防给水

(1)消防用水量：按有关消防规范要求计算一次火灾用水量。

(2)消防水源：简述消防水源（包括城市自来水和工业企业的自备水源）。

(3)消防给水系统：按有关消防规范规定设置，有消防站时应说明消防车数量。

3.16.7.2 建筑物防火

(1)根据生产的火灾危险性分类；由建筑物的性质、重要程度等因素确定建筑物耐火等级。

(2)建筑物设计应遵循国家现行的建筑设计防火规范。

(3)有特殊要求的建筑物，如有爆炸危险的、有毒生产的、有洁净要求的，均应遵循相应的规范。

3.16.7.3 总平面消防设计

(1)现有状况的描述：

说明工厂的区域位置、地形、风向、与消防站(队)的距离及道路及消防水源状况位置等。

说明工厂周围建、构筑物情况、可燃物或易燃物的贮存状况、火灾的危险性等。

(2)工厂的总平面消防设计:

说明工厂的总体布局、场地的功能分区、各类储罐与堆场的布置及建、构筑物防火间距。

消防道路的设计符合标准,到达各场地通畅、快捷。

消防水源的位置、道路、水泵位置等。

必要时设置消防站,并做相关说明。

3.16.7.4 电气消防

说明为电气消防采取的措施。

3.17 水土保持及复垦

3.17.1 编制依据

相关文件、标准、规范、规程等。

3.17.2 矿区水土保持现状

3.17.3 矿区水土流失因素及其危害

3.17.4 水土保持及复垦方案

3.17.4.1 水土流失分区防治

说明分区防治水土流失的措施,如废石场、排土场及渣场、露天采场、选矿工业场地、尾矿库等。

3.17.4.2 水土保持及复垦方案、措施

3.17.4.3 水土保持、复垦工作量及计划安排

3.17.5 方案实施的保证措施

3.17.5.1 组织领导与管理措施

3.17.5.2 技术保证措施

3.17.5.3 资金来源及管理使用

3.18 节能、减排

3.18.1 能耗指标及分析

(1)项目能耗指标及计算。单位矿石或产品能耗指标及综合能耗总量。

(2)能耗分析。单位产品能耗、主要工序(艺)能耗指标国际国内对比分析、设计指标应达同行业国内先进水平,有条件的重点产品应达国际先进水平。

3.18.2 节能措施

简要从技术方案、工艺流程、设备、总体布置、设备配置、电力、建筑和能量的综合利用等方面进行论述。

3.18.3 减排措施

论述生产中产生的废渣、废水、废气减排具体措施。

3.19 资源综合利用

3.19.1 地质资源的综合利用

3.19.2 有价金属资源的综合回收

简述伴生有价金属的综合回收工艺技术及前景。

3.19.3 尾矿资源的综合利用

简述尾矿资源利用措施,其综合利用率应超过10%。

3.19.4 其他资源的综合利用

主要为废渣、废水、废气的综合利用。

3.20 项目实施计划

3.20.1 项目范围

(1)项目范围一般应包括厂(矿)区界内工程项目及厂(矿)区界外工程项目两部分:

工程项目为采、选、冶联合企业或为单一的采或选冶金企业时,应按采选冶生产工艺分别阐明其呈及辅助配套工程项目。

(2)阐明并列出为满足采、选、冶厂(矿)区生产需要所需的外部电源及供电设施,通讯设施,供水、供气设施,公路、铁路设施等工程项目。

3.20.2 建设周期及控制性工程

3.20.2.1 建设周期

说明工程建设的总周期及分项工程的周期。

3.20.2.2 控制性工程

说明工程建设中主要控制性工程项目,如开拓系统、主厂房等。

3.20.3 工程建设进度安排

根据工程建设内容建设周期,制定项目建设进度安排。详见表21。

3.21 企业组织及定员

3.21.1 企业组织

3.21.1.1 企业生产经营范围

扼要说明建成投产后企业生产经营的内容和范围;组织机构设计要与之相适应。

3.21.1.2 企业目标与经营管理要点

扼要说明本项目企业的目标,如市场目标、技术目标、质量目标等。说明为实现该管理目标在管理上的特点。

3.21.1.3 组织机构

(1)建立组织机构;

(2)对于改扩建项目,如果属于局部改扩建,组织机构变化不大,只用文字说明对原有企业组织机构变化部分。如果改扩建对原有企业涉及范围比较大,须重新编制组织机构,并且绘制出改扩建后的组织机构图。

3.21.1.4 工作制度

说明企业的工作制度,包括生产制度、年工作天数、班工作小时等。

3.21.2 劳动定员

(1)将企业定员分为生产人员、管理人员、服务人员三类进行编制。编制劳动定员表,详见表22;

(2)管理人员不超过总定员的10%~13%;服务人员不超过总定员的7%~9%。

3.21.3 劳动生产率

3.21.3.1 劳动生产率指标计算

企业全员劳动生产率=(产品实物量或产值)/(设计企业全员)

生产全员劳动生产率=(产品实物量或产值)/(设计生产全员)

编制劳动生产率计算表,详见表23。

3.21.3.2 劳动生产率分析

分析劳动生产率高低的原因,论证定员的合理性。

3.21.4 工资

3.21.4.1 编制依据

包括政策、法规、企业现状、预测资料等。

3.21.4.2 工资总额

结合企业所在地区的工资标准及本企业生产劳动强度及条件，计算企业平均工资总额，计算全企业工资总额。

改、扩建项目说明改、扩建前、后的指标情况等。

3.21.5 职工培训

3.21.5.1 培训阶段

企业的职工培训可以分为投产前培训和生产期间在职培训。可行性研究阶段重点做好投产前培训。

3.21.5.2 培训人员

说明投产前需要培训的人员，重点为管理人员、技术人员及大型设备组装和维修人员、机电设备维修人员、工段长和班组长、重要岗位操作人员。

3.21.5.3 培训要求及安排

说明培训要求，一般为投产前各岗位人员全部合格。说明培训安排，一般包括培训方法、地点、期限、培训内容等。

3.22 投资估算与资金筹措

3.22.1 投资估算

3.22.1.1 编制说明

(1)阐述编制估算的基本原则、主要编制依据、设计分工、投资范围；

(2)说明建设项目主要特点以及规模、产品方案、采用的主要工艺流程及主要工程量、单位造价指标；

(3)需要说明的其他问题。

3.22.1.2 建设总投资构成

(1)工程费用：包括整个工程项目的建筑工程费、设备购置费和安装工程费；

(2)工程建设其他费用：包括建设用地费、建设管理费、可行性研究费、工程勘察设计费、研究试验费、招标代理服务费、环境影响评价费、劳动安全卫生评价费、水土保持咨询费、场地准备费及临时设施费、生产准备费及开办费、工程保险费、特殊设备安全监督检查费、矿山巷道维修费、联合试运转费、地方规定的费用、建设工程造价咨询费、专利和专有技术使用费、引进技术和引进设备项目其他费用；

(3)预备费：包括基本预备费和价差预备费；

(4)建设期利息；

(5)铺底流动资金。

3.22.1.3 建设总投资估算深度

3.22.1.3.1 工程费用

(1)建筑工程费

——主要厂房建筑物与构筑物。根据主要设计原则，建筑结构型式，以建筑面积或建筑体积、实物工程量及有关技术参数选用估算指标或类似工程造价资料进行编制；

——工业炉窑砌筑工程，根据技术特征套用有色估算指标、有色工业炉工程综合定额指标炉窑砌筑部分或类似工程造价资料进行编制；

——总平面运输系统工程的总平面布置图、公路以及外部供电、供水、通讯、厂区供电、供排水管线等项目，一般采用计算主要工程量后分别套用土建、市政、公路、铁路等相应估算指标或黄金工业工程建设预算定额进行编制；

——辅助建筑物、构筑物以及车间内的给排水、采暖、通风、照明等工程，按照建筑面积、体积、规模及有关要求，根据当地定额标准及建成的黄金工业工程的单位指标进行估算，不足部分套用有关专业部颁发的扩大定额指标编制；

——露天剥离、井巷开拓、采切、探矿、通风、除尘、铺轨、排水等工程，根据实物工程量，按照黄金工业工程建设预算定额或有关专业部颁发的扩大定额指标编制；小型矿山可结合当地的实际情况确定有关指标；

——尾矿设施的筑坝工程、排洪排水设施、尾矿输送系统等，按照黄金工业工程建设预算定额或有关专业部颁发的扩大定额指标编制。

(2)设备购置费

——设备价格：国内购置的设备按设备出厂价加运杂费；进口设备由进口设备货价、进口从属费及国内运杂费组成；次要设备可参照黄金工业工程建设预算定额或类似工程造价资料中次要设备占主要设备价值的比例计算；

——非标设备由材料费、人工费和管理费组成，按其占设备总费用的一定比例计算；

——工器具费：此项费用整个建设项目总列一项表示，采用黄金工程建设其他费用定额指标中工器具一节所列指标计算，此项费用列在“工器具及生产家具费”栏内，不另计运杂费；

编制进口设备购置费估算表，详见表24。

(3)安装工程费

——设备安装以车间或工段为单元；

——工艺金属结构、设备绝热、防腐工程以车间或工段为单元；

——工业管道以车间或工段为单元；

——变电、配电、动力配电线敷设等工程以车间或工段为单元。

3.22.1.3.2 工程建设其他费用

费用项目的确定和各项费用的计算方法及定额指标，均按《黄金工程建设预算定额》执行。在估算中，其他费用可不分项计列，但占价值大的费用项目如场地准备费(含购地、拆迁、赔偿、缴税等)可单独列出。当由于受设计深度限制而无条件按《黄金工业工程建设预算定额》第十一册计取其他费用定额分项目计算时，可参照类似工程的其他费用占工程费用的百分比计算。编制工程建设其他费用估算表，详见表25。

3.22.1.3.3 预备费

包括基本预备费和价差预备费。按照《黄金工业工程建设预算定额》2008版第六册规定有上、下限范围幅度，在使用时可根据设计深度情况和估算的准确程度适当取定指标标准。

3.22.1.3.4 建设期利息

按照不同利率，结合资金使用计划分别计算，估算所列建设期利息数额要与技术经济专业所计算的数额相一致。

3.22.1.3.5 铺底流动资金

根据原国家计委计建设[1996]1154号文件的规定，按流动资金总量的30%作为铺底流动资金列入总投资中。

3.22.1.4 引进工程项目建设总投资估算

3.22.1.4.1 引进工程项目的费用划分

(1)用外币支付部分：硬件费、软件费、从属费、其他费用；

(2)用人民币支付部分：进口税费、硬件国内运杂费、安装费、其他费用。

3.22.1.4.2 引进工程费用估算方法

(1)成套引进项目货价按中国技术进口总公司的规定计算：

——货价＝银行牌价×外币金额

注：银行牌价按签订合同日期国家外汇管理局公布的银行牌价卖出价计算。

——国外运费：当合同价款条件为进口设备离岸价(FOB价)时，需计算国外运费。

国外运费＝货物毛重(t)×运费单价($/t)×银行牌价

国外运费＝FOB价×国外运费费率

——国外运输保险费：当合同价款条件为FOB或C&F价时；需计算国外运输保险费。

国外运输保险费＝ FOB价×(1＋运输保险费率)×保险费率×银行牌价

或

国外运输保险费＝ C&F 价×(1＋运输保险费率)×保险费率×银行牌价

——关税：按规定软件不计税，硬件部分计税。

关税＝到岸价格(折算成人民币)×关税率

——增值税：按规定软件不计增值税。硬件部分需计增值税。

增值税＝(到岸价格＋关税)×增值税率

——银行财务费：硬件和软件均计算银行财务费。

银行财务费＝离岸价格×银行财务费率0.4%～0.5%

——外贸手续费：硬件和软件均计算外贸手续费。

外贸手续费 ＝ 到岸价格×外贸手续费1.5%

(2)单机引进项目(如汽车、汽车吊、电铲等通过中国机械进出口总公司外购时；应按中国机械进出口总公司的规定，用从属费常数计算；通过中国技术进出口总公司外购时，与成套引进项目计算方法相同)；

(3)中外合资、许可证贸易、补偿贸易等引进项目的减免关税和增值税问题，应按国家税务总局和海关总署的规定处理。减免税的引进项目须计算海关监管手续费；计算方法及费率应以海关总署规定为准。

3.22.1.4.3 引进工程项目估算的编制方法

(1)引进设备费用应分别计入有关单位工程估算内。设备货价、国外运输费、保险费、关税、增值税、外贸手续费、银行财务费、减免税项目的海关监管手续费、国内运杂费等均应折算成人民币，分别列在“设备栏内”；

(2)引进材料费用应分别计入有关单位工程建筑和安装费用内。材料货价及从属费用(从属费用同设备费)均应折算成人民币分别列在“建筑工程”栏或“安装工程”栏内。建筑与安装的划分与国内工程的划分原则相同。计算定额直接费综合费率时，引进材料价值不能将实际折算价进入定额直接费计算综合费率，应将引进材料价值按类似国内材料价格进入定额直接费；

(3)引进工程设备和材料的安装费与施工费用的计算，与国内设备和建筑安装工程的标准相同；

(4)引进工程其他费用的计算除应计算一般工程的工程建设其他费用外，还应计算引进工程特殊需要的其他费用及软件费；

(5)引进工程预备费不单独列出，而应将引进工程和国内部分的第一部分费用和第二部分费用之和计一笔工程预备费。预备费除列出人民币金额(包括外币折人民币金额)外；尚应注明其中外币金额并加括号。

3.22.1.5 建设总投资估算

编制建设总投资总估算表和建设总投资综合估算表，详见表26、表27。

3.22.1.6 投资分析

(1)投资分析表：编制按专业划分投资汇总表和按生产用途划分投资汇总表，详见表28、表29；

(2)主要技术经济指标：根据工程特点，列出主要工程量及单位经济指标；

(3)分析对比：论述投资的合理性，与已建成或正在建设的类似工程项目投资作比较；分析并论述投资差异原因；

(4)存在的问题及建议：根据工程特点，论述在工程建设周期中可能影响投资估算的因素以及投资估算中存在的问题并提出建议。

3.22.2 流动资金估算

3.22.2.1 扩大指标法

流动资金＝年销售收入×销售收入资金率

流动资金＝年经营成本×经营成本资金率

流动资金＝建设投资×建设投资资金率

3.22.2.2 分项估算法

分项估算法将流动资金分为四项，采用列表方式进行估算。详见表33。

3.22.3 资金筹措

3.22.3.1 建设投资来源、贷款比例、利率

3.22.3.2 流动资金来源、贷款比例、利率

3.22.3.3 资金筹措计划

编制流动资金估算表和资金筹措及使用计划表，详见表30、表31。

3.22.4 建设总投资

建设总投资＝建设投资＋建设期利息＋铺底流动资金

主要设备汇总表见表32。

3.23 成本与费用

3.23.1 成本计算内容

(1)成本对象；

(2)编制原则和计算范围；

(3)成本构成；

(4)消耗定额依据；

(5)原辅材料、燃料、动力价格及依据；

(6)固定资产折旧、无形资产及递延资产摊销；

(7)固定资产修理费率；

(8)其他费用计算依据和方法。

3.23.2 成本及费用计算

成本及费用计算包括以下内容：

(1)采矿的采、剥作业成本；

(2)原矿运输作业成本，详见表33～表36；

(3)选矿作业成本，详见表37、表38；

(4)冶炼作业成本，详见表37、表38；

(5)各生产车间制造费用，详见表39；

以上(1)～(5)项计算出各车间制造成本。

(6)管理费，详见表40；

(7)销售费；

(8)财务费用；

(9)资源费用；

(10)其他费用。

计算出企业综合成本及费用，单位矿石分摊成本指标，单位产品成本指标，年总成本及费用。并列出各项成本计算明细表。

作业成本列出消耗的直接材料、燃料、动力和人工费；为了组织和管理生产所发生的生产单位管理人员工资、生产单位房屋建筑物、机器设备等折旧费、费摊销、修理费、低值易耗品、取暖费、办公费、差旅费、劳保费、安全生产费、环保费及其他费用等。

3.23.3　成本分析

3.23.3.1　成本因素分析

3.23.3.2　成本指标分析

3.24　财务分析

3.24.1　技术经济指标

编制项目综合经济技术指标表，详见表42。

3.24.2　经济评价基础参数及相关说明

3.24.2.1　经济评价基础参数

产品价格、增值税、资源补偿费、资源税、公积金、所得税、城建税及教育费附加、水资源使用费、能源价格、工资、安全生产费用、排污费、环保费标准、矿山计算期(其中：基建期)、财务基准收益率。

3.24.2.2　其他

简要说明减免税政策、优惠融资政策等。

3.24.3　经济效果分析(损益计算)

按采选设计排产计算项目服务年限内逐年经济效果和项目总经济效果。

3.24.3.1　产品销售收入

说明销售产品名称、规格、数量及销售价格，计算产品销售收入，注明价格和收入是否含税。

3.24.3.2　销售税金及附加

说明销售税金及附加所适用税率和费率及减免优惠政策适用范围与年限，计算销售税金和附加。详见表43。

3.24.3.3　利润表

按基本报表形式编制利润表，标明计算依据，计算表内各主要项的达产年的平均值。详见表44。

3.24.4　盈利能力分析

3.24.4.1　静态盈利能力指标

$$\text{投资利润率}=\frac{\text{年利润总额}}{\text{项目总投资}}\times 100\%$$

$$\text{投资利税率}=\frac{\text{年利税总额}}{\text{项目总投资}}\times 100\%$$

$$\text{投资回收期}=\text{累计现金流量正值年份}-1+\frac{\text{上年现金流量累计绝对值}}{\text{当年净现金流量}}$$

投资回收期通过全投资现金流量表计算。

$$\text{总投资收益率}=\frac{\text{项目正常年份息税前利润或运营期内年平均息税前利润}}{\text{总投资}}\times 100\%$$

$$\text{项目资本金净利润}=\frac{\text{项目正常年份净利润或运营期内年平均净利润}}{\text{项目资本金}}\times 100\%$$

3.24.4.2　动态盈利能力分析

通过现金流量表计算投资内部收益率和净现值，并应对现金流量计算期和基准收益率等参数选择予以说明。

3.24.5　清偿能力分析

3.24.5.1　相关说明

说明贷款情况及可偿还资金情况。

3.24.5.2　清偿能力指标计算

(1)贷款偿还期

按企业偿还能力编制贷款偿还计算表，并计算贷款偿还期，详见表45。

$$\text{贷款偿还期(Pa)}=\text{开始盈余年份}-1+\frac{\text{盈余当年应偿金额}}{\text{当年可偿还金额}}$$

(2)等额偿还

$$贷款偿付比=\frac{当年应偿本息额}{当年可偿还资金}$$

$$利息偿付比=\frac{当年应偿利息额}{当年可偿还资金}$$

3.24.6 风险分析

3.24.6.1 盈亏平衡分析

一般以“利润总额”为零作为盈亏平衡点，有的项目也可以内部收益率为“0”时分析对某些因素的承受能力。

3.24.6.2 敏感性分析

分析敏感因素变化，并指出最不利的经济因素和企业追求目标，编制敏感性分析表。详见表50。

3.24.6.3 其他不确定性分析

说明对某些重要因素变化的承受能力、抗风险能力等。

3.24.7 财务评价结论

3.24.7.1 社会评价

(1)项目社会影响分析；

(2)项目与所在地互适性分析；

(3)社会评价结论。

3.24.7.2 综合评价

(1)针对项目有选择地扼要说明以下评价意见：

——项目是否符合国民经济长远规划；

——是否符合地区经济发展规划；

——是否符合行业投资规划；

——项目产品市场前景；

——各项指标用标准衡量结果；

——对业主目标和债权人企望的满足程度；

——承受风险的能力；

——重大相关因素的影响。

(2)评价结论应明确表明以下内容：

——项目的可行性；

——可行与否的关键条件；

——项目如果实施还存在什么问题等。

(3)建议：

——下步工作的建议及其急迫性；

——关于主要技术措施的建议；

——关于申请优惠政策的建议等。

表1 主要技术经济指标表

序号	项　目	单　位	指　标	备　注
一	地质			
1	设计可利用地质储量			
	矿石量	万吨		
	品位	%		

表 1 主要技术经济指标表(续)

序号	项目	单位	指标	备注
	金属量	吨		
二	采矿			
1	矿山规模	吨每天		
	年出矿量	万吨每年		
2	服务年限	年		
3	开采方式			
4	开拓方案			
5	采矿方案			
6	损失率	%		
7	贫化率	%		
8	出矿品位	%		
9	基建期	年		
10	万吨采掘比	立方米每万吨		
9				
三	选矿			
1	处理能力	吨每天		
2	年处理矿量	万吨		
3	选矿工艺			
4	产品方案			
5	原矿品位	%		
6	回收率	%		
四	尾矿			
1	尾矿输送方式			
2	年排放量	万立方米		
五	供电			
1	装机容量	千瓦		
2	工作容量	千瓦		
3	年耗电量	万度		
4	设计单位电耗	度/吨		
六	供水			
1	企业用水总量	吨每天		
七	供热			
1	锅炉台数	台		
2	年耗煤量	吨		
八	土建			
1	建筑面积	平方米		
2	三大材耗量			

表 1　主要技术经济指标表(续)

序号	项　　目	单　位	指　标	备　注
九	总图运输			
1	年运输总量	万吨		
2	汽车台数	台		
3	占地面积	公顷		
十	定员及工资			
1	全矿定员总数	人		
2	职工薪酬总额	万元/年		
十一	投资			
1	建设投资	万元		
2	建设期利息	万元		
3	流动资金	万元		
4	项目总投资	万元		
十二	成本及费用			
1	单位矿石成本费用	元/吨		
1.1	其中:采矿	元/吨		
1.2	选矿	元/吨		
1.3	管理费用	元/吨		
	其中:安全生产费	元/吨		
	资源补偿费	元/吨		
1.4	财务费用	元/吨		
	其中:长期借款利息	万元		
	流动资金借款利息	元/吨		
1.5	营业费用	元/吨		
2	单位矿石经营成本及费用	元/吨		
十三	经济效果及财务评价			
1	产品产量	吨		
2	销售价格	元/吨		
3	销售收入	万元/年		
4	资源税	万元/年		
5	增值税	万元/年		
6	城建税及教育费附加	万元/年		
7	总成本费用(含平均财务费用)	万元/年		
8	利润总额	万元/年		
9	所得税	万元/年		
10	税后净利润	万元/年		
11	提取法定盈余公积金	万元/年		
12	总投资收益率	%		
13	资本金净利润率	%		
17	还贷期	年		

表1 主要技术经济指标表(续)

序号	项　　目	单　位	指　标	备　注
19	所得税前动态投资回收期	年		
23	所得税后动态投资回收期	年		
24	所得税后投资财务净现值(I=10%)	万元		
25	所得税后投资财务内部收益率	%		
26	资本金财务净现值(I=10%)	万元		
27	资本金财务内部收益率	%		
十四	盈亏平衡分析			
十五	动态敏感性分析(所得税后)			

表2 中(阶段)储量计算表

中(阶)段标高/m	资源类型	矿石量/t	品位/10^{-6}	金属量/kg	备注

表3 设计利用资源资源储量

矿体(矿带)编号	储量级别	矿石量/t	品位/10^{-6}	金属量/t

表4 生产(基建)探矿工程量估算表

中(阶)段标高/m	工程名称	工程量			备注
		长度/m	断面规格/m^2	体积/m^3	

表5 经济合理剥采比计算参数表

序号	参数名称	单位	计算参数		备注
			露天开采	地下开采	

表6 矿岩量和金属量表

台阶标高	矿岩合计		岩石量		矿石量		品位	金属量	剥采比		备注
m	m^3	t	m^3	t	m^3	t	10^{-6}	kg	m^3/m^3	t/t	

表7 主要材料消耗表

序号	材料名称	单　位	指　标

表 8　采矿主要技术经济指标表

序号	指标名称	单位	技术经济指标				备注
			采矿方法(一)	采矿方法(二)	采矿方法(三)	综合	

表 9　基建工程量及基建进度计划表

序号	名称	岩石硬度系数 f	支　护			工程量				月进尺 m(m^3)	完成该工程所需时间/月	20××年												备注
			型式	厚度 /mm	体积 /m^3	长度 /m	掘进断面 /m^2	净断面 /m^2	体积 /m^3			一季度			二季度			三季度			四季度			
												1	2	3	4	5	6	7	8	9	10	11	12	

表 10　生产进度计划表

中段标高 /m	设计利用储量			损失率 /%	贫化率 /%	采出矿量			基建期			第一年			第二年		
	矿石量 /t	品位 /%	金属量 /(g/t)			矿石量 /t	品位 /%	金属量 /(g/t)	矿石量 /t	品位 /%	金属量 /(g/t)	矿石量 /t	品位 /%	金属量 /(g/t)	矿石量 /t	品位 /%	金属量 /(g/t)

表 11　各工段生产能力及设备作业率表

工段名称	各工段生产能力/(t/d)	年工作日	日工作班数	日工作时数	设备年作业率/%

表 12　制酸工艺主要技术经济指标表

序号	技术指标名称	单　位	数　值	备　注

表 13　厂址方案比较表

序号	项　　目	厂址方案		
		一方案	二方案	三方案

表 14　主要工程量估算表

序号	工程名称	单　位	数　量	备　注

表 15　企业内外部运输货运量表

序号	货物名称	年运输量/(t/a)	起点	终点	运距/km	运输方式	协作方式

表 16　电力负荷计算表

_______工程_______车间

序号	用电设备名称	数量		容量		计算系数			计算负荷				最大负荷年利用小时数/h	有效电能/kWh	无效电能/kWh	备注
		总数	工作	总容量/kW	工作容量/kW	Kc	$\cos\varphi$	$\tan\varphi$	有效负荷/kW	无效负荷/kvar	视在容量/kva	电流/A				

表 17　总用水量表

序号	用水单位名称	总用水量/(m^3/d)	用水量/(m^3/d)		
			新水	回水	循环水

表 18　建筑物一览表

序号	建筑物名称	轴线尺寸/m（长×宽×高）	建筑指标		建筑结构特征	备注
			建筑面积/m^2	构筑物容积/m^3		

表 19 环境工程投资估算表

序 号	项 目	投 资 额	备 注

表 20 安全工程投资估算表

序 号	项 目	投 资 额	备 注

表 21 项目实施进度计划表

序号	时间 / 单项工程(任务)	年	××年												××年												备注
		季度	一			二			三			四			一			二			三			四			
		月	1	2	3	4	5	6	7	8	9	10	11	12	1	2	3	4	5	6	7	8	9	10	11	12	

表 22 劳动定员表

序号	岗　位	在 册 人 数				
		一班	二班	三班	轮休	合计
	全矿总人数					
1	公司经营层(矿部)					
2	综合办公室					
3	财务部					
4	调度室					
5	生产技术部					
6	人力资源部					
7	安全环保部					
8	企业质量管理部					
9	机动设备处					
10	保卫部					
11	供销部					
12	采场					
13	选厂					

表 23 劳动生产率计算表

序号	项　目	单　位	指　标
1	实物劳动生产率	吨/人日	
2	按利润总额计	万元/人年	
3	按税后利润计	万元/人年	

表 24　进口设备购置费估算表

序号	设备材料规格名称及费用名称	单位	数量	单价/美元	外币金额/美元					折合人民币/元	人民币金额/元						合计/元
					货价	运输费	保险费	其他费用	合计		关税	增值税	银行财务费	外贸手续费	国内运杂费	合计	

表 25　工程建设其他费用估算表

序号	工程或费用项目名称	价值/元	备　注

表 26　建设总投资总估算表

序号	工程或费用项目名称	估算价值/万元					技术经济指标			占投资额/%
		建筑工程	设备购置	安装工程	其他费用	总价值	数量	单位	指标	

表 27　建设总投资综合估算表

序号	工程或费用项目名称	估算价值/万元					技术经济指标			占投资额/%
		建筑工程	设备购置	安装工程	其他费用	总价值	数量	单位	指标	
	估算值									

表 28 按专业划分投资汇总表

序号	工程或费用名称	价值/万元					技术经济指标		占投资额/%
		建筑工程	设备购置	安装工程	其他费用	总价值	数量单位	单位价值	
	总估算值								
Ⅰ	工程费用								
1	地质专业								
2	采矿专业								
3	矿机专业								
4	选矿专业								
5	土建专业								
6	尾矿专业								
7	电力专业								
8	机修专业								
9	给排水专业								
10	采暖通风专业								
11	总图专业								
12	环保专业								
13	自动化专业								
Ⅱ	工程建设其他费用								
Ⅲ	基本预备费								
Ⅳ	1500 吨/日选厂收购费								
Ⅴ	建设期利息								

表 29 按生产用途划分投资分析表

序号	工程或费用名称	价值/万元					技术经济指标		占投资额/%
		建筑工程	设备购置	安装工程	其他费用	总价值	数量单位	单位价值	
	总估算值								
一	工程费用								
1	采矿工程								
1.1	采矿工程主要生产设施								
1.2	采矿工程辅助生产设施								
2	选矿工程								
2.1	选矿工程主要生产设施								
2.2	选矿工程辅助生产设施								
2.3	尾矿设施								
3	公共设施								
4	行政及生活福利设施								
二	工程建设其他费用								
三	基本预备费								
四	1500 吨/日收购费								
五	建设期利息								

表30　流动资金估算表

单位为万元人民币

序号	项　目	最低周转天数	周转次数	计算期						
				1	2	3	4	5	…	n
1	流动资产									
1.1	应收账款									
1.2	存货									
1.3	现金									
1.4	预付账款									
2	流动负债									
2.1	应付账款									
2.2	预收账款									
3	流动资金(1-2)									
4	流动资金当期增加额									

表31　资金筹措及使用计划表

单位为万元人民币

序号	项　目	合　计	1	…
1	项目总投资			
1.1	建设投资			
1.2	建设期利息			
1.3	流动资金			
2	资金筹措			
2.1	项目资本金			
2.1.1	用于建设投资			
2.1.2	用于流动资金			
2.2	借款合计			
2.2.1	长期借款			
	用于建设投资			
2.2.2	借款利息			
	用于建设期利息			
2.2.3	用于流动资金借款			
2.3	项目总投资			

表 32　主要设备汇总表

序号	设备名称	型号及技术性能	单位	数量	重量/t		设备配套电机				制造厂或图号	备注
					个重	总重	型号	电压/V	容量/kW	台数		

表 33　露天剥离、采矿作业成本计算表

序号	项　　目	单　位	单　耗	单　价	单位成本
1	材料费				
2	动力费				
3	职工薪酬	元			
4	年作业成本	万元/年			
		元/立方米			

表 34　露天剥离、采矿作业成本汇总表

序号	项　　目	剥离		采矿		成本比例	
		元/吨	元/立方米	元/吨	元/立方米	剥离/%	采矿/%
1	穿爆作业						
2	铲装作业						
3	运输作业						
4	排土作业						
5	制造费用						
	合计						
	其中:作业成本						
	作业量/万吨						
	年作业成本/万元						
	作业成本/(元/吨)						
	原矿成本/(元/吨)						

表 35　地下采矿作业成本计算表

序号	项　　目	单位	单耗	单价	单位成本
1	材料费				
2	动力				
3	职工薪酬	元			
4	年作业成本	万元/年			
5	原矿分摊作业成本	元/吨			

表 36　地下采矿作业成本汇总表

序号	项　　目	单位成本	年成本
		元/吨	万元
1	采矿作业成本		
2	车间制造费用		
	单位矿石成本		
	年采矿石量/万吨		

表 37　选矿、冶炼作业成本计算表

序号	项　　目	单　位	单　耗	单　价	单位成本
1	原材料费				
2	燃料及动力费				
3	职工薪酬	元			
4	原矿分摊作业成本	元/吨			

表 38　选矿作业成本汇总表

序号	项　　目	单位成本	年成本
		元/吨	万元
1	选矿作业成本		
2	车间制造费用		
3	单位矿石成本		
4	年采矿石量/万吨		

表 39　各生产车间制造费用计算表

序号	项　　目	单　位	年费用	备　注
1	职工薪酬	万元		
2	折旧费	万元		
3	修理费	万元		
4	劳动保护费	万元		
5	低值易耗品	万元		
6	办公费	万元		
7	差旅费	万元		
8	机物料消耗	万元		
9	保健费	万元		
10	其他	万元		
	合计	万元		
	单位矿石分摊	元/吨		

表 40 管理费用计算表

序号	项　　目	单　位	年费用	备　注
1	职工薪酬	万元		
2	折旧费	万元		
3	摊销费	万元		
4	修理费	万元		
5	劳动保护费	万元		
6	低值易耗品	万元		
7	办公费	万元		
8	差旅费	万元		
9	机物料消耗	万元		
10	采暖费(煤炭)	万元		
11	会务费	万元		
12	保健费	万元		
13	安全生产费用	万元		
14	资源补偿费	万元		
15	其他	万元		
	合计	万元		
	单位矿石分摊	元/吨		

表 41 总成本费用估算表

单位为万元人民币

序号	项　　目	合计	计　算　期						
			1	2	3	4	5	……	n
一	生产成本								
1	采矿作业成本								
2	采矿制造费用								
3	选矿作业成本								
4	选矿制造费用								
二	管理费用								
1	折旧费								
2	摊销费								
3	修理费								
4	职工薪酬								
5	其他管理费用								

表 41　总成本费用估算表(续)　　单位为万元人民币

序号	项　目	合计	计 算 期						
			1	2	3	4	5	……	n
三	财务费用								
	长期借款利息								
	流动资金借款利息								
四	销售费用								
	铁路部分								
	公路部分								
五	总成本费用合计								
1	其中:可变成本								
2	固定成本								
六	经营成本								
1	原材料								
2	燃料及动力费								
3	职工薪酬								
4	修理费								
5	其他费用								
6	销售费用								
七	折旧费								
八	摊销费								
九	财务费用								

表 42　综合技术经济指标表

序号	项　目	单　位	指　标	备　注
一	地质			
1	设计可利用地质储量			
	总矿石量	万吨		
	品位	%		
	金属量	吨		
二	采矿			
1	矿山规模	吨/日		
	年出矿量	万吨		
2	开采方式			
3	开拓方案			
4	采矿方法			
5	损失率	%		

表 42　综合技术经济指标表(续)

序号	项　目	单　位	指　标	备　注
6	贫化率	%		
7	出矿品位	%		
8	基建期	年		
9	服务年限	年		
三	选矿			
1	处理能力	吨/日		
2	年处理矿量	万吨		
3	选矿厂服务年限	年		
4	选矿工艺			
5	产品方案			
6	原矿品位	%		
7	回收率	%		
8	精矿产率	%		
9	精矿品位	%		
四	尾矿			
1	尾矿输送方式			
2	年排放量	万立方米		
五	供电			
1	装机容量	千瓦		
2	工作容量	千瓦		
3	年耗电量	万度		
4	设计单位电耗	度/吨		
六	供水			
1	企业用水总量	吨/日		
	新水量	吨/日		
	回水	吨/日		
	冷却循环水	吨/日		
七	供热			
1	锅炉台数	台		
2	年耗煤量	吨		
八	土建			
1	建筑面积	平方米		
	其中:工业	平方米		
	民用	平方米		
2	三大材耗量			

表 42 综合技术经济指标表(续)

序号	项 目	单 位	指 标	备 注
	钢材	吨		
	水泥	吨		
	木材	立方米		
九	总图运输			
1	年运输总量	万吨		
2	汽车台数	台		
3	占地面积	公顷		
十	定员及工资			
1	全矿定员总数	人		
2	职工薪酬	元/人年		
3	职工薪酬总额	万元/年		
4	劳动生产率			
	按矿石计	吨/人日		
	按利润总额计	万元/人年		
	按税后利润计	万元/人年		
十一	投资			
1	建设投资	万元		
2	建设期利息	万元		
3	流动资金	万元		
4	项目总投资	万元		
十二	成本及费用			
1	单位矿石成本费用	元/吨		
1.1	其中:采矿	元/吨		
1.2	选矿	元/吨		
1.3	管理费用	元/吨		
	其中:安全生产费	元/吨		
	资源补偿费	元/吨		
1.4	财务费用	元/吨		
	其中:长期借款利息	万元		
	流动资金借款利息	元/吨		

表 42 综合技术经济指标表(续)

序号	项 目	单 位	指 标	备 注
1.5	营业费用	元/吨		
2	年总成本费用	万元		
2.1	采矿	万元		
2.2	选矿	万元		
2.3	管理费用	万元		
	其中:安全生产费	万元		
	资源补偿费	元/吨		
2.4	财务费用	万元		
	其中:长期借款利息	万元		
	流动资金借款利息	万元		
2.5	营业费用	万元		
3	年经营成本及费用	万元/年		
4	资源税	万元/年		
十三	经济效果及财务评价			
1	产品产量	吨		
2	销售价格	元/吨		
3	销售收入	万元/年		
4	资源税	万元/年		
5	增值税	万元/年		
6	城建税及教育费附加	万元/年		
7	总成本费用(含平均财务费用)	万元/年		
	其中:长期借款利息	万元/年		
	流动资金借款利息	万元/年		
8	利润总额	万元/年		
9	所得税	万元/年		
10	税后净利润	万元/年		
11	提取法定盈余公积金	万元/年		
12	总投资收益率	%		
13	资本金净利润率	%		
14	生产期第一年资产负债率	%		
15	生产期第一年流动比率	%		
16	生产期第一年速动比率	%		
17	还贷期	年		
18	所得税前静态投资回收期	年		
19	所得税前动态投资回收期	年		

表 42　综合技术经济指标表(续)

序号	项　　目	单　位	指　标	备　注
20	所得税前投资财务净现值(I=10%)	万元		
21	所得税前投资财务内部收益率	%		
22	所得税后静态投资回收期	年		
23	所得税后动态投资回收期	年		
24	所得税后投资财务净现值(I=10%)	万元		
25	所得税后投资财务内部收益率	%		
26	资本金财务净现值(I=10%)	万元		
27	资本金财务内部收益率	%		
28	运营期内累计盈余资金	万元		
十四	吨矿石静态投入产出评价			
1	单位矿石建设投资	元/吨		
2	单位矿石建设期利息	元/吨		
3	单位矿石流动资金	元/吨		
4	吨矿石价值	元/吨		
5	吨矿石资源税	元/吨		
6	吨矿石增值税	元/吨		
7	吨矿石城建税及教育费附加	元/吨		
8	吨矿石经营成本	元/吨		
9	吨矿石折旧费	元/吨		
10	吨矿石摊销费	元/吨		
11	吨矿石财务费用	元/吨		
12	吨矿石利润总额	元/吨		
13	吨矿石所得税	元/吨		
14	吨矿石净利润	元/吨		
十五	盈亏平衡分析			
1	产销量 BEP(Q)	万吨/年		
2	生产能力利用率 BEP(%)	%		
3	矿石价值 BEP(P)	元/吨		
4	销售单价 BEP	元/吨		
5	入选品位 BEP	%		
十六	动态敏感性分析(所得税后)			
1	不确定性经济因素的敏感度	%		
	销售收入	%		
	经营成本	%		
	产品规模	%		

表 42　综合技术经济指标表(续)

序号	项　　目	单　位	指　标	备　注
	建设投资	%		
2	不确定性经济因素的临界值	%		
	销售收入	%		
	经营成本	%		
	产品规模	%		
	建设投资	%		

表 43　销售收入和销售税金及附加计算表

序号	项　　目	单位	计算期								合计
			1	2	3	4	5	6	…	n	
	生产负荷(%)	%									
1	年处理矿量	万吨									
2	原矿品位	%									
3	回收率	%									
4	产品产量	吨									
5	产品价格	元/吨									
6	销售收入	万元									
7	资源税	万元									
8	增值税	万元									
	增值税销项税额	万元									
	增值税进项税额	万元									
9	城建税及教育费附加	万元									

表 44　利润及损益及计划表

序号	项　　目	单位	计算期								合计
			1	2	1	2	3	4	5	…	n	
1	销售收入	万元										
2	资源税	万元										
3	增值税	万元										
4	城建税及教育费附加	万元										
5	总成本费用	万元										
6	补贴收入	万元										
7	利润总额	万元										
8	弥补以前年度亏损	万元										
9	应纳所得税额	万元										
10	所得税	万元										
11	净利润	万元										
12	期初未分配利润	万元										
13	可供分配利润	万元										

表 44　利润及损益及计划表(续)

序号	项　目	单位	计算期									合计
			1	2	1	2	3	4	5	…	n	
14	提取法定盈余公积金	万元										
15	可供投资者分配利润	万元										
16	应付优先股股利	万元										
17	提取任意盈余公积金	万元										
18	应付普通股股利	万元										
19	各投资方利润分配	万元										
20	未分配利润	万元										
21	用于还款未分配利润	万元										
22	剩余利润转下年期初未分配利润	万元										
23	息税前利润(EBIT)	万元										
24	息税折旧摊销前利润(EBITDA)	万元										

表 45　贷款偿还计划表

单位为万元人民币

序号	项　目	合计	计算期						
			1	2	3	4	5	…	n
一	长期借款								
1	期初借款余额								
2	本年新增借款								
3	本年应计生产利息								
4	本年应还本付息								
5	期末借款余额								
二	流动资金借款								
1	期初借款余额								
2	本年新增借款								
3	本年应计利息								
4	本年应还本付息								
5	期末借款余额								
三	应还利息合计								
四	还款资金来源								
1	用于还款未分配利润								
2	折旧费								
3	摊销费								
4	扣除维持运营投资								
5	其他还款资金								
五	利息备付率(ICR)								
六	偿债备付率(DSCR)								

表 46　项目投资现金流量表

序号	项　　目	单位	计算期								合计
			1	2	3	4	5	6	…	n	
一	现金流入	万元									
1	销售收入	万元									
2	补贴收入	万元									
3	回收固定资产残(余)值	万元									
4	回收流动资金	万元									
二	现金流出	万元									
1	建设投资	万元									
2	流动资金	万元									
3	经营成本	万元									
4	增值税	万元									
5	城建税及教育费附加	万元									
6	资源税	万元									
7	维持运营投资	万元									
三	所得税前净现金流量	万元									
四	累计所得税前净现金流量	万元									
五	折现系数 I=10%	万元									
六	所得税前折现净现金流量	万元									
七	累计所得税前折现净现金流量	万元									
八	调整所得税	万元									
九	所得税后净现金流量	万元									
十	累计所得税后净现金流量	万元									
十一	折现系数 I=10%										
十二	所得税后折现净现金流量	万元									
十三	累计所得税后折现净现金流量	万元									
十四	所得税前投资财务内部收益率	%									
十五	所得税后投资财务内部收益率	%									
十六	所得税前投资财务净现值	万元									
十七	所得税后投资财务净现值	万元									
十八	项目投资回收期(所得税前)	年									
十九	项目投资回收期(所得税后)	年									

表 47　项目资本金现金流量表

序号	项　　目	单位	计算期								合计
			1	2	3	4	5	6	…	n	
一	现金流入	万元									
1	销售收入	万元									
2	补贴收入	万元									
3	回收固定资产残(余)值	万元									
4	回收流动资金	万元									
二	现金流出	万元									
1	项目资本金	万元									
2	借款本金偿还	万元									
3	借款利息支付	万元									
4	经营成本	万元									
5	增值税	万元									
6	城建税及教育费附加	万元									
7	资源税	万元									
8	所得税	万元									
9	维持运营投资	万元									
三	净现金流量	万元									
四	累计净现金流量	万元									
五	折现系数 $I=10\%$										
六	折现净现金流量	万元									
七	累计折现净现金流量	万元									
八	资本金财务内部收益率	%									
九	资本金财务净现值($I=10\%$)	万元									

表 48　财务计划现金流量表

序号	项　　目	单位	计算期								合计
			1	2	3	4	5	6	…	n	
一	经营活动净现金流量(1-2)	万元									
1	现金流入	万元									
2	现金流出	万元									
二	投资活动净现金流量(1-2)	万元									
1	现金流入	万元									
2	现金流出	万元									
三	筹资活动净现金流量(1-2)	万元									
1	现金流入	万元									
2	现金流出	万元									
四	净现金流量(一＋二＋三)	万元									
五	累计盈余资金	万元									

表 49　动态多因素敏感性分析表

序号	指标变化因素	变化幅度	建设投资	产品规模	经营成本	销售收入	项目投资财务净现值	项目财务净现值敏感度系数	项目财务净现值敏感度系数	项目财务内部收益率	内部收益率敏感度系数	内部收益率敏感度系数
			万元	万吨	万元	万元	万元，$I=10\%$	平均−1%	平均+1%	/%	平均−1%	平均+1%
一	基本方案											
二	建设投资变化	−0.1										
	建设投资变化	−0.05										
	建设投资变化	0.05										
	建设投资变化	0.1										
三	产品规模变化	−0.1										
	产品规模变化	−0.05										
	产品规模变化	0.05										
	产品规模变化	0.1										
四	经营成本变化	−0.1										
	经营成本变化	−0.05										
	经营成本变化	0.05										
	经营成本变化	0.1										
五	销售收入变化	−0.1										
	销售收入变化	−0.05										
	销售收入变化	0.05										
	销售收入变化	0.1										
六	多不利因素同时发生											
	建设投资变化	0.05										
	产品规模变化	−0.05										
	经营成本变化	0.05										
	销售收入变化	−0.05										
七	企业追求目标											
	建设投资变化	−0.05										
	产品规模变化	0.05										
	经营成本变化	−0.05										
	销售收入变化	0.05										

表 50 资产负债表

单位为万元人民币

序号	项目	计算期							
		1	2	3	4	5	6	…	n
一	资产								
1	流动资产总额								
2	在建工程								
3	固定资产净值								
4	无形及其他资产净值								
二	负债及所有者权益								
1	流动负债总额								
2	建设投资借款								
3	流动资金借款								
	负债小计								
4	所有者权益								
计算指标	资产负债率/%								
	流动比率/%								
	速动比率/%								

附　录　A
（资料性附录）
《黄金企业可行性研究内容和深度的原则规定》相关附图

A.1　矿区交通位置图
A.2　矿区地形地质图
A.3　矿体纵(横)剖(平)面图
A.4　矿体纵投影或水平投影图
A.5　露天开采最终平面图
A.6　露天开采基建终了平面图
A.7　露天转坑内开拓系统衔接图
A.8　露天开采主运输带式输送机线路示意图
A.9　采矿方法图
A.10　开拓系统纵投影图
A.11　开拓系统水平投影图
A.12　主要中段平面图
A.13　砂矿矿区开采综合平面图
A.14　砂矿矿区开采顺序方案平面图
A.15　剥离与回采方法示意图
A.16　数质量流程图
A.17　选矿工艺设备形象系统图
A.18　选矿车间主要设备配置简图(大型项目)
A.19　冶炼工艺流程图
A.20　冶炼设备形象系统图
A.21　制酸工艺流程图
A.22　制酸设备形象系统图
A.23　尾矿库平面布置图
A.24　库区纵断面图
A.25　库容曲线图
A.26　总体布置图
A.27　总平面布置图
A.28　供电系统图
A.29　水量平衡图
A.30　锅炉房平面示意图

附　录　B
(资料性附录)
《黄金企业可行性研究内容和深度的原则规定》相关附件

B.1　可行性研究设计委托

B.2　资源/储量备案证明

B.3　地质勘探(或详查)报告批复

B.4　选冶试验报告审查纪要及批复

B.5　矿山(或冶炼厂)建设模式要求

B.6　矿权、股权及出资方面证明材料

B.7　业主提供确认的有关资料

B.8　建设条件(用地、水、电价格)初步协议

B.9　设计变更证明材料

B.10　其他相关文件